MAGBOOK

पर्यावरण एवं पारिस्थितिकी

UPSC, राज्य PCS एवं अन्य प्रतियोगी परीक्षाओं के लिए अत्यन्त उपयोगी

मनोहर पाण्डेय

सहयोगकर्ता

संजीत कुमार

रवि शंकर

MAGBOOK

अरिहन्त पब्लिकेशन्स (इण्डिया) लिमिटेड

卐 रजि. कार्यालय

'रामछाया' 4577/15, अग्रवाल रोड, दरिया गंज, नई दिल्ली–110002

फोन: 011-47630600, 43518550

卐 मुख्य कार्यालय

कालिन्दी, टी०पी० नगर, मेरठ (यूपी)– 250002, **फोन:** 0121-7156203, 7156204

卐 शाखा कार्यालय

आगरा, अहमदाबाद, बरेली, बंगलुरु, चेन्नई, दिल्ली, गुवाहाटी, हैदराबाद, जयपुर, झाँसी, कोलकाता, लखनऊ, नागपुर तथा पुणे

卐 मूल्य : ₹ 225.00

Published by Arihant Publications (India) Ltd.

卐 PO No : TXT-59-T066497-08-25

'अरिहन्त' की पुस्तकों के बारे में अधिक जानकारी के लिए हमारी वेबसाइट **www.arihantbooks.com** पर लॉग इन करें या **info@arihantbooks.com** पर सम्पर्क करें।

Follow us on   

1e

MAGBOOK

पर्यावरण एवं पारिस्थितिकी

UPSC, राज्य PCS एवं अन्य प्रतियोगी परीक्षाओं
के लिए अत्यन्त उपयोगी

MAGBOOK

संशोधित संस्करण का प्राक्कथन

वर्तमान समय में सभी प्रतियोगी परीक्षाओं में सिविल सेवा परीक्षा का स्थान सबसे सर्वश्रेष्ठ एवं प्रतिष्ठित है। इस परीक्षा का उद्देश्य अभ्यर्थी के विश्लेषणात्मक, तार्किक, विषय आधारित एप्रोच, विषयवार समसामयिक मुद्दों पर समझ आदि की जाँच करना है।

पर्यावरण एवं पारिस्थितिकी की यह पुस्तक उपरोक्त सभी उद्देश्यों को पूर्ण करती है, साथ ही अभ्यर्थी की विषय पर बेहतर समझ एवं मजबूत पकड़ का दावा भी करती है। यह पुस्तक प्रीलिम्स परीक्षा में पर्यावरण एवं पारिस्थितिकी विषय के लिए ब्रह्मास्त्र की तरह कार्य करती है, क्योंकि इसमें सिलेबस का सम्पूर्ण कवरेज तथा प्रैक्टिस हेतु प्रश्न (प्रारम्भिक एवं मुख्य दोनों परीक्षा हेतु) समाहित हैं।

इस पुस्तक के सम्पूर्ण अवलोकन के पश्चात् अभ्यर्थी निश्चय ही पर्यावरण, पारिस्थितिकी तन्त्र, जैव-विविधता, प्रमुख कानून, पर्यावरणीय प्रदूषण, वैश्विक तापन, सतत-विकास, कृषि आदि चैप्टर्स को सरलता से समझ सकेंगे।

पुस्तक के अन्तर्गत अवधारणाओं को सरल और आसान तरीके से इस प्रकार प्रस्तुत या समझाने का प्रयास किया गया है कि अभ्यर्थी वस्तुनिष्ठ एवं विषयनिष्ठ सभी प्रकार के प्रश्न हल करने में सक्षम हों।

संशोधित संस्करण की प्रमुख विशेषताएँ

- सम्पूर्ण सिलेबस, NCERT फैक्ट्स एवं अपडेटेड फैक्ट्स का संकलन।
- प्रीलिम्स फैक्ट्स का अतिरिक्त कवरेज, जिसमें IAS एवं PCS परीक्षाओं में पूछे गए महत्त्वपूर्ण तथ्य दिए गए हैं।
- चैप्टर के अन्त में सेल्फ चैक का कवरेज, जिसके अन्तर्गत प्रश्नों को प्रैक्टिस हेतु संकलित किया गया है।
- पुस्तक के अन्त में IAS मुख्य परीक्षा (2024-2015) के प्रश्नों का टॉपिकवाइज संकलन है, जिसकी प्रैक्टिस के माध्यम से अभ्यर्थी मुख्य परीक्षा हेतु अपनी समझ और तैयारी का स्तर जाँच सकते हैं।

इस पुस्तक को पूरा करने में विशेषज्ञों की एक टीम ने उत्साह के साथ कार्य किया है। इस पुस्तक के संकलन में विशेषज्ञों के साथ-साथ प्रोजेक्ट मैनेजमेण्ट टीम का भी विशेष योगदान रहा, जिसमें मोना यादव (प्रोजेक्ट मैनेजर), मानसी गुप्ता (प्रोजेक्ट कॉर्डिनेटर), मीनाक्षी, सुशील कुमार (प्रूफ रीडर्स), विनय शर्मा, आकाशदीप (डीटीपी ऑपरेटर) और बिलाल एवं अंकित प्रजापति (कवर एवं इनर डिजाइनर) प्रमुख हैं।

आशा है कि सिविल सेवा तथा अन्य प्रतियोगी परीक्षाओं के अभ्यर्थी इस पुस्तक का अध्ययन कर अपने लक्ष्य को निश्चित ही प्राप्त कर अपने सपने को साकार करेंगे। आपके उपयोगी सुझाव सदैव हमें बेहतर संस्करण बनाने में सहायक सिद्ध हुए हैं। इसलिए आप हमें अपने सुझाव अवश्य भेजें, जिनके आधार पर हम पुस्तक के आगामी संस्करण को और भी बेहतर बना सकें।

लेखकगण

विषय-सूची

पर्यावरण एवं पारिस्थितिकी

1. **पर्यावरण : सामान्य परिचय** **1-4**
   - पर्यावरण से तात्पर्य
   - पर्यावरण के संघटक
   - मानव-पर्यावरण सम्बन्ध
   - पर्यावरणीय समस्याएँ
2. **पारिस्थितिकी एवं पारिस्थितिकी तन्त्र**
   - पारिस्थितिकी **5-16**
   - उद्विकास एवं प्रजातीयकरण
   - अन्तर्क्रिया या जैविक अन्योन्यक्रिया
   - पारिस्थितिकीय अनुक्रमण
   - पारिस्थितिकीय अनुकूलन
   - पारिस्थितिकी तन्त्र
   - पारिस्थितिकीय तन्त्र के घटक
   - पारिस्थितिकी तन्त्र के प्रकार
3. **पारिस्थितिकी तन्त्र की कार्यप्रणाली** **17-23**
   - पारिस्थितिक तन्त्र का कार्यात्मक स्वरूप
   - पारिस्थितिक तन्त्र की उत्पादकता
   - पारिस्थितिक पिरामिड्स
   - पारिस्थितिक तन्त्र के प्रकार्य
   - पारिस्थितिकी दक्षता
   - पारिस्थितिकी निकेत
4. **पारिस्थितिकी तन्त्र में पदार्थों का संचरण** **24-26**
   - पोषण चक्रों के प्रकार
   - गैसीय चक्र
   - नाइट्रोजन चक्र
   - कार्बन चक्र
   - ऑक्सीजन चक्र
   - सल्फर चक्र
   - फॉस्फोरस चक्र
   - अवसादी चक्र
5. **जैवमण्डल तथा बायोम** **27-31**
   - जैवमण्डल
   - संक्रमिका तथा कोर प्रभाव
   - बायोम
   - बायोम के प्रकार
   - बायोम के लक्षण
6. **जैव-विविधता की अवधारणा** **32-35**
   - जैव-विविधता के स्तर
   - जैव-विविधता का मापन
   - जैव-विविधता का आकार
   - जैव-विविधता का ह्रास
7. **जैव-विविधता का संरक्षण** **36-57**
   - स्व-स्थाने संरक्षण या स्थानिक संरक्षण
   - प्रमुख राष्ट्रीय उद्यान
   - वन्यजीव अभयारण्य
   - बाह्य-स्थाने संरक्षण या गैर-स्थानिक संरक्षण
   - जैव-विविधता संरक्षण के अन्तर्राष्ट्रीय प्रयास
   - जैव-विविधता के हॉट-स्पॉट
   - जैव-विविधता संरक्षण के प्रयास
8. **पर्यावरणीय प्रदूषण** **58-71**
   - प्रदूषण
   - प्रदूषक
   - वायु प्रदूषण
   - जल प्रदूषण
   - ध्वनि प्रदूषण
   - मृदा प्रदूषण
   - रेडियोधर्मी प्रदूषण
   - समुद्री प्रदूषण
   - तेल प्रदूषण
   - ठोस अपशिष्ट प्रदूषण
   - प्लास्टिक प्रदूषण
9. **पर्यावरण अनुकूलन** **72-73**
   - पर्यावरण अनुकूलन के प्रकार
   - जीवों द्वारा पर्यावरणीय अनुकूलता की युक्तियाँ
10. **पर्यावरण संरक्षण** **74-81**
    - प्रमुख अधिनियम एवं निकाय
    - पर्यावरणीय नैतिकता
    - पर्यावरणीय प्रभाव आकलन
    - पर्यावरण प्रभाव आकलन (EIA) अधिसूचना, 2006
11. **जलवायु परिवर्तन** **82-88**
    - जलवायु परिवर्तन की अवधारणाएँ
    - जलवायु परिवर्तन के प्रमाण
    - जलवायु परिवर्तन के कारण
    - जलवायु परिवर्तन के प्रभाव
    - जलवायु परिवर्तन एवं प्राकृतिक आपदाएँ
    - जलवायु परिवर्तन को कम करने के उपाय
    - अनुकूलन एवं शमन के लिए प्रयास
12. **वैश्विक तापन** **89-92**
    - वैश्विक तापन के कारक
    - वैश्विक तापन के प्रभाव
    - हरित गृह प्रभाव
    - प्रमुख हरित गृह गैसें
    - हरित गृह गैसों की वृद्धि के मुख्य कारण
    - हरित गृह गैसों के उत्सर्जन को नियन्त्रित करना
13. **ओजोन क्षरण** **93-96**
    - ओजोन छिद्र
    - आजोन परत टाइमलाइन
    - ओजोन क्षरण
    - ओजोन क्षण के नियन्त्रण हेतु प्रयास

14. अम्ल वर्षा एवं अम्लीकरण **97-100**
- अम्ल वर्षा
- अम्ल वर्षा के कारण
- अम्ल वर्षा के प्रभाव एवं नियन्त्रित करने के उपाय
- अम्ल वर्षा के उत्तरदायी स्रोत
- महासागरों की अम्लीयता

15. भारत में जलवायु परिवर्तन **101-107**
- भारत और IPCC की आकलन रिपोर्ट
- भारत की राष्ट्रीय कार्य योजना (NAPCC)
- राष्ट्रीय कार्य योजना के अन्तर्गत मिशन
- जलवायु अनुरूप कृषि पर राष्ट्रीय पहल
- सरकार द्वारा जलवायु परिवर्तन पर की गई पहल

16. आर्द्रभूमि पारितन्त्र **108-113**
- आर्द्रभूमियों के संरक्षण के लिए प्रयास
- कॉन्फ्रेन्स रिकॉर्ड
- भारत में आर्द्रभूमि का वितरण
- भारत के रामसर स्थल

17. परम्परागत व गैर-परम्परागत ऊर्जा एवं ऊर्जा संरक्षण **114-122**
- ऊर्जा संसाधन
- परम्परागत (अनवीकरणीय) ऊर्जा संसाधन
- गैर-परम्परागत (नवीकरणीय) ऊर्जा संसाधन
- भारत में बायोमास ऊर्जा
- अपशिष्ट से ऊर्जा निर्माण तकनीक
- भविष्य के कुछ प्रमुख ऊर्जा स्रोत (नवीनतम ऊर्जा स्रोत)

18. सतत् विकास की अवधारणा **123-125**
- सतत् विकास के उद्देश्य एवं महत्त्व
- सतत् विकास के मानक
- सतत् विकास लक्ष्य

19. सतत् कृषि **126-130**
- सतत् कृषि पद्धतियाँ
- आधुनिक कृषि पद्धतियाँ
- जैव उर्वरक
- सतत् कृषि सम्बन्धी सरकारी योजनाएँ

20. पर्यावरण से सम्बन्धित कानून, संगठन एवं आन्दोलन **131-138**
- प्रमुख पर्यावरणीय कानून
- भारत की वन नीतियाँ
- सामाजिक वानिकी
- भारत में पर्यावरणीय संरक्षण से सम्बन्धित संस्थान
- भारत में पर्यावरण संरक्षण से सम्बन्धित प्रमुख आन्दोलन

21. पर्यावरण एवं जलवायु से सम्बन्धित राष्ट्रीय/अन्तर्राष्ट्रीय संगठन एवं सम्मेलन **139-151**
- अन्तर्राष्ट्रीय पर्यावरणीय संस्था/संगठन
- संयुक्त राष्ट्र पर्यावरण कार्यक्रम (UNEP)
- इण्टरनेशनल यूनियन फॉर कन्जर्वेशन ऑफ नेचर (IUCN)
- पर्यावरणीय सूचकांक एवं अन्य कन्वेंशन
- अन्तर्राष्ट्रीय सम्मेलन

22. आपदा एवं आपदा प्रबन्धन **152-162**
- भारत में प्राकृतिक आपदाएँ
- भूकम्प
- सुनामी
- बाढ़
- सूखा
- भू-स्खलन
- चक्रवात
- तड़ितझंझा
- मानव जनित आपदा
- आपदा प्रबन्धन
- राष्ट्रीय आपदा प्रबन्धन से सम्बन्धित कार्यक्रम

परिशिष्ट **163-168**
प्रीलिम्स फैक्ट्स **169-175**
प्रीलिम्स अभ्यास **176-193**
UPSC मुख्य परीक्षा के प्रश्न (2024-2015) **197-198**

"

पर्यावरण हमारी पृथ्वी पर जीवन का आधार है, जो न केवल मानव अपितु विभिन्न प्रकार के जीव-जन्तुओं एवं वनस्पतियों के उद्‌भव, विकास एवं अस्तित्व का आधार है।

अध्याय एक

पर्यावरण : सामान्य परिचय

पर्यावरण से तात्पर्य

- पर्यावरण शब्द फ्रेंच भाषा के 'Environner' शब्द से बना है, जिसका अभिप्राय घिरा हुआ या घेरना होता है, जिसके अन्तर्गत सभी परिस्थितियाँ एवं दशाएँ सम्मिलित होती हैं।
- पर्यावरण को विभिन्न विषयों में इकोस्फियर (Ecosphere), प्राकृतिक वास (Habitat) एवं जीवमण्डल (Geosphere), जनसंख्या पारिस्थितिकी (Population Ecology), पौष्टिक चक्र (Nutrient Cycle) जैसी शब्दावली से भी जाना जाता है।

'जनसंख्या पारिस्थितिकी' पारिस्थितिकी की वह शाखा है, जो एक प्रजाति की आबादी के लिए समय या स्थान के साथ परिवर्तन के पैटर्न और प्रक्रियाओं को समझने का काम करती है।

- वे सभी परिस्थितियाँ, जो किसी भी प्राणी के विकास पर चारों ओर से प्रभाव डालती हैं, पर्यावरण कहलाती हैं अर्थात् जीवधारियों एवं वनस्पतियों के चारों ओर जो आवरण है, वह पर्यावरण कहलाता है।
- हमारे चारों ओर के आवरण में वायु, जल, वनस्पतियाँ, जीव-जन्तु, सौर-ऊर्जा, स्थलाकृति इत्यादि अनेक प्रभावशाली तत्त्व हैं, जिनका मनुष्य पर प्रत्यक्ष एवं अप्रत्यक्ष रूप से प्रभाव पड़ता है।
- पर्यावरण उन परिस्थितियों एवं दशाओं (भौतिक दशाओं) को प्रदर्शित करता है, जो किसी एकल जीव या जीव समूह को चारों ओर से आवृत्त (cover) करती हैं तथा उसे प्रभावित करती हैं।
- पर्यावरण एक बन्द तन्त्र है, इसके अन्तर्गत प्राकृतिक पर्यावरण तन्त्र स्वत: नियन्त्रक क्रियाविधि, जिसे होमियोस्टेटिक क्रियाविधि (Homeostatic Mechanism) कहते हैं, के द्वारा नियन्त्रित होता है।

पर्यावरण की परिभाषाएँ

- टॉन्सले के अनुसार, "प्रभावकारी दशाओं का वह सम्पूर्ण योग, जिसमें जीव रहते हैं, वातावरण कहलाता है।"
- मैकाइवर के अनुसार, "पृथ्वी का धरातल और उसकी समस्त प्राकृतिक दशाएँ, प्राकृतिक संसाधन, भूमि, जल, पर्वत, मैदान, खनिज पदार्थ, पेड़-पौधे, पशु एवं सम्पूर्ण प्राकृतिक शक्तियाँ, जो पृथ्वी पर विद्यमान होकर मानव जीवन को प्रभावित करती हैं, भौगोलिक पर्यावरण के अन्तर्गत आती हैं।"
- मेरिएम वेबस्टर के अनुसार, "पर्यावरण वे परिस्थितियाँ हैं, जो किसी मनुष्य अथवा वस्तु को चारों ओर से घेरे रहती हैं और उनकी वृद्धि, स्वास्थ्य एवं प्रगति को प्रभावित करती है।"
- ऑक्सफोर्ड एडवान्स लर्नर डिक्शनरी के अनुसार, "पर्यावरण को उन प्राकृतिक परिस्थितियों के रूप में परिभाषित किया जाता है, जिनमें लोग, पशु एवं पौधे रहते हैं।"
- मानव पर्यावरण पर संयुक्त राष्ट्र सम्मेलन की घोषणा के अनुसार, "पर्यावरण वायु, भूमि एवं जल का मिश्रण है, जो विशेष रूप से प्राकृतिक पारिस्थितिकी तन्त्र का प्रतिनिधित्व करता है।"
- विश्वकोष के अनुसार, 'पर्यावरण को उन परिस्थितियों, अभिकरणों एवं प्रभावों के योग के रूप में परिभाषित किया जाता है, जो किसी जीव, प्रजाति अथवा जाति के विकास, वृद्धि, जीवन एवं मृत्यु को प्रभावित करते हैं।'
- पर्यावरण संरक्षण अधिनियम, 1986 के अनुसार, "पर्यावरण किसी जीव के चारों तरफ घिरी भौतिक व जैविक दशाओं एवं उनके साथ परस्पर अन्त:क्रिया को सम्मिलित करता है।"

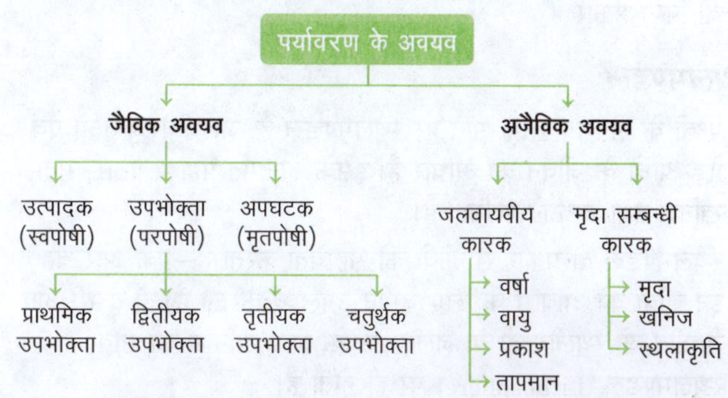

पर्यावरण के प्रकार

तीन प्रकार के पर्यावरण का वर्णन विभिन्न पर्यावरणविद् द्वारा किया गया है

(i) **प्राकृतिक पर्यावरण** इसके अन्तर्गत जैविक पर्यावरण (सूक्ष्मजीव, पौधे, जन्तु) एवं अजैविक पर्यावरण (ऊर्जा, उत्सर्जन, तापमान, ऊष्मा प्रवाह, जल, वायु, अग्नि, गैसें, गुरुत्वाकर्षण) सम्मिलित हैं।

(ii) **मानव निर्मित** (कृत्रिम रूप से निर्मित) **पर्यावरण** इसके अन्तर्गत कृषि रोग, औद्योगिक शहर, वायुपत्तन, अन्तरिक्ष स्टेशन सम्मिलित हैं।

(iii) **सामाजिक पर्यावरण** इसके अन्तर्गत धार्मिक रीति-रिवाज, राजनीतिक, आर्थिक एवं आर्थिक संगठन/संस्थाएँ सम्मिलित हैं।

पर्यावरण के संघटक

- पर्यावरण एक ऐसा विषय है, जिसे लघु तथा वृहत स्तर पर आसानी से समझा जा सकता है, इसे क्षेत्रीय तथा भूमण्डलीय, जलवायु की प्रवृत्ति एवं स्थानीय सूक्ष्म जलवायु द्वारा रेखांकित किया जाता है।
- पर्यावरण की इस आधारभूत संरचना के आधार पर इसको तीन प्रमुख भागों में विभक्त किया जाता है

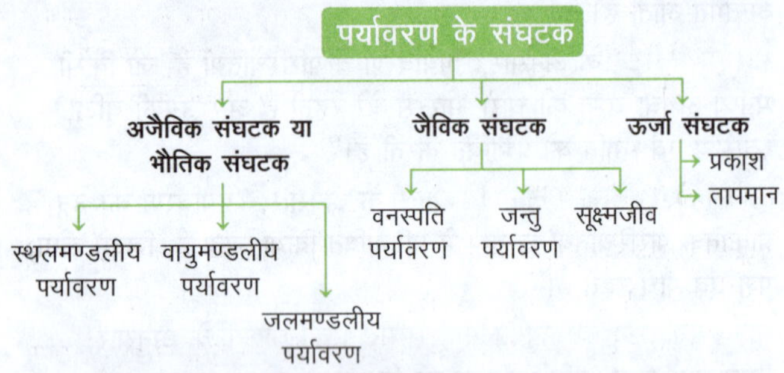

(i) अजैविक संघटक/भौतिक संघटक

- भौतिक वातावरण का निर्माण वायु, जल, मृदा, ताप और प्रकाश जैसे कारकों से होता है तथा ये कारक जीवों की सफलता का निर्धारण करते हैं एवं उनके जीवन चक्र, शारीरिक बनावट एवं संरचना पर भी प्रभाव डालते हैं।
- इसके अन्तर्गत सामान्यतः **स्थलमण्डल, वायुमण्डल** तथा **जलमण्डल** शामिल होते हैं। ये तीनों भौतिक संघटक पारितन्त्र के उपतन्त्र होते हैं, जो निम्न प्रकार हैं

स्थलमण्डल

- पृथ्वी के लगभग 29% भाग पर स्थलमण्डल है, जो जीव-जन्तुओं एवं पेड़-पौधों के जीवन का आधार है। इसके अन्तर्गत पहाड़, पठार, मृदा, खनिज तथा चट्टानें शामिल हैं।
- स्थलमण्डल दो प्रकार से जीवों की सहायता करता है—एक ओर वह इन जीवों को आवास के लिए जमीन उपलब्ध कराता है, तो दूसरी ओर वे जीव जो स्थलीय हों या जलीय, उनके लिए खनिजों का स्रोत स्थलमण्डल (Lithosphere) पर ही होता है।

वायुमण्डल

- वायुमण्डल गैसों का एक आवरण है, जिससे पृथ्वी घिरी हुई है। यह जीवन के लिए एक महत्त्वपूर्ण घटक है। इसके बिना जीवन की कल्पना भी नहीं की जा सकती है।
- वायुमण्डल (Atmosphere) में विभिन्न प्रकार की गैसें पाई जाती हैं, जो निम्न प्रकार हैं

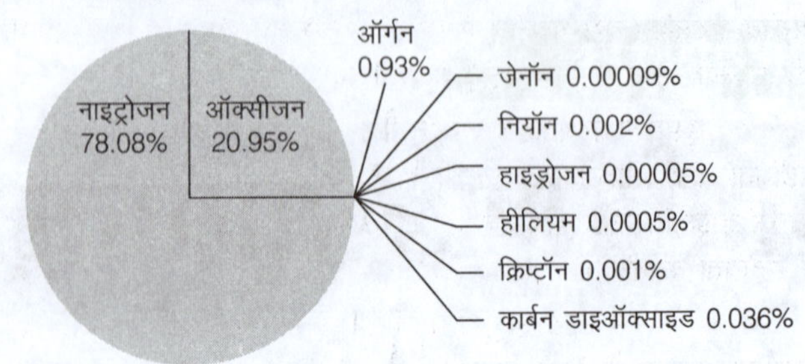

वायुमण्डल का स्तरीकरण

5 प्रमुख संस्तरों में विभाजित

- क्षोभमण्डल (8-18 किमी)
- समताप मण्डल (18-50 किमी)
- मध्यमण्डल (50-80 किमी)
- आयनमण्डल (80-640 किमी)
- बाह्यमण्डल (640-1000 किमी)
- इसके ऊपर पृथ्वी का चुम्बकीय मण्डल (Megnetosphere) है।

जलमण्डल

- पृथ्वी का लगभग **71%** भाग जल से घिरा हुआ है। पृथ्वी को **जलीय ग्रह** भी कहा जाता है, क्योंकि सौरमण्डल में पृथ्वी ही एकमात्र ऐसा ग्रह है, जिसमें प्रचुर मात्रा में जल उपलब्ध है।
- जलीय तन्त्र में ऑक्सीजन, कार्बन डाइऑक्साइड तथा अन्य गैसें जल में आंशिक रूप से घुली रहती हैं। पृथ्वी पर पाए जाने वाले जलीय भाग में महासागर, सागर, झीलें, तालाब, नदियाँ आदि शामिल हैं।
- जलमण्डल का 97.3% भाग सागरों व महासागरों में है तथा शेष 2.7% जल नदियों, झीलों, हिम, भूगत व मृदा में पाया जाता है।

जैवमण्डल

- जैवमण्डल (Biosphere) पृथ्वी का वह भाग है, जहाँ जीवन सम्भव है। इसके अन्तर्गत निचले भाग में वायुमण्डल, स्थलमण्डल एवं जलमण्डल स्थित है, जहाँ जीवित जीव पाए जाते हैं, को शामिल किया जाता है।
- जैवमण्डल ऐसा क्षेत्र होता है, जहाँ वायुमण्डल, स्थलमण्डल एवं जलमण्डल आपस में मिलते हैं। जैवमण्डल में समुद्र तल से 200 मीटर नीचे तक एवं 6000 मीटर की ऊँचाई तक जीवन सम्भव है।
- उत्तरी एवं दक्षिणी ध्रुवों, ऊँचे पर्वतों एवं गहरे महासागरों में पाई जाने वाली विषम जलवायु जीवन को सम्भव नहीं होने देती है।
- इन क्षेत्रों में जैवमण्डल अनुपस्थित होता है। जैवमण्डल में सूर्य से प्राप्त ऊर्जा जीवन को सम्भव बनाती है, जबकि जीवों को पोषकों की आपूर्ति वायु, जल एवं मृदा से होती है।
- जैवमण्डल में जीवों का वितरण समान नहीं है, क्योंकि ध्रुवीय क्षेत्रों में कुछ ही जीव पाए जाते हैं, जबकि विषुवतीय वर्षा वनों में अत्यधिक जीव प्रजातियाँ पाई जाती हैं।

प्रमुख अजैविक कारक

- प्रकाश सौर विकिरण की वर्णक्रमीय गुणवत्ता जीवन में आवश्यक है। स्पेक्ट्रम का UV घटक कई जीवों के लिए हानिकारक भी है।
- वर्षा अधिकांश जैव रासायनिक प्रतिक्रियाएँ जलीय माध्यम में होती हैं।
- तापमान कुछ जीव जो तापमान सहन कर सकते हैं, तापमान की एक विस्तत श्रृंखला (यूरी थर्मल) में पनपते हैं जबकि अधिकांश जीव तापमान की संकीर्ण सीमा (स्टेनोथर्मल) तक ही सीमित होते हैं।
- वातावरण इसमें उपस्थित 21% ऑक्सीजन जीवों को जीवित रहने में सहायता, 78% नाइट्रोजन स्वत:स्फूर्त दहन को रोकती है तथा 0.038% कार्बन डाइऑक्साइड प्राथमिक उत्पादों को कार्बोहाइड्रेट संश्लेषित करने में सहायता करती है।
- कार्बनिक यौगिक जैविक अणु जैसे प्रोटीन, कार्बोहाइड्रेट व लिपिड आदि ऊर्जा हस्तान्तरण के लिए आवश्यक हैं।
- अकार्बनिक यौगिक कार्बन, कार्बन डाइआक्साइड, पानी, सल्फर, नाइट्रेट्स, फॉस्फेट्स और विभिन्न धातुओं के आयन जीवों के जीवित रहने के लिए आवश्यक हैं।
- ऊँचाई इसके साथ तापमान में परिवर्तन एक सीमित कारक है तथा इसके परिणामस्वरूप वनस्पतियों का ऊर्ध्वाधर क्षेत्रीकरण होता है।
- पृथ्वी की धारण (बफर) क्षमता पृथ्वी की बफर क्षमता के कारण मिट्टी और जल निकायों में तटस्थ PH (PH-7) बना रहता है। तटस्थ PH जीवों के अस्तित्व व विकास के लिए अत्यन्त आवश्यक है।
- लवणता कुछ जीव लवणता की एक विस्तृत श्रृंखला (यूरीहैलाइन) को सहन कर लेते हैं, जबकि अधिकांश जीव लवणता की एक संकीर्ण सीमा (स्टेनोहैलाइन) तक ही सीमित होते हैं।

(ii) जैविक संघटक

पर्यावरण के जैविक संघटक (Biological Component) में सभी जीवित वस्तुएँ (प्राणी और पादप) शामिल होती हैं।

वनस्पति पर्यावरण

- पादप जैविक संघटकों में सर्वाधिक महत्त्वपूर्ण होते हैं। ये पौधे जैविक पदार्थों का निर्माण एवं उपभोग भी करते हैं।
- पौधे पर्यावरण के विभिन्न संघटकों में जैविक पदार्थों और पोषक तत्त्वों का संचरण करते हैं, जिससे मानव सहित जन्तु प्रत्यक्ष तथा अप्रत्यक्ष रूप से इन पौधों पर निर्भर रहते हैं तथा अपना जीवन सम्भव बनाते हैं।
- हरे पौधे प्रकाश संश्लेषण के माध्यम से अपना भोजन स्वयं प्राप्त करते हैं। पौधों को प्राथमिक उत्पादक या स्वपोषित भी कहा जाता है।

जन्तु पर्यावरण

- जीव दो प्रकार के होते हैं—स्वपोषित एवं परपोषित। सामान्यत: अधिकांश जीव परपोषित होते हैं।
- स्वपोषित जीव अपना आहार स्वयं बनाते हैं। साइनोबैक्टीरिया (Cyanobacteria), पर्णहरित (Chlorophyle), क्लोरोटिका (Chlorotica), शैवाल (Algae) आदि इसके प्रमुख उदाहरण हैं।
- परपोषित जीव अपने भोजन के लिए दूसरों पर निर्भर रहते हैं। जैविक पदार्थों की सुलभता के आधार पर परपोषित जीव तीन प्रकार के होते हैं—मृतजीवी, परजीवी तथा प्राणीसमभोजी।
  - मृतजीवी (Saprophytes) वे जन्तु होते हैं, जो मृत पौधे तथा जन्तुओं से प्राप्त जैविक या कार्बनिक यौगिकों को घोल के रूप में ग्रहण करके अपना भोजन प्राप्त करते हैं।
  - परजीवी (Parasites) वे जन्तु होते हैं, जो अपने भोजन के लिए दूसरे जीवित जीवों पर निर्भर रहते हैं।
  - प्राणीसमभोजी (Holozoic) वे जन्तु होते हैं, जो अपना आहार अपने मुख द्वारा ग्रहण करते हैं। ये जन्तु अवियोजित आहार के बड़े-बड़े भाग तक खा जाते हैं; जैसे—गाय, बैल, ऊँट, शेर, हाथी आदि।

सूक्ष्मजीव

- सूक्ष्मजीव (Micro Organism) मृत पौधों, जन्तुओं एवं जैविक पदार्थों को विभिन्न रूप से सड़ा-गला कर वियोजित करते हैं, इसलिए इन्हें **वियोजक** (Decomposers) भी कहा जाता है।
- ये सूक्ष्मजीव जटिल पदार्थों को आहार के रूप में ग्रहण करने के साथ उन्हें सरल बना देते हैं, ताकि हरे पौधे इन पदार्थों का पुन: उपयोग कर सकें। सूक्ष्मजीवों में बैक्टीरिया एवं कवक (Fungi) शामिल हैं।

(iii) ऊर्जा संघटक

- ऊर्जा संघटक (Energy Components) के अन्तर्गत सौर प्रकाश, सौर विकिरण, सौर ऊर्जा तथा इसके विभिन्न पक्षों को शामिल किया जाता है।
- ऊर्जा संघटक का कार्य पृथ्वी की सतह एवं निचले वायुमण्डल में उष्ण सन्तुलन को बनाए रखना है।
- पृथ्वी अपनी ऊर्जा का अधिकांश भाग लघु तरंगों के माध्यम से सूर्य से प्राप्त करती है। सूर्य की बाह्य सतह की अत्यन्त दीप्तिमान गैसें नीचे से गर्म होने के उपरान्त ऊर्जा का उत्सर्जन करती हैं, जिसे फोटॉन (Photon) कहा जाता है।
- सूर्य से प्राप्त ऊर्जा सौर ऊर्जा कहलाती है, जो विद्युत चुम्बकीय तरंग के रूप में होती है। अत: इसे विद्युत चुम्बकीय विकिरण भी कहा जाता है।
- पृथ्वी की क्षैतिज सतह पर पहुँचने वाले सकल सौर विकिरण को भूमण्डलीय विकिरण (Global Rediation) कहते हैं।
- सौर प्रकाश, सौर विकिरण एवं सौर ऊर्जा की यह ऊर्जा पृथ्वी के तापमान में महत्त्वपूर्ण भूमिका निभाती है, जो पृथ्वी के सभी जीवों के क्रियाकलापों एवं भौतिक पर्यावरण को भी प्रभावित करती है।
- ऊर्जा संघटक के अन्तर्गत प्रकाश एवं तापमान को शामिल किया जाता है, जो अग्रलिखित हैं

मानव-पर्यावरण सम्बन्ध

मनुष्य भौतिक पर्यावरण से अन्य जीवों के समान संसाधन प्राप्त करता है तथा पर्यावरणीय संसाधनों में अपना योगदान भी देता है, किन्तु मानव ने जैसे-जैसे विकास किया, वैसे-वैसे मानव-पर्यावरण के बीच सम्बन्धों में परिवर्तन आता गया। मानव एवं पर्यावरण के मध्य सम्बन्धों में हो रहे परिवर्तन का मूल कारण प्रौद्योगिकी को माना जाता है।

पर्यावरण पर पड़ने वाले अन्य प्रभाव

पर्यावरण पर खनन का प्रभाव खनन से पर्यावरण अत्यधिक प्रदूषित होता है, क्योंकि खानों के निकट, वायु, जल, भूमि एवं ध्वनि प्रदूषण बड़ी मात्रा में होता है, जिससे लोगों के जीवन पर प्रतिकूल प्रभाव पड़ता है तथा मानव अधिवास हेतु योग्य नहीं रहता।

पर्यावरण पर औद्योगीकरण का प्रभाव औद्योगिक विकास ने मानव को उच्च जीवन स्तर प्रदान करने तथा सामाजिक - आर्थिक संरचना को नवीन आयाम प्रदान करने के साथ-साथ ही उत्पन्न पर्यावरणीय समस्याएँ भी उत्पन्न की हैं।

पर्यावरण पर आधुनिक कृषि का प्रभाव कृषि में कीटनाशकों के बढ़ते उपयोग से फसल को हानि पहुँचाने वाले कीटों के साथ वे कीट भी मर जाते हैं, जो कृषि में परागण की क्रिया के लिए उपयोगी होते हैं। अत्यधिक उर्वरकों के प्रयोग से भू-क्षरण, भूमि जल का प्रदूषित होना, जल-जमाव और लवणता तथा **सुपोषण** जैसी समस्याएँ देखने को मिलती हैं।

पर्यावरण पर शहरीकरण का प्रभाव भारत में अनियन्त्रित शहरीकरण के कारण अनेक पर्यावरण सम्बन्धी समस्याओं का भी जन्म हो रहा है; जैसे-शहरों में स्थापित उद्योगों से होने वाला वायु, ध्वनि, जल प्रदूषण आदि। शहरों में जनसंख्या घनत्व में वृद्धि के कारण वाहनों की संख्या में और औद्योगिक इकाइयों में वृद्धि हुई है। इसके कारण वायु तथा ध्वनि प्रदूषण तेजी से बढ़ रहा है।

पर्यावरण पर आधुनिक प्रौद्योगिकी का प्रभाव बड़े उद्योगों द्वारा बड़ी मात्रा में ग्रीनहाउस गैसों के उत्सर्जन से वायु प्रदूषित होती है, जिससे पर्यावरण क्षरण होता है। इसके अतिरिक्त प्रौद्योगिकी का खनिज संसाधनों को कम करने में महत्त्वपूर्ण योगदान होता है।

सुपोषण (Eutrophication) जल निकायों में पोषक तत्त्वों (मुख्यतः नाइट्रोजन व फॉस्फोरस) की अत्यधिकता के कारण शैवाल की वृद्धि और जल पारिस्थितिकी तन्त्र में असन्तुलन उत्पन्न होना।

इको फार्मिंग पारिस्थितिकी के अनुकूल कृषि

जैविक कृषि जैव-विविधता के अनुकूल कृषि

बायोडायनमिक कृषि ऐसी कृषि जो जैविक एवं पारिस्थितिक रूप से अनुकूल एवं सतत हो।

मानव पर पर्यावरण का प्रभाव

विश्व की ग्रामीण तथा नगरीय जनसंख्या प्रत्यक्ष एवं अप्रत्यक्ष रूप से भौतिक पर्यावरण से प्रभावित होती है। पर्यावरण के भौतिक तत्त्वों में सर्वाधिक प्रभाव जलवायु का मानव समाज और उनकी जीवन-शैली पर पड़ता है; जैसे-ध्रुवीय क्षेत्रों के लोग बर्फ के घरों में रहने के साथ ही उन क्षेत्रों में पाए जाने वाले जीव-जन्तुओं के सहारे जीवन-यापन करते हैं।

पर्यावरण पर मानव का प्रभाव

मानव गतिविधियों से परिवर्तित पर्यावरण **एन्थ्रोजेनिक** पर्यावरण कहलाता है। पर्यावरण पर मानव के प्रभाव के दो प्रमुख वर्ग हैं

(i) प्रत्यक्ष प्रभाव इसके अन्तर्गत सुनियोजित तथा संकल्पित प्रकार के प्रभाव सम्मिलित होते हैं, क्योंकि मनुष्य स्वयं के द्वारा किए जाने वाले कार्यों के परिणामों से अवगत रहता है; जैसे-भूमि उपयोग में परिवर्तन आदि।

(ii) अप्रत्यक्ष प्रभाव इसके अन्तर्गत वे प्रभाव आते हैं, जो पहले से सोचे अथवा नियोजित नहीं होते हैं; जैसे- औद्योगिक विकास हेतु किए जाने वाले कार्यों के प्रभाव, ये शीघ्र परिलक्षित नहीं होते।

पर्यावरणीय समस्याएँ

- **जनसंख्या विस्फोट** वर्तमान में विश्व की जनसंख्या लगभग 8.2 अरब है, जिसे वर्ष 2050 में लगभग 11 अरब होने का अनुमान लगाया गया है। अत्यधिक जनसंख्या के कारण भूमि की माँग बढ़ गई है, जिससे मनुष्य वन क्षेत्रों का विनाश कर रहा है, जो पृथ्वी के वायुमण्डल को प्रभावित करता है।
- **प्रदूषण में वृद्धि** भूमि एवं जल के माध्यम से भी प्रदूषण में वृद्धि हो रही है। इसका मूल कारण मानव जातियों द्वारा भूमि एवं जल में रासायनिक उर्वरकों, कीटनाशकों, रेडियोधर्मी वस्तुओं व अपशिष्ट पदार्थों इत्यादि का बड़े पैमाने पर प्रयोग है।
- **वनोन्मूलन** औद्योगीकरण के विकास से सर्वाधिक प्रभाव वन/जंगलों पर पड़ा है, जिससे वनोन्मूलन (Deforestation) की स्थिति उत्पन्न हो गई है। इसके साथ ही वनोन्मूलन से भूमण्डलीय ऊष्मीकरण (Global Warming) में वृद्धि होती है।
- **जलवायु परिवर्तन** सूर्य की गतिविधि में बदलाव या बड़े ज्वालामुखी विस्फोटों के कारण, जलवायु परिवर्तन हो सकते हैं, परन्तु वर्तमान में मानव गतिविधियाँ जलवायु परिवर्तन का मुख्य कारण है। ग्रीनहाउस गैस; जैसे-कार्बन डाइऑक्साइड एवं मीथेन इत्यादि, जलवायु परिवर्तन के मुख्य कारण हैं।
- **जन स्वास्थ्य** जलवायु परिवर्तन ने मानव जन स्वास्थ्य (Public Health) पर अधिक गहरा प्रभाव डाला है, जिससे आने वाले दशकों में जन स्वास्थ्य पर निम्न प्रभाव पड़ सकते हैं
  - चक्रवात, बाढ़, सूखा इत्यादि से स्वास्थ्य को हानि; अधिक ग्रीष्म अवधि (Heat Wave) से लोगों की मृत्यु; फेफड़ों की बीमारियों में वृद्धि होना।
- **जैवि-विविधता एवं अन्य संसाधनों का ह्रास** पौधों तथा जीवों के प्राकृतिक निवास को असंख्य रूपों में सुरक्षित रखना, बचाना एवं परिरक्षण करना ही प्राथमिक जैव-विविधता का संरक्षण (Loss of Biodiversity & Conservation) है। प्राकृतिक संसाधनों के बड़े पैमाने पर शोषण से प्राकृतिक संसाधनों का ह्रास (Resource Depletion) हुआ है।
- **आनुवंशिक सन्दूषण** प्राकृतिक जीवों में अनियन्त्रित आनुवंशिक प्रवाह से आनुवंशिक सन्दूषण (Genetic Contamination) उत्पन्न होता है, जो बाहरी आक्रमणकारी जीवों के अन्तर्वाह अथवा आनुवंशिक इंजीनियरिंग द्वारा जान-बूझ कर किए गए पौधों तथा जीवों के अन्तर्वाह से होता है। आनुवंशिक विधि से संशोधित फसलें (Genetically Modified Crops) विभिन्न प्रकार के पौधों एवं जीवों के संकर से पैदा होती हैं।
- **सम्पोषणता** वर्तमान पीढ़ी के संसाधन अपने समय से पहले ही उपयोग किए जा चुके हैं और हम अपनी भविष्य की पीढ़ियों के हिस्सों के संसाधनों का उपयोग कर रहे हैं, इसलिए आने वाली पीढ़ियों के लिए हमें प्राकृतिक संसाधनों का संरक्षण करने की आवश्यकता है, ताकि पृथ्वी पर पर्यावरणीय सन्तुलन बना रहे, जो सम्पोषणता को प्रदर्शित करता है।

"

पारिस्थितिकी वह विज्ञान है, जिसके अन्तर्गत एक ओर प्राकृतिक पारिस्थितिकी तन्त्र के जैविक एवं अजैविक संघटकों के मध्य तथा दूसरी ओर विभिन्न जीवों के मध्य अन्तर्सम्बन्धों का अध्ययन किया जाता है।

अध्याय दो

पारिस्थितिकी एवं पारिस्थितिकी तन्त्र

पारिस्थितिकी

- पारिस्थितिकी का शाब्दिक अर्थ पर्यावरण के सन्दर्भ में वनस्पति, जीवों, मानव तथा अन्य सूक्ष्मजीवों का अध्ययन करना है।
- पारिस्थितिकी (Ecology) शब्द का प्रयोग सर्वप्रथम जर्मन प्राणिशास्त्री अर्नस्ट हैक्कल (Ernst Haeckel) ने 1869 ई. में किया था। इन्होंने दो ग्रीक शब्दों, जिनमें पहला 'Oikas' जिसका अर्थ है–आवास या रहने का स्थान एवं दूसरा 'Logos' जिसका अर्थ है-अध्ययन, को मिलाकर 'Ecology' अर्थात् पारिस्थितिक शब्द का निर्माण किया गया था।
- अत: शाब्दिक रूप से पारिस्थितिक का अर्थ "जीवों का उनके निवास के सन्दर्भ में अध्ययन है" अर्थात् वातावरण एवं जीव समुदाय के पारस्परिक सम्बन्धों के अध्ययन को पारिस्थितिकी कहते हैं।
- पारिस्थितिकी के अन्तर्गत एक ओर प्राकृतिक पारिस्थितिकी तन्त्र के जैविक एवं अजैविक संघटकों के मध्य एवं दूसरी ओर विभिन्न जीवों के मध्य अन्तर्सम्बन्धों का अध्ययन किया जाता है।
- पारिस्थितिकी तन्त्र भूतल के एक निश्चित क्षेत्र को धारण करने वाली एक आधारभूत कार्यशील इकाई होती है, जिसके अन्तर्गत जैविक समुदाय एवं अजैविक संघटकों के सकल समुच्चय तथा किसी निश्चित इकाई समय के अन्तर्गत उनकी आपसी अन्त:क्रियाओं को सम्मिलित किया जाता है।
- जैविक एवं अजैविक तत्त्वों की परस्पर क्रियाशीलता से पारिस्थितिकी की रचना होती है।

पारिस्थितिकी की परिभाषाएँ

पारिस्थितिकी की परिभाषा विभिन्न पारिस्थितिकी विद्वानों द्वारा भिन्न-भिन्न प्रकार से दी गई है, जोकि निम्न है

- वार्मिंग के अनुसार, "पारिस्थितिकी जीवों एवं उनके पर्यावरण के बीच सम्बन्धों का अध्ययन है।"
- अर्नस्ट हैक्कल के अनुसार, "पारिस्थितिकी जीवों तथा उनके जैव एवं अजैव पर्यावरण के बीच सम्बन्धों का अध्ययन है।"
- फ्रेडरिक क्लेमेण्ट्स के अनुसार, "पारिस्थितिकी को समुदाय (Community) के विज्ञान के रूप में परिभाषित किया जा सकता है।"
- चार्ल्स एल्टन के अनुसार, "पारिस्थितिकी जीवों के समाज एवं अर्थव्यवस्था के प्राकृतिक और वैज्ञानिक जीवन का इतिहास है।"
- टेलर के अनुसार, "पारिस्थितिकी सभी जीवों का उनके पर्यावरण के सम्बन्धों का अध्ययन है।"
- ई. पी. ओडीम के अनुसार, "पारिस्थितिकी जीवों अथवा जीव समूहों एवं पर्यावरण के बीच सम्बन्धों अथवा जीवित जीवों एवं उनके पर्यावरणों के बीच अन्तर्सम्बन्धों का विज्ञान है।"
- मूरे के अनुसार, "पारिस्थितिकी वह विज्ञान है, जो पर्यावरण के सन्दर्भ में जीवों का अध्ययन करता है।"
- हेगेट के अनुसार, "पारिस्थितिकी पर्यावरण के सन्दर्भ में पौधों एवं पशुओं का अध्ययन है।"

पारिस्थितिकी की आधारभूत संकल्पनाएँ

पर्यावरण वैज्ञानिक आर. मिश्रा ने पारिस्थितिकी की चार आधारभूत संकल्पनाएँ बताई हैं, जो निम्न प्रकार हैं

1. समग्रता (Holism) यह शब्द प्राय: दक्षिण अफ्रीकी पर्यावरणविद् जॉन क्रिस्चन स्मट्स ने वर्ष 1926 में अपनी पुस्तक 'Holism and Evolution' में लिखा था। स्मट्स के अनुसार "समग्रता प्रकृति में रचनात्मक उद्भव द्वारा सम्पूर्णता पैदा करने की प्रवृत्ति है, जो भागों के योग से बड़ी है।"
2. पारिस्थितिकी तन्त्र (Ecosystem) सामान्य रूप से जीवमण्डल के सभी घटकों के वे समूह हाते है जो पारस्परिक क्रिया में सम्मिलित होते हैं, उसे पारिस्थितिकी तन्त्र कहा जाता है। पारिस्थितिकी तन्त्र प्रकृति की क्रियात्मक इकाई है, जिसमें जैविक एवं अजैविक घटकों के बीच होने वाली जटिल क्रियाएँ सम्मिलित होती हैं।
3. अनुक्रमण (Succession) भिन्न-भिन्न प्रकार के जीव प्राकृतिक परिस्थितियों के आधार पर अनुक्रमण प्रक्रिया से गुजरते हैं। अनुक्रमण वह पारिस्थितिकी घटना है, जिसमें पुराने पारिस्थितिकी तन्त्र का स्थान नया और अधिक विविधता वाला पारिस्थितिकी तन्त्र ले लेता है।
4. संरक्षण (Conservation) इसका तात्पर्य पारिस्थितिकी तन्त्र की निरन्तरता से है, जो हमारे पर्यावरण को सुरक्षित एवं संरक्षित करते हैं।

- वन हमारे पर्यावरण/वायुमण्डल को संरक्षित एवं संचालित कर सकते हैं, क्योंकि वन अपने बायोमास द्वारा वायु, जल, मृदा एवं जीवों इत्यादि को संरक्षण प्रदान करते हैं।
- लकड़ी, कोयला, खनिज, प्राकृतिक गैस एवं तेल इत्यादि के बड़े पैमाने पर प्रयोग होने से वायु दूषित होती है तथा वायु प्रदूषण तीव्रता से हमारे वायुमण्डल में फैलता है।

क्लीमेण्ट्स एवं शेलफोर्ड

- इन दोनों ने वर्ष 1939 में जीवोम तथा बायोम की संकल्पना प्रतिपादित/ प्रस्तुत की। इस संकल्पना के अनुसार सभी प्रकार के पौधे एवं पशु पर्यावरण के साथ क्रिया एवं प्रतिक्रिया द्वारा आपस में जुड़े होते हैं।
- एक ही प्रकार की जलवायु में विकसित होने वाले पादपों एवं जीव-जन्तुओं के समूह को बायोम अथवा जीवोम कहते हैं।

पारिस्थितिकीय कारक

जीवधारियों की संरचना एवं कार्यों पर प्रभाव डालने वाला वातावरण का प्रत्येक भाग वातावरणीय अथवा पारिस्थितिकीय कारक कहलाता है। इसके कारकों को चार भागों में वर्गीकृत किया गया है, जो निम्न प्रकार हैं

पारिस्थितिकीय कारक

जलवायवीय कारक (Climatic factor) इसके अन्तर्गत प्रकाश, तापमान, वर्षा एवं जल, वायु, वायु की गति एवं वायुमण्डलीय गैसें आदि आते हैं।

मृदीय कारक (Edaphic factor) इसके अन्तर्गत खनिज पदार्थ, कार्बनिक पदार्थ, शैवाल, मृदा जल, मृदा वायु, मृदा जीव आदि सम्मिलित होते हैं।

स्थालाकृति कारक (Topographical factor) इसके अन्तर्गत स्थलाकृतियों की ऊँचाई, ढलान, ढलान की दिशा एवं मात्रा आदि सम्मिलित होते हैं।

जैविक कारक (Biotic factor) इसके अन्तर्गत सूक्ष्मजीव, जीवाणु, कवक, चरने वाले पशु, सहजीविता (Symbiotism), परजीविता (Parasitism), अधिपादपता (Epiphytism), मृतोपजीविता (Saprophytism) कीटपक्षी पौधे आदि शामिल होते हैं।

पारिस्थितिकी के विशिष्ट क्षेत्र

मानव कल्याण के विकास के परिणामस्वरूप पारिस्थितिकी में कई विशिष्ट क्षेत्र विकसित हुए हैं, जिन्हें मान्यता प्राप्त विशिष्ट क्षेत्र कहा जाता है, जो निम्न प्रकार हैं

- ताजे जल की पारिस्थितिकी
- जैव भूगोल
- सांख्यिकीय पारिस्थितिकी
- पुरापारिस्थितिकी
- अन्तरिक्ष पारिस्थितिकी
- सिस्टम पारिस्थितिकी
- उत्पादन पारिस्थितिकी
- प्रदूषण पारिस्थितिकी
- मानव पारिस्थितिकी
- समुद्री पारिस्थितिकी
- ज्वारनदमुख पारिस्थितिकी
- भौतिक पारिस्थितिकी
- पादप भूगोल
- वंशावली पारिस्थितिकी
- रेडिएशन पारिस्थितिकी
- अनुपयुक्त पारिस्थितिकी
- पारिस्थितिकीय ऊर्जाएँ
- संरक्षण पारिस्थितिकी

पारिस्थितिकी के नियम

पर्यावरण एवं पारिस्थितिकी की क्रियाशीलता कुछ नियमों पर आधारित होती है। इन नियमों के प्रतिपादक बैरी कोमोनर (Barry Commoner) हैं। ये नियम निम्न प्रकार हैं

- पारिस्थितिकी के प्रथम नियम के अनुसार, पारितन्त्र में सभी जीव एक-दूसरे से सम्बन्धित होते हैं (Every creature is connected to everything)।
- उनका सम्बन्ध पदार्थ अथवा ऊर्जा के माध्यम से स्थापित होता है; जैसे—मौसम के तापमान में वृद्धि के फलस्वरूप शैवालों की संख्या में तेजी से वृद्धि होती है।
- तन्त्र में अजैविक पोषकों की आपूर्ति घट जाती है। इससे शैवाल एवं पोषण चक्र में असन्तुलन पैदा होता है। इसे सन्तुलित करने हेतु तन्त्र के अन्य प्रक्रम क्रियाशील हो जाते हैं और पुन: पारिस्थितिकीय सन्तुलन कायम हो जाता है।
- पारिस्थितिकी के द्वितीय नियम के अनुसार, पारितन्त्र में प्रत्येक वस्तु को कहीं-न-कहीं जाना है (Everything must go somewhere)। प्रत्येक प्राकृतिक तन्त्र में, यदि किसी एक तन्त्र द्वारा कोई वस्तु निकाल दी जाती है, तो उसी वस्तु को दूसरा तन्त्र अपने भोजन के लिए प्रयोग कर लेता है; जैसे—प्राणी कार्बन डाइऑक्साइड को अपने श्वसन के अपशिष्ट के रूप में त्याग देता है, परन्तु यही कार्बन डाइऑक्साइड हरित पादपों के लिए आवश्यक पोषक बन जाती है।
- पारिस्थितिकी के तृतीय नियम के अनुसार, माना गया है कि यहाँ कुछ भी मुफ्त में उपलब्ध नहीं है (There is no such thing as a free lunch)। अत: किसी भी प्रकार का लाभ प्राप्त करने के लिए तन्त्र में कुछ-न-कुछ अवश्य प्रदान करना पड़ता है अर्थात् ऊर्जा की प्राप्ति के लिए ऊर्जा लगानी पड़ती है।
- पारिस्थितिकी के चतुर्थ नियम के अनुसार, प्रकृति सर्वोत्तम जानती है (Nature knows best)। इस नियम के अनुसार, पारितन्त्र में मानव द्वारा किया गया कोई भी परिवर्तन उसके अस्तित्व के लिए विनाशकारी सिद्ध होगा।

प्रकाश संश्लेषण

- प्रकाश संश्लेषण (Photo Synthesis) एक प्रकाश-निर्भर प्रतिक्रिया है, जिसमें स्वपोषी जीव (पौधे, शैवाल और कुछ अन्य जीव) प्रकाश ऊर्जा को रासायनिक ऊर्जा में परिवर्तित करते हैं।
- हरे पौधे प्रकाश ऊर्जा, कार्बन डाइऑक्साइड और पानी का उपयोग करके शर्करा और ऑक्सीजन बनाते हैं। पौधों में प्रकाश संश्लेषण में ऑक्सीजन का उत्सर्जन होता है, जबकि जीवाणु प्रकाश संश्लेषण में अधिकांशत: ऑक्सीजन का उत्सर्जन नहीं होता।

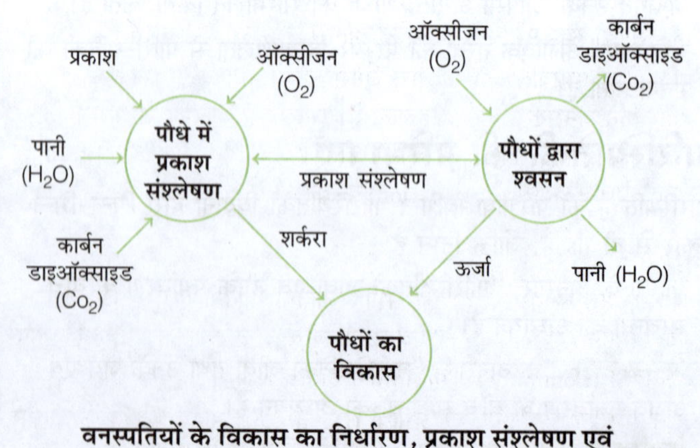

वनस्पतियों के विकास का निर्धारण, प्रकाश संश्लेषण एवं श्वसन के मध्य सामंजस्य द्वारा

पारिस्थितिकी में संगठन के स्तर

संगठन या व्यवस्था का तात्पर्य किसी भी तन्त्र, संरचना या स्थिति के लघु घटकों का बड़े घटकों के साथ पदानुक्रमिक विन्यास से है। इसमें प्रत्येक स्तर के घटक एक-दूसरे के साथ समान उद्देश्यों के लिए सामंजस्य एवं सहयोग करते हैं। पारिस्थितिकी में संगठन के स्तरों का संक्षिप्त वर्णन निम्नलिखित है

जीव या व्यक्ति

- जीवित वस्तुएँ जीव (Organism) कहलाती हैं, क्योंकि उनमें वृहत स्तर के संगठन देखे जाते हैं।
- उन्हें व्यक्ति (Individual) भी कहा जाता है, क्योंकि प्रत्येक जीव का व्यक्तिगत अस्तित्व होता है।
- यह जीव स्वतन्त्र रूप से कार्य करने की क्षमता रखता है और यह पौधा, जन्तु, बैक्टीरिया, कवक आदि कुछ भी हो सकता है।
- इसका उद्देश्य किसी जीव के रूप, कायिकी (Physiology), व्यवहार (Behaviour), गन्तव्य (Destination) एवं अनुकूलन (Adaptation) का अध्ययन करना है।

आवास

आवास (habitat) एक ऐसा पारिस्थितिकीय या पर्यावरणीय भाग है, जिस पर कोई विशिष्ट वनस्पति या जन्तु प्रजाति निवास करती है। पृथ्वी पर चार प्रमुख आवास पाए जाते हैं—**स्थल, ताजा जल, ज्वारनदमुख** (Estuary) तथा **महासागर/सागर**। आवास में जनसंख्या से तात्पर्य उसमें रहने वाली या पाई जाने वाली जन्तुओं व वनस्पतियों की संख्या से है। वर्तमान में मानवीय कारणों के कारण वनस्पति व जन्तुओं के प्राकृतिक आवास का ह्रास होता जा रहा है, जो जैव-विविधता के ह्रास का प्रमुख कारण है। अतः जैव-विविधता व पारिस्थितिकी के संरक्षण हेतु आवास को संरक्षित करना जरूरी है।

जनसंख्या

- इसके अन्तर्गत किसी भी क्षेत्र विशेष में पाए जाने वाले पौधों व जन्तुओं की प्रजातियों को सम्मिलित किया जाता है; जैसे—किसी क्षेत्र में पाए जाने वाले जीवों की संख्या उनकी जनसंख्या (Population) है। जनसंख्या स्तर पर समस्त व्यक्ति आपस में अन्तर्क्रिया करते हैं।
- किन्हीं दो समयावधियों के बीच जनसंख्या में होने वाला धनात्मक परिवर्तन जनसंख्या वृद्धि कहलाता है। जनसंख्या में वृद्धि जन्म एवं अप्रवास (Imigration) के कारण होती है, जबकि जनसंख्या में कमी मृत्यु एवं उत्प्रवास (Emigration) के कारण होती है।

समुदाय

- किसी क्षेत्र में पाई जाने वाली सभी प्रजातियों, पादपों एवं जन्तुओं आदि के समूहन (Assembling) एवं उनके बीच अन्तर्क्रिया के परिणामस्वरूप समुदाय (Community) का निर्माण होता है।
- इन समुदायों का नामकरण प्रभावी (Dominant) पादप प्रजाति के आधार पर किया जाता है; जैसे—घासभूमि समुदाय, वन समुदाय आदि में क्रमशः घासों व वृक्षों की प्रधानता होती है, लेकिन अन्य झाड़ियाँ आदि भी पाई जाती हैं।

समुदाय का स्तरीकरण

- समुदाय के स्तरीकरण से तात्पर्य उस समुदाय की प्रजातियों की ऊर्ध्वाधर (Vertical) परतों से है। स्तरीकरण अन्तर-जातीय प्रतिस्पर्धा (Inter-Specific Competition) को सीमित करने का प्रायोगिक उपाय है।
- विभिन्न समुदायों में भिन्न-भिन्न परतें पाई जाती हैं; जैसे—उष्णकटिबन्धीय वर्षा वनों में सर्वाधिक पाँच परतें पाई जाती हैं, जबकि अन्य में या तो वर्षा या फिर ताप या दोनों की न्यूनता के कारण वनस्पति की परतों में कमी होती जाती है।

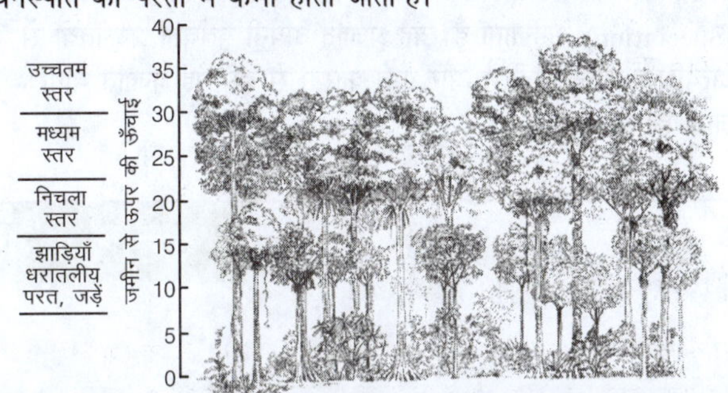

समुदाय का स्तरीकरण

पारितन्त्र

- किसी क्षेत्र के जैविक समुदाय एवं उनके अजैविक पर्यावरण को मिलाकर पारिस्थितिकी तन्त्र का निर्माण होता है। पारितन्त्र (Ecosystem) में जैविक समुदाय एवं उनका अजैविक पर्यावरण ऊर्जा प्रवाह एवं पोषकों के प्रवाह के द्वारा आपस में अन्तर्क्रिया करते हैं।
- पारितन्त्र के सभी घटक एक-दूसरे पर अन्तर्निर्भर होते हैं। अतः एक घटक की विलुप्ति या परिवर्तन का प्रभाव समस्त पारितन्त्र पर पड़ता है।

उद्विकास एवं प्रजातीयकरण

- पारिस्थितिक तन्त्रों एवं उनकी प्रजातियों, अन्तर्क्रियाओं एवं समुदायों में समय के साथ बदलाव आता है।
- प्रजातियों में परिवर्तन, प्राकृतिक चयन (Natural Selection) एवं उद्विकास (Evolution) की प्रक्रिया के द्वारा होता है।

प्राकृतिक चयन

- प्राकृतिक चयन का वर्णन सर्वप्रथम चार्ल्स डार्विन ने किया था। इस प्रक्रिया में प्रजातियों के कुछ जीनों का चयन लगातार दोहराव (Replication) हेतु किया जाता है।
- ऐसे जीव, जो इन जीनों को धारण करते हैं, वे जनसंख्या में जीवित रहने के लिए अधिक अनुकूल हो जाते हैं और पुनर्जनन द्वारा इन जीनों की मात्रा अधिक होती जाती है। इसे योग्यतम की उत्तरजीविता (Survival of the Fittest) भी कहा जाता है।

उद्विकास

उद्विकास (Evolution) एक प्रक्रिया है, जिसके द्वारा प्रजाति अपनी आनुवंशिक विशेषताओं को पीढ़ी-दर-पीढ़ी, प्राकृतिक चयन के द्वारा परिवर्तित करती है।

सम-उद्‌विकास

जब दो प्रजातियों में एकसाथ उद्‌विकास के कारण परिवर्तन या बदलाव आता है, तो उसे सम-उद्‌विकास (Co-evolution) कहते हैं। ऐसा इसलिए होता है, क्योंकि वे दोनों प्रजातियाँ आपस में अन्तर्क्रिया करती हैं और एक प्रजाति का बदलाव दूसरी प्रजाति को प्रभावित करता है।

प्रजातीयकरण

- उद्‌विकास के परिणामस्वरूप नई प्रजाति का जन्म होना प्रजातीयकरण (Speciation) कहलाता है। यह प्रजाति अपनी पूर्ववर्ती प्रजातियों से अत्यधिक भिन्न होती है और इसी कारण से इसे नई प्रजाति माना जाता है।
- प्रजातीयकरण तब भी सम्भव हो सकता है, जब किसी जनसंख्या को भौगोलिक सीमाओं द्वारा अलग-अलग कर दिया जाता है।

विलुप्ति

- विलुप्ति (Extinction) से तात्पर्य किसी प्रजाति के निकट भविष्य में विनष्ट होने से है। ऐसा प्रायः जलवायविक या पर्यावरणीय बदलावों और जैविक प्रतिस्पर्धा (Biological Competition) के कारण होता है।
- विलुप्ति की घटना तभी होती है, जब कोई प्रजाति अपने आस-पास के बदलावों से समन्वय नहीं बैठा पाती। कभी-कभी भूकम्प, ज्वालामुखी, सूनामी आदि अचानक आने वाले परिवर्तनों के कारण प्रजातियों का अचानक विलुप्तिकरण हो जाता है, कभी-कभी यह मन्द गति से भी हो सकता है।

अन्तर्क्रिया या जैविक अन्योन्यक्रिया

अन्तर्क्रिया

अन्तर-प्रजातीय अन्तर्क्रिया

- वे अन्तर्क्रियाएँ हैं, जो विभिन्न प्रजातियों के जीवों के मध्य होती हैं।
- तीन प्रकार - सकारात्मक, उदासीन एवं नकारात्मक

सकारात्मक

समुदाय के मध्य पारस्परिक क्रिया करने वाली दोनों जातियाँ या कोई एक जाति लाभान्वित होती है। ये पर्यावरणीय उतार-चढ़ाव के प्रति अनुकूलन (Adaptation) स्थापित करने में सहायता करती हैं।

- **सहभोजिता** (Commensalism) इनमें एक जाति लाभान्वित होती है, जबकि दूसरी जाति को सामान्य स्थिति में न तो लाभ होता है और न ही हानि; जैसे-पक्षियों का वृक्ष पर आश्रय लेना।
- **अधिपादप** (Epiphytes) वृक्षों पर वृद्धि करके लाभ उठाने वाले पौधे, वृक्षों को कोई हानि नहीं; जैसे-मॉस, फर्न, आर्किड, मनी प्लाण्ट।
- **सहोपकारिता** (Mutualant) दो जातियों का सहयोग होता है, जिसमें दोनों सहोपकारी लाभान्वित, परस्पर क्रियात्मक, साहचर्य। सहोपकारिता, अविकल्पी या विकल्पी हो सकती है। उदाहरण-लाइकेन, कवकमूल तथा हर्मिट केकड़े आदि।

नकारात्मक

किसी एक प्रजाति को लाभ तथा दूसरी प्रजाति को हानि; जैसे-परभक्षण, परजीविता।

- **परभक्षण** (Predation) इसमें एक जाति, दूसरी जाति को अपना आहार बना लेती है। इस प्रक्रिया के द्वारा एक समुदाय के अन्दर भक्ष्य-परभक्षी की जनसंख्या स्थायीकृत रहती है। उदाहरण-शेर और जेब्रा आदि।
- **परजीविता** (Parasitism) इसमें छोटे आकार की परजीवी जाति, बड़े आकार की जाति के ऊपर निर्भर परजीवी जाति, मेजबान जाति की जनसंख्या वृद्धि को प्रभावित कर सकती है तथा मच्छर मेजबान के जीवन चक्र को कम करके उसे कमजोर बनाती है।

उदासीन

किसी भी प्रजाति को प्रत्यक्ष रूप से न तो कोई लाभ और न ही कोई हानि, यद्यपि लाभ या हानि अप्रत्यक्ष रूप से ही होती है; जैसे-प्रतिस्पर्धा।

प्रतिस्पर्धा दो अलग-अलग प्रजातियों में आवश्यकता पूर्ति हेतु होता है, प्रतिस्पर्धा वातावरण में आवश्यकता की पूर्ति की क्षमता सीमित होती है।

अन्तरा-प्रजातीय प्रतिस्पर्धा

यह तब पाई जाती है, जब किसी जनसंख्या के दो-या-दो से अधिक जीव अपने आस-पास के पर्यावरण से वैसे तत्त्वों के लिए संघर्ष करते हैं, जो अन्य जीवों द्वारा भी अपेक्षित होते हैं।

अन्तरा-प्रजातीय अन्तर्क्रिया

ये अन्तर्क्रियाएँ एक ही प्रजाति के जीवों के मध्य होती हैं

- **सामाजिक प्रभाविता** (Social Dominance) इसमें जीवों के समाज या समुदाय का स्तरीकरण जीवों के कई समूहों में किया जाता है; जैसे-चींटियों की जनसंख्या को उनकी रैंक या जाति के आधार पर रानी, सैनिक, कामगार आदि समूहों में बाँटा जाता है।
- **सामाजिक पदसोपान** (Social Hierarchy) इसमें किसी एक जीव का अन्य जीवों पर प्रभुत्व होता है; जैसे-पोल्ट्री फार्म में मजबूत प्रौढ़ रूस्टर (अल्फा मेल) का अन्य जनसंख्या पर पूर्णतः नियन्त्रण रहता है।
- **क्षेत्रीयकरण** (Territoriality) जीव/व्यक्ति या जीवों के समूह द्वारा सीमांकित भौतिक क्षेत्र है। उदाहरण-कुत्ते अपने आस-पास के क्षेत्र को मूत्र के उत्सर्जन द्वारा सीमांकित करते हैं, जिसकी महक दूसरे कुत्तों द्वारा आसानी से खोजी जा सकती है।

अन्तर-प्रजातीय अन्तर्क्रिया

पारस्परिक क्रियाओं के प्रकार	जाति A	जाति B	पारस्परिक क्रियाओं की प्रकृति
सहोपकारिता	+	+	A और B दोनों के लिए लाभदायक
सहभोजिता	+	0	A के लिए लाभकारी तथा B पर कोई प्रभाव नहीं
परजीविता	+	–	A के लिए लाभदायक (परजीवी) तथा B के लिए हानिकारक (मेजबान)
परभक्षण	+	–	A के लिए लाभदायक (परभक्षी) तथा B को अवरोध करना (भक्ष्य)
प्रतियोगिता	–	–	A और B दोनों पर नकारात्मक प्रभाव

नोट [0] जातियों पर कोई प्रभाव नहीं; [+] सकारात्मक प्रभाव; [–] नकारात्मक प्रभाव

पारिस्थितिकीय अनुक्रमण

- अनुक्रमण (Succession) की अवधारणा सर्वप्रथम वार्मिंग और क्लिमेण्ट्स द्वारा दी गई थी। अनुक्रमण सैंकड़ों या हजारों वर्षों में वानस्पतिक समुदायों की रचना और आकार में आने वाली विभिन्नताओं को व्यक्त करता है। समुदाय और पर्यावरण में पारस्परिक क्रिया के फलस्वरूप जो परिवर्तन उत्पन्न होते हैं, उससे क्रमशः एक समुदाय दूसरे समुदाय के द्वारा प्रतिस्थापित (Replace) होता रहता है।
- लम्बी अवधि के बाद अनुक्रमण की गति मन्द पड़ने लगती है और अन्ततः एक ऐसे समुदाय का आगमन होता है, जो वहाँ के भौतिक पर्यावरण के साथ गतिक सन्तुलन (Dynamic Balance) स्थापित करता है और इसके माध्यम से पर्यावरण को परिवर्तित होने से रोक लेता है।
- इस प्रकार के सन्तुलन को स्थापित करने वाले समुदाय को चरम समुदाय (Climax Community) कहते हैं। इसके पूर्व के सभी बदलते हुए समुदायों को क्रमकी समुदाय (Seral Community) कहा जाता है।
- सर्वप्रथम स्थापित समुदाय को नवीन समुदाय (Pioneer Community) कहते हैं। इस प्रकार देखें तो अनुक्रमण नवीन समुदाय से प्रारम्भ होकर क्रमकी समुदायों द्वारा आगे बढ़ते हुए चरम समुदाय पर समाप्त होता है। अनुक्रमण के क्रम में समुदायों की प्रावस्थाएँ, जो एक के बाद दूसरे के द्वारा प्रतिस्थापित होती हैं, उन्हें क्रमक (Sere) कहते हैं। चरम समुदाय स्थायी होता है तथा जाति रचना में कोई परिवर्तन तब तक नहीं दर्शाता है, जब तक कि पर्यावरणीय स्थिति में कोई बदलाव न आ जाए।

पारिस्थितिकीय अनुक्रमण के प्रकार

क्लिमेण्ट्स ने पारिस्थितिकीय अनुक्रमण को दो भागों में बाँटा है

(i) प्राथमिक अनुक्रमण

- इसके अन्तर्गत उन क्षेत्रों में विभिन्न क्रमकों (Sere) में वनस्पति समुदाय के विकास को सम्मिलित करते हैं, जहाँ सर्वप्रथम किसी भी पौधे या प्राणी का जनन एवं विकास न हुआ हो।
- प्राथमिक अनुक्रमण (Primary Succession) निम्न स्थानों व परिस्थितियों में होता है; जैसे-नवीन लावा प्रवाह (Lava Flow) तथा उसके शीतलन द्वारा नवीन धरातल का निर्माण, हिममण्डित क्षेत्रों से हिम के पिघल जाने के कारण शैलों के अनावरण वाला भाग, झील के जलके सूख जाने पर शुष्क झील का तल वाला भाग आदि।

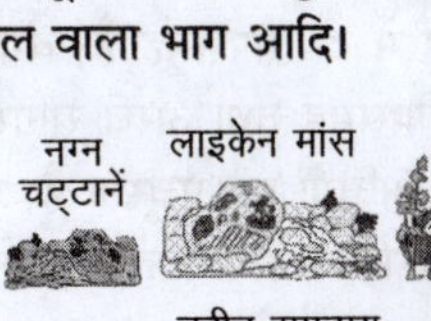

प्राथमिक अनुक्रमण

(ii) द्वितीयक अनुक्रमण

- किसी क्षेत्र में जब प्राथमिक अनुक्रमण से उत्पन्न जैव समुदाय का किन्हीं कारणों से विनाश हो जाता है, तो द्वितीयक अनुक्रमण (Secondary Succession) द्वारा उस क्षेत्र में नवीन जैव समुदाय विकसित होता है।
- द्वितीयक अनुक्रमण का कारण मानवीय हस्तक्षेपों (जैसे-वनों का काटना या जलाना, झूमिंग कृषि, सड़क निर्माण आदि) द्वारा या प्राकृतिक कारकों (जैसे—बाढ़, हरिकेन, सूखा, भूस्खलन, जलवायु परिवर्तन) द्वारा प्राथमिक जैव समुदाय का विनाश होता है।

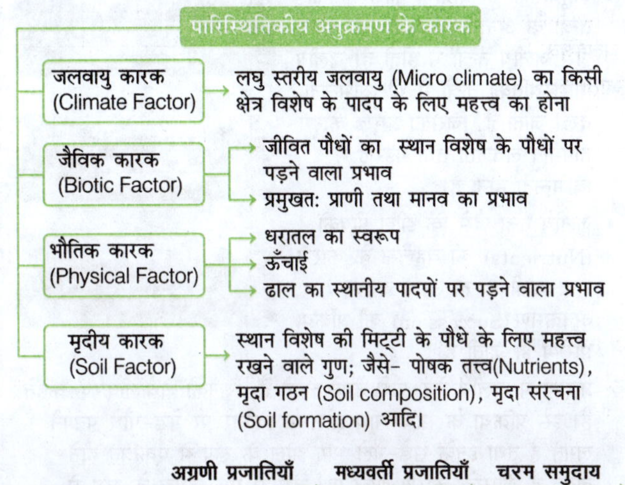

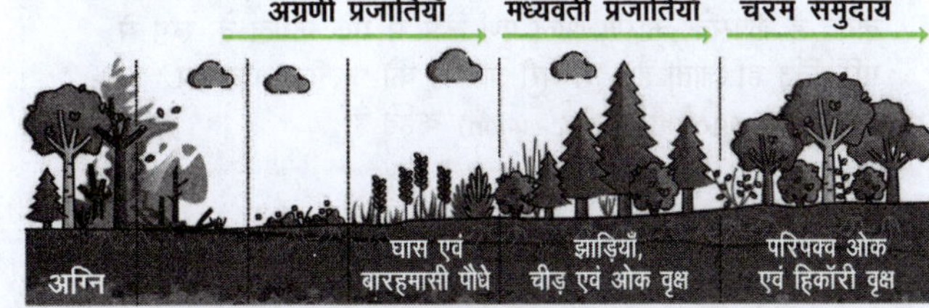

द्वितीयक अनुक्रमण

पारिस्थितिकीय अनुक्रमण की प्रक्रिया

क्लिमेण्ट्स (Clements) ने वर्ष 1916 में अनुक्रम की निम्नलिखित प्रक्रियाओं का वर्णन किया है

1. न्यूडेशन (Nudation) नवीन समुदाय के आगमन के लिए सुरक्षित स्थान प्रदान करने की प्रक्रिया न्यूडेशन कहलाती है। सामान्यतया पायोनीयर जातियों में वृद्धि दर अधिक होती है, लेकिन उनकी जीवन अवधि कम होती है।
2. आक्रमण (Invasion) बाहर से अनेक नई जातियों का अनुक्रमण के क्षेत्रों में अनधिकृत प्रवेश आक्रमण कहलाता है। इस प्रक्रिया में निकट के क्षेत्रों से प्रकीर्णन के विभिन्न माध्यमों से फलों या बीजों की अनेक प्रजातियों का नवीन स्थान पर पहुँचकर अंकुरित होना आस्थापन (Ecesis) कहलाता है।
3. स्पर्धा (Competition) जब किसी क्षेत्र में समुदायों का एकत्रीकरण हो जाता है, तब वहाँ स्थान तथा संसाधनों पर दबाव अधिक बढ़ जाता है। इस कारण यहाँ अन्तर्जातीय तथा अन्तराजातीय प्रतिस्पर्धा होने लगती है।
4. प्रतिक्रिया (Reaction) इस चरण में जैविक तथा अजैविक दोनों घटकों के मध्य प्रतिक्रिया शुरू हो जाती है। पर्यावरण में निरन्तर होने वाला परिवर्तन इसी का प्रतिफल (Result) है।

5. **चरम अवस्था** (Climax Stage) यह अनुक्रमण की प्रक्रिया की सबसे अन्तिम अर्थात् चरम अवस्था होती है, जहाँ जैविक समुदाय पर्यावरण से काफी स्वस्थ सामंजस्य अथवा अनुकूलन स्थापित कर लेते हैं। यह अवस्था पारिस्थितिक सन्तुलन (Ecological Balance) के लिए आवश्यक है। क्लिमेण्ट्स के अनुसार, चरम अवस्था की स्थापना में जलवायु का सबसे महत्त्वपूर्ण योगदान होता है।

जलीय अनुक्रमण

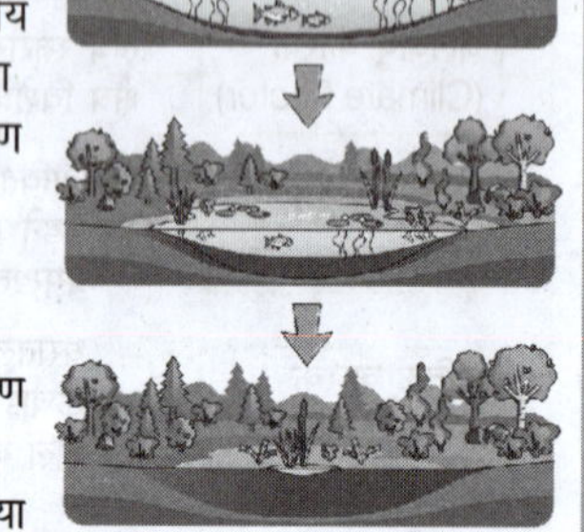

- अनुक्रमण की प्रक्रिया पारिस्थितिकीय तन्त्रों के अन्तर्गत तालाबों और झीलों जैसे जलीय तन्त्रों में होती है। जलीय पारिस्थितिकी तन्त्रों में भी विभिन्नता देखी जाती है, जिसका प्रमुख कारण तापमान लवणता तथा गहराई में विभिन्नता होना है।
- जलीय तन्त्र जैसे कि झील पोषकों (Nutrients) की बहुलता के कारण सूख जाती है, तो उसमें वंशक्रम/अनुक्रमण (Succession) की प्रक्रिया प्रारम्भ हो जाती है।
- प्रारम्भ में जलीय पेड़-पौधे उगने लगते हैं, जिनको शैवालीकरण कहते हैं। इस प्रक्रिया के साथ-साथ झील के किनारे पर पेड़-पौधे पनपने लगते हैं तथा इनके सड़े-गले भाग झील के रूप में एकत्रित होने लगते हैं, जिसके कारण झील पूर्ण रूप से एक जंगल के रूप में परिवर्तित हो जाती है। इस पूरी प्रक्रिया को **जलीय वंशक्रम/अनुक्रमण** (Aquatic Succession) कहते हैं।

पारिस्थितिकीय अनुकूलन

- पारिस्थितिकीय अनुकूलन का तात्पर्य मानव का अपने प्राकृतिक या भौतिक वातावरण के साथ सामंजस्य स्थापित करने से है। इस भौतिक वातावरण के अन्तर्गत जैविक एवं अजैविक दोनों ही अवयव शामिल होते हैं। ये अवयव मानव की जीवन शैली, खाद्य आदतें, वस्त्र, आवास, व्यवसाय आदि पर प्रभाव डालते हैं।
- मानव अपने चतुर्दिक (चारो ओर) इन तत्त्वों के साथ समायोजन का तो प्रयास करता ही है, वह उन तत्त्वों में संशोधन का भी प्रयास करता है, ताकि वे उसके जीवन की आवश्यकताओं के अनुरूप हो सकें। ये संशोधन विज्ञान और तकनीक के विकास के साथ और अधिक गहरे होते जाते हैं।
- मानव का पारिस्थितिकी के साथ सामंजस्य दो प्रकार से होता है
  1. **अनुकूलन** (Adaptation) का तात्पर्य अपने वातावरण के अनुसार स्वयं को परिवर्तित (Self-Modification) करने से है। इसके दो प्रकार हैं (i) आन्तरिक अनुकूलन (ii) बाह्य अनुकूलन
  2. **संशोधन** (Modification) जीवन को सरल बनाने हेतु जब मानव अपने वातावरण को अपनी आवश्यकता के अनुसार ढाल लेता है, तो यह संशोधन कहलाता है। अत्यधिक गर्म प्रदेशों में वातानुकूल एवं रेफ्रिजरेटरों का प्रयोग संशोधन का ही उदाहरण है।

भारत में पारिस्थितिकी परिस्थितियाँ

- भारत का भौगोलिक क्षेत्र अत्यन्त विशाल है एवं अपने विस्तार में एक उपमहाद्वीप जैसा स्थान रखता है।
- इसकी भिन्न-भिन्न जलवायु एवं जैव भौगोलिक विशेषता पारिस्थितिकीय रूप से केन्द्रित हैं।
- भारत को पारिस्थितिकी दृष्टि से छः भागों में बाँटा गया है, जो निम्नलिखित हैं

पारिस्थितिकी दृष्टि से भारत

हिमालयी प्रदेश | मरुस्थलीय प्रदेश | उत्तरी मैदानी भाग | प्रायद्वीपीय पठार | तटीय मैदान | द्वीप समूह

1. **हिमालयी प्रदेश की पारिस्थितिकी** इस क्षेत्र की पारिस्थितिकी बहुत ही विषम एवं निरन्तर दूर तक फैली हुई है। हिमालय की ऊँची पर्वत श्रृंखलाएँ जो उत्तर भारत के पार्श्व में एक लम्बी दूरी तय करती हैं तथा पूर्व में ब्रह्मपुत्र की घाटी मार्ग से होती हुई पश्चिम में सिन्धु नदी तक जाती हैं।
2. **मरुस्थलीय प्रदेश की पारिस्थितिकी** अरावली श्रेणी के उत्तर-पश्चिम में भारत का विशाल मरुस्थल है, जो पश्चिमी राजस्थान के लगभग 3,17,000 वर्ग किमी के क्षेत्र में विस्तृत है। यहाँ की अधिकांश भूमि कृषि हेतु अनुपयुक्त है, यहाँ पर लगभग 50% भूमि परती, बंजर एवं अनुपजाऊ है।
3. **उत्तरी मैदानी भाग की पारिस्थितिकी** ये मैदान उत्तर में हिमालय तथा दक्षिण में उपमहाद्वीप के प्रायद्वीपीय पठार के मध्य पूर्व-पश्चिम दिशा में फैले हुए हैं। इस मैदान का विस्तार पूर्व में असम से लेकर पश्चिम में पंजाब तक 2400 किमी लम्बाई में तथा क्षेत्रफल लगभग 7-8 लाख वर्ग किमी है।
4. **प्रायद्वीपीय पठार की पारिस्थितिकी** ये उत्तरी भारत के कछारी मैदानों के दक्षिण की ओर फैले हुए हैं, जो एक बड़े त्रिभुज के रूप में दिखाई देते हैं, जिसका शिरा (भाग) दक्षिण की ओर कन्याकुमारी पर अवस्थित है। इस पठार की उत्तरी सीमा एक अनियन्त्रित रेखा है, जो कच्छ (गुजरात) से शुरू होकर अरावली के पश्चिमी पार्श्व से होती हुई दिल्ली तक पहुँचती है।
5. **तटीय मैदानों की पारिस्थितिकी** भारत लगभग 6000 किमी लम्बी तटरेखा (केवल मुख्य भूमि की) ओर से हिन्द महासागर एवं इसके दो सागरों (अरब सागर एवं बंगाल की खाड़ी) से घिरा हुआ है। पश्चिमी घाट एवं पश्चिमी तट के बीच पश्चिमी तटीय मैदान तथा पूर्वी घाट एवं पूर्वी तट के मध्य पूर्वी तटीय मैदान स्थित है।
6. **द्वीप समूह की पारिस्थितिकी** भारत में दो द्वीपसमूह हैं; बंगाल की खाड़ी में अण्डमान व निकोबार द्वीपसमूह तथा अरब सागर में लक्षद्वीप। इन द्वीपसमूहों में प्रवाल भित्तियों की प्रचुरता है, परन्तु मानवीय उपयोग एवं हस्तक्षेप के कारण अत्यधिक हानि हो रही है, जो कि पारिस्थितिकी पर प्रभाव डाल रहा है।

पारिस्थितिकी तन्त्र

- पारिस्थितिकी तन्त्र जैविक एवं अजैविक पदार्थों की परस्पर प्राकृतिक क्रिया है, जिसमें जैव एवं अजैव पदार्थों के साथ-साथ पर्यावरण के सम्पूर्ण कारक सम्मिलित होते हैं, जो एक अन्तः क्रियात्मक सम्बन्धों से जुड़े होते हैं।
- पारिस्थितिकी तन्त्र भूतल के एक निश्चित क्षेत्र को धारण करने वाली एक आधारभूत कार्यशील इकाई होती है, जिसके अन्तर्गत जैविक एवं अजैविक संघटकों के सकल समुच्चय एवं किसी निश्चित समय इकाई के अन्तर्गत उनकी आपसी अन्तःक्रियाओं को शामिल किया जाता है।
- पारिस्थितिकी तन्त्र दो शब्दों पारिस्थितिकी एवं तन्त्र से मिलकर बना है, पारिस्थितिकी का अर्थ पर्यावरण से तथा तन्त्र का अर्थ इसके विभिन्न घटकों के मध्य होने वाली अन्तःक्रियाओं से है।
- पारिस्थितिक तन्त्र या पारितन्त्र (Eco-System) शब्दावली का प्रयोग सर्वप्रथम ए. जी. टॉन्सले ने वर्ष 1935 में किया था। इनके अनुसार इकोसिस्टम अंग्रेजी के दो शब्दों Eco + System से मिलकर बना है, जिसमें इको से आशय किसी परिवेश के चारों ओर के प्राकृतिक पर्यावरण अथवा स्थानीय परिस्थिति से है तथा सिस्टम से आशय एक तन्त्र/क्रम या व्यवस्था से है।

पारिस्थितिकी तन्त्र की विशेषताएँ निम्न प्रकार हैं

- पारिस्थितिकी तन्त्र के तीन मूलभूत संघटक हैं
  - (i) ऊर्जा संघटक
  - (ii) जैविक (बायोम) संघटक
  - (iii) अजैविक या भौतिक या निवास संघटक
- पारिस्थितिकी तन्त्र जीवमण्डल में एक सुनिश्चित क्षेत्र धारण करता है।
- पारिस्थितिकी तन्त्र एक खुला तन्त्र होता है, जिसमें ऊर्जा एवं पदार्थों का सतत निवेश तथा उससे बहिर्गमन होता रहता है।
- जब तक पारिस्थितिकी तन्त्र के एक या अधिक नियन्त्रक कारकों में अव्यवस्था नहीं होती, पारिस्थितिकी तन्त्र अपेक्षाकृत स्थिर समस्थिति में होता है।

पारिस्थितिकी तन्त्र की परिभाषाएँ

- आर. एल. लिण्डमैन के अनुसार, ''पारिस्थितिकी तन्त्र शब्दावली का प्रयोग समय इकाई में किसी भी परिभाषा वाली भौतिक-रासायनिक-जैविक प्रसंस्करणों से निर्मित प्रणाली के लिए किया जाता है।''
- एफ. आर. फॉरेजर के अनुसार, ''पारिस्थितिकी तन्त्र एक या एक से अधिक जीवों एवं उनके भौतिक और जैविक पर्यावरण की अन्तर्क्रियाओं की प्रणाली को कहते हैं।''
- पी. हेगेट के अनुसार, ''पारिस्थितिकी तन्त्र एक ऐसा तन्त्र है, जिसमें प्रति सम्भरण (Feedback) द्वारा वनस्पति एवं जीव पर्यावरण से सम्बन्धित होते हैं।''
- पी. ए. फूर्ले तथा डब्ल्यू. डब्ल्यू. नोवे के अनुसार, ''पारिस्थितिकी तन्त्र आपस में एक-दूसरे से एवं अपने पर्यावरण से सम्बद्ध जीवों की समकालीन एकता होते हैं।''
- सी. सी. फ्रेक के अनुसार, ''पारिस्थितिकी तन्त्र एक क्षेत्र के अन्दर समस्त प्राकृतिक जीवों एवं तत्त्वों का एकल योग होता है एवं इसे भौतिक भूगोल में एक विस्तृत तन्त्र के आधारभूत उदाहरण के रूप में देखा जाता है।''
- ई. पी. ओडम के अनुसार, ''कोई भी इकाई जो किसी निश्चित क्षेत्र के समस्त जीवों के समुदाय को सम्मिलित करती है तथा भौतिक पर्यावरण के साथ इस प्रकार पारस्परिक क्रिया करती है कि तन्त्र के अन्दर ऊर्जा-प्रवाह द्वारा सुनिश्चित पोषण-संरचना जैविक विविधता एवं भौतिक चक्र का अविर्भाव होता है, पारिस्थितिकीय तन्त्र अथवा पारिस्थितिकी तन्त्र कहलाता है।''
- मॉनहास और स्मॉल के अनुसार, ''पारिस्थितिकी तन्त्र भौतिक पर्यावरण अर्थात् आवास (Habitat) में पौधों एवं जीवों के समूह को कहते हैं।''
- पी.एस. स्क्रेलर और ए.एच. स्क्रेलर के अनुसार, ''जीवों के समूह के साथ परस्पर क्रियाशील संघटकों के सकल समुच्चय (Total assemblage) को पारिस्थितिकी तन्त्र कहते हैं।''

पारिस्थितिकी तन्त्र से सम्बन्धित नियम

- पारिस्थितिकी तन्त्र, पारिस्थितिकी अध्ययन की आधारभूत इकाई होती है, जिसमें अजैविक एवं जैविक घटक दोनों शामिल होते हैं। सम्पूर्ण जैवमण्डल एक जटिल पारिस्थितिकी तन्त्र है।
- 'एकरूपतावाद का नियम', पारिस्थितिकी तन्त्र का एक महत्त्वपूर्ण नियम है। यह नियम बताता है कि भौतिक और जैविक प्रक्रम आज भी वही हैं, जो कभी अतीत में थे तथा भविष्य में भी वही रहेंगे, जो वर्तमान में हैं, जिसमें अन्तर केवल उनके परिणाम, तीव्रता, आवृत्ति या दर का होता है।
- सौर विकिरण के रूप में पारिस्थितिकी तन्त्र ऊर्जा के निवेश से संचालित एवं कार्यशील होता है, जो विभिन्न पोषण स्तरों में सौर ऊर्जा के विभिन्न रूपों में प्रवाहित होती है तथा प्राणियों द्वारा ऊष्मा के निष्कासन के परिणामस्वरूप शून्य में चली जाती है अर्थात् ऊर्जा का दुबारा उपयोग नहीं हो सकता। इस प्रकार ऊर्जा का प्रवाह एकदिशीय होता है।
- ऊर्जा का प्रगामी (Progressive) क्षय बढ़ते पोषण स्तरों में होता है, प्रत्येक पोषण स्तर के जीवों से 10% ऊर्जा की ही प्राप्ति हो पाती है, जिसे ऊर्जा स्थानान्तरण का 10% का नियम कहा जाता है।
- बढ़ते पोषण स्तरों में श्वसन द्वारा ऊर्जा का सापेक्षिक ह्रास बढ़ता चला जाता है अर्थात् उच्च पोषण स्तरों के जीवधारियों में श्वसन के द्वारा ऊष्मा ह्रास अपेक्षाकृत अधिक होता है।
- किसी निश्चित पोषण स्तर के जीवों एवं ऊर्जा के मौलिक स्रोतों (पौधों) के बीच जितनी दूरी बढ़ती जाएगी, तो उन जीवों की एक ही पोषण स्तर पर आहार के लिए निर्भरता में उतनी ही कमी होगी। यही कारण है कि आहार शृंखला एवं आहार जाल जटिल हो जाता है।
- पारितन्त्र की उत्पादकता को प्रभावित करने वाला सर्वाधिक महत्त्वपूर्ण कारक सूर्यताप है, क्योंकि सूर्यताप में कमी पारितन्त्र की उत्पादकता एवं जैव-विविधता दोनों में कमी लाती है, यही कारण है कि निम्न अक्षांशों से उच्च अक्षांशों की ओर जाने पर सामान्यतः पारितन्त्र की उत्पादकता एवं जैव-विविधता में कमी आती है।

पारिस्थितिकीय तन्त्र के घटक

पारिस्थितिक तन्त्र के घटकों को निम्नलिखित प्रवाह आरेख के माध्यम से दर्शाया गया है

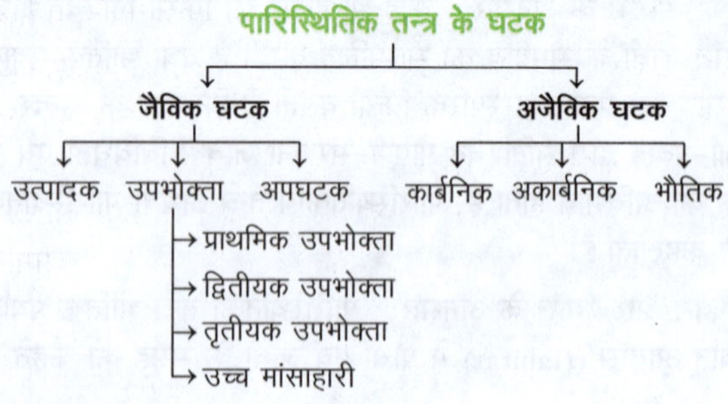

जैविक घटक

जैविक घटकों में उत्पादक, उपभोक्ता एवं अपघटक सम्मिलित हैं, जो निम्न प्रकार हैं

(i) **उत्पादक**

- उत्पादक (Producers) मुख्य रूप में हरी पत्ती वाले स्वपोषित पौधे होते हैं, जोकि सामान्यतया क्लोरोफिल युक्त जीव होते हैं तथा प्रकाश-संश्लेषण द्वारा अपना भोजन स्वयं निर्मित करते हैं।
- स्थलीय पारिस्थितिकी तन्त्र में उत्पादक प्राय: जड़युक्त पौधे (शाक, झाड़ी तथा वृक्ष), जबकि गहरे जलीय पारिस्थितिकी तन्त्र में पादप प्लवक (Phytoplanktan) नामक प्लवक पौधे प्रमुख उत्पादक होते हैं।

(ii) **उपभोक्ता**

- ऐसे परपोषी जीव/जन्तु जो स्वयं अपने लिए भोजन प्राप्त नहीं कर सकते, बल्कि भोजन हेतु अन्य अवयवों पर निर्भर रहते हैं, उपभोक्ता (Consumer) कहलाते हैं। पशु, इसी श्रेणी के अन्तर्गत आते हैं। उपभोक्ता को निम्न चार श्रेणियों में विभाजित किया जाता है
  1. प्राथमिक उपभोक्ता ये शाकाहारी (Herbivores) जन्तु या परजीवी (Parasite) होते हैं, जो सीधे उत्पादकों का भोजन करते हैं, जैसे—गाय, बकरी, हिरण, खरगोश, टिड्डा आदि।
  2. द्वितीयक उपभोक्ता ये प्राय: मांसाहारी (Carnivores) जन्तु होते हैं, जो प्राथमिक उपभोक्ता को खाकर अपना भोजन प्राप्त करते हैं; जैसे—मेंढक, मछली, बिल्ली, लोमड़ी आदि।
  3. तृतीयक उपभोक्ता ये वे उपभोक्ता हैं, जो द्वितीयक श्रेणी के उपभोक्ताओं को खाकर अपना भोजन प्राप्त करते हैं; जैसे—सर्प, चिड़ियाँ आदि।
  4. उच्च मांसाहारी ये वे उपभोक्ता होते हैं, जो अन्य श्रेणी के उपभोक्ताओं को खाते हैं, परन्तु इन्हें कोई नहीं खाता है; जैसे—शेर, बाज आदि।

(iii) **अपघटक**

- इन्हें विघटनकर्ता (Decomposers) भी कहा जाता है। वे अवयव जो मृत अवयवों को साधारण अजैविक घटकों में विघटित कर देते हैं तथा इस प्रक्रिया से अपनी ऊर्जा प्राप्त करते हैं, अपघटक कहलाते हैं; जैसे-फफूँद, जीवाणु इत्यादि।
- अपघटक या मृतजीवी अन्य परपोषी जीव हैं, जिनमें प्रमुख रूप से बैक्टीरिया तथा कवक होते हैं, ये पोषण के लिए मृत कार्बनिक पदार्थों पर निर्भर रहते हैं।

- **फैगोट्रोफ्स** (Phagotrophs) ये छोटे जीव होते हैं, जो कार्बनिक पदार्थ या जीवों को अपना आहार बनाते हैं।
- **ओस्मोट्रोफ्स** (Osmotrophs) ये ऐसे जीव होते हैं, जो परायस (Osmosis) (अर्द्ध-पारगम्य झिल्ली के माध्यम से विलायक की गति) प्रक्रिया द्वारा परिवेशी माध्यम से घुले हुए कार्बनिक पदार्थों को ग्रहण करके अपना आहार प्राप्त करता है।
- **सैप्रोट्रोफ्स** (Saprotrophs) ये अपघटक (Decomposers) बैक्टीरिया और कवक (जैसे-मशरूम) होते हैं, जो मृत कार्बनिक पदार्थों (डेट्रिट्स-Detritus) से ऊर्जा और पोषक तत्त्व प्राप्त करते हैं।
- **केंचुएँ** (Earthworms) केंचुएँ और मिट्टी जीव मृत कार्बनिक पदार्थ होते हैं, जो कार्बनिक पदार्थों को विघटित करने में सहायता करते हैं। इन्हें डेट्रिटिवोर (Detritivores) कहा जाता है।

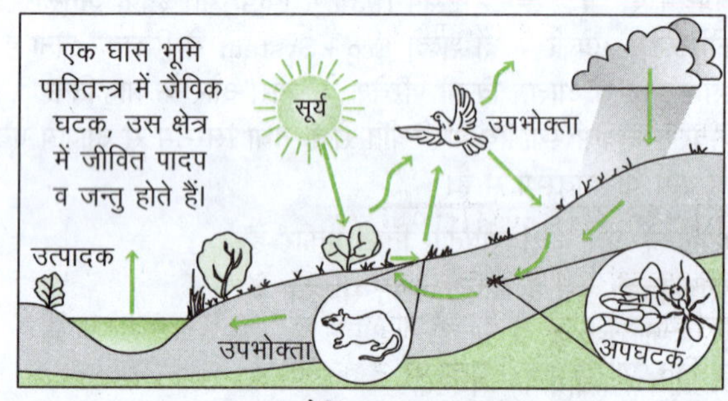

जैविक घटक

अजैविक घटक

अजैविक घटक को तीन भागों में बाँटा जाता है

(i) कार्बनिक पदार्थ इसके अन्तर्गत मृत पौधों एवं जन्तुओं के कार्बनिक यौगिक (Organic Compounds); जैसे—प्रोटीन, कार्बोहाइड्रेट्स तथा वसा (Fat) और उनके अपघटन द्वारा उत्पादित पदार्थ; जैसे—यूरिया व ह्यूमस आदि सम्मिलित हैं।

(ii) अकार्बनिक पदार्थ (Inorganic Compound) इसके अन्तर्गत जल, विभिन्न प्रकार के लवण; जैसे—कैल्सियम, पोटैशियम और नाइट्रोजन आदि तथा गैसें; जैसे—ऑक्सीजन, नाइट्रोजन, कार्बन डाइऑक्साइड, हाइड्रोजन तथा अमोनिया आदि सम्मिलित हैं।

(iii) भौतिक तत्त्व (Physical Elements) इसमें सूर्य का प्रकाश, तापक्रम वर्षा आदि सम्मिलित होते हैं।

पारिस्थितिकीय कर्मता/निकेत

- पारिस्थितिकी कर्मता (Ecological Niche) शब्द के प्रथम प्रयोगकर्ता वर्ष 1917 में जोसेफ ग्रीनेल थे। इन्होंने कर्मता को एक अन्तिम वितरण इकाई के रूप में बताया, जिसके भीतर प्रत्येक जीव अपनी सहज और संरचनात्मक सीमाओं द्वारा बँधा रहता है। इन्होंने यह भी बताया की कोई भी दो प्रजातियाँ लम्बे समय तक एक ही जगह पर नहीं रह सकती हैं।
- पारिस्थितिकी कर्मता की विविधता पर पारिस्थितिकी तन्त्र की स्थिरता निर्भर करती है। इसी तरह कम प्रभावशाली प्रजातियों की तुलना अधिक प्रभावशाली प्रजातियों वाला पारिस्थितिकी निकेत अधिक विस्तृत होता है।

- पारिस्थितिकी निकेत को प्रभावित करने वाले कारक संख्या, आवास एवं स्थान हैं। अत: निकेत किसी जीव का पारितन्त्र में उसके स्थान तथा उसकी कार्यात्मक भूमिका को दर्शाता है।

पारिस्थितिकी तन्त्र के प्रकार

प्रकृति में विभिन्न प्रकार के पारिस्थितिक तन्त्र कार्यरत् रहते हैं। ये तन्त्र जलवायु, मृदा, वनस्पति, जल और स्थल के साथ-साथ भिन्नता रखते हैं।

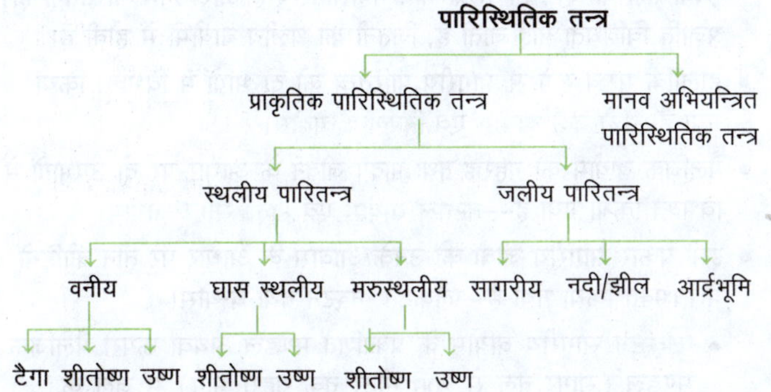

प्राकृतिक पारिस्थितिकी तन्त्र

- प्राकृतिक पारिस्थितिक तन्त्र (Natural Ecosystem) से आशय उन पारिस्थितिकी तन्त्रों से है, जो प्राकृतिक रूप से संचालित होते हैं। प्राकृतिक पारिस्थितिकी तन्त्र पर न तो मानवीय नियन्त्रण होता है और न ही इस पर मानवजनित कोई प्रभाव पड़ता है।
- प्राकृतिक पारिस्थितिकी तन्त्र को दो वर्गों में विभाजित किया जा सकता है

(i) स्थलीय पारितन्त्र

स्थलीय पारितन्त्र (Terrestrial Ecosystem) को भी पुन: मुख्य रूप से वनीय, घास स्थल/भूमि एवं मरुस्थलीय पारितन्त्रों में वर्गीकृत किया जाता है।

वनीय पारितन्त्र

वनों में विद्यमान विभिन्न प्रकार के जैविक समुदायों को वनीय पारितन्त्र (Forest Ecosystem) के अन्तर्गत शामिल किया जाता है। इसके अतिरिक्त वनीय क्षेत्र की मृदा, जलवायु तथा स्थानीय भू-आकृति का प्रभाव इस पारितन्त्र पर पड़ता है। वनीय पारितन्त्र (Forest Ecosystem) मुख्यत: तीन प्रकार का होता है-उष्ण, शीतोष्ण तथा शंकुधारी।

- टैगा इस वन का विस्तार 50° से 70° उत्तरी अक्षांशों के मध्य पाया जाता है। शंकुधारी वनों में आर्थिक दृष्टि से मूल्यवान अनावृत्त बीजी वृक्ष पाए जाते हैं; जैसे—देवदार, स्प्रूस तथा फर आदि। इस बायोम से सबसे अधिक मुलायम लकड़ी प्राप्त होती है। अत: इस बायोम के वृक्षों का सर्वाधिक आर्थिक महत्त्व होता है। टैगा वनों में वनस्पतियों का आदर्श स्तरीकरण नहीं पाया जाता है। घने तथा बन्द वनों में धरातलीय आवरण-न्यूनतम होता है, परन्तु खुले वनों में कुछ शाकीय पादपों, बौनी झाड़ियाँ तथा मॉसेस का विरल आवरण धरातल पर पाया जाता है।
- शीतोष्ण कटिबन्धीय वर्षा इसको अति हरा-भरा बायोम भी कहते हैं। यह बायोम उत्तरी अमेरिका के प्रशान्त महासागरीय तट पर पाया जाता है। विश्व के सबसे ऊँचे वृक्षों में रेड-वुड (Red-wood) उल्लेखनीय है। सबसे ऊँचे तथा सबसे पुराने वृक्षों में डग्लस-फर (Douglas-Fir), स्प्रूस (Spruce), सीडार (Cedar) तथा हेम्लॉक प्रमुख हैं। संयुक्त राज्य अमेरिका के ओरिगोन तथा वाशिंगटन में यह वनस्पति पर्याप्त मात्रा में पाई जाती है।
- उष्णकटिबन्धीय सदाबहार जंगल विषुवत रेखा के दोनों ओर 10° उत्तर से 10° दक्षिण में सदाबहार जंगल बायोम फैला हुआ है, जिसमें अमेजन बेसिन, कांगो बेसिन तथा दक्षिण-पूर्वी एशिया के द्वीपसमूह पर फैला हुआ है। उष्णकटिबन्धीय सदाबहार बायोम चौड़ी पत्ती वाले ऊँचे वृक्ष पाए जाते हैं। इनके घनी छतरी वाले वृक्षों में नीचे से ऊपर की ओर जाते हुए तीन मंजिलें पाई जाती है। विषुवतरेखीय प्रदेशों में ऊँचे तापमान तथा अधिक वर्षा के कारण वृक्षों की लकड़ी कठोर तथा दृढ़ होती है। कठोर लकड़ी के वृक्षों में आबनूस (Ebony), महोगनी (Mahogany), आयरन-वुड (Iron-wood), इत्यादि सम्मिलित हैं। इस बायोम के प्रदेशों में लगभग 12 घण्टे का दिन तथा रात होती है।
- उष्णकटिबन्धीय पर्णपाती वन दोनों गोलार्द्धों में 10°-30° अक्षांशों के बीच पाए जाते हैं। इस जलवायु में ग्रीष्मकाल में अत्यधिक गर्मी तथा शीतकाल में सामान्य शीत होती है एवं वर्षा सामान्यत: ग्रीष्मकाल में कुछ महीनों तक ही होती है, जिसके कारण यहाँ की वनस्पतियाँ अपनी पत्तियाँ गिरा देती हैं, इसलिए इन्हें पर्णपाती वृक्ष कहते हैं। इन पर्णपाती वनों का भौगोलिक विस्तार दक्षिण एशिया, दक्षिण-पूर्वी एशिया, उत्तरी ऑस्ट्रेलिया, मध्यवर्ती अमेरिका तथा पूर्वी अफ्रीका में होता है। इसके प्रमुख उदाहरण—साल, सागौन, बबूल आदि हैं।

घास स्थलीय पारितन्त्र

घास स्थलीय पारितन्त्र (Grassland Ecosystem) का विकास उन क्षेत्रों में होता है, जहाँ वर्षा वनों के विकास के लिए अपर्याप्त होती है, लेकिन मरुस्थलीय भागों में होने वाली वर्षा से अधिक होती है। घास के मैदान धरातल का लगभग 20% भाग घेरे हुए हैं, घास स्थल दो प्रकार के होते हैं

(i) शीतोष्ण घास भूमियाँ शीतोष्ण कटिबन्धों (Temperate Zone) में महाद्वीपों के आन्तरिक भागों में पाई जाती हैं। घास भूमियों में सरीसृप (Reptiles), जमीन पर घोंसला बनाने वाले पक्षी (Ground Nesting Birds) तथा चरने वाले स्तनधारी आदि पाए जाते हैं।
  - प्रेयरी इस घास बायोम की लम्बाई स्टेपी से अधिक होती है तथा यह अपेक्षाकृत आर्द्र क्षेत्रों में स्थित होने के कारण 45-60 सेमी लम्बी होती है।
  - स्टेपी स्टेपी घास बायोम अर्द्धशुष्क क्षेत्रों (रूस) में पाया जाता है, जहाँ 10-20 सेमी ऊँची घासों का चटाईनुमा आवरण पाया जाता है।

(ii) उष्ण घास भूमियाँ मध्य अफ्रीका, ब्राजील एवं प्रायद्वीपीय भारत के उष्ण भागों में पाई जाती हैं। ये उष्णकटिबन्ध के अन्तर्गत अक्सर महाद्वीपों के पश्चिमी भाग में पाए जाते हैं। उष्ण घास भूमियों में जिराफ, हिरण, शुतुरमुर्ग, शेर तथा हाथी पाए जाते हैं। इन उष्ण घास भूमियों के अन्तर्गत सवाना क्षेत्र में पाई जाने वाली 'हाथी घास' विशेष रूप से उल्लेखनीय है, जिसकी लम्बाई 5 मीटर तक होती है।
  - सवाना सामान्यतया सवाना शब्द का तात्पर्य एक पूर्ण विकसित घास आवरण से है, जिसमें बिखरी हुई झाड़ी या छोटे वृक्ष होते हैं। सवाना बायोम का विस्तार मध्य तथा दक्षिणी अफ्रीका, भारत,

उत्तरी-पूर्व मध्य अफ्रीका एवं उत्तरी ऑस्ट्रेलिया के गर्म भागों में है। भारत में सभी सवाना की उत्पत्ति मौलिक उष्णकटिबन्धीय वनों के अपघटन से हुई है। भारतीय सवाना की प्रमुख घास डाईकैथियम, सेहिमा, फ्रेमाइट्स, सैकरम, सेक्रस, इमपेण्टा तथा लेसियुरस हैं। सवाना के सामान्य वृक्ष एवं झाड़ियाँ प्रोसोपिस, जिजिफस, कैपेरिस, एकसिया, व्यूटिया इत्यादि हैं।

प्रमुख घास के मैदान

स्थान	घास के मैदान का नाम	स्थान	घास के मैदान का नाम
उत्तरी अमेरिका	प्रेयरी	**दक्षिण अफ्रीका**	वेल्ड
यूरेशिया	स्टेपीज	**न्यूजीलैण्ड**	कैण्टरबरी
अफ्रीका	सवाना	**हंगरी**	पुस्टाज
दक्षिणी अमेरिका	पम्पास	**ब्राजील**	कम्पास
ऑस्ट्रेलिया	डाउन्स		

भारत के घास स्थल

भारत में घास के मैदान ग्रामीण चरागाहों के रूप में तथा देश के पश्चिमी भाग के शुष्क क्षेत्रों के विस्तृत निम्न चरागाहों में और अल्पाइन हिमालय में भी पाए जाते हैं। जलवायु की स्थिति, मृदा तथा वनस्पति के आधार पर भारत के घास स्थलों को पाँच प्रकार से विभाजित किया जाता है

(i) सेहिमा-डाईकैन्थियम (Sehima-Dichanthium)

(ii) डाईकैन्थियम-सेंक्रस-लेसियुरस (Dichanthium-Cenchrus-Lasiurus)

(iii) फ्रेगमाइट्स-सेकारम-इम्पेराटा (Phragmites-Saccharum-Imperata)

(iv) थेमेडा-अरुण्डिनेला (Themeda-Arundinella)

(v) टेम्परेट-अल्पाइन (Temperate-Alpine)

मरुस्थलीय पारितन्त्र

- मरुस्थलीय पारितन्त्र का निर्माण कम वार्षिक वर्षा तथा उच्च तापमान वाले क्षेत्रों में होता है। मरुस्थलों की उत्पादकता प्रत्यक्ष रूप से वर्षा की मात्रा पर निर्भर करती है।
- पारितन्त्र तापमान के आधार पर मरुस्थल दो प्रकार के होते हैं
  - शीतोष्ण मरुस्थल (Temperate Desert) ये मध्य अक्षांशों में महाद्वीपों के आन्तरिक भागों में स्थित वृष्टिछाया क्षेत्रों में पाए जाते हैं। थार उष्ण मरुस्थल तथा लद्दाख, लेह, कारगिल व स्पीति घाटी शीत मरुस्थल के उदाहरण हैं। शीत मरुस्थलीय भाग अत्यधिक कम तापमान के कारण किसी भी प्रकार की वनस्पति उगने के अनुकूल नहीं होते हैं, हालाँकि कुछ फैली हुई या छितराई (Scatterd) हुई झाड़ियाँ मिलती हैं।
  - उष्ण मरुस्थल (Tropical Desert) इसका विस्तार उपोष्ण उच्चदाब पेटी में महाद्वीपों के पश्चिमी भागों में पाया जाता है। उष्ण मरुस्थलीय वनस्पतियाँ उष्ण व शुष्क परिस्थितियों से अनुकूलन हेतु अनेक उपाय अपनाती हैं; जैसे—पत्तियों का अभाव या छोटी पत्तियाँ, झाड़ियों की प्रधानता, गहरी व विस्तृत क्षेत्र में फैली जड़ें, काँटेदार वनस्पतियाँ आदि।

(ii) जलीय पारितन्त्र

- जल में व्याप्त या जल को आवास के रूप में प्रयोग करने वाले पारितन्त्र को जलीय पारितन्त्र कहते हैं।
- जलीय पारितन्त्र का विभाजन जल में विद्यमान लवण की मात्रा के आधार पर किया जाता है, जलीय पारितन्त्र को निम्नलिखित रूपों में बाँटा जा सकता है

सागरीय पारितन्त्र

- पृथ्वी तल का लगभग 70% भाग महासागरीय है और उनमें भी उतनी ही प्रजाति विविधता पाई जाती है, जितनी की थलीय बायोमों में होती है।
- हालाँकि मुख्य रूप से सागरीय पारितन्त्र को दो भागों में विभक्त किया गया है—पैलेजिक बायोम एवं नितलीय बायोम।
- पैलेजिक बायोम को गहराई तथा पादप जीवन के आधार पर दो उपभागों में विभक्त किया गया है—तटतल बायोम एवं खुला सागर बायोम।
- इसी प्रकार सागरीय जीवों को उनके आवास के आधार पर तीन कोटियों में विभक्त किया गया है—प्लैंकटन, नेक्टन तथा बेन्थोस।
  - प्लैंकटन सागरीय बायोम के प्रकाशित मण्डल अथवा ऊपरी पैलेजिक मण्डल (सागर तल से 200 मीटर तक गहरा भाग) में जल के ऊपर प्लावी या तैरने वाले (Floating) पादपों तथा जन्तुओं के सामूहिक रूप को सम्मिलित करता है।
  - फाइटोप्लैंकटन प्राथमिक उत्पादक तथा स्वपोषित होते हैं, जिनके ऊपर समस्त सागरीय जीव निर्भर रहते हैं। फाइटोप्लैंकटन समुदाय में शैवाल तथा डायटम सर्वप्रमुख होते हैं।
  - जब किसी जलीय क्षेत्र अथवा समुद्र के फाइटोप्लैंक्टन में तीव्र वृद्धि हो जाती है, जिससे समुद्र के रंग में परिवर्तन हो जाता है, उसे रेड टाइड कहा जाता है। रेड टाइड डाइनोफ्लैगलेटस नामक शैवाल के कारण होता है। ये जहरीले पदार्थों का उत्सर्जन करते हैं, जो समुद्री जीवों के लिए घातक हो सकते हैं।
  - पादप प्लैंकटन में कई तरह के बैक्टेरिया होते हैं, जो गर्म तथा शीत सभी सागरीय भागों में पाए जाते हैं, परन्तु इनका सर्वाधिक विकास वेलांचली बायोम तथा सागरीय प्रकाशित मण्डल में होता है।
  - जूप्लैंकटन कई तरह के सागरीय जन्तुओं के जीवन के सम्मिलित रूप होते हैं। इसका आकार एक मिलीमीटर के अंश से लेकर कई मीटर तक होता है। यह तीन प्रकार के होते हैं—शाकाहारी, मांसाहारी एवं अवसाद पोषित जन्तु।
  - समुद्री घास विशेष प्रकार की एंजियोस्पर्म है, जो घास की तरह प्रतीत होती है। यह पूरी तरह पत्ती और तने में विभाजित होती है तथा ये समुद्र के शान्त, हल्के एवं दलदली तटीय क्षेत्रों में पाई जाती है। समुद्री घास भौतिक रूप से अत्यधिक लाभदायक होती है।
  - नेक्टन प्राय सागरीय जल में विभिन्न गहराइयों में स्वयं तैरने वाले जन्तु हैं। नेक्टन वर्ग में अधिकांश जन्तु रीढ़ की हड्डी वाले होते हैं। इनमें अधिकांश जन्तु कशेरुकी होते हैं। मछली इस समूह की प्रमुख जन्तु है, जिनमें छोटी से लेकर बड़ी सभी मछलियाँ शामिल होती हैं।
  - बेन्थिक समुदाय में सागर के तल के समीप रहने वाले पादप तथा जन्तु आते हैं। ये समस्त सागरीय प्रजातियों के लगभग 16% हैं। इन जन्तुओं में अधिक विविधता पाई जाती है।

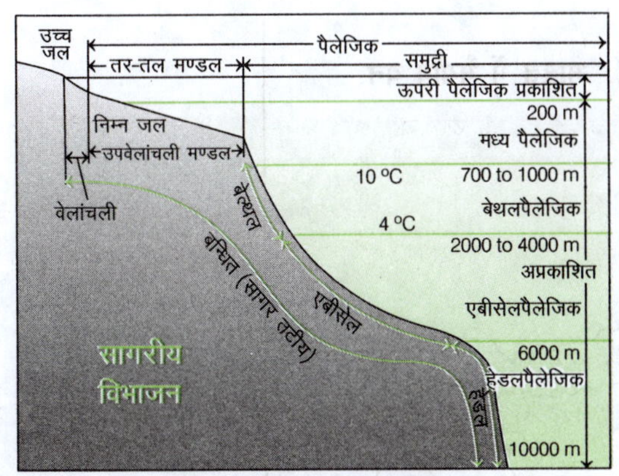

सागरीय पारितन्त्र का विभाजन

नदी/झील पारितन्त्र

- झील यह एक विस्तृत जलाशय है, जो चारों ओर से घिरी होती है। इसके अन्दर अधिकतर पौधे, शैवाल (Algae) के रूप में होते हैं, जो सूर्य से प्रकाश तथा ऊर्जा प्राप्त करके उसको रासायनिक ऊर्जा में परिवर्तित कर देते हैं।
- झील में बहुत-से शाकाहारी जीव तथा मछलियाँ पाई जाती हैं। मछलियाँ कैटफिश, मल-मूत्र तथा मरे हुए प्राणियों पर आधारित रहती हैं, जिनको बोटम-फिश भी कहते हैं।

झील के प्रकार

विशेषताएँ	ऑलिगोट्रोफिक	मीजोट्रोफिक	यूट्रोफिक
जलीय पादप उत्पादन	कम	अधिक	बहुत अधिक
जलीय जन्तु उत्पादन	कम	—	—
तलीय क्षेत्र में ऑक्सीजन की उपलब्धता	उपस्थित	बहुत कम	अनुपस्थित
जल की स्वच्छता	अच्छी	थोड़ी खराब	अत्यन्त खराब
पोषक तत्त्व	बहुत कम	मध्यम	अधिक मात्रा
पानी की पारदर्शिता	बहुत साफ	थोड़ा कम (हल्का हरा)	अत्यन्त कम (हरा पानी)
उत्पादकता	कम, जयसमन्द	मध्यम	उच्च
उदाहरण	झील, चिल्का झील	—	—

- नदी/झील पारितन्त्र के प्रमुख पादपों में फाइटोप्लैंक्टन, क्लोरोफाइसी, साइनोफाइसी आदि हैं। इसी प्रकार कुछ जन्तु भी इस पारितन्त्र में विद्यमान हैं, जैसे-कछुआ, मेंढक, मछली, जूप्लैंक्टन, केकड़ा, मच्छर, घोंघा आदि।

आर्द्रभूमि पारितन्त्र

- पानी से संतृप्त (सैचुरेटेड) भू-भाग को आर्द्रभूमि (Wetland) कहते हैं। कई भू-भाग वर्षभर और अन्य कुछ विशेष मौसम में आर्द्र रहते हैं। जैव-विविधता की दृष्टि से आर्द्रभूमियाँ अत्यन्त संवेदनशील होती हैं।
- विशेष प्रकार की वनस्पतियाँ ही आर्द्रभूमि पर उगने और फलने-फूलने के लिए अनुकूलित होती हैं; जैसे—मैंग्रोव, सुन्दरवन में पाई जाने वाली सुन्दरी वनस्पति।
- ईरान के रामसर शहर में वर्ष 1971 में पारित एक अभिसमय के अनुसार, आर्द्रभूमि ऐसा स्थान है, जहाँ वर्ष में आठ माह पानी भरा रहता है।

आर्द्रभूमि का उपयोग

आर्द्रभूमि के उपयोग निम्नलिखित हैं

- प्रोविजनिंग सेवाओं में भोजन, स्वच्छ पानी, आनुवंशिक संसाधन, ईंधन व फाइबर एवं बायोकेमिकल उत्पाद सम्मिलित हैं।
- सांस्कृतिक सेवाओं में मनोरंजन, आध्यात्मिक एवं प्रेरणादायक, शैक्षिक, सौन्दर्य, परम्परागत जीवन तथा निर्वाह एवं ज्ञान आदि सम्मिलित हैं।
- सहायक सेवाओं में मृदा निर्माण, प्राथमिक उत्पादन, पोषक तत्त्वों का चक्रण, परागण तथा जैव-विविधता का उपयोग किया जाता है।
- विनियमन सेवाओं में जलवायु नियमन, मृदा अपरदन से सुरक्षा, हाइड्रोलॉजिकल रिजीम्स, मृदा अपरदन से सुरक्षा, प्रदूषण नियन्त्रण तथा प्राकृतिक आपदाओं से सुरक्षा इत्यादि सम्मिलित हैं।

मानव अभियन्त्रित पारिस्थितिकी तन्त्र

- मानव अभियन्त्रित पारिस्थितिकी तन्त्र (Man Engineered Ecosystem) वह तन्त्र होता है, जिस पर मानवीय नियन्त्रण व प्रभाव होता है।
- इसमें मानव अपने बौद्धिक, तकनीकी एवं वैज्ञानिक स्तर के अनुरूप पर्यावरण का प्रयोग कर पारिस्थितिक तन्त्र को विकसित करता है; जैसे—कृषि क्षेत्र, चरागाह तथा नगरीय।

अन्य प्रमुख पारितन्त्र

अन्य प्रमुख पारितन्त्र निम्नलिखित हैं

मैंग्रोव पारितन्त्र

- मैंग्रोव खारे जल एवं स्वच्छ जल दोनों में उग सकते हैं, किन्तु स्वच्छ जल में इसकी वृद्धि सामान्यत: कम होती है।
- मैंग्रोव उष्णकटिबन्धीय, उपोष्ण कटिबन्धीय क्षेत्रों में सामान्यत: तटों, ज्वारनदमुख, ज्वारीय क्रीक, पश्चजल, लैगून व पंक जमावों में विकसित होते हैं।

भारत में मैंग्रोव वनस्पति

- भारत स्थिति रिपोर्ट, 2023 के अनुसार, देश में मैंग्रोव वनस्पति का कुलक्षेत्र 4,991.68 वर्ग किमी है।
- वर्ष 2021 की तुलना में इसमें 7.43 वर्ग किमी की कमी दर्ज की गई है।
- गुजरात में मैंग्रोव आवरण में 36.39 वर्ग किमी की कमी, जबकि आन्ध्र प्रदेश और महाराष्ट्र में क्रमश: 13.01 तथा 12.39 वर्ग किमी की वृद्धि देखी गई है।

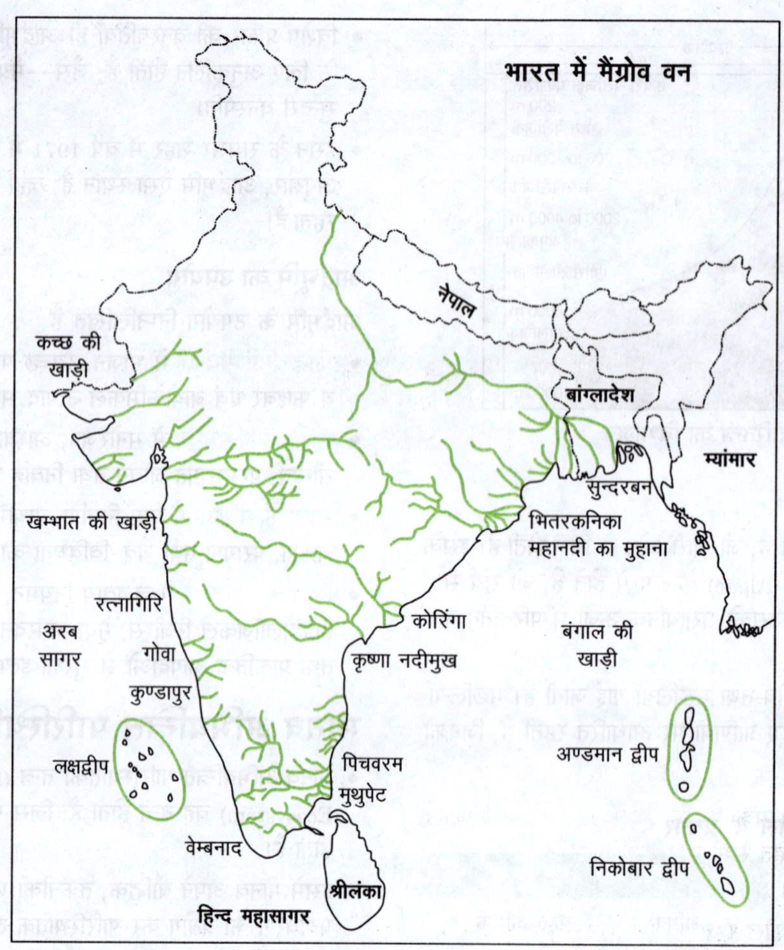

भारत में चिह्नित वनस्पति स्थलों की सूची

राज्य/संघ राज्य क्षेत्र	कच्छ वनस्पति (मैंग्रोव) स्थल
पश्चिम बंगाल	सुन्दरवन
आन्ध्र प्रदेश	कोरिंगा, पूर्व गोदावरी, कृष्णा
तमिलनाडु	पिचवरम, मुथुपेट, रामनद, पुलीकट, काजूवेली
ओडिशा	भितरकनिका, महानदी, स्वर्ण रेखा, देवी कोड़ा, धामरा, कच्छ वनस्पति, आनुवंशिकी संसाधन केन्द्र, चिल्का
अण्डमान एवं निकोबार	उत्तरी अण्डमान, निकोबार, दक्षिणी अण्डमान
केरल	वेम्बनाद, कन्नूर (उत्तरी केरल)
कर्नाटक	कुण्डापुर, दक्षिण कन्नड/होनावर, कारवार, मंगलौर वन प्रभाग
गोवा	गोवा (उत्तरी गोवा, दक्षिण गोवा)
महाराष्ट्र	अचरा-रत्नागिरि, देवगढ़-विजय दुर्ग, वेलदूर, कुण्डालिका-रेवदानदा, मुम्बरा दिवा, विकरौली, श्रीवर्द्धन, वेतरना, वसई मनोर, मालवन
गुजरात	कच्छ की खाड़ी, खम्भात की खाड़ी

प्रवाल भित्ति पारितन्त्र

- कोरल रीफ को प्रवाल भित्तियाँ या मूँगे की चट्टान के नाम से भी जाना जाता है। ये समुद्र के अन्दर स्थित चट्टानें होती हैं, जो प्रवालों द्वारा छोड़े गए कैल्सियम कार्बोनेट से निर्मित होती हैं।
- कोरल रीफ प्राय: उष्णकटिबंधीय या उपोष्णकटिबन्धीय समुद्रों में मिलती है, जहाँ तापमान 20°-30° सेल्सियस रहता है।
- प्रवाल या कोरल्स फोटोसिन्थेटिक शैवाल के साथ पारस्परिक रूप से रहते हैं, जिसे जूजैन्थेला कहा जाता है।
- प्रवाल मुख्य रूप से 30°N से 30°S सागरीय क्षेत्रों में पाए जाते हैं। प्रवाल भित्ति मुख्यत: तीन प्रकार की होती है
  - (i) तटीय या झालदार कोरल रीफ भारत की मन्नार की खाड़ी अण्डमान एवं निकोबार द्वीपसमूह में पाई जाती है।
  - (ii) अवरोधक कोरल रीफ विश्व की सबसे बड़ी अवरोधक कोरल रीफ ऑस्ट्रेलिया की ग्रेट बैरियर रीफ है।
  - (iii) एटॉल वलयाकार प्रवाल भित्ति के प्रमुख उदाहरण फिजी एटॉल, भारत के लक्षद्वीप समूह में भी अनेक एटॉल पाए जाते हैं।

भारत में प्रवाल मुख्यत: निम्न चार क्षेत्रों में पाए जाते हैं
(i) अण्डमान एवं निकोबार द्वीपसमूह (सर्वाधिक)
(ii) कच्छ की खाड़ी (सबसे कम)
(iii) मन्नार की खाड़ी
(iv) लक्षद्वीप

"

पारिस्थितिक तन्त्र भूतल के एक निश्चित क्षेत्र को धारण करने वाली एक आधारभूत कार्यशील इकाई होती है, जिसके अन्तर्गत जैविक और अजैविक संघटकों के सकल समुच्चय को सम्मिलित किया जाता है।

अध्याय तीन

पारिस्थितिकी तन्त्र की कार्यप्रणाली

पारिस्थितिक तन्त्र का कार्यात्मक स्वरूप

- पारिस्थितिकी तन्त्र की कार्यप्रणाली (प्रकार्य) एक प्रक्रिया है, जो विश्व के विभिन्न जैविक एवं अजैविक तत्त्वों में ऊर्जा के स्थानान्तरण की एक प्राकृतिक प्रक्रिया को संचालित करती है।
- पारिस्थितिकी तन्त्र एक विस्तृत संकल्पना है, जिसकी अपनी कार्यप्रणाली होती है तथा पोषण चक्रण सहित सभी महत्त्वपूर्ण पारिस्थितिकी प्रक्रियाओं को बनाए रखता है।
- पारिस्थितिक तन्त्र सदैव क्रियाशील रहता है। कार्यात्मक स्वरूप के अन्तर्गत ऊर्जा प्रवाह (Energy Flow) एवं पोषक तत्त्वों का प्रवाह सम्मिलित है, जो सामूहिक रूप से प्रत्येक तन्त्र को परिचालित करता है।

ऊर्जा प्रवाह

- पारिस्थितिक तन्त्र में ऊर्जा प्रवाह मुख्य प्रकार्य (Function) है, जो एकदिशीय (Single Way) होता है। इसमें ऊर्जा प्रवाह, ऊष्मागतिकी (Thermodynamics) के दो मूल नियमों पर आधारित है, जो निम्नलिखित हैं
  (i) ऊष्मागतिकी का प्रथम नियम (First Law of Thermodynamics) इस नियम के अनुसार, ऊर्जा न तो निर्मित होती है, न ही नष्ट होती है, बल्कि यह एक अवयव से दूसरे अवयव में स्थानान्तरित होती है। इसके अनुसार सौर ऊर्जा (Solar Energy) भोजन ऊर्जा तथा ऊष्मा के रूप में परिवर्तित हो सकती है।

  - **जैव संश्लेषण** विभिन्न जीवों में जैविक ऊतकों के निर्माण की प्रक्रिया जैव संश्लेषण कहलाती है।
  - **जैव अवनयन/जैव अवक्रमण** जैविक पदार्थों के विघटन एवं वियोजन की प्रक्रिया जैव अवनयन या जैव अवक्रमण कहलाती है।

  (ii) ऊष्मा गतिकी का दूसरा नियम (Second Law of Thermodynamics) इसके अनुसार, जब ऊर्जा का एक रूप से दूसरे रूप में परिवर्तन होता है, तो ऊर्जा का क्षय (Loss) होता है। अत: एक पोषण स्तर से दूसरे पोषण स्तर में ऊर्जा के प्रवाह के दौरान ऊर्जा का ह्रास (Depreciation of Energy) होता है।
- पारिस्थितिकी तन्त्र में ऊर्जा का प्रमुख स्रोत सूर्य तथा इससे निकलने वाला सौर विकिरण है। इसके अतिरिक्त भूतापीय ऊर्जा एवं ब्रह्माण्डीय विकिरण ऊर्जा के अन्य स्रोत हैं।
- सौर ऊर्जा पारिस्थितिकी तन्त्र में पदार्थों के संचरण, चक्रण तथा पुनर्चक्रण में भी सहायक होती है।
- प्रकाश संश्लेषण की प्रक्रिया के द्वारा हरे पेड़-पौधे सौर या प्रकाश ऊर्जा को रासायनिक ऊर्जा (ग्लूकोज) में परिवर्तित करते हैं।
- इस ऊर्जा का एक हिस्सा श्वसन के रूप में प्रयोग किया जाता है तथा शेष ऊर्जा का पौधे में बायोमास के रूप में भण्डारण होता है।

दस प्रतिशत नियम

- लिण्डमैन (Lindemann, 1942) ने ऊर्जा के एक पोषण स्तर से दूसरे पोषण स्तर तक स्थानान्तरण हेतु **दस प्रतिशत नियम** (Ten Percent law) प्रस्तुत किया। इस नियम के अनुसार, एक निचले पोषण स्तर का प्राणी जितनी ऊर्जा ग्रहण करता है, उसका केवल 10% ही उच्च स्तर तक स्थानान्तरित कर पाता है, शेष 90% ऊर्जा या तो ऊर्जा स्थानान्तरण के दौरान या श्वसन (Respiration) द्वारा नष्ट हो जाती है।
- जैसे पौधे प्राथमिक उत्पादन हेतु सूर्य के प्रकाश का प्रयोग करते हैं और उत्पादित ऊर्जा के केवल 10% भाग को ही शाकाहारी उपभोक्ताओं हेतु स्थानान्तरित कर पाते हैं, वैसे ही शाकाहारी उपभोक्ता भी मांसाहारी उपभोक्ता को अपने द्वारा पौधों से प्राप्त कुल ऊर्जा का 10% ही स्थानान्तरित कर पाता है। अत: प्रत्येक पोषण स्तर पर 90% ऊर्जा नष्ट हो जाती है।

पारिस्थितिक तन्त्र की उत्पादकता

किसी भी पारिस्थितिक तन्त्र में स्वपोषित (Autotroph) हरे पौधों द्वारा प्रति समय इकाई में संचयित या स्थिर ऊर्जा या जैविक पदार्थों की सकल मात्रा को पारिस्थितिक तन्त्र की उत्पादकता (Ecological Productivity) कहते हैं। पारिस्थितिक तन्त्र की उत्पादकता को दो वर्गों में विभाजित किया जाता है

(i) प्राथमिक उत्पादकता

- पोषण स्तर में स्वपोषित पौधों द्वारा ऊर्जा के उत्पादन को प्राथमिक उत्पादन तथा इस उत्पादन में सम्मिलित पौधों को प्राथमिक उत्पादक कहते हैं। प्राथमिक उत्पादन का दो रूपों में मापन किया जाता है
  - (i) सकल प्राथमिक उत्पादन पोषण स्तर में स्वपोषित पौधों द्वारा उत्पन्न रासायनिक ऊर्जा की सकल मात्रा को सकल प्राथमिक उत्पादन (Gross Primary Product) कहते हैं। उत्पादक जिस दर से सूर्य का प्रकाश अवशोषित (Absorb) कर प्रकाश संश्लेषण (Photosynthesis) द्वारा कार्बनिक पदार्थों का निर्माण करते हैं, जिसमें श्वसन में प्रयुक्त जैविक पदार्थ भी शामिल हैं, वह सकल प्राथमिक उत्पादकता कहलाती है।
  - (ii) शुद्ध प्राथमिक उत्पादन पोषण स्तर में स्थिर अथवा संचित या जैविक पदार्थों की मात्रा को शुद्ध प्राथमिक उत्पादन (Net Primary Product) कहते हैं। स्वपोषित पौधों द्वारा श्वसन (Respiration) प्रक्रिया में प्राथमिक उत्पादन की जितनी मात्रा का क्षय (Loss) किया जाता है, उसे शुद्ध प्राथमिक उत्पादन में सम्मिलित नहीं करते।
- पारिस्थितिक तन्त्र की उत्पादकता को ग्राम प्रतिवर्ग मीटर, प्रतिदिन या प्रतिवर्ष में मापते हैं।
- प्राकृतिक पारिस्थितिक तन्त्रों की प्राथमिक उत्पादकता सौर्यिक विकिरण (Solar Radiation) की मात्रा पर आधारित होती है। अत: सौर्यिक विकिरण तथा प्राथमिक उत्पादकता में धनात्मक (Positive) सम्बन्ध होता है।
- वर्ष 1959 में ई. पी. ओडम (E. P. Odum) ने विश्व स्तर पर प्राथमिक उत्पादकता के तीन प्रदेशों का निर्धारण किया, जो निम्न प्रकार हैं
  - उच्च पारिस्थितिकीय उत्पादक प्रदेश इस प्रदेश/क्षेत्र में छिछले जलीय क्षेत्रों, उष्ण एवं शीतोष्ण कटिबन्धीय आर्द्र वनों, जलोढ़ के मैदानों एवं गहन कृषि क्षेत्रों को शामिल किया जाता है।
  - मध्यम पारिस्थितिकीय उत्पादक प्रदेश इस प्रदेश/क्षेत्र के अन्तर्गत घास क्षेत्र, छिछली झीलें एवं विस्तृत कृषि (Extensive farming) क्षेत्र शामिल हैं।
  - निम्न पारिस्थितिकीय उत्पादक प्रदेश इस प्रदेश/क्षेत्र के अन्तर्गत हिमाच्छादित आर्कटिक प्रदेश, मरुस्थलों एवं गहरे सागरीय क्षेत्रों को शामिल किया जाता है।

(ii) सामुदायिक या द्वितीयक उत्पादकता

- उपभोक्ताओं की पोषी रीति पर जिस दर से भोज्य ऊर्जा का उपापचय (Metabolism) होता है, उसे द्वितीयक उत्पादकता (Secondary Productivity) कहते हैं अर्थात् द्वितीयक उत्पादकता यह दर्शाती है कि इस भोजन का उपयोग उपभोक्ता जैवभार के लिए हुआ है।
- प्राथमिक उत्पादकता का परिमाण उत्पादक की प्रकाश संश्लेषण क्षमता पर तथा पर्यावरणीय स्थिति, तापमान और मृदा नमी पर निर्भर करता है।

बायोमास

प्रति क्षेत्र इकाई में जीवित पौधे, जन्तु, सूक्ष्मजीव अर्थात् समस्त जीवित पदार्थों के सकल भार अथवा उनकी मात्रा को बायोमास (Biomass) कहते हैं। इसे शुष्क भार के रूप में प्रदर्शित करते हैं। जन्तु तथा पादप बायोमास की अलग-अलग माप भी की जा सकती है, साथ ही इन्हें अलग-अलग रूपों में प्रदर्शित भी किया जा सकता है।

(iii) सकल उत्पादकता

- उपभोक्ताओं द्वारा प्रयोग न किए गए जैव पदार्थ के संचित होने की दर को सकल उत्पादकता (Net Productivity) कहते हैं।
- यह प्राथमिक उत्पादकों के उस बायोमास में वृद्धि की सूचक है, जिसे उपभोक्ताओं ने प्रयोग नहीं किया है।

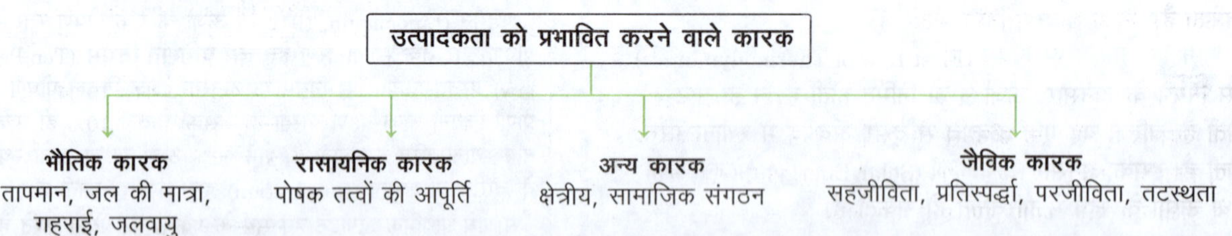

पारिस्थितिक पिरामिड्स

- पारिस्थितिक पिरामिड, जिसे 'पोषण पिरामिड' भी कहा जाता है। पारिस्थितिक तन्त्र में ऊर्जा, जैवमण्डल और जीवों की संख्या के वितरण का एक ग्राफिकल प्रतिनिधित्व है।
- यह पिरामिड विभिन्न पोषण स्तरो (Trophic levels) पर जैविक घटकों के बीच के सम्बन्ध को दिखाता है।
- इस संकल्पना का प्रतिपादन सर्वप्रथम चार्ल्स एल्टन ने वर्ष 1927 में किया था, अत: इन पिरामिड्स को एल्टोनियन पिरामिड्स भी कहा जाता है।

पारिस्थितिक पिरामिड्स के प्रकार

संख्या का पिरामिड (Pyramid of Numbers)	जैवभार का पिरामिड (Pyramid of Biomass)	ऊर्जा का पिरामिड (Pyramid of Energy)
• यह पिरामिड प्रत्येक पोषण स्तर पर जीवों की **संख्या** को दर्शाता है। • यह पिरामिड **सीधा व उल्टा** दोनों प्रकार का होता है। • **सीधा** निम्न पोषण स्तर से उच्च पोषण स्तर में जीवों की संख्या में कमी आती है; जैसे-एक घास के मैदान में। 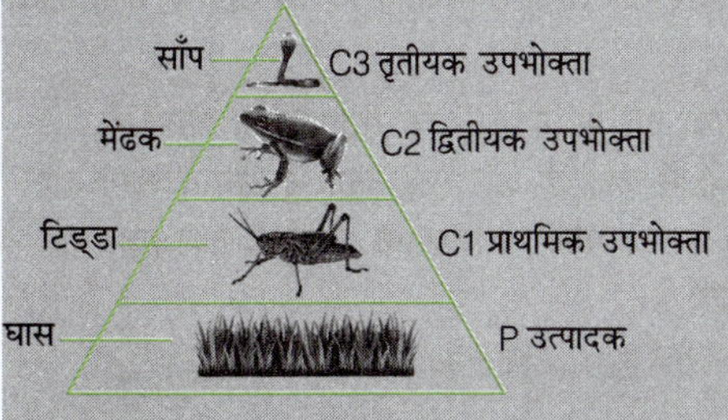 • **सीधा** निम्न पोषण स्तर से उच्च पोषण स्तर में जीवों की संख्या में वृद्धि होती है; जैसे-वन पारिस्थितिक तन्त्र में। 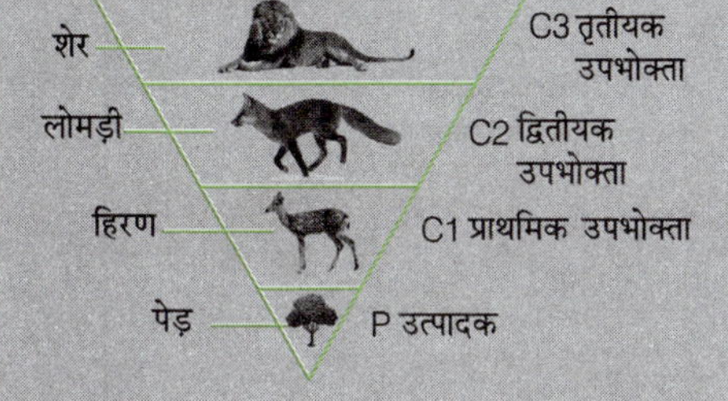 	• यह पिरामिड प्रत्येक पोषण स्तर पर जीवों के कुल द्रव्यमान (Biomass) को दर्शाता है। बायोमास को ग्रा/मी^{2} में मापा जा सकता है। • यह पिरामिड सीधा व उल्टा दोनों प्रकार का होता है। • **सीधा** निम्न से उच्च पोषण स्तर पर जैवभार में कमी आती है, जैसे—स्थलीय पारिस्थितिकी तन्त्र में 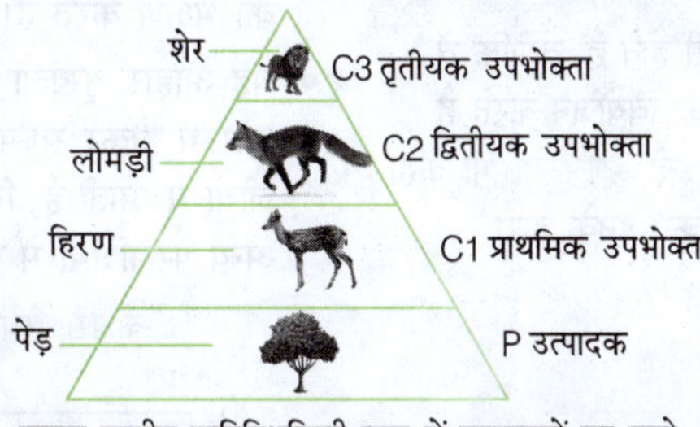 • **उल्टा** जलीय पारिस्थितिकी तन्त्र में उत्पादकों का चाहे प्रजनन दर तेज होता है, पर जैवभार कम होता है। 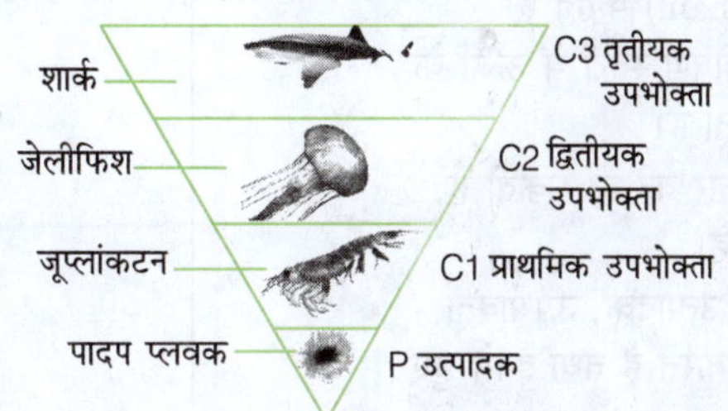 	• यह पिरामिड विभिन्न पोषण स्तरों पर उपलब्ध ऊर्जा को दर्शाता है। • यह पिरामिड हमेशा सीधा होता है। • प्रत्येक पोषण स्तर पर 10% ऊर्जा अगले स्तर पर स्थानान्तरित होती है। • बाकी 90% ऊर्जा गर्मी व चयापचय में नष्ट हो जाती है। 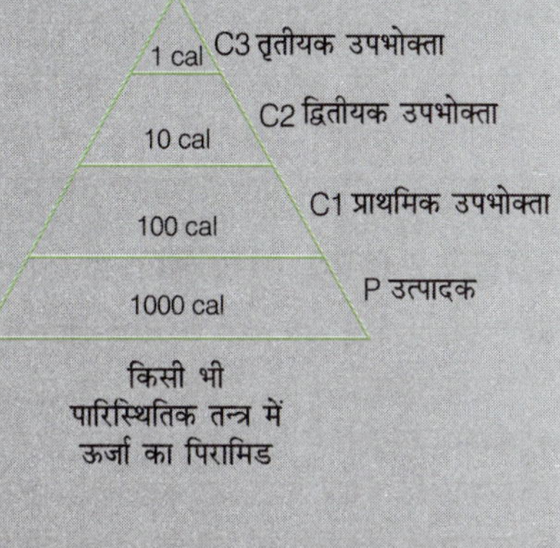 किसी भी पारिस्थितिक तन्त्र में ऊर्जा का पिरामिड

पारिस्थितिक तन्त्र के प्रकार्य

- इसके अन्तर्गत पारिस्थितिक तन्त्र के विभिन्न अवयवों के मध्य ऊर्जा प्रवाह का अध्ययन किया जाता है। इसमें सूर्य से प्राप्त ऊर्जा को लेकर अपघटकों द्वारा इसके पुनर्चक्रण तक की क्रियाविधि को सम्मिलित किया जाता है।
- इसके अन्तर्गत पोषण स्तर, आहार श्रृंखला एवं आहार जाल का अध्ययन किया जाता है। इनका विवरण निम्न प्रकार है

पोषण स्तर

पारितन्त्र में जिस बिन्दु पर एक जीव से दूसरे जीव में ऊर्जा का स्थानान्तरण होता है, उसे पोषण स्तर (Trophic Level) कहा जाता है। पारितन्त्र में ऊर्जा का यह स्थानान्तरण एक पदानुक्रम (Hierarchy) में सम्पन्न होता है, जो आहार श्रृंखला (Food Chain) के नाम से जाना जाता है। इसमें निम्नलिखित चार पोषण स्तर होते हैं

- पोषण स्तर 1 आहार श्रृंखला में पोषण स्तर 1 स्वपोषित प्राथमिक उत्पादक (Autotroph Primary Consumer); जैसे—हरे पौधों का होता है। इस स्तर पर हरे पौधे प्रकाश ऊर्जा की सहायता से प्रकाश संश्लेषण विधि द्वारा आहार निर्मित करते हैं। हरे-पीले बैक्टीरिया, नीले-हरे शैवाल तथा फाइटोप्लैंक्टन भी इसके अन्तर्गत शामिल हैं।
- पोषण स्तर 2 जो जन्तु अपना आहार स्वयं निर्मित नहीं करते, बल्कि अपने आहार के लिए पोषण स्तर 1 के हरे पौधों पर निर्भर करते हैं, वे पोषण स्तर 2 के अन्तर्गत सम्मिलित हैं। इन्हें प्राथमिक उपभोक्ता (Primary Consumer) या विषमपोषी भी कहा जाता है। इसके अन्तर्गत शाकभक्षी एवं चरने वाले जन्तु-भेड़, बकरी, गाय, खरगोश आदि शामिल हैं।
- पोषण स्तर 3 जो जन्तु अपने आहार के लिए पोषण स्तर 2 के शाकभक्षी या चरने वाले जन्तुओं पर निर्भर करते हैं, उन्हें पोषण स्तर 3 के अन्तर्गत सम्मिलित करते हैं, इन्हें मांसभक्षी (Carnivorous) तथा द्वितीयक उपभोक्ता (Secondary Consumer) या विषमपोषी कहते हैं।

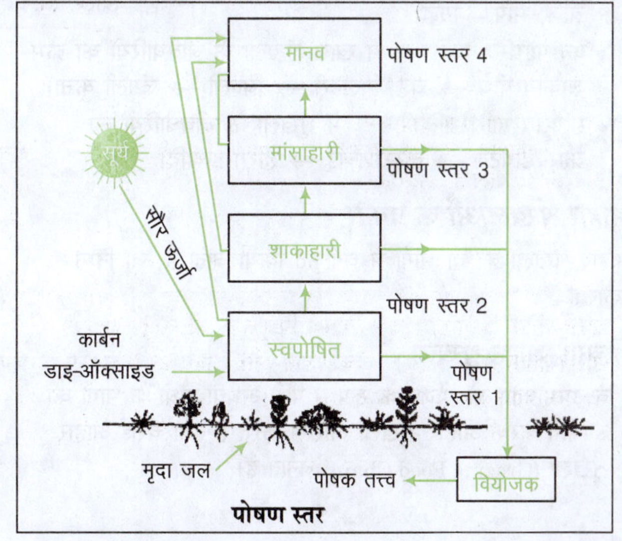

पोषण स्तर

- पोषण स्तर 4 इस पोषण स्तर के अन्तर्गत वे जन्तु शामिल होते हैं, जो निचले तीन पोषण स्तरों से प्रत्यक्ष या अप्रत्यक्ष रूप से अपना आहार ग्रहण करते हैं। मनुष्य इस पोषण स्तर का सर्वाधिक महत्त्वपूर्ण सदस्य है। इस स्तर के जन्तुओं को सर्वाहारी (Omnivorous) तथा विषमपोषी कहते हैं।

नोट विषमपोषी (Hetrotroph) वे जीव होते हैं, जो अपना भोजन स्वयं तैयार करने में असमर्थ होते हैं तथा भोजन के लिए अन्य जीवों पर निर्भर रहते हैं।

- वियोजक (Decomposer) सूक्ष्म जीव भी सर्वाहारी होते हैं, क्योंकि वे पौधों तथा सभी प्रकार के जन्तुओं के मृत शरीरों का वियोजन करते हैं तथा इस दौरान अपना आहार भी ग्रहण करते हैं। इन्हें अपघटक भी कहा जाता है। ये खाद्य शृंखला के अंग नहीं होते, लेकिन इनके द्वारा अपघटन का कार्य प्रत्येक पोषण स्तर पर होता है।

आहार/खाद्य शृंखला

- जीवमण्डल में एक जीव से दूसरे जीव में होने वाले ऊर्जा के स्थानान्तरण क्रम को आहार शृंखला (Food Chain) कहते हैं।
- आहार शृंखला में निम्न पोषण स्तर से उच्च पोषण स्तरों में ऊर्जा के स्थानान्तरण एवं गमन का शृंखलाबद्ध क्रम होता है।
- यह शृंखला सरल एवं जटिल अथवा दोनों प्रकार की हो सकती है, परन्तु अधिकांशतः खाद्य शृंखला जटिल होती हैं।
- आहार शृंखला में ऊर्जा एवं रासायनिक पदार्थ उत्पादक, उपभोक्ता, अपघटक एवं निर्जीव प्रकृति में क्रम से प्रवेश करते हैं तथा इनमें हुए चक्र में घूमते रहते हैं। पारिस्थितिकी तन्त्र की आहार शृंखला को निम्न प्रकार से दर्शाया जाता है
    - उत्पादक प्राथमिक उपभोक्ता → द्वितीयक उपभोक्ता → तृतीयक उपभोक्ता → उच्च मांसाहारी।
    - एक तालाब में पारिस्थितिकी तन्त्र में शृंखला के जीवधारियो का क्रम-शैवाल → जलीय पिस्सू → छोटी मछली → बड़ी मछली → बत्तख, बगुला इत्यादि।
    - घास स्थलीय पारिस्थितिकी तन्त्र में खाद्य शृंखला के जीवधारियों का क्रम-घास → कीड़े-मकौड़े, टिड्डे → चिड़िया, मेंढ़क → बाज, साँप → गिद्ध।
    - वन पारिस्थितिकी तन्त्र में खाद्य शृंखला के जीवधारियों का क्रम-शाकीय पौधे → चूहे, गिलहरी → बिल्ली → जंगली कुत्ता।
    - सागरीय पारिस्थितिकी तन्त्र में शृंखला के जीवधारियों का क्रम-डायटम → क्रस्टेशियाई → हेरिंग इत्यादि।

आहार शृंखलाओं के प्रकार

आहार शृंखला को दो भागों में वर्गीकृत किया जाता है, जो निम्न प्रकार हैं

(i) **चराई आहार शृंखला**

- वे उपभोक्ता, जो भोजन के रूप में पौधे अथवा पौधों के भागों का उपभोग करके आहार शृंखला आरम्भ करते हैं तथा चराई आहार शृंखला (Grazing Food Chain) बनाते हैं।
- इस शृंखला के अन्तर्गत खाद्य शृंखला पौधे से शुरू होकर शाकाहारी द्वारा अन्त में मांसाहारी पर समाप्त होती है। इस प्रकार की खाद्य शृंखला स्वपोषी पर निर्भर करती है, जो सूर्य विकिरण को ऊर्जा के रूप में ग्रहण करती है।

घास → टिड्डा → पक्षी → बाज

(ii) **अपरदन आहार शृंखला**

- यह शृंखला मृत कार्बनिक पदार्थों से प्रारम्भ होती है एवं मृदा में स्थित अपरद भक्षी जीवों से होकर उन जीवों तक जाती है, जो अपरद भक्षी जीवों का भक्षण करते हैं।
- यह आहार शृंखला प्राणियों एवं पादप शरीर के मृत जैविक पदार्थ से आरम्भ होकर सूक्ष्म जीवों में जाती है और पुनः वहाँ से अपरद खाने वाले जीवों में आती है, जिन्हें अपरद भक्षी या विघटक कहते हैं तथा पुनः वहाँ से अन्य परभक्षियों में पहुँचती है।

कचरा-स्प्रिंगटेल (कीट) → छोटी मकड़ियाँ (मांसभक्षी)

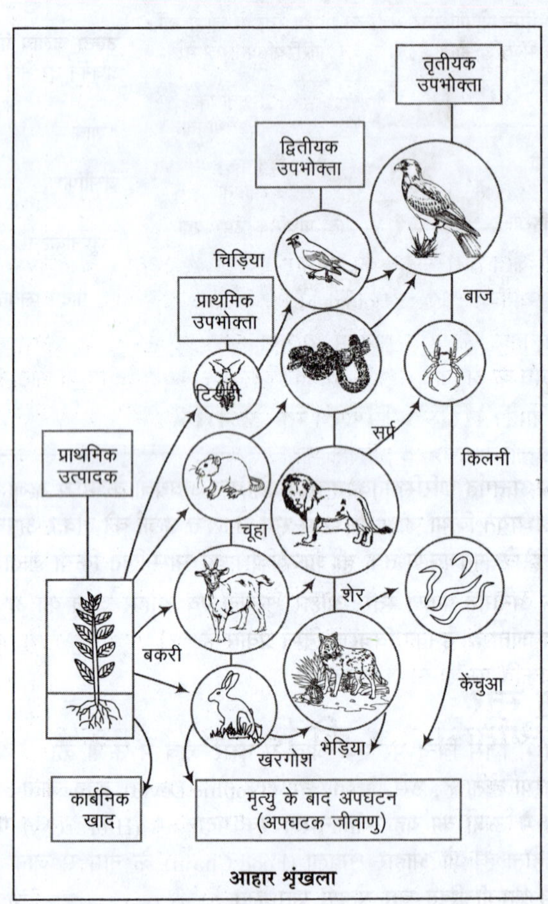

आहार शृंखला

खाद्य/आहार जाल

- किसी भी पारिस्थितिक तन्त्र के अन्दर अनेक परस्पर सम्बन्धित खाद्य शृंखलाएँ हो सकती हैं अर्थात् एक खाद्य शृंखला के जीवधारियों का सम्बद्ध दूसरी खाद्य शृंखलाओं के जीवधारियों से होता है। इस प्रकार अनेक खाद्य शृंखलाओं के पारस्परिक सम्बन्ध को आहार जाल (Food Web) कहते हैं।

- प्रकृति में खाद्य शृंखला एक सीधी कड़ी के रूप में नहीं होती है, बल्कि अनेक रूप में होती है, जिससे खाद्य जाल का निर्माण होता है।
- खाद्य जाल प्रकृति में नए विकल्प उपलब्ध कराता है और विभिन्न पोषण स्तरों पर पारिस्थितिकी तन्त्र स्थापित करने में सहायक होता है।

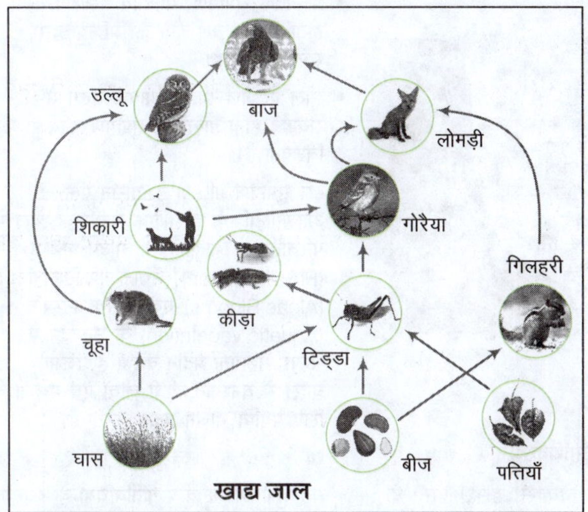

खाद्य जाल

पारिस्थितिकी दक्षता

- किसी जीव द्वारा भोजन का उपभोग एवं उसके उत्पादन के अनुपात को पारिस्थितिकी दक्षता (Ecological Efficiency) कहते हैं।
- सामान्यतया ऊर्जा के मार्ग में विभिन्न स्थलों पर ऊर्जा के निवेश और उत्पादन के अनुपात में पारिस्थितिकी दक्षता को सन्दर्भित किया जाता है।
- एक पोषण स्तर से दूसरे पोषण स्तर तक पारिस्थितिकी ऊर्जा को स्थानान्तरित ऊर्जा की प्रतिशत मात्रा के रूप में परिभाषित किया जाता है तथा यह प्रतिशत मात्रा जन्तुओं एवं पर्यावरण की प्रकृति के अनुसार 05% से 20% तक होती है। उदाहरणस्वरूप, पार्थिव पारिस्थितिकी तन्त्र में केवल 10% ऊर्जा ही शाकाहारी जीवों तक पहुँचती है तथा शेष 90% ऊर्जा ऊष्मा के रूप में नष्ट हो जाती है।
- शाकाहारी एवं मांसाहारी जीवों द्वारा प्रयोग की गई ऊर्जा की मात्रा जीवों की प्रकृति पर ही निर्भर करती है।

पारिस्थितिकी तन्त्र की स्थिरता/स्थायित्व

- पारिस्थितिकी तन्त्र की स्थिरता/स्थायित्व (Stability of Ecosystem) से तात्पर्य पारिस्थितिकी तन्त्र में प्रत्येक तत्त्व की ऊर्जा के उत्पादन एवं उपभोग में सन्तुलन से है।
- पारिस्थितिकी तन्त्र में ऊर्जा एवं पदार्थों के निवेश (Input) एवं निर्गम (Output) में सन्तुलन, विभिन्न जैव भू-रासायनिक चक्रों की सुचारू रूप से कार्यशीलता एवं समस्त तत्त्वों के सान्द्रण (Concentration) की स्थिर दशा को पारिस्थितिकी तन्त्र की स्थिरता या स्थायित्व कहा जाता है।
- पारिस्थितिकी तन्त्र की स्थिरता के सन्दर्भ में टी. डी. ब्रोक ने कहा है कि "स्थिर दिशा समय स्वतन्त्र दशा होती है, जिसमें तन्त्र के अन्तर्गत प्रत्येक तत्त्व के उत्पादन एवं उपभोग में पूर्ण सन्तुलन होता है, तन्त्र के अन्दर सभी तत्त्वों का सान्द्रण होता है, यद्यपि तन्त्र में सतत परिवर्तन होता रहता है।"

पारिस्थितिकी तन्त्र की स्थिरता के स्वरूप

पारिस्थितिकी तन्त्र की स्थिरता के स्वरूप को पाँच भागों में व्यक्त किया गया है, जो निम्न प्रकार हैं

(i) दोलनरहित स्थिरता

किसी भी पारिस्थितिकी तन्त्र की विशेषताएँ परिवर्तन के प्रति संवेदनशील होती हैं, एक निश्चित अवधि के दौरान कुछ स्थिर रहते हैं या दोलन करते हैं, जो एक निश्चित बिन्दु तक पहुँचते हैं अर्थात् जब पारिस्थितिकी तन्त्र की जातियों (Species) की संख्या में कमी अथवा वृद्धि नहीं होती, तो यह दोलनरहित स्थिरता (Non-oscillation Stability) कहलाती है।

(ii) स्थिरता सहनशीलता

- वर्ष 1972 में स्थिरता सहनशीलता (Stability Resistance) शब्दावली का प्रयोग H. A. Regir एवं E. B. Cowell ने किया था।
- इन पर्यावरणविदों के अनुसार "बाह्य कारकों द्वारा होने वाले परिवर्तनों को सहन करने की पारिस्थितिकी तन्त्र में क्षमता एवं बाह्य कारकों द्वारा लाए गए परिवर्तनों के बाद अपनी भौतिक स्थिति में वापसी की क्षमता को स्थिरता सहनशीलता कहते हैं।"
- स्थिरता सहनशीलता पारिस्थितिकी तन्त्र में बाह्य कारकों द्वारा लाए गए परिवर्तनों को सहन करने की क्षमता होती है।

(iii) लोचकता स्थिरता

- वर्ष 1975 में पर्यावरण वैज्ञानिक ए. आर. हिल ने लोचकता स्थिरता (Resistance Stability) की व्याख्या प्रस्तुत की थी।
- ए. आर. हिल के अनुसार, जब पारिस्थितिकी तन्त्र में इतनी क्षमता होती है कि वह किन्हीं कारणों से उत्पन्न व्यवधानों को सहन करके स्वयं को परिवर्तनशील परिस्थितियों में समायोजित कर लेता है, तो इसे लोचकता स्थिरता कहते हैं।

(iv) प्रत्यास्थ स्थिरता

- जब पारिस्थितिकी तन्त्र बड़े स्तर पर व्यवधानों अथवा अव्यवस्थाओं के बाद प्राकृतिक पारिस्थितिकी तन्त्र में स्थिरता स्थापित कर लेता है, तो यह क्रिया प्रत्यास्थ स्थिरता (Elastic Stability) कहलाती है।

(v) चक्रीय स्थिरता

- प्राकृतिक पारिस्थितिकी तन्त्र में नियमित बाह्य परिवर्तनों के साथ समायोजित होने वाली स्थिरता चक्रीय स्थिरता (Cyclic Stability) कहलाती है। इसमें कोई अभूतपूर्व अव्यवस्था नहीं होती है।

परिचय

- घरेलू अपशिष्ट, औद्योगिक कचरा, नाइट्रोजन एवं फॉस्फोरस की बहुलता वाले उर्वरक इत्यादि जब जल निकायों में मिलते हैं, तो जल निकायों में तीव्रता से पोषक तत्त्वों की वृद्धि हो जाती है।
- सुपोषण (Eutrophication) शब्द का उद्‌भव ग्रीक शब्द 'यूट्रोफॉस' से हुआ है, जिसका अर्थ है- पोषण या समृद्ध।
- पर्यावरण के सन्दर्भ में सुपोषण का तात्पर्य किसी जलाशय को पोषक तत्त्वों से समृद्ध करना, सुपोषण कहलाता है।
- सुपोषण प्राय: जलीय तन्त्र में **फॉस्फेट-युक्त डिटरजेण्टो, उर्वरकों एवं मलजल** इत्यादि के मिलने के कारण उत्पन्न होता है।
- सुपोषण की प्रक्रिया में जलाशय में पौधों एवं शैवाल (Algae) का विकास होता है। इसके अतिरिक्त जल में बायोमास की उपस्थिति के कारण उस जल में ऑक्सीजन की मात्रा कम हो जाती है, जिसका उदाहरण जल में पोषक तत्त्वों के उच्च स्तर के कारण उसमें 'ब्लूम' का पैदा होना है।

सुपोषण के प्रभाव

पर्यावरण का प्रभाव

- पानी की पारदर्शिता में कमी
- शैवाल वृद्धि
- ऑक्सीजन अपर्याप्तता
- प्रजाति विविधता में कमी
- प्रमुख बायोटा में बदलाव
- खाद्य जाल संकट

सामाजिक-आर्थिक प्रभाव

- वनस्पति का विकास, इससे पानी के प्रवाह एवं बोट के रास्ते में रुकावट
- पानी प्रदूषित (उपचार के पश्चात् भी पीने योग्य नहीं)
- पर्यटन को हानि
- पानी की एमिनिटी वैल्यू में कमी
- व्यावसायिक उपयोग वाली प्रजाति का क्षय
- मछलियों की मृत्यु से आर्थिक हानि

सुपोषण के प्रकार

(i) प्राकृतिक सुपोषण

- प्राकृतिक सुपोषण, मानवीय हस्तक्षेप के बिना होता है, यह कई वर्षों की प्रक्रिया द्वारा सम्पन्न होता है।
- झील के जल स्रोत में पोषक तत्त्वों में संवर्द्धन होना प्राकृतिक सुपोषण की विशेषता है।
- इस सुपोषण प्रक्रिया के दौरान एक ओलिगोट्रोफिक झील एक यूट्रोफिक झील में परिवर्तित हो जाती है, जो पादप प्लवक (Phytoplankton), शैवाल का खिलना (Algae Blooms) एवं जलीय वनस्पति (Aquatic Vagetation) के उत्पादन में भरपूर सहायता प्रदान करता है, जिसके बदले में वनस्पति जीवी जीवों एवं मछली के लिए पर्याप्त भोजन प्रदान करता है।

(ii) सांस्कृतिक या मानव निर्मित सुपोषण

- यह सुपोषण मानवीय गतिविधियों के कारण होता है, इसमें घरेलू अपशिष्ट, कृषि व शहरी अपशिष्ट के कारण पोषक तत्त्वों में वृद्धि हो जाती है।
- यह सुपोषण मानव गतिविधियों के कारण झील एवं जल धारा में 80% नाइट्रोजन और 75% फॉस्फोरस की एकाग्रता के लिए जिम्मेदार है।

पारिस्थितिकी निकेत

- पारिस्थितिकी निकेत (Ecological Niche) शब्द का सर्वप्रथम प्रयोग ग्रीनेल्स ने किया था। इन्होंने विभिन्न प्रकार की जातियों एवं उप-जातियों की स्थानीय वितरण व्यवस्था को इसी माध्यम से निरूपित किया था।
- किसी भी पारिस्थितिक तन्त्र में जीव-जन्तुओं तथा पादपों की जो विविध प्रजातियाँ होती हैं, उनका एक निश्चित स्थानीय क्षेत्र होता है, जिसमें ये निवास कर अपना जीवन-यापन करती हैं और यही सुरक्षित क्षेत्र पारिस्थितिकी निकेत कहलाता है।
- पारिस्थितिक तन्त्र में जीव की अभिलाक्षणिक भूमिका, सहनशीलता एवं संसाधनों के प्रयोग की क्षमता की स्थिति पारिस्थितिकी निकेत कहलाती है।
- पारिस्थितिकी निकेत को इसके पारिस्थितिकी तन्त्र में प्रजातियों की कार्यात्मक भूमिका एवं स्थिति (सूक्ष्म आवास) के रूप में परिभाषित किया जा सकता है, जिसमें यह शामिल है कि यह किन संसाधनों का कैसे और कब उपयोग करता है तथा यह अन्य प्रजातियों के साथ कैसे सम्पर्क करता है।
- एक आवास (Habitat) में कई निकेत (Niche) हो सकते हैं तथा यह अनेक जातियों को वहन कर सकता है, परन्तु प्रत्येक जाति का एक विशिष्ट निकेत होता है। यद्यपि कोई भी दो जातियाँ एक ही निकेत में नहीं रह सकतीं।
- पारितन्त्र की स्थिरता पारिस्थितिकी निकेत की विविधता पर निर्भर करती है तथा विविधता जितनी अधिक होगी, पारितन्त्र की स्थिरता भी उतनी ही अधिक होगी।

पारिस्थितिकी निकेत के प्रकार

- पारिस्थितिकी निकेत को चार भागों में विभाजित किया जाता है
  (i) आवास निकेत (Habitat Niche) यहाँ वह प्रजाति रहती है, जो पारिस्थितिकी तन्त्र में विशिष्ट भूमिका निभाती है।
  (ii) खाद्य निकेत (Food Niche) वह प्रजाति जो क्या खाती है या अपघटित करती है और किन प्रजातियों के साथ उसकी भोजन हेतु प्रतिस्पर्द्धा करती है, तो वह खाद्य निकेत के अन्तर्गत शामिल होती है।
  (iii) पुनर्जनन निकेत (Reproduction Niche) वह प्रजाति जो कब और कैसे पुनर्जनन करती है, वह पुनर्जनन निकेत के अन्तर्गत शामिल होती है।
  (iv) रासायनिक एवं भौतिक निकेत यह प्रजाति की तापमान, भूमि प्रकार, ढाल, आर्द्रता (Humidity) एवं अन्य जरूरतें पूरा करती है, तो वह रासायनिक एवं भौतिक निकेत के अन्तर्गत शामिल होती है।

प्रदूषक एवं पोषक स्तर

- ऐसे अपशिष्ट या अवांछनीय पदार्थ, जो पारिस्थितिकी तन्त्र में हानिकारक प्रभाव उत्पन्न करते हैं, प्रदूषक (Pollutant) कहलाते हैं।
- प्रदूषक मुख्यत: दो प्रकार के होते हैं
  - **जैव निम्नीकरण प्रदूषक** जिनका सरलता से अपघटन हो जाता है।
  - **गैर-जैव अपघटनीय प्रदूषक** पारितन्त्र में प्रवेश करके एक स्तर से दूसरे तन्त्र तक गति करते रहते हैं, लेकिन इनका अपघटन आसानी से नहीं होता, जैसे-क्लोरिनेटेड हाइड्रोकार्बन।
  - इससे दोनों प्रदूषकों के जीवों में पहुँचने पर अनेक समस्याओं का जन्म हो सकता है।
  - इन प्रदूषकों की गति/प्रक्रिया, पारिस्थितिकी तन्त्र की दो प्रक्रियाओं के अन्तर्गत होती है
- **जैव समूहन** (Bioaccumulation) प्रक्रिया के अन्तर्गत प्रदूषकों को पर्यावरण से आहार शृंखला के प्रथम जीव (First Organism) संकेन्द्रण (Concentration) में वृद्धि होती है। जैव समूहन यह दर्शाता है कि प्रदूषकों का खाद्य शृंखला के अन्दर प्रवेश किस तरह से होता है।

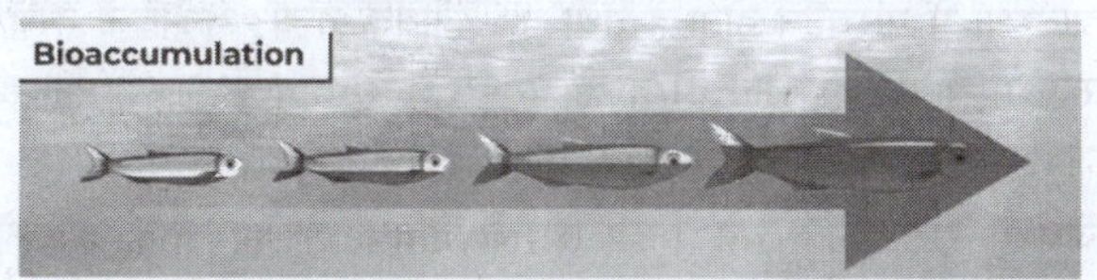

- **जैव समूहन को प्रभावित करने वाले कारक**
  - पदार्थों का भण्डारण एवं भण्डारण क्षमता
  - पदार्थों का ग्रहण करना
  - पदार्थों का निष्कासन
  - पानी में प्रदूषकों की संख्या
  - किसी जीव का आयु, लिंग व प्रकार
  - हाइड्रोफोबिसिटी
- **जैव आवर्द्धन** (Biomagnification) की प्रक्रिया द्वारा प्रदूषकों का संकेन्द्रण आहार शृंखला के एक जीव से दूसरे जीव, दूसरे जीव से तीसरे जीव इत्यादि में होता रहता है। अत: जैविक आवर्द्धन द्वारा प्रत्येक पोषण स्तर पर जीवित जीवों के शरीर में हानिकारक प्रदूषकों के सान्द्रण अथवा संकेन्द्रण में वृद्धि होती है। जैव आवर्द्धन हेतु प्रदूषकों का दीर्घ जीवी (Long-Lived) गतिशील वसा में घुलनशील एवं जैविक रूप से क्रियाशील होना जरूरी होता है।

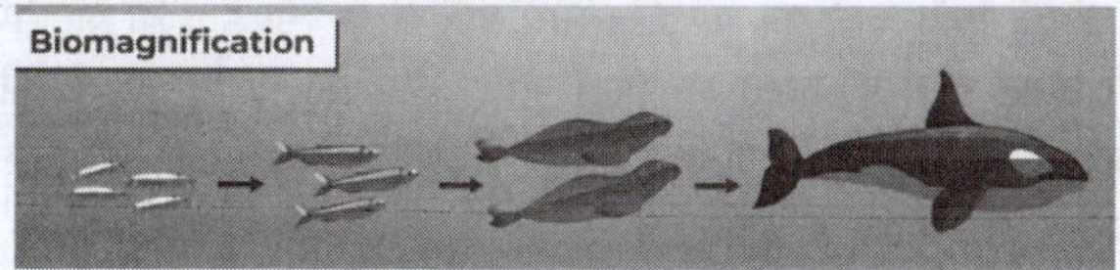

जैव सूचक प्रजातियाँ

जैव सूचक (Bio Indicator) ऐसे जीव वैज्ञानिक प्रक्रम, समुदाय व प्रजातियाँ (Community and Species) हैं, जो किसी पर्यावरण की गुणवत्ता एवं उसमें समय के अनुसार आने वाले परिवर्तनों को दर्शाती हैं। जैव सूचक प्रजातियाँ किसी क्षेत्र की सर्वाधिक संवेदनशील प्रजातियाँ हो सकती हैं एवं कभी-कभी किसी समस्या के प्रति पूर्व चेतावनी भी दे देती हैं। जैव सूचक प्रजातियाँ निम्न प्रकार की होती हैं

- **विशिष्ट प्रजातियाँ** (Specific Species) जो विशिष्ट पर्यावरणीय दशाओं (जैसे—मृदा या शैल प्रकार) को इंगित करती हैं।
- **प्रभावी प्रजातियाँ** (Dominant Species) जो किसी क्षेत्र में बायोमास या जीवों की संख्या की दृष्टि से महत्त्वपूर्ण योगदान देती हैं।
- **संवेदनशील प्रजातियाँ** (Sensitive Species) जो किसी भी पर्यावरणीय परिवर्तन के प्रति शीघ्र चेतावनी देने वाले सूचक की भाँति होती हैं।
- **प्रबन्धन प्रजातियाँ** (Managing Species) जो किसी भी विघ्न (Obstacle) के प्रभाव या उसके शमन हेतु किए गए प्रयासों की प्रभाविता को दर्शाती हैं।
- **की-स्टोन प्रजातियाँ** (Keystone Species) जिनका किसी पारितन्त्र से जुड़ना या समाप्त होना कम-से-कम एक अन्य प्रजाति की पर्याप्तता या समापन जैसे महत्त्वपूर्ण परिवर्तन को प्रेरित करता है।
- **प्रदूषण सूचक प्रजातियाँ** (Pollution Indicator Species) जो मानवीय गतिविधियों से होने वाले प्रदूषण को दर्शाती हैं।

पारिस्थितिक पदचिह्न

- पारिस्थितिकी पदचिह्न (Ecological Footprints) पृथ्वी के पारिस्थितिकी तन्त्रों पर मानवीय माँग का एक मापक है। यह व्यक्ति की माँग की तुलना, पृथ्वी की पारिस्थितिकी के पुनरुत्पादन (Reproduction) करने की क्षमता से करता है। यह मानव आबादी द्वारा उपभोग किए जाने वाले संसाधनों के पुनरुत्पादन एवं उससे उत्पन्न अपशिष्ट (Wastage) के अवशोषण (Absorbtion) तथा उसे हानिरहित बनाकर लौटाने के लिए जरूरी जैविक उत्पादक भूमि और समुद्री क्षेत्र की मात्रा को दर्शाता है।
- पारिस्थितिक पदचिह्न के द्वारा यह अनुमान लगाया जा सकता है, यदि प्रत्येक व्यक्ति एक निश्चित जीवन शैली अपनाए, तो मानवता की सहायता के लिए पृथ्वी के कितने भाग की जरूरत होगी।
- पारिस्थितिक पदचिह्न के विषय में पहला शैक्षणिक प्रकाशन वर्ष 1922 में **विलियम रीस** द्वारा किया गया था और इन्होंने ही इसे पारिस्थितिक पदचिह्न नाम प्रदान किया था।

“

पारिस्थितिक तन्त्र पारिस्थितिक तन्त्र में पोषक तत्त्व जीवों और उनके पर्यावरण के बीच लगातार स्थानान्तरित होते हैं। पदार्थों का यह चक्रण पारिस्थितिक तन्त्र को सन्तुलित रखने में महत्त्वपूर्ण भूमिका निभाता है।

अध्याय चार

पारिस्थितिकी तन्त्र में पदार्थों का संचरण

परिचय

- पारिस्थितिक तन्त्र के अन्दर सजीव सृष्टि की निर्भरता ऊर्जा के प्रवाह एवं पोषकों के परिसंचरण पर निर्भर करती है।
- जलमण्डल, वायुमण्डल एवं जीवमण्डल, स्थलमण्डल में विभिन्न जैविक एवं अजैविक तत्त्वों का विभिन्न चक्रों के माध्यम से संचरण होता रहता है।
- इस संचरण के तत्त्वों का सकल द्रव्यमान प्राय: एकसमान रहता है तथा ये तत्त्व जैविक समुदायों के उपयोग के लिए सदैव उपलब्ध रहते हैं।
- पौधे कार्बन, हाइड्रोजन और ऑक्सीजन को कार्बन-डाइऑक्साइड एवं जल से प्राप्त कर प्रकाश संश्लेषण द्वारा सरल कार्बोहाइड्रेट्स का निर्माण कर सकते हैं, जबकि दूसरे जटिल पदार्थों के संश्लेषण के लिए उन्हें आवश्यक तत्त्वों या पोषक तत्त्वों की अतिरिक्त आवश्यकता होती है।
- पारिस्थितिक तन्त्र में विभिन्न अवयवों द्वारा पोषक तत्त्वों का प्रवाह, स्थानान्तरण चक्रीय क्रम में होता है, जिससे पोषक तत्त्वों का बारम्बार प्रयोग होता है।
- पारिस्थितिक तन्त्र में आवागमन करने वाले पोषक तत्त्वों को तीन वर्गों में विभाजित किया गया है, जो निम्न हैं

वर्ग	तत्त्व	कार्य
सूक्ष्मपोषक तत्त्व (जैवभार 0.2% से कम)	एल्युमीनियम, बोरॉन, ब्रोमीन, जिंक, कोबाल्ट, आयोडीन, क्रोमियम	पौधों को कम मात्रा की आवश्यकता लेकिन महत्त्वपूर्ण तत्त्व
वृहतपोषक तत्त्व (शुष्क जैव भार के 1% से अधिक)	हाइड्रोजन, कार्बन नाइट्रोजन, ऑक्सीजन, फॉस्फोरस	• पौधों को अधिक मात्रा में आवश्यक • इन तत्त्वों द्वारा जीवों की कोशिकाओं की संरचना का निर्माण • जीवों में वसा के लिए महत्त्वपूर्ण तत्त्व
गौण तत्त्व (जैव भार 0.2 से 1% तक)	क्लोरीन, कैल्शियम, कॉपर, लौह, मैग्नीशियम, सल्फर, सोडियम	• जीवों में अम्लों का निर्माण गन्धक द्वारा • कैल्शियम जीवों की कोशिकाओं की दीवारों को दृढ़ बनाता है। • मैग्नीशियम क्लोरोफिल का उत्पादन करता है

जैव भू-रसायन चक्र

- वह चक्र, जिसमें किसी पारिस्थितिक तन्त्र में अजैविक तत्त्वों का जैविक प्रावस्था में परिवर्तन होता है तथा पुन: जैविक तत्त्व, अजैविक तत्त्वों के रूप में वापस आ जाते हैं। तत्त्वों के इस पुनरागमन के प्रारूप को ही **जैव भू-रसायन** या **पोषण-चक्र** कहते हैं।
- जैव भू-रासायनिक चक्र मुख्य रूप से जैविक एवं अजैविक कारकों के बीच पोषक तत्त्वों और अन्य तत्त्वों की गति को सन्दर्भित करता है।
- **ई. पी. ओडम** के अनुसार "जीव द्रव्य के सभी तत्त्वों सहित, रासायनिक तत्त्व जैवमण्डल में चक्रीय पथ पर पर्यावरण से जीवों एवं जीवों से पर्यावरण की ओर वापस जाते हैं, क्योंकि ये लगभग पूर्णतया चक्रीय पथ पर आगे बढ़ते हैं।"
- **पी. ए. फर्ले एवं डब्ल्यू. डब्ल्यू. नेवे** के अनुसार "जैव भू-रसायन चक्र वृहद्स्तरीय चक्र होते हैं, जिनके द्वारा अजैविक तत्त्वों का जैविक प्रावस्था से होकर गमन होता है तथा अन्त में ये तत्त्व पुन: अजैविक दशा में वापस आ जाते हैं।"

पोषण चक्रों के प्रकार

- पारिस्थितिकी तन्त्र में पोषक तत्त्वों का प्रवाह जीवों एवं उनके भौतिक पर्यावरण के बीच लगातार आदान-प्रदान के रूप में चलता रहता है, जो स्थानान्तरण चक्रीय क्रम में होता है, जिसे **पोषण चक्र** कहा जाता है। पोषकों का यह चक्रीय प्रवाह दो प्रकार से होता है-गैसीय एवं अवसादी रूप।
- **गैसीय पोषण चक्र** का भण्डार, साधारणतया वायुमण्डल या जलमण्डल में स्थित होता है, परन्तु **अवसादी पोषण चक्र** का भण्डार पृथ्वी की बाहरी सतह क्रस्ट में पाया जाता है। पोषण चक्र के प्रकार को निम्न प्रकार से समझा जा सकता है

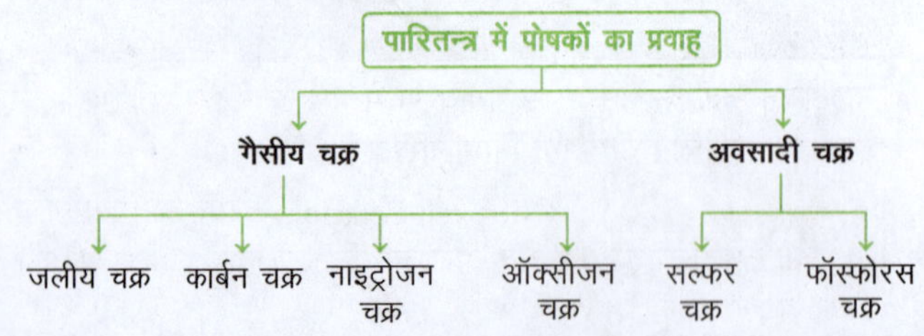

गैसीय चक्र

गैसीय चक्र के अन्तर्गत निम्न महत्त्वपूर्ण चक्र आते हैं

जलीय चक्र

- जल जीवन के लिए सर्वाधिक महत्त्वपूर्ण पदार्थ है। अन्य तत्त्वों का चक्रण भी जल पर ही निर्भर होता है, क्योंकि विभिन्न चरणों में अन्य तत्त्वों का परिवहन माध्यम भी जल ही है और जीवों द्वारा ग्रहण किए जाने वाले तत्त्वों के लिए भी यह एक विलायक माध्यम है।
- पृथ्वी का लगभग 71% भाग झीलों, नदियों, समुद्रों तथा महासागरों के रूप में जल से घिरा है। अकेले महासागरों में ही पृथ्वी के समस्त जल का 97% भाग समाहित है, जबकि शेष बहुत-सा भाग ध्रुवीय हिम तथा हिमनदों के रूप में पाया जाता है।
- 1% से भी कम जल हिमरहित अलवण जल के रूप में पाया जाता है, जो नदियों, झीलों तथा जलभृतों (Aquifers) में पाया जाता है, फिर भी हमारी पृथ्वी के जल का यह नगण्य अंश यहाँ के सभी थल एवं जलीय जीव सृष्टि के लिए अति महत्त्वपूर्ण है।
- जलीय चक्र (Hydrological Cycle) में जल की गति महासागरों से वायुमण्डल में वाष्पन (Evaporation) के द्वारा और वायुमण्डल से महासागरों तथा थल पर वर्षा एवं हिमपात के रूप में या वर्षण (Precipitation) से, थल से महासागरों तक बहकर सरिताओं तथा नदियों और भूमि की सतह से वाष्पन होकर पुन: वायुमण्डल में यह चक्र सौर ऊर्जा द्वारा चलता रहता है।

नाइट्रोजन चक्र

- नाइट्रोजन प्रोटीन का एक अनिवार्य घटक है और प्रोटीन ही हर प्रकार के जीवित ऊतकों (Tissues) का सृजनकारी (Productive) खण्ड होता है। यह भार के अनुमान से सभी प्रकार के प्रोटीन का लगभग 16% अंश होता है। पारिस्थितिक तन्त्र में नाइट्रोजन का अन्तिम स्रोत वायुमण्डल में स्थित आण्विक नाइट्रोजन है, जिसको पौधों तथा प्राणियों द्वारा सीधे उपयोग में नहीं लाया जा सकता।

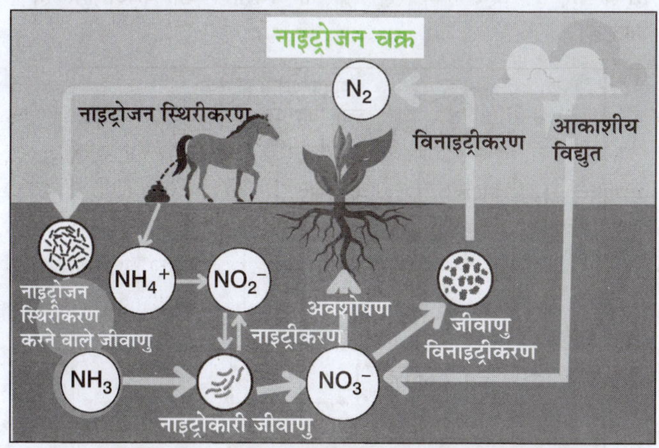

- नाइट्रोजन चक्र के माध्यम से पर्यावरण में नाइट्रोजन का संचरण होता है। नाइट्रोजन के चरण निम्नलिखित हैं
  - नाइट्रोजन स्थिरीकरण (Nitrogen Fixation) इसमें वायुमण्डल की मुक्त नाइट्रोजन जैविक एवं अजैविक विधियों द्वारा अपने यौगिकों में बदल जाती है।
  - अमोनीकरण (Ammonification) जीवाणु; जैसे-बैसिल्स बलगेरिस बैसिल्स मायकॉइड्ल तथा बैसिलस रेमोसस द्वारा पौधों एवं जन्तुओं के मृत शरीर के प्रोटीन से अमोनिया बनाने की क्रिया अमोनीकरण कहलाती है।
  - नाइट्रीकरण (Nitrification) नाइट्रोबैक्टर, नाइट्रोसोमोनास इत्यादि जीवाणुओं द्वारा अमोनिया के नाइट्रेट में बदलने की क्रिया को नाइट्रीकरण कहते हैं।
  - विनाइट्रीकरण (Denitrification) कुछ जीवाणु; जैसे-माइक्रोकोकस, डीनाइट्रीफिकेन्स, स्यूडोमोनास इत्यादि नाइट्रोजन एवं अमोनियम यौगिकों को नाइट्रोजन में परिवर्तित कर देते हैं। यह प्रक्रिया ही विनाइट्रीकरण कहलाती है।

कार्बन चक्र

- यह चक्र वायुमण्डल (Atmosphere) में मुख्यत: कार्बन-डाइ-ऑक्साइड के रूप में पाया जाता है।

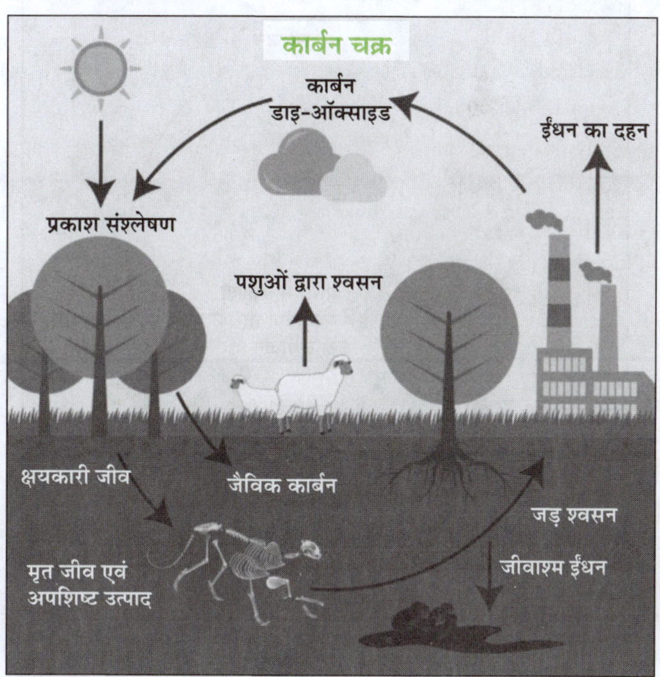

- ऑक्सीजन तथा नाइट्रोजन की तुलना में वायुमण्डल का यह छोटा-सा संघटक है, परन्तु अति महत्त्वपूर्ण है और इसके बिना जीवन का अस्तित्व ही नहीं हो सकता, क्योंकि पौधों में प्रकाश संश्लेषण (Photosynthesis) की प्रक्रिया द्वारा कार्बोहाइड्रेटों का बनना इसी पर आधारित है और ये ही कार्बोहाइड्रेट पदार्थ जीवन के निर्माण खण्ड हैं।
- कार्बन का पर्यावरण में वापस लौटना लगभग उतनी ही तेजी से होता है, जितना इसे बाहर निकाला जाना।
- वायुमण्डलीय भण्डार से कार्बन हरे पौधों में और फिर उनसे प्राणियों में पहुँचता है। अन्तत: उनसे खाद्य श्रृंखला में विविध पोषण स्तरों पर श्वसन की प्रक्रिया के माध्यम से प्रत्यक्ष रूप में अथवा जीवाणुओं, कवकों तथा अन्य सूक्ष्मजीवों (Micro Bacterias) के द्वारा मृत जैविक पदार्थ के विघटन के द्वारा परोक्ष (Indirect) रूप से वापस वायुमण्डल में पहुँच जाता है।

ऑक्सीजन चक्र

- पारितन्त्र में ऑक्सीजन की महत्त्वपूर्ण भूमिका होती है, ऑक्सीजन का निर्माण स्थलीय पारिस्थितिक तन्त्र के स्वपोषित हरे पौधे एवं सागरीय पारिस्थितिक तन्त्र के पादपप्लवक (Phytoplankton) द्वारा प्रकाश संश्लेषण की प्रक्रिया से होता है।
- जीवों द्वारा जीवित कोशिकाओं में ऊर्जा बनाने की प्रक्रिया के दौरान ऑक्सीजन प्रयोग में आती है।
- ऑक्सीजन वायुमण्डल में 21% उपस्थित है तथा ऑक्साइड और कार्बोनेट के रूप में चट्टानों और जल में उपस्थित है।
- पादप ऑक्सीजन बाहर नि:सृत करते हैं तथा गैस के रूप में ऑक्सीजन सम्पूर्ण जीवजगत श्वसन के रूप में ग्रहण करता है तथा ऑक्सीडेरान से अकार्बनिक पदार्थ बनाता है। ओजोन परत पराबैंगनी किरणों से जीवन की रक्षा करती है।

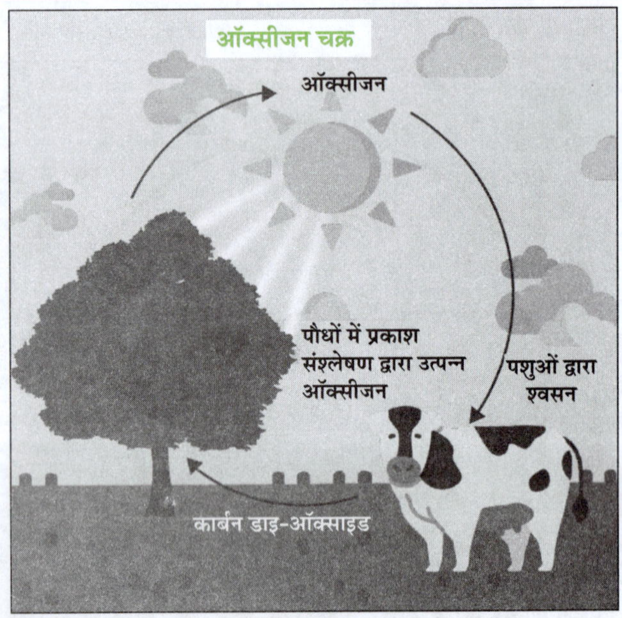

सल्फर चक्र

- जीवों के लिए सल्फर बहुत महत्त्वपूर्ण तत्त्व है, क्योंकि यह अमीनो अम्ल, एन्जाइम, प्रोटीन, विटामिन, न्यूक्लियो प्रोटीन इत्यादि के निर्माण में सहायक होता है।
- सल्फर चक्र (Sulphur Cycle) का विशाल भण्डार मिट्टी तथा अवसादों के भीतर है, जहाँ वह कार्बनिक (जैविक) रूप में (कोयले, तेल और पीट में) तथा अकार्बनिक निक्षेपों (पाइराइट चट्टान तथा सल्फर चट्टान) में सल्फेटों, सल्फाइडों तथा कार्बनिक सल्फर के रूप में पाई जाती है।
- इसका बाहर निकलना चट्टानों के अपक्षय, अपरदन तथा जैविक पदार्थों के जीवाणुओं एवं कवकों द्वारा विघटन होकर होता है तथा यह लवण घोल के रूप में थलीय एवं जलीय पारितन्त्रों में पहुँचा दिया जाता है।
- वायुमण्डल में सल्फर कई स्रोतों से पहुँचती है; जैसे—ज्वालामुखी विस्फोटों, जीवाश्म ईंधनों के ज्वलन, महासागर की सतह से तथा विघटन द्वारा निकली गैसों से।
- सल्फर को सल्फेटों के रूप में पौधे अपने अन्दर अवशोषित कर लेते हैं और श्रृंखलाबद्ध उपापचय (Metabolism) प्रक्रियाओं के द्वारा सल्फरधारी अमीनो अम्ल बना लेते हैं, जिसे स्वपोषी ऊतकों के अन्दर प्रोटीनों में समाहित किया जाता है। उसके बाद यह चारण खाद्य श्रृंखला में से होकर गुजरती है।

फॉस्फोरस चक्र

- फॉस्फोरस जैव द्रव्य का एक महत्त्वपूर्ण घटक है। फॉस्फोरस का स्रोत पृथ्वी की चट्टानें, शैल एवं अन्य ऐसे निक्षेप हैं, जो विभिन्न भू-गर्भिक काल में बने।
- इन शैलों के अपरदन से फॉस्फेट मृदा में मिलता है। इसकी पर्याप्त मात्रा समुद्र में पाई जाती है, जो अनेक अवसादों में विलीन रहती है। फॉस्फोरस को पौधे मृदा से अपनी जड़ों द्वारा ऑर्थोफॉस्फेट के रूप में ग्रहण करते हैं तथा इसे अपने जीवभार में सम्मिलित करते हैं।
- द्वितीयक उत्पादक फॉस्फोरस को कार्बनिक फॉस्फोरस के रूप में प्राथमिक उत्पादकों द्वारा प्रत्यक्ष या परोक्ष रूप से प्राप्त करते हैं। इन जीवों की मृत्यु के पश्चात् अपघटित होकर पुन: घुलित अवस्था में बदल जाते हैं, जिसे मृदा सोख लेती है।

अवसादी चक्र

- फॉस्फोरस, कैल्सियम तथा मैग्नीशियम का चक्रण अवसादी चक्र (Sedimentary Cycle) के द्वारा होता है।
- अवसादी चक्र के तत्त्व सामान्यत: वायुमण्डल में चक्रण नहीं करते वरन् अपक्षय (Erosion), अवसादन (Sedimentation), पर्वत निर्माण, ज्वालामुखीय क्रियाकलाप तथा समुद्री पक्षियों के उत्सर्गों (Excreta) के द्वारा जैविक परिवहन (Biological Transport) प्रतिरूप का पालन करते हैं। सल्फर चक्र एवं फॉस्फोरस चक्र भी अवसादी चक्र के अन्तर्गत ही आते हैं।

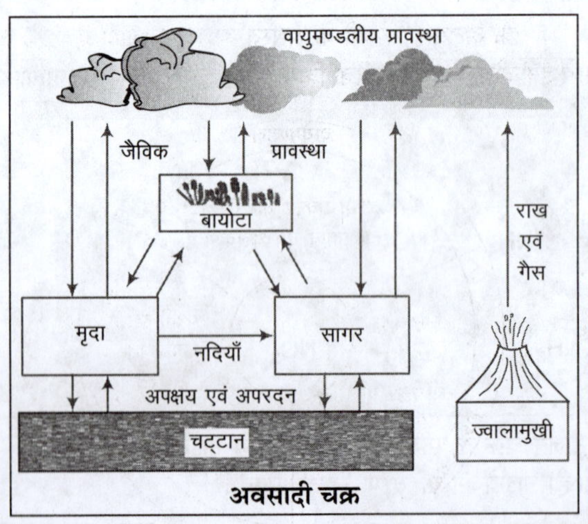

अवसादी चक्र

"

जीवमण्डल पृथ्वी का वह भाग (वायुमण्डल, स्थलमण्डल एवं जलमण्डल) है, जहाँ जीवन सम्भव है। बायोम जीवमण्डल के बड़े भौगोलिक क्षेत्र होते हैं, जिनमें विभिन्न प्रकार के जीव-जन्तु और पौधे पाए जाते हैं।

अध्याय पाँच

जैवमण्डल तथा बायोम

जैवमण्डल

- जैवमण्डल या बायोस्फीयर दो शब्द बायो (Bio) एवं स्फीयर (Sphere) से मिलकर बना है, जिसमें बायो का अर्थ है- 'जीव' अथवा 'प्राणी' तथा स्फीयर का अर्थ है–'परिमण्डल'।
- जैवमण्डल या जीवमण्डल सामान्य रूप से पृथ्वी की सतह के चारों ओर व्याप्त एक आवरण है, जिसके अन्तर्गत पौधों एवं जन्तुओं का जीवन बिना किसी रक्षक साधन के सम्भव होता है।
- पृथ्वी के तीन परिमण्डल- स्थलमण्डल, वायुमण्डल एवं जलमण्डल जहाँ आपस में मिलते हैं, वहीं जैवमण्डल क्षेत्र होता है।
- पृथ्वी का वह भाग जहाँ जीवन विद्यमान है, वह जैवमण्डल कहलाता है। इसमें छोटे-से-छोटे बैक्टीरिया से लेकर विशालकाय जीव शामिल होते हैं, इसके साथ-साथ बड़े और तरह-तरह की वनस्पति, जीव-जन्तु एवं मनुष्य इस जैवमण्डल के अंग होते हैं।
- जैवमण्डल में जीवन के लिए आवश्यक ऊर्जा सूर्य से प्राप्त होती है तथा सजीव जीवधारियों के लिए आवश्यक पोषक कहीं बाहर से नहीं, बल्कि वायु, जल और मृदा से ही निर्मित होते हैं और इन्हीं का बार-बार पुनर्चक्रण होता रहता है, जिससे जीवन चलता है।
- मॉकहाउस के अनुसार "पृथ्वी के समस्त जीवधारी प्राणी एवं वह पर्यावरण जिसमें इन जीवों की पारस्परिक क्रिया होती है, जैवमण्डल कहलाता है।"

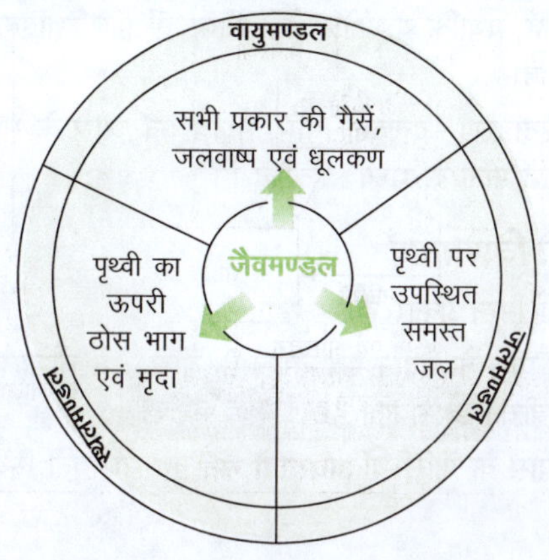

- जैवमण्डल में प्रचुर मात्रा में पाए जाने वाले जीव समुद्र की सतह से 200 मी (656 फीट) नीचे से लेकर समुद्र तल से 6000 मी के ऊपर तक पाए जाते हैं।

स्तर	विवरण	उदाहरण
जैवमण्डल	सभी पारिस्थितिक तन्त्रों का समूह	जैवमण्डल
पारिस्थितिक तन्त्र	समुदाय (जैविक) और उसके आस-पास के अजैविक घटक	बाज, सीप, कुत्ता, घास, हवा, चट्टान, मैदान
समुदाय	निश्चित क्षेत्र में रहने वाली जनसंख्या का समूह	साँप, बाज, भैस, कुत्ता
जनसंख्या	एक ही तरह के जीव का समान क्षेत्र में रहना	भैसों का समूह
जीव	एकाकी सजीव	भैंस
कोशिका के समूह	ऊतक, अंग तथा अंगों की प्रणाली	तन्त्रिका ऊतक → मस्तिष्क → तन्त्रिका तन्त्र
कोशिका	जीवन की सबसे छोटी इकाई	तन्त्रिका कोशिका
अणु	परमाणुओं का समूह एवं रासायनिक यौगिक की सबसे छोटी इकाई	(पानी) (डी.एन.ए.)

पारिस्थितिकीय संघटन का स्तर

जैविक समुदाय

- किसी निश्चित भौगोलिक क्षेत्र में निवास करने वाली विभिन्न समष्टियों के समूह को जैविक समुदाय (Biological Community) कहते हैं।
- जैविक समुदाय सामान्यत: विभिन्न प्रजातियों के विविध प्रकार की संख्या का साहचर्य (Association) होता है।

- जैविक समुदाय के सदस्य अपने पर्यावरण के साथ ही सक्रिय रूप से अन्योन्यक्रिया करते हैं। समुदाय में मात्र वे पौधे और जन्तु जीवित रहते हैं, जो एक पर्यावरण के साथ अनुकूलन कर लेते हैं।
- प्रत्येक जैविक/जीव समुदाय में अनेक प्रकार के जीव एकसाथ रहते हैं, वे किसी-न-किसी रूप से एक-दूसरे से जुड़े रहते हैं।
- प्रत्येक जीव समुदाय में स्वपोषी व परपोषी जीव होते हैं, जो भोजन एवं अन्य आवश्यकताओं की पूर्ति के लिए एक-दूसरे पर निर्भर रहते हैं।

समुदाय की विशेषताएँ

- समुदाय अभिलक्षण/विशेषताओं से आशय सामान्य जीवन व्यतीत करने वाले सामाजिक प्राणियों के एक समूह बोध से होता है, जिसमें सभी प्रकार के असीमित विभिन्न एवं जटिल सम्बन्ध होते हैं, जो उस सामान्य जीवन के परिणामस्वरूप प्राप्त होते हैं या उसका निर्माण करते हैं।
- समुदाय के अभिलक्षण/विशेषताओं को निम्न प्रकार से समझ सकते हैं

प्रजातीय संरचना

- किसी समुदाय में वर्ष भर उपस्थित पौधों की कुल संख्या की गणना प्रजातीय या जातीय संरचना (Species Composition) कहलाती है।
- किसी भी समुदाय की जातीय संरचना दूसरे समुदाय से भिन्नता दर्शाती है, जो एक ही समुदाय की पादप जातियों में जन्तुओं के अनुसार परिवर्तित भी हो सकती है।

प्रजातीय विविधता

- सभी प्रजातियों की एकक प्रजाति समृद्धि तथा प्रजातीय साम्यता के गुणन को प्रजातीय विविधता (Species Diversity) कहते हैं।
- प्रजातीय विविधता एक विशेष क्षेत्र में पाई जाने वाली विभिन्न प्रकार की प्रजातियों में विविधता को दर्शाती है।
- किसी समुदाय में प्रजातियों की संख्या प्रजातीय समृद्धता को दर्शाती है। प्रजातियों के बीच एकक वितरण प्रजाति समता या प्रजाति साम्यता कहलाता है।
- कुछ समुदाय अत्यधिक विविधता वाले होते हैं, जिनके प्रत्येक पोषण स्तर पर कई प्रकार की प्रजातियाँ जीवन-यापन करती हैं; जैसे—उष्णकटिबन्धीय वर्षा वन एवं प्रवाल भित्ति आदि।

पारिस्थितिकी तन्त्र के लिए महत्त्वपूर्ण प्रजातियाँ

- **फाउण्डेशन प्रजाति** (Foundation Species) ये प्रजाति एक पारिस्थितिकी तन्त्र का निर्माण या देखभाल करती है। यह एक खाद्य चेन में किसी भी पोषी स्तर पर रह सकती है और सामुदायिक संरचना में महत्त्वपूर्ण भूमिका निभाती है। उदाहरण कोरल
- **अम्ब्रेला प्रजाति** (Umbrella Species) इस प्रजाति को पारिस्थितिकी तन्त्र के प्रतिनिधियों के रूप में चुना जाता है, क्योंकि इस प्रजाति की परास अधिक होती है तथा अन्य प्रजातियाँ इन पर निर्भर होती हैं। उदाहरण स्पॉटेड आउल, बाघ, ग्रिजली बियर इत्यादि।
- **संकेतक प्रजाति** (Indicator Species) ऐसे प्रजाति के जन्तु एवं पौधे पर्यावरण परिवर्तन के लिए बहुत संवेदनशील होते हैं। इस प्रजाति की उपस्थिति अन्य प्रजातियों के समूह की उपस्थिति को इंगित करती है। बाहरी प्रभाव—प्रदूषण, जलवायु परिवर्तन आदि का प्रभाव संकेतक प्रजातियों पर सबसे पहले दिखाई देता है। उदाहरण ग्रीसवुड

की-स्टोन प्रजाति

की-स्टोन प्रजाति ऐसी प्रजातियों को कहते हैं, जो सामुदायिक संरचना पर प्रमुख प्रभाव डालती हैं। ये प्रजातियाँ सूक्ष्म जलवायु, मृदा की रचना व मृदा रसायन एवं खनिजों के स्तर को भी परिवर्तित और प्रभावित करने में सक्षम होती हैं। *उदाहरण* —

समुद्री सितारा, समुद्री ऊदबिलाव, मैंग्रोव वृक्ष, हाथी, भेड़िया, शार्क

संक्रमिका तथा कोर प्रभाव

- संक्रमिका या इकोटोन (Ecotone) और कोर प्रभाव या एज इफेक्ट (Edge Effect) पारिस्थितिकी तन्त्र से सम्बन्धित दो प्रमुख शब्द हैं।
- एक ओर, जहाँ एक इकोटोन भारी प्रवास के उच्च-तनाव वाले क्षेत्र को सन्दर्भित करता है, वहीं एज इफेक्ट एक समुदाय या आबादी की संरचनाओं में अचानक परिवर्तन की घटनाओं को सन्दर्भित करता है, जो एक इकोटोन में विद्यमान होता है।
- संक्रमिका एवं कोर प्रभाव का विवरण निम्न प्रकार है

संक्रमिका

- संक्रमिका एक ऐसा क्षेत्र होता है, जो दो पारिस्थितिक तन्त्रों के बीच सीमा या संक्रमण के रूप में कार्य करता है अर्थात् दो या उससे अधिक विविध समुदायों के मध्य संक्रमण क्षेत्र, संक्रमिका या इकोटोन कहलाते हैं।
- इकोटोन वह क्षेत्र होता है, जहाँ दो समुदाय मिलते हैं और एकीकृत होते हैं। इसमें जीवों एवं वनस्पतियों की प्रजातियों की एक विशाल विविधता शामिल होती है, क्योंकि यह क्षेत्र दोनों सीमावर्ती पारिस्थितिक तन्त्रों से प्रभावित होते हैं।
- इकोटोन के उदाहरण- दलदली भूमि, मैंग्रोव वन, घास के मैदान, मुहाना (खारे एवं मीठे पानी के मध्य) इत्यादि हैं।

संक्रमिका की विशेषताएँ

इसकी विशेषताएँ निम्न प्रकार हैं

- यह संकीर्ण (घास के मैदान एवं जंगल के बीच) या चौड़ा (जंगल एवं रेगिस्तान के बीच) हो सकता है।
- इसमें आस-पास के पारिस्थितिक तन्त्रों के लिए मध्यवर्ती स्थितियाँ होती हैं।

- पूर्ण विकसित इकोटोन में कुछ ऐसे जीव पाए जाते हैं, जो आसन्न समुदायों से पूर्ण रूप से अलग होते हैं।
- सामान्य रूप से इसमें एक निवर्तमान समुदाय की प्रजातियों की संख्या और जनसंख्या घनत्व कम हो जाता है, क्योंकि समुदाय अपने मूल पारिस्थितिकी तन्त्र से दूर हो जाते हैं।

कोर प्रभाव

- परिदृश्य तत्त्वों की अधिक संख्या वनस्पति जटिलता और मिश्रित पारिस्थितिकी तन्त्र विशेषताओं के परिणामस्वरूप इकोटोन के साथ अधिक घनत्व और जैव-विविधता होने की घटनाओं को कोर प्रभाव कहते हैं।
- कोर प्रभाव, जनसंख्या या सामुदायिक संरचनाओं में परिवर्तन को सन्दर्भित करता है, जो दो आवासो (इकोटोन) की सीमा पर होता है, जहाँ पर दो पारितन्त्र आपस में मिलते हैं, वहाँ विशाल विविधता पाई जाती है।
- कोर प्रभाव या एज इफेक्ट, जनसंख्या या सामुदायिक संरचनाओं में होने वाले परिवर्तनों से सम्बन्धित होते हैं।
- कोर प्रभाव के उदाहरण-नदी तट के समीप घास के मैदान, जहाँ पर्वत व घाटी मिलती हों, जहाँ एश्चुअरी समुद्र से मिलती है, वनों का अन्तिम बिन्दु इत्यादि हैं।

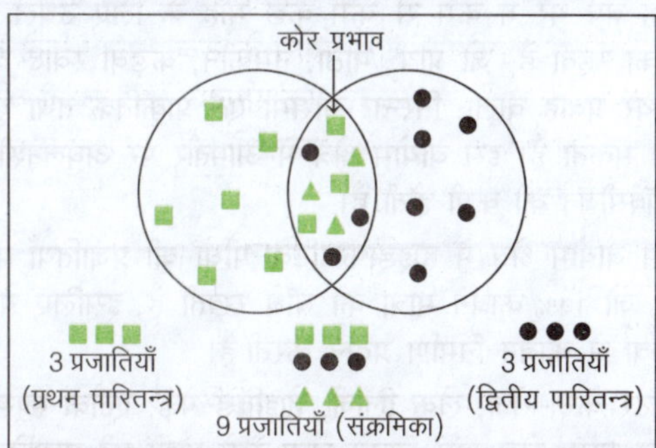

संक्रमिका एवं कोर प्रभाव

कोर प्रभाव की विविधता

कोर प्रभाव क्षेत्र बहुत अधिक विविधता रखते हैं या विविधता वाले होते हैं, जिसे निम्न प्रकार से समझा जा सकता है

- वायु, तापमान आर्द्रता, प्रकाश, तीव्रता, मृदा की नमीं इत्यादि कोर क्षेत्र पर परिवर्तित स्थिति में होती है।
- कोर क्षेत्र पर प्रकाश की अधिक उपलब्धता पादपों की तीव्र वृद्धि (अत्यधिक विविधता) में सहायक होती है, जिससे उत्पादकता में वृद्धि होती है।
- कोर क्षेत्र की विविधता सूक्ष्म जलवायु का निर्माण कर सकती है, जोकि विशिष्ट प्रजातियों को समर्थन दे सकते हैं।
- पादपों की विविधता में वृद्धि कीड़ों (शाकाहारी कीट) में वृद्धि करती है, जिससे पक्षी एवं अन्य जन्तुओं में भी वृद्धि होती है।
- प्रकृति में कोर प्रभाव क्षेत्र का परिणाम विविधता एवं उत्पादकता में वृद्धि के रूप में देखा जाता है।

बायोम

- जब किसी पारिस्थितिक तन्त्र के समस्त पादपों एवं प्राणियों का सम्मिलित रूप में अध्ययन किया जाता है, तो उसे बायोम (Biome) कहा जाता है।
- बायोम जिसे एक प्रमुख जीवन क्षेत्र के रूप में भी जाना जाता है, एक ऐसा क्षेत्र है, जिसमें पौधों और जानवरों के समुदाय शामिल होते हैं, जिनका उस विशेष पर्यावरण के लिए सामान्य अनुकूलन होता है।
- बायोम वह बड़ा भौगोलिक क्षेत्र है, जिनकी विशेषता विशिष्ट पौधों एवं जानवरों की प्रजातियों के साथ अविभाज्य जलवायु परिस्थितियाँ एवं वनस्पति होती हैं।
- जैवमण्डल के पार्थिव भागों (Tarrestrial Part) को कई वृहत् क्षेत्रों में बाँटा जाता है, जिन्हें बायोम कहा गया है तथा इन क्षेत्रों/बायोमों का निर्धारण जलवायु, वनस्पति वन्यजीव एवं मृदा के प्रकार के आधार पर किया जाता है।

बायोम के प्रकार

- बायोम का अध्ययन स्थलीय एवं जलीय बायोम के रूप में वर्गीकृत करके किया जाता है। इन दो भिन्न बायोमों के मध्य की सीमा का निर्धारण तापमान एवं वर्षा जैसे जलवायविक कारकों के आधार पर किया जाता है।
- बायोम को दो भागों-स्थलीय व जलीय रूप में वर्गीकृत किया गया है, जिसे निम्न प्रकार से समझ सकते हैं

1. स्थलीय बायोम

स्थलीय बायोम को सामान्य जलवायु परिस्थितियों द्वारा निर्धारित स्थिर पादप समुदायों के अनुसार वर्गीकृत किया गया है, जो निम्न प्रकार से हैं

- **ध्रुवीय बायोम** इस क्षेत्र में पूरे वर्ष कम तापमान एवं अपर्याप्त वर्षा के कारण वनस्पति का विकास नहीं हो पाता है। इन क्षेत्रों में ध्रुवीय भालू एवं पेंगुइन प्रजातियाँ पाई जाती हैं।
- **टुण्ड्रा बायोम** इस क्षेत्र में शीत प्रतिरोधी पौधों में घास, काई और लाइकेन पाई जाती हैं। इन क्षेत्रों में बारहसिंगा, ध्रुवीय भालू, आर्कटिक लोमड़ी एवं पक्षियों की प्रजातियाँ पाई जाती हैं।
- **माउण्टेन बायोम** तापमान कम होने के कारण इस बायोम क्षेत्र में वनस्पति विरल (नगण्य) होता है तथा ढलान वाली भूमि की अधिकता पाई जाती है। सबालपीन घास का मैदान और शंकुधारी पेड़ इस क्षेत्र में देखे जाते हैं। इस क्षेत्र में तिब्बती बैल और चील सामान्य रूप से पाई जाने वाली प्रजातियाँ हैं।
- **शंकुधारी वन बायोम** ठण्डे एवं आर्द्र जलवायु वाले इस बायोम क्षेत्र में शीत ऋतु लम्बी होने एवं तापमान में अधिक अन्तर होने के कारण पौधों के बीजारोपण की अवधि कम होती है। इस क्षेत्र में भेड़िया, ऊदबिलाव, भालू, हिरण जैसी प्रजातियाँ पाई जाती हैं।
- **डेजर्ट बायोम** डेजर्ट बायोम क्षेत्र में उच्च तापमान एवं सूखे के परिणामस्वरूप बहुत विरल वनस्पति देखने को मिलती है। यहाँ पर लम्बी जड़ों वाला विकसित पौधा (कैक्टस) पाया जाता है। यहाँ पर चूहे, गिद्ध, छिपकली, मकड़ी, बिच्छू, साँप एवं ऊँट की प्रजातियाँ पाई जाती हैं।

- **सवाना बायोम** इस बायोम क्षेत्र में बबूल और बाओबाब जैसी दुर्लभ वृक्ष प्रजातियों को छोड़कर, लम्बी घास एवं झाड़ियाँ और अन्य पौधे पाए जाते हैं। यहाँ शुतुरमुर्ग, हाथी, लंगूर, मगरमच्छ, लकड़बग्घा, दरियाई घोड़ा, मृग, गैण्डा, शेर, चीता, जिराफ और जेबरा इत्यादि प्रजातियाँ पाई जाती हैं।
- **शीतोष्ण-पर्णपाती वन बायोम** इस बायोम क्षेत्र में पर्णपाती, चौड़े एवं शंकुधारी वृक्ष पाए जा[illegible]। सेबल, ईगल, गिलहरी, भालू, हिरण, पक्षी और कीड़ों की प्रजा[illegible] इन बायोम क्षेत्र में पाई जाती हैं।
- **शीतोष्ण घास स्थल** [illegible] तरह के बायोम में स्टेपी वनस्पति शुष्क एवं गर्म ग्रीष्मकाल वाले [illegible] देखी जाती है। इसके अतिरिक्त मैदानी वनस्पति ठण्डी एवं आर्द्र [illegible]ल वाले क्षेत्रों में भी देखी जाती है। भैंस, कंगारू, हिरण, मृग, लामा, खरगोश, गोरैया, लोमड़ी, जमीनी गिलहरी स्टेपीज इत्यादि प्रजातियाँ पाई जाती हैं।
- **झाड़ी बायोम** इस तरह के बायोम में वनस्पति की अधिकांश प्रजातियाँ लम्बी जड़ों वाली एवं छोटे कद वाली होती हैं। इस बायोम में सदाबहार पौधे; जैसे—मार्क्विस और गारिग्यू एवं जंगली जैतून, जंगली आर्बुटस, ओलियण्डर, केरमेज ओक इत्यादि पाए जाते हैं।
- **उष्णकटिबन्धीय वर्षा वन बायोम** इस बायोम में विश्व की लगभग 50 से 70% जैविक प्रजातियाँ पाई जाती हैं। इस बायोम में वायुमण्डल का ऑक्सीजन उच्च स्तर पर होता है। साँप, बाघ, ओरंगुटान, चिम्पैंजी, हाथी, पक्षी, तितली, मेंढक सामान्य पशु प्रजातियाँ पाई जाती हैं।

2. जलीय बायोम

जलीय बायोम को मीठे एवं खारे पानी के दो अलग-अलग समूहों में वर्गीकृत किया गया है, जो निम्न प्रकार हैं

(i) **खारे पानी का बायोम** पृथ्वी की सतह का 70% भाग महासागर एवं समुद्री अस्तित्व से युक्त है। पृथ्वी पर मौसम एवं जलवायु विविधता का संकेतक होना जीवमण्डल पर उनके प्रभाव के कारण है। खारे पानी के बायोम में ऑक्सीजन उत्पादन एवं कार्बन डाइ-ऑक्साइड की खपत या उपयोग की दर उच्च स्तर पर होती है, जिससे महाद्वीपीय शेल्फ पर प्रजातियों की विविधता एवं घनत्व में वृद्धि होती है। खारे पानी के बायोम में मसल्स, ऑक्टोपस, केकड़ा, डॉल्फिन, व्हेल तथा मछली की विभिन्न प्रजातियाँ पाई जाती हैं।

(ii) **मीठे पानी का बायोम** मीठा पानी बायोम में सबसे कम स्थान घेरता है तथा स्थलीय पारिस्थितिक तन्त्र में मिट्टी और जैविक प्रजातियों में सम्पर्क स्थापित करता है। स्थिर एवं गतिशील जल निकायों के रूप में मीठे पानी के बायोम को तीन श्रेणियों में वर्गीकृत किया गया है, जोकि निम्न प्रकार हैं

◆ **स्थिर जल निकाय**

- स्थिर जल निकाय में तालाब एवं झीलें इत्यादि शामिल होती हैं, जिनका आकार परिवर्तनशील होता रहता है।
- इस बायोम का निर्माण स्थलीय पारिस्थितिकी तन्त्र में गड्ढों को पानी से भरने के परिणामस्वरूप होता है।
- स्थिर जल निकाय के जल का निर्माण उत्पादकता, आकार और भौतिक-रासायनिक गुणों के सन्दर्भ में काफी भिन्न होता है, जो समुदायों के पोषक तत्त्व, घनत्व, पानी की गहराई एवं तटीय दूरी जैसी विशेषताओं के आधार पर वितरित किया जाता है।
- स्थिर जल निकाय बायोम में वॉटर लिली और वॉटर केन जैसे पौधे पाए जाते हैं।
- इस बायोम में कीड़े, साँप, जलकाग, प्रवासी जलपक्षी, पर्च, कार्प, मेंढक, छोटे क्रस्टेशियन्स, शैवाल, सायनोबैक्टीरिया जैसी प्रजातियाँ पाई जाती हैं।

◆ **गतिशील जल निकाय**

- गतिशील जल निकाय के बायोम में झरने एवं नदियाँ इत्यादि शामिल होती हैं, जिनका प्रवाह अपरिवर्तनीय एवं सतत होता है।
- इस तरह के बायोम में विशिष्ट जैविक प्रजातियाँ, उच्च प्रवाह दर एवं कुछ खनिजों वाले स्वच्छ और ठण्डे पानी में पाई जाती हैं।
- इसमें ट्राउट, कार्प, सैलमन, मोलस्क जैसी सामान्य प्रजातियाँ पाई जाती हैं।
- यहाँ पर काई एवं नरकट तथा जड़ वाले पौधों की प्रजातियाँ भी पाई जाती हैं।

◆ **आर्द्रभूमियाँ**

- यह बायोम क्षेत्र स्थलीय एवं जलीय पारिस्थितिक तन्त्र के बीच का संक्रमण क्षेत्र होता है।
- यह वर्ष भर में कम-से-कम कुछ माह के लिए उथले पानी से ढका रहता है, जो प्रायः मीठा, नमकीन, कड़वा स्वाद वाला, स्थिर प्रवाह वाला, निरन्तर मौसमी एवं प्राकृतिक तथा कृत्रिम भी हो सकता है। इस बायोम क्षेत्र में आमतौर पर अघुलनशील ऑक्सीजन की कमी होती है।
- इस बायोम क्षेत्र में हाइड्रोफाइटिक पौधों की प्रजातियाँ पाई जाती हैं, जो 14% कार्बन मात्रा को बाँधे रखती हैं, इसलिए ये उच्च मात्रा में कार्बन निर्माण प्रदान करती हैं।
- वॉटर केन, सेज, लेक लिली, हाइब्रिड पेड़, एलैक स्प्रूस, पीट मांस, सेज और विकर घास जैसे पौधों की प्रजातियाँ पाई जाती हैं।

बायोम के लक्षण

बायोम के महत्त्वपूर्ण लक्षण निम्नलिखित होते हैं

- प्रत्येक बायोम में पौधे एवं प्राणी साथ-साथ सामंजस्यपूर्ण अवस्था में रहते हैं, जो परस्पर अन्तर्निर्भर रहते हैं।
- बायोम में पौधे एवं प्राणियों में अन्तर्सम्बन्ध विद्यमान होता है, जिनके मध्य लगातार क्रिया-प्रतिक्रिया चलती रहती है। बायोम विशेष में साम्यता दिखाई देती है, जिससे एक बायोम इकाई का सृजन होता है।
- दो बायोम के मध्य एक संक्रमण प्रदेश होता है, जिसमें दोनों के लक्षण अल्प मात्रा में उपस्थित होते हैं।
- वनस्पतियाँ किसी बायोम के प्रधान लक्षणों को अभिव्यक्त करती हैं।
- वनस्पतियों में भिन्नता पर्यावरणीय भिन्नताओं के कारण उद्घटित होती है, जिससे अलग-अलग इकाईयों का सृजन होता है तथा प्रत्येक इकाई में साम्यता रहती है।

प्रमुख बायोम प्रदेश/क्षेत्र एवं उनकी विशेषताएँ

बायोम	उप-प्रकार	प्रदेश	जलवायु सम्बन्धी विशेषताएँ	मृदा	वनस्पतिजात व प्राणीजात
वन	**उष्णकटिबन्धीय**	भूमध्य रेखा से 10° उत्तर व दक्षिण अक्षांश	तापमान 20° से 25°C लगभग एकसमान वितरण प्रतिदिन भारी वर्षा उष्णार्द्र जलवायु	अम्लीय, पोषक तत्त्वों की कमी	असंख्य वृक्षों के झुण्ड, लम्बे व घने वृक्ष
	पर्णपाती	10° से 25° उत्तर एवं दक्षिण अक्षांश, ये एशिया के मानसूनी प्रदेशों, मध्य अमेरिका, ब्राजील तक विस्तृत हैं।	तापमान 25° से 30°C, वर्षा-वार्षिक औसत, 1,000 मिमी, एक ऋतु में	पोषक तत्त्वों में घनी	कम घने मध्यम ऊँचाई के वृक्ष, अधिक प्रजातियों का एक साथ पाया जाना। दोनों में कीट-पतंगें, चमगादड़ पक्षी एवं स्तनधारी जन्तुओं का पाया जाना।
	शीतोष्ण कटिबन्धीय	पूर्वी-उत्तरी अमेरिका, उत्तर-पूर्वी एशिया, पश्चिमी एवं मध्य यूरोप	तापमान 20° से 30°C, वर्षा समान रूप से वितरित 750 से 1500 मिमी	उपजाऊ, अप घटक जीवों (एवं कूड़ा-करकट आदि पदार्थों) से भरपूर	मध्यम घने चौड़े पत्ते वाले वृक्ष। पौधों की प्रजातियों में कम विविधता-ओक, बीच, मेप्पल आदि सामान्य प्रजातियाँ। गिलहरी, खरगोश, पक्षी, काले भालू, पहाड़ी शेर व स्कंक आदि।
	बोरियल	यूरेशिया एवं उत्तर अमेरिका का उच्च अक्षांशीय भाग, साइबेरिया का कुछ भाग, अलास्का, कनाडा व स्केण्डेनेवियन देश।	छोटी आर्द्र ऋतु व मध्यम रूप से गर्म ग्रीष्म ऋतु तथा लम्बी (वर्षा रहित) शीत ऋतु। वर्षा: मुख्यत: हिमपात के रूप में 400 से 1,000 मिमी	अम्लीय व पोषक तत्त्वों की कमी। मिट्टी की अपेक्षाकृत पतली परत।	सदाबहार कोणधारी वन; जैसे-पाइन, फर व स्प्रूस आदि। कठफोड़वा चील, भालू, हिरण, खरगोश, भेड़िए एवं चमगादड़ आदि मुख्य प्राणी
	भूमध्यसागरीय वन	मध्य अक्षांश (35°-40°) उत्तरी एवं दक्षिणी अक्षांशों के मध्य	वर्षा शीतकालीन पछुआ हवा से ग्रीष्म काल में औसत तापमान 27°C तक	मृदा उपजाऊ होती है, नमी की मात्रा कम	यहाँ मिलने वाली वृक्षों की जड़ें लम्बी होती हैं, ताकि अधिक गहराई से जल खींच सकें। कार्क, ओक जैतून और चेस्टनट सामान्य पेड़ हैं।
मरुस्थलीय	**गर्म व उष्ण मरुस्थल**	सहारा, कालाहारी मरुस्थलीय रूब एल-खाली।	तापमान 20° से 45°C	पोषक तत्त्वों से भरपूर एवं जैव पदार्थों का बहुत कम या न होना	1 से 3 न्यून वनस्पति का विस्तार नागफनी कँटीली झाड़ियाँ तथा मोटी घास यहाँ सामान्य रूप से पाई जाती हैं। मरुस्थल के सीमान्त क्षेत्रों में बबूल के पेड़ मिलते हैं।
	अर्द्धशुष्क मरुस्थल	गर्म मरुस्थल के गौण क्षेत्र अटकामा।	21°C से 58°C	—	—
	तटीय मरुस्थल	टुण्ड्रा जलवायु प्रदेश	15°C से 35°C	—	—
घास भूमि	**उष्णकटिबन्धीय**	अफ्रीका के विशाल क्षेत्र में इसे सवाना प्रदेश के नाम से जानते हैं। लैटिन अमेरिका में इसे लैनोज व पम्पास कहते हैं। यह ऑस्ट्रेलिया, दक्षिण अमेरिका एवं भारत में विस्तृत है।	गर्म, उष्ण जलवायु, वर्षा 500 से 1,250 मिमी।	सरंध्रित मृदा व साथ ही ह्यूमस की पतली परत।	घास, पेड़ एवं लम्बी झाड़ियों की अनुपस्थिति।
	शीतोष्ण कटिबन्धीय (स्टैपी)	यूरेशिया के कुछ भाग व उत्तरी अमेरिका। यूरेशिया में स्टैपी दक्षिण अमेरिका के पम्पास, ऑस्ट्रेलिया में डाउन्स एवं अर्जेण्टीना में पम्पास	उष्ण ग्रीष्म एवं शीत ऋतु, वर्षा 500 से 900 मिमी। साधारण वर्षा होती है।	इसमें प्रकाश संश्लेषण उसी क्षेत्र तक सीमित है, जहाँ तक सूर्य का प्रकाश प्रवेश कर पाता है।	जिराफ, जेबरा, भैंस, चीता, लकड़बग्घा, हाथी, चूहे, साँप, कीड़े आदि जीव।। घास, कहीं-कहीं वृक्ष; जैसे-ओक, मुलायम लकड़ी के वृक्ष-विलो, गजेल जेबरा, गैण्डे, जंगली घोड़ा शेर, विभिन्न प्रकार के पक्षी, कीड़े, जीव-जन्तु आदि।
जलीय	**ताजे जल के बायोम**	झीलें, नदियाँ एवं अन्य आर्द्रभूमि	1° से 2°C तापमान में विविधता वायुदाब व आर्द्रता अधिक	जल : दलदल	शैवाल व अन्य जलीय व समुद्री पादप समुदाय एवं साथ ही पानी में रहने वाले जन्तु व प्राणी।
	समुद्री जल के बायोम	महासागर, प्रवाल-भित्ति, लैगून व ज्वारनदमुख	—	जल : समुद्री दलदल	—
पर्वतीय		ऊँची पर्वतीय श्रेणियों का ढाल; जैसे-हिमालय एण्डीज व रॉकी पर्वत क्षेत्र	तापमान व वर्षा में भिन्नता-अक्षांशों पर आधारित।	ढाल-रेगोलिथ से ढके हुए	पर्णपाती से टुण्ड्रा प्रकार की वनस्पति में ऊँचाई के आधार पर भिन्नता। शीत ऋतु में टुण्ड्रा प्रदेश हिम से ढक जाता है। उत्तर अमेरिका और यूरेशिया के चारों ओर इस प्रकार की वनस्पतियाँ मिलती हैं।

"

जैव-विविधता के अन्तर्गत पृथ्वी पर पाए जाने वाले विभिन्न प्रकार के जीव-जन्तुओं एवं वनस्पतियों को शामिल किया जाता है। जैव-विविधता हमारे दैनिक जीवन व आजीविका का प्रमुख हिस्सा है।

अध्याय छ:

जैव-विविधता की अवधारणा

परिचय

- जैव-विविधता (Bio-Diversity) का अर्थ किसी निश्चित भौगोलिक क्षेत्र में पाए जाने वाले जीव-जन्तुओं एवं वनस्पतियों की विविधता, परिवर्तनशीलता और संख्या से होता है।
- जैव-विविधता को अंग्रेजी में Biodiversity कहते हैं, जो Biological Diversity का संक्षिप्त स्वरूप है। Biodiversity शब्द दो शब्दों Bios+Diversity के मेल से बना है, जिसमें Bios का अर्थ जीवन एवं Diversity का अर्थ विविधता अथवा अन्तर से होता है। अत: जैव-विविधता का अर्थ पृथ्वी पर जीवन में विविधता है।
- जैव-विविधता शब्दावली का प्रचलन 1980 के दशक में हुआ। वैज्ञानिक लवजॉय (Lovejoy) ने पहली बार Biodiversity शब्द को लिखा और बताया कि इसका सम्बन्ध पृथ्वी पर पाई जाने वाली पौधों एवं पशुओं की प्रजातियों से है।
- इसके बाद इस शब्द का प्रयोग सर्वप्रथम वाल्टर जी. रोसेन ने वर्ष 1985 में किया था, आगे चलकर कीट वैज्ञानिक ई. ओ. विल्सन ने संकल्पनात्मक रूप से वर्ष 1986 में जैविक विविधता पर अमेरिकन फोरम के लिए प्रतिवेदन (Report) प्रस्तुत किया था।
- विश्व में सर्वाधिक जैव-विविधता वाले देशों में ब्राजील प्रथम और भारत आठवें स्थान पर है। जैव-विविधता विकासशील देशों में ज्यादा मिलती है।
- पृथ्वी पर जीव, वनस्पति तथा सूक्ष्मजीवों की विभिन्न प्रजातियों की कुल अनुमानित संख्या लगभग 50 लाख से 5 करोड़ के मध्य है।
- प्रत्येक वर्ष लगभग 15000 नई प्रजातियों की खोज होती है। औद्योगीकरण व नगरीकरण की प्रक्रिया तीव्र होने के कारण पिछले 30 वर्षों में जैव-विविधता का तेजी से ह्रास हुआ है।

सभी जीवित जीव-जन्तुओं की प्रजातियों की संख्या

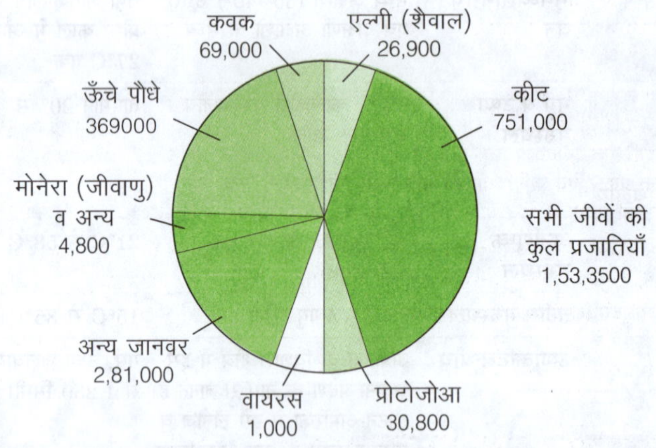

- जैव-विविधता के मुद्दों को बढ़ावा देने के लिए संयुक्त राष्ट्र (UN) ने 22 मई को अन्तर्राष्ट्रीय जैव-विविधता दिवस घोषित किया है।

जैव-विविधता की परिभाषाएँ

- 5 जून, 1992 में रियो-डि-जेनेरियो में आयोजित पृथ्वी सम्मेलन के अनुसार, "जैव-विविधता समस्त स्रोतों; जैसे-अन्तर्क्षेत्रीय, स्थलीय, सागरीय एवं अन्य जलीय पारिस्थितिकी तन्त्रों के जीवों के मध्य अन्तर और साथ ही उन सभी पारिस्थितिक समूह, जिनके ये भाग हैं, में पाई जाने वाली विविधताएँ हैं। इसमें एक प्रजाति के अन्दर पाई जाने वाली विविधता विभिन्न जातियों के मध्य विविधता तथा पारिस्थितिकी विविधता सम्मिलित हैं।"
- यू.एस. कांग्रेस ऑफिस ऑफ टेक्नोलॉजी असेसमेण्ट (1987) के अनुसार, "जैविक विविधता जीवित जीवों की विविधता एवं परिवर्तनशीलता तथा उस पारिस्थितिकी संकुल को कहते हैं, जिसमें वे रहते हैं।"

जैव-विविधता के स्तर

आनुवंशिक विविधता (Genetic Diversity)

- किसी समुदाय के एक ही प्रजाति के जीवों के जीन (Gene) में होने वाले परिवर्तन (भिन्नता) को आनुवंशिक विविधता कहते हैं। एक जाति या इसकी एक समष्टि में कुल आनुवंशिक विविधता **जीन पूल** (Gene pool) कहलाती है।
- आनुवंशिक विविधता, जैव-विविधता का संरक्षण करती है, जब जीव समूहों एवं पारिस्थितिकी व्यवस्था में परिवर्तन होने लगता है, तब आनुवंशिक विविधता एक ऐसी क्षमता उत्पन्न करती है, जिससे जैव-विविधता पुनः स्थापित हो जाती है।

प्रजातीय विविधता (Species Diversity)

- यह जैव-विविधता **प्रजातियों की अनेकरूपता** (जातीय स्तर पर भिन्नता) को बताती है, जो किसी निर्धारित क्षेत्र में प्रजातियों की संख्या से सम्बन्धित होती है।
- प्रजातीय जैव-विविधता के सूचकांक (Index) तथा मूल्यांकन (Evaluation) के लिए इनकी संख्या, बहुलता (Multiplicity) इत्यादि को ध्यान में रखना होता है।
- जिन क्षेत्रों में प्रजातीय विविधता अधिक होती है, उसे **जैव-विविधता का हॉटस्पॉट** (Hotspot) कहते हैं। भूमध्य रेखीय प्रदेश में प्रजातीय विविधता अन्य भौगोलिक प्रदेशों की अपेक्षा अधिक होती है।
- यदि किसी पारिस्थितिकी तन्त्र में प्रजाति कम हो जाती है, तो तन्त्र में कुल प्रजातियों की संख्या में कमी दिखने लगती है और अन्त में समस्त पारिस्थितिकी तन्त्र में स्थायित्व को खतरा उत्पन्न हो जाता है।

सामुदायिक या पारितन्त्र विविधता (Community or Ecosystem Diversity)

- एक समुदाय के जीव-जन्तुओं और वनस्पतियों एवं दूसरे समुदाय के जीव-जन्तुओं व वनस्पतियों के बीच पाई जाने वाली विविधता सामुदायिक या पारितन्त्र विविधता कहलाती है। सामुदायिक विविधता आवास, निकेतों (Niches) के प्रकार एवं पारिस्थितिकी प्रक्रियाओं; जैसे-पोषण चक्र, खाद्य-शृंखला तथा ऊर्जा प्रवाह में होने वाले परिवर्तन के कारण होती है।
- पारितन्त्रीय विविधता का परिसीमन (Delimitation) करना कठिन और जटिल है, क्योंकि समुदायों और पारितन्त्रों की सीमाएँ सुनिश्चित नहीं होती हैं।
- सामुदायिक जैव-विविधता ज्यादा उत्पादक और स्थिर पारितन्त्र का निर्माण करती है, जो प्राकृतिक पर्यावरण को स्वस्थ एवं सन्तुलित बनाए रखने में सहायक होती है।

भूमण्डलीय जैव-विविधता

- भूमण्डल पर जैव-विविधता (भूमण्डलीय जैव-विविधता) का एक उत्कृष्ट एवं विषम रूप सृजित हुआ है। वर्तमान में विश्व की लगभग 15 लाख प्रजातियाँ निर्धारित की जा चुकी हैं।
- जलवायु परिवर्तन (Climate change) महाद्वीपीय प्रवाह (Continental Drift), पर्वत निर्माणकारी घटनाएँ, वनस्पतियों का उद्विकास (Evolution) इत्यादि के परिणामस्वरूप धरातल का स्वरूप एवं पर्यावरणीय दशाएँ अत्यन्त विषम और विशिष्ट हैं। अतः जैव-विविधता का असमान वितरण पाया जाता है।

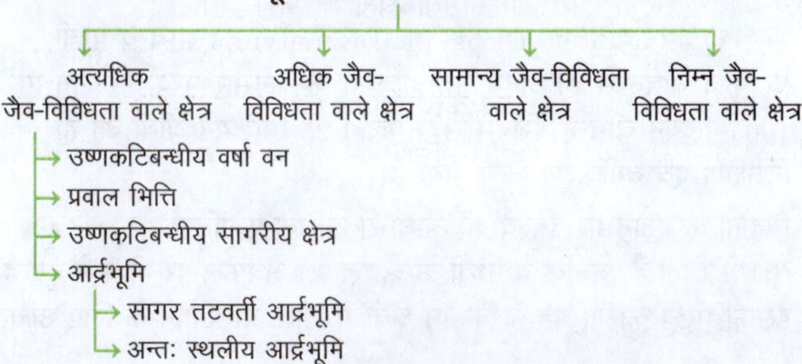

भूतल की विभिन्नता के आधार पर जैव-विविधता को चार क्षेत्रों में विभाजित किया जा सकता है

अत्यधिक जैव-विविधता वाले क्षेत्र

यहाँ जलवायविक दशाएँ (Climatic Conditions) अनुकूल होने के कारण जीव-जन्तुओं, प्राणियों एवं वनस्पतियों का विकास विश्व के अन्य भू-भाग की अपेक्षा अधिक पाया जाता है। अत्यधिक जैव-विविधता वाले क्षेत्र को निम्न चार क्षेत्रों में बाँटा जाता है

(i) उष्णकटिबन्धीय वर्षा वन

- जैव-विविधता उष्णकटिबन्धीय प्रदेशों में अधिक पाई जाती है, क्योंकि यहाँ प्राचीन समुदाय से सम्बन्धित स्थानीय प्रजातियाँ, जीवों में पर्यावरण अनुकूलन की प्रवृत्ति, परजीवियों की संख्या की अधिकता, पादपों में बहिःसंकरण की ऊँची दर, ऊर्जा की प्राप्ति की अधिकता आदि जैसी विशेषताएँ पाई जाती हैं।
- उष्णकटिबन्धीय वर्षा वन (Tropical Rainforest) विश्व के 13% भू-भाग पर विस्तृत हैं, परन्तु यहाँ पर संसार की 50% से अधिक ज्ञात प्रजातियाँ विद्यमान हैं।

(ii) प्रवाल भित्ति

- प्रवाल भित्तियों (Coral Reefs) में जैव-विविधता की विशाल राशि विद्यमान होती है। विश्व की सबसे बड़ी प्रवाल भित्ति ऑस्ट्रेलिया में है। यहाँ की समुद्री परिस्थितियाँ जीव-जन्तुओं तथा वनस्पतियों के विकास के अनुकूल हैं, परिणामस्वरूप यहाँ 3,000 से अधिक जीव प्रजातियाँ पाई जाती हैं।
- पश्चिमी प्रशान्त महासागर एवं पूर्वी हिन्द महासागर भी प्रवाल भित्तियों से समृद्ध हैं। यहाँ जैव-विविधता अत्यधिक है। इन्हें समुद्री वर्षा वन (Rainforest of the Oceans) भी कहते हैं, क्योंकि प्रवाल भित्तियाँ वर्षा वनों के समान तेजी से वृद्धि करती हैं।
- प्रवाल भित्तियों की प्रदूषण तथा मौसम के भीषण संकट से सुरक्षा आवश्यक है। राष्ट्रीय पर्यावरण नीति, 2006 में प्रवाल भित्तियों को एक महत्त्वपूर्ण पर्यावरणीय संसाधन माना गया है।

(iii) उष्णकटिबन्धीय सागरीय क्षेत्र

- उष्णकटिबन्धीय क्षेत्रों में उच्च तापमान तथा अधिक वर्षा होती है। अनेक नदियाँ अवसादों का वृहत् स्तर पर निक्षेप करती हैं।
- इस क्षेत्र में समुद्री जीव-जन्तुओं एवं वनस्पतियों के विकास की अनुकूल परिस्थिति उपलब्ध है, जिस कारण जैव-विविधता की अधिकता है, परन्तु इन क्षेत्रों में उपोष्ण कटिबन्धीय क्षेत्रों की अपेक्षा जैव-विविधता कम पाई जाती है।

(iv) आर्द्रभूमि

- स्थल तथा जल के मध्य का संक्रमण क्षेत्र (Transition Zone) आर्द्रभूमि (Wetland) कहलाता है, जिसमें जीवों का उत्पादन अधिक होता है, परिणामस्वरूप आर्द्रभूमियाँ जैव-विविधता की दृष्टि से समृद्ध (Rich) होती हैं।
- जल की अधिकता, उर्वरक (Fertilizer) युक्त मृदा एवं वातन रहित (Anaerobic) मृदा आदि इस क्षेत्र की मुख्य विशेषताएँ हैं।

- यहाँ वनस्पतियों का शीघ्र विकास होता है, जिस कारण जीवों के लिए उत्तम प्राकृतिक वास (Habitat) की प्राप्ति होती है। आर्द्रभूमि दो प्रकार की होती हैं
    - ◆ सागर तटवर्ती आर्द्रभूमि
    - ◆ अन्त:स्थलीय आर्द्रभूमि

अधिक जैव-विविधता वाले क्षेत्र

- भू-आकृतिक बनावट (Geomorphological Structure) तथा जलवायु की उत्कृष्टता के कारण संसार में अनेक प्राकृतिक वास स्थानों का निर्माण हुआ है, जहाँ पर जैव-विविधता अधिक पाई जाती है। इसके अन्तर्गत पश्चिमी यूरोप, मानसूनी प्रदेश, घास के मैदान आदि सम्मिलित हैं।
- पश्चिमी यूरोप की समशीतोष्ण जलवायु (Temperate Climate) है, जिससे वर्षा अधिक होती है।
- फलस्वरूप यहाँ जंगलों का विस्तार हुआ है, जिसके अन्तर्गत कोणधारी वन तथा चौड़ी पत्ती वाले वन अथवा दोनों का मिश्रण है; जैसे—चीड़, फर, स्प्रूस, वालनट, मैपुल, एल्म, चेस्टनट, ओक, ऐश, बीच आदि वनस्पतियों वाले वन हैं।
- भारत के मालाबार तट तथा अण्डमान-निकोबार में सघन वन हैं। इसके अन्तर्गत साल, शीशम, आम, महुआ, पलाश, जामुन, पीपल, बरगद, नीम आदि वृक्ष पाए जाते हैं।
- घास के मैदानों में प्रेयरी, स्टेपी, वेल्ड, डाउन्स, पम्पास आदि मैदान पाए जाते हैं। यहाँ अनेक प्रकार के जीव-जन्तु मिलते हैं; जैसे—साँप, हिरन, जंगली घोड़े, वाइसन, रोडेण्ट, छिपकली, भेड़-बकरी आदि।

सामान्य जैव-विविधता वाले क्षेत्र

वनस्पतियों तथा जीव-जन्तुओं के विकास की अनुकूल परिस्थितियों के अभाव में संसार का बहुत बड़ा क्षेत्र जैव-विविधता की दृष्टि से अत्यन्त कमजोर क्षेत्र है; जैसे—मरुस्थलीय और उपध्रुवीय क्षेत्र।

निम्न जैव-विविधता वाले क्षेत्र

- उत्तरी तथा दक्षिणी ध्रुवों के चारों ओर बहुत बड़ा भाग हिमाच्छादित (Snow Covered) है। सतत हिमाच्छादित क्षेत्र में जीव-जन्तुओं तथा वनस्पतियों का अस्तित्व नहीं हो सकता है।
- इसके अन्तिम छोरों पर जहाँ भी हिमद्रवण (Ice Melting) होता है, वहाँ पर छोटी-छोटी वनस्पतियों तथा जीव-जन्तुओं का उद्‌भव हो जाता है।

महा-विविधता केन्द्र

- वे देश, जो उष्णकटिबन्धीय क्षेत्र में स्थित हैं, उनमें संसार की सर्वाधिक प्रजातीय विविधता पाई जाती है, उन्हें **महा-विविधता केन्द्र** (Mega Diversity Centres) कहा जाता है।
- इन देशों की संख्या 17 है और इनके नाम हैं—मैक्सिको, कोलम्बिया, इक्वाडोर, पेरू, ब्राजील, डेमोक्रेटिक रिपब्लिक ऑफ कांगो, मेडागास्कर, चीन, भारत, मलेशिया, इण्डोनेशिया, ऑस्ट्रेलिया, पापुआ न्यू गिनी, फिलीपीन्स, दक्षिण अफ्रीका, संयुक्त राज्य अमेरिका और वेनेजुएला। इन देशों में समृद्ध महा विविधता के केन्द्र स्थित हैं।

जैव-विविधता का मापन

- जैव-विविधता के मापन के अन्तर्गत प्रजातियों की संख्या और उनके बीच समता के आँकड़े को संकलित किया जाता है।
- ह्विटेकर (Whittaker) ने वर्ष 1942 में जैव-विविधता के मापन को तीन श्रेणियों में विभाजित किया

α- विविधता	β-विविधता	γ-विविधता
अल्फा (α) विविधता किसी एक निश्चित क्षेत्र के समुदाय या पारितन्त्र की जैव-विविधता है।	आवासों या समुदायों के एक प्रवणता के साथ जातियों के विस्थापन होने की दर β-विविधता कहलाती है।	किसी विशेष क्षेत्र में उपस्थित विविध प्रजातियों के मध्य अन्त: सम्बन्धों (Inter Relation) को निरूपित करने के लिए गामा (γ) विविधता का प्रयोग करते हैं।
α-मापन द्वारा किसी पारितन्त्र के अन्दर एक समुदाय की कुल प्रजातियों की संख्या और प्रजातियों की आनुवंशिकी के आधार पर उनमें पाई जाने वाली समरूपता का भी आकलन किया जाता है।	बीटा (β) विविधता के अन्तर्गत पर्यावरणीय प्रवणता (Environmental Gradieut) के साथ परिवर्तन के बीच प्रजातियों की विविधता की तुलना की जाती है।	गामा (γ) विविधता एक भौगोलिक क्षेत्र या आवासों की प्रजातियों की प्रचुरता को बताती है। यह α एवं β विविधता अवयवों का गुणनफल है।
α-विविधता से यह ज्ञात होता है कि प्रजातियों की संख्या बढ़ रही है या नहीं।	इसके अन्तर्गत समुदाय की विशिष्ट प्रजातियों की तुलना की जाती है और देखा जाता है कि किस समुदाय से प्रजातियों का कितना पलायन हुआ है।	$\gamma = S_1 + S_2 - C$ S_1 = प्रथम समुदाय में प्रजातियों की कुल आंकलित संख्या S_2 = द्वितीय समुदाय में प्रजातियों की कुल आंकलित संख्या C = दोनों समुदाय में उभयनिष्ठ (Common) प्रजातियाँ

जैव-विविधता की प्रवणता

- अक्षांशों में प्राय: उच्च अक्षांश से निम्न अक्षांश की ओर तथा पर्वतीय क्षेत्रों में ऊपर से नीचे की ओर आने पर प्रजातियों की संख्या में अन्तर जैव-विविधता की प्रवणता (Gradient of Biodiversity) कहलाती है।
- उच्च अक्षांश से निम्न अक्षांश (ध्रुवों से भूमध्य रेखा) की ओर, जैसे उष्णकटिबन्धीय वर्षा वन वाले क्षेत्र तथा पर्वतीय क्षेत्रों में नीचे की ओर परिस्थितियाँ अनुकूल होने के कारण जैव-विविधता में वृद्धि होती है।
- पर्वतीय क्षेत्रों में ऊँचाई पर तथा टुण्ड्रा व टैगा जलवायु क्षेत्रों में परिस्थितियाँ अत्यन्त ही प्रतिकूल होती हैं। ऐसी स्थिति में प्रजातियों का जीवित रहना प्रजनन एवं वृद्धि करना कठिन होता है।

जैव-विविधता का आकार

जैव-विविधता के आकार को निम्नलिखित दो भागों में समझ सकते हैं

वैश्विक जैव-विविधता

- वैश्विक जैव-विविधता (Global Bio-Diversity) का सम्बन्ध पृथ्वी पर कुल जीवन से है। अनुमानित आँकड़ों के अनुसार पृथ्वी पर लगभग 100 मिलियन जीव हैं, जिनमें से केवल 1.25 मिलियन जीवों का ही निरीक्षण एवं वर्गीकरण किया गया है।
- विद्वानों के मतानुसार, विश्व की आधी से अधिक प्रजातियाँ उष्णकटिबन्धीय वनों में रहती हैं, जबकि ये पृथ्वी के केवल 7% क्षेत्रफल पर ही फैले हुए हैं। इसका मुख्य कारण यह है कि इन क्षेत्रों में जीवों के पनपने के लिए उचित

जलवायु, मृदा, उच्चावचन एवं जीवों के लुप्त होने की निम्न दर विद्यमान होती हैं।

- उष्णकटिबन्ध में जैव-विविधता अधिक है, क्योंकि यहाँ की जलवायु में लाखों वर्षों से कोई परिवर्तन नहीं हुआ है, जिससे जीवों के विकास एवं जैव-विविधता को प्रोत्साहन मिलता है।
- उष्णकटिबन्धीय क्षेत्रों की जलवायु लगभग एकसमान रहती है तथा इन्हें सौर ऊर्जा अधिक प्राप्त होती है, जिससे विभिन्न जीवों को अधिक संख्या में पनपने का अवसर मिलता है और जैव-विविधता में वृद्धि होती है।
- पृथ्वी पर सर्वाधिक जैव-विविधता अमेजन के वर्षा वनों में पाई जाती है।

भारतीय जैव-विविधता

- भारत, इण्डो-ऑस्ट्रेलियन प्लेट के उत्तरी भाग में भूमध्य रेखा के उत्तर में स्थित है, जिसका कुल भौगोलिक क्षेत्रफल लगभग 328.73 मिलियन हेक्टेयर है।
- भारत में उच्चावच, जलवायु, वनस्पति इत्यादि सम्बन्धी प्रचुर विविधता पाई जाती है तथा शीतोष्ण कटिबन्धीय वन, पर्वत, पठार, मैदान, उष्ण मरुस्थल, शीत मरुस्थल, डेल्टा, ज्वारनदमुख, उष्ण तटीय भाग इत्यादि अनेक प्रकार के प्राकृतिक लक्षण पाए जाते हैं।
- भारत इन सभी विविधताओं के कारण विश्व के 17 वृहद् जैव-विविधता वाले राष्ट्रों में से एक है। भारत में विश्व का 2.4% क्षेत्रफल, 17.7% जनसंख्या तथा लगभग 8% जैव-विविधता है।

जैव-विविधता का ह्रास

जैव-विविधता के ह्रास का तात्पर्य जैविक विविधता में कमी या लुप्त होना है। IUCN (International Union for Conservation of Nature) रेड लिस्ट (2023) में 1,57,190 प्रजातियाँ शामिल हैं, जिसमें से 44,016 प्रजातियों के विलुप्त होने का खतरा है।

- आवास विनाश एवं विखण्डन प्राकृतिक संसाधनों के अन्धाधुन्ध दोहन व तीव्र विकास की प्रक्रिया में मनुष्य ने जंगल, आर्द्रभूमि क्षेत्र, घास के मैदानों, जल स्रोतों को नकारात्मक रूप से प्रभावित किया है, जिससे प्रजातियों के आवास नष्ट हो रहे हैं और कई प्रजातियों के नैसर्गिक आवास बदलने से प्रजातियाँ संकटग्रस्त हो गई हैं।
- अतिशोषण एवं शिकार अतिशोषण (Over Exploitation) के फलस्वरूप किसी जाति विशेष की संख्या इतनी घट जाती है कि वह जाति विलुप्त हो जाती है। सम्पदाओं का अतिशोषण किसी स्थानीय जाति के लिए व्यावसायिक बाजार उत्पन्न होने से भी होता है। इसका सबसे अच्छा उदाहरण फर का व्यापार है।
- स्थानान्तरित कृषि उष्णकटिबन्धीय वर्षा वन (Tropical Rainforest) क्षेत्रों में प्राचीनकाल से स्थानान्तरित कृषि (Shifting Cultivation) की जाती है, लेकिन विगत शताब्दी में तीव्रता से बढ़ती जनसंख्या ने इसे त्वरित किया एवं बड़े पैमाने पर वनों को साफ किया गया है, जिसका प्रभाव जैव-विविधता पर पड़ता है।
- विदेशी जातियों की पुनर्स्थापना अन्य भौगोलिक क्षेत्रों से नई जातियों की पुनर्स्थापना, जिन्हें विदेशी जातियाँ (Exotic Species) भी कहते हैं। विदेशी प्रजातियों के द्वारा भी जैव-विविधता का ह्रास होता है।
- जलवायु परिवर्तन यह एक प्राकृतिक प्रक्रिया है, जिसके कारण जैव-विविधता के क्षरण को बढ़ावा मिलता है। जैसे—प्रवाल भित्ति (Coral Reefs), जोकि तटीय पारितन्त्र का महत्त्वपूर्ण हिस्सा है; इसमें भूमण्डलीय तापन के कारण कोरल ब्लीचिंग की घटना शुरू हो गई है।
- सह-विलुप्तता जब एक जाति विलुप्त होती है, तब उस पर आधारित दूसरे जन्तु एवं पादप की जातियाँ भी विलुप्त होने लगती हैं, इसे ही सह-विलुप्तता (Co-Extinction) कहते हैं।
- जनसंख्या वृद्धि एवं गरीबी तीव्र जनसख्या वृद्धि एवं आर्थिक विकास के कारण प्राकृतिक संसाधनों पर तेजी से दबाव बढ़ा है।
- प्रदूषण आपदाएँ प्राकृतिक आपदाएँ, प्राकृतिक आवासों के विखण्डन में भूमिका निभाती हैं, जिससे उस क्षेत्र विशेष की प्रजातियाँ संकट में आ जाती हैं, जिसका प्रभाव जैव-विविधता की उत्पादन दर पर पड़ता है।
- आनुवंशिक रूप से संशोधित जीव (GNO) आनुवंशिक रूप से संशोधित प्रजातियाँ (Genetically modified organism-GMO) प्रमुख हो सकती हैं और मौजूदा प्रजातियों को पीछे छोड़कर जैव-विविधता को कम कर सकती हैं।
- वन्यजीव व्यापार वन्यजीवों के व्यापार के कारण स्थानीय प्रजातियों के विलुप्त होने का खतरा बढ़ जाता है, जिससे उनका प्राकृतिक पर्यावरण बदल जाता है, इससे जैव-विविधता का ह्रास होता है।

जैव-विविधता पर अभिसमय
(Convention on Biological Diversity-CBD)

- 5 जून, 1992 को ब्राजील के रियो-डी-जेनेरियो में आयोजित पृथ्वी शिखर सम्मेलन में देशों द्वारा बातचीत की गई और हस्ताक्षर किए गए।
- इसे 196 देशों द्वारा जैविक विविधता के संरक्षण के लिए इसके घटकों के सतत उपयोग और आनुवंशिक संसाधनों के उपयोग से उत्पन्न होने वाले लाभों को उचित और न्यायसंगत साझाकरण के लिए अनुमोदित किया गया है।

जैव-विविधता ह्रास से सम्बन्धित रिपोर्ट

IPBES रिपोर्ट 2024	• यह रिपोर्ट **जैव-विविधता, जल, खाद्य और स्वास्थ्य के बीच अन्तर्सम्बन्धों पर मूल्यांकन रिपोर्ट** नाम से प्रस्तुत की गई। इसके अनुसार विगत 30-50 वर्षों में प्रति दशक जैव-विविधता में 2-6% की गिरावट आई है। • IPBES 2019 की रिपोर्ट **ग्लोबल एसेसमेंट रिपोर्ट ऑन बायोडायवर्सिटी एण्ड इकोसिस्टम सर्विसेज** के अनुसार, पृथ्वी पर अनुमानित 8 मिलियन प्रजातियाँ पाई जाती हैं। इनमें से 1 मिलियन प्रजातियाँ विलुप्त होने के खतरे में हैं।
लिविंग प्लैनेट रिपोर्ट 2024	• प्रकृति के लिए **वर्ल्ड वाइड फण्ड** (WWF) द्वारा जारी 'लिविंग प्लैनेट रिपोर्ट 2024' के अनुसार, पिछले 50 वर्षों में विश्व में वन्यजीवों की आबादी के औसत आकार में 73% की गिरावट आई है।
बर्ड लाइफ इण्टरनेशनल रिपोर्ट	• बर्ड लाइफ इण्टरनेशनल की **विश्व के पक्षियों की स्थिति** नामक नई समीक्षा के अनुसार, विश्व में विद्यमान पक्षी प्रजातियों में से लगभग 48% की जनसंख्या में कमी आ रही है।

“

वर्तमान समय में किसी राष्ट्र की समृद्धि का निर्धारण वहाँ की जैव-विविधता के आधार पर ही होता है। अत: इसका संरक्षण अत्यन्त आवश्यक है, जिसके लिए वैश्विक तथा राष्ट्रीय स्तर पर अनेक कार्यक्रमों एवं संस्थाओं की शुरुआत की गई है।

अध्याय सात

जैव-विविधता का संरक्षण

परिचय

- जैव-विविधता संरक्षण का उद्देश्य मूलत: जैव-विविधता का संरक्षण, संवर्द्धन और वैज्ञानिक प्रबन्धन करना है।
- जैव-विविधता संरक्षण के लिए संरक्षित क्षेत्रों का नेटवर्क तैयार किया गया है, जिसमें 106 राष्ट्रीय उद्यान, 18 बायोस्फीयर रिजर्व, 57 टाइगर रिजर्व, 33 हाथी रिजर्व केन्द्र बनाए गए हैं।

जैव-विविधता के संरक्षण की विधियाँ/उपाय

जैव-विविधता संरक्षण के लिए दो प्रकार के संरक्षण की प्रक्रिया को अपनाया जाता है, जो निम्न प्रकार हैं

जैव-विविधता संरक्षण की विधियाँ/उपाय

- **स्व-स्थाने संरक्षण** (In-situ conservation)
  - राष्ट्रीय उद्यान
  - वन्यजीव अभयारण्य
  - जैवमण्डल आगार
  - पवित्र उपवन
  - समुदाय आगार
  - संरक्षण आगार
- **बाह्य-स्थाने संरक्षण** (Ex-situ conservation)
  - बीज या जीन बैंक
  - निम्नतापीय संरक्षण (क्रायोप्रिजर्वेशन)
  - वनस्पति या वृक्ष उद्यान
  - जन्तु उद्यान (चिड़ियाघर)

1. स्व-स्थाने संरक्षण या स्थानिक संरक्षण

- जीवों और वनस्पतियों का उनके प्राकृतिक वातावरण में संरक्षण स्व-स्थाने संरक्षण कहलाता है।
- इसमें प्रजातियों के लिए अनुकूल परिस्थितियाँ बनाई जाती हैं और हानिकारक कारकों को दूर कर स्वस्थ पारितन्त्र तैयार किया जाता है।
- एक बाघ को सुरक्षित रखने के लिए समस्त जंगल को सुरक्षित रखा जाता है, इस प्रकार के संरक्षण को स्व-स्थाने संरक्षण कहते हैं।
- स्व-स्थाने संरक्षण (In-Situ Conservation) के अन्तर्गत देश में राष्ट्रीय उद्यान, अभयारण्य तथा जैवमण्डल का निर्माण किया गया है, जिसे निम्न प्रकार से समझा जा सकता है

(i) राष्ट्रीय उद्यान

- वन्यजीव (संरक्षण) अधिनियम, 1972 राज्यों को जैव-विविधता से समृद्ध पारिस्थितिकी तन्त्र को राष्ट्रीय उद्यान घोषित करने की शक्ति प्रदान करता है।
- जिन क्षेत्रों में जीव-जन्तुओं, वनस्पतियों, भू-आकृतिक या जलीय महत्त्व होता है और उनका संरक्षण आवश्यक होता है, उन्हें राष्ट्रीय उद्यान घोषित किया जा सकता है।
- राष्ट्रीय उद्यानों में शिकार, अन्य जीवों के चारण और वन्य आवासों के अतिक्रमण पर पूर्ण प्रतिबन्ध होता है।
- राष्ट्रीय वन्यजीव डेटाबेस केन्द्र द्वारा 26 नवम्बर, 2024 को किए गए अन्तिम अपडेट के अनुसार, भारत में कुल 106 राष्ट्रीय उद्यान हैं।

प्रमुख राष्ट्रीय उद्यान

राज्य/केन्द्र शासित प्रदेश	कुल उद्यानों की संख्या	राष्ट्रीय उद्यान का नाम	स्थापना का वर्ष
अण्डमान और निकोबार द्वीपसमूह	9	• कैम्पबेल बे राष्ट्रीय उद्यान	1992
		• गैलाथिया बे राष्ट्रीय उद्यान	1992
		• महात्मा गाँधी मरीन (वण्डूर) नेशनल पार्क	1983
		• माउण्ट हैरियट राष्ट्रीय उद्यान	1987
		• सैडल पीक राष्ट्रीय उद्यान	1987
		• मिडल बटन आईलैण्ड राष्ट्रीय उद्यान	1987
		• नॉर्थ बटन आइलैण्ड राष्ट्रीय उद्यान	1987
		• साउथ बटन आइलैण्ड राष्ट्रीय उद्यान	1987
		• रानी झाँसी मरीन राष्ट्रीय उद्यान	1996
		नोट *उत्तरी, दक्षिणी एवं मध्य बटन द्वीप राष्ट्रीय उद्यान को रानी झाँसी मरीन राष्ट्रीय उद्यान के साथ मिला दिया गया है।*	
आन्ध्र प्रदेश	3	• पापिकोण्डा राष्ट्रीय उद्यान	2008
		• राजीव गाँधी (रामेश्वरम्) राष्ट्रीय उद्यान	2005
		• श्री वेंकेटेश्वर राष्ट्रीय उद्यान	1989
अरुणाचल प्रदेश	2	• मौलिंग राष्ट्रीय उद्यान	1986
		• नमदाफा राष्ट्रीय उद्यान	1983

राज्य/केन्द्र शासित प्रदेश	कुल उद्यानों की संख्या	राष्ट्रीय उद्यान का नाम	स्थापना का वर्ष
असम	7	• डिब्रू–सैखोवा राष्ट्रीय उद्यान	1999
		• काजीरंगा राष्ट्रीय उद्यान	1974
		• मानस राष्ट्रीय उद्यान	1990
		• नामेरी राष्ट्रीय उद्यान	1998
		• राजीव गाँधी (ओरंग) राष्ट्रीय उद्यान	1999
		• देहिंग पटकाई राष्ट्रीय उद्यान	2021
		• रायमोना राष्ट्रीय उद्यान	2021
बिहार	1	वाल्मीकि राष्ट्रीय उद्यान	1989
छत्तीसगढ़	3	• गुरु घासीदास (संजय) राष्ट्रीय उद्यान	1981
		• इन्द्रावती (कुटरू) राष्ट्रीय उद्यान	1982
		• कांगेर वैली राष्ट्रीय उद्यान	1982
गोवा	1	• मोलेम राष्ट्रीय उद्यान	1992
गुजरात	4	• वांसदा राष्ट्रीय उद्यान	1979
		• ब्लैकबक (वेलावदर) नेशनल पार्क	1976
		• गिर राष्ट्रीय उद्यान	1975
		• समुद्री (मरीन) (कच्छ की खाड़ी) राष्ट्रीय उद्यान	1982
हिमाचल प्रदेश	5	• ग्रेट हिमालयन राष्ट्रीय उद्यान	1984
		• इन्दरकिला राष्ट्रीय उद्यान	2010
		• खीरगंगा राष्ट्रीय उद्यान	2010
		• पिन वैली राष्ट्रीय उद्यान	1987
		• सिम्बलबाड़ा राष्ट्रीय उद्यान	2010
हरियाणा	2	• कलेसर राष्ट्रीय उद्यान	2003
		• सुल्तानपुर राष्ट्रीय उद्यान	1989
जम्मू और कश्मीर	4	• सिटी फॉरेस्ट (सलीम अली) राष्ट्रीय उद्यान	1992
		• काजीनाग राष्ट्रीय उद्यान	2000
		• दाचीगाम राष्ट्रीय उद्यान	1981
		• किश्तवाड़ राष्ट्रीय अभयारण्य	1981
झारखण्ड	1	• बेतला नेशनल पार्क	1986
कर्नाटक	5	• अंशी राष्ट्रीय उद्यान	1987
		• बाँदीपुर नेशनल पार्क	1974
		• बन्नेरघट्टा जैव उद्यान	1974
		• कुद्रेमुख राष्ट्रीय उद्यान	1987
केरल	6	• अनामुडी शोला नेशनल पार्क	2003
		• एराविकुलम नेशनल पार्क	1978
		• मथिकेटन शोला नेशनल पार्क	2003
		• पम्बादुम शोला नेशनल पार्क	2003
		• पेरियार राष्ट्रीय उद्यान	1982
		• साइलैण्ट वैली राष्ट्रीय उद्यान	1984
मध्य प्रदेश	11	• बाँधवगढ़ राष्ट्रीय उद्यान	1968
		• फॉसिल राष्ट्रीय उद्यान	1983
		• कान्हा राष्ट्रीय उद्यान	1955
		• माधव राष्ट्रीय उद्यान	1959
		• पन्ना राष्ट्रीय उद्यान	1981
		• कूनो राष्ट्रीय उद्यान	2018
		• डायनासोर जीवाश्म पार्क	2011
		• संजय राष्ट्रीय उद्यान	1981
		• वन विहार राष्ट्रीय उद्यान	1979

राज्य/केन्द्र शासित प्रदेश	कुल उद्यानों की संख्या	राष्ट्रीय उद्यान का नाम	स्थापना का वर्ष
महाराष्ट्र	6	• चन्दौली राष्ट्रीय उद्यान	2004
		• गुगामल राष्ट्रीय उद्यान	1975
		• नवगाँव राष्ट्रीय उद्यान	1975
		• पेंच (जवाहरलाल नेहरू) राष्ट्रीय उद्यान	1975
		• संजय गाँधी (बोरावली) राष्ट्रीय उद्यान	1983
		• ताडोबा राष्ट्रीय उद्यान	1955
मणिपुर	2	• केयबुल-लामजाओ राष्ट्रीय उद्यान	1977
		• शिरोई राष्ट्रीय उद्यान	1982
मेघालय	2	• बलपक्रम राष्ट्रीय उद्यान	1986
		• नोकरेकरिज राष्ट्रीय उद्यान	1997
मिजोरम	2	• मुर्लेन राष्ट्रीय उद्यान	2003
		• फौंगपुइ (ब्लू माउण्टेन) राष्ट्रीय उद्यान	1997
नागालैण्ड	1	• इंटंकी राष्ट्रीय उद्यान	1993
ओडिशा	2	• भितरकनिका राष्ट्रीय उद्यान	1988
		• सिमलीपाल राष्ट्रीय अभयारण्य	1980
राजस्थान	5	• मुकुन्दरा हिल्स राष्ट्रीय उद्यान	2006
		• डेजर्ट नेशनल पार्क	1992
		• केवलादेव घाना राष्ट्रीय उद्यान	1981
		• रणथम्भौर राष्ट्रीय उद्यान	1980
		• सरिस्का राष्ट्रीय उद्यान	1992
सिक्किम	1	• कंचनजंगा राष्ट्रीय उद्यान	1977
तेलंगाना	3	• कासु ब्रह्मानन्द रेड्डी राष्ट्रीय उद्यान	1994
		• महावीर हरिण वनस्थली राष्ट्रीय उद्यान	1994
		• मृगवनी राष्ट्रीय उद्यान	1994
तमिलनाडु	5	• गिण्डी राष्ट्रीय उद्यान	1976
		• मन्नार की खाड़ी समुद्री राष्ट्रीय उद्यान	1980
		• इन्दिरा गाँधी (अन्नामलाई) नेशनल पार्क	1989
		• मुदुमलाई वन्यजीव अभयारण्य	1990
		• मुकुर्थी राष्ट्रीय उद्यान	1990
लद्दाख	1	• हेमिस नेशनल पार्क	1981
त्रिपुरा	2	• क्लाउडेड लेपर्ड नेशनल पार्क	2007
		• बाइसन (राजबारी) नेशनल पार्क	2007
उत्तर प्रदेश	1	• दुधवा नेशनल पार्क	1977
उत्तराखण्ड	6	• जिम कॉर्बेट नेशनल पार्क (भारत में सबसे पुराना)	1936
		• गंगोत्री नेशनल पार्क	1989
		• गोविन्द नेशनल पार्क	1990
		• नन्दा देवी नेशनल पार्क	1982
		• राजाजी नेशनल पार्क	1983
		• फूलों की घाटी राष्ट्रीय उद्यान	1982
पश्चिम बंगाल	6	• बुक्सा नेशनल पार्क	1992
		• गोरुमारा नेशनल पार्क	1992
		• जलदापाड़ा राष्ट्रीय उद्यान	2014
		• न्योरा घाटी राष्ट्रीय उद्यान	1986
		• सिंगालीला राष्ट्रीय उद्यान	1986
		• सुन्दरबन राष्ट्रीय उद्यान	1984

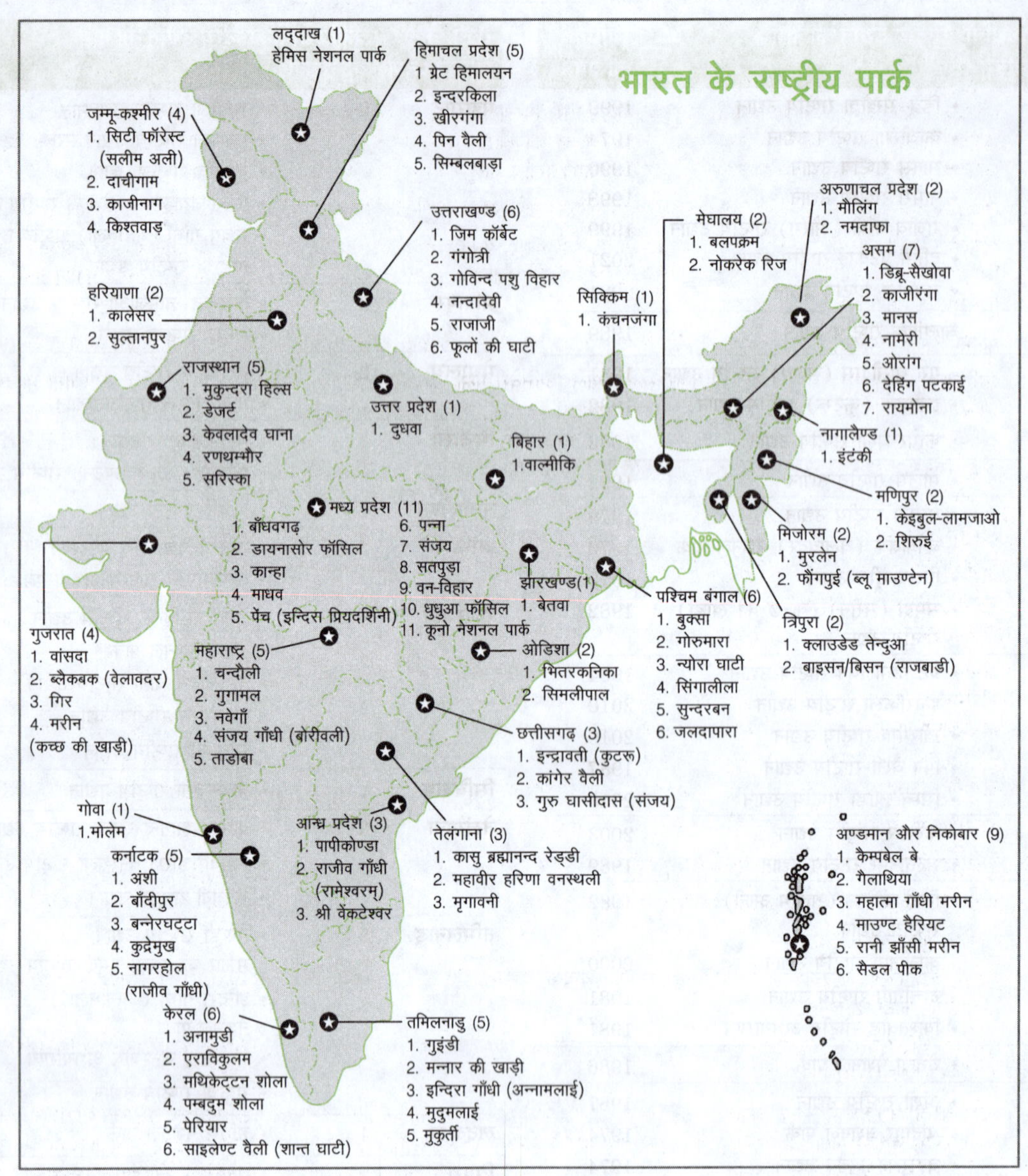

(ii) वन्यजीव अभयारण्य

भारत सरकार ने वर्ष 1972 में वन्यजीव सुरक्षा अधिनियम प्रस्तुत किया। राष्ट्रीय पार्क की तरह वन्यजीव अभयारण्य भी वन्यजीवों के संरक्षण हेतु समर्पित है, लेकिन इसमें केवल वन्य प्रजातियों के संरक्षण पर ही बल दिया जाता है एवं इसकी सीमाएँ राज्यों की विधि द्वारा परिमित नहीं होती हैं, साथ ही अभयारण्यों में वन्यजीवों के शिकार एवं आखेट पर पूर्णतया प्रतिबन्ध है। वर्ष 2024 में भारत में कुल 573 वन्यजीव अभयारण्य हैं।

वन्यजीव अभयारण्य

राज्य	वन्यजीव अभयारण्य
आन्ध्र प्रदेश (13)	कोरिंगा, गुंडला ब्रह्मेश्वरम्, कंबलाकोण्डा, कौंडिन्य, कोल्लेरु, कृष्णा, नागार्जुन सागर-श्रीशैलम, नेल्लापट्टू, पुलिकट झील, रोलापाडु, श्रीलंकामल्लेश्वर, श्री पेनुसिला नरसिम्हा, श्री वेंकटेश्वर
अरुणाचल प्रदेश (13)	डी एरिंग, दिबांग, ईगल नेस्ट, ईटानगर, कमला, कमलांग, केन, महाओ, पक्के (पाखुई), रिंगबा-रोबा, सेसा ऑर्किड, टेल, योर्डी राबे सुप्से
असम (17)	अमचांग, बोरैल, बोरनाडी, भेरजन-बोराजन-पदुमोनी, बुराचपोरी, चक्रशिला, दीपोर बील, पूर्वी कार्बी आंगलोंग, गरमपानी, होल्लोंगापार गिब्बन, लाखोवा, मराट लोंगरी, नंबोर, नंबोर-डोइग्रुंग, पाबिटोरा, पानी-दिहिंग पक्षी अभयारण्य, सोनाई रूपाई
बिहार (13)	बरैला झील पक्षी अभयारण्य, भीमबांध, गौतम बुद्ध, कैमूर, कंवर झील पक्षी अभयारण्य, कुशेश्वरस्थान पक्षी अभयारण्य, नागी बांध पक्षी अभयारण्य, नकटी बांध पक्षी अभयारण्य, रजौली (नवादा), राजगीर, उदयपुर, वाल्मिकी, विक्रमशिला गंगा डॉल्फिन
छत्तीसगढ़ (11)	अचानकमार, बादलखोल, बारनवापारा, भैरमगढ़, भोरमदेव, सारंगढ़-गोमरधा, पामेड़ जंगली भैंसा, सेमरसोत, सीतानदी, तमोर पिंगला, उदंती जंगली भैंसा
गोवा (06)	भगवान महावीर, बोंडला, कोटिगाओ, डॉ. सलीम अली पक्षी अभयारण्य (चोराओ), मेडी, नेत्रावली

राज्य	वन्यजीव अभयारण्य
गुजरात (23)	बलराम अम्बाजी, बरदा, गागा (ग्रेट इण्डियन बस्टर्ड), गिर, गिरनार, हिंगोलगढ़, जम्बुघोडा, जेसोर स्लॉथ बियर, कच्छ (लाला) ग्रेट इण्डियन बस्टर्ड, कच्छ रेगिस्तान, खिजड़िया पक्षी अभयारण्य, समुद्री (कच्छ की खाड़ी), मितियाला, नल सरोवर पक्षी अभयारण्य, नारायण सरोवर चिंकारा, पनिया, पोरबन्दर पक्षी अभयारण्य, पूर्णा, रामपारा विडी, रतनमहल स्लॉथ भालू, शूलपनेश्वर (धूमखाल), थोल, जंगली गधा
हरियाणा (08)	भिंडावास झील, बीर शिकारगाह, चिलछिला झील, कालेसर, खापरवास, खोल-ही-रायतान (मोरनी हिल्स), नाहर, अबूबशहर
हिमाचल प्रदेश (26)	बांदली, चैल, चन्द्रताल, चूड़धार, दारनघाटी I और II, धौलाधार, गमगुल सियाबेही, काईस, कालाटोप-खजियार, कनावर, खोखन, किब्बर, कुगती, लिप्पा असरंग, माजथल, मनाली, नरगु, पोंग बांध झील, रकछम चितकुल (सांगला घाटी), रेणुका जी, रूपी भाबा, सेच तुआन नाला, शिकारी देवी, शिमला जल कैचमेंट, तालरा, टुंडाह
झारखण्ड (11)	दलमा, गौतम बुद्ध, हज़ारीबाग़, कोडरमा, लावालौंग, महुआदानर भेड़िया, पलामू, पालकोट, पारसनाथ, तोपचांची, उधवा झील पक्षी अभयारण्य
कर्नाटक (38)	आदिचुनचुनागिरी मोर, अरबीथिट्टू, अर्सिकेरे स्लॉथ भालू, अत्तिवेरी पक्षी, बांकापुरा भेड़िया, भद्रा, भीमगढ़, बिलिगिरि रंगास्वामी मन्दिर (BRT), ब्रह्मागिरी, बुक्कापटना, कावेरी, कावेरी एक्सटेंशन, चिंचोली, डांडेली, दारोजी भालू, घटप्रभा पक्षी अभयारण्य, गुडावी पक्षी, गुडेकोटे एक्सटेंशन, गुडेकोटे स्लॉथ भालू, जोगीमट्टी, कामसंद्रा, कप्पथगुड्डा, मलाई महादेश्वर, मेलकोटे मन्दिर, मूकाम्बिका, नुगु, पुष्पागिरी, रामदेवरा बेट्टा गिद्ध, रानेबन्नूर ब्लैक बक, रंगनाथिटु पक्षी अभयारण्य, रंगय्यानदुर्गा चार सींग वाला मृग, शरावती घाटी LTM, शेट्टीहल्ली, सोमेश्वर, तलकावेरी, थिमलापुरा, उत्तरेगुड्डा, यदाहल्ली चिंकारा
केरल (18)	अरलम, चिम्मनी, चिन्नार, चुलन्नूर मोर, इडुक्की, करिम्पुझा, कोट्टियूर, कुरिन्जिमाला, मालाबार, मंगलवनम पक्षी अभयारण्य, नैय्यर, परम्बिकुलम, पीची-वझानी, पेप्पारा, पेरियार, शेंदुर्नी, थट्टेकड़ पक्षी अभयारण्य, वायनाड
मध्य प्रदेश (24)	बगदरा, बोरी, गाँधी सागर, घाटीगाँव, करेरा, केन घड़ियाल, खेओनी, नरसिघगढ़, राष्ट्रीय चम्बल, नौरादेही, ओरछा, पचमढ़ी, गंगऊ, पनपथा, पेंच मुगली, फेन, रालामण्डल, रातापानी, सैलाना, संजय डुबरी, सरदारपुर, सिंघोरी, सोन घड़ियाल, वीरांगना दुर्गावती
महाराष्ट्र (52)	अंबाबारवा, अंधारी, आनेर-बांध, भामरागढ़, भीमाशंकर, बोर अभयारण्य, चपराला, देउलगाँव-रेहेकुरी, ध्यानगंगा, विस्तारित मानसिंगदेव, गौताला औत्रमघाट, घोड़ाज़ारी, ग्रेट इण्डियन बस्टर्ड, ईसापुर, जायकवाड़ी पक्षी, कलसुबाई हरिश्चन्द्रगढ़, कन्हारगाँव, करंजा-सोहोल ब्लैक-बक, करनाला पक्षी अभयारण्य, कटेपूर्णा, कोका, कोयाना, लोनार, मालवन मरीन, मानसिंगदेव, मयूरेश्वर-सुपे, मेलघाट, नागजीरा, नाइगाँव-मयूर, नन्दुरमध्यमेश्वर, नारनाला, नवेगाँव, न्यू बोर एक्सटेंडेड, न्यू बोर, न्यू ग्रेट इण्डियन बस्टर्ड (गंगेवाड़ी), न्यू नागजीरा, पेनगंगा, फणसाड, प्राणहिता, राधानगरी, सागरेश्वर, सुधागढ़, तम्हिनी, तानसा, ठाणे क्रीक फ्लेमिंगो, टिपेश्वर, तुंगारेश्वर, उमरेड- करहंडला, उमरेड- पौनी-करहंडला विस्तारित, वान, यावल, येदशी रामलिंगघाट
मणिपुर (07)	यांगौपोकपी लोकचाओ, खोंगजैंगंबा चिंग, जिरी मकरू, कैलम, ज़िलाड, बनिंग, थिनुन्गेई पक्षी अभयारण्य
मेघालय (04)	बाघमारा पिचर प्लाण्ट, नारपुह, नोंगखिलेम, सिजू
मिजोरम (07)	ख्वांगलुंग, लेंगटेंग, नगेंगपुई, पुआलरेंग, तवी, थोरांगटलांग, टोकलो
नागालैण्ड (03)	फकीम, पुलिएबाद्ज़े, सिंगफान
ओडिशा (19)	बद्रमा, बैसीपल्ली, बालूखण्ड कोणार्क, भितरकनिका, चन्दका दम्पारा, चिल्का (नालाबन), डेब्रीगढ़, गहिरमाथा (समुद्री), हदगढ़, कपिलाश, कार्लापाट, खलासुनी, कोठागढ़, कुलडीहा, लखारी घाटी, नन्दनकानन, सतकोसिया कण्ठ, सिमलीपाल, सुनाबेड़ा
पंजाब (13)	अबोहर, बीर ऐशवान, बीर भादसों, बीर बुनेरहेड़ी, बीर दोसांझ, बीर गुरदियालपुरा, बीर मेहसवाला, बीर मोतीबाग, हरिके झील, झज्जर बचोली, कथलौर कुशलियां, नंगल, तखनी-रेहामपुर
राजस्थान (26)	बान्द बरेठा अभयारण्य, बस्सी अभयारण्य, भैंसरोडगढ़ अभयारण्य, दर्रा अभयारण्य, रेगिस्तान राष्ट्रीय अभयारण्य, जयसमन्द अभयारण्य, जामवा रामगढ़ अभयारण्य, जवाहर सागर अभयारण्य, केलादेवी अभयारण्य, केसरबाग अभयारण्य, कुंभलगढ़ अभयारण्य, माउण्ट आबू अभयारण्य, नाहरगढ़ अभयारण्य, राष्ट्रीय घड़ियाल अभयारण्य, पुलवारी की नाल अभयारण्य, रामगढ़ विषधारी अभयारण्य, रामसागर अभयारण्य, सज्जनगढ़ अभयारण्य, सरिस्का अभयारण्य, सवाई माधोपुर अभयारण्य, सवाईमान सिंह अभयारण्य, शेरगढ़ अभयारण्य, सीतामाता अभयारण्य, तालछापर अभयारण्य, टोडगढ़ रावली अभयारण्य, वन विहार अभयारण्य
सिक्किम (07)	बार्सी रोडोडेंड्रोन, फैम्बोंग लो, कितम पक्षी अभयारण्य, क्योंगनोस्ला अल्पाइन, मेनम, पंगोलाखा, शिंगबा रोडोडेंड्रोन
तमिलनाडु (34)	कावेरी उत्तरी वन्यजीव अभयारण्य, कावेरी दक्षिण वन्यजीव अभयारण्य, चित्रांगुडी पक्षी अभयारण्य, गंगईकोंडन चित्तीदार हिरण अभयारण्य, इन्दिरा गाँधी वन्यजीव अभयारण्य, कदवुर स्लेंडर लोरिस अभयारण्य, कलाकाड वन्यजीव अभयारण्य, कन्याकुमारी वन्यजीव अभयारण्य, कांजीरनकुलम पक्षी अभयारण्य, करैवेट्टी पक्षी अभयारण्य, कारिकलि पक्षी अभयारण्य, काज़ुवेली पक्षी अभयारण्य, कोडाइकनाल वन्यजीव अभयारण्य, कूंथनकुलम-कडनकुलम पक्षी अभयारण्य, मेघमलाई वन्यजीव अभयारण्य, मेलासेल्वनूर-केलासेलवानूर पक्षी, मुदुमलाई वन्यजीव अभयारण्य, मुंडनथुराई वन्यजीव अभयारण्य, नंजरायन टैंक पक्षी अभयारण्य, नेल्लई वन्यजीव अभयारण्य, औसुडु झील पक्षी अभयारण्य, प्वाइण्ट कैलिमेरे वन्यजीव अभयारण्य, प्वाइण्ट कैलिमेरे वन्यजीव अभयारण्य 'ब्लॉक-ए' और 'ब्लॉक-बी', पुलिकट झील पक्षी अभयारण्य, सक्करकोट्टई टैंक पक्षी अभयारण्य, सत्यमंगलम वन्यजीव अभयारण्य, श्रीविल्लीपुथुर ग्रिजल्ड गिलहरी वन्यजीव अभयारण्य, थेर्थंगल पक्षी अभयारण्य, उदयमर्थंडपुरम पक्षी अभयारण्य, वडूवूर पक्षी अभयारण्य, वल्लनडु ब्लैक बक अभयारण्य, वेदान्तंगल पक्षी अभयारण्य, वेलोडे पक्षी अभयारण्य, वेट्टांगुडी पक्षी अभयारण्य
तेलंगाना (09)	अमराबाद (नागार्जुनसागर-श्रीशैलम), एतुरनगरम, कवल, किन्नरसानी, लांजा मदुगु सिवाराम, मंजीरा मगरमच्छ, पाखल, पोचारम, प्राणहिता
त्रिपुरा (04)	गुमटी, रोवा, सिपाहीजला, तृष्णा
उत्तर प्रदेश (26)	बखिरा, चन्द्रप्रभा, चन्द्र शेखर आजाद (नवाबगंज) पक्षी अभयारण्य, डॉ. भीमराव अम्बेडकर पक्षी अभयारण्य, हस्तिनापुर, जय प्रकाश नारायण (सुरहाताल) पक्षी अभयारण्य, कछुआ (कछुआ), कैमूर, कतर्नियाघाट, किशनपुर, लाख बहोसी पक्षी अभयारण्य, महावीर स्वामी, राष्ट्रीय चम्बल, ओखला पक्षी अभयारण्य, पार्वती अरंगा, पटना, पीलीभीत, रानीपुर, समान पक्षी अभयारण्य, समसपुर पक्षी अभयारण्य, सांडी पक्षी अभयारण्य, शेखा पक्षी अभयारण्य, सोहागीबरवा, सोहेलवा, सूर सरोवर पक्षी अभयारण्य, विजय सागर

राज्य	वन्यजीव अभयारण्य
उत्तराखण्ड (07)	अस्कोट, बिनसर, गोविन्द पशु विहार, केदारनाथ, मसूरी, नंधौर, सोनानदी
पश्चिम बंगाल (16)	बल्लवपुर, बेथुदाहारी, विभूति भूषण, बक्सा, चपरामारी, चिन्तामणि कर पक्षी अभयारण्य, हैलिडे द्वीप, जोरेपोखरी सेलामेण्डर, लोथियन द्वीप, महानन्दा, पाखी बिटन पक्षी अभयारण्य, रायगंज, रामनबागान, सजनाखली, सेंचल, पश्चिम सुन्दरबन
अण्डमान-निकोबार द्वीपसमूह (96)	एरियल द्वीप अभयारण्य, बाँस द्वीप अभयारण्य, बैरन द्वीप अभयारण्य, बट्टीमालवे द्वीप अभयारण्य, बेले द्वीप अभयारण्य, बेनेट द्वीप अभयारण्य, बिंगहम द्वीप अभयारण्य, ब्लिस्टर द्वीप अभयारण्य, ब्लफ द्वीप अभयारण्य, बॉण्डोविले द्वीप अभयारण्य, ब्रश द्वीप अभयारण्य, बुकानन द्वीप अभयारण्य, चैनल द्वीप अभयारण्य, सिंक द्वीप अभयारण्य, क्लाइड द्वीप अभयारण्य, कोन द्वीप अभयारण्य, कोरल अभयारण्य, करल्यू (बी.पी.) द्वीप अभयारण्य, करल्यू द्वीप अभयारण्य, कथबर्ट बे अभयारण्य, डिफेंस द्वीप अभयारण्य, डॉट द्वीप अभयारण्य, डोटरेल द्वीप अभयारण्य, डंकन द्वीप अभयारण्य, ईस्ट द्वीप अभयारण्य, एग द्वीप अभयारण्य, एण्ट्रेंस द्वीप अभयारण्य, फ्लैट द्वीप अभयारण्य, गैंडर द्वीप अभयारण्य, गूज द्वीप अभयारण्य, गुरजन द्वीप अभयारण्य, हम्प द्वीप अभयारण्य, इण्टरव्यू द्वीप अभयारण्य, जेम्स द्वीप अभयारण्य, जंगल द्वीप अभयारण्य, क्वांगतुंग द्वीप अभयारण्य, कीड द्वीप अभयारण्य, लैंडफॉल द्वीप अभयारण्य, लादूश द्वीप अभयारण्य, लेदरबैक कछुआ अभयारण्य, लोहाबरैक वन्यजीव अभयारण्य, मैंग्रोव द्वीप अभयारण्य, मास्क द्वीप अभयारण्य, मेयो द्वीप अभयारण्य, मेगापोड अभयारण्य, मोण्टोगोमेरी द्वीप अभयारण्य, नारकोण्डम द्वीप अभयारण्य, उत्तर ब्रदर द्वीप अभयारण्य, उत्तर द्वीप अभयारण्य, उत्तर रीफ द्वीप अभयारण्य, ओलिवर द्वीप अभयारण्य, ऑर्किड द्वीप अभयारण्य, ऑक्स द्वीप अभयारण्य, ऑयस्टर द्वीप-I अभयारण्य, ऑयस्टर द्वीप-II अभयारण्य, पगेट द्वीप अभयारण्य, पार्किंसन द्वीप अभयारण्य, पैसेज द्वीप अभयारण्य, मयूर द्वीप अभयारण्य, पैट्रिक द्वीप अभयारण्य, पिटमैन द्वीप अभयारण्य, प्वाइण्ट द्वीप अभयारण्य, पोतन्मा द्वीप अभयारण्य, रेंजर द्वीप अभयारण्य, रीफ द्वीप अभयारण्य, रोपर द्वीप अभयारण्य, रॉस द्वीप अभयारण्य, रोवे द्वीप अभयारण्य, सैण्डी द्वीप अभयारण्य, समुद्री सर्प द्वीप अभयारण्य, शार्क द्वीप, शियरमे द्वीप अभयारण्य, सर ह्यूग रॉस द्वीप अभयारण्य, सिस्टर द्वीप अभयारण्य, स्नेक द्वीप-I अभयारण्य, स्नेक द्वीप-II अभयारण्य, साउथ ब्रदर द्वीप, साउथ रीफ, साउथ सेंटिनल द्वीप, स्पाइक द्वीप-I, स्पाइक द्वीप-II, स्टोट द्वीप, सूरत द्वीप, स्वैम्प द्वीप, टेबल (डेलगार्नो) द्वीप, टेबल (एक्सेलसियर) द्वीप, तालाबाइचा द्वीप, टेम्पल द्वीप, टिलोंगचांग द्वीप, ट्री द्वीप, ट्रिलबी द्वीप, टफ्ट द्वीप, टर्टल द्वीप, वेस्ट द्वीप, व्हार्फ द्वीप, व्हाइट क्लिफ द्वीप
चण्डीगढ़ (02)	सिटी बर्ड, सुखना झील
दादरा एवं नगर हवेली (01)	दादरा एवं नगर हवेली
दमन व दीव (01)	फुदाम
दिल्ली (01)	असोला भट्टी (इन्दिरा प्रियदर्शिनी)
जम्मू- कश्मीर (14)	बानी, गुलमर्ग, हिरपोरा, जसरोटा, लाचीपोरा, लिम्बर, नन्दनी, ओवेरा अरु, राजपेरियन (डक्सम), रामनगर, सुरिंसर मानसर, टाटा कुट्टी, थाजवास (बालटाल), त्राल
लद्दाख (02)	चांगथांग, काराकोरम (नुब्रा श्योक)
लक्षद्वीप (01)	डॉ. सलीम अली पक्षी अभयारण्य - (पिट्टी पक्षी अभयारण्य)
पुदुचेरी (01)	ओसुडु

राष्ट्रीय उद्यान व अभयारण्य घोषित करने के नियम

- राष्ट्रीय उद्यान और अभयारण्य के रूप में क्षेत्र की घोषणा **राज्य सरकार** द्वारा की जाती है।
- **वन्यजीव (संरक्षण) अधिनियम,** 1972 के अनुसार, राज्य सरकार को यह अधिकार है कि यदि कोई क्षेत्र जैव-विविधता और भौगोलिक दृष्टि से महत्त्वपूर्ण हो, तो उसे राष्ट्रीय उद्यान या अभयारण्य घोषित किया जा सकता है।
- राज्य सरकार प्रारम्भिक अधिसूचना में ऐसे वन क्षेत्र जो जन्तुओं (Fauna), वनस्पतियों (Flora) तथा भू-आकृति आदि की दृष्टि से प्राकृतिक महत्त्व रखते हों, उन्हें चिह्नित (Assign) करती है।
- प्रारम्भिक अधिसूचना के बाद, राज्य सरकार अन्तिम अधिसूचना जारी कर उस भूमि को राष्ट्रीय उद्यान या अभयारण्य घोषित करती है।
- किसी भूमि को राष्ट्रीय उद्यान या अभयारण्य घोषित करने से पहले **वन्यजीव बोर्ड** की अनुमति आवश्यक होती है। यदि राज्य सरकार किसी क्षेत्र का हस्तान्तरण करती है, तो केन्द्र सरकार उस क्षेत्र को राष्ट्रीय उद्यान घोषित करने के लिए अधिसूचना जारी कर सकती है।
- यदि किसी स्थल या जलीय पारितन्त्र को राष्ट्रीय उद्यान या अभयारण्य क्षेत्र में शामिल किया जाता है, तो केन्द्र सरकार के मुख्य नौसैनिक और **हाइड्रोग्राफर** से अनुमति ली जाती है।
- राष्ट्रीय उद्यान या अभयारण्य क्षेत्र घोषित हो जाने पर उस भूमि क्षेत्र पर सभी निजी अधिकार समाप्त हो जाते हैं।

(iii) जैवमण्डल आगार या जीवमण्डल निचय

- जीवमण्डल निचय (Biosphere Reserve) विशेष प्रकार के भौमिक एवं तटीय पारिस्थितिक तन्त्र होते हैं, जिन्हें यूनेस्को (UNESCO) के मानव एवं जीवमण्डल प्रोग्राम (Man and Biosphere Programme) के अन्तर्गत मान्यता प्राप्त है।
- जैवमण्डलीय आरक्षण कार्यक्रम संयुक्त राष्ट्र शैक्षिक, वैज्ञानिक और सांस्कृतिक संगठन (United Nations Educational Scientific and Cultural Organisation-UNESCO) द्वारा वर्ष 1971 में मानव एवं जीवमण्डल प्रोग्राम (Man and Biosphere Programme-MABP) के अन्तर्गत शुरू किया गया।

बायोस्फीयर रिजर्व कार्यक्रम के निम्नलिखित उद्देश्य हैं

- पारिस्थितिक तन्त्र के प्रतिनिधिक नमूनों को संरक्षण प्रदान करना।
- आनुवंशिक (Genetic) विविधता को दीर्घकालिक स्व-स्थाने (In situ) संरक्षण प्रदान करना।
- मूल (Basic) और अनुप्रयुक्त अनुसन्धान को सरल बनाना, बढ़ावा देना तथा उनकी मॉनिटरिंग करना।
- शिक्षा और प्रशिक्षण के लिए अवसर प्रदान करना।
- जीवन की आवश्यकताओं की पूर्ति करने के लिए जीवीय सम्पदाओं का उचित प्रबन्धन एवं बढ़ावा देना।

जैवमण्डल आगार की संरचना

- जैव-विविधता संरक्षण की पूरक गतिविधियों को आगे संचालित करने एवं प्राकृतिक संसाधनों का सतत प्रयोग करने के लिए जैवमण्डल आगार को पारम्परिक रूप से तीन क्षेत्रों में बाँटा गया है- क्रोड क्षेत्र, बफर क्षेत्र तथा संक्रमण क्षेत्र।

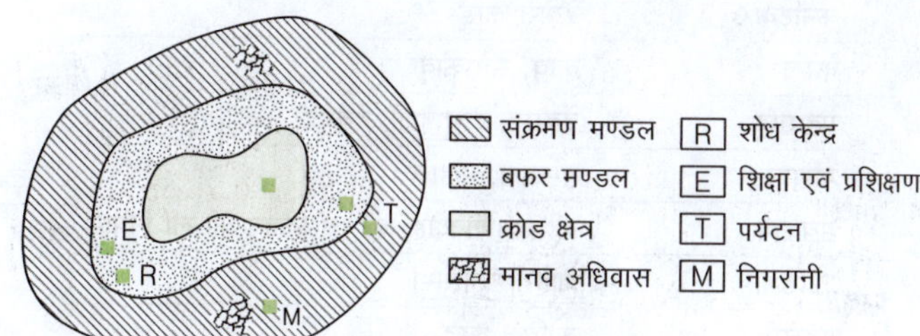

- क्रोड क्षेत्र
  - प्रत्येक जैवमण्डल आगार में एक या उससे अधिक क्रोड क्षेत्र होते हैं।
  - ये या तो पूर्ण रूप से प्राकृतिक होते हैं या कम-से-कम प्रभावित (बाहरी जन्तुओं अथवा मनुष्यों द्वारा) होते हैं।
  - क्रोड क्षेत्र में किसी भी प्रकार का मानव अधिवास नहीं होना चाहिए। इस क्षेत्र में ऐसे शोध कार्य किए जा सकते हैं, जिनका क्रोड क्षेत्र पर प्रतिकूल प्रभाव नहीं पड़ता है।
  - क्रोड क्षेत्र के चारों तरफ सुनिर्धारित बफर क्षेत्र होता है।
- बफर क्षेत्र
  - बफर क्षेत्र का प्रबन्धन कई प्रशासनिक अधिकारियों द्वारा किया जाता है। इस क्षेत्र का प्रयोग ऐसे कार्यों के लिए किया जाता है, जो पूर्णतया नियन्त्रित व अविध्वंसक हों।
  - बफर क्षेत्र का उपयोग शोध एवं अनुसन्धान, परम्परागत उपयोग, पुनर्वास आदि के लिए किया जाता है।
  - बफर क्षेत्र शोध में प्राकृतिक वनस्पतियों के संरक्षण के साथ-साथ कृषि, भूमि, जंगल, मत्स्यपालन आदि को भी सम्मिलित किया जाता है।
  - इस क्षेत्र में शिक्षा, प्रशिक्षण, पर्यटन, मनोरंजन आदि क्रियाओं को भी शामिल किया जाता है।
- संक्रमण मण्डल
  - जैवमण्डल आगार के बफर क्षेत्र के चारों ओर संक्रमण क्षेत्र स्थित होता है, इसका मुख्य कार्य विकासीय कार्यों एवं योजनाओं से सम्बन्धित होता है।
  - यहाँ शोधकर्ताओं, प्रबन्धकों तथा स्थानीय लोगों के बीच परस्पर सहयोग को बढ़ावा दिया जाता है, ताकि संसाधनों के विकास एवं नियोजन को प्रभावी बनाया जा सके। संक्रमण मण्डल का प्रमुख कार्य पर्यावरण एवं विकास में घनिष्ठ सम्बन्ध स्थापित करना होता है।

भारत में जैवमण्डल आगार

- भारत में जैव-विविधता में बढ़ती ह्रास दर को देखते हुए सभी जीवित क्षेत्रों के संरक्षण को और अधिक प्रभावशाली तरीके से संरक्षित करने हेतु वर्ष 1986 में राष्ट्रीय जैवमण्डल कार्यक्रम शुरू किया गया था।
- क्षेत्रफल की दृष्टि से जैवमण्डल संरक्षण क्षेत्रों का घटता हुआ क्रम है—मन्नार की खाड़ी, सुन्दरवन, पचमढ़ी, कंचनजंगा।

विश्व जैवमण्डल आगार में शामिल भारत के 12 प्रमुख जैवमण्डल

नाम	वर्ष	नाम	वर्ष
नीलगिरि	2000	सिमलीपाल	2009
मन्नार की खाड़ी	2001	अचानकमार अमरकण्टक	2012
सुन्दरबन	2001	ग्रेट निकोबार	2013
नन्दादेवी	2004	अगस्त्यमाला जैवमण्डल आगार	2016
नोकरेक	2009	कंचनजंगा जैवमण्डल आगार	2018
पचमढ़ी	2009	पन्ना	2020

भारत के कुल 18 जैवमण्डल आगार एवं अवस्थिति

जैवमण्डल आरक्षित केन्द्र	स्थापना वर्ष	अवस्थिति (राज्य)
नीलगिरि	1986	वायनाड, नागरहोल, बांदीपुर एवं मुदुमलाई, नीलाम्बुर, साइलेण्ट वैली एवं सिरुवानी पहाड़ियाँ (तमिलनाडु, केरल एवं कर्नाटक) का भाग।
नन्दादेवी	1988	चमोली, पिथौरागढ़ एवं बागेश्वर जिलों (उत्तराखण्ड) का भाग।
नोकरेक	1988	गारो हिल्स (मेघालय) का भाग।
ग्रेट निकोबार	1989	अण्डमान एवं निकोबार (अण्डमान निकोबार द्वीप समूह) का भाग।
मन्नार की खाड़ी	1989	भारत एवं श्रीलंका (तमिलनाडु) के मध्य मन्नार की खाड़ी का भारतीय भाग।
मानस	1989	कोकराझार, बोंगाई गाँव, बारपेटा, नलबाड़ी, कामरूप और दारंग जिलों (असम) का भाग।
सुन्दरबन	1989	गंगा एवं ब्रह्मपुत्र नदी प्रणाली के डेल्टा का भाग। (पश्चिम बंगाल)
सिमलीपाल	1994	मयूरभंज जिले (ओडिशा) का भाग।
डिब्रू-सैखोवा	1997	डिब्रूगढ़ एवं तिनसुकिया जिले असम का भाग।
देहांग-दिबांग	1998	अरुणाचल प्रदेश में सियांग एवं दिबांग घाटी का भाग।
पचमढ़ी	1999	मध्य प्रदेश के बैतूल, होशंगाबाद एवं छिन्दवाड़ा जिलों के हिस्से।
कंचनजंगा	2000	कंचनजंगा पर्वत शृंखला एवं सिक्किम के भाग।
अगस्त्यमलाई	2001	केरल में नेय्यर, पेप्पारा एवं शेंदुर्नी वन्यजीव अभयारण्य एवं उनके आस-पास के क्षेत्र
अचानकमार-अमरकण्टक	2005	मध्य प्रदेश के अनूपपुर एवं डिण्डोरी जिलों के कुछ भागों एवं छत्तीसगढ़ राज्य के बिलासपुर जिले के कुछ भागों को आच्छादित करता है।
कच्छ	2008	गुजरात राज्य के कच्छ, राजकोट, सुरेन्द्र नगर एवं पाटन सिविल जिलों का भाग।
कोल्ड डेजर्ट	2009	पिन वैली राष्ट्रीय उद्यान एवं आस-पास हिमाचल प्रदेश में चन्द्रताल तथा सरयू एवं किब्बर वन्यजीव अभयारण्य।
शेषाचलम हिल्स/पहाड़ियाँ	2010	शेषाचलम पर्वत शृंखलाएँ आन्ध्र प्रदेश के चित्तूर एवं कुड़प्पा जिलों के कुछ भागों को आच्छादित करती हैं।
पन्ना	2011	मध्य प्रदेश के पन्ना एवं छतरपुर जिलों का भाग।

राष्ट्रीय पार्क, अभयारण्य एवं जैव संरक्षित क्षेत्रों के मध्य अन्तर

वर्ग	राष्ट्रीय पार्क	अभयारण्य	जैव संरक्षित क्षेत्र
क्षेत्रफल	0.04 से 3162 वर्ग किमी तक	0.61 से 7818 वर्ग किमी तक	5670 वर्ग किमी से अधिक
सीमा	राज्य विधि द्वारा परिमित	परिमित नहीं होती	राज्य विधि द्वारा परिमित
जैविक व्यवधान	बफर जोन के अतिरिक्त कोई जैविक व्यवधान नहीं	सीमित	बफर जोन के अतिरिक्त कहीं पर भी जैविक व्यवधान नहीं
पर्यटन	अनुमति एवं प्रोत्साहन	प्रोत्साहन	अनुमति नहीं
शोध एवं वैज्ञानिक प्रबन्धन	प्रबन्धन का अभाव	प्रबन्धन का अभाव	प्रबन्धन किया जाता है।
आर्थिक महत्त्व की प्रजातियों के जीन मूल के संरक्षण	विशेष ध्यान नहीं दिया जाता है।	विशेष ध्यान दिया जाता है।	विशेष ध्यान दिया जाता है।

पारिस्थितिक संवेदनशील जोन (ESZ)

- पारिस्थितिक संवेदनशील क्षेत्र, **पर्यावरण संरक्षण अधिनियम, 1986** के अनुसार घोषित किया गया है।
- इन्हें राष्ट्रीय वन्यजीव कार्य योजना **(2002-2016)** में शामिल किया गया था।
- **ESZ** (Eco-Sensitive Zone) जैव-विविधता की रक्षा और विशिष्ट प्रजातियों के लिए प्राकृतिक आवासों के संरक्षण के लिए नामित क्षेत्र है।
- राष्ट्रीय उद्यानों और वन्यजीव अभयारण्यों की सीमाओं के 10 किमी को इको-फ्रेजाइल जोन या इको-सेन्सिटिव जोन के रूप में अधिसूचित किया जाना है।
- ESZ संरक्षित क्षेत्र में शॉक एब्जॉर्बर का कार्य करता है।

(iv) पवित्र उपवन

- ऐसे विशिष्ट क्षेत्र व पादप समूह, जो लोगों की आस्था और उनके प्राकृतिक लगाव के कारण संरक्षित किए जाते हैं, पवित्र उपवन (Sacred Groves) कहलाते हैं। ये क्षेत्र की स्थानीय लोक संस्कृति से जुड़े होते हैं।
- जैसे राजस्थान के बिश्नोई समुदाय का खेजड़ी वृक्ष के प्रति लगाव, मध्य भारत की गोण्ड प्रजाति के लोग जीवित खड़े पेड़ को नहीं काटते तथा हिन्दू धर्म के लोग पीपल के पेड़ की पूजा करते हैं।
- पवित्र उपवन भारत के उत्तर-पूर्वी हिमालयी क्षेत्र, पश्चिमी घाट, पूर्वी घाट, तटीय क्षेत्र, केन्द्रीय पठार और पश्चिमी मरुस्थल क्षेत्रों में पाए जाते हैं।
- पवित्र उपवन में विशिष्ट एवं दुर्लभ जीव-जन्तु और पौधे पाए जाते हैं—लेविगेटस, लित्सिया, लेइता, सिदुस लैटीपेस, नीलगिरि फ्लाईकैचर, मोलस्क, डायोस्पाइरस एवं लोटेन्स सनबर्ड आदि।

राज्य	पवित्र उपवन के स्थानीय नाम
आन्ध्र प्रदेश	पवित्र वन
अरुणाचल प्रदेश	गुम्पा वन
गोवा	देवराय, पन्न
झारखण्ड	सरना
कर्नाटक	देवारा काडु
केरल	कावू, साराकावू
महाराष्ट्र	देवराय, देवराहाती, देवगुडी
मणिपुर	गमखाप, मौहाक
मेघालय	की लॉ लिंगदोह, की लॉ किंतंग की लॉ नियाम
ओडिशा	जाहेरा थाकुरामा
पुदुचेरी	कोविल काडु
राजस्थान	ओरांस, केनक्रिस, जोगमाया
तमिलनाडु	स्वामी शोला, कोइलकाडू
उत्तराखण्ड	देवभूमि, बुग्याल (अल्पाइन के उपवन)
पश्चिम बंगाल	गरम्थान, हरीथन, जहेड़ा

(v) समुदाय आगार

- वन्यजीव (संरक्षण) संशोधन अधिनियम, 2002 के बाद किसी व्यक्ति व संस्था द्वारा अधिकारित क्षेत्र जो राष्ट्रीय उद्यान, अभयारण्य व संरक्षण आगार (Conservation Reserve) के अन्तर्गत शामिल नहीं है, राज्य सरकार उसे जीव-जन्तुओं व समुदाय के संरक्षण हेतु समुदाय आगार घोषित कर सकती है।
- समुदाय आगार घोषित करने का उद्देश्य जीव-जन्तुओं एवं वनस्पतियों के संरक्षण के साथ-साथ परम्पराओं तथा सांस्कृतिक मूल्यों का भी संरक्षण करना है।

(vi) संरक्षण आगार

राज्य सरकार द्वारा अधिकारित भूमि क्षेत्र, जो राष्ट्रीय उद्यान अथवा अभयारण्य क्षेत्र से संलग्न होते हैं, स्थानिक समुदाय से विचार-विमर्श करने के बाद दृश्यभूमियों (Landscapes), समुद्री क्षेत्रों (Sea Scapes), जीव-जन्तुओं, वनस्पतियों (जिनका संरक्षण सुनिश्चित नहीं हो पाता) की सुरक्षा एवं संरक्षण के लिए सम्बन्धित क्षेत्र को संरक्षण आगार घोषित कर दिया जाता है।

समुद्री संरक्षित क्षेत्र

- IUCN के अनुसार जल भराव वाले समुद्री क्षेत्र, जो वनस्पतियों, जीव-जन्तुओं और सांस्कृतिक महत्त्व के होते हैं, उन्हें नियमबद्ध तरीके से संरक्षित किया जाता है।
- भारत में समुद्री संरक्षित क्षेत्रों (Marine Protected Area-MPA) में जैव-विविधता से समृद्ध क्षेत्र; जैसे-कोरल रीफ, लैगून, मैंग्रोव और समुद्री घास के बेड शामिल होते हैं, जो मछली उत्पादन और पर्यावरणीय स्थिरता के लिए महत्त्वपूर्ण होते हैं। केन्द्र सरकार इन क्षेत्रों को समुद्री संरक्षित क्षेत्र घोषित करती है।
- भारत और एशिया का पहला डॉल्फिन अनुसन्धान केन्द्र राष्ट्रीय डॉल्फिन अनुसन्धान केन्द्र (National Dolphin Research Centre) पटना (बिहार) के पटना विश्वविद्यालय परिसर में गंगा नदी के तट पर स्थापित किया गया है।

भारत में समुद्री संरक्षित क्षेत्र

वर्ग-1
इसमें राष्ट्रीय उद्यान, अभयारण्य, मैंग्रोव कोरल रीफ, क्रोकस, समुद्री घास और लैगून शामिल हैं।

वर्ग-2
इसमें द्वीपों के समुद्री पारितन्त्र का समूचा भाग आता है।

वर्ग-3
इसमें समुद्र नहीं, बल्कि जलीय भाग के रेतीले तट शामिल हैं।

वर्ग-1 के समुद्री संरक्षित क्षेत्र

राज्य	नाम	स्थापना	श्रेणी
आन्ध्र प्रदेश	कोरिंगा	1978	अभयारण्य
	कृष्णा	1989	अभयारण्य
	पुलिकट झील	1980	अभयारण्य
गुजरात	कच्छ की खाड़ी	1995	राष्ट्रीय उद्यान
	खिजाड़िया	1981	अभयारण्य
	कच्छ की खाड़ी	1980	अभयारण्य
पश्चिम बंगाल	सुन्दरबन	1984	राष्ट्रीय उद्यान
	पश्चिमी सुन्दरबन	2013	अभयारण्य
	हॉलीडे द्वीप	1976	अभयारण्य
	सजनाखाली	1976	अभयारण्य
	लोथियन द्वीप	1976	अभयारण्य
तमिलनाडु	मन्नार की खाड़ी	1980	राष्ट्रीय उद्यान
	पॉइण्ट कैलीमेरी	1967	अभयारण्य
	पुलिकट झील	1980	अभयारण्य
ओड़िशा	भितरकनिका	1998	राष्ट्रीय उद्यान
	भितरकनिका	1975	अभयारण्य
	चिल्का	1987	अभयारण्य
	गहिरमाथा	1997	अभयारण्य
	बालुखण्ड कोनार्क	1984	अभयारण्य
महाराष्ट्र	मालवन समुद्री	1987	अभयारण्य
	थाने क्रीक फ्लेमिंगो	2015	अभयारण्य
गोवा	कोराव द्वीप	1988	अभयारण्य
केरल	कडालुण्डी वेल्लिक्कुन्नुकम	2007	समुदाय आगार
दादरा एवं नगर हवेली तथा दमन एवं दीव	फुदाम, दादरा एवं नगर हवेली	1991, 2000	अभयारण्य

वर्ग-2 के समुद्री संरक्षित क्षेत्र

भारत के द्वीप समूह	राष्ट्रीय उद्यान एवं अभयारण्य
मध्य अण्डमान	उत्तरी बटन द्वीप राष्ट्रीय उद्यान मध्य बटन द्वीप राष्ट्रीय उद्यान दक्षिण बटन द्वीप राष्ट्रीय उद्यान दक्षिणी रीफ द्वीप अभयारण्य कैम्पबेल अभयारण्य, पार्किसन द्वीप अभयारण्य मैंग्रोव द्वीप अभयारण्य
दक्षिणी अण्डमान	लोहाबरीक अभयारण्य, सैण्डल अभयारण्य सैण्डी द्वीप अभयारण्य महात्मा गाँधी समुद्री राष्ट्रीय उद्यान
उत्तरी अण्डमान	उत्तरी रीफ द्वीप अभयारण्य बिलस्टर द्वीप अभयारण्य
लक्षद्वीप	पैट्रिक वन्यजीव अभयारण्य
ग्रेट निकोबार	गालाथिया खाड़ी अभयारण्य
रिर्चा आर्किपिलोगो अण्डमान	रानी झाँसी राष्ट्रीय उद्यान

2. बाह्य-स्थाने संरक्षण या गैर-स्थानिक संरक्षण

- बाह्य-स्थाने संरक्षण (Ex-Situ Conservation) में पौधों और जीव - जन्तुओं का उनके प्राकृतिक आवास से बाहर किसी सुरक्षित स्थान पर संरक्षण किया जाता है।
- यह संरक्षण तकनीकों का समूह है, जिसका लक्ष्य प्रजातियों को उसके मूल-निवास स्थान से दूर स्थानान्तरित करना है।
- यह संरक्षण तकनीकी पौधों एवं जानवरों की आबादी लक्षित करता है।
- इसके अन्तर्गत तकनीकों में बीज भण्डारण, बन्दी प्रजनन, धीमी वृद्धि भण्डार, डीएनए भण्डार इत्यादि शामिल होते हैं।
- बाह्य-स्थाने संरक्षण का मुख्य उद्देश्य खतरे में पड़ी प्रजातियों का आनुवंशिक तरीके से बचाव और संरक्षण का प्रयास करना है।
- जन्तु उद्यान, वनस्पति उद्यान तथा वन्यजीव सफारी पार्कों की स्थापना संरक्षण के उद्देश्य से की जाती है।
- वर्तमान में संकटापन्न जातियों को सूचीबद्ध घेरे में रखने की अपेक्षा बाह्य-स्थान संरक्षण दिया जाता है।
- इस संरक्षण के अन्तर्गत बीज या जीन बैंक, वनस्पति उद्यान, निम्नतापीय संरक्षण तथा जन्तु उद्यान इत्यादि शामिल होते हैं, जिनका विवरण निम्न प्रकार है

(i) जीन बैंक

- जीन बैंक में आनुवंशिक पदार्थों को बाह्य-स्थाने संरक्षण के अन्तर्गत संरक्षित किया जाता है।
- राष्ट्रीय जीन बैंक की स्थापना वर्ष 1996 में भविष्य की पीढ़ियों के लिए प्लाण्ट जेनेटिक रिसोर्सेज (Plant Genetic Resources-PGR) बीजों के संरक्षण के लक्ष्य के साथ की गई थी।
- इसमें जर्मप्लाज्म के लगभग दस लाख बीजों को संग्रहीत करने की क्षमता है।
- राष्ट्रीय पादप आनुवंशिक संसाधन ब्यूरो करनाल (हरियाणा) में पालतू पशुओं के आनुवंशिक पदार्थों का रख-रखाव किया जाता है।
- राष्ट्रीय मत्स्य आनुवंशिक संसाधन ब्यूरो, लखनऊ के आनुवंशिक पदार्थों का संरक्षण एवं रख-रखाव करता है।

जीन पूल सेण्टर

- एक जाति की कुल आनुवंशिक विविधता को जीन कोश कहा जाता है।
- जैव-विविधता के ह्रास के कारण, वर्तमान में जीन पूल केन्द्रों का निर्माण किया जा रहा है, ताकि लुप्तप्राय जैव-विविधता को संरक्षित किया जा सके।
- जीन पूल किसी समष्टि के कुल आनुवंशिक पदार्थों का योग होता है, जिसे जीन पूल केंन्द्रों में सुरक्षित रखा जाता है और भविष्य में प्रयोग के लिए संरक्षित किया जाता है।
- विश्व के प्रमुख जीन पूल केन्द्र निम्नलिखित हैं
    - दक्षिण एशिया का उष्णकटिबन्धीय क्षेत्र, जिसमें इण्डो चाइना और मलाया द्वीपीय क्षेत्र शामिल हैं।

- दक्षिण-पश्चिम एशिया क्षेत्र, कॉकेसियन मध्य-पूर्व और उत्तर - पश्चिम भारतीय क्षेत्र।
- भूमध्य सागरीय क्षेत्र
- यूरोप क्षेत्र
- दक्षिण अमेरिका के एण्डीज पर्वतीय क्षेत्र
- पूर्वी एशिया, जिसमें चीन और जापान क्षेत्र शामिल हैं।

(ii) क्रायोप्रिजर्वेशन

- क्रायोप्रिजर्वेशन (Cryopreservation) एक ऐसी प्रक्रिया है, जिसमें अंगों, कोशिकाओं, ऊतकों, बाह्य मैट्रिक्स, अंगों या किसी अन्य जैविक अतिसंवेदनशील आनुवंशिक पदार्थों की जीवन शक्ति बनाए रखने के लिए एक भण्डारण की जाती है।
- क्रायोप्रिजर्वेशन तकनीक में पदार्थों को अत्यन्त निम्न तापमान वाले द्रव नाइट्रोजन में संरक्षित किया जाता है, जिससे सभी उपापचयी प्रक्रियाएँ निलम्बित हो जाती हैं।
- इस तकनीक का सफलतापूर्वक उपयोग युग्मनजीय और कायिक भ्रूण, पराग कोशिकाओं और कई पादप प्रजातियों के संरक्षण में किया गया है।
- बाह्य-स्थाने संरक्षण के तहत बीज और अन्य आनुवंशिक पदार्थों को लम्बे समय तक संरक्षित और उनकी कार्यक्षमता बनाए रखने के लिए इस तकनीक का प्रयोग किया जाता है।
- क्रायोप्रिजर्वेशन तकनीक का मुख्य कार्य ठण्ड के दौरान बर्फ के क्रिस्टल बनने के कारण बिना किसी नुकसान के कम तापमान प्राप्त करना है।
- क्रायोप्रिजर्वेशन से सम्बन्धित विज्ञान को क्रायोबायोलॉजी के रूप में जाना जाता है।

डीएनए स्तर पर जैव-विविधता का संरक्षण

- जैव-विविधता को बढ़ावा देने और संरक्षित करने के लिए डीएनए को विभिन्न प्रकार से उपयोग किया जा सकता है।
- जीन बैंक और क्रायोप्रिजर्वेशन के अन्तर्गत आनुवंशिक पदार्थों व कोशिकाओं के संरक्षण के साथ अब आण्विक स्तर पर **जर्मप्लाज्म** (Germplasm) का संरक्षण सम्भव हो गया है।
- लुप्तप्राय प्रजातियों की स्थिति, भौगोलिक प्रसार और आनुवंशिक विविधता की निगरानी के लिए लुप्तप्राय पशु उत्पादों, मूल्यवान जीनोटाइप दर्शाने वाला अलाभकारी पदार्थ डीएनए लाइब्रेरी के स्रोत के रूप में उपयोग किया जा रहा है।

(iii) वनस्पति/वृक्ष उद्यान

- वनस्पति उद्यान, वैज्ञानिक अनुसन्धान, संरक्षण, प्रदर्शन और शिक्षा के उद्देश्य से जीवित पौधों के प्रलेखित संग्रह के साथ एक उद्यान है।
- जहाँ विशिष्ट प्रजातियाँ, स्थानिक पौधे एवं बड़े पौधों की संकटग्रस्त प्रजातियों का संग्रह कर एक कृत्रिम रूप से बनाए गए आवास क्षेत्र में प्रतिस्थापित किया जाता है, बॉटेनिकल गार्डन (Botenical Garden) कहलाते हैं।

भारतीय प्रमुख वनस्पति उद्यान

राज्य/केन्द्रशासित प्रदेश	वनस्पति उद्यान का नाम	क्षेत्र
पश्चिम बंगाल	आचार्य जगदीश चन्द्र बोस भारतीय बॉटेनिकल गार्डन	शिबपुर (कोलकाता)
	एग्री हार्टीकल्चर सोसायटी ऑफ इण्डिया	अलीपुर (कोलकाता)
	गार्डन ऑफ मेडिकल प्लाण्ट	उत्तरी बंगाल विश्वविद्यालय
	लॉयड बॉटेनिकल गार्डन	दार्जिलिंग
	नरेन्द्र नारायण पार्क	कूचबिहार
कर्नाटक	लाल बाग	बंगलुरु
	मैसूर चिड़ियाघर (मैसूर चिड़ियाघर भी बॉटेनिकल गार्डन है।)	मैसूर
	रीजनल म्यूजियम ऑफ नेचुरल हिस्ट्री, मैसूर	मैसूर
	यूनिवर्सिटी ऑफ मैसूर बॉटेनिकल गार्डन	मैसूर
	कर्जन पार्क	मैसूर
उत्तर प्रदेश	झाँसी बॉटेनिकल गार्डन	झाँसी
	अलीगढ़ फोर्ट बॉटेनिकल गार्डन (AMU के वनस्पति विभाग द्वारा संचालित किया जाता है।)	अलीगढ़
	सहारनपुर बॉटेनिकल गार्डन	सहारनपुर
केरल	जवाहरलाल नेहरू ट्रॉपिकल बॉटेनिकल एण्ड रिसर्च इन्स्टीट्यूट	तिरुवनन्तपुरम
	मालाम्पुझा गार्डन	पलक्कड़
	वेल्लायनी कृषि विद्यालय	तिरुवनन्तपुरम
महाराष्ट्र	एक्सप्रेस गार्डन	पुणे
तमिलनाडु	गवर्नमेण्ट बॉटेनिकल गार्डन	ऊटकमण्ड नीलगिरि जनपद
	आई.एफ.जी.टी.बी. बॉटेनिकल गार्डन	कोयम्बटूर
	सेमोझी पूंगा	चेन्नई
ओडिशा	ओडिशा स्टेट बॉटेनिकल गार्डन, नन्दकानन	भुवनेश्वर
असम	असम राज्य जू-कम बॉटेनिकल गार्डेन	गुवाहाटी
गुजरात	आर.बी. बॉटेनिकल गार्डन एण्ड एम्यूजमेण्ट पार्क, गुजरात प्रौद्योगिकी विश्वविद्यालय	अहमदाबाद

(iv) जन्तु उद्यान (चिड़ियाघर)

- चिड़ियाघर में बाह्य-स्थाने संरक्षण विधि के अन्तर्गत जीव-जन्तुओं, पक्षियों एवं जीवों की दुर्लभ और संकटग्रस्त प्रजातियों को उनके प्राकृतिक आवास से दूर तक कृत्रिम आवास क्षेत्र में रखा जाता है।
- चिड़ियाघर का प्रारम्भिक उद्देश्य मनोरंजन था। दशकों से अधिक समय से चिड़ियाघर वन्यजीव संरक्षण एवं पर्यावरणीय शिक्षाकेन्द्र के रूप में बदल गए हैं।
- चिड़ियाघर एकल जानवर के सुरक्षित रहने के स्थान के अतिरिक्त यह प्रजातियों के संरक्षण में भी भूमिका निभाते हैं।
- वन्यजीव संरक्षण अधिनियम, 1972 के अन्तर्गत जीव-जन्तुओं के संरक्षण एवं उनकी देखभाल के लिए केन्द्रीय चिड़ियाघर प्राधिकरण की स्थापना की गई। केन्द्रीय चिड़ियाघर प्राधिकरण का मुख्य कार्य जन्तु उद्यानों का प्रबन्धन करना है।

समुद्री जैव-विविधता क्षेत्र

- भारत में 7,500 किमी से अधिक के विशाल समुद्र तट के साथ समृद्ध जैव-विविधता है।
- समुद्रीय जैव-विविधता क्षेत्रों में विभिन्न मैंग्रोव, एश्च्युरी, प्रवाल भित्ति एवं व्हेल, सार्क, कछुआ और स्तनधारी; जैसे-डॉल्फिन, ड्यूगोंग आदि से न केवल समुद्री जीवन की विविधता बढ़ती है, बल्कि इनसे मानव हित के कई संसाधन भी उत्पन्न होते हैं।
- समुद्रीय जैव-विविधता में घोंघा, क्रस्टेशियन, पॉलीकीट्स और प्रवाल प्रजातियों की प्रचुरता पाई जाती है। भारत का प्रथम नेशनल सेण्टर फॉर मरीन बायोडायवर्सिटी (NCMB) जामनगर, गुजरात राज्य में स्थित है।

भारत के जैव-भौगोलिक क्षेत्र

जैव भूगोल की दृष्टि से भारत को 10 जैव भौगोलिक क्षेत्रों में विभाजित किया गया है

(i) ट्रान्स हिमालयी क्षेत्र

- इस क्षेत्र में हिमाचल प्रदेश के लद्दाख, जम्मू और कश्मीर, उत्तरी सिक्किम, लाहौल और स्फीति क्षेत्रों के ऊँचाई वाले ठण्डे और शुष्क पर्वतीय क्षेत्र शामिल हैं, जो देश के कुल भूमि क्षेत्र का 5.6% हैं।
- विश्व में जंगली भेड़ और बकरियों की सबसे बड़ी आबादी, साथ ही स्नो लेपर्ड और प्रवासी ब्लैकनेक्ड क्रेन (ग्रस नाइग्रीकोलिस) जैसे अन्य असामान्य वन्यजीव, सभी इस क्षेत्र में पाए जाते हैं, जिसमें अल्पाइन स्टैपी वनस्पतियाँ सीमित हैं।

(ii) हिमालय क्षेत्र

- विश्व की सबसे ऊँची चोटियाँ इस क्षेत्र में शामिल हैं, जो सम्पूर्ण भौगोलिक क्षेत्र का 6.4% भाग है।
- हिमालय क्षेत्र के कारण भारत, आवास एवं प्रजातियों की सबसे अधिक विविधता वाले क्षेत्रों में से एक है। घास के मैदान, नम मिश्रित पर्णपाती वन और अल्पाइन व उप-अल्पाइन वन लुप्तप्राय बोविड प्रजातियाँ जैसे हिमालयी तहर, भराल, आईबेक्स, मारवॉर के लिए विभिन्न प्रकार के आवास प्रदान करते हैं।
- यहाँ पर हंगुल (Eld's deer) एवं कस्तूरी मृग (Moschus Moschiferus) की लुप्तप्राय प्रजातियाँ पाई जाती हैं, जो इस क्षेत्र की स्थानिक प्रजातियाँ हैं।

(iii) भारतीय मरुस्थल क्षेत्र

- यह अरावली पर्वत शृंखला के पश्चिम में अत्यधिक शुष्क क्षेत्र है, जिसमें गुजरात के खारे पानी का रेगिस्तान एवं राजस्थान का रेतीला रेगिस्तान दोनों शामिल हैं।
- भारतीय रेगिस्तान, जिसमें ज्यादातर राजस्थान के पश्चिमी और उत्तर-पश्चिमी हिस्सों के साथ-साथ दक्षिण-पश्चिम में गुजरात के कच्छ क्षेत्र का एक भाग शामिल है।
- इस क्षेत्र में लुप्तप्राय स्तनपायी प्रजातियाँ, जिनमें भेड़िया, कैराकल, रेगिस्तानी बिल्ली, होउबारा बस्टर्ड, ग्रेट इण्डियन बस्टर्ड इत्यादि पाई जाती हैं।

(iv) अर्द्धशुष्क क्षेत्र

- कुल भौगोलिक क्षेत्र का 16.6% हिस्सा अर्द्धशुष्क क्षेत्र से बना है, जो रेगिस्तान और पश्चिमी घाट के हरे-भरे जंगलों के बीच एक संक्रमणकालीन क्षेत्र के रूप में कार्य करता है।
- यह घास एवं यूफोर्बिया (Euphorbia) झाड़ी से घिरा हुआ क्षेत्र है।
- प्राकृतिक वनस्पतियों में यहाँ उष्णकटिबन्धीय कँटीले वन पाए जाते हैं तथा आर्द्र वन एवं मैंग्रोव वन भी इस क्षेत्र में पाए जाते हैं। यहाँ पर लुप्तप्राय प्रजातियाँ; जैसे—कैराकल, सियार एवं भेड़िया इत्यादि पाई जाती हैं।

(v) पश्चिमी घाट

- पश्चिमी घाट देश के भौगोलिक क्षेत्र का लगभग 4% है और यहाँ जैव-विविधता का हॉटस्पॉट भी है। इस क्षेत्र में उष्णकटिबन्धीय सदाबहार वन से लेकर शुष्क पर्णपाती वन पाए जाते हैं एवं पर्वतीय क्षेत्रों में शीतोष्ण वनस्पति की कई प्रजातियाँ पाई जाती हैं।
- इस क्षेत्र में लगभग 4000 प्रकार के फूल वाले पौधे पाए जाते हैं, जो भारत की सभी वनस्पतियों का लगभग 27% है। इनमें 1500 देशी प्रजातियाँ भी शामिल हैं।
- प्रायद्वीपीय भारत में पाई जाने वाली अधिकांश कशेरुकी प्रजातियाँ स्थानिक जीव-जन्तु घटक के साथ-साथ पश्चिमी घाट में जीवित आबादी रखती हैं।
- मालाबार ग्रे हॉर्नबिल, नीलगिरि तहर, ग्रिजल्ड जाइण्ट स्क्विरल, लायन टेल्ड मकाऊ, उड़ने वाली गिलहरी तथा नीलगिरि लंगूर हैं।
- मध्य पश्चिमी घाट का केवल एक छोटा-सा भाग लुप्तप्राय त्रावणकोर कछुआ एवं केन कछुए का गृह स्थान है।

(vi) भारतीय द्वीपसमूह

- यह क्षेत्र लक्षद्वीप समूह एवं अण्डमान द्वीपसमूह का क्षेत्र है, जिनके 572 द्वीप में से 36 द्वीप आवास योग्य हैं।
- इन द्वीपसमूहों में भारत के कुछ उच्चस्तरीय सदाबहार वन, विभिन्न प्रकार के मूँगे और उच्च स्थानिकता वाले हॉटस्पॉट क्षेत्र सम्मिलित हैं।
- इन क्षेत्रों में लम्बे एवं अधिक चौड़ाई के वृक्षों की बहुलता है, जिसमें कई औषधीय वृक्ष भी पाए जाते हैं।
- भारत में एकमात्र स्थानिक द्वीपीय जैव विविधता अण्डमान एवं निकोबार द्वीपसमूह में पाई जाती है। यहाँ पर डॉल्फिन, जैकफ्रूट, कोकोनट एवं मोलस्क की प्रजातियाँ पाई जाती हैं।

(vii) गंगा का मैदान

- विश्व का लगभग 11% भूमि क्षेत्र गंगा के मैदान से बना है, जो भारत के सबसे अधिक उर्वर क्षेत्रों में से एक है।
- मृदा की उर्वरता के आधार पर इसे 4 भागों- भाबर, तराई, बांगर तथा खादर में वर्गीकृत किया गया है, जहाँ पर जीव-जन्तुओं वनस्पतियों एवं फसल की प्रजातियों की उपलब्धता है।
- इस मैदान क्षेत्र की अधिकांश भूमि का उपयोग कृषि के लिए किया जाता है। इस क्षेत्र का विस्तार राजस्थान से लेकर उत्तर प्रदेश, बिहार एवं पश्चिम बंगाल तक है। यहाँ पर सागौन, शीशम, साल, खैर वृक्ष प्रमुख रूप से पाए जाते हैं।
- यहाँ पर हाथी, गैण्डा, भैंस, स्वैम्प हिरण, हांगहिरण इत्यादि प्रजातियाँ पाई जाती हैं।

(viii) ***दक्कन प्रायद्वीपीय क्षेत्र***

- दक्कन का पठार, जो देश का सबसे बड़ा जैव-भौगोलिक क्षेत्र है, देश के कुल भूमि क्षेत्र का लगभग 42% है।
- यह एक अर्द्धशुष्क क्षेत्र है, जो पश्चिमी घाट की वर्षा छाया के अन्तर्गत आता है।
- यह प्रायद्वीपीय क्षेत्र उत्तर में सतपुड़ा, पश्चिम में पश्चिमी घाट तथा पूर्व में पूर्वी घाट से घिरा हुआ है।
- इस क्षेत्र में ताप्ती, नर्मदा, महानदी एवं गोदावरी आदि प्रमुख नदियाँ बहती हैं। यहाँ पर काली एवं लाल मिट्टी की बहुलता है।
- यह क्षेत्र बार्किंग हिरण, साम्भर, नीलगाय, पीतल, गौर, हाथी, जंगली भैंसा, बारहसिंगा इत्यादि प्रजातियों का स्थानिक निवास है।

(ix) ***उत्तर-पूर्व क्षेत्र***

- यह क्षेत्र भौगोलिक क्षेत्र का लगभग 5.2% है, जो जैव-विविधता से सम्पन्न क्षेत्र है।
- यह क्षेत्र हिमालय पर्वत और प्रायद्वीपीय भारत के मिलन स्थल के साथ-साथ इण्डो-मलायन और इण्डो-चीनी जैव-भौगोलिक क्षेत्रों के बीच एक संक्रमण क्षेत्र के रूप में कार्य करता है।
- इस क्षेत्र में सदाबहार, अर्द्ध-सदाबहार वन, नम पर्णपाती मानसूनी वन, घास के मैदान एवं दलदल पाए जाते हैं।
- यहाँ पर बाँस, जैकफ्रूट एवं टूना चेस्टनट की भरपूर उपलब्धता है।

(x) ***तटीय क्षेत्र***

- यह क्षेत्र देश के कुल भौगोलिक क्षेत्र का लगभग 2.5% है, जो रेतीले समुद्र तटों, मैंग्रोव, मिट्टी केफ्लैट, मूंगा चट्टानों एवं समुद्री एंजियोस्पर्म चरागाहों का निवास स्थान है।
- यहाँ के मैंग्रोव वन क्षेत्रों में प्राकृतिक वनस्पतियों की प्रचुरता है।

जैव-विविधता संरक्षण के अन्तर्राष्ट्रीय प्रयास

- विश्व में जैव-विविधता के संरक्षण के अन्तर्राष्ट्रीय स्तर पर सरकारी तथा गैर-सरकारी संस्थाओं द्वारा पर्यावरण में सन्तुलन बनाए रखने के लिए प्रयास किया गया है।
- जैव-विविधता के महत्त्व को समझते हुए वर्तमान में विश्व स्तर पर कई कार्यक्रम एवं योजनाएँ चलाई जा रही हैं, जिनका उद्देश्य मानव को पर्यावरण के महत्त्व के प्रति जागरूक करना तथा मानव एवं पर्यावरण के बीच स्वस्थ सम्बन्धों का निर्माण कर पृथ्वी पर जीवन को सुरक्षित करना है।
- जैव-विविधता के संरक्षण के लिए किए जा रहे अन्तर्राष्ट्रीय प्रयास एवं पहल को निम्न प्रकार से समझ सकते हैं

विश्व प्रकृति निधि (WWF)

- इस संगठन की स्थापना वर्ष 1961 में की गई थी। इसका मुख्यालय ग्लैण्ड (स्विट्जरलैण्ड) में स्थित है तथा इसका प्रतीक विशालकाय पाण्डा (Giant Panda) है।
- यह संगठन अन्तर्राष्ट्रीय स्तर पर वन्यजीवों की देखभाल करता है, तथा उसके रख-रखाव सम्बन्धी मानदण्डों को पूरा करने में विभिन्न देशों या एजेन्सियों को वित्तीय सहायता उपलब्ध कराता है।

बर्डलाइफ इण्टरनेशनल

- **बर्डलाइफ इण्टरनेशनल** नामक संगठन, संरक्षण संगठनों की विश्वव्यापी भागीदारी है, जो पक्षियों व उनके आवासों तथा वैश्विक जैव-विविधता के संरक्षण हेतु प्रतिबद्ध है। यह संगठन व्यक्तियों के साथ मिलकर प्राकृतिक संसाधनों के सतत उपयोग के क्षेत्र में भी कार्य करता है। इस संगठन का गठन वर्ष 1992 में हुआ था एवं इसका मुख्यालय **कैम्ब्रिज** (यूनाइटेड किंगडम) में स्थित है।
- यह एक अन्तर्राष्ट्रीय गैर-सरकारी संगठन (Non-Government Organisation-NGO) है। इसके चेयरमैन **खालिद अनीस ईरानी** हैं। यह संगठन **वर्ल्ड बर्डवॉच** नाम से पत्रिका भी प्रकाशित करता है।

साइट्स

- कन्वेंशन ऑन इण्टरनेशनल ट्रेड इन एनडेंजर्ड स्पीशीज (Convention on International Trade in Endangered Species-CITES)
- यह विश्व में होने वाले जीवों तथा उनके अंगों आदि के व्यापार की देख-रेख करता है। इसे वर्ष 1976 से लागू किया गया है।
- यह विभिन्न देशों को उत्प्रेरित व निर्देशित करता है कि वे अपने-अपने देश में वन्यजीव व्यापार को नियन्त्रित रखें।

ट्रैफिक

- वर्ष 1976 में स्थापित वन्यजीव व्यापार निगरानी नेटवर्क TRAFFIC का मुख्यालय यूनाइटेड किंगडम में है। इसे वर्ल्ड वाइड फण्ड फॉर नेचर (WWF) और इण्टरनेशनल यूनियन फॉर कंजर्वेशन ऑफ नेचर (IUCN) की संयुक्त पहल के रूप में स्थापित किया गया है।
- यह वनस्पतियों और जीवों के वाणिज्य में उनकी खरीद-फरोख्त के अभिलेख का विश्लेषण करता है। यह वन्यजीवों के व्यापार सम्बन्धी अन्तर्राष्ट्रीय बाजारों; जैसे-अमेरिका, ब्रिटेन, मध्य अफ्रीकी देश, चीन आदि की निगरानी करता है।
- पादपों तथा पशुओं के महत्त्वपूर्ण हिस्सों-हड्डी, दाँत, खाल आदि के व्यापार पर प्रभावी ढंग से नियन्त्रण रखने के लिए इसका गठन किया गया है।

अन्तर्राष्ट्रीय पादप आनुवंशिक सम्पदा केन्द्र

- वर्ष 1974 में अन्तर्राष्ट्रीय कृषि अनुसन्धान सलाहकार समूह ने पादपों की आनुवंशिक सम्पदाओं के लिए अन्तर्राष्ट्रीय अनुसन्धान केन्द्र (International Board for Plant Genetic Resources-IBPGR) की स्थापना की।
- ये अनुसन्धान केन्द्र लगभग 6,00,000 फसल जीन कोशों के पर-स्थाने (Ex-situ) संरक्षण को व्यवस्थित करते हैं।
- पादपों की आनुवंशिक सम्पदाओं के लिए अन्तर्राष्ट्रीय अनुसन्धान केन्द्र लगभग 100 देशों में पर-स्थाने संरक्षण की सुगमता स्थापित करता है। बाद में पादपों की आनुवंशिक सम्पदाओं के लिए अन्तर्राष्ट्रीय अनुसन्धान

केन्द्र अन्तर्राष्ट्रीय पादप आनुवंशिक सम्पदा केन्द्र (International Plant Genetic Resource Institute, IPGRI) के नाम से जाना जाने लगा।

- अन्तर्राष्ट्रीय पादप आनुवंशिक सम्पदा केन्द्र का मुख्यालय रोम में स्थापित है।
- भारत में राष्ट्रीय जीन बैंक (National Gene Bank-NGB) स्थापित करने हेतु पादप आनुवंशिक सम्पदाओं पर **इण्डो-यूएस** (Indo-US) **परियोजना** वर्ष 1988 में प्रारम्भ हुई।
- पादप ऊतक संवर्द्धन केन्द्र के लिए राष्ट्रीय सुविधा (National Facility for Plant Tissue Culture Respository), नई दिल्ली में वर्ष 1986 में संयन्त्र आनुवंशिक संसाधन राष्ट्रीय ब्यूरो (National Bureau of Plant Genetic Resources-NBPGR) स्थापित किया गया।
- अधिकतर पादप जातियों के बीजों को बीज बैंक में शीत व शुष्क अवस्था में लम्बे समय के लिए संचित किया जाता है और फिर बाद में ये अंकुरित होकर नए पादप बनाते हैं।

विश्व विरासत सन्धि

- विश्व विरासत सन्धि वैश्विक महत्त्व के पर्यावरणीय एवं सांस्कृतिक स्थलों को संरक्षित करने के उद्देश्य से कार्यान्वित की गई थी।
- यह सन्धि वर्ष 1972 में सम्पन्न हुई थी। इस सन्धि का कार्यान्वयन संयुक्त राष्ट्र शैक्षिक, वैज्ञानिक एवं सांस्कृतिक संगठन (United Nations Educational, Scientific and Cultural Organisation-UNESCO) द्वारा किया जाता है।
- भारत ने इस सन्धि का अनुमोदन वर्ष 1977 में किया। इस सन्धि के अन्तर्गत भारत के आठ प्राकृतिक स्थलों को विशिष्ट वैश्विक महत्त्व के स्थल के रूप में चिह्नित किया गया है, जो निम्नलिखित हैं
  (i) काजीरंगा राष्ट्रीय उद्यान, असम (1985)
  (ii) केवलादेव राष्ट्रीय उद्यान, राजस्थान (1985)
  (iii) मानस राष्ट्रीय उद्यान, असम (1985)
  (iv) सुन्दरबन राष्ट्रीय उद्यान, पश्चिम बंगाल (1987)
  (v) नन्दादेवी (फूलों की घाटी) राष्ट्रीय उद्यान, उत्तराखण्ड (1988)
  (vi) पश्चिमी घाट (2012)
  (vii) ग्रेट हिमालय नेशनल पार्क संरक्षित क्षेत्र (2014)
  (viii) कंचनजंगा नेशनल पार्क (2016)

जैव-विविधता अभिसमय (CBD), 1992

- यह सन्धि वर्ष 1992 में रियो-डि-जेनेरो (ब्राजील) में हुए पृथ्वी शिखर सम्मेलन के दौरान 171 देशों द्वारा हस्ताक्षरित की गई थी।
- यह सन्धि 29 दिसम्बर, 1993 से प्रभावी हो गई।
- इस सन्धि में यह सहमति बनी कि जीव और पेड़-पौधे उस देश की सम्पत्ति माने जाएँगे, जिस देश में ये होते हैं तथा यदि उन्हें किसी दूसरे देश में ले जाकर उनसे नया उत्पाद विकसित किया जाए, तो उनके मूल देश को उसकी क्षतिपूर्ति दी जानी चाहिए।
- अभी तक इसके कुल 15 महाधिवेशन हो चुके हैं, जिन्हें CoP (Conference of the Party) कहते हैं।
- अन्तर्राष्ट्रीय प्रयासों के अन्तर्गत जैव-विविधता के संरक्षण हेतु अपनाए गए जैव-विविधता अभिसमय के अन्तर्गत सम्मिलित 3 प्रावधान निम्न प्रकार हैं

1. कार्टाजेना जैव सुरक्षा प्रोटोकॉल

- जैव सुरक्षा पर कार्टाजेना जैव सुरक्षा प्रोटोकॉल एवं अन्तर्राष्ट्रीय समझौता है, जो जैव-विविधता सन्धि (Convention on Biological Diversity) का पूरक समझौता है, जिसे 29 जनवरी, 2000 को अपनाया गया।
- इस प्रोटोकॉल का उद्देश्य आधुनिक जैव-प्रौद्योगिकी के परिणामस्वरूप उत्पन्न आनुवंशिक रूपान्तरित जीवों (Genetically Modified Organism) से जैव-विविधता को होने वाले सम्भावित खतरों से सुरक्षा प्रदान करना है।
- 173 देशों ने इस प्रोटोकॉल पर हस्ताक्षर किए हैं, भारत ने 17 जनवरी, 2003 को इस पर हस्ताक्षर किए थे।

2. नागोया प्रोटोकॉल (COP-10)

- यह जैव-विविधता सन्धि की एक पूरक सन्धि है, जिसे अक्टूबर, 2010 में अन्तिम रूप दिया गया। इसे एक्सेस एण्ड बेनिफिट शेयरिंग (Access and Benefit Sharing, ABS) समझौता भी कहा जाता है।
- वर्ष 2010 में जैव-विविधता सन्धि, कोप-10 जो नागोया में हुआ था, के दौरान नागोया प्रोटोकॉल को स्वीकृत किया गया था। इसके अतिरिक्त इस सन्धि में जैव-विविधता हेतु आईची लक्ष्य निर्धारित किए गए।

आईची (AICHI) लक्ष्य

- नागोया प्रोटोकॉल के परिणाम के रूप में आईची लक्ष्य नामक एक रणनीतिक योजना अपनाई गई है। इसके अन्तर्गत जैव-विविधता के संरक्षण के लिए दीर्घकालिक व अल्पकालिक लक्ष्य निर्धारित किए गए हैं।
- वर्ष 2050 तक के लिए दीर्घावधिक उद्देश्य प्रकृति के साथ सह-सम्बन्ध स्थापित करके रखना है। आईची लक्ष्यों को पाँच रणनीतिक शीर्षकों में विभाजित किया गया है
  1. जैव-विविधता ह्रास के कारणों को मुख्यधारा में लाना और सरकार व समाज को उससे अवगत कराना।
  2. जैव-विविधता पर प्रत्यक्ष दबाव को कम करना और उसके सतत् उपयोग को बढ़ावा देना।
  3. पारितन्त्रीय, प्रजातीय और आनुवंशिक विविधता का संरक्षण कर जैव-विविधता को उन्नत करना।
  4. जैव-विविधता और पारितन्त्रीय सेवाओं से प्राप्त लाभों को बढ़ाना।
  5. सहभागितामूलक योजना निर्माण, ज्ञान प्रबन्धन और क्षमता निर्माण द्वारा नीतियों के क्रियान्वयन को आसान बनाना।

जैव-विविधता सम्मेलन (कोप-11)

- जैव-विविधता सन्धि का 'कोप-11' हैदराबाद में अक्टूबर, 2012 को विकसित एवं विकासशील देशों के बीच गतिरोध के साथ समाप्त हुआ।
- इस सम्मेलन में ग्रुप-77 की यह माँग थी कि विकसित देश आर्थिक योगदान बढ़ाएँ। हालाँकि सम्मेलन में उपस्थित देशों ने इस बात पर सहमति जताई कि जैव-विविधता संरक्षण के लिए किए जा रहे उपायों के लिए फण्डिंग बढ़ाई जाए।

CBD, COP-15 (कुनमिंग)

- संयुक्त राष्ट्र जैव-विविधता शिखर सम्मेलन **कोप-15** के पहले चरण का आयोजन चीन के कुनमिंग शहर में हुआ। इस सम्मेलन की थीम-'**हम समाधान का हिस्सा हैं।**' यह कोविड-19 के कारण 7-9 दिसम्बर, 2022 को चीन की अध्यक्षता में **मॉण्ट्रियल** (कनाडा) में हुआ।
- इसमें कुनमिंग घोषणा के रूप में 30×30 संरक्षण लक्ष्य की अवधारणा को प्रस्तुत किया गया, जिसके अन्तर्गत वर्ष 2030 तक पृथ्वी पर भूमि और महासागरों की संरक्षित स्थिति का 30% वहन किया जाना है।
- जैव-विविधता की रक्षा के लिए चीन ने 233 मिलियन अमेरिकी डॉलर से **कुनमिंग बायोडायवर्सिटी फण्ड** की स्थापना की घोषणा की।

विश्व धरोहर स्थल

- यूनेस्को द्वारा पहली बार वर्ष 1972 में विश्व धरोहर स्थलों की सुरक्षा के लिए सम्मेलन की रूपरेखा तैयार की गई, जो वर्ष 1975 में कार्यान्वित हुई तथा इस सम्मेलन में विश्व में शामिल सभी देशों के द्वारा प्राकृतिक व सांस्कृतिक मूल्य वाले स्थलों की रक्षा एवं संरक्षण को बढ़ावा देने पर सहमति बनी।
- वर्ष 1978 में विश्व धरोहर स्थलों के निर्धारण की पहली सूची प्रकाशित की गई, जिसके अन्तर्गत विश्व के धरोहर स्थलों के संरक्षण के लिए नियम निर्धारित किए गए।
- यूनेस्को द्वारा विश्व के विभिन्न देशों में समय-समय पर सम्मेलन कराया जाता है, ताकि विश्व के प्राकृतिक एवं सांस्कृतिक धरोहर स्थलों की सुरक्षा को सुनिश्चित किया जा सके।

प्राकृतिक धरोहर स्थल

- प्राकृतिक धरोहर स्थल (Natural Heritage Sites) उन स्थलों को कहते हैं, जहाँ जैव-विविधता की समृद्धि के साथ वैश्विक महत्त्व के जीव-जन्तु, स्थान, क्षेत्र, वनस्पति इत्यादि पाए जाते हैं।
- यूनेस्को के विश्व धरोहर स्थलों के अन्तर्गत प्राकृतिक स्थल, वे स्थल होते हैं, जो असाधारण प्राकृतिक सुन्दरता एवं सौन्दर्यता के महत्त्व के होते हैं।
- यूनेस्को द्वारा भारत के विभिन्न क्षेत्रों को विश्व के प्राकृतिक धरोहर स्थल की सूची में शामिल किया गया है, जो निम्न प्रकार हैं
  - काजीरंगा राष्ट्रीय उद्यान
  - केवलादेव राष्ट्रीय उद्यान
  - मानस वन्यजीव अभयारण्य
  - सुन्दरबन राष्ट्रीय उद्यान
  - नन्दादेवी एवं फूलों की घाटी राष्ट्रीय उद्यान
  - पश्चिमी घाट
  - महान हिमालय राष्ट्रीय उद्यान संरक्षण क्षेत्र

जैव-विविधता के हॉट-स्पॉट

- 'जैव-विविधता हॉट-स्पॉट' उन भौगोलिक क्षेत्रों को सन्दर्भित करते हैं, जो जैव-विविधता के महत्त्वपूर्ण भण्डार हैं और साथ ही विनाश के खतरे में भी हैं।
- ये क्षेत्र संरक्षण प्रयासों के लिए अत्यन्त महत्त्वपूर्ण होते हैं, क्योंकि यहाँ बहुत संख्या में स्थानिक प्रजातियाँ पाई जाती हैं, जो पृथ्वी पर कहीं और नहीं मिलती।
- जैव-विविधता हॉट-स्पॉट की अवधारणा सर्वप्रथम वर्ष 1988 में नॉर्मन मायर्स द्वारा विकसित की गई थी।
- कन्जर्वेशन इण्टरनेशनल ने वर्ष 1989 में नॉर्मन मायर्स के हॉट-स्पॉट की अवधारणा को अपनी संस्थागत रूपरेखा के रूप में अपनाया।
- वर्ष 1999 में कन्जर्वेशन इण्टरनेशनल (CI) ने एक व्यापक वैश्विक मूल्यांकन किया, जिसने जैव-विविधता हॉट-स्पॉट को नामित करने के लिए मात्रात्मक मापदण्ड स्थापित किए।

जैव-विविधता हॉट-स्पॉट के लिए मानक

कन्जर्वेशन इण्टरनेशनल के अनुसार किसी क्षेत्र को जैव-विविधता हॉट-स्पॉट घोषित करने के लिए दो मापदण्डों को पूरा करना होगा

- स्थानिकता : इसमें कम-से-कम 1500 संवहनी पौधों की प्रजातियाँ होनी चाहिए, जो विश्व की कुल संख्या में स्थानिक स्तर पर बड़ा भाग हो। इसका अर्थ यह है कि इस क्षेत्र में पौधों की ऐसी प्रजातियों का एक बड़ा प्रतिशत होना चाहिए, जो केवल इसी स्थान पर पाई जाती हैं और विश्व के अन्य भागों में नहीं मिलती हैं।
- खतरे का स्तर: इस क्षेत्र की 70% या उससे अधिक मूल प्राकृतिक वनस्पति समाप्त हो चुकी है। दूसरे शब्दों में, इस क्षेत्र में केवल 30% या उससे कम मूल प्राकृतिक वनस्पति शेष रहनी चाहिए।

हॉट-स्पॉट का मूल्यांकन

- आरम्भ में केवल 12 हॉट-स्पॉट पहचाने गए थे, लेकिन मायर्स एट अल ने विश्वभर में 25 जैव-विविधता हॉट-स्पॉट की पहचान की। ये हॉट-स्पॉट दुनिया के 11.8% क्षेत्र में फैले हैं और इनमें 44% पौधे तथा 35% स्थलीय कशेरूकी जीव शामिल हैं।
- यू.एस.ए की कन्जर्वेशन इण्टरनेशनल संस्था ने 'Hot Spot Revisited' (2004) नामक पुस्तक में बताया कि विश्व में 34 जैव विविधता हॉट-स्पॉट हैं। इन हॉट-स्पॉटस में 70% से अधिक प्राकृतिक आवास नष्ट हो चुका है और प्रत्येक हॉट-स्पॉट में 1500 से अधिक संवहनी पौधों की प्रजातियाँ पाई जाती हैं, जिनमें कई स्थानिक हैं।
- इन क्षेत्रों का 87.8% हिस्सा पहले ही नष्ट हो चुका है, जबकि ये हॉट-स्पॉट केवल 2.3% वैश्विक क्षेत्र में स्थित है, लेकिन 50% संवहनी पौधों और 42% स्थलीय कशेरूकी जीवों को संरक्षण प्रदान करते हैं।
- वर्ष 2024 में विश्व में 36 जैव-विविधता हॉट-स्पॉट हैं। इनमें से अधिकांश उष्णकटिबन्धीय जंगलों में पाए जाते हैं। विश्व में सबसे अधिक जैव-विविधता ब्राजील में है, क्योंकि यह भूमध्य रेखा के पास स्थित है।

हॉटेस्ट हॉट-स्पॉट

कुछ हॉट-स्पॉट में कई स्थानीय पौधे और जीव पाए जाते हैं, जिनके अस्तित्व पर अधिक खतरा दिखाई दे रहा है। इस पहलू को समझाने के लिए ब्रिटिश पर्यावरणविद् **नॉर्मन मायर्स** और अन्य विशेषज्ञों ने वर्ष 2000 में एक सिद्धान्त दिया, जिससे हॉटेस्ट हॉट-स्पॉट पहचाने जा सकें।

हॉटेस्ट हॉट-स्पॉट का मूल्यांकन निम्नलिखित मापदण्डो पर किया गया

1. स्थानीय पौधों और कशेरूक जीवों की प्रजातियों की संख्या।
2. प्रति 100 वर्ग किमी में पाए जाने वाले स्थानीय पौधों और कशेरूक प्रजातियों का घनत्व।
3. प्राथमिक वनस्पति के विस्तार की तुलना में वनस्पति आवास का ह्रास।

हॉटेस्ट हॉट-स्पॉट की सूची

(i) मेडागास्कर, (ii) फिलीपीन्स, (iii) सुण्डालैण्ड, (iv) ब्राजील का अटलाण्टिक वन क्षेत्र, (v) कैरीबियन, (vi) इण्डो-म्यांमार, (vii) पश्चिमी घाट और श्रीलंका, (viii) तंजानिया और कीनिया के तटीय वन एवं पूर्वी आर्क क्षेत्र

भारत के हॉट-स्पॉट

- ये उन भौगोलिक क्षेत्रों को सन्दर्भित करते हैं, जो जैव-विविधता के महत्त्वपूर्ण भण्डार हैं और साथ ही विनाश के खतरे में भी हैं।
- ये क्षेत्र संरक्षण प्रयासों के लिए अत्यन्त महत्त्वपूर्ण होते हैं, क्योंकि यहाँ बहुतायत में स्थानिक प्रजातियाँ पाई जाती हैं, जो पृथ्वी पर कहीं भी नहीं मिलती।
- विश्व के 36 हॉटस्पॉट के अन्तर्गत विद्यमान वैश्विक जैव-विविधता का 16.86% जैव-विविधता भारत के निम्न चार हॉटस्पॉट धारण करते हैं

पश्चिमी घाट और श्रीलंका हॉट-स्पॉट

- यह पहाड़ियों की एक श्रृंखला है, जो प्रायद्वीपीय भारत के पश्चिमी किनारे के साथ लगी हुई है। इस हॉटस्पॉट का विस्तार दक्षिण-पश्चिमी भारत एवं दक्षिण-पश्चिम के उत्तर भूमि क्षेत्र तक है। उच्च वर्षा होने के कारण यहाँ वर्षा वन व आर्द्र पर्णपाती वन पाए जाते हैं।
- इस क्षेत्र में भारत के हॉटस्पॉट की 64.95% जैव-विविधता है।
- पश्चिमी घाट को स्थानिक रूप से सह्याद्रि पर्वत चोटी भी कहा जाता है। यह क्षेत्र उच्च जैव-विविधता के साथ-साथ स्थानिकता के उच्च स्तर को भी प्रकट करता है। यहाँ पर लगभग 77% उभयचर एवं 62% सरीसृप की प्रजातियाँ पाई जाती हैं, जो और कहीं नहीं पाई जातीं।
- इस क्षेत्र के दुर्लभ जन्तुओं में शेर पूँछ वाला बन्दर, नीलगिरि लंगूर, उड़ने वाली गिलहरी, मालाबार मयूर आदि शामिल हैं।

पूर्वी हिमालय हॉट-स्पॉट

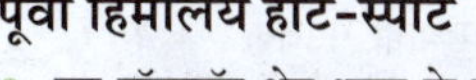

- यह हॉटस्पॉट क्षेत्र भारत के उत्तर-पूर्वी भाग, भूटान एवं दक्षिणी, मध्य और पूर्वी नेपाल के क्षेत्रों तक विस्तृत है। इस क्षेत्र में भारत के हॉटस्पॉट की 28.64% जैव-विविधता है।
- पूर्वी हिमालयी हॉटस्पॉट क्षेत्र में लगभग 163 वैश्विक रूप से संकटापन्न प्रजातियाँ हैं, जिनमें से एक सींग वाला गैण्डा, जंगली एशियाई जल भैंस प्रमुख हैं।
- यह क्षेत्र हिमालयी न्यूंट (टायलोटोट्रिटन वर्रू कोसस) का भी घर है, जो भारतीय सीमाओं में पाए जाने वाली एकमात्र सैलामैंडे प्रजाति है।
- यहाँ कुछ संकटापन्न पक्षी; जैसे—हिमालयी क्वेल, चीयर, फिजेण्ट, वेस्टर्न ट्रैगोपन तथा यहाँ एशिया के सबसे बड़े और सबसे लुप्तप्राय पक्षियों में हिमालयी गिद्ध के साथ व्हाइट-बेलीड हेरॉन भी पाई जाती है।

भारत के चार हॉट-स्पॉट

इण्डो-बर्मा हॉट-स्पॉट

- यह हॉटस्पॉट क्षेत्र कई देशों; जैसे—भारत के उत्तर-पूर्वी क्षेत्र, म्यांमार, ब्रह्मपुत्र नदी के दक्षिणी भाग, दक्षिणी चीन के युनान प्रान्त के साथ कम्बोडिया, वियतनाम, थाईलैण्ड आदि क्षेत्रों में विस्तृत है।
- इस क्षेत्र में भारत के हॉटस्पॉट की 5.13% जैव-विविधता है।
- यहाँ पर पौधों की लगभग 13,500 प्रजातियाँ पाई जाती हैं, जिसमें आधी स्थानिक प्रजातियाँ हैं।
- यह क्षेत्र कुछ प्राचीन प्रजातियों का निवास स्थान भी है; जैसे-बन्दर, लंगूर और गिब्बन आदि।

सुण्डालैण्ड

- यह क्षेत्र दक्षिण-पूर्व एशिया में इण्डो-मलाया द्वीप के पश्चिमी भाग तक विस्तृत है, जिसमें थाईलैण्ड, मलेशिया, सिंगापुर, इण्डोनेशिया आदि शामिल हैं। इस क्षेत्र के अन्तर्गत भारत का निकोबार द्वीपसमूह आता है।
- इस क्षेत्र में भारत के हॉटस्पॉट की 1.28% जैव-विविधता है।
- सुण्डालैण्ड को वर्ष 2013 में संयुक्त राष्ट्र द्वारा हॉटस्पॉट क्षेत्र घोषित किया गया था। यह क्षेत्र स्थलीय और समुद्री पारिस्थितिक तन्त्र के रूप में समृद्ध है, जिसमें मैंग्रोव, मूँगा चट्टान और समुद्री घास के विस्तारित भाग शामिल हैं।
- इसके अतिरिक्त यहाँ समुद्री जैव-विविधता भी पाई जाती है; जैसे—व्हेल, डॉल्फिन, ड्यूगोंग, कछुआ, मगरमच्छ, लोंगा, लोबस्टर, कोरल और समुद्री शैल आदि।

भारत में हॉटेस्ट-हॉट-स्पॉट

पश्चिमी घाट और श्रीलंका

- केरल, तमिलनाडु, कर्नाटक, गोवा, महाराष्ट्र और गुजरात राज्यों में फैला **पश्चिमी घाट** विश्व के सबसे अधिक जैव-विविधता वाले क्षेत्रों में से एक है।
- यहाँ 7400 से अधिक फूलों के पौधों की प्रजातियाँ, 139 स्तनधारी, 508 पक्षी, 179 उभयचर और 6000 कीट प्रजातियाँ पाई जाती हैं, जिनमें अधिकतर स्थानिक हैं।

इण्डो-बर्मा

- इण्डो-बर्मा हॉट-स्पॉट एक विशाल क्षेत्र है, जिसमें **उष्णकटिबन्धीय वन, आर्द्रभूमि** और **घास के मैदान** शामिल हैं।
- यहाँ साओला, इरावदी डॉल्फिन और विशाल आइबिस जैसी दुर्लभ और स्थानिक प्रजातियाँ पाई जाती हैं।

होप-स्पॉट

- होप-स्पॉट (Hope-Spot) विशिष्ट समुद्रीय पारिस्थितिकीय तन्त्र वाले क्षेत्र हैं, जिन्हें उनके महत्त्वपूर्ण जलीय अधिवासों एवं समुद्रीय जैव-विविधता के सन्दर्भ में संरक्षण की विशेष आवश्यकता है।
- होप-स्पॉट की अवधारणा का प्रतिपादन वर्ष 2009 में मिशन ब्लू के अन्तर्गत प्रसिद्ध अमेरिकी समुद्री वैज्ञानिक डॉ. सॉल्विया अर्ल द्वारा प्रकृति संरक्षण के लिए अन्तर्राष्ट्रीय संघ, IUCN के साथ मिलकर किया। वर्तमान में दुनियाभर में कुल 76 होप- स्पॉट हैं।
- भारत के दो क्षेत्रों अण्डमान और निकोबार द्वीपसमूह तथा लक्षद्वीप को IUCN तथा मिशन ब्लू के अन्तर्गत वर्ष 2013 में होप-स्पॉट के रूप में नामित किया गया था। लक्षद्वीप समूह के द्वीपों में बिट्टी एकमात्र द्वीप है, जिसमें समुद्री संरक्षित क्षेत्र टैग है।

मिशन ब्लू

- समुद्री संरक्षित क्षेत्रों अर्थात् होप-स्पॉट के विश्वव्यापी नेटवर्क तक पहुँच और समर्थन के लिए सार्वजनिक जागरूकता पैदा करने के लिए एक वैश्विक गठबन्धन है।
- महासागर पारिस्थितिकी की सुरक्षा बढ़ाने के लिए मिशन ब्लू का उद्देश्य होप-स्पॉट बनाना है।
- मिशन ब्लू के अन्तर्गत वर्ष 2020 तक समुद्री क्षेत्र के 20% हिस्से को संरक्षित करने का लक्ष्य रखा गया था।

मेगा जैव-विविधता

- मेगा जैव-विविधता वाले देश वे देश हैं, जहाँ विश्व की अधिकांश प्रजातियाँ पाई जाती हैं और जैव-विविधता अत्यधिक होती है।
- मेगा जैव-विविधता को पहली बार वर्ष 1988 में स्मिथसोनियन के जैव-विविधता सम्मेलन में प्रस्तुत किया गया था, जिसमें जैव-विविधता को राजनीतिक इकाइयों के आधार पर मापा गया।
- वर्ष 1990 में हिटरमीयर और वेनर ने 12 मेगा जैव-विविधता क्षेत्रों की पहचान की। जबकि वर्ष 1998 में कन्जर्वेशन इण्टरनेशनल ने 17 क्षेत्रों को चिह्नित किया। ये सभी क्षेत्र मुख्यत: उष्ण कटिबन्धीय क्षेत्रों में स्थित हैं।
- इन 17 देशों में विश्व की 60-70% जैव-विविधता पाई जाती है। 1. ऑस्ट्रेलिया, 2. कांगो, 3. मेडागास्कर, 4. दक्षिण अफ्रीका, 5. चीन, 6. भारत, 7. इण्डोनेशिया, 8. मलेशिया, 9. पापुआन्यूगिनी, 10. फिलीपींस, 11. ब्राजील, 12. कोलम्बिया, 13. इक्वाडोर, 14. मैक्सिको, 15. पेरु, 16. यू.एस.ए., 17. वेनेजुएला।
- मेगा जैव-विविधता का मुख्य मानक है कि देश में कम-से-कम 5000 स्थानीय पौधों की प्रजातियाँ होनी चाहिए।
- संयुक्त राष्ट्र पर्यावरण कार्यक्रम (UNEP) के अनुसार, मेगा जैव-विविधता की अवधारणा निम्नलिखित चार तथ्यों पर आधारित है-

(i) प्रत्येक देश की जैव-विविधता का विशेष महत्त्व होता है और यह उसके अस्तित्व और विकास के लिए आवश्यक है। यह राष्ट्रीय और क्षेत्रीय प्रगति का प्रमुख घटक है।
(ii) जैव-विविधता का वैश्विक वितरण समान नहीं है और अधिकांश जैव-विविधता उष्ण कटिबन्धीय देशों में केन्द्रित है।
(iii) कुछ जैव विविधता से समृद्ध देशों में पारिस्थितिक तन्त्रों को गम्भीर खतरा है।
(iv) सीमित संसाधनों के साथ, हमें उन देशों पर ध्यान केन्द्रित करना होगा, जो जैव-विविधता और स्थानीयता में समृद्ध हैं और संकट का सामना कर रहे हैं। इन देशों में निवेश, उनके वैश्विक जैव-विविधता में योगदान के अनुपात में होना चाहिए।

रेड-डाटा बुक

- रेड डाटा बुक एक सार्वजनिक दस्तावेज है, जो पौधों, जानवरों और कवक के साथ-साथ कुछ स्थानीय उप- प्रजातियों की लुप्तप्राय एवं दुर्लभ प्रजातियों को रिकॉर्ड करता है तथा सूची जारी करता है।
- अन्तर्राष्ट्रीय प्रकृति संरक्षण संघ (International Union for Conservation of Nature, IUCN) रेड डेटा बुक का रख-रखाव करता है तथा इसे जारी करता है।
- IUCN संयुक्त राष्ट्र (UN) का एक अंग है तथा CITES (Convention on International Trade in Endangered Species of Wild Fauna and Flora) सरकारों के बीच अन्तर्राष्ट्रीय समझौता है।
- IUCN प्राकृतिक पर्यावरण के बेहतर प्रबन्धन के लिए, विश्व भर में हजारों क्षेत्र परियोजनाएँ चलाता है।
- IUCN विश्व स्तर पर विभिन्न जातियों की संरक्षण स्थिति पर निगरानी रखने वाला सर्वोच्च संगठन है।
- रेड डेटा बुक में संकटग्रस्त प्रजातियों (Endangered Species) की पूरी सूची होती है। इस दस्तावेजीकरण के पीछे मुख्य उद्देश्य विभिन्न प्रजातियों के अनुसन्धान एवं विश्लेषण के लिए सम्पूर्ण जानकारी प्रदान करना है।
- रेड डेटा बुक में रंग-कोडित सूचना पत्रक होते हैं, जिन्हें विभिन्न प्रजातियों और उप-प्रजातियों के विलुप्त होने के जोखिम के अनुसार व्यवस्थित किया जाता है।
- IUCN की रेड डाटा बुक में प्रत्येक जीव जाति को नौ में से एक श्रेणी में डाला जाता है।
- यह श्रेणीकरण उनकी कुल आबादी, आबादी में गिरावट की दर, भौगोलिक विस्तारक क्षेत्र एवं उनके क्षेत्र (मानवीय गतिविधियों द्वारा) की सीमा के आधार पर किया जाता है।
- IUCN रेड लिस्ट में 1,57,190 प्रजातियाँ शामिल हैं, जिनमें से 44,016 प्रजातियों पर विलुप्त होने का खतरा है।

IUCN रेड डाटा बुक के अन्तर्गत शामिल भारतीय जीव

श्रेणी	जीव	क्षेत्र
गम्भीर रूप से संकटग्रस्त (CR)	रैड क्राउण्ड रूफ टर्टल	भारत के केवल गंगा बेसिन क्षेत्र एवं नेपाल बांग्लादेश
	पॉण्डिचेरी शार्क	हुगली नदी के मुहाने सहित अन्य भारतीय तटीय क्षेत्र, पाकिस्तान, श्रीलंका आदि।
	हिमालयन बटेर	पश्चिमी हिमालय में लम्बी घास व झाड़ियाँ, उत्तराखण्ड आदि क्षेत्रों में
	ग्रेट इण्डियन बस्टर्ड	राजस्थान, गुजरात, मध्य भारत, पूर्वी पाकिस्तान।
	दो-कूबड़ वाला ऊँट/बैक्ट्रीयन ऊँट	मंगोलिया, चीन, कजाखिस्तान, उज्बेकिस्तान, तुर्की, रूस तथा तुर्कमेनिस्तान, लद्दाख क्षेत्र (भारत)।
	हॉक्सबिल कछुआ	हिन्द महासागर, प्रशान्त महासागर, अटलाण्टिक महासागर के उष्णकटिबन्धीय रीफ में।
	घड़ियाल	राष्ट्रीय चम्बल अभयारण्य (मध्य प्रदेश, राजस्थान व उत्तर प्रदेश) तथा कतर्नियाघाट वन्यजीव अभयारण्य में पाया जाता है। कुछ घड़ियाल, सोन, गण्डक, हुगली और घाघरा नदियों में भी पाए जाते हैं।
	गुलाबी सिर वाली बतख	गंगा के मैदानी क्षेत्र, बांग्लादेश व म्यांमार के दलदली क्षेत्र, भारत के उत्तर-पूर्वी राज्य
	गंगा शार्क	ये भारत में गंगा नदी तन्त्र और बंगाल की खाड़ी में पाए जाते हैं। इसके अतिरिक्त ये बांग्लादेश व म्यांमार में भी पाए जाते हैं।
लगभग संकटग्रस्त (EN)	गंगा नदी डॉल्फिन	गंगा-ब्रह्मपुत्र-सिन्धु-मेघना नदी अपवाह तन्त्र, जिसमें भारत, नेपाल और बांग्लादेश शामिल हैं। भारत में ये असम, उत्तर प्रदेश, बिहार, मध्य प्रदेश, राजस्थान, झारखण्ड और पश्चिम बंगाल राज्य में पाए जाते हैं। गंगा, चम्बल, घाघरा, गण्डक, सोन, कोसी और ब्रह्मपुत्र इनकी पसंदीदा अधिवास नदियाँ हैं।
	शेर जैसी पूँछ वाला बन्दर	पश्चिमी घाट का स्थानिक (Endemic) पशु जो कर्नाटक, केरल तथा तमिलनाडु में पाया जाता है।
	सुनहरा लंगूर	पश्चिमी असम, त्रिपुरा व भूटान के कुछ क्षेत्रों में
	लाल पाण्डा	सिक्किम, असम व उत्तरी अरुणाचल प्रदेश। इसके अतिरिक्त उत्तरी म्यांमार, चीन और नेपाल के कुछ भागों में।
	बाघ	दक्षिण-पश्चिम एशिया, मध्य एशिया, बांग्लादेश, भूटान, कम्बोडिया, चीन, भारत, इण्डोनेशिया, लाओस, मलेशिया, म्यांमार, नेपाल, रूस, थाईलैण्ड और वियतनाम।
	भारतीय भैंसा	दक्षिण नेपाल, दक्षिण भूटान, पश्चिम थाईलैण्ड, उत्तरी-म्यांमार, भारत (बस्तर क्षेत्र- मध्य प्रदेश, असम, अरुणाचल प्रदेश, मेघालय, ओडिशा, महाराष्ट्र)
	ग्रीन टर्टल	उष्ण व उपोष्ण कटिबन्धीय जल क्षेत्र, भारतीय महासागर, प्रशान्त महासागर, भूमध्य सागर का पूर्व व पश्चिमी क्षेत्र।
	फॉरेस्ट ऑउलेट	मध्य प्रदेश के दक्षिणी क्षेत्र, उत्तर-पश्चिमी महाराष्ट्र के शुष्क पर्णपाती वनों में पाए जाते हैं।
	एशियाई शेर	यह प्राकृतिक रूप से सिर्फ भारत में पाया जाता है। भारत में गिर नेशनल पार्क (गुजरात) इसका प्रमुख आवासीय क्षेत्र हैं।
	खाराई ऊँट	केवल गुजरात में
	इरावदी डॉल्फिन	दक्षिण-पूर्व एशिया, भारत (चिल्का झील)।
	भारतीय पैंगोलिन	दक्षिण एशिया, पाकिस्तान का पश्चिमी भाग, तमिलनाडु और केरल।
नाजुक (VU)	हिम तेन्दुआ	जम्मू एवं कश्मीर, हिमाचल प्रदेश, सिक्किम, उत्तराखण्ड, पामीर, काराकोरम, हिन्दुकुश और हिमाचल रेंज।
	ड्युगोंग (समुद्री गाय)	कच्छ की खाड़ी, मन्नार की खाड़ी व अण्डमान-निकोबार द्वीपसमूह के पास। लाल सागर में ड्यूगोंग की संख्या सर्वाधिक है, उसके बाद ईरान की खाड़ी का स्थान आता है।
	चार सींगों वाला मृग	भारत और नेपाल के खुले जंगलों में। ये भारत में गंगा के दक्षिण से तमिलनाडु तक पाए जाते हैं। ओडिशा और गिर राष्ट्रीय उद्यान में भी इनकी उपस्थिति देखी जा सकती है।
	चीता	भारत में अब प्राकृतिक रूप से चीता नहीं पाया जाता है, लेकिन अफ्रीका व ईरान के कुछ भागों में पाए जाते हैं।
	स्वैम्प डियर या बारहसिंगा	उत्तर एवं मध्य भारत, दक्षिण-पश्चिम नेपाल, असम-सुन्दरबन क्षेत्र।
	हिमालयन सीरों	दक्षिण-पूर्वी बांग्लादेश, भूटान, उत्तर भारत, उत्तर-पूर्व भारत, पश्चिमी म्यांमार।
	ऑलिव रिडले समुद्री कछुआ	हिन्द महासागर और प्रशान्त महासागर के गर्म जल वाले क्षेत्र। उदाहरण के लिए भारत, अरब, जापान, ऑस्ट्रेलिया, अमेरिका
	एक सींग वाला गैंडा	उत्तरी भारत में सिन्धु-गंगा-ब्रह्मपुत्र के बेसिन के साथ नेपाल, भूटान, बांग्लादेश और पाकिस्तान में पाए जाते हैं।
	यूरियल	भारत (केवल लद्दाख) मध्य और दक्षिण-पश्चिम एशिया।
	इण्डियन साफ्ट शैल टर्टल	दक्षिण एशिया, बांग्लादेश, भारत, पाकिस्तान
नष्ट होने योग्य (NT)	तिब्बती चिंकारा	तिब्बत का पठार, भारत में लद्दाख व सिक्किम का क्षेत्र।
	गोरल (हिमालय हिरन)	भूटान, चीन, उत्तर भारत व सिक्किम, उत्तरी पाकिस्तान।
	लकड़बग्घा	अफ्रीका, अरब प्रायद्वीप, टर्की, भारतीय उपमहाद्वीप
	मोरचभ चित्तीदार बिल्ली	भारत के पूर्वी घाट, श्रीलंका तथा नेपाल के पश्चिमी तराई क्षेत्रों में पाई जाती है।
	हिमालयन ताहर	जम्मू-कश्मीर, हिमाचल प्रदेश, उत्तराखण्ड, नेपाल, सिक्किम तथा दक्षिणी तिब्बत।
	चीरू/तिब्बत का एण्टीलोप	चीन, भारत का जम्मू-कश्मीर राज्य।
कम जोखिम वाली प्रजाति (LC)	भारल या नीलाभेड़	भूटान, चीन, उत्तरी भारत, म्यांमार, नेपाल, उत्तरी पाकिस्तान
	कैराकल रेगिस्तानी बिल्ली	अफ्रीका, मध्य एशिया, दक्षिण-पश्चिम एशिया, भारत।
	कियांग (जंगली गधा)	तिब्बत के पठार, चीन, उत्तरी पाकिस्तान, नेपाल, सिक्किम व लद्दाख।
	चीतल	नेपाल, भूटान, बांग्लादेश, श्रीलंका, सिक्किम, पूर्वी राजस्थान, पश्चिमी असम।
	भारतीय साही	भारत, चीन, नेपाल, श्रीलंका, पाकिस्तान

IUCN की रेड डेटा बुक का वर्गीकरण या श्रेणियाँ

संकटग्रस्त श्रेणी	स्पष्टता	जातियाँ
विलुप्त (Extinct) **EX**	जाति के अन्तिम सदस्य की समाप्ति (मृत्यु) पर जब कोई शंका न रहे।	डाइनासोर्स, मैमथ, डोडो, तस्मानियन टाइगर।
वन्यरूप में विलुप्त (Extinct in the wild) **EW**	जाति के सभी सदस्यों की किसी निश्चित आवास से पूर्ण रूप से समाप्ति	महान याक।
गम्भीर रूप से संकटग्रस्त (Critically Endangered) **CR**	जाति के सभी सदस्य किसी उच्च जोखिम के कारण से एक आवास से शीघ्र ही लुप्त होने की कगार पर। यदि 10 वर्षों में प्रजाति की जनसंख्या में 90% से अधिक कमी दर्ज की जाए। यदि प्रजाति की जनसंख्या 250 से कम हो और 3 वर्षों में 25% की कमी आ रही हो।	ग्रेटइण्डियन बस्टर्ड, जेरडॉन कॉर्सर, साइबेरियन क्रेन, मालावार सिवेट, हॉक्सबिल, कछुआ, गुलाबी सिरवाली बत्तख, बंगाल फ्लोरिकन, उत्तरी नदी टेरैपिन, हिमालयन बटेर, स्पून बिल्ड सैण्डपाइपर।
लगभग संकटग्रस्त जाति (Endangered) **EN**	जाति के सदस्यों की ह्रास दर उपरोक्त श्रेणियों से कम हो।	संगाइ डियर, शेर, पूँछ वाला बन्दर, नीलगिरि तहर, सुनहरा लंगूर, लाल पाण्डा, हाँग हिरण।
नाजुक (Vulnerable) **VU**	जाति के आने वाले समय में समाप्त होने की आशा। यदि प्रजाति की जनसंख्या 10,000 से कम हो और 10 वर्षों के अन्दर 10% की कमी आ रही हो।	ऑलिव रिडले समुद्री कछुआ, एक सींग वाला गैण्डा, काली गर्दन वाला सारस।
नष्ट होने योग्य (Threatened) **NT**	जाति के सदस्य किसी जोखिम के कारण भविष्य में लुप्त होने के कगार पर। यदि प्रजाति की जनसंख्या 2500 से कम हो और 5 वर्षों के अन्तर्गत 20% की कमी होने की सम्भावना हो।	सिस्पारा डे छिपकली, सैण्ड कैट, हिमालय सीरों, गोरन, तिब्बती चिकारा, हाइना।
कम जोखिम वाली जाति (Least Concern) **LC**	इन जातियों को खतरा कम होता है एवं ये विस्तृत क्षेत्र में पाई जाती हैं।	अण्डमान जंगली सुअर, चिंकारा, भौंकने वाला हिरण, नीला भेड़, तिब्बती लोमड़ी, वियांग।
अपूर्ण आँकड़े (Data Deficient) **DD**	जाति लघु होने के बारे में अपूर्ण अध्ययन एवं सामग्री।	
मूल्यांकित नहीं (Not Evaluated) **NE**	जाति एवं उसके लुप्त होने के विषय में कोई भी अध्ययन या सामग्री का न होना।	

जैव-विविधता संरक्षण के प्रयास

बाघ परियोजना

- वर्ष 1973 में वर्ल्ड वाइल्ड लाइफफोरम की सहायता से प्रोजेक्ट टाइगर शुरू किया गया। वर्ष 2005 में टाइगर टास्क फोर्स की अनुशंसा पर राष्ट्रीय बाघ संरक्षण प्राधिकरण (NTCA) का गठन किया गया, जो प्रोजेक्ट टाइगर के प्रबन्धन का कार्य करता है।
- वर्ष 1973 में टाइगर रिज़र्व की कुल संख्या 9 थी, जो दिसम्बर, 2024 तक 58 हो गई है।
- भारत में बाघों की निगरानी के लिए एक सॉफ्टवेयर आधारित प्रोग्राम M-STrIPES (Monitoring System for Tiger Intensive Protection and Ecological Status) प्रारम्भ किया गया।

विश्व का प्रथम बाघ बचाओ सम्मेलन

- नवम्बर, 2010 को रूस के सेण्ट पीट्सबर्ग में विश्व का पहला बाघ बचाओ सम्मेलन हुआ। जिन देशों में बाघ पाए जाते हैं, उन 13 देशों के प्रतिनिधियों ने इस बात पर सहमति व्यक्त की कि वर्ष 2022 तक बाघों की संख्या दोगुनी कर दी जाए।

वर्ष 2024 तक भारत में 3682 जंगली बाघ हैं, जो दुनिया का 75% है।

- इस सम्मेलन में यह निर्णय लिया गया कि सभी 13 देशों में सामूहिक रूप से बाघों पर आए संकट को दूर करने के उपाय के रूप में ग्लोबल टाइगर रिकवरी प्रोग्राम नाम की परियोजना करेंगे।
- राष्ट्रीय टाइगर संरक्षण प्राधिकरण (NTCA) वन एवं जलवायु परिवर्तन मन्त्रालय के अन्तर्गत गठित एक सांविधिक निकाय है, जो वन्यजीव अधिनियम, 1972 के अन्तर्गत कार्य करता है।

भारत में बाघ रिजर्वों की स्थिति

राज्य	बाघ रिजर्व	प्रोजेक्ट टाइगर के अन्तर्गत समावेशन
असम	काजीरंगा	2008-09
	मानस	1973-74
	ओरंग	2016
अरुणाचल प्रदेश	नमदाफा (विश्व का सबसे ऊँचा बाघ रिजर्व)	1982-83
	पक्के	1999-2000
	कमलांग	2016-17
आन्ध्र प्रदेश	नागार्जुन सागर-श्रीशैलम (यह वर्तमान में दो अभयारण्यों में विभाजित हो गया है, जो आन्ध्र प्रदेश तथा तेलंगाना में अवस्थित हैं)	1982-83
छत्तीसगढ़	इन्द्रावती	1982-83
	उदन्ती-सीतानदी	2008-09
	गुरु घासीदास एवं तमोर पिंगला	2024
बिहार	वाल्मीकि	1989-90
झारखण्ड	पलामू	1973-74
कर्नाटक	बाँदीपुर	1973-74
	नागरहोल	2008-09
	भद्रा	1998-99
	बिलीगिरि रंगनाथ मन्दिर	2010-11
केरल	पेरियार	1978-79
	पारम्बिकुलम	2008-09
मध्य प्रदेश (टाइगर स्टेट)	बाँधवगढ़	1993-94
	सतपुड़ा	1999-2000
	कान्हा	1973-74
	पन्ना	1993-94
	वीरांगना दुर्गावती	2023
	रातापानी एवं माधव	2024

राज्य	बाघ रिजर्व	प्रोजेक्ट टाइगर के अन्तर्गत समावेशन
तेलंगाना	कवाल	2012-13
	अमराबाद	2014-15
महाराष्ट्र	मेलाघाट	1973-74
	तदोबा अन्धेरी	1993-94
	सह्याद्रि	2009-10
	बोर	2014
मिजोरम	दम्पा	1994-95
राजस्थान	रणथम्भौर	1973-74
	मुकुन्द्रा हिल्स	2013-14
	रामगढ़ विषधारी	2022
	धौलपुर करौली	2023
उत्तराखण्ड	जिम कार्बेट	1973-74
	राजाजी टाइगर रिजर्व	2015

राज्य	बाघ रिजर्व	प्रोजेक्ट टाइगर के अन्तर्गत समावेशन
उत्तर प्रदेश	दुधवा कतरनीघाट	1987-88
	रानीपुर टाइगर रिजर्व, अमनगढ़ बफर अमनगढ़ टाइगर रिजर्व (उत्तर प्रदेश)	2022-23
	पीलीभीत	2014
पश्चिम बंगाल	बुक्सा	1982-83
	सुन्दरबन	1973-74
ओडिशा	सिमलीपाल	1973-74
	सतकोसिया	2008-09
तमिलनाडु	अन्नामलाई (इन्दिरा गाँधी टाइगर रिजर्व)	2008-09
	सत्यमंगलम	2013-14
	श्रीविल्लिपुथुर मेगामलाई	2020-21

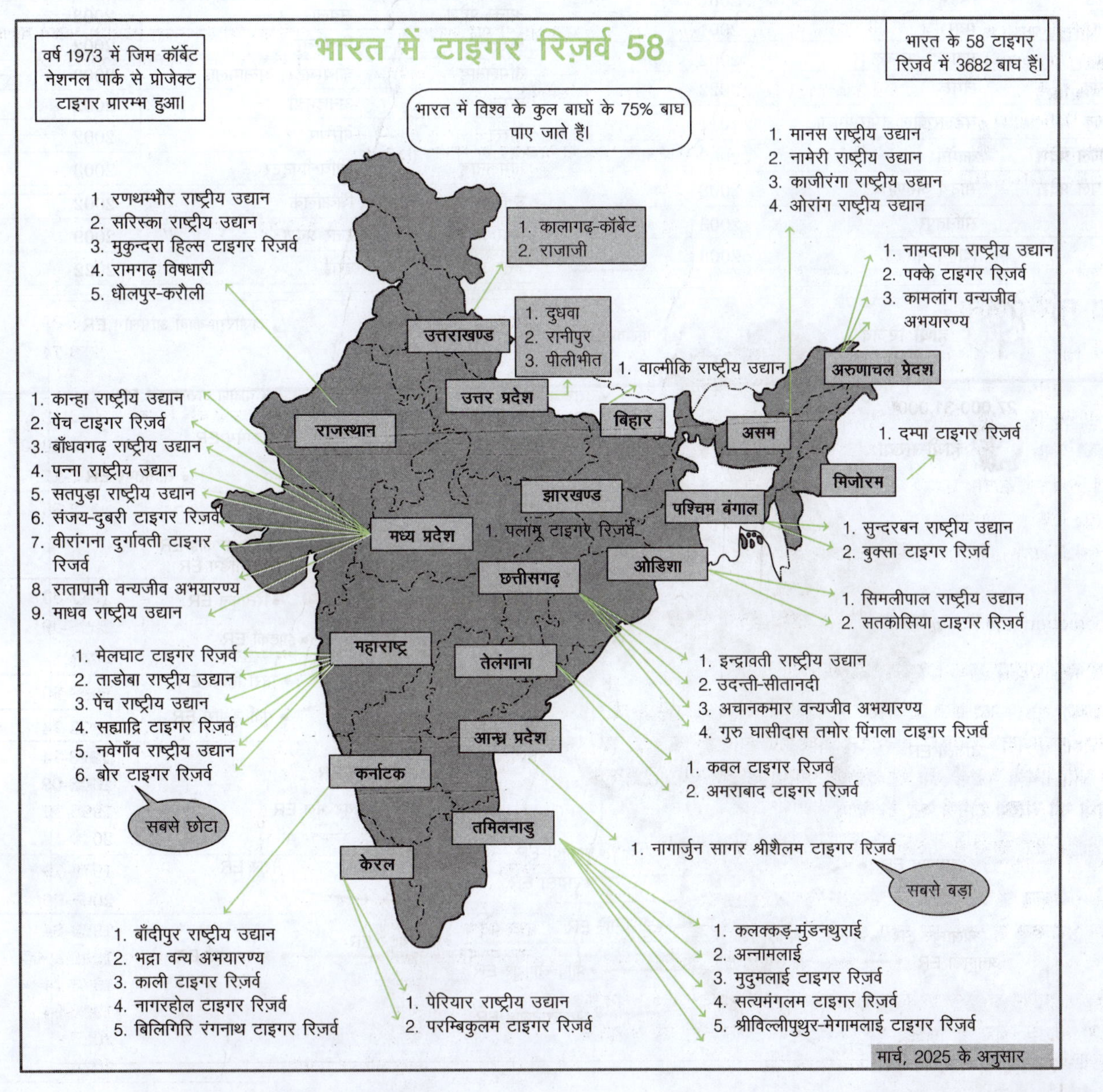

हाथी परियोजना

- प्रोजेक्ट एलीफेण्ट वर्ष 1992 में केन्द्र सरकार द्वारा हाथियों की संख्या बढ़ाने और उन्हें उनके प्राकृतिक आवास में पुनर्स्थापित करने के उद्देश्य से झारखण्ड के सिंहभूम जिले में शुरू किया गया था। इस परियोजना का मुख्य उद्देश्य हाथियों और उनके आवास तथा गलियारों की रक्षा करना, मानव और हाथियों के बीच उत्पन्न संघर्षों को हल करना एवं पालतू हाथियों के कल्याण को सुनिश्चित करना था।
- इसके अतिरिक्त हाथियों के अवैध शिकार का निरीक्षण करने के लिए माइक (Monitoring the Illegal Killing of Elephant, MIKE) कार्यक्रम वर्ष 2004 से प्रारम्भ किया गया है।

भारत में अधिसूचित हाथी रिजर्व

राज्य	नाम	विकसित वर्ष
पश्चिमी बंगाल	मयूरझरना	2002
झारखण्ड	सिंहभूम	2001
ओडिशा	मयूरभंज	2001
ओडिशा	महानदी, सम्बलपुर	2002
छत्तीसगढ़	लेमरू	2022
छत्तीसगढ़	बड़लरखोल तमोरपिंगला	2011
अरुणाचल प्रदेश	कामेंग	2002
अरुणाचल प्रदेश	साउथ अरुणाचल	2008
असम	सोनितपुर	2003
असम	दिहिंग-पतकई	2003
अरुणाचल प्रदेश	देवमली	विचाराधीन
नागालैण्ड	सिंगफान	2018
असम	काजीरंगा-कारबी आंगलांग	2003
असम	धनसिरी-लुमडिंग	2003
नागालैण्ड	इण्टकी	2005
असम	चिरंग-रिपू	2003
पश्चिम बंगाल	पूर्वी डुआर्स	2002
मेघालय	गारो पहाड़ियाँ	2001
कर्नाटक	मैसूर	2002
कर्नाटक	दाण्डेली	2015
केरल	वायनाड	2002
तमिलनाडु	नीलगिरि	2003
तमिलनाडु	अगस्त्यमलाई	2022
आन्ध्र प्रदेश	रायला	2003
केरल	निलाम्बूर	2002
तमिलनाडु	कोयम्बटूर, अन्नामलाई	2003
केरल	अनाइमुडी	2002
केरल	पेरियार	2002
तमिलनाडु	श्रीविलीपुट्टुर	2003
उत्तराखण्ड	शिवालिक	2002
उत्तर प्रदेश	उत्तर प्रदेश	2009
उत्तर प्रदेश	तराई	2022

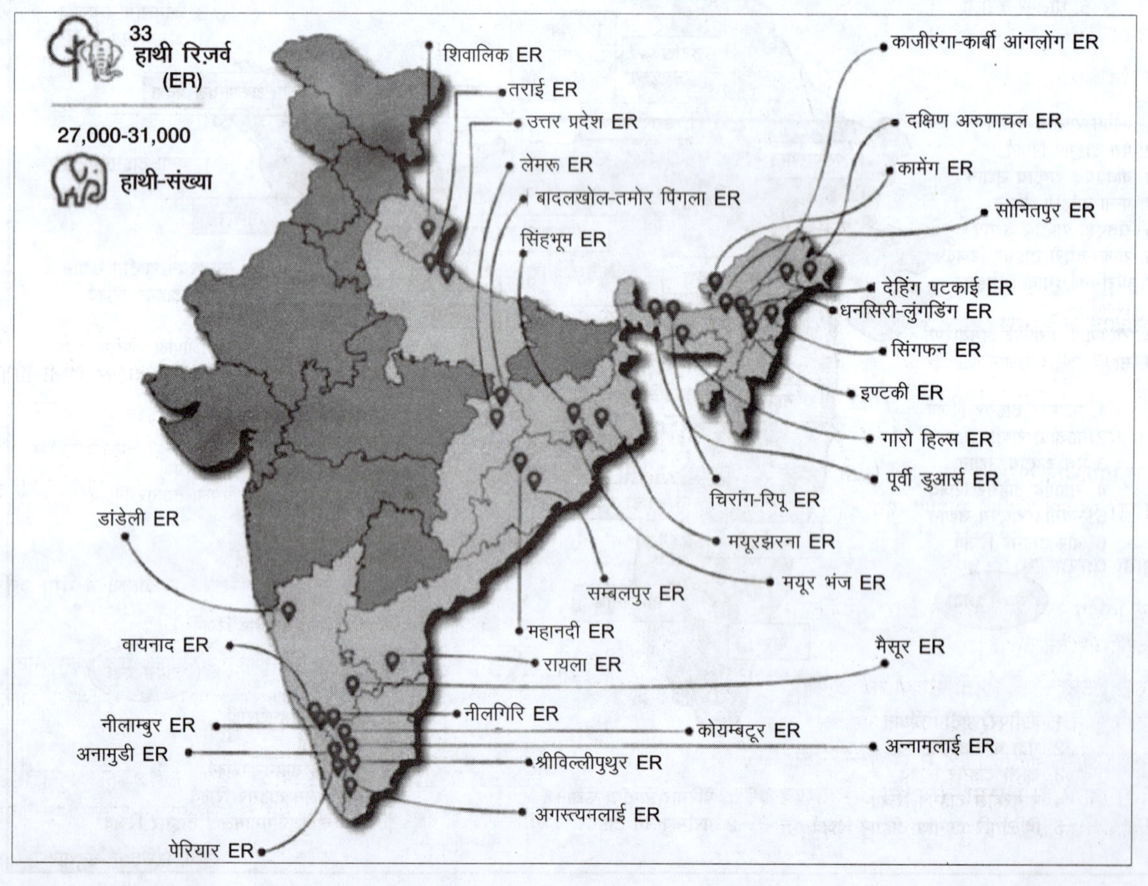

अन्य संरक्षण परियोजनाएँ

लाल पाण्डा परियोजना (1966)

- विश्व प्रकृति निधि (World Wide Fund for Nature) के सहयोग से **पद्मजा-नायडू हिमालयन जन्तु पार्क** में लाल पाण्डा परियोजना का शुभारम्भ किया गया।
- यह मांसभक्षी जानवर होता है और पूर्वी हिमालय और **दक्षिण-पश्चिमी** चीन का वृक्षवासी स्तनपायी है। अरुणाचल प्रदेश में यह **कैट बीयर** के नाम से जाना जाता है।

कस्तूरी मृग परियोजना (1970)

- उत्तराखण्ड के **केदारनाथ अभयारण्य** में कस्तूरी मृग परियोजना की शुरुआत की गई। कस्तूरी मृग उत्तराखण्ड का राजकीय पशु है।
- IUCN द्वारा जारी **रेड लिस्ट** में इसे दुर्लभ प्राणी के तौर पर दर्ज किया गया है। यह भारत, नेपाल, पाकिस्तान, तिब्बत, चीन एवं साइबेरिया आदि देशों में पाया जाता है।

हंगुल परियोजना (1970)

- हंगुल यूरोपियन **रेण्डियर प्रजाति** वाला हिरण है। यह अब केवल कश्मीर के दाचीग्राम राष्ट्रीय उद्यान में ही शेष बचा है।
- विश्व के अन्य भागों से विलुप्त हो चुका यह जीव IUCN के रेड डेटा बुक में प्रविष्टि पा चुका है।

घड़ियाल प्रजनन परियोजना (1975)

- ओडिशा के **तिकरापाड़ा** नामक स्थान से घड़ियाल प्रजनन योजना का शुभारम्भ किया गया। बाद में इस परियोजना का विस्तार राजस्थान, मध्य प्रदेश, उत्तर प्रदेश में कुकरैल (लखनऊ), महाराष्ट्र, अण्डमान-निकोबार द्वीप समूह, असम, बिहार एवं नागालैण्ड में भी किया गया।
- भारत में घड़ियाल का प्राकृतिक आवास **चम्बल नदी** में पाया जाता है।

गैण्डा परियोजना (1987)

- **काजीरंगा उद्यान** व **मानस अभयारण्य** (असम) तथा **जलदापारा** (पश्चिम बंगाल) गैण्डों की मुख्य शरणस्थली हैं। एक सींग वाला गैण्डा प्राकृतिक रूप से भारत के साथ-साथ नेपाल की तलहटी वाले क्षेत्रों में भी पाया जाता है।
- मार्च, 2019 में भारत एवं चार अन्य देशों (भूटान, नेपाल, इण्डोनेशिया, मलेशिया) ने **एशियाई गैण्डे व एक सींग वाले गैण्डे** के संरक्षण के लिए एशियाई गैण्डों पर नई दिल्ली घोषणा-पत्र, 2019 पर हस्ताक्षर किए।

कछुआ संरक्षण परियोजना (1999)

- यह प्रोजेक्ट विशेष रूप से ओडिशा और अन्य तटीय राज्यों के क्षेत्रों पर केन्द्रित है।
- **ओलिव रिडले टर्टल** की घटती संख्या को देखकर ओडिशा सरकार ने इसके संरक्षण की योजना का शुभारम्भ ओडिशा के कटक जिले में **भितरकनिका** अभयारण्य में किया है। चिन्नार वन्यजीव अभयारण्य इण्डुक्की (केरल) देश में **स्टार कछुओं** का एकमात्र पुनर्वास केन्द्र बन गया है।

गिद्ध संरक्षण परियोजना (2006)

- गिद्धों की मृत्यु का कारण **डिक्लोफेनेक** तथा **नानस्टीरोइडल एण्टी-इन क्लेमेटेरी ड्रग** को बताया है।
- पर्यावरण मन्त्रालय ने एक फिल्म **द लास्ट फ्लाइट** का निर्माण किया है, जिसमें गिद्धों के संरक्षण के लिए सावधान किया गया है। गिद्धों के प्रजनन के लिए देश में चार (जूनागढ़, भोपाल, हैदराबाद तथा भुवनेश्वर) प्रजनन केन्द्र स्थापित किए गए हैं।
- भारत में गिद्धों की कम हो रही संख्या का आकलन पहली बार **केवलादेव राष्ट्रीय उद्यान** में किया गया।

भारत में गिद्ध की 9 प्रजातियाँ पाई जाती हैं

- व्हाइट-बैक्ड वल्चर
- स्लेण्डर बिल्ड वल्चर
- लॉन्ग बिल्ड वल्चर
- इजिप्टियन वल्चर
- रेड हेडेड वल्चर
- यूरेशिया ग्रीफॉन वल्चर
- हिमालयन ग्रीफॉन वल्चर
- सीनरेस वल्चर
- बीयर्डेड वल्चर

प्रोजेक्ट चीता (2009)

- प्रोजेक्ट चीता एक राष्ट्रीय परियोजना है, जिसमें राष्ट्रीय बाघ संरक्षण प्राधिकरण और मध्य प्रदेश सरकार शामिल हैं।
- भारत का चीता प्रोजेक्ट विश्व का पहला ऐसा प्रोजेक्ट है, जहाँ एक बड़े मांसाहारी जीव को किसी दूसरे महाद्वीप में बसाने का प्रयास किया गया है।

17 सितम्बर, 2022 को नामीबिया से 3 नर तथा 5 मादा सहित कुल 8 चीतों को भारत लाया गया। भारत में चीतों को पुनर्स्थापित करने की यह प्रक्रिया IUCN के निर्देश के अनुसार की गई है।

प्रोजेक्ट हिम तेन्दुआ (2009)

- हिमालय पर्वतीय क्षेत्रों के प्रान्तों या क्षेत्रों को इस योजना में सम्मिलित किया गया है। यह साधारण तेन्दुए से छोटा होता है। इसकी लम्बी पूँछ, छोटा मुँह और उठा हुआ सिर होता है।
- यह हिमरेखा से ऊपर, ऊँची हिमालय की पहाड़ियों पर जम्मू-कश्मीर से लेकर अरुणाचल प्रदेश तक पाया जाता है।

गंगा डॉल्फिन (2020)

- पर्यावरण, वन एवं जलवायु परिवर्तन मन्त्रालय ने गंगा डॉल्फिन को राष्ट्रीय जलीय जीव घोषित किया है।
- गंगा नदी डॉल्फिन (नेत्रहीन जलीय जीव) एवं सिन्धु नदी डॉल्फिन मीठे पानी की डॉल्फिन की दो प्रजातियाँ हैं। ये भारत, बांग्लादेश, नेपाल तथा पाकिस्तान में पाई जाती हैं।
- इसे **वन्यजीव संरक्षण अधिनियम, 1972** की अनुसूची I में रखा गया है तथा यह IUCN की **रेड लिस्ट** की संकटग्रस्त श्रेणी में शामिल है।

वन्य जीव संरक्षण अधिनियम-1972

- देश में मौजूद जानवरों, पक्षियों एवं पौधों को सुरक्षा प्रदान करने के उद्देश्य से वन्यजीव संरक्षण अधिनियम-1972 को भारत की संसद द्वारा 12 अगस्त, 1972 को पारित किया गया और 9 सितम्बर, 1972 को अधिनियमित किया गया था।
- इस अधिनियम में 66 धाराएँ और 6 अनुसूचियाँ हैं, जो सभी प्रजातियों के लिए विभिन्न प्रकार की सुरक्षा प्रदान करती हैं।
- अनुसूचियों का विवरण निम्न प्रकार है

अनुसूचियाँ	विवरण
अनुसूची I	इस अनुसूची में **गम्भीर रूप से लुप्त प्राय प्रजातियों** को शामिल किया गया है। इसके अन्तर्गत वन्यजीव प्रजातियों का शिकार, हत्या और व्यापार **सख्त मना** है। उदाहरण - नीलगिरि तहर, चीता, हरा समुद्री कछुआ, लाल पाण्डा, ग्रेट इण्डियन बस्टर्ड, घड़ियाल, कस्तूरी मृग, बंगाल टाइगर, काला हिरन, अण्डमान जंगली सूअर, गोल्डन गोको, बड़े बाज, ग्रेट इण्डियन हॉर्न बिल, डुगोंग आदि।
अनुसूची II	इस अनुसूची में शामिल जीवों को पूर्णयता संरक्षण प्राप्त है इसके अन्तर्गत वन्यजीव का शिकार, हत्या और व्यापार **वर्जित** है। उदाहरण : बोनट मकाक, सूअर की पूँछ वाला मकाक, आम लँगूर, सुस्त भालू, किंग कोबरा, सियार, सिवेट, असमिया मकाक, जँगली कुत्ता, हिमालयन न्यूट्रोर समन्दर, सिवेट, उड़ने वाली गिलहरी, हिमालयी काला भालू, लाल लोमड़ी, जंगली बिल्ली आदि।
अनुसूची III	इस अनुसूची के अन्तर्गत प्रजातियाँ लुप्त प्राय नहीं हैं। इसके अन्तर्गत जन्तुओं को नुकसान पहुँचाने पर अनुसूची I एवं अनुसूची II की अपेक्षा अर्थदण्ड कम है। उदाहरण: चीतल, लकड़बग्घा, साम्भर, जंगली सूअर, भौंकने वाले हिरण (मुटजेक), नीलगाय, गोरल और सभी कैलकेरिया (स्पंज) आदि।
अनुसूची IV	इन प्रजातियों का अवैध शिकार, हत्या और व्यापार प्रतिबन्धित है। उदाहरण : गीज, बुलबुल, हेजहॉग, बाज, बस्टर्ड बटेर, बत्तख, मक्खी, पेलिकन, हंस, कठफोड़वा, तितलियाँ और पतंगे, कछुआ, कबूतर, क्रेन, नीली जैस आदि।
अनुसूची V	इस अनुसूची में उन प्रजातियों को रखा गया है, जो रोग फैलाते हैं और पौधों को नष्ट करते हैं। इन प्रजातियों का शिकार प्रतिबन्धित नहीं है। उदाहरण: कौआ, चमगादड़, चूहे आदि।
अनुसूची VI	इसमें कुछ पौधों की प्रजातियाँ सूचीबद्ध हैं तथा इनका व्यापार, संग्रहण एवं खेती करना प्रतिबन्धित है। उदाहरण : बेडडोम्स साइकाड, कूथ, पिचर प्लाण्ट, लेडीज स्लिपर ऑर्किड आदि।

वन्यजीव संरक्षण अधिनियम-1972 के अन्तर्गत स्थापित बोर्ड

बोर्ड	विशेष
राष्ट्रीय वन्यजीव बोर्ड	इसमें बोर्ड के अध्यक्ष प्रधानमन्त्री, वन्य जीव एवं वन्यजीव के प्रभारी मन्त्री बोर्ड के उपाध्यक्ष और कई अन्य सदस्य होते हैं। वन्यजीव संरक्षण को बढ़ावा, अवैध शिकार व व्यापार पर नियन्त्रण हेतु तरीके एवं नीतियाँ तैयार करना और इससे सम्बन्धित केन्द्र व राज्य सरकारों को सलाह देना। देश में वन्यजीवों पर कम से कम दो साल में एक बार रिपोर्ट तैयार व प्रकाशित करना।
राज्य वन्यजीव बोर्ड	राज्य के मुख्यमन्त्री (केन्द्रशासित प्रदेश के मामले में मुख्य मन्त्री या प्रशासक) बोर्ड के अध्यक्ष, वन और वन्यजीव के प्रभारी मन्त्री बोर्ड उपाध्यक्ष होते हैं। संरक्षित क्षेत्रों का चुनाव और प्रबन्धन, सम्बन्धित नीतियों का निर्माण, इस अधिनियम के अन्तर्गत अनुसूची में संशोधन के लिए राज्य सरकारों को सलाह देना।
केन्द्रीय चिड़ियाघर प्राधिकरण	इसमें एक अध्यक्ष, एक सदस्य सचिव और अधिकतम दस अन्य सदस्य शामिल होते हैं। इसका कार्य है कि चिड़ियाघरों को पहचानना मान्यता देना, न्यूनतम मानकों को निर्धारित करना, चिड़ियाघर में लुप्त प्राय प्रजातियों को पहचानना और इनका संरक्षण करना।
राष्ट्रीय बाघ संरक्षण प्राधिकरण	इनका कार्य है बाघ अभयारण्यों का प्रबन्ध करना, बाघ संरक्षण के लिए कार्य करना और पहलुओं का मूल्यांकन व समीक्षा करना, टाइगर रिजर्व क्षेत्र में खनन व उद्योग व अन्य क्रियाओं पर प्रतिबन्ध लगाना और समय-समय पर इससे सम्बन्धित दिशा-निर्देश जारी करना।
बाघ और अन्य लुप्त प्राय प्रजाति अपराध	इनका कार्य बाघ और अन्य लुप्तप्राय प्रजाति से सम्बन्धित अपराध आसूचना एकत्र करना व तत्काल कार्रवाई के लिए राज्य और अन्य प्रवर्तन एजेन्सियों को प्रसारित करना तथा इससे सम्बन्धित नीति व कानूनों में भारत संरकार को सलाह देना है।

जैव-विविधता अधिनियम, 2002

- इस अधिनियम के अन्तर्गत देश के जैविक संसाधनों को विनियमित करना, जिसका उद्देश्य जैविक संसाधनों के उपयोग से होने वाले लाभ को न्यायोचित भाग में वितरण सुनिश्चित करना है।
- इसके अनुसार स्थानीय समुदायों के जैव-विविधता से सम्बन्धित ज्ञान का सम्मान करना तथा उसे संरक्षण देना है।
- इसके अन्तर्गत जैव-विविधता वाले महत्त्वपूर्ण क्षेत्रों को जैव विविधता धरोहर स्थल घोषित करके उनका संरक्षण एवं विकास करना। संकटग्रस्त प्रजातियों के लिए संरक्षण एवं पुनर्वास का प्रावधान करना है।

भारत में जैव-विविधता संरक्षण से सम्बन्धित नवीनतम तथ्य

- भालुओं की आवास परियोजना गुजरात सरकार ने जेसोर वन्यजीव अभयारण्य की पारिस्थितिकी में भालू की एक प्रजाति 'स्लोथ बियर' को बेहतर आवास उपलब्ध कराने के लिए स्लोथ आवास परियोजना की शुरुआत की है। वर्तमान में यहाँ केवल 293 स्लोथ भालू मौजूद हैं।
- चश्मे वाले लंगूर के संरक्षण हेतु समझौता भारत और बांग्लादेश ने चश्मे वाले लंगूर के साथ-साथ असम के करीनगंज जिले से लगी सीमा के पठारिया हिल्स रिजर्व फॉरेस्ट में पाए जाने वाले अन्य नर वानरों के संरक्षण के लिए समझौता किया है।
- तेन्दुआ संरक्षण : ऐनिमल सफारी (रोहा महाराष्ट्र) मानव-जानवर संघर्ष की बढ़ती घटनाओं को देखते हुए सरकार ने प्रतिबन्धित पार्कों/क्षेत्रों में तेन्दुओं के लिए एक वैकल्पिक आवास गृह बनाने का निर्णय लिया है, जिसे, एनिमल सफारी कहा जाएगा।

- **कूबड़वाली माहसीर लुप्तप्राय** यह ताजे पानी में रहने वाली विश्व की सबसे प्रमुख मछलियों में से एक है। दक्षिण एवं दक्षिण-पूर्व एशिया की नदियों में इसकी कुल 17 प्रजातियाँ पाई जाती हैं। आईयूसीएन ने इसकी 4 प्रजातियों को रेड डेटा बुक में शामिल किया है। भारत में यह कावेरी नदी बेसिन में पाई जाती है।
- **तेलंगाना क्रब (crab) स्पाइडर** थोमोसाइड परिवार से सम्बन्धित इस मकड़ी का नाम तेलंगाना राज्य के नाम पर रखा गया है। केकड़े के समान संरचना होने के कारण इन मकड़ियों को फूल मकड़ियों के नाम से भी जाना जाता है, क्योंकि ये फूलों में रहने वाले कीटों को अपना शिकार बनाती हैं। फूलों के अतिरिक्त यह पत्थरों के नीचे, पौधों, झाड़ियों, घास तथा पत्तियों में पाई जाती हैं।
- **ब्लू मॉरमॉन महाराष्ट्र की राजकीय तितली** महाराष्ट्र में पाई जाने वाली ब्लू मॉरमॉन तितली के संरक्षण को बढ़ावा देने के लिए 23 जून, 2015 को इसे महाराष्ट्र की राजकीय तितली घोषित किया गया है। यह सह्याद्रि की पहाड़ियों में पाई जाती है। महाराष्ट्र देश का पहला राज्य है, जिसने एक तितली को राजकीय दर्जा दिया है।

भारत में जैव-विविधता संरक्षण सम्बन्धित संस्थान

संस्थान	विवरण
भारतीय वनस्पति सर्वेक्षण	• भारतीय वनस्पति सर्वेक्षण (Indian Botanical Survey) की स्थापना 13 फरवरी, 1890 को हुई थी। इसका मुख्यालय कोलकाता में स्थित है तथा देशभर में इसके 9 मण्डल कार्यालय हैं।
भारतीय प्राणी सर्वेक्षण	• भारतीय प्राणी सर्वेक्षण (Indian Zoological Survey), वर्ष 1916 में अपनी शुरुआत से देश की विशुद्ध रूप से समृद्ध प्राणीजात से सम्बन्धित जानकारी को बढ़ाने के लिए सर्वेक्षण, अन्वेषण एवं अनुसन्धान कार्य कर रहा है। • इसका मुख्यालय कोलकाता में स्थित है तथा देश के विभिन्न भागों में स्थित इसके 16 क्षेत्रीय केन्द्र हैं।
भारतीय वन सर्वेक्षण	• भारतीय वन सर्वेक्षण (Indian Forest Survey) की स्थापना 1 जून, 1981 को हुई थी। ये प्रशिक्षण, अनुसन्धान व विस्तार सम्बन्धी सेवाएँ प्रदान करने के अतिरिक्त, वन आवरण व वन संसाधनों सम्बन्धी सूचना व आँकड़ा (Data) संग्रहण में लगा हुआ है। इसका मुख्यालय देहरादून में है तथा इसके चार क्षेत्रीय कार्यालय, शिमला, कोलकाता, नागपुर एवं बंगलुरु में स्थित हैं। इसकी स्थापना देहरादून में की गई और इसके साथ ही वन्यजीव सलाहकार समिति भी बनाई गई।
बॉटेनिकल गार्डन ऑफ द इण्डियन रिपब्लिक	• इसकी स्थापना अन्य पहलुओं के साथ-साथ देश की दुर्लभ, संकटग्रस्त, देशज वनस्पतियों का संरक्षण करने, उनका प्रसार करने तथा रिसर्च और ट्रेनिंग के लिए उत्कृष्टता का केन्द्र (Centre of Excellence) के रूप में कार्य करने के लिए की गई थी। • बॉटेनिकल गार्डन ऑफ द इण्डियन रिपब्लिक (Botanical Garden of the Indian Republic, BGIR) द्वारा इस समय रिसर्च फील्ड ऑपरेशनों के सन्दर्भ में परियोजना निष्पादित करने के लिए वैज्ञानिक व तकनीकी कार्य किया जा रहा है।

भारत में जैव-विविधता संरक्षण से सम्बन्धित एक्शन प्लान

एक्शन प्लान	विवरण
राष्ट्रीय जैव-विविधता एक्शन प्लान	• इसका गठन पारिस्थितिकी संरक्षण तथा योजनाबद्ध जैव-विविधता सुरक्षा को उत्प्रेरित करने के उद्देश्य से किया गया है। • जैव-विविधता सुरक्षा तथा उसके सतत प्रयोग को विकसित करने के लिए राष्ट्रीय स्तर पर एक एक्शन प्लान आरम्भ किया गया है।
नेशनल वाइल्डलाइफ एक्शन प्लान	• यह देश में वन्यजीवों के संरक्षण हेतु एक कार्य योजना के रूप में वर्ष 1983 से कार्य करता है। • इसकी तीन प्रमुख रणनीतियाँ-पारिस्थितिकी तन्त्र का रख-रखाव, आनुवंशिक विविधता का संरक्षण तथा प्रजातियों और पारिस्थितिकी तन्त्रों के सतत उपयोग को बढ़ावा देना है।
नेशनल वेटलैण्ड कन्जर्वेशन प्रोग्राम	• देश के 125 वेटलैण्ड क्षेत्र (जिनमें 89 रामसर कन्जर्वेशन क्षेत्र हैं) को नेशनल वेटलैण्ड कन्जर्वेशन प्रोग्राम (NWCP) के अन्तर्गत संरक्षित किया गया है। भारत में विश्व का 5% मैंग्रोव (सुन्दर डेल्टा सहित) स्थित है। • भारत अन्तर्राष्ट्रीय प्रकृति संरक्षण संघ (IUCN) के मैंग्रोव फॉर फ्यूचर कार्यक्रम का सहभागी है। • भारत ने मैंग्रोव संरक्षण के लिए नेशनल इन्स्टीट्यूट ऑफ मैंग्रोव रिसर्च की स्थापना कोलकाता में की है। • इसके अतिरिक्त सरकार ने पोर्ट ब्लेयर में नेशनल कोरल रीफ रिसर्च सेण्टर की स्थापना की है।
राष्ट्रीय नदी संरक्षण योजना	• देश के 160 शहरों में 34 नदियों के संरक्षण के लिए राष्ट्रीय नदी संरक्षण योजना वर्ष 2009 से चलाई जा रही है। • **नेशनल गंगा नदी बेसिन अथॉरिटी** (NGRBA) गंगा नदी के संरक्षण के लिए कार्य कर रही है।

अखिल भारतीय क्षमता निर्माण पर समन्वित परियोजना वर्गीकरण

- वर्गीकरण विज्ञान में अखिल भारतीय क्षमता निर्माण पर समन्वित परियोजना (All India Coordinated Project on Taxonomy, AICOPTAX) एक ऐसा प्रोग्राम है, जो जीवित प्राणियों के अन्वेषण, पहचान और विवरण देने में सहयोग करता है, लेकिन इसका कार्यक्षेत्र इसके साथ ही समाप्त नहीं होता। इसमें पशु, विषाणु, जीवाणु, शैवाल, कवक लाइकेन, ब्रायोफाइट, टेरिडोफाइट आदि पर वर्गीकरण कार्य शुरू कर दिया गया है।
- वर्ष 1992 में रियो-डी-जेनेरियो में आयोजित कन्वेंशन ऑन बायोलॉजिकल डायवर्सिटी (CBD) के लिए हस्ताक्षरकर्ता के रूप में भारत ने वर्गीकरण के क्षेत्र-क्षमता निर्माण के लिए स्वयं को वचनबद्ध किया है।

"पर्यावरणीय प्रदूषण वर्तमान की सबसे गम्भीर समस्याओं में से एक है, जो प्रकृति और मानव जीवन दोनों को नकारात्मक रूप से प्रभावित कर रहा है। इसका समाधान सभी के समन्वित प्रयासों और जागरूकता से सम्भव है।

अध्याय आठ

पर्यावरणीय प्रदूषण

प्रदूषण

- पर्यावरण प्रदूषण का तात्पर्य ऐसे पर्यावरणीय परिवर्तनों से है, जो जीवों, पौधों और मानव पर हानिकारक प्रभाव डालते हैं। ये परिवर्तन प्राकृतिक कारणों (ज्वालामुखी, सुनामी इत्यादि) एवं मानवीय कारणों (खनन, प्राकृतिक संसाधनों का अति दोहन इत्यादि) दोनों से हो सकते हैं, जिनके परिणामस्वरूप पर्यावरण में अवांछित एवं हानिकारक तत्त्वों का प्रभाव बढ़ जाता है और हमारा पर्यावरण प्रदूषित हो जाता है।
- मनुष्यों द्वारा उत्पन्न प्रदूषण को एन्थ्रोपोजेनिक प्रदूषण एवं मानवीय क्रियाओं द्वारा पर्यावरण में फैलाए गए रासायनिक एवं जैविक कारक को एन्थ्रोपोजेनिक प्रदूषक कहते हैं।
- पर्यावरण प्रदूषण के सन्दर्भ में विभिन्न विद्वानों ने परिभाषाएँ दी हैं, जो निम्न प्रकार हैं
  - ई.पी. ओडीम के अनुसार, "वायु, जल एवं मृदा के भौतिक, रासायनिक एवं जैविक लक्षणों में उस अवांछित परिवर्तन के रूप में परिभाषित किया है, जो मानव जीवन पर प्रभाव डालते हैं।"
  - जॉन मैकलॉघलिन के अनुसार, "मानव द्वारा पर्यावरण में अपशिष्ट पदार्थ अथवा अतिरिक्त ऊर्जा का प्रवेश है, जो प्रत्यक्ष अथवा परोक्ष रूप में मनुष्य एवं इसके पर्यावरण को हानि पहुँचाता है।"
  - एडवर्ड्स के अनुसार, "मानव द्वारा पर्यावरण में इतनी मात्रा में पदार्थ अथवा ऊर्जा का मुक्त करना है, जो उसके स्वास्थ्य अथवा संसाधनों को हानि पहुँचा सके।"

प्रदूषक

- प्रदूषण उत्पन्न करने वाले पदार्थों को प्रदूषक (Pollutants) कहते हैं।
- उद्योगों एवं ऑटोमोबाइल से निकलने वाला धुआँ, फैक्ट्रियों से निकलने वाले रसायन, परमाणु संयन्त्रों (Atomic) से निकलने वाला रेडियो सक्रिय (Radioactive) तत्त्व, घरों से निकलने वाला वाहित मल (Sewage) इत्यादि को प्रदूषकों के अन्तर्गत शामिल किया जाता है।
- प्रदूषक एक ऐसा ठोस, तरल अथवा गैसीय पदार्थ होता है, जो पर्यावरण के अन्दर पर्याप्त मात्रा में उपस्थित होता है और पर्यावरण को हानि पहुँचाता है।

प्रदूषकों का वर्गीकरण

उपस्थिति के आधार

- मात्रात्मक प्रदूषक (Quantitative Pollutants) ये ऐसे प्रदूषक होते हैं, जो प्रकृति में पाए जाते हैं, लेकिन उनका वातावरण में एक सीमा से अधिक संकेन्द्रण (Concentration) होने से प्रदूषण उत्पन्न होने लगता है; जैसे-कार्बन डाइ-ऑक्साइड, नाइट्रोजन ऑक्साइड।
- गुणात्मक प्रदूषक (Qualitative Pollutants) ये ऐसे प्रदूषक होते हैं, जो प्रकृति में प्राकृतिक रूप से नहीं पाए जाते हैं, बल्कि मानव निर्मित तथा कुछ विशेष गुण वाले होते हैं; जैसे-खरपतवार नाशक, डी डी टी।

स्वरूप के आधार पर

- प्राथमिक प्रदूषक (Primary Pollutants) ये ऐसे प्रदूषक होते हैं, जो प्राकृतिक अथवा मानवीय क्रियाकलाप के द्वारा सीधे वायु में निष्कासित होते हैं; जैसे-ईंधन जलाने से निकलने वाले सल्फर डाइ-ऑक्साइड, नाइट्रोजन ऑक्साइड, कार्बन डाइ-ऑक्साइड तथा कार्बन मोनोक्साइड आदि।
- द्वितीयक प्रदूषक (Secondary Pollutants) ये ऐसे प्रदूषक होते हैं, जो प्राथमिक वायु प्रदूषकों तथा अन्य वायुमण्डलीय अवयवों; जैसे-जलवाष्प (Water Vapour) के आपस में रासायनिक प्रतिक्रिया होने के उपरान्त उत्पन्न होते हैं। प्रकाश रासायनिक धूम्रकुहरा (Photochemical) एवं अम्ल वर्षा (Acid Rain) द्वितीयक प्रदूषक द्वारा होने वाले प्रदूषण के उदाहरण हैं। द्वितीयक प्रदूषक अधिक घातक व हानिकारक होते हैं।

अवस्था के आधार पर

- ठोस कणिकीय प्रदूषक (Solid Particulate Pollutants) धूल कण, एरोसॉल, औद्योगिक अपशिष्ट पदार्थ, जैसे- पारा, सीसा, एस्बेस्टस आदि के कण।

- **तरल प्रदूषक** (Liquid Pollutants) अमोनिया, यूरिया, नाइट्रेट युक्त जल, तेलवाहक जलयानों से सागरों में खनिज तेल का रिसाव एवं उससे उत्पन्न ऑयल-स्लिक्स (oil slicks) आदि।
- **गैसीय प्रदूषक** (Gaseous Pollutants) SO_2, CO_2, NO_2, CFCS, आदि।

उत्पत्ति के आधार पर

- **प्राकृतिक प्रदूषक** (Natural Pollutants) ये ऐसे प्रदूषक होते हैं, जो प्राकृतिक स्रोतों से अथवा प्राकृतिक क्रियाकलापों से निकलते हैं; जैसे-पौधों के पराग (Pollen) और पौधों के वाष्पशील (Vapourable), ज्वालामुखी विस्फोटों व जैविक पदार्थों के सड़ने-गलने से निकलने वाली गैसें। सामान्यत: प्राकृतिक प्रदूषकों की सान्द्रता (Concentration) कम होती है और उनसे गम्भीर हानि नहीं होती है।
- **मानवजनित प्रदूषक** (Man-made Pollutants) ये ऐसे प्रदूषक होते हैं, जिनकी उत्पत्ति मानवीय क्रियाकलापों के परिणामस्वरूप होती है; जैसे-कीटनाशक।

निपटान के आधार पर

- **जैव निम्नीकरणीय प्रदूषक** (Bio-Degradable Pollutants) ये ऐसे पदार्थ हैं, जिनका पर्यावरणीय अपघटकों (Decomposers) द्वारा पूरी तरह अपघटन हो जाता है; जैसे-घर का कूड़ा, सीवेज आदि, अत: इन्हें आसानी से प्राकृतिक तरीके से अपघटित किया जा सकता है।
- **जैव अनिम्नीकरणीय प्रदूषक** (Non-Biodegradable Pollutants) ये ऐसे पदार्थ होते हैं, जिनका या तो अपघटन (Decomposition) नहीं होता या फिर बहुत धीरे-धीरे होता है; जैसे-क्लोरीन हाइड्रोकार्बन, कीटनाशक, बेकार प्लास्टिक की बोतलें, पॉलिथीन बैग आदि, यही कारण है कि इनको नियन्त्रित करना काफी कठिन होता है।

प्रदूषण के प्रकार

वायु प्रदूषण

जब मानवीय अथवा प्राकृतिक कारणों से गैसों की निश्चित मात्रा एवं अनुपात में अवांछनीय परिवर्तन हो जाता है या वायु में इन गैसों के अतिरिक्त कुछ अन्य विषाक्त गैसों या कणकीय पदार्थ मिल जाते हैं, उसे **वायु प्रदूषण** कहते हैं।

वायु प्रदूषक

प्रदूषक	उत्पादक स्रोत	प्रभाव
कार्बन डाइ-ऑक्साइड (CO_2)	• जीवाश्म ईंधन के दहन से	• ग्रीन हाउस गैसों (CH_4, N_2O, CFC, CO_2) द्वारा होने वाले वैश्विक तापमान वृद्धि में लगभग 60% के लिए CO_2 जिम्मेदार है।
कार्बन-मोनो-ऑक्साइड (CO)	• जीवाश्म ईंधन (कोयला, खनिज तेल) के दहन से	• यह दमघोंटू गैस होती है। CO रक्त की ऑक्सीजन परिवहन की क्षमता घटाती है, जिससे सिरदर्द, नेत्र दृष्टि की क्षीणता, हृदय रोग आदि का खतरा बढ़ता है।
सल्फर के ऑक्साइड (SO_2)	• सल्फर युक्त जीवाश्म ईंधन के दहन से	• वायु प्रदूषण में 20% भाग SO_2 का पाया जाता है। पौधों के लिए SO_2 की उष्ण सान्द्रता खतरनाक होती है। आँखों में जलन, श्वसन रोग, अम्ल वर्षा। • SO_2 को अगर पत्थर पर लगाकर प्रवाहित किया जाए तो पत्थर क्षत-विक्षत हो जाता है, इसलिए SO_2 को **क्रैकिंग गैस** कहते हैं।
क्लोरो फ्लोरो कार्बन (CFC)	• एरोसोल कैन, रेफ्रिजरेटर, फोम, सॉल्वेण्ट, AC, अग्निशामक, प्रसाधन सामग्री	• यह ओजोन परत को क्षतिग्रस्त करता है, जिससे पराबैंगनी किरणें धरती पर सीधी आती हैं, जो चर्म रोग, कैंसर, जलवायु परिवर्तन का कारक बनती हैं।
नाइट्रोजन के ऑक्साइड (NO_2)	• जीवाश्म ईंधन के उच्च ताप पर ऑटोमोबाइल इंजन में जलने पर नाइट्रोजन (N_2) तथा ऑक्सीजन (O_2) से बनती हैं।	• NO_2, N_2O वायुमण्डल की नमी से प्रतिक्रिया करके नाइट्रिक अम्ल (HNO_3) तथा अन्य अम्ल बनाते हैं, जो धरती पर अम्ल वर्षा के रूप में आते हैं। • अम्लीय वर्षा के कारण मिट्टी की उर्वरता घटती है और जल प्रदूषित हो जाता है। • NO_2 की अधिक सान्द्रता होने पर पौधों की पत्तियाँ गिर जाती हैं।
हाइड्रोकार्बन	• जीवाश्म ईंधनों के दहन से	• कैंसर कारक • इसकी उच्च सान्द्रता मनुष्य एवं पौधों के लिए विषैला होता है।
मीथेन (CH_4)	• आर्द्रभूमि, खनन से, धान के खेतों से, ऑक्सीजन की अनुपस्थिति में वनस्पतियों के जलाने या सड़ाने से	• ग्रीन हाउस प्रभाव में 20% योगदान मीथेन का पाया जाता है।
ओजोन (O_3)	• यह वायुमण्डल की ऊपरी परत में पाई जाने वाली पराबैंगनी किरणों से रक्षा करती है, लेकिन धरातल पर पाई जाने वाली ओजोन गैस प्रदूषक होता है, जिसका स्रोत वाहन व उद्योग हैं।	• हार्ट, अटैक, त्वचा रोग, आँखों में जलन।

प्रदूषक	उत्पादक स्रोत	प्रभाव
सीसा (Lead)	• औद्योगिक गतिविधि के फलस्वरूप धूल के रूप में परिव्याप्त, जो वायुमण्डल में O_2 से मिलकर लैड ऑक्साइड बनाता है। • गैसोलिन तथा कीटनाशकों से उत्सर्जन।	• यह तन्त्रिका तन्त्र तथा पाचन तन्त्र सम्बन्धी समस्याओं को पैदा करता है।
कणकीय पदार्थ	• कालिख, धुआँ, धूल, एस्बेस्टस कीटनाशक • उद्योगों व वाहनों से उत्सर्जित 1 माइक्रोन से 10 माइक्रोन तक के सूक्ष्म कणों को एरोसॉल कहा जाता है।	• ये कण मनुष्य के श्वसन तन्त्र को प्रभावित करते हैं, जिससे दमा, दीर्घकालीन श्वसनी शोथ इत्यादि बीमारियाँ हो जाती हैं।
धूम्रकुहरा (Smog)	• गर्म परिस्थितियों तथा तेज सूर्य विकिरण (ओजोन, PAN, NO_x) से प्रकाश रासायनिक धूम्रकुहरा का निर्माण होता है।	• श्वसन तन्त्र की समस्याएँ • यातायात के परिचालन में असुविधा
फ्लाई ऐश (fly Ash)	• कोयले के दहन से उत्सर्जित ऐश (राख) में सिलिका, लौह-ऑक्साइड, Ca, Hg तथा भारी धात्विक कण-लेड, आर्सेनिक, कोबाल्ट एवं निकिल होते हैं।	• आँख, नाक व गले में जलन • ब्रोंकाइटिस बीमारी एवं फेफड़े में कैंसर का खतरा • खाद्य शृंखला पर नकारात्मक प्रभाव

फोटोकैमिकल स्मॉग

- फोटोकैमिकल स्मॉग एक प्रकार का वायु प्रदूषण है, जो तब उत्पन्न होता है, जब सूर्य के प्रकाश के सम्पर्क में आने पर, नाइट्रोजन ऑक्साइड (NO_X) और वाष्पशील कार्बनिक यौगिकों (VOC_S) द्वितीयक प्रदूषकों में परिवर्तित हो जाते हैं, जैसे कि ओजोन (O_3) और पेरोक्सीएसिटाइल नाइट्रेट (PAN)। ये अभिक्रियाएँ वाहनों, बिजली संयन्त्रों और औद्योगिक प्रक्रियाओं द्वारा उत्सर्जित हाइड्रोकार्बन और नाइट्रोजन ऑक्साइड के कारण होती हैं।
- फोटोकैमिकल स्मॉग के कारण ग्रीनहाउस प्रभाव, जलवायु परिवर्तन, फसलों को नुकसान, मानव में फेफड़े सम्बन्धी परेशानी व आँखों में जलन होती हैं।

1999 गोथेनबर्ग प्रोटोकॉल

- गोथेनबर्ग प्रोटोकॉल एक अन्तर्राष्ट्रीय समझौता है, जिसका उद्देश्य यूरोप में वायु प्रदूषण और अम्लीकरण को कम करना है।
- यह विभिन्न स्रोतों से सल्फर डाइ-ऑक्साइड (SO_2), नाइट्रोजन ऑक्साइड (NO_X), अमोनिया (NH_3) और वाष्पशील कार्बनिक यौगिकों (VOC_S) के उत्सर्जन को सीमित करने पर केन्द्रित है।
- प्रोटोकॉल सदस्य देशों के लिए राष्ट्रीय उत्सर्जन सीमा निर्धारित करता है और प्रदूषण को नियन्त्रित करने के लिए सर्वोत्तम तकनीकों के उपयोग को प्रोत्साहित करता है।

भोपाल गैस त्रासदी

- वर्ष 1984, दिसम्बर महीने की 2 और 3 तारीख की मध्य रात्रि को भोपाल में यूनियन कार्बाइड कारखानें से मिथाइल आइसोसाइनेट गैस के रिसाव ने हजारों लोगों को अपनी चपेट में ले लिया था।
- मिथाइल आइसोसाइनेट एक रंगहीन, आँसू उत्प्रेरक ज्वलनशील गैस होती है, जो अत्यन्त विषैली होती है। इसका प्रयोग कार्बोनेट कीटनाशियों के उत्पादन के लिए किया जाता है।

वायु प्रदूषण नियन्त्रण के उपाय

- स्वचालित वाहनों में यथासम्भव पेट्रोल के स्थान पर सम्पीडित प्राकृतिक गैस (Compressed Natural Gas, CNG) का प्रयोग करना। वर्तमान वायु प्रदूषण के स्तरों की जाँच के लिए व्यापक सर्वेक्षण और अध्ययन किया जाना चाहिए और प्रदूषण की नियमित मॉनिटरिंग की जानी चाहिए।
- ऊर्जा के वैकल्पिक स्रोतों के प्रयोग को बढ़ावा दिया जाना चाहिए; जैसे—ज्वारीय ऊर्जा, जैव ऊर्जा, पवन ऊर्जा, सौर ऊर्जा, जल-विद्युत ऊर्जा आदि।
- स्वचालित वाहनों से निकलने वाले प्रदूषण को कम करने के लिए गाड़ियों में 'स्क्रबर' आदि लगे होने चाहिए तथा इसके अतिरिक्त डीजल की गाड़ियों में अति सूक्ष्म मात्रा में सल्फर युक्त डीजल (Ultra Low Sulphur Diesel,ULSD) या हरित डीजल का प्रयोग किया जाना चाहिए।
- फैक्ट्रियों की चिमनियों में फिल्टर बैग लगा होना आवश्यक है, इससे 50 माइक्रोमीटर से कम व्यास वाले कणिकीय पदार्थ पृथक् किए जाना चाहिए।

वायु प्रदूषण नियन्त्रण के राष्ट्रीय प्रयास

वायु प्रदूषण नियन्त्रण के राष्ट्रीय प्रयासों के अन्तर्गत निम्नलिखित कार्यक्रम/अधिनियम शामिल हैं

राष्ट्रीय वायु गुणवत्ता निगरानी कार्यक्रम (NAMP)

- केन्द्रीय प्रदूषण नियन्त्रण बोर्ड (Central Pollution Central Board, CPCB) भारत में परिवेशी (Ambient) वायु गुणवत्ता निगरानी कार्यक्रम का संचालन करता है, जिसे राष्ट्रीय वायु गुणवत्ता निगरानी कार्यक्रम (National Air Quality Monitoring Programme, NAMP) के नाम से जाना जाता है।
- इस कार्यक्रम के उद्देश्य निम्नलिखित हैं
  - परिवेशी वायु गुणवत्ता की स्थिति एवं प्रारूप का निर्धारण करना।
  - राष्ट्रीय परिवेशी वायु गुणवत्ता मानदण्डों (National Ambient Air Quality Standards, NAAQS) का अनुपालन सुनिश्चित करना। वायु प्रदूषण के नियन्त्रण व निवारण (Prevention) हेतु कदम उठाना।

- पर्यावरण की प्राकृतिक शुद्धिकरण (Natural Purification) की प्रक्रिया को समझना।
- अत्यधिक वायु प्रदूषित शहरों की पहचान करना।

राष्ट्रीय परिवेशी वायु गुणवत्ता मानदण्ड (NAAQS)

- इन मानदण्डों को वर्ष 1982 में लागू किया गया था और स्वास्थ्य मानदण्डों एवं भूमि उपयोग के आधार पर वर्ष 1994 में इनका संशोधन किया गया।
- पुन: वर्ष **2009** में **12 प्रदूषकों** के लिए इन मानदण्डों में परिवर्तन किया गया। ये 12 प्रदूषक निम्नलिखित हैं

(i) पारा	(ii) निकिल
(iii) बेंजीन	(iv) अमोनिया
(v) ओजोन	(vi) बेंजोपायरीन
(vii) सल्फर डाइ-ऑक्साइड	(viii) नाइट्रोजन ऑक्साइड
(ix) कणकीय पदार्थ (PM-10)	(x) कणकीय पदार्थ (PM-2.5)
(xi) आर्सेनिक	(xii) कार्बन मोनो-ऑक्साइड

केन्द्रीय प्रदूषण नियन्त्रण बोर्ड (CPCB)

- केन्द्रीय प्रदूषण नियन्त्रण बोर्ड (Central Pollution Control Board, CPCB) एक सांविधिक संगठन है, जिसे वर्ष 1974 में जल (प्रदूषण नियन्त्रण व रोकथाम) अधिनियम, 1974 के अन्तर्गत स्थापित किया गया है।
- CPCB पर्यावरण वन एवं जलवायु परिवर्तन मन्त्रालय (Ministry of Environment Forest and Climate Change, MoEF&CC) के अधीन काम करता है तथा वायु प्रदूषण रोकथाम एवं नियन्त्रण अधिनियम, 1981 के अन्तर्गत शक्तियों व कार्यों को ग्रहण करता है।
- यह बोर्ड प्रदूषण की रोकथाम एवं नियन्त्रण सम्बन्धी कार्यों को देखता है तथा सम्पूर्ण भारत के लिए कार्यक्रमों का निर्माण करता है।
- केन्द्रीय प्रदूषण नियन्त्रण बोर्ड द्वारा निम्नलिखित दिशा-निर्देश दिए गए हैं
  - गंगा घाटी के पाँच क्षेत्रों में शून्य तरल अपशिष्ट (ZLD) के कार्यान्वयन की तकनीकी और आर्थिक सम्भाव्यता पर दिशा-निर्देश तैयार किए गए हैं।
  - भारत में वाहनों की समाप्त जीवनावधि के पर्यावरणीय रूप से सुरक्षित प्रबन्धन के विकास पर एक अध्ययन आरम्भ किया गया है।
  - शहरी नगरपालिका ठोस अपशिष्ट के भूमिभराव स्थलों पर गन्ध की निगरानी और प्रबन्धन के लिए राष्ट्रीय दिशा-निर्देशों पर भी अध्ययन शुरू किया गया है।
- औद्योगिक क्षेत्रों का वर्गीकरण
  - केन्द्रीय प्रदूषण नियन्त्रण बोर्ड ने औद्योगिक क्षेत्रों के श्रेणीकरण में सुधार लाने के लिए एक कार्यकारी समूह का गठन किया, जिसमें विभिन्न राज्यों के प्रदूषण नियन्त्रण बोर्ड के सदस्य शामिल थे।
  - इस समूह ने प्रदूषण सूचकांक आधारित वर्गीकरण के मापदण्ड तैयार किए, जो वायु और जल प्रदूषण, खतरनाक अपशिष्ट और संसाधनों के उपयोग पर आधारित हैं।

  - लाल श्रेणी- जिन औद्योगिक क्षेत्रों का प्रदूषण सूचकांक 60 या उससे अधिक है।
  - नारंगी श्रेणी- जिनका प्रदूषण सूचकांक 41 से 59 के बीच है।
  - हरित श्रेणी- जिनका सूचकांक 21 से 40 के बीच है।
  - श्वेत श्रेणी- जिनका प्रदूषण सूचकांक 20 या उससे कम है।

- श्वेत श्रेणी के उद्योगों को गैर-प्रदूषणकारी माना जाता है और उन्हें संचालन के लिए अनुमति लेने की आवश्यकता नहीं होती, केवल राज्य प्रदूषण नियन्त्रण बोर्ड को सूचना देना पर्याप्त होता है।
- पारिस्थितिक रूप से संवेदनशील क्षेत्रों में लाल श्रेणी के उद्योगों की अनुमति नहीं देने का प्रावधान है।

वायु प्रदूषण (निरोध एवं नियन्त्रण) अधिनियम, 1981

- यह अधिनियम मुख्य रूप से वायु प्रदूषण को नियन्त्रित रखने के लिए बनाया गया। इसका उद्देश्य प्राकृतिक संसाधनों को संरक्षण प्रदान करना है। इसकी मुख्य विशेषताएँ निम्नलिखित हैं
  - वायु प्रदूषण के उत्सर्जन स्रोत; जैसे-वाहनों, उद्योगों व बिजलीघरों आदि को निर्धारित सीमा से अधिक सीसा, कार्बन, कणकीय पदार्थों, सल्फर डाइ-ऑक्साइड, कार्बन मोनो-ऑक्साइड, नाइट्रोजन ऑक्साइड व अन्य विषैले पदार्थों को छोड़ने की अनुमति नहीं दी गई है।
  - वायु प्रदूषण की जाँच प्रदूषण नियन्त्रण बोर्ड करेंगे। इन बोर्डों को अधिनियम के प्रावधानों को लागू करने की शक्तियों और प्रदूषण की रोकथाम से सम्बन्धित कार्यों की जिम्मेदारी सौंपी गई है।
  - प्रदूषण बोर्डों को यह शक्ति प्रदान की गई है कि वे लोकहित में औद्योगिक प्रतिष्ठानों की पानी-बिजली जैसी सेवाएँ बन्द कर सकते हैं या उन्हें विनियमित करने का आदेश दे सकते हैं।
  - इस अधिनियम के अन्तर्गत किसी भी उद्योग की स्थापना तभी की जा सकती है, जब इसके लिए प्रदूषण नियन्त्रण बोर्ड (Pollution Central Board, PCB) से अनुमति प्राप्त कर ली जाए।
  - वर्ष 1987 में वायु प्रदूषण अधिनियम को संशोधित कर इसमें ध्वनि प्रदूषण को भी सम्मिलित किया गया तथा नागरिकों के मुकदमें का प्रावधान लाया गया।

राष्ट्रीय वायु गुणवत्ता सूचकांक (NAQI)

- इस सूचकांक की शुरुआत स्वच्छ भारत पहल के तहत वर्ष 2014 में की गई, जिसे केन्द्रीय प्रदूषण नियन्त्रण बोर्ड द्वारा प्रकाशित किया जाता है।
- इस सूचकांक में आठ प्रदूषकों को शामिल किया गया है। ये प्रदूषक हैं— PM_{10}, $PM_{2.5}$, NO_2, SO_2, CO, O_3, NH_3 और Pb। इनका तात्पर्य क्रमश: 10 माइक्रोमीटर तथा 2.5 माइक्रोमीटर से कम व्यास वाले कणिकीय पदार्थों से है।
- भारत में लद्दाख की हवा सबसे स्वच्छ है। बेगूसराय (बिहार) शहर की हवा सबसे प्रदूषित है।
- वायु गुणवत्ता सूचकांक के अन्तर्गत 6 वर्ग रखे गए हैं। प्रत्येक वर्ग का अलग-अलग वर्ण कूट (Colour Code) है। इसके अन्तर्गत सभी 6 वर्गों के साथ उनका सम्भावित स्वास्थ्य प्रभाव भी दिया गया है।

वायु गुणवत्ता सूचकांक

वर्ग	AQS सीमा	वर्ण
अच्छा	0-50	हरा
सन्तोषजनक	51-100	धानी
सामान्य प्रदूषित	101-200	पीला
खराब	201-300	नारंगी
अति खराब	301-400	लाल
गम्भीर	401-500	कत्थई

यूरो मानदण्ड

- यूरो, यूरोपियन यूनियन एमिशन स्टैण्डर्ड्स फॉर पैसेन्जर कार का संक्षिप्त रूप है।
- वाहनों से निकलने वाले धुएँ से होने वाले प्रदूषण पर नियन्त्रण के लिए यूरोपीय संघ द्वारा यूरो-I मानक वर्ष 1992 में एवं यूरो-II मानक वर्ष 1996 में लागू हुआ तथा यूरो-III मानक वर्ष 2000 में लागू हुआ।
- वर्ष 2000 से भारत ने वायु प्रदूषण पर नियन्त्रण के लिए यूरो उत्सर्जन मानकों को अपना लिया है। भारत में यूरो मानदण्ड पर आधारित भारत स्टेज उत्सर्जन मानक (BS मानदण्ड) है, जिसे पहली बार वर्ष 2000 में स्थापित किया गया था। यूरो-I के बराबर पहले पुनरावृत्ति को 'भारत 2000' (BS-I) के रूप में जाना जाता है।
- भारत स्टेज उत्सर्जन मानक (BS मानदण्ड) भारत सरकार द्वारा स्थापित उत्सर्जन मानक है, जिनका सभी मोटर वाहनों को भारत में बेचने एवं चलाने के लिए अनुपालन करना होता है। वर्तमान में भारत में बेचे गए और पंजीकृत सभी नए वाहन उत्सर्जन मानक BS-VI पर आधारित हैं।

यूरो उत्सर्जन के भारत मानदण्ड

मानदण्ड	नाम	समय	क्षेत्र
भारत स्टेज-I	यूरो-1	2001-02	राष्ट्रीय स्तर पर
भारत स्टेज-II	यूरो-2	2003-04	राष्ट्रीय राजधानी क्षेत्र एवं 13 शहर
		2004-05	राष्ट्रीय स्तर पर
भारत स्टेज-III	यूरो-3	2004-05	राष्ट्रीय राजधानी क्षेत्र एवं 13 शहर
		2010	राष्ट्रीय स्तर पर
भारत स्टेज-IV	यूरो-4	2010	राष्ट्रीय राजधानी क्षेत्र एवं 13 शहर
		1 अप्रैल, 2017 पर	राष्ट्रीय स्तर
भारत स्टेज-VI		1 अप्रैल, 2020	राष्ट्रीय राजधानी क्षेत्र दिल्ली सहित 13 शहर

राष्ट्रीय स्वच्छ वायु कार्यक्रम (NCAP)

- राष्ट्रीय स्वच्छ वायु कार्यक्रम (National Clean Air Programme-NCAP) की शुरुआत वर्ष 2019 में देश में बढ़ते वायु प्रदूषण के नियन्त्रण हेतु की गई थी।
- इस कार्यक्रम के अन्तर्गत क्षमता निर्माण के लिए केन्द्रीय प्रदूषण नियन्त्रण बोर्ड (Central Pollution Control Board) और राज्य प्रदूषण नियन्त्रण बोर्ड (State Pollution Control Board) की अवसंरचना सुविधाओं में वृद्धि करने पर बल दिया गया है।
- इस कार्यक्रम के अन्तर्गत वर्ष 2024 तक वायु में PM 2.5 और PM10 प्रदूषकों के स्तर में 20% तक की कमी लाने का लक्ष्य रखा गया है।
- राष्ट्रीय स्वच्छ वायु कार्यक्रम के अन्तर्गत वर्ष 2025-26 तक वायु प्रदूषण को 40% तक कम करने के लिए 131 शहरों को जनसंख्या के आधार पर तीन समूहों में वर्गीकृत किया गया है— प्रथम समूह 47 शहर, जिनकी जनसंख्या 10 लाख से अधिक है, दूसरा समूह में 44 शहर, जिनकी आबादी 3 से 10 लाख के मध्य है एवं तीसरे समूह में 3 लाख से कम आबादी वाले 40 शहर सम्मिलित हैं।

नेशनल इलेक्ट्रिक मोबिलिटी मिशन प्लान (NEMMP)

- इस प्लान का लक्ष्य पर्यावरण के अनुकूल और उच्च दक्षता वाले हाइब्रिड और इलेक्ट्रिक वाहनों का उत्पादन करना है।
- इसके माध्यम से 2020 तक CO_2 उत्सर्जन में 1.5% की कमी लाने का प्रयास किया गया था।

नेशनल अर्बन ट्रांसपोर्ट पॉलिसी (NUTP)

NUTP को वर्ष 2006 में शहरी क्षेत्रों में सार्वजनिक परिवहन के अधिक उपयोग को प्रोत्साहित करने के उद्देश्य से शुरू किया गया था और वर्ष 2014 में इसका पुन: मूल्यांकन किया गया था।

सफर

- भारत में वायु गुणवत्ता की निगरानी के लिए पहली मोबाइल एप्लिकेशन सेवा 'सफर' (System of Air Quality and Weather forecasting and Research) को इण्डियन इंस्टीट्यूट ऑफ ट्रॉपिकल मिट्रिओलॉजी, पुणे ने विकसित किया।
- यह एप्लिकेशन उपयोगकर्ताओं को रंग-कोडित प्रणाली के द्वारा वर्तमान वायु गुणवत्ता और सम्बन्धित डेटा प्रदान करती है।

जल प्रदूषण

- प्रदूषकों की उपस्थिति के कारण जब जल के मूल भौतिक, रासायनिक व जैविक गुणों में परिवर्तन होता है, तो यह परिवर्तन जल प्रदूषण (Water Pollution) कहलाता है।
- राष्ट्रीय जल आयोग (वर्ष 1973) के अनुसार, "यदि जल वर्तमान अथवा भविष्य में लोगों के उपयोग हेतु पर्याप्त उच्च गुणवत्ता का नहीं है, तो जल प्रदूषित है।"
- नदियों, नहरों, झीलों तथा तालाबों आदि में अल्प मात्रा में निलम्बित कण, कार्बनिक तथा अकार्बनिक पदार्थों के रूप में समाहित होते हैं, जब जल में इन पदार्थों की सान्द्रता बढ़ जाती है, तो परिणामस्वरूप जल प्रदूषित हो जाता है और ऐसी स्थिति में जल में स्वत: शुद्धिकरण की क्षमता भी जल को शुद्ध नहीं कर पाती।
- औद्योगिक उत्पादन की प्रक्रिया के फलस्वरूप अवांछित उत्पाद, जिनमें औद्योगिक कचरा, प्रदूषित अपशिष्ट जल, जहरीली गैसें, रासायनिक अवशेष, अनेक भारी धातुएँ आदि शामिल हैं, को बहते जल या नदियों, झीलों आदि में बहा दिया जाता है। इससे जलीय खाद्य शृंखला का जैव आवर्द्धन हो सकता है।
- जैव आवर्द्धन का तात्पर्य क्रमिक पोषण स्तर पर आविष की सान्द्रता में वृद्धि का होना है। पोषक स्तर पर DDT की सान्द्रता का विकास इसी प्रक्रिया को दर्शाता है।

जल प्रदूषण के स्रोत

जल प्रदूषक स्रोतों को दो प्रमुख भागों में विभाजित किया जा सकता है

- **बिन्दु स्रोत** जिस स्थान पर बहि:स्राव को जमा किया जाता है, बिन्दु स्रोत (Point-Sources) कहलाता है; जैसे-नगरपालिका क्षेत्र का सीवेज स्थल एवं फैक्ट्रियों का बहि:स्राव स्थल।
- **अबिन्दु स्रोत** अबिन्दु स्रोत (Non-point Sources) वे होते हैं, जहाँ प्रदूषक विभिन्न क्षेत्रों से फैलते हुए जल निकायों में पहुँचते हैं। इन स्रोतों को पहचानना और नियन्त्रित करना कठिन होता है। जैसे-खेतों से बहकर आने वाले पानी जिसमें उर्वरक, कीटनाशक, मिट्टी कण आदि होते हैं, सड़कों पर वर्षा के पानी में कचरा, धूल-कण, तेल, शौच, पशु शव इत्यादि होते हैं।

गंगा एवं यमुना नदियों में प्रदूषण

नदी एवं राज्य	गंगा (उत्तर प्रदेश, बिहार व पश्चिम बंगाल) यमुना (दिल्ली एवं उत्तर प्रदेश)
प्रदूषित पटरियाँ	कानपुर का अनुप्रवाह वाराणसी का अनुप्रवाह फरक्का बाँध दिल्ली से चम्बल के मिलन तक मथुरा व आगरा
प्रदूषण की प्रकृति	कानपुर जैसे नगरों से औद्योगिक प्रदूषण। नगरीय केन्द्रों का घरेलू अपशिष्ट, नदी में लाशों का विसर्जन। हरियाणा व उत्तर प्रदेश द्वारा पानी का सिंचाई हेतु निर्गमन। कृषि गतिविधियों के कारण यमुना जल में उच्च स्तर पर सूक्ष्म प्रदूषकों का प्रवाह। दिल्ली के घरेलू एवं औद्योगिक कचरे को नदी में प्रवाहित करना।
मुख्य प्रदूषक	कानपुर, इलाहाबाद, वाराणसी, पटना तथा कोलकाता जैसे नगर घरेलू कचरे को नदी में निर्मुक्त करते हैं। दिल्ली का अपने घरेलू अपशिष्ट को नदी में डालना।

जल प्रदूषण के प्रभाव

- **मानव पर प्रभाव** जल प्रदूषण विभिन्न प्रकार की जलजनित बीमारियों का एक प्रमुख स्रोत है। सन्दूषित जल के उपयोग के कारण प्राय: दस्त (डायरिया), आँतों के कृमि, हेपेटाइटिस जैसी बीमारियाँ होती हैं। विश्व स्वास्थ्य संगठन की रिपोर्ट के अनुसार, भारत में लगभग एक-चौथाई संचारी रोग जलजनित होते हैं।
- **वनस्पतियों पर प्रभाव** कृषि अपशिष्टों में नाइट्रेट, फॉस्फेट आदि की अधिकता होने से इनमें जलीय शैवाल; जैसे-नील हरित शैवाल (Blue Green Algae) का आधिक्य (Water Bloom) हो जाता है। परिणामस्वरूप बाकी अधिकांश वनस्पतियाँ समाप्त हो जाती हैं। घरेलू अपशिष्ट, अपमार्जक आदि से जल क्षारीय तथा अनुपयुक्त हो जाता है, इससे अनेक जलीय वनस्पतियाँ नष्ट हो जाती हैं।
- **जलीय जीवों पर प्रभाव** जलीय प्रदूषण से मछलियाँ मर जाती हैं। अत: मछली पालन उद्योग व अन्य उद्योगों पर प्रतिकूल प्रभाव पड़ता है। डैफनिया, ट्राउट आदि मछलियाँ जल प्रदूषण की तीव्रता को दर्शाती हैं। समुद्री जीवों पर तेल प्रदूषण का विपरीत प्रभाव पड़ता है। जल के तापीय प्रदूषण से भी अनेक जीवों की समाप्ति हो जाती है।

सर्वाधिक सम्भाव्य संख्या (MPN)

जिस प्रदूषित जल में, जल-मल जैसे जैविक अपशिष्टों का प्रदूषण होता है, उस जल में ई-कोली जैसे जीवाणु अधिकता में दिखाई देते हैं। प्रदूषित जल में उच्च MPN (Most Probable Number) पाया जाता है।

जल प्रदूषण के प्रकार

सामान्यत: जल प्रदूषण को निम्न प्रकार से बाँटा जा सकता है

भूमिगत जल प्रदूषण

प्रदूषित जल के साथ अनेक प्रदूषक सतह से रिसकर भू-गर्भ में पहुँचते हैं, इसे भूमिगत जल प्रदूषण (Ground Water Pollution) की संज्ञा दी जाती है।

भूमिगत जल प्रदूषक एवं उनके प्रभाव

नाम	अधिक मात्रा में उपस्थिति के दुष्प्रभाव	प्रभावित राज्य
लवणता	हाइपरटेंशन	बिहार, दिल्ली, हरियाणा, मध्य प्रदेश, महाराष्ट्र, पश्चिम बंगाल
आयरन	सामान्यत: स्वास्थ्य को तो प्रभावित नहीं करता, लेकिन जल के स्वाद एवं रंग में बदलाव तथा पाइपों में जंग लगने लगता है।	उत्तर प्रदेश, असोम, बिहार, ओडिशा, पश्चिम बंगाल आदि।
फ्लुओराइड	हड्डियों में दर्द, बच्चों में दाँतों की बीमारी	आन्ध्र प्रदेश, हरियाणा, बिहार, गुजरात, पश्चिम बंगाल, महाराष्ट्र
सल्फाइड	उल्टी आना, पेट दर्द	ओडिशा
मैंगनीज	दीर्घकाल में तन्त्रिका तन्त्र पर प्रभाव (पार्किन्सन बीमारी के समान)	ओडिशा, उत्तर प्रदेश
आर्सेनिक	कैंसर, त्वचा की बीमारी	पश्चिम बंगाल
यूरेनियम	कैंसर, किडनी में विषाक्तता (Toxicity)	पंजाब
क्रोमियम	त्वचा में एलर्जी	पंजाब
जिंक	त्वचा में जलन, उल्टी आना, पेट की बीमारी, एनीमिया रोग	आन्ध्र प्रदेश, दिल्ली, राजस्थान
क्लोराइड	बच्चों में एनीमिया रोग, तन्त्रिका तन्त्र पर प्रभाव	कर्नाटक, पश्चिम बंगाल, राजस्थान
नाइट्रेट	ब्लू बेबी सिण्ड्रोम, श्वास सम्बन्धी बीमारी	बिहार, आन्ध्र प्रदेश, पश्चिम बंगाल, हरियाणा, उत्तर प्रदेश

तापीय जल प्रदूषण

- विभिन्न प्राकृतिक जल स्रोतों विशेषकर नदी में गर्म पानी के निकास को ताप प्रदूषण या तापीय जल प्रदूषण कहते हैं।
- इसका कारण गर्म जल को जल स्रोतों में प्रवाहित किया जाना है। यह जल मुख्यत: उद्योगों, टरबाइनों आदि से उत्पन्न होता है। तापमान में मात्र 1° C की कमी या वृद्धि जलीय जीवों के लिए घातक हो जाती है।

सतही जल प्रदूषण

- इस प्रदूषण के अन्तर्गत नदी, झील एवं तालाबों में होने वाला प्रदूषण आता है।
- इन जल स्रोतों में कृषि अपशिष्ट, औद्योगिक एवं घरेलू अपशिष्टों के मिलने से जल प्रदूषित हो जाता है।

जल प्रदूषण नियन्त्रण के राष्ट्रीय प्रयास

जल प्रदूषण नियन्त्रण करने हेतु राष्ट्रीय प्रयासों का विवरण निम्न प्रकार है

जल प्रदूषण नियन्त्रण अधिनियम, 1974

- वर्ष 1974 में सरकार ने जल प्रदूषण नियन्त्रण अधिनियम पारित करके जल प्रदूषण की रोकथाम के लिए पहल की थी, जिसे वर्ष 1988 में संशोधित किया गया।
- इस अधिनियम तथा कानून का सर्वप्रमुख उद्देश्य मानव उपयोग के लिए जल की गुणवत्ता को बनाए रखना है। इसके उपबन्ध निम्नलिखित हैं
  - यह अधिनियम जल प्रदूषण रोकथाम, नियन्त्रण, हतोत्साहन तथा जल की स्वच्छता की सुरक्षा सुनिश्चित करता है।
  - यह जहाँ प्रदूषण के स्तर को मापने का बन्दोबस्त करता है, वहीं प्रदूषकों के लिए दण्ड का भी प्रावधान करता है। इसके अन्तर्गत तीन माह की कैद या ₹ 10,000 जुर्माना हो सकता है।
  - इस अधिनियम के अन्तर्गत केन्द्रीय प्रदूषण नियन्त्रण बोर्ड तथा राज्य प्रदूषण बोर्डों को स्वायत्तशासी (Autonomous) संस्था का दर्जा प्रदान किया गया है। ये जल प्रदूषण के लिए योजनाएँ बनाकर उन्हें लागू करते हैं। मानकों का उल्लंघन होने पर बोर्ड को न्यायिक कार्यवाही करने की भी शक्ति प्राप्त है।

गंगा एक्शन प्लान (GAP)

- केन्द्रीय प्रदूषण नियन्त्रण बोर्ड द्वारा केन्द्रीय गंगा प्राधिकरण (CGA) का गठन कर वर्ष 1985 में गंगा एक्शन प्लान का आरम्भ किया।
- यह योजना 100% केन्द्र प्रायोजित योजना है तथा इस योजना के अन्तर्गत राष्ट्रीय नदी गंगा बेसिन प्राधिकरण की स्थापना की गई और गंगा को भारत की राष्ट्रीय नदी घोषित किया गया।
- गंगा एक्शन प्लान को दो चरणों में विभाजित किया गया था। इसमें चरण-I को वर्ष 1985 में शुरू किया गया और तत्कालीन तीन राज्यों उत्तर प्रदेश, बिहार और पश्चिम बंगाल को कवर किया गया।
- इस योजना के चरण-II को वर्ष 1993 में शुरू किया गया था, जिसमें सात राज्य-उत्तराखण्ड, उत्तर प्रदेश, झारखण्ड, बिहार, पश्चिम बंगाल, दिल्ली एवं हरियाणा शामिल हैं।
- इसमें गंगा की सहायक नदियों; जैसे—यमुना, महानन्दा, गोमती, दामोदर नदियाँ भी शामिल थीं।

राष्ट्रीय नदी संरक्षण योजना

- राष्ट्रीय नदी संरक्षण योजना (National River Conservation Plan-NRCP) वर्ष 1995 में शुरू की गई एक केन्द्रीय वित्त पोषित योजना है।
- वर्ष 1995 में गंगा एक्शन प्लान के द्वितीय चरण का राष्ट्रीय नदी संरक्षण योजना (NRCP) के साथ विलय हो गया।
- NCRP योजना का उद्देश्य प्रदूषण नियन्त्रण योजनाओं के कार्यान्वयन के द्वारा देश की प्रमुख नदियों के पानी की गुणवत्ता में विभिन्न योजनाओं के माध्यम से सुधार करना है।

नमामि गंगे कार्यक्रम

- एक नदी के रूप में गंगा का राष्ट्रीय महत्त्व है, लेकिन प्रदूषण को नियन्त्रित करके नदी के सम्पूर्ण मार्ग की सफाई की आवश्यकता है।
- केन्द्र सरकार ने निम्नलिखित उद्देश्यों के साथ नमामि गंगे कार्यक्रम आरम्भ किया है
  - शहरों में सीवर ट्रीटमेण्ट की व्यवस्था कराना।
  - औद्योगिक प्रवाह की निगरानी।।
  - नदियों का विकास।
  - नदी के किनारों पर वनीकरण, जिससे जैव-विविधता में वृद्धि हो।
  - नदियों के तल की सफाई।
  - उत्तराखण्ड, उत्तर प्रदेश, बिहार, झारखण्ड में **गंगा ग्राम** का विकास करना।
  - नदी में किसी भी प्रकार के पदार्थों को न डालना भले ही वे किसी अनुष्ठान से सम्बन्धित हों, इससे प्रदूषण को बढ़ावा मिलता है। इसके सम्बन्ध में लोगों में जागरूकता उत्पन्न करना।

- जलीय पारिस्थितिकी प्रणाली के संरक्षण के लिए राष्ट्रीय योजना के माध्यम से झीलों तथा नम भूमियों का संरक्षण केन्द्र प्रायोजित योजनाओं के माध्यम से किया जा रहा है।

बायो-टॉयलेट

- बायो-टॉयलेट में **बायो-डायजेस्टर** का उपयोग किया जाता है, जिसके लिए शौचालयों के गन्दे जल या मानव अपशिष्ट के निपटान हेतु मल-जल प्रणाली अर्थात् सीवेज लाइन कनेक्शन या अतिरिक्त सेप्टिक टैंक की आवश्यकता नहीं पड़ती है।
- बायो-डायजेस्टर प्रौद्योगिकी पूर्णतया पर्यावरण एवं हरित दर्जे का उत्पाद है।
- बायो-डायजेस्टर 100% पर्यावरणीय अनुकूलता के अन्तर्गत मानव अपशिष्ट पदार्थों की निपटान की व्यवस्था करता है तथा रंगहीन, गन्धहीन पानी और खाना पकाने, पानी गर्म करने एवं कमरे को गर्म रखने आदि के लिए गौण- उत्पाद के रूप में ज्वलनशील मीथेन-गैस उत्पन्न करता है। इस प्रौद्योगिकी को सीमित मात्रा में उपलब्ध महँगी पारम्परिक ऊर्जा संसाधनों पर निर्भर नहीं रहना पड़ता है।

जल गुणवत्ता के मापन की प्रमुख विधियाँ

जल गुणवत्ता के मापन की प्रमुख विधियाँ निम्नलिखित हैं

- घुली ऑक्सीजन (Desolved Oxygen) यह मापक किसी जलस्रोत के जल में घुली ऑक्सीजन मात्रा को दर्शाता है। जबकि घुली ऑक्सीजन की उच्च मात्रा का अर्थ है—जल की गुणवत्ता अच्छी है। घुली ऑक्सीजन की निम्न मात्रा बताती है कि जल के अन्दर जैविक अपशिष्ट प्रदूषण है।
- सम्पूर्ण घुले ठोस (Total Dissolved Solid, TDS) जल में घुले ठोसों तथा लवणों की कितनी मात्रा है, इसको सम्पूर्ण घुले ठोस एवं लवणता मात्रा का परीक्षण करके मापा जाता है। जल की गुणवत्ता को गिराने वाले कुछ घुले पदार्थ; जैसे—कैल्शियम, फॉस्फोरस, आयरन सल्फेट, कार्बोनेट्स, नाइट्रेट्स, क्लोराइड्स तथा अन्य लवण भारी धातुएँ भी इसी श्रेणी में आती हैं। TDS की अधिक मात्रा से जल की गुणवत्ता गिर जाती है।
- जैविक ऑक्सीजन माँग (Bio-chemical Oxygen Demand, BOD) ऑक्सीजन की वह माँग है, जो सामान्य ताप पर किसी जल के 1 ली भाग को 5 दिन में सूक्ष्मजीवों में उपापचयी क्रिया (Metabolism) के लिए आवश्यक होती है। यह परीक्षण जल में उपस्थित जैव-ऑक्सीकरणीय कार्बनिक पदार्थों की मात्रा का आकलन करता है।
- जल जितना ही अधिक प्रदूषित होता है, प्रदूषित पदार्थों के विघटन के लिए उसी अनुपात में अधिक ऑक्सीजन की माँग होगी। स्पष्ट है कि BOD जल प्रदूषण के मानक निर्धारण का महत्त्वपूर्ण घटक है। सामान्यत: नदियों में BOD की मात्रा 10 मिलीग्राम/ली होनी चाहिए।
- रासायनिक ऑक्सीजन माँग (Chemical Oxygen Demand, COD) पानी में प्रदूषण को व्यक्त करने के लिए दूसरा मानक है। COD वास्तव में, उस कुल ऑक्सीजन की माँग है, जो जल में उपस्थित कुल कार्बनिक पदार्थों के ऑक्सीकरण के लिए आवश्यक है। COD की सहनीय मात्रा 20 मिग्रा/लीटर जल है। COD का मान सदैव BOD से अधिक होता है।

पेयजल के लिए निर्धारित मानक

विश्व स्वास्थ्य संगठन ने वर्ष 1971 में निम्न मानक पेयजल के लिए निर्धारित किए हैं

- भौतिक मानक विश्व स्वास्थ्य संगठन (WHO) के अनुसार-पेयजल ऐसा होना चाहिए, जो स्वच्छ, शीतल, स्वादयुक्त तथा गन्धरहित हो।
- रासायनिक मानक विश्व स्वास्थ्य संगठन के अनुसार, पेयजल में दी गई सीमा से अधिक अशुद्धियाँ (Impurities) नहीं होनी चाहिए।

तत्त्व	उच्चतम निर्धारित सीमा (मिग्रा/लीटर)	तत्त्व	उच्चतम निर्धारित सीमा (मिग्रा/लीटर)
कुल ठोस पदार्थ	500	ताँबा	0.05
सम्पूर्ण कठोरता	0	मैंगनीज	30
सल्फेट (SO_4)	200	सायनाइड	0.05
क्लोराइड्स (Cl_2)	200	आर्सेनिक	0.05 (विषैला पदार्थ)
कैल्शियम (Ca)	75	सीसा	0.1
मैग्नीशियम (Ma)	30	कैडमियम	0.05
जिंक (Zn)	5	पारा	0.001
लोहा (Fe)	0.10	फिलोनिक पदार्थ	0.001

ध्वनि प्रदूषण

- विभिन्न स्रोतों से उत्पन्न ध्वनि का मानव की सहनीय सीमा से अधिक तथा असहज होना ही ध्वनि प्रदूषण कहलाता है।
- वर्तमान समय में तीव्र नगरीकरण एवं आधुनिक जीवनशैली के कारण ध्वनि प्रदूषण भी दिन-प्रतिदिन बढ़ता जा रहा है।
- ध्वनि की तीव्रता को डेसीबल द्वारा मापा जाता है। एक सामान्य व्यक्ति के लिए 50 डेसीबल तीव्रता की ध्वनि सुनना उपयुक्त व सामान्य होता है।
- 80 डेसीबल से अधिक तीव्रता की ध्वनि शोर कहलाती है। मनुष्य के कान 20 हर्ट्ज से 20,000 हर्ट्ज तक ध्वनि को सुन सकते हैं, इसे मनुष्य का श्रव्य परास (Hearing Range) कहते हैं।

ध्वनि प्रदूषण के स्रोत/कारण

प्राकृतिक कारण
बादलों का गरजना, बिजली कड़कना, तूफानी हवाएँ, ज्वालामुखी विस्फोट, भूकम्प, तीव्र गति से गिरते जल आदि।

मानवजनित कारण
औद्योगिक इकाई (मशीनों से उत्पन्न ध्वनि) परिवहन के साधन (बस, ट्रक, स्कूटर, रेल आदि से उत्पन्न ध्वनि), मनोरंजन के साधन (लाउड स्पीकर से उत्पन्न ध्वनि)

ध्वनि स्तर का मापन

- ध्वनि की सामान्य इकाई को डेसीबल या (dB) कहते हैं। ध्वनि दाब की अन्य मापन इकाई वेटेड साउण्ड प्रेशर (Weighted Sound Pressure) या भारित ध्वनि दाब है। इसे संक्षिप्त रूप से dB (A) के नाम से जाना जाता है।
- इसका अधिक प्रयोग किया जाता है, क्योंकि ध्वनि की तीव्रता के मापन की तुलना में ध्वनि तरंगों के दाब के मापन के लिए आवश्यक उपकरण का निर्माण करना अधिक सरल है।

भारत में ध्वनि के सम्बन्ध में परिवेशी वायु क्वालिटी मानक

क्षेत्र/परिक्षेत्र का प्रवर्ग	दिन का समय	रात का समय
औद्योगिक क्षेत्र	75	70
वाणिज्यिक क्षेत्र	65	55
आवासीय क्षेत्र	55	45
शान्त परिक्षेत्र	50	40

ध्वनि प्रदूषण के दुष्प्रभाव

- अत्यधिक शोर का सबसे प्रत्यक्ष हानिकारक प्रभाव कानों पर पड़ता है और श्रवण शक्ति स्थायी या अस्थायी रूप से प्रभावित होती है।
- काम के दौरान 95 डेसीबल की ध्वनि के सम्पर्क में आने वाले लगभग 50% व्यक्ति अस्थायी बहरेपन के शिकार होते हैं और 105 डेसीबल से अधिक ध्वनियाँ सुनने वाले कुछ सीमा तक स्थायी बहरेपन से ग्रस्त होते हैं। 150 डेसीबल या इससे अधिक की ध्वनि मनुष्य के कानों के पर्दे को नुकसान पहुँचा सकती है।
- शोर के कारण चिढ़, चिन्ता और तनाव जैसे भावात्मक या मनोवैज्ञानिक प्रभाव पैदा होते हैं। ध्यान केन्द्रित करने की असमर्थता और मानसिक थकान शोर के महत्त्वपूर्ण स्वास्थ्य सम्बन्धी प्रभाव हैं।
- उच्च ध्वनि से मानवों में आवर्द्धित एड्रीनलीन स्तर, उच्च रक्त चाप, माइग्रेन, उच्च कोलेस्ट्रॉल स्तर, पेट का अल्सर, चिड़चिड़ापन, अनिद्रा, अधिक आक्रामक व्यवहार तथा अन्य मनोवैज्ञानिक दोष पैदा हो जाते हैं।

ध्वनि प्रदूषण का नियन्त्रण

- ध्वनि स्रोतों में शोर शमन यन्त्रों (Noise Controlling Instruments) का प्रयोग करके (जैसे- वाहनों में साइलेंसर का प्रयोग)।
- सड़कों के पास भारी मात्रा में वृक्षारोपण से ध्वनि प्रदूषण का प्रभाव कम हो जाता है। तीव्र ध्वनि क्षेत्रों में ग्रीन बेल्ट (पौधों एवं वृक्षों को लगाकर) का निर्माण करके।
- ध्वनि ग्रहण करने वाले व्यक्ति द्वारा सुरक्षा उपकरणों का प्रयोग करके।

मृदा प्रदूषण

- मृदा जैविक एवं अजैविक पदार्थों से निर्मित एक पतली परत है, जो पृथ्वी के चट्टानी धरातल को घेरे रहती है। मृदा के भौतिक, रासायनिक एवं जैविक विशेषताओं में होने वाली अवांछित परिवर्तन और इन परिवर्तनों के कारण उसकी उत्पादकता में होने वाला ह्रास मृदा प्रदूषण (Soil Pollution) कहलाता है।
- मृदा प्रदूषण को मानव स्वास्थ्य और पारिस्थितिकी तन्त्र के लिए खतरा पैदा करने हेतु मिट्टी में बहुत अधिक सान्द्रता में जहरीले रसायनों (प्रदूषक या सन्दूषक) की उपस्थिति के रूप में परिभाषित किया गया है।

मृदा प्रदूषण के कारण / स्रोत

स्रोत	विवरण
औद्योगिक अपशिष्ट	औद्योगिक अपशिष्ट (Industrial Waste) नगरीय अपशिष्ट तथा मेडिकल एवं अस्पतालों के अपशिष्ट को फेंकने से भूमि प्रदूषित हो जाती है।
उर्वरक एवं कीटनाशक	अकार्बनिक उर्वरक तथा कीटनाशक (Fertilizer and Pesticide) अवशेष मृदा के रासायनिक गुणों को बदल देते हैं तथा भूमि के जीवों पर विपरीत प्रभाव डालते हैं।
कृषि अपशिष्ट	इसमें कृषि के उपरान्त उसका बचा भूसा, डण्ठल, घास-फूस, पत्तियाँ आदि एक स्थान पर एकत्र कर दिए जाते हैं या फैले रहते हैं। इन पर पानी गिरने से ये सड़ने लगते हैं तथा जैविक क्रिया होने से ये प्रदूषण का कारण बन जाते हैं।
घरेलू अपशिष्ट	इसके अन्तर्गत घरेलू तथा रसोई के अपशिष्ट, बाजार के अपशिष्ट, अस्पताल के अपशिष्ट, पशुओं एवं पोल्ट्री अपशिष्ट, कसाईखानों के अपशिष्ट, जिनका जैविक अपघटन नहीं होता है, आते हैं।
नाभिकीय/रेडियोधर्मी अपशिष्ट	नाभिकीय (Nuclear) परीक्षण प्रयोगशालाओं, नाभिकीय ऊर्जा संयन्त्र तथा नाभिकीय विस्फोट से निकले अपशिष्ट विकिरण मृदा को संक्रमित करते हैं। रेडियोसक्रिय पदार्थ भूमि में लम्बे समय तक रह सकते हैं।
लवणीय जल	उच्च लवणयुक्त जल का मृदा में प्रयोग होने से मृदा प्रदूषण होता है। लवणीय जल की अधिक मात्रा का सान्द्रण फसलों के लिए हानिकारक होता है।
भूमिगत अपशिष्ट	मृदा की निचली परत कृषि रसायनों के कारण प्रदूषित हो जाती है, जिसका प्रभाव मेंढ़क, छोटे जीव, चूहे, मिलीपीड्स पर भी पड़ता है तथा मृदा की गुणवत्ता भी अधिक समय तक खराब रहती है।
नगरीय अपशिष्ट	व्यावसायिक एवं घरेलू अपशिष्ट; जैसे-कूड़ा करकट, धातु, काँच, खाद्य पदार्थ, प्लास्टिक, फाइबर, बोतल इत्यादि के मृदा में मिल जाने से तथा वर्षा हो जाने पर मृदा प्रदूषण होता है।
खनन अपशिष्ट	खनन से मृदा की ऊपरी परत को नुकसान पहुँचता है। खनन से उत्पन्न अपशिष्ट को मृदा में छोड़ दिया जाता है। वर्षा जल के साथ अपशिष्ट बहुत-से क्षेत्र की मृदा को प्रभावित करता है।

मृदा प्रदूषण के प्रभाव

- मृदा प्रदूषण प्रत्यक्ष अथवा परोक्ष रूप से मानव, जीव-जन्तु तथा वनस्पतियों को प्रभावित करता है।
- मृदा प्रदूषण से मिट्टी के मौलिक गुणों में ह्रास होता है। इसकी उत्पादन क्षमता कम हो जाती है, जिससे फसलों एवं वनस्पतियों का विकास कम हो जाता है।
- रासायनिक प्रदूषक मिट्टी में मिलकर वनस्पतियों एवं फसलों को प्रभावित करते हैं। इनका प्रभाव जीव-जन्तुओं एवं अपेक्षाकृत बड़े जन्तुओं पर अधिक पड़ता है। मनुष्य भी इन सभी से प्रभावित हैं।
- कीटनाशकों के प्रयोग से मृदा के भौतिक, रासायनिक तथा जैविकीय गुणों का ह्रास होता है, जिससे मृदा की उर्वरता तथा उत्पादकता कम हो जाती है।

मृदा प्रदूषण का नियन्त्रण

- औद्योगिक अपशिष्टों को बिना उचित उपचार (Treatment) के व घातक रसायनों को अलग किए (Filter) बिना भूमि पर बहाने पर प्रतिबन्ध होना चाहिए। कीटनाशक रसायनों के प्रयोग को अति सीमित कर समन्वित कीट प्रबन्ध (Integrated Pest Management) प्रणाली का प्रयोग किया जाना चाहिए।
- फसल प्रबन्धन के आधार पर भूमि का उपयोग किया जाना चाहिए। रासायनिक उर्वरकों के स्थान पर जैव उर्वरकों, पशुओं से प्राप्त गोबर तथा कृमि कम्पोस्ट का प्रयोग किया जाए, साथ ही समन्वित पादप पोषण प्रबन्धन (Integrated Management) का प्रयोग किया जाए।
- पृथ्वी के हरित आवरण में वृद्धि करने के सतत प्रयत्न किए जाने चाहिए तथा वृक्षों के संरक्षण एवं संवर्द्धन हेतु सदैव प्रयत्नशील रहना चाहिए।

मृदा स्वास्थ्य कार्ड योजना

19 फरवरी, 2015 को मृदा स्वास्थ्य कार्ड योजना का शुभारम्भ किया गया। इस केन्द्रीय योजना के अन्तर्गत किसान अपने खेत की मिट्टी की जाँच कराते हैं। इस योजना का उद्देश्य मिट्टी की जाँच के द्वारा आवश्यक उर्वरकों व पोषक तत्त्वों की समुचित मात्रा का उपयोग करके कृषि उत्पादकता में वृद्धि करना है। यह वस्तुत: ऐसा कार्ड है, जिसमें किसान मिट्टी के स्वास्थ्य की वर्तमान स्थिति के विषय में सूचनाएँ संगृहीत कर सकते हैं।

मृदापरीक्षक

मृदापरीक्षक एक लघु प्रयोगशाला है, जिसके द्वारा मृदा परीक्षण किया जाता है। इसका लोकार्पण 18 फरवरी, 2015 को किया गया। इसका विकास **भारतीय मृदा विज्ञान संस्थान, भोपाल** ने किया है। मृदापरीक्षक एक डिजिटल मोबाइल मिनीलैब/मिट्टी परीक्षण किट है, जो किसानों को उनके घर पर मिट्टी परीक्षण सेवा उपलब्ध कराने के लिए विकसित की गई है।

इसके द्वारा किसान मृदा के सभी गुणों तथा पोषक तत्त्वों का निर्धारण करता है। यह मृदा प्रकार और फसल के अनुसार, उर्वरक अनुशंसाएँ भी प्रदर्शित करता है, जो किसान के मोबाइल फोन पर सीधे एसएमएस द्वारा उपलब्ध हो जाती हैं।

रेडियोधर्मी प्रदूषण

- जब वायुमण्डल में रेडियोधर्मी पदार्थों का उत्सर्जन अधिक मात्रा में होने लगता है, तो उसे रेडियोधर्मी प्रदूषण (Radioactive Pollution) कहा जाता है। रेडियोधर्मी प्रकार का प्रदूषण आयनीकृत विकिरण के उत्सर्जन के कारण जीवन के लिए हानिकारक है, जो जीन में ऊतकों एवं DNA को नुकसान पहुँचाने के लिए काफी शक्तिशाली होता है।
- रेडियोएक्टिव पदार्थों से स्वत: विकिरण (Radiation) निकलता रहता है; जैसे—यूरेनियम, थोरियम, प्लूटोनियम इत्यादि।
- इसके अतिरिक्त नाभिकीय केन्द्रों में विघटन (Disintaneous) के कारण निकले प्रोटॉन (अल्फा कण), इलेक्ट्रॉनों (बीटाकण) एवं गामा किरणों के स्वत: (Spontaneous) उत्सर्जित (Emission) होने से भी रेडियोधर्मी प्रदूषण होता है।
- रेडियोधर्मी प्रदूषण के मापन की इकाई रॉण्टजन है। रेडियोधर्मी प्रदूषण स्वयं में प्रदूषक कारक तथा प्रदूषण दोनों है। भारत में रेडियोधर्मी प्रदूषण सबसे अधिक केरल में पाया जाता है।

रेडियोधर्मी प्रदूषण के कारण/स्रोत

- मानव जनित (Anthropogenic) यह प्रदूषण मुख्यतया परमाणु रिएक्टरों से होने वाले रिसाव, प्लूटोनियम तथा थोरियम का शुद्धिकरण, नाभिकीय प्रयोग, आण्विक ऊर्जा संयन्त्र, औषधि विज्ञान, रेडियोधर्मी पदार्थों के उत्खनन, परमाणु बमों के विस्फोट द्वारा होता है। इनके अतिरिक्त मानव द्वारा विविध उद्देश्यों के लिए प्रयोग में लाए जाने वाले कोबाल्ट-60, स्ट्रांशियम-90, कार्बन-14, सीजियम-137 तथा ट्रीटियम आदि द्वारा भी नाभिकीय प्रदूषण होता है।
- प्रकृतिजनित (Natural Generated) सूर्य की किरणों के कारण तथा पृथ्वी के गर्भ में छिपे रेडियोधर्मी पदार्थों; जैसे—रेडियम- 224, यूरेनियम-238, प्लूटोनियम-239 (इससे α अल्फा तथा γ गामा विकिरण निकलता है) के कारण, जो प्रदूषण होता है, वह प्रकृतिजनित प्रदूषण होता है। यद्यपि इसकी तीव्रता कम होने के कारण यह जीवधारियों को कोई विशेष हानि नहीं पहुँचा पाता।

रेडियोधर्मी प्रदूषण के प्रभाव

- रेडियोधर्मी विकिरण का प्रभाव कई हजार वर्षों तक रहता है। सभी प्रदूषणों में रेडियोधर्मी प्रदूषण सबसे अधिक घातक होता है।
- रेडियोधर्मी प्रदूषण के कारण मनुष्यों में खतरनाक रोग; जैसे—अस्थि कैंसर, रुधिर कैंसर तथा ट्यूबरकुलोसिस (क्षय रोग) आदि हो जाते हैं।
- रेडियोधर्मी प्रदूषण के कारण जीन और गुणसूत्रों में हानिकारक उत्परिवर्तन हो जाता है। बच्चों की गर्भाशय में मृत्यु हो जाती है। रेडियोधर्मी प्रदूषण का प्रभाव धीरे-धीरे कई वर्षों में लकवे, गूँगापन, बहरापन आदि के रूप में दिखाई देता है।
- वर्ष 1945 में जापान के शहर हिरोशिमा (6 अगस्त) तथा नागासाकी (9 अगस्त) पर अमेरिका ने परमाणु बम का विस्फोट कर इन दोनों शहरों को नष्ट कर दिया था। यहाँ रेडियोधर्मी प्रदूषण के कारण लोग झुलस कर मर गए थे। वर्तमान में लगभग 70 वर्षों बाद भी यहाँ बच्चे अपंग पैदा होते हुए देखे जा सकते हैं।
- 26 अप्रैल, 1986 को सोवियत रूस के चेरनोबिल और 30 सितम्बर, 1999 को जापान के टोक्यो में और मार्च, 2011 में फुकुसिमा में हुए विस्फोट से हजारों लोग मारे गए।

विभिन्न प्रकार के विकिरण एवं उनके प्रभाव

विकिरण के प्रारूप	गुणधर्म	शरीर पर प्रभाव
α-कण (अल्फा किरणें)	ये वायु में केवल कुछ ही सेमी पार कर सकती हैं तथा सजीव ऊतकों में 30 mm (अर्थात् लगभग 3 कोशिकाएँ पार कर सकती हैं)।	α-कण सामान्यतया त्वचा में नहीं घुस पाते। DNA के एक या दोनों सूत्रों को खण्डित कर देते हैं।
β-कण (बीटा किरणें)	ये वायु में लगभग 8 मी तक तथा सजीव ऊतक में लगभग 1 सेमी तक पार कर सकती हैं। त्वचा को बेध सकती हैं, परन्तु उसके नीचे के ऊतकों में नहीं पहुँच पाती हैं।	इनसे त्वचा का कैंसर और आँख में सफेद मोतियाबिन्द हो जाता है।
γ-किरणें (गामा किरणें)	ये वायु में लगभग 100 मी पार कर सकती हैं, त्वचा को आसानी से बेध सकती हैं और शरीर में से गुजर सकती हैं।	ये कोशिकाओं में उत्परिवर्तन पैदा करती हैं।
X-किरणें (एक्स किरणें)	ये बहुत दूर तक पार कर सकती हैं। ये शरीर के ऊतकों में से गुजर जाती हैं, परन्तु हड्डियों में से नहीं।	इनसे त्वचा का कैंसर हो सकता है।

रेडियोधर्मी प्रदूषण का नियन्त्रण

रेडियोधर्मिता से होने वाली क्षति/नुकसान का कोई उपचार वर्तमान में उपलब्ध नहीं है। अत: इसे पैदा होने से रोकना ही इसके नियन्त्रण का सर्वोत्तम उपाय है। इसके लिए निम्न कदम उठाए जाने चाहिए

- परमाणु अस्त्रों का उत्पादन व प्रयोग प्रतिबन्धित होना चाहिए।
- आण्विक रिएक्टर की स्थापना मानव आबादी से बहुत दूर होनी चाहिए।
- रिएक्टरों से रिसाव, रेडियोएक्टिव ईंधन तथा आइसोटोपों के परिवहन एवं उपयोग में लापरवाही बरतने आदि पर प्रतिबन्ध होना चाहिए। मानव प्रयोग के उपकरणों को रेडियोधर्मिता से मुक्त किया जाना चाहिए।
- रेडियोएक्टिव अपशिष्ट को तर्कसंगत एवं सही ढंग से निर्गत (Release) किया जाना चाहिए। जहाँ तक सम्भव हो, रेडियोधर्मिता वाले पदार्थों को समुद्र, नदी, जल आदि में विसर्जित (Discharge) न किया जाए।

मिनिमाता कन्वेन्शन समझौते को स्वीकृति

- भारत सरकार ने फरवरी, 2018 में पारे पर मिनिमाता कन्वेन्शन समझौते की स्वीकृति प्रदान कर दी। इसके साथ ही भारत इस कन्वेन्शन का हिस्सा बन गया है। पारे पर मिनिमाता समझौते की पुष्टि के अन्तर्गत भारत द्वारा पारा आधारित उत्पादों व पारा यौगिकों से सम्बन्धी प्रक्रिया के सन्दर्भ में वर्ष 2025 तक की अवधि निर्धारित की गई है।
- उल्लेखनीय है कि जनवरी, 2013 में जेनेवा, स्विट्जरलैण्ड में इस पर सहमति प्रकट की गई थी तथा यह अगस्त, 2017 में प्रभावी हुआ था। 'मिनिमाता कन्वेन्शन ऑन मरकरी' पारे के प्रतिकूल प्रभावों से मानव स्वास्थ्य और पर्यावरण की सुरक्षा हेतु कानूनी रूप से बाध्यकारी **प्रथम वैश्विक सन्धि** है।

विद्युत चुम्बकीय विकिरण प्रदूषण

- जब विद्युत परिपथ में विद्युत धारा उच्च आवृत्ति से बदलती है, तो इसके चारों ओर ऊर्जा तरंगों के रूप में विद्युत चुम्बकीय तरंगें (गामा, रेडियो, इन्फ्रारेड एवं एक्स किरणें) प्रसारित होती हैं।
- इससे अनिद्रा, मानसिक रोग जैसी बीमारियाँ होती हैं तथा यह पाचन तन्त्र, पित्ताशय, अण्डकोश एवं आँखों पर भी विपरीत प्रभाव डालता है।

समुद्री प्रदूषण

समुद्र पृथ्वी पर सबसे बड़ा जल स्रोत है। समुद्रों में प्लास्टिक, औद्योगिक और कृषि कचरा, तेल और रासायनिक पदार्थों एवं रेडियोएक्टिव अवशिष्ट डालने से इनका प्रदूषण बढ़ रहा है, जिससे समुद्री पारिस्थितिकी तन्त्र को गम्भीर नुकसान पहुँच रहा है।

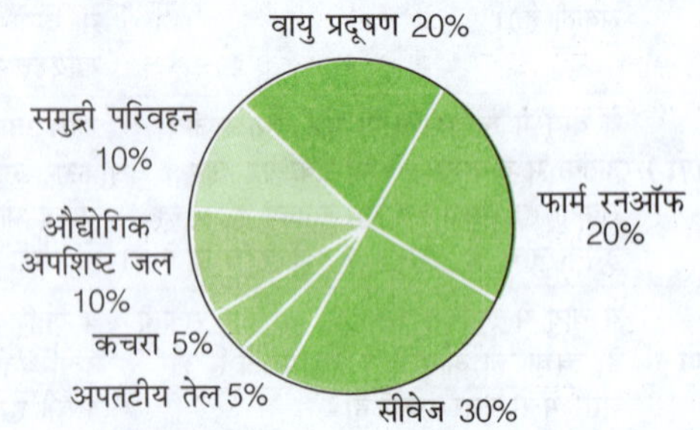

समुद्री प्रदूषण के प्रभाव

- **तेल रिसाव**- समुद्री जीवों के **गिल्स** (Gills) एवं पंखों पर आवरण बनाकर उनके श्वसन एवं गति में बाधा उत्पन्न करते हैं।
- तेल रिसाव के कारण समुद्री जीव **प्रवाल** (Coral) के छिद्र बन्द हो जाने से उनकी मृत्यु हो जाती है। प्रदूषकों के कारण समुद्र में ऑक्सीजन स्तर गिर जाता है, जिससे जीवों की संख्या में कमी आती है।
- कीटनाशक एवं उर्वरक समुद्री जल में पहुँचकर जीवों के वसा ऊतकों में संग्रहित होकर उनकी जनन क्षमता पर नकारात्मक असर डालते हैं।
- प्रदूषक जीवों के शरीर में जमा हो जाते हैं। इस प्रकार वे खाद्य शृंखला में प्रवेश कर जाते हैं, जिनके सेवन से मनुष्य के स्वास्थ्य पर हानिकारक प्रभाव पड़ता है।
- नाइट्रोजन की अधिक मात्रा शैवाल की तीव्र वृद्धि करती है, जो सूर्य के प्रकाश को रोकती है, जिससे उपयोगी समुद्री घास व अन्य जीवों पर नकारात्मक प्रभाव पड़ता है।

सुपोषण

- अपशिष्ट जलों के बहाव के साथ अकार्बनिक पोषक तत्त्वों के आने से अतिरिक्त कार्बनिक अपशिष्टों का जमाव भी जलाशयों की पोषक मात्रा को बढ़ा देता है। इस परिघटना को सुपोषण (Eutrophication) कहते हैं। सुपोषण की स्थिति में जल निकायों की उत्पादकता बढ़ जाती है। अत्यधिक पोषकों की उपलब्धता शैवालों की वृद्धि को बढ़ावा देती है, जिसे **शैवाल प्रस्फुटन** (Algae Bloom) कहते हैं।
- शैवाल प्रस्फुटन की स्थिति में सम्पूर्ण जल सतह पर शैवाल आच्छादित हो जाता है, जिससे जल में जहर निःसृत होता है तथा इससे कभी-कभी जल में ऑक्सीजन की कमी हो जाती है, जिससे जलाशयों में अन्य शैवालों का विकास जहरीलेपन के कारण अवरुद्ध हो जाता है तथा जलीय प्राणी (जैसे मछलियाँ) मर जाते हैं।

माइक्रोबीड्स

सौन्दर्य प्रसाधनों और टूथपेस्ट जैसे सामानों से विमुक्त होने वाले **माइक्रोबीड्स** को जलीय पारितन्त्रों के लिए हानिकारक माना जाता है। ये प्लास्टिक के सूक्ष्मकण होते हैं, जो आकार में 5 मिमी से भी छोटे होते हैं, जबकि सौन्दर्य प्रसाधनों में प्रयुक्त माइक्रोबीड्स 1 मिमी से भी छोटे होते हैं तथा इनका जैव निम्नीकरण नहीं होता है। माइक्रोबीड्स जलीय जीवन तथा पर्यावरण के लिए अत्यधिक हानिकारक होते हैं।

तेल प्रदूषण

तेल प्रदूषण से तात्पर्य है- प्राकृतिक पर्यावरण, विशेष रूप से जल स्रोतों में तेल के रिसाव या फैलाव से होने वाला प्रदूषण।

तेल प्रदूषण के कारण

- तेल टैंकरों से तेल का रिसाव
- ऑफशोर ड्रिलिंग (समुद्र से तेल निकालने के दौरान) दुर्घटनाएँ
- परिवहन और उद्योगों से तेल का जल व जमीन में रिसाव
- तूफान एवं भूकम्प जैसी आपदाओं के कारण तेल भण्डारों में 'टूट-फूट' का होना।

तेल प्रदूषण के प्रभाव

- समुद्री जीवों के त्वचा और पंखों पर दुष्प्रभाव एवं श्वसन में बाधा
- पानी में ऑक्सीजन स्तर की गिरावट और गुणवत्ता में कमी
- तटीय पारिस्थितिकी तन्त्र, जैसे मैंग्रोव और समुद्री घास, प्रदूषण से नष्ट
- प्रदूषित जल एवं समुद्री भोजन से मानव स्वास्थ्य पर प्रभाव
- भूमि पर तेल फैलाव से सूक्ष्मजीवों की मृत्यु एवं भूमि प्रदूषण
- तेल पदार्थ में आग लगने से दुर्घटना

ठोस अपशिष्ट प्रदूषण

ठोस अपशिष्ट प्रदूषण से तात्पर्य उद्योगों एवं अन्य मानवीय क्रियाओं के दौरान ठोस अपशिष्टों के अनियन्त्रित निष्कर्षण से है, जो पारिस्थितिकी में हानिकारक प्रभाव पैदा करता है।

ठोस अपशिष्टों का प्रभाव

ठोस अपशिष्टों के प्रभाव निम्नलिखित हैं

- ठोस कचरे पर जल गिरने से कचरा सड़ने लगता है, जिससे बीमारियाँ उत्पन्न होती हैं।
- ठोस कचरा यदि भूमि पर अधिक दिनों तक पड़ा रहे, तो वह भूमि रुग्ण हो जाती है।
- पॉलिथीन, प्लास्टिक, रबड़ एवं पेण्ट का कचरा अजैविक होता है। इसको जलाने से वायु प्रदूषण होता है। पशुओं द्वारा इस कचरे को खाने से उनमें ट्यूमर, आँत्र शोथ आदि बीमारियाँ हो जाती हैं।
- नालियों में ये ठोस अपशिष्ट जाने से नालियों में रुकावट पैदा हो जाती है।
- ठोस अपशिष्ट जब जल में मिल जाता है, तो इससे जल प्रदूषण की समस्या उत्पन्न हो जाती है।

अपशिष्ट न्यूनीकरण चक्र

- अपशिष्ट न्यूनीकरण चक्र (Waste Minimization Circles, WMC) छोटे एवं मध्यम औद्योगिक समूहों (Clusters) को उन्हीं के औद्योगिक संयन्त्रों (Plants) में अपशिष्टों को न्यूनीकृत करने में सहायता करता है।
- यह विश्व बैंक द्वारा सहायता प्राप्त है और पर्यावरण एवं वन मन्त्रालय इसकी नोडल एजेन्सी है। यह परियोजना राष्ट्रीय उत्पादकता परिषद् (NPC), नई दिल्ली के सहयोग से कार्यान्वित की जा रही है।

ठोस अपशिष्ट प्रबन्धन में भारत की स्थिति

- ठोस अपशिष्ट का उत्पादन जीवन स्तर, खान-पान की आदतों और मौसमी परिवर्तनों को दर्शाता है, पिछले कुछ वर्षों में भारत में इनमें से प्रत्येक पहलू में जबरदस्त परिवर्तन देखा गया है।
- हमारे गाँवों एवं शहरों में जगह-जगह लगे कचरे के ढेर और उनमें पनपते रोग आज गम्भीर खतरा बन चुके हैं।
- पशु-पक्षियों की मृत्यु भी आज कचरा खाने के साथ ही कचरे में उत्पन्न विषैली गैसों एवं कीटाणुओं से हो रही है।
- पर्यावरणविदों/विश्लेषकों के अनुसार, भारत में लगभग 32 मिलियन टन अपशिष्ट उत्पन्न होता है और इसका 60% से भी कम एकत्रित किया जाता है, जिसमें केवल 15% ही संसाधित होता है।
- भारत में अपशिष्ट प्रबन्धन की बढ़ती समस्याओं के कारण ग्रीन हाउस गैस का बढ़ता प्रभाव एवं लैण्डफिल के साथ भारत ऐसे मामलों में तीसरे स्थान पर है।
- नीति आयोग ने अपने स्वच्छ भारत मिशन के हिस्से के रूप में वर्ष 2018-19 में स्थापित WTE संयन्त्रों से 800 मेगावाट ऊर्जा प्राप्ति की परिकल्पना की है, जो सभी मौजूदा WTE संयन्त्रों की क्षमता से 10 गुना अधिक है।

भारत में ठोस अपशिष्ट प्रबन्धन के लिए किए गए राष्ट्रीय प्रयास

ठोस अपशिष्ट प्रबन्धन नियम, 2016

- यह अधिनियम/कानून जो नगरपालिका ठोस अपशिष्ट (प्रबन्धन और हैण्डलिंग) कानून, 2000 को प्रतिस्थापित करता है।
- इस नियम के अन्तर्गत ही कचरे को सूखा एवं गीला कचरे में अलग-अलग रखने का उपबन्ध किया गया।
- इस अधिनियम के अन्तर्गत प्रदूषणकर्ता को सम्पूर्ण अपशिष्ट को तीन प्रकारों जैव निम्नीकरण, गैर-जैव निम्नीकरणीय तथा घरेलू खतरनाक अपशिष्टों के रूप में वर्गीकृत कर इन्हें स्थानीय निकाय द्वारा निर्धारित अपशिष्ट संग्रहकर्ता को ही देना होता है।

ठोस अपशिष्ट के निस्तारण की विभिन्न विधियाँ

ठोस कचरा प्रबन्धन नियम, 2016 के अन्तर्गत अपशिष्ट भराव स्थलों एवं अपशिष्ट प्रसंस्करण सुविधाओं के सम्बन्ध में निम्नलिखित चिह्नित दिशा-निर्देश अपनाए गए हैं

- **खुले में फेंकना** इसमें सभी तरह के ठोस अपशिष्टों को एक खुली भूमि पर ढेर के रूप में लगा दिया जाता है। इसमें अपशिष्ट गैर-उपचारित (Untreated) एवं अवर्गीकृत होता है। ये क्षेत्र चूहों, मक्खियों एवं अन्य जन्तुओं के लिए, जो बीमारियाँ फैलाते हैं, जननस्थल (Breeding ground) बन जाता है। ऐसी भूमि से बहने वाला वर्षा का जल भी प्रदूषित हो जाता है। अतः ठोस अपशिष्ट को खुले में फेंकने (Open dumping) पर रोक लगाई जानी चाहिए।
- **लैण्डफिल** लैण्डफिल मुख्यतः शहरों में स्थित होते हैं। ये वास्तव में, भूमि के अन्दर खोदे गए एवं ढके हुए गड्ढे होते हैं, जिनमें ठोस अपशिष्ट को डाला जाता है। ढके होने के कारण यहाँ चूहे आदि जन्तु पैदा नहीं हो पाते हैं। जब ये गड्ढे अपशिष्ट से पूर्णतः भर जाते हैं, तो उन्हें पार्किंग या पार्क के रूप में विकसित कर दिया जाता है, लेकिन जब वर्षा का जल इससे होकर बहता है, तो वह स्वयं प्रदूषित होने के साथ-साथ आस-पास की मृदा एवं भूमिगत जल को भी प्रदूषित कर देता है। इसे लोचिंग कहते हैं।
- **सैनिटरी लैण्डफिल** इसे लैण्डफिल में होने वाली लोचिंग की समस्या से निपटने के लिए अधिक स्वच्छतापूर्ण एवं पद्धतिगत (Methodical) तरीके से बनाया जाता है। इसमें लैण्डफिल को चारों ओर से अपारगम्य प्लास्टिक एवं मृत्तिका (Clay) से कवर किया जाता है, साथ ही अपारगम्य मृदा के ऊपर इसे बनाया जाता है। ये काफी महँगी प्रक्रिया है।
- **भस्मीकरण संयन्त्र** अपशिष्ट को बड़ी-बड़ी भट्टियों में उच्च ताप पर जलाने की प्रक्रिया भस्मीकरण (Incineration) कहलाती है। इन संयन्त्रों में पुनर्चक्रण योग्य (Recyclable) पदार्थों को अलग कर गैर-पुनर्चक्रण योग्य पदार्थों को जला दिया जाता है, जिससे राख प्राप्त होती है। इस प्रक्रिया में बड़ी मात्रा में जहरीली राख प्राप्त होती है, जो मृदा एवं जल को प्रदूषित करती है।
- **पायरोलिसिस** पायरोलिसिस प्रक्रिया में अपशिष्टों का ऑक्सीजन की अनुपस्थिति में दहन (Combustion) किया जाता है। इससे प्राप्त गैस व तरल पदार्थ का प्रयोग ईंधन के रूप में किया जा सकता है।
- **कम्पोस्टिंग** कम्पोस्टिंग एक जैविक प्रक्रिया है, जिसमें सूक्ष्मजीव, मुख्यतः कवक एवं जीवाणु अपघटनीय (Degradable) जैविक पदार्थों का ह्यूमस आदि में अपघटन (Decompose) कर देते हैं। ह्यूमस पौधों की वृद्धि में सहायक होता है। यह स्वच्छ, सस्ती एवं सुरक्षित विधि है, जो अपशिष्टों की मात्रा को कम कर सकती है।
- **वर्मीकल्चर** इसे केंचुआ कृषि (Earthworm Farming) भी कहते हैं। इस प्रक्रिया में केंचुओं को कम्पोस्टिंग की प्रक्रिया में शामिल किया जाता है। इससे प्राप्त कम्पोस्ट पोषकों में अत्यन्त समृद्ध होता है।

ई-कचरा प्रदूषण

वर्तमान में ई-कचरा महत्त्वपूर्ण पर्यावरण समस्या बनता जा रहा है, जिसका सम्बन्ध नवीन प्रौद्योगिकी से है।

ई-कचरे के स्रोत

ई-कचरे के स्रोत निम्नलिखित हैं

- कम्प्यूटर, मॉनिटर, स्पीकर, प्रिण्टर एवं की-बोर्ड के अपशिष्ट।
- संचार यन्त्रों; जैसे—मोबाइल तथा लैण्डलाइन फोनों से निकलने वाले अपशिष्ट।
- मनोरंजन के लिए प्रयोग किए जाने वाले इलेक्ट्रॉनिक उपकरणों (जैसे—टी वी, डी वी डी तथा सी डी प्लेयर) से निकले अपशिष्ट।
- घरेलू कार्यों में प्रयोग होने वाले उपकरण; जैसे—वैक्युम क्लीनर, माइक्रोवेव ओवन, वाशिंग मशीन तथा एयरकण्डिशनर से निकलने वाले अपशिष्ट।
- श्रव्य एवं दृश्य (Audio and Visual) साधन; जैसे—वी सी आर (Video Cassette Recording VCR) तथा म्यूजिक सिस्टम (Sterceo Equipments) आदि।

ई-कचरे में अन्तर्निहित पदार्थों का प्रभाव

- **सीसा** यह टेलीविजन और कम्प्यूटर के मॉनिटरों के काँच के पैनलों पर पाया जाता है। इसके अत्यधिक सम्पर्क में आने से उल्टी, दस्त, बेहोशी या मौत के रूप में परिणाम आ सकते हैं। अन्य लक्षण भूख की कमी, पेट में दर्द, कब्ज, थकान, अनिद्रा, चिड़चिड़ापन और सिरदर्द इत्यादि हैं। सीसा मनुष्यों में मध्य और परिधीय तन्त्रिकाओं, रक्त संचार प्रणाली, प्रजनन प्रणाली और युवा बच्चों के मानसिक विकास को हानि पहुँचाता है।

- **कैडमियम** इसका प्रयोग अर्द्धचालक चिपों और कैथोड-रे ट्यूब को बनाने में किया जाता है। कैडमियम से फेफड़ों और गुर्दों को गम्भीर क्षति हो सकती है।
- **पारा** इलेक्ट्रॉनिक सामान का निर्माण करने वाले उद्योग पूरी दुनिया में उत्पादित पारे के लगभग 22% हिस्से का उपयोग करते हैं। पारे का उपयोग सर्किट बोर्डों, सेलफोन और बैटरी के विनिर्माण में किया जाता है। इसका उपयोग टीवी और कम्प्यूटर की फ्लैट स्क्रीन के निर्माण में भी किया जाता है। पारे से मस्तिष्क और गुर्दे जैसे अंगों को गम्भीर हानि पहुँचती है।
- **बेरियम** इसका प्रयोग कैथोड रे, ट्यूब, स्क्रीन पैनलों पर उनसे निकलने वाले विकिरण से लोगों की रक्षा करने के लिए किया जाता है। यह मस्तिष्क में सूजन ला सकता है तथा मांसपेशियों को कमजोर कर सकता है। इससे दिल, जिगर और तिल्ली को गम्भीर क्षति होती है।
- **कोबाल्ट** कोबाल्ट 60, कोबाल्ट का एक रेडियोएक्टिव आइसोटोप है, जिसका रासायनिक क्रियाओं, चिकित्सा सम्बन्धी कार्यों, औद्योगिक रेडियोग्राफी तथा फूड प्रोसेसिंग जैसे अनेक कार्यों में प्रयोग होता है। यह रक्त तथा ऊतकों में अवशोषित होकर लिवर, हड्डियों तथा किडनी को हानि पहुँचाता है।

ई-कचरा प्रदूषण के नियन्त्रण के प्रयास

ई-कचरा प्रदूषण के नियन्त्रण के प्रमुख प्रयास निम्नलिखित हैं

- इलेक्ट्रॉनिक कचरे सम्बन्धी नियमों का पालन करने के लिए पहला अन्तर्राष्ट्रीय प्रयास वर्ष 1992 के बेसल कन्वेन्शन के अन्तर्गत किया गया। इसके अन्तर्गत विकसित देशों में इलेक्ट्रॉनिक वस्तुओं के प्रयोग के बाद खराब होने पर 60% की रिसाइकलिंग अनिवार्य है।
- ई-कचरे की समस्याओं को देखते हुए संयुक्त राष्ट्र संघ (United Nation Organization, UNO) ने एक कार्यक्रम शुरू किया है-सॉल्विंग ई- वेस्ट प्रॉब्लम (Solving the e-Waste Problem, STEP या स्टेप)। इसके अन्तर्गत कोशिश की जा रही है कि ई-कचरे को कम किया जाए। वैश्विक स्तर पर विशेष रूप से इलेक्ट्रॉनिक निर्माताओं से कहा जा रहा है कि वे अपने उत्पादों में हानिकारक रसायनों का प्रयोग कम-से-कम करें।
- भारत में 1 मई, 2012 से ई-कचरा प्रबन्धन के नए नियम को लागू किया गया है, जिसमें विनिर्माताओं के लिए निपटान (Disposal) प्रक्रियाओं का उल्लेख किया गया है।
- इसमें विनिर्माताओं को रिसाइकलिंग, इलेक्ट्रॉनिक्स वस्तुओं में खतरनाक पदार्थों का स्तर घटाने और संग्रहण केन्द्र स्थापित करने के लिए जिम्मेदार बनाया गया है। इन सभी नियमों के क्रियान्वयन की वार्षिक रिपोर्ट केन्द्रीय प्रदूषण नियन्त्रण बोर्ड को वन पर्यावरण मन्त्रालय को सौंपनी होगी।
- यह रिपोर्ट राज्य प्रदूषण बोर्ड से प्राप्त आँकड़ों के आधार पर होगी। भारत में **ई-कचरा प्रबन्धन अधिनियम,** 2016 के अन्तर्गत इलेक्ट्रॉनिक विनिर्माताओं को ई-कचरा एकत्रित करने और आदान-प्रदान के लिए जिम्मेदार बनाया गया है।

ई-अपशिष्ट (प्रबन्धन) संशोधन नियम, 2016

- पर्यावरण, वन तथा जलवायु परिवर्तन मन्त्रालय ने ई-अपशिष्ट (प्रबन्धन तथा निपटान) नियम, 2016 को अधिसूचित किया है। इसने ई-अपशिष्ट प्रबन्धन नियम, 2011 का स्थान लिया है।
- इससे पहले यह केवल उत्पादकों और उपभोक्ताओं, विघटनकर्ताओं और पुन: चक्रणकर्ताओं पर लागू था। अब इसे निर्माता, व्यापारी, नवीकरणकर्ताओं और उत्पादक दायित्व संगठन (PRO) तक बढ़ा दिया गया है।
- इससे पहले केवल इलेक्ट्रिक (बिजली से चलने वाला) और इलेक्ट्रॉनिक (विद्युती) उपकरणों को कवर (आवरण) किया गया था। अब उनके घटकों और स्पेयर (अतिरिक्त), पार्ट्स (हिस्सा) को भी कवर किया गया है। कॉम्पैक्ट (समझौता), फ्लोरेसेण्ट (प्रतिदीप्त/दैदीप्यमान), लैम्प (चिराग) या (सीएफएल) तथा मरकरी वाले अन्य लैम्प और ऐसे अन्य उपकरण भी शामिल किए गए हैं।

प्लास्टिक प्रदूषण

- प्लास्टिक से निर्मित वस्तुओं का स्थल या जल में एकत्र होना ही प्लास्टिक प्रदूषण कहलाता है।
- 5 मिमी से कम लम्बाई के प्लास्टिक के टुकड़े को माइक्रो प्लास्टिक (सूक्ष्म प्लास्टिक) कहते हैं।
- प्लास्टिक के स्रोतों में दूध बोतल, जूस बोतल, फूड बैग, क्लीनिंग रैप, पानी की बोतल, चिप्स के बैग इत्यादि प्रमुख हैं।

सिंगल यूज प्लास्टिक

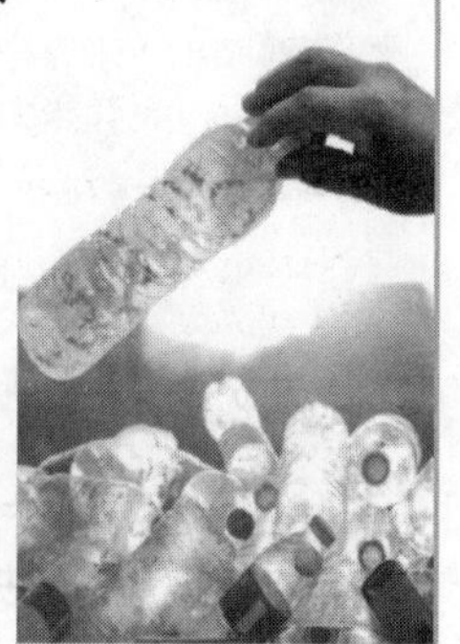

सिंगल यूज प्लास्टिक वह है, जो हम प्रतिदिन के कामों के लिए इस्तेमाल करते हैं, जैसे कि प्लास्टिक की थैली से राशन लाना हो या फल-सब्जी लाना हो आदि। आजकल ज्यादातर फूड आइटम प्लास्टिक में पैक होते हैं, जैसे कि चिप्स, कुरकुरे, चॉकलेट आदि। इनके अतिरिक्त पैकेजिंग पानी की बोतल, कोल्ड ड्रिंक की बोतल आदि सिंगल यूज प्लास्टिक कहलाती हैं। इन्हें अधिकांश इस्तेमाल करने के बाद यहाँ-वहाँ फेंक देते हैं, लेकिन हमारी यह गलती पर्यावरण के लिए बहुत ही हानिकारक होती है। प्लास्टिक का उत्पादन विश्व भर में तेजी से बढ़ रहा है और उसका इस्तेमाल भी भारी मात्रा में हो रहा है।

प्लास्टिक प्रदूषण का प्रभाव

- प्लास्टिक प्रदूषण का प्रभाव मानव, जल व पर्यावरण सभी पर पड़ता है।
- मानव पर इसका प्रभाव कैंसर, जन्म सम्बन्धी विकार, क्षीण रोग प्रतिरोधक क्षमता इत्यादि के रूप में पड़ता है।
- समुद्र में जीवों द्वारा सूक्ष्म प्लास्टिकों के ग्रहण करने से उनकी मृत्यु हो रही है तथा बहुत से जीवों के अस्तित्व पर संकट मण्डरा रहा है।
- प्लास्टिकों के खुले में दहन करने से कार्बन मोनो-ऑक्साइड, डाइऑक्सिन हाइड्रोजन सायनाइड जैसी विषैली गैसें पर्यावरण को प्रदूषित कर रही हैं तथा इसका अन्तिम प्रभाव मानव स्वास्थ्य पर पड़ता है।

प्लास्टिक प्रदूषण के नियन्त्रण के लिए किए गए राष्ट्रीय प्रयास

प्लास्टिक प्रदूषण के नियन्त्रण के लिए किए गए राष्ट्रीय प्रयास निम्नलिखित हैं

प्लास्टिक अपशिष्ट प्रबन्धन (संशोधन) नियम, 2024

- पर्यावरण वन और जलवायु परिवर्तन मन्त्रालय (MoEF&CC) ने प्लास्टिक अपशिष्ट प्रबन्धन (संशोधन) नियम, 2024 जारी किए।
- इसमें कैरी बैग और वस्तुओं के निर्माण को कम्पोस्टेबल प्लास्टिक या बायोडिग्रेडेबल प्लास्टिक से बनाने की अनुमति दी गई है। यह अनुमति अनिवार्य अंकन और लेबलिंग के अधीन है।
- बायोडिग्रेडेबल प्लास्टिक और कम्पोस्टेबल प्लास्टिक को भारत की प्लास्टिक अपशिष्ट प्रदूषण की बढ़ती समस्या के दो व्यापक प्रकार के तकनीकी समाधान के रूप में पेश किया गया है। बायोडिग्रेडेबल प्लास्टिक में प्लास्टिक के सामानों को बेचने से पहले उनका उपचार किया जाना चाहिए।
- कम्पोस्टेबल प्लास्टिक खराब हो जाते हैं, लेकिन ऐसा करने के लिए औद्योगिक या बड़े नगरपालिका अपशिष्ट प्रबन्धन सुविधाओं की आवश्यकता होती है।
- केन्द्र सरकार ने वर्ष 2022 में एकल-उपयोग प्लास्टिक पर प्रतिबन्ध लगा दिया और बायोडिग्रेडेबल प्लास्टिक को अपनाने की सिफारिश की।

प्लास्टिक अपशिष्ट प्रबन्धन (संशोधन) नियम, 2022

- यह नियम विभिन्न हितधारकों; जैसे-निर्माताओं, आयातकों, खुदरा विक्रेताओं और उपभोक्ताओं की जिम्मेदारियों को निर्दिष्ट करता है।
- इन सभी हितधारकों को यह सुनिश्चित करने में भूमिका निभानी है, कि प्लास्टिक अपशिष्ट का उचित प्रबन्धन किया जाए एवं इससे पर्यावरण प्रदूषित न हो।

प्लास्टिक अपशिष्ट प्रबन्धन (PWM), नियम 2016

- यह प्लास्टिक कचरे के उत्पादन को कम करने, प्लास्टिक अपशिष्ट को फैलने से रोकने और अन्य उपायों के बीच स्रोत पर अपशिष्ट का अलग भण्डारण सुनिश्चित करने के लिए कदम उठाने पर बल देता है।
- फरवरी, 2022 में प्लास्टिक अपशिष्ट प्रबन्धन (संशोधन) नियम, 2022 को अधिसूचित किया गया था।

प्लास्टिक कचरा प्रबन्धन नियम, 2016

- सरकार द्वारा प्लास्टिक के कैरी बैग्स (विघटन योग्य प्लास्टिक सहित) और पैकेजिंग या रैपिंग के लिए प्रयुक्त प्लास्टिक की शीटों के प्रयोग, विनिर्माण, विक्रय तथा वितरण को विनियमित करने के उद्देश्य से प्लास्टिक कचरा प्रबन्धन नियम, 2016 को अधिसूचित किया गया है।
- 1 जुलाई, 2022 से भारत में सिंगल यूज, प्लास्टिक पर प्रतिबन्ध लगा दिया गया है।

प्रोजेक्ट रिप्लान (REPLAN)

इसका उद्देश्य 20 : 80 के अनुपात में कपास के रेशों के साथ प्रसंस्कृत एवं उपचारित प्लास्टिक अपशिष्ट को मिलाकर कैरी बैग बनाना है।

"

पर्यावरण अनुकूलन एक प्रक्रिया है, जिसके माध्यम से जीव अपने पर्यावरण में परिवर्तन के अनुसार व्यवहार, शारीरिक संरचना या कार्यप्रणाली को ढालते हैं। यह जीवों को जीवित रहने, प्रजनन करने व विकास करने में सहायता करता है।

अध्याय नौ

पर्यावरण अनुकूलन

परिचय

अनुकूलन का अर्थ किसी भी जन्तु एवं पौधे की संरचना, व्यवहार और जीने की पद्धति में उस परिवर्तन से है, जो उसे उसके आवास में रहने में सहायता करता है। पर्यावरणीय अनुकूलन किसी जीव को जीवित रहने में मदद करता है और जीव को विलुप्त होने से बचाता है।

पर्यावरण अनुकूलन के प्रकार

संरचनात्मक अनुकूलन (Structural Adaptation)	• यह जीव के शारीरिक संरचना या बाहरी अंगों में हुए बदलाव से सम्बन्धित होता है, जो उसे पर्यावरण में बेहतर ढंग से जीवित रहने में मदद करते हैं। **उदाहरण** ऊँट के पास लम्बे पैर और पीठ पर कूबड़ होते हैं, जो रेगिस्तान में पानी और ऊर्जा को संचय करने में मदद करते हैं।
व्यवहारात्मक अनुकूलन (Behavioural Adaptation)	• किसी पर्यावरण में बेहतर तरीके से जीवित रहने के लिए किसी जीव के व्यवहार में परिवर्तन को व्यावहारिक अनुकूलन कहा जाता है। • इसे आनुवंशिक रूप से भी प्राप्त किया जाता है या सीखकर किया जाता है; जैसे—उपकरण, प्रयोग, प्रवास एवं भाषा इत्यादि। **उदाहरण** गर्मियों में अधिक मांस उपलब्ध होने के कारण प्रवासी पक्षी पश्चिम की ओर पलायन कर जाते हैं। व्हेल मछली एवं अनेक पक्षी सर्दियों से बचने हेतु गर्म स्थानों की ओर जाते हैं, जबकि भालू सर्दी के मौसम में अधिक सोते हैं।
शारीरिक अनुकूलन (Physiological Adaptation)	• यह जीव के आंतरिक कार्यों या शारीरिक प्रक्रियाओं से सम्बन्धित होता है। **उदाहरण** ऊँचे पर्वतीय क्षेत्रों में रहने वाले लोग कम ऑक्सीजन के बावजूद जीवित रहते हैं, क्योंकि उनका शरीर अधिक लाल रक्त कोशिकाएँ बनाता है।

पर्यावरणीय अनुकूलन के अन्य प्रकार

कुछ प्राणियों में सहनशीलता सीमा तथा ऋतुओं इत्यादि के आधार पर पर्यावरणीय अनुकूलन में भिन्न-भिन्न प्रकार के विभिन्न परिवर्तन होते हैं, जिन्हें निम्न प्रकार से समझा जा सकता है

- **प्रकाश के साथ अनुकूलन** विभिन्न प्रकाश तीव्रताओं के प्रति प्रत्येक पौधा एवं पादप-समुदाय स्वयं को प्रकाश के अनुकूलित या छाया सहनशील (sciophytes) के रूप में परिवर्तित करता है। प्रकाश के साथ अनुकूलित पौधे उच्च तापमान में भी प्रकाश संश्लेषण की क्षमता रखते हैं एवं प्रकाश संश्लेषण के दौरान पौधों की श्वसन दर भी उच्च होती है।
- **जलाभाव तथा ताप के प्रति अनुकूलन** गर्म मरुस्थलीय, शुष्क मृदा तथा उच्च तापमान में पनपने वाले पौधों की आयु अल्पकाल की या छोटी अवधि की होती है, वे **इफिमेरल** (Ephemeral) कहलाते हैं। उदाहरणस्वरूप राजस्थान के मरुस्थलीय क्षेत्रों में अनेक एकवर्षीय पौधे बीज से अंकुरित होकर वर्षा ऋतु में अपना जीवन चक्र पूरा कर लेते हैं और शुष्क मौसम में बीज के रूप में जीवित रहते हैं।
  - कुछ पौधे गहरी भूमि से जल का अवशोषण करते हैं। इस प्रकार के पौधों की गहरी अपसारण जड़ें शुष्क मौसम में जल पटल तक पहुँच जाती हैं। प्रोसोपिस, जूलीफ्लोरा, खजूर एवं एकेसिया इत्यादि इस प्रकार के पौधों के उदाहरण हैं।
  - जलाभाव एवं ताप के प्रति अनुकूलन वाले पौधे; जैसे— कैक्टस एवं मांसलोद्भिद् पौधों के मांसल पत्तों एवं तनों में जल का संग्रहण रहता है, जो शुष्क पर्यावरण के लिए अनुकूलित होता है।
  - अनेक मरुस्थलीय पौधों (जैसे-कैक्टस एवं मांसलोद्भिद्) में **C.A.M.** (Crassulacean Acid Metabolism) पथ वाला प्रकाश संश्लेषण होता है, जो उच्च तापमान की अवस्था में अपने रन्ध्र (छिद्र) को दिन में बन्द कर लेते हैं, जबकि रात में कम वाष्पोत्सर्जन के लिए रन्ध्र (छिद्र) को खोल देते हैं।
- **जलीय पय्रवरण में अनुकूलन** जलीय अनुकूलन से आशय किसी जीव के व्यवहार, शरीर क्रिया विज्ञान या संरचना में समायोजन या परिवर्तन से है, जो उन्हें जलीय वातावरण में रहने योग्य सक्षम बनाता है। जल में स्थायी रूप से रहने वाले पौधे जलोद्भिद् (Hydrophytes) कहलाते हैं और ये पौधे आधे डूबे अर्थात् जलमग्न होते हैं तथा इनकी पत्तियाँ व पर्णवृत्तों में वायु कोशिका (Aerenchyma) की उपस्थिति रहती है।

- **लवणयुक्त पर्यावरण में अनुकूलन** लवणयुक्त अनुकूलन के पौधे उच्च लवणतायुक्त जल में पैदा तथा विकसित होते हैं, जिन्हें लवण मृदोद्भिद् (Halophytes) कहते हैं। ये ऐसे पौधे होते हैं, जो प्राकृतिक रूप से लवणता के अनुकूल होते हैं। इस प्रकार के पौधे ज्वार कच्छ, तटीय टिब्बा (Coastal Dunes), जैसे मैंग्रोव तथा लवण युक्त मृदा में पाए जाते हैं, जो उष्ण एवं आर्द्र परिस्थिति में गूदेदार रूप में परिवर्तित हो जाते हैं और कोशिकाओं, तनों एवं पत्तों में लवण को संचित करते हैं।
- **मितपोषणी मृदा के प्रति अनुकूलन** मितपोषणी (अल्प-पोषणीय) प्रकार की मृदा में पोषक तत्त्व अल्प मात्रा में उपस्थित रहते हैं। यह मृदा उष्णकटिबन्धीय वर्षा वाले क्षेत्रों के भागों में पाई जाती है, जो सामान्यतया पुराने एवं भौगोलिक स्तर पर स्थायी भागों में विकसित होती है। इन मृदाओं में पोषक तत्त्वों को रखने की क्षमता गहन अपरदन एवं उच्च अवक्षालन दर के कारण अत्यन्त कम होती है, जो कवक मूल (mycrarrhizace) प्रकार के पौधों के सम्बन्ध को दर्शाती है।
- **पौधों में अनुकूलन** विभिन्न क्षेत्रों में जीवित रहने के लिए पौधों का अनुकूलन अत्यन्त महत्त्वपूर्ण होता है, जब पौधे एक बार किसी वातावरण/पर्यावरण में अनुकूलित हो जाते हैं, तो वे उसी स्थान पर बढ़ते हैं और विकसित होते हैं।
- **प्राणियों में अनुकूलन** जीवों के जीवित रहने के लिए अनुकूलन महत्त्वपूर्ण व आवश्यक होता है। अनुकूलन आनुवंशिक परिवर्तनों के कारण होते हैं, जिसमें जानवर जीवित रहने का प्रबन्ध करते हैं तथा वे उत्परिवर्तित जीन (mutated genes) को अपनी सन्तानों में देते हैं, जिसे प्राकृतिक चयन कहा जाता है। जीवों को अपनी भोजन की अनुकूलता मांसाहारी या शाकाहारी रूप में प्राप्त होती है, जबकि कुछ प्राणियों में परभक्षियों द्वारा खाए जाने से बचने के लिए अनुकूल होती है।

जलोद्भिद्

तैरने वाले जलोद्भिद् (Floating Hydrophytes)

ये हवा एवं पानी के निरन्तर सम्पर्क में जल निकायों की सतह पर स्वतन्त्र रूप से तैरते हैं। इस श्रेणी के पौधों में जड़ें पूर्ण रूप से विकसित नहीं होती एवं लम्बे डंठल (तना) के माध्यम से पानी की सतह पर तैरती हैं और पत्तियाँ प्रमुख अंग का कार्य करती हैं, जिनमें बड़े वायु क्षेत्र एवं रन्ध्र (छिद्र) पाए जाते हैं। *ये दो प्रकार के होते हैं*

स्वतन्त्र प्लावी ये पौधे स्वतन्त्र रूप से जल की सतह पर तैरते हैं तथा इनकी जड़ें मृदा में धँसी नहीं होती।
उदाहरण– वुल्फिया, आइकहॉर्निया।

स्थिर प्लावी ये पौधे जल पर तैरते हैं तथा इनकी जड़ें नदी/झील की मृदा में धँसी होती हैं।
उदाहरण– कमल, निंफिया।

जलमग्न जलोद्भिद् (Submerged Hydrophytes)

इस वर्ग के पादप जल में पूर्ण रूप से डूबे रहते हैं तथा वायु के सम्पर्क में नहीं होते। ये दो प्रकार के होते हैं
स्वतन्त्र प्लावी (Free floating) न्यूट्रीकूलेरिया
जड़बद्ध (Rooted) कारा, हाइड्रिला।

उभयचर/निर्गत जलोद्भिद (Emergent Hydrophytes)

इस श्रेणी के पौधों की जड़ें गीली मिट्टी में धँसी रहती हैं, परन्तु ये वायु में वृद्धि करते हैं। इस श्रेणी के पादप वायु एवं जल दोनों स्थितियों में अनुकूलित रहते हैं।
उदाहरण– टाइफा

जीवों द्वारा पर्यावरणीय अनुकूलता की युक्तियाँ

- **प्रवास** जीवों का कम दूरी अथवा लम्बी दूरी तक एक क्षेत्र से दूसरे क्षेत्र में संचालन प्रवास (Migration) कहलाता है। उदाहरण के लिए, आर्कटिक टर्न नामक समुद्री पक्षी प्रत्येक वर्ष उत्तरी अटलांटिक से अण्टार्कटिका तक हजारों मील की यात्रा करता है।
- **छद्मावरण** कुछ प्राणियों द्वारा अपने शरीर की बनावट रंग आदि का प्रयोग कर अपने परिवेश में छिपने की प्रवृत्ति छद्मावरण (Camouflage) कहलाती है। उदाहरण–कई कीड़े, सरीसृप और स्तनधारियों के शरीर पर ऐसे चिह्न होते हैं, जिनसे उन्हें छाया मिलती है। इन्हें अपने समूह के अन्य सदस्यों से अलग पहचानना कठिन हो जाता है।
- **शीत निष्क्रियता एवं ग्रीष्म निष्क्रियता** जो प्राणी अत्यधिक ठण्डे या शुष्क वातावरण में प्रवसन करने में समर्थ नहीं होते हैं, वे निष्क्रिय (Dormant) अवस्था में चले जाते हैं। सर्दियों में निष्क्रियता को शीत निष्क्रियता (Hibernation) कहा जाता है। इसमें प्राणी शीत काल को सुषुप्तावस्था में बिताते हैं। उदाहरण–चमगादड़, भालू आदि। गर्म और शुष्क मौसम में निष्क्रिय रहने को ग्रीष्म निष्क्रियता (Aestivation) कहते हैं। उदाहरण-सैलामैंडर, मगरमच्छ।

समतापी प्राणी (Hot Blooded Organism)	असमतापी प्राणी (Cold Blooded Organism)
• ये जीव **एण्डोथर्म** या **होमियोथर्मिक** कहलाते हैं। • ये अपने शरीर के तापमान को नियन्त्रित करने में सक्षम होते हैं। • इनमें ग्रीष्म निष्क्रियता और शीत निष्क्रियता की प्रक्रिया नहीं देखी जाती। उदाहरण- शेर, कुत्ता, मनुष्य, कबूतर	• इन्हें **एक्टोथर्म** या **पोएकिलोथर्मिक** जीव भी कहा जाता है। ये जीव अपने शरीर का तापमान वातावरण के अनुसार नियन्त्रित नहीं कर सकते। • ये शीत निष्क्रियता और ग्रीष्म निष्क्रियता जैसी प्रक्रियाओं का पालन करते हैं। उदाहरण- मेंढक, साँप, मगरमच्छ, अफ्रीकन लंगफिश, घोंघा आदि।

- **अनुहरण** जब दो जातियाँ एक-दूसरे के समान दिखाई देती हैं, तो उनमें से एक जाति अनुहारक कहलाती है, जो परभक्षियों के लिए स्वादिष्ट होती है, लेकिन दिखने में दूसरी जाति जैसी होती है। दूसरी जाति प्रतिरूप कहलाती है, जो परभक्षियों के लिए स्वादहीन तथा खतरनाक होती है। इसके निम्न दो प्रकार हैं
  (i) बेटसियन अनुहरण (Batesion Mimicry)
  (ii) मुलेरियन अनुहरण (Mullerian Mimicry)

मानव पारिस्थितिक अनुकूलन

मानव पारिस्थितिकी अनुकूलन का तात्पर्य उस प्रक्रिया से होता है, जिसके माध्यम से मानव सभ्यता ने अपने व्यवहार, तकनीकी विकास और जीवनशैली को परिवेशीय परिस्थितियों के साथ सामंजस्य स्थापित कर बेहतर बनाया है। इसके दो प्रकार निम्न हैं

- **जैविक अनुकूलन** मनुष्यों में जैविक अनुकूलन वे प्रक्रियाएँ हैं, जो पर्यावरण की चुनौतियों के प्रति शारीरिक और आनुवंशिक परिवर्तन की क्षमता को बढ़ावा देती हैं। इसमें उच्च ऊँचाई, सहनशीलता, जलवायु अनुकूलन, आहार अनुकूलन, त्वचा रंजकता आदि सम्मिलित हैं।
- **सांस्कृतिक अनुकूलन** सांस्कृतिक अनुकूलन में पर्यावरणीय दबावों का सामना करने के लिए व्यावहारिक परिवर्तनों और अनुकूल सूक्ष्म वातावरण के निर्माण की प्रक्रिया सम्मिलित होती है। इसमें जल प्रबन्धन, पारम्परिक पारिस्थितिक ज्ञान, वस्त्र और आश्रय, कृषि पद्धतियाँ आदि सम्मिलित हैं।

"

पर्यावरण संरक्षण का तात्पर्य प्राकृतिक संसाधनों, जैव-विविधता और पारिस्थितिकी तन्त्र को सुरक्षित रखने से है। यह प्रक्रिया पर्यावरण को प्रदूषण, वन कटाई और जलवायु परिवर्तन जैसे खतरों से बचाने के प्रयास पर केन्द्रित है।

अध्याय दस

पर्यावरण संरक्षण

प्रमुख अधिनियम एवं निकाय

संवैधानिक प्रावधान

भारत के संविधान में पर्यावरण से सम्बन्धित प्रावधान, भौतिक कर्त्तव्यों, नीति निदेशक के साथ मौलिक अधिकारों में भी पाए जाते हैं।

संवैधानिक प्रावधान

सातवीं अनुसूची
वन और वन्य जीव संरक्षण को समवर्ती सूची में शामिल किया गया है।

DPSPs
अनुच्छेद 48 (ए) के तहत राज्य पर्यावरण और वन्य जीव संरक्षण करेगा।

मौलिक अधिकार
अनुच्छेद 21, 14 एवं 19 का उपयोग पर्यावरण संरक्षण के लिए किया गया है।

मौलिक कर्त्तव्य
अनुच्छेद 51 (क) (g) में वन, झील, नदियों और वन्य जीवन सहित प्राकृतिक पर्यावरण की रक्षा और संवर्धन करना तथा प्राणी मात्र के प्रति दया भाव रखना शामिल हैं।

जल (प्रदूषण की रोकथाम एवं नियन्त्रण) अधिनियम, 1974

- जल प्रदूषण को रोकने एवं नियन्त्रित करने तथा संस्था के लिए जल की स्वच्छता को बहाल करने एवं बनाए रखने के लिए यह अधिनियम वर्ष 1974 में लागू हुआ।
- देश के सभी राज्य और संघ राज्य इस अधिनियम को संविधान के अनुच्छेद 252 के खण्ड 1 के अधीन अपनाते हैं। संशोधन वर्ष 1988, वर्ष 2003।
- इस अधिनियम में वर्ष 1988 और 2003 में संशोधन किया गया।
- इस अधिनियम की धारा 3 के तहत केन्द्रीय प्रदूषण नियन्त्रण बोर्ड (CPCB) तथा धारा 4 के तहत राज्य प्रदूषण नियन्त्रण बोर्ड (SPCB) अभिप्रेरित है।
- अधिनियम की योजना के तहत, प्रासंगिक प्रावधानों, व्यक्तियों पर कास्टिंग दायित्वों को अधिनियम की धारा 24, 25, 26 और 31 के अन्तर्गत सन्दर्भित किया जा सकता है।

जल (प्रदूषण की रोकथाम एवं नियन्त्रण) उपकर अधिनियम, 1977

- यह अधिनियम, निर्दिष्ट उद्योग चलाने वाले व्यक्तियों और स्थानीय प्राधिकारियों द्वारा उपभोग किए गए जल पर उपकर लगाने और संग्रहण का प्रावधान करता है, ताकि जल (प्रदूषण रोकथाम एवं नियन्त्रण) उपकर अधिनियम 1974 के अन्तर्गत गठित जल प्रदूषण रोकथाम एवं नियन्त्रण के लिए केन्द्रीय एवं राज्य बोर्ड के संसाधनों में वृद्धि की जा सके।
- इस अधिनियम के अन्तर्गत दायित्व निर्धारित करने वाले प्रासंगिक प्रावधानों को धारा 3, 4 और 5 के अन्तर्गत सन्दर्भित किया जा सकता है।

वायु (प्रदूषण की रोकथाम एवं नियन्त्रण) अधिनियम, 1981

- वायु प्रदूषण की रोकथाम, नियन्त्रण और उन्मूलन के उद्देश्य से वर्ष 1981 में संसद द्वारा वायु (प्रदूषण की रोकथाम और नियन्त्रण) अधिनियम 1981 लागू किया गया।
- इस अधिनियम में वर्ष 1988 में संशोधन किया गया।
- इस अधिनियम की योजना के तहत सम्बन्धित व्यक्तियों पर लगाए गए दायित्व को धारा 21, 22 और 23 के प्रावधानों के तहत सन्दर्भित किया जा सकता है।
- CPCB और SPCB को वायु गुणवत्ता में सुधार, नियन्त्रण एवं वायु प्रदूषण के उन्मूलन से सम्बन्धित किसी भी मामले पर सरकार को सलाह देने का प्रावधान किया गया है।
- CPCB वायु गुणवत्ता के लिए मानक तय करता है तथा SPCB को तकनीकी सहायता और मार्गदर्शन प्रदान करता है।

केन्द्रीय प्रदूषण नियन्त्रण बोर्ड (CPCB)

- CPCB एक सांविधिक निकाय है, जिसकी स्थापना जल (प्रदूषण रोकथाम और नियन्त्रण) अधिनियम, 1974 के अन्तर्गत सितम्बर, 1974 में की गई थी।
- इसके साथ ही वायु (प्रदूषण रोकथाम और नियन्त्रण) अधिनियम, 1981 के अन्तर्गत भी इसे महत्त्वपूर्ण अधिकार व जिम्मेदारियाँ सौंपी गई हैं।
- यह बोर्ड पर्यावरण, वन और जलवायु परिवर्तन मन्त्रालय के तहत एक क्षेत्रीय संगठन के रूप में कार्य करता है। और मन्त्रालय को पर्यावरण (संरक्षण) अधिनियम, 1986 के प्रावधानों से सम्बन्धित तकनीकी सेवाएँ प्रदान करता है।

बोर्ड के मुख्य कार्य

- जल प्रदूषण के नियन्त्रण और न्यूनीकरण के माध्यम से राज्यों के विभिन्न क्षेत्रों में नदियों और जल स्रोतों की स्वच्छता को बढ़ावा देना है। देश की वायु गुणवत्ता में सुधार करना और वायु प्रदूषण को नियन्त्रित करना।

पर्यावरण (संरक्षण) अधिनियम, 1986

- भोपाल त्रासदी के बाद, भारत सरकार ने वर्ष 1986 में पर्यावरण (संरक्षण) अधिनियम, 1986 को अधिनियमित किया।
- इस अधिनियम का उद्देश्य जून, 1972 में स्टॉकहोम में आयोजित मानव पर्यावरण पर संयुक्त राष्ट्र सम्मेलनके पर्यावरण संरक्षण और सुधार के लिए किए गए निर्णयों को देश में प्रभावी ढंग से लागू करना था।
- संवैधानिक प्रावधान
  - पर्यावरण (संरक्षण) अधिनियम, 1986 को भारतीय संविधान के अनुच्छेद 253 के तहत अधिनियमित किया गया है, जो अन्तर्राष्ट्रीय समझौते को लागू करने के लिए कानून बनाने का प्रावधान करता है।
  - संविधान का अनुच्छेद 48A राज्य को पर्यावरण की रक्षा और सुधार करने, साथ ही वनों और वन्यजीवों की सुरक्षा करने का निर्देश देता है।
  - अनुच्छेद 51A प्रत्येक नागरिक को पर्यावरण की रक्षा करने का दायित्व प्रदान करता है।
- केन्द्र सरकार की शक्तियाँ
  - यह अधिनियम केन्द्र सरकार को पर्यावरण प्रदूषण रोकने के उपाय करने और देश के विभिन्न हिस्सों के लिए विशिष्ट पर्यावरणीय समस्याओं से निपटने हेतु अधिकृत अधिकारियों को अधिकार देता है।

पर्यावरण (संरक्षण) अधिनियम, 1986 के अन्तर्गत स्थापित निकाय

राष्ट्रीय गंगा नदी घाटी प्राधिकरण (NRGBA)

- वर्ष 2016 में स्थापित NRGBA गंगा नदी के लिए वित्तपोषण, योजना, कार्यान्वयन, निगरानी और समन्वय प्राधिकरण है, जो जल संसाधन मन्त्रालय के अधीन कार्य करता है।
- इसका क्षेत्राधिकार गंगा और उसकी सहायक नदियों तक है।
- इसके अध्यक्ष प्रधानमन्त्री होते हैं।

पर्यावरण प्रभाव आकलन (EIA)

- EIA का उपयोग यह अनुमान लगाने के लिए किया जाता है कि प्रस्तावित विकासात्मक गतिविधियों से कौन-कौन से सम्भावित पर्यावरणीय प्रभाव उत्पन्न हो सकते हैं और इसके लिए शमन उपाय और रणनीतियाँ सुझाई जाती हैं।
- भारत में EIA की शुरुआत वर्ष 1978 में नदी घाटी परियोजनाओं के सन्दर्भ में की गई थी। बाद में, EIA से सम्बन्धित कानूनों का विस्तार किया गया, ताकि अन्य विकासात्मक क्षेत्रों को भी इसमें शामिल किया जा सके।
- EIA, 1994 की विकासात्मक परियोजनाओं पर EIA अधिसूचना के तहत आता है, जिसे पर्यावरण संरक्षण, 1986 के प्रावधान के अन्तर्गत लागू किया गया है।
- EIA 30 से अधिक श्रेणियों की परियोजनाओं के लिए अनिवार्य है और इन परियोजनाओं को तभी पर्यावरण मंजूरी (EC) मिलती है, जब EIA की आवश्यकताएँ पूरी होती हैं।

खतरनाक अपशिष्ट (प्रबन्धन और हैण्डलिंग) नियम, 1989

- इसका उद्देश्य जीन प्रौद्योगिकी और सूक्ष्मजीवों के उपयोग के सन्दर्भ में पर्यावरण, प्रकृति और स्वास्थ्य जैव सुरक्षा की रक्षा करना है।
- ये नियम अनुसन्धान के क्षेत्रों के साथ-साथ GMO (आनुवंशिक रूप से संशोधित जीव) और उनके उत्पादों के बड़े पैमाने पर अनुप्रयोगों को कवर करते हैं, जिसमें प्रायोगिक क्षेत्र परीक्षण और बीज उत्पादन भी शामिल है।
- वर्तमान में 6 समितियाँ RDAC, RCGM, GEAC, SBCC's, DLC's, IBSC हैं।

वन्यजीव संरक्षण अधिनियम (WPA), 1972

- WPA, 1972 जीवों और पौधों की विभिन्न प्रजातियों के संरक्षण के लिए एक कानूनी ढाँचा प्रदान करता है।
- यह अधिनियम पौधों और जीवों की अनुसूचियों को सूचीबद्ध करता है और उन्हें विभिन्न प्रकार की सुरक्षा व निगरानी प्रदान करता है।
- भारत वर्ष 1976 में CITES (वन्यजीव एवं वनस्पतियों की विलुप्त प्राय जातियों के अन्तर्राष्ट्रीय व्यापार सम्मेलन) समझौते में शामिल होने वाला 25वाँ सदस्य बना।
- वन्यजीव संरक्षण अधिनियम, 1972 को वर्ष 1982, 1991, 1993, 2002, 2006 और 2022 में संशोधित किया गया।
- यह अधिनियम जम्मू-कश्मीर को छोड़कर पूरे देश में लागू था और इसमें संशोधन के बाद जम्मू-कश्मीर में भी लागू हो गया।
- इसमें पहले 6 अनुसूचियाँ थीं, जिन्हें WPA (संशोधन), 2022 के बाद घटाकर 4 कर दिया गया, जो निम्नवत हैं

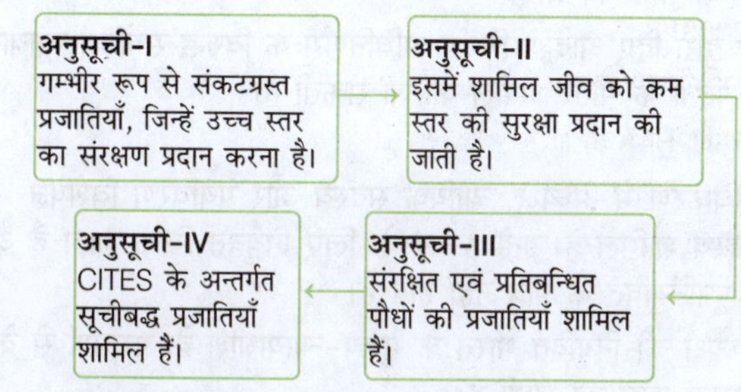

- अधिनियम के अन्तर्गत नियुक्त प्राधिकारी : वन्यजीव संरक्षण निदेशक और उसके अधीनस्थ निदेशकों तथा अन्य अधिकारियों की नियुक्ति केन्द्र सरकार करती है।
- राज्य सरकार एक मुख्य वन्यजीव वार्डन (CWLW) की नियुक्ति करती है, जो विभाग के वन्यजीव विंग का प्रमुख होता है और राज्य के भीतर संरक्षित क्षेत्रों (PAs) पर पूर्ण प्रशासनिक नियन्त्रण रखता है।
- अधिनियम के अन्तर्गत गठित निकाय राष्ट्रीय वन्यजीव बोर्ड (NBWL), राष्ट्रीय वन्यजीव बोर्ड की स्थायी समिति, राज्य वन्यजीव बोर्ड (SBWL), केन्द्रीय चिड़ियाघर प्राधिकरण (CZA), राष्ट्रीय बाघ संरक्षण प्राधिकरण (NTCA), वन्यजीव अपराध नियन्त्रण ब्यूरो (WCCB)।
- अधिनियम के अन्तर्गत वन्यजीव विकास की पहल : बाघ संरक्षण परियोजना, प्रोजेक्ट एलीफेण्ट, वन्यजीव गलियारे।

जैव-विविधता अधिनियम, 2002

- अधिनियम का मुख्य उद्देश्य जैव-विविधता का संरक्षण करना, इसके घटकों का सतत उपयोग करना और इसके संसाधनों का उचित उपयोग सुनिश्चित करना है, ताकि जैव-विविधता के विनाश को अन्तत: रोका जा सके।
- इस अधिनियम के अन्तर्गत राष्ट्रीय जैव-विविधता प्राधिकरण या राज्य जैव-विविधता के लाभ बँटवारे के निर्धारण या आदेश से सम्बन्धित कोई भी शिकायत राष्ट्रीय हरित अधिकरण (NGT) में लाई जाएगी।

जैव संसाधनों को नियन्त्रित करने के लिए त्रिस्तरीय ढाँचे की रचना

	राष्ट्रीय जैव-विविधता प्राधिकरण (NBA)	राज्य जैव-विविधता बोर्ड (SBBs)	जैव-विविधता प्रबन्धन समितियाँ (BMCs)
स्थापना	वर्ष 2003 में भारत सरकार और वन मन्त्रालय द्वारा	राज्य सरकार द्वारा अधिनियम की धारा 22 के अनुसार	अधिनियम की धारा 41 के अनुसार
मुख्यालय	चेन्नई	—	—
कार्य	• संकटग्रस्त प्रजातियों को अधिसूचित करेगा तथा उनके संग्रह पुनर्वास व संरक्षण को प्रतिबन्धित या विनियमित करेगा। • विभिन्न श्रेणियों के जैविक संसाधनों के भण्डार के रूप में संस्थानों को नामित करेगा। भारत में जैव-विविधता को सर्वोत्तम तरीके से संरक्षित करने के सम्बन्ध में सरकार को सलाह प्रदान करना। • सभी विदेशी नागरिकों को भारत से जैविक संसाधन प्राप्त करने के लिए NBA से अनुमोदन की आवश्यकता होती है।	• जैव-विविधता के संरक्षण, सतत उपयोग या न्याय संगत लाभों को साझा करने से सम्बन्धित मामलों पर राज्य सरकार को सलाह देना। • राज्य में लोगों द्वारा किसी भी जैविक संसाधन के वाणिज्यिक उपयोग के लिए अनुमोदन या अन्यथा अनुरोध प्रदान करने को विनियमित करना।	• जैविक संसाधनों का उपयोग करने वाले स्थानीय वैद्य और चिकित्सकों के बारे में डेटा बनाए रखती है। • स्थानीय लोगों के परामर्श से पीपुल्स बायोडायवर्सिटी रजिस्टर (PBR) तैयार करना, रख-रखाव करना व उसे मान्यता प्रदान करना। • PBR रजिस्टर में स्थानीय जैविक संसाधनों की उपलब्धता और ज्ञान, उनकी औषधीय या किसी अन्य उपयोग या उनसे जुड़े पारम्परिक ज्ञान या व्यापक जानकारी शामिल होगी।
संरचना	एक अध्यक्ष, तीन पदेन सदस्य एवं सात सदस्य केन्द्र सरकार मन्त्रालय	सभी सदस्य की नियुक्ति राज्य सरकार द्वारा-एक अध्यक्ष, अधिकतम पाँच पदेन सदस्य, जैव विविधता संरक्षण विशेषज्ञों में से अधिकतम पाँच सदस्य नियुक्ति	स्थानीय निकाय द्वारा नामित एक अध्यक्ष तथा अधिकतम 6 व्यक्ति अध्यक्ष का चुनाव स्थानीय निकाय के अध्यक्ष की अध्यक्षता में होने वाली बैठक में समिति के सदस्यों में से किया जाएगा।

राष्ट्रीय हरित न्यायाधिकरण (NGT) अधिनियम, 2010

- यह अधिनियम पर्यावरण संरक्षण, वनों और अन्य प्राकृतिक संसाधनों के संरक्षण से सम्बन्धित मामलों के त्वरित निपटान के लिए एक विशेष निकाय, राष्ट्रीय हरित न्यायाधिकरण (National Green Tribunal, NGT) की स्थापना करता है।
- भारत इस प्रकार के न्यायाधिकरण की स्थापना करने वाला ऑस्ट्रेलिया व न्यूजीलैण्ड के बाद तीसरा देश बन गया।
- NGT का मुख्यालय दिल्ली में है, जबकि अन्य चार क्षेत्रीय कार्यालय भोपाल, पुणे, कोलकाता एवं चेन्नई में स्थित हैं। NGT के लिए अनिवार्य है कि उसके पास आने वाले पर्यावरण सम्बन्धी मुद्दों का निपटारा 6 महीनों के भीतर हो जाए।
- NGT द्वारा दिए आदेशों/निर्णय/अधिनिर्णय के विरुद्ध सर्वोच्च न्यायालय में 90 दिनों के भीतर अपील की जा सकती है।
- NGT की संरचना
    - प्राधिकरण में अध्यक्ष, न्यायिक सदस्य और पर्यावरण विशेषज्ञ सदस्य शामिल हैं। इन्हें 5 वर्ष के लिए नियुक्त किया जाता है और वे पुनर्नियुक्ति के पात्र नहीं होते हैं।
    - अध्यक्ष की नियुक्ति भारत के मुख्य-न्यायाधीश के परामर्श से केन्द्र सरकार द्वारा की जाती है।
    - केन्द्र सरकार द्वारा न्यायिक सदस्यों तथा विषय विशेषज्ञों को लेकर एक चयन समिति का गठन किया जाएगा।
    - प्राधिकरण में न्यूनतम 10 और अधिकतम 20 पूर्वकालिक न्यायिक सदस्य और विषय विशेषज्ञ सदस्य होने चाहिए।
- NGT की शक्तियाँ
    - पर्यावरण (पर्यावरण से सम्बन्धित कानून के अधिकार के प्रवर्तन सहित) से जुड़े सभी सिविल मामलों पर क्षेत्राधिकार है। NGT के पास एक न्यायाधिकरण के रूप में अपीलीय क्षेत्राधिकार भी है।
    - NGT के पास प्रदूषण और अन्य पर्यावरण क्षति (किसी भी खतरनाक पदार्थ को नियन्त्रित करने के दौरान होने वाली दुर्घटना सहित) के पीड़ित को राहत और मुआवाजा देने की शक्ति है।
- NGT द्वारा पालन की जाने वाली प्रक्रिया
    - सिविल प्रक्रिया संहिता 1908 के अन्तर्गत निर्धारित प्रक्रिया के लिए बाध्य नहीं है, किन्तु "प्राकृतिक न्याय के सिद्धान्त" द्वारा निर्देशित प्रक्रिया।
    - भारतीय साक्ष्य अधिनियम 1872 में निहित नियमों से बाह्य नहीं है।
    - कोई भी आदेश/निर्णय/पुरस्कार पारित करते समय यह सतत विकास के सिद्धान्त, पूर्वरक्षा के सिद्धान्त तथा प्रदूषणकर्ता भुगतान सिद्धान्त को ध्यान में रखेगा।

- NGT निम्न प्रमुख कानूनों के साथ कार्य करता है
  - जल (प्रदूषण रोकथाम एवं नियन्त्रण) अधिनियम, 1974
  - जल (प्रदूषण रोकथाम एवं नियन्त्रण) उपकर अधिनियम, 1977
  - वन संरक्षण अधिनियम, 1980
  - पर्यावरण (संरक्षण) अधिनियम, 1986
  - वायु (प्रदूषण रोकथाम एवं नियन्त्रण) अधिनियम, 1981
  - लोक दायित्व बीमा अधिनियम, 1991
  - जैव-विविधता अधिनियम, 2002

भारतीय वन अधिनियम, 1927

- भारतीय वन अधिनियम पहली बार 1865 ई. में लागू किया गया था और फिर वर्ष 1927 में संशोधित किया गया।
- भारतीय वन अधिनियम, 1927 में वनों के संरक्षण पर ध्यान केन्द्रित नहीं किया गया था, बल्कि ब्रिटिश औपनिवेशक सरकार के कानून वनों से लकड़ी के निष्कर्षण के नियन्त्रण पर केन्द्रित थे।
- वनों के प्रकार : आरक्षित वन, संरक्षित वन, ग्रामीण वन
- सुरक्षा स्तर, आरक्षित वन > संरक्षित वन > ग्रामीण वन
- लोग केवल संरक्षित व ग्रामीण वनों के उत्पाद एवं लकड़ी का उपयोग घर बनाने एवं ईंधन के रूप में कर सकते थे।

वन (संरक्षण) अधिनियम, 1980

- यह खनिज संसाधनों के दोहन की परियोजनाओं सहित गैर-वानिकी उपयोग के लिए वन भूमि के विचलन को विनियमित करने के लिए एक अधिनियम है।
- अधिनियम की धारा राज्य सरकार या आरक्षित वनों के लिए निर्देश जारी करने वाले किसी अन्य प्राधिकरण से पहले केन्द्र सरकार की पूर्वी मंजूरी को आवश्यक का प्रावधान करती है।
- इस अधिनियम की धारा 3 के अनुसार, केन्द्र सरकार को वनों के संरक्षण पर सलाह सम्बन्धित मामलों पर सलाह देने के लिए सलाहकार समिति गठन करने का अधिकार है।

वन नीति, 1988

- राष्ट्रीय वन नीति, 1988 का मुख्य उद्देश्य पर्यावरण स्थिरता सुनिश्चित करना तथा वायुमण्डलीय सन्तुलन सहित पारिस्थितिकी सन्तुलन बनाए रखना है, जो सभी जीवन रूपों, मानव, पशु और पौधों के जीवनयापन के लिए महत्त्वपूर्ण है।
- वन नीति 1988 के लागू होने के बाद देश में वन और वृक्ष आवरण भौगोलिक क्षेत्र के 19.7% (राज्य वन रिपोर्ट 1987) से बढ़कर भौगोलिक क्षेत्र के 23.4% (राज्य वन्य रिपोर्ट, 2005) हो गया।
- प्रमुख उपलब्धियाँ
  - वन एवं वृक्ष आवरण में वृद्धि
  - ग्रामीण एवं जनजातीय आबादी की ईंधन लकड़ी, चारा, लघु इमारती लकड़ी की आवश्यकता को पूरा करना।
  - बाह्य एवं अन्तर्स्थल संरक्षण उपायों के माध्यम से देश की जैविक विविधता एवं आनुवंशिक संसाधनों का संरक्षण।
  - देश में पर्यावरण और पारिस्थितिकी स्थिरता के रखरखाव में महत्त्वपूर्ण योगदान।

वन अधिकार अधिनियम (FRA), 2006

- यह अधिनियम वनवासी अनुसूचित जनजातियों (FDST) और अन्य पारम्परिक वनवासियों (OTFD) को वन भूमि पर वन अधिकारों और कब्जे को मान्यता और अधिकार देता है, जो पीढ़ियों से इन वनों में रह रहे हैं।
- यह उन आदिवासी और अन्य पारम्परिक वन निवासी समुदायों के लिए लागू है, जो 13 दिसम्बर, 2005 से पहले तीन पीढ़ियों (75 वर्ष) से वन भूमि में रह रहे हैं या मुख्य रूप से वन भूमि में रहते थे।
- FRA, 2006 के तहत 'संकटपूर्ण वन्यजीव पर्यावास (CWH)' को उन क्षेत्रों के रूप में परिभाषित किया गया है, जो राष्ट्रीय उद्यानों और अभयारण्यों में स्थित होते हैं और जहाँ वैज्ञानिक एवं वस्तुनिष्ठ मानदण्डों के आधार पर यह स्पष्ट रूप से स्थापित किया गया है कि इन क्षेत्रों को वन्यजीव संरक्षण के उद्देश्यों के लिए अविच्छिन्न रूप से संरक्षित रखा जाना आवश्यक है।

प्रतिपूरक वनीकरण कोष (CAF) अधिनियम, 2016

- यह अधिनियम वन संरक्षण अधिनियम, 1980 के तहत गैर-वानिकी उद्देश्यों के लिए वन भूमि के उपयोग से हुए नुकसान की भरपाई के लिए कानूनी ढाँचा प्रदान करता है।
- कैंपा कोष (CAMPA) वन भूमि के स्थानान्तरण के बदले उपयोगकर्ता एजेन्सियों द्वारा प्रतिपूरक करारोपण के रूप में होता है, जिसमें कुल वर्तमान मूल्य (NPV) भी शामिल है। यह निधि परियोजना विशेष होती है।
- CAF नियम, 2018 यह राज्य और केन्द्रशासित प्रदेश प्राधिकरणों को NPV निधियों के उपयोग के लिए मार्गदर्शन प्रदान करता है, जिसके तहत वर्गीकरण और वन एवं वन्यजीव आवास में सुधार किया जाता है।
- CAF का 90% खर्च राज्य तथा 10% केन्द्र द्वारा भुगतान किया जाता है।

पर्यावरण, वन और जलवायु परिवर्तन मन्त्रालय (MOEFCC)

- MOEF भारत की पर्यावरण और वानिकी नीतियों और कार्यक्रमों की योजना, प्रचार, समन्वय और कार्यान्वयन की देखरेख के लिए केन्द्र सरकार के प्रशासनिक ढाँचे में नोडल एजेन्सी है।
- MOEF के व्यापक उद्देश्य निम्न प्रकार हैं
  - प्रदूषण की रोकथाम और नियन्त्रण
  - पर्यावरण संरक्षण
  - वनरोपण और क्षीण क्षेत्रों का पुनर्जनन
  - वनस्पति, जीव, वन और वन्यजीवन का संरक्षण और सर्वेक्षण
  - पशुओं का कल्याण सुनिश्चित करना।

एकीकृत तटीय क्षेत्र प्रबन्धन योजना (ICZMP)

- तटीय क्षेत्र के सभी पहलुओं, जिसमें भौगोलिक और राजनीतिक सीमाएँ भी शामिल हैं, के सम्बन्ध में एकीकृत दृष्टिकोण का उपयोग करते हुए तट के प्रबन्धन की एक प्रक्रिया है, जिसका उद्देश्य स्थिरता प्राप्त करना है।
- यह योजना वर्ष 1992 में रियो-डी-जेनेरियो में आयोजित पृथ्वी सम्मेलन के दौरान उत्पन्न हुई थी। यह परियोजना विश्व बैंक की सहायता से संचालित है और इसका कार्यान्वयन केन्द्रीय पर्यावरण, वन एवं जलवायु परिवर्तन मन्त्रालय (MOEFCC) की सहायता से वन एवं पर्यावरण विभाग द्वारा किया जा रहा है।

- चेन्नई में स्थित सतत तटीय प्रबन्धन केन्द्र (NCSCM) वैज्ञानिक और तकनीकी जानकारी प्रदान कर रहा है।

पर्यावरण संरक्षण में प्रमुख योगदानकर्ता / व्यक्तित्व

व्यक्तित्व	विशेष
मेघा पाटकर एवं अरुंधती रॉय	• इन्होंने **नर्मदा बचाओ आन्दोलन** की शुरुआत की। • नदी पर बाँध परियोजना के विरोध के साथ जनजातियों अधिकारों का अतिक्रमण किया।
राजेन्द्र सिंह	• भारत का **जलपुरुष** (Waterman of India) • इन्होंने परम्परागत जल स्रोतों को तकनीकी विधि से जोड़कर थान में कई क्षेत्रों में पानी की आपूर्ति को सुगम बनाया।
मेनका गाँधी	वरण संरक्षण सम्बन्धित किताबें लिखीं एवं जीवों के बचाने के लिए **People for Animal** नाम का संगठन भी बनाया।
जी.डी. अग्रवाल (स्वामी ज्ञानस्वरूप सानन्द)	• **गंगा बचाओ आन्दोलन** में सक्रिय कार्यकर्ता रहे। • इन्हें पर्यावरण इंजीनियर भी कहा जाता है।
सलीम अली	• पक्षी वैज्ञानिक और प्रकृति वेत्ता • भारत का **बर्डमैन** (Birdman of India) • वर्ष 1947 के बाद बने बॉम्बे नेचुरल हिस्ट्री सोसाइटी के संस्थापक थे।
डॉ. वन्दना शिवा	• 1970 के दशक के दौरान अहिंसात्मक **चिपको आन्दोलन** में भाग लिया। • 'नवदान्य' नामक एक गैर-सरकारी संगठन की स्थापना की जो स्थानीय समुदायों के साथ मिलकर जैविक कृषि देशी बीज एवं बौद्धिक सम्पदा अधिकारों की रक्षा के लिए कार्य करता है।
प्रो. माधव गाडगिल	• भारतीय **पारिस्थितिकी विज्ञानी** • इन्होंने जनसंख्या जीव विज्ञान, संरक्षण जीव विज्ञान एवं मानव पारिस्थितिकी जैव विषयों पर शोध किया।
अनिल कुमार अग्रवाल	• भारतीय पर्यावरणीय वैज्ञानिक • Center for science and Environment के संस्थापक
प्रमोद पाटिल	• पक्षी वैज्ञानिक • **ग्रेट इण्डियन बस्टर्ड** के संरक्षण के लिए जाना जाता है
आनन्द कुमार	• प्रकृति संरक्षणवादी वैज्ञानिक • दक्षिण भारत में मानव एवं हाथियों के बीच रिश्ते बेहतर बनाने के लिए जाना जाता है।
कल्याण सिंह रावत	• जीव विज्ञान के शिक्षक • उत्तराखण्ड में मैती आन्दोलन
माइक पाण्डे	• सरकार पर अपनी फिल्मों के माध्यम से सतत विकास के साथ समृद्धि एवं जीव-जन्तुओं के संरक्षण सम्बन्धी कार्य करने के लिए दबाव बनाते थे।
जाधव मोलाई पेंग	• फॉरेस्ट मैन ऑफ इण्डिया • ब्रह्मपुत्र नदी के रेतयुक्त क्षेत्र में अकेले 1360 एकड़ का वन क्षेत्र तैयार किया।
चेरांग नोरफल	• इन्हें **आइसमैन** के नाम से जाना जाता है। • नोरफल ने भारत के अत्यन्त ठण्डे एवं उच्च क्षेत्रों में कृत्रिम ग्लेशियर का निर्माण किया, जिससे लेह-लद्दाख क्षेत्रों में पानी की समस्या में कमी आई।

व्यक्तित्व	विशेष
सोनम वांगचुक	• इन्होंने **आइस स्तूप तकनीक** का आविष्कार किया, जो कृत्रिम ग्लेशियरों का निर्माण करती है, जिसका उपयोग शंकु के आकार के बर्फ के ढेर के रूप में सर्दियों के पानी को संगृहीत करने के लिए किया जाता है।
मधु भटनागर	• पर्यावरण संरक्षण के प्रति जागरूकता बढ़ाने के लिए **पर्यावरणीय शिक्षा नीति** की शुरुआत की। वर्ष 1999 में अपने स्कूल श्रीराम स्कूल, दिल्ली में वर्षा जल संग्रहण की शुरुआत की। • बच्चों में पर्यावरण के प्रति जागरूकता लाने के लिए जूनियर टाइगर टास्क फोर्स की स्थापना की।
बाबा आमटे	• इन्होंने अपना पूरा जीवन वन्यजीव संरक्षण एवं **नर्मदा बचाओ आन्दोलन** को समर्पित कर दिया।
सुन्दरलाल बहुगुणा	• **चिपको आन्दोलन** का नेतृत्व किया। • **टिहरी बाँध** के विरोध में आन्दोलन किया।

पर्यावरण सम्बन्धी राष्ट्रीय पुरस्कार

अमृत देवी बिश्नोई सुरक्षा पुरस्कार	• **वन्यजीव सुरक्षा** में शामिल व्यक्तियों/संगठनों को पुरस्कार के रूप में ₹ 1 लाख नकद राशि प्रदान की जाती है।
इन्दिरा प्रियदर्शनी वृक्ष मित्र पुरस्कार	• **वनीकरण** और **बंजर भूमि विकास** के क्षेत्र में अग्रणी और अनुकरणीय कार्य करने वाले व्यक्तियों/संस्थाओं को चार श्रेणियों में ₹ 2 लाख 50 हजार का नकद पुरस्कार दिया जाता है।
प्रदूषण निवारण के लिए राष्ट्रीय पुरस्कार	• **प्रदूषण निवारण** के लक्ष्यों की प्राप्ति तथा **पर्यावरण सुधार** के लिए महत्त्वपूर्ण एवं सतत् कदम उठाने वाली 18 बड़ी औद्योगिक इकाइयों तथा 5 लघु औद्योगिक इकाइयों को प्रतिवर्ष एक ट्रॉफी, एक प्रशस्ति पत्र और ₹ 1 लाख की राशि दी जाती है।
डॉ सलीम अली राष्ट्रीय वन्यजीव फेलोशिप पुरस्कार	• भारतीय नागरिकों को इस फेलोशिप के तहत ₹ 20 हजार प्रतिमाह जबकि फुटकर खर्च के लिए ₹ 1 लाख प्रतिवर्ष दिया जाता है। इस फेलोशिप की अवधि दो वर्ष की है, पर इसे एक वर्ष के लिए बढ़ाया जा सकता है।
राजीव गाँधी वन्यजीव संरक्षण पुरस्कार	• एक-एक लाख के दो पुरस्कार प्रदान किए जाते हैं। • केन्द्रीय पर्यावरण एवं वन मन्त्रालय द्वारा स्वच्छ प्रौद्योगिकी एवं विकास के क्षेत्र में कार्य करने के लिए प्रदान किया जाता है।
मरुभूमि पारिस्थितिकी फेलोशिप	• भारत सरकार द्वारा प्रकृति के संरक्षण में **बिश्नोई समुदाय** के योगदान को मान्यता देने हेतु जोधपुर विश्वविद्यालय में इस फेलोशिप को शुरू करने के लिए ₹ 6 लाख प्रदान किए गए। • इस फेलोशिप के अन्तर्गत प्रत्येक महीने ₹ 35 हजार का स्टाइपेण्ड और ₹ 1 हजार प्रति माह के आकस्मिक अनुदान की व्यवस्था की गई है।
इन्दिरा गाँधी पर्यावरण पुरस्कार	• संगठन श्रेणी के अन्तर्गत ₹ 5 लाख के दो पुरस्कार तथा व्यक्तिगत श्रेणी के अन्तर्गत ₹ 5 लाख, ₹ 3 लाख और ₹ 2 लाख के तीन पुरस्कार शामिल हैं। • यह पुरस्कार प्रत्येक वर्ष दिया जाता है।
स्वच्छ प्रौद्योगिकी के लिए राजीव गाँधी पर्यावरण पुरस्कार	• यह पुरस्कार उन **औद्योगिक इकाइयों** को दिया जाता है, जो स्वच्छ प्रौद्योगिकियों और अभ्यासों को अपनाकर या विकसित उद्योगों का प्रदूषण कम करने में योगदान देते हैं। • पुरस्कार में ₹ 2 लाख, ट्रॉफी एवं प्रशस्ति पत्र शामिल होते हैं।

पर्यावरणीय नैतिकता

- इसका उद्देश्य पर्यावरण की रक्षा और संरक्षण के लिए हमारे नैतिक दायित्वों को समझना और मूल्यांकन करना है। यह नैतिकता दर्शन, अर्थशास्त्र, पारिस्थितिकी और कानूनों के क्षेत्रों पर आधारित है, जो मानव कार्यों के नैतिक निहितार्थों का व्यापक विश्लेषण करती है।
- पर्यावरण नैतिकता तीन प्रकार की होती हैं
  - स्वतन्त्रतावादी लोगों को अपने उद्देश्यों के लिए प्रकृति का उपयोग करने का अधिकार है।
  - पारिस्थितिकी प्रकृति का मूल्य किसी भी मानवीय उपयोग या लाभ से परे है।
  - संरक्षण मानवीय उपयोग और प्रकृति के संरक्षण के बीच सन्तुलन बनाए रखने पर केन्द्रित है।
- पर्यावरण नैतिकता के सिद्धान्त
  - प्राकृतिक मूल्य का सम्मान प्रकृति को शोषण का स्रोत न मानकर उसके आन्तरिक मूल्य का सम्मान करना चाहिए।
  - प्रजातियों और पारिस्थितिकी तन्त्र की परस्पर निर्भरता मनुष्य प्रकृति पर निर्भर है, इसलिए पर्यावरण की रक्षा में हमारी भूमिका महत्त्वपूर्ण है।
  - पारिस्थितिक महत्त्व संसाधनों का विवेकपूर्ण उपयोग और जैव-विविधता का संरक्षण आवश्यक है।
  - मानवीय उत्तरदायित्व हमें अपने कार्यों को पर्यावरणीय परिणामों के लिए जिम्मेदार ठहराना चाहिए।
  - मानव समानता प्रत्येक जीव की आवश्यकताओं एवं अधिकारों का समान सम्मान और संरक्षण होना चाहिए।
  - जानने व भागीदारी का अधिकार लोगों को पर्यावरणीय मुद्दों पर जानकारी प्राप्त करने व इसके संरक्षण में भागीदारी का अधिकार है।
- पर्यावरण नैतिकता का महत्त्व
  - सतत विकास यह हमें प्राकृतिक संसाधनों का जिम्मेदारी से उपयोग करने और भविष्य के लिए इन्हें संरक्षित करने के लिए प्रेरित करती है।
  - जैव-विविधता यह जैव-विविधता के संरक्षण का समर्थन करती है, जो पृथ्वी के पारिस्थितिक तन्त्र के लिए आवश्यक है।
  - समाज कल्याण यह हमें स्वच्छ और स्वस्थ पर्यावरण में रहने का अधिकार प्रदान करती है।
  - नैतिक जिम्मेदारी यह हमें प्रकृति के प्रति हमारे नैतिक दायित्व को याद दिलाती है।

पर्यावरणीय प्रभाव आकलन

- International Association of Impact Assessment (IAIA) के द्वारा "पर्यावरण प्रभाव मूल्यांकन को प्रस्तावित विकास के जैव-भौतिक, सामाजिक एवं अन्य प्रकार के तत्त्वों पर पड़ने वाले प्रभाव की पहचान करने, उसकी भविष्यवाणी करने, आकलन करने तथा इस प्रभाव को कम करने की एक प्रक्रिया हैं।"
- United Nations Economic Commission for Europe (UNECE), 1991 के अनुसार "नियोजित क्रिया के पर्यावरण पर पड़ने वाले प्रभाव को पर्यावरण मूल्यांकन कहते हैं।'

वायु पर्यावरण प्रस्तावित परियोजना स्थल के 7 से 10 वर्ग किमी तक क्षेत्र में वायु गुणवत्ता की जाँच की जाती है। स्थान विशेष के मौसम-विज्ञान सम्बन्धी आँकड़ों; जैसे-वायु की गति, दिशा, नमी, आस-पास का तापमान एवं पर्यावरणीय क्षरण की जाँच की जाती है।

सामाजिक-आर्थिक एवं स्वास्थ्य पर्यावरण प्रभाव क्षेत्र में जनांकिकीय एवं सम्बन्धित सामाजिक-आर्थिक आँकड़ों का एकत्रण, रोग विज्ञान सम्बन्धी आँकड़ों एवं उनसे पड़ने वाले प्रभावों का अध्ययन किया जाता है।

पर्यावरण प्रबन्धन योजना प्रत्येक घटक के लिए नियन्त्रण, पुनर्स्थापना, शर्तों के अनुपालन के लिए योजना, समय निर्धारण और संसाधनों के आवण्टन आदि योजना के लिए प्रारूप तैयार किए जाते हैं।

पर्यावरणीय प्रभाव आकलन के घटक

ध्वनि पर्यावरण इसके अन्तर्गत शोर के वर्तमान स्तर की जाँच की जाती है एवं प्रस्तावित परियोजना के कारण भविष्य में होने वाले शोर के स्तर का अनुमान लगाया जाता है।

जलीय पर्यावरण इसके अन्तर्गत विद्यमान सतही एवं भूमिगत जल संसाधनों की मात्रा की गुणवत्ता का अध्ययन किया जाता है। परियोजना से जल साधनों पर पड़ने वाले सम्भावित प्रभाव एवं प्रस्तावित क्रियाकलापों से अपशिष्ट जल में होने वाले मात्रात्मक एवं गुणात्मक परिवर्तनों का आकलन किया जाता है।

जैविक पर्यावरण इसमें स्थलीय एवं जलीय, सभी जीवों पर पड़ने वाले प्रभावों के साथ-साथ व्यावसायिक मत्स्य पालन पर पड़ने वाले सम्भावित प्रभावों का भी आकलन किया जाता है। साथ ही उपायों की रूपरेखा भी तैयार की जाती है।

भूमि पर्यावरण इसके अन्तर्गत प्रभाव क्षेत्रों में भूमि की विशिष्टताओं, मौजूदा भूमि के उपयोग, प्रतिरूप, स्थलाकृति, परिदृश्य एवं अपवाद प्रतिरूप आदि का अध्ययन किया जाता है।

जोखिम आकलन जोखिम आकलन सूचकांकों एवं सम्भावनाओं आदि के माध्यम से किया जाता है। दुर्घटनाओं से लगने वाली आग, खतरनाक पदार्थों का रिसाव, विस्फोट आदि के परिणामों का विश्लेषण किया जाता है।

पर्यावरणीय प्रभाव आकलन का विकास क्रम

- संयुक्त राज्य अमेरिका में पहली बार 'पर्यावरणीय प्रभाव आकलन' की संकल्पना का उद्भव वर्ष 1969 में राष्ट्रीय पर्यावरण नीति अधिनियम (National Environmental Policy Act) के साथ हुआ। राष्ट्रपति रिचर्ड निक्सन ने इस अधिनियम पर 1 जनवरी, 1970 को हस्ताक्षर किए।
- संयुक्त राज्य अमेरिका में पर्यावरणीय प्रभाव आकलन अधिनियम के अपनाने के बाद विश्व के अन्य देशों ने (कनाडा, ऑस्ट्रेलिया, न्यूजीलैण्ड) इसके सम्बन्ध में विधि बनाई।
- वर्ष 1990 के दौरान कोलम्बिया एवं फिलीपीन्स जैसे विकासशील देशों ने भी इस सम्बन्ध में विधि को पारित कर अपना लिया।

1970 का दशक
- USA ने अपने राष्ट्रीय पर्यावरण नीति अधिनियम (NEPA) के माध्यम से EIA की शुरुआत की
- वर्ष 1973-74 NEPA को कनाडा, ऑस्ट्रेलिया एवं न्यूजीलैण्ड ने अपनाया

1970 के दशक का अन्तिम चरण 1980 के दशक का आरम्भिक चरण
- विकासशील एवं औद्योगिक देशों फ्रांस (1976) फिलीपीन्स (1977) एवं नीदरलैण्ड (1978) ने अपनाया।
- विकासशील देश चीन, इण्डोनेशिया, ब्राजील ने EIA को अपनाया

1980 के दशक का अन्तिम काल
- यूरोप के सभी सदस्य देशों में लागू
- EIA का विस्तार एशियाई देशां में

1990 का दशक
- भारत द्वारा (EIA) को अपनाया गया व कानून बनाए गए।
- EIA में प्रौद्योगिकी तथा संचार प्रौद्योगिकी का प्रयोग

पर्यावरणीय प्रभाव आकलन की प्रक्रिया

- पर्यावरणीय प्रभाव आकलन (EIA) की प्रक्रिया में 9 चरण होते हैं, प्रत्येक चरण परियोजना के समग्र निष्पादन का आकलन करने में समान रूप से उपयोगी होता है। किसी भी पर्यावरणीय प्रभाव आकलन का आरम्भ स्क्रीनिंग चरण के साथ होता है।
- EIA प्रक्रिया के मुख्य चरणों के क्रियान्वयन के लिए आधारभूत मानकों का पालन करना अनिवार्य होता है। EIA का क्रियान्वयन एक प्रस्ताव के साथ शुरू होता है और इसकी समाप्ति एक रिपोर्ट प्रकाशन के साथ होती है।
- EIA की एक विधि लिओपोल्ड मैट्रिक्स है, जिसमें लम्बवत् अक्ष के माध्यम से पर्यावरणीय दशाओं की तथा क्षैतिज अक्ष के माध्यम से योजना से सम्बन्धित कार्यों का लेखांकन किया जाता है।
- EIA के मुख्य चरण निम्न हैं

(i) जाँच (Screening) यह EIA का प्रथम चरण है, जिससे यह निर्धारित किया जाता है कि प्रस्तावित परियोजना के पर्यावरणीय प्रभाव आकलन की आवश्यकता है या नहीं, यदि है, तो आकलन का स्तर क्या होगा।

(ii) प्रयोजन (Scoping) इस चरण में महत्त्वपूर्ण मुद्दों एवं प्रभावों की पहचान की जाती है तथा साथ ही अध्ययन की सीमा तथा आकलन प्रक्रिया की अवधि निर्धारित की जाती है।

(iii) आधारभूत डेटा का अध्ययन (Base line Study) यह चिह्नित अध्ययन क्षेत्र की मौजूदा पर्यावरणीय स्थिति का वर्णन करता है। इसमें स्थान विशेष की प्राथमिक डेटा की निगरानी की जाती है और उसे द्वितीयक डेटा के साथ पूरक किया जाता है।

(iv) प्रभाव की भविष्यवाणी (Prediction of Impacts) इसके अन्तर्गत शारीरिक, जैविक, सामाजिक और आर्थिक स्थितियों पर सम्भावित प्रभावों को ध्यान में रखा जाता है और प्रभावों को रोकने, कम करने या क्षतिपूर्ति करने के उपाय सुझाए जाते हैं। प्रभावों की भविष्यवाणियाँ कभी भी पूर्ण और निश्चित नहीं हो सकती हैं।

(v) शमन का मापन एवं पर्यावरणीय प्रभाव आकलन रिपोर्ट (Mitigation Measures and Environmental Impact Assessment Report) प्रत्येक परियोजना के लिए, सम्भावित विकल्पों की पहचान करनी चाहिए तथा पर्यावरणीय प्रभावों और लाभों की तुलना की जानी चाहिए।

(vi) पर्यावरणीय प्रबन्धन योजना (Environment Management Plan- EMP) निर्धारित शमन और प्रस्तावक को पर्यावरणीय सुधारों की दिशा में मार्गदर्शन करने के लिए पर्यावरण प्रबन्धन योजना (EMP) के साथ शामिल किया जाता है। EMP एक स्थल-विशिष्ट योजना है, जिसे यह सुनिश्चित करने के लिए विकसित किया गया है कि परियोजना को पर्यावरणीय रूप से टिकाऊ तरीके से लागू किया जाए।

(vii) सार्वजनिक सुनवाई (Public Hearing) ईआईए (EIA) रिपोर्ट के पूरा होने के बाद प्रस्तावित विकास पर जनता को सूचित किया जाना चाहिए और परामर्श दिया जाना चाहिए। परियोजना शुरू होने से पहले ग्राम सभा से परामर्श किया जाना चाहिए।

- प्रभावित व्यक्तियों में स्थान विशेष के मूल निवासी, स्थानीय संस्थाएँ, क्षेत्र में कार्यरत् पर्यावरणीय समूह आदि शामिल हैं। प्रभावितों को परियोजना के सम्बन्ध में राज्य प्रदूषण नियन्त्रण बोर्ड (SPCB) के समक्ष मौखिक या लिखित प्रकार से सुझाव देने का अवसर मिलना चाहिए।

(viii) निर्णय लेना/निर्णयन (Decision Making) इसमें परियोजना प्रस्तावक (एक सलाहकार द्वारा सहायता प्राप्त) और प्रभाव मूल्यांकन प्राधिकरण (यदि आवश्यक हो तो एक विशेषज्ञ समूह द्वारा सहायता प्राप्त) के बीच परामर्श शामिल है। परियोजना के सम्बन्ध में अन्तिम निर्णय ईआईए और ईएमपी को ध्यान में रखते हुए लिया जाता है।

(ix) पोस्ट मॉनिटरिंग (Post Monitoring) किसी परियोजना के निर्माण और संचालन दोनों चरणों के दौरान निगरानी की जानी चाहिए। यह न केवल यह सुनिश्चित करने के लिए है कि इसके अन्तर्गत की गई प्रतिबद्धताओं का अनुपालन किया जाता है, बल्कि यह भी देखना है कि ईआईए (EIA) रिपोर्ट में की गई भविष्यवाणियाँ सही थीं या नहीं।

- जहाँ प्रभाव पूर्वानुमानित स्तर से अधिक हो, वहाँ सुधारात्मक कार्रवाई की जानी चाहिए। निगरानी नियामक एजेंसी को भविष्यवाणियों की वैधता और पर्यावरण प्रबन्धन योजना (EMP) के कार्यान्वयन की शर्तों की समीक्षा करने में सक्षम बनाती है।

पर्यावरणीय प्रभाव आकलन के लाभ

- पर्यावरणीय समस्याओं का पूर्वानुमान और निवारण परियोजना शुरू होने से पहले सम्भावित पर्यावरणीय खतरों की पहचान कर उनके समाधान की योजना बनाई जाती है, जिससे भविष्य में बड़े नुकसान से बचा जा सकता है।
- पर्यावरण संरक्षण परियोजना की योजना इस तरह बनाई जाती है कि प्राकृतिक संसाधनों और पारिस्थितिकी तन्त्र को न्यूनतम क्षति पहुँचे।
- सतत विकास EIA विकास और पर्यावरण के बीच सन्तुलन सुनिश्चित करता है, ताकि भावी पीढ़ियों के लिए संसाधनों को सुरक्षित किया जा सके।
- नकारात्मक प्रभावों में कमी जल, वायु और मृदा प्रदूषण जैसी समस्याओं को कम करने के उपाय अपनाए जाते हैं, जिससे पर्यावरणीय सन्तुलन बना रहता है।
- कानूनी अनुपालन पर्यावरणीय नियमों और कानूनों का पालन सुनिश्चित होता है, जिससे परियोजनाओं को कानूनी बाधाओं से बचाया जा सकता है।
- समाज व अर्थव्यवस्था पर सकारात्मक प्रभाव पर्यावरणीय क्षति को रोकने से लोगों का जीवन स्तर बेहतर होता है और अधिक स्थिरता बनी रहती है।
- पर्यावरणीय जागरूकता यह प्रक्रिया लोगों और संगठनों को पर्यावरणीय मुद्दों के प्रति जागरूक बनाकर जिम्मेदारी से कार्य करने के लिए प्रेरित करती है।

पर्यावरण प्रभाव आकलन एवं रणनीतिक पर्यावरण आकलन में अन्तर

पर्यावरणीय प्रभाव आकलन (EIA)	रणनीतिक पर्यावरण आकलन (SEA)
यह निर्णय लेने की प्रक्रिया के अन्त में स्थान लेता है।	यह निर्णय प्रक्रिया के प्रथम चरण में ही अपना स्थान लेता है।
यह प्रतिक्रियाशील है।	यह विकास कार्यों के लिए सक्रिय दृष्टिकोण रखता है।
इसमें अवनयन पर आधारित पर्यावरणीय प्रबन्धन होता है।	यह अवनति स्रोतों पर केन्द्रित होता है।
इसमें न्यूनीकरण पर दबाव होता है।	इसमें प्राकृतिक प्रणालियों को बनाए रखने पर दबाव दिया जाता है।
इसमें संचयी प्रभाव की सीमित समीक्षा होती है।	इसमें संचयी प्रभाव की पूर्व चेतावनी दी जाती है।
इसमें परिभाषित प्रक्रिया, स्पष्ट शुरुआत व अन्त सम्मिलित है।	इसमें कई चरणों की प्रक्रिया और घटकों में अतिव्यापकता है।
विकल्पों की सीमित संख्या पर विचार किया जाता है।	इसमें विकल्पों की सम्भावना पर व्यापक विचार किया जाता है।

भारत में पर्यावरण प्रभाव आकलन

- भारत में पर्यावरणीय प्रभाव आकलन का आरम्भ वर्ष 1976-77 में किया गया, जिसमें योजना आयोग द्वारा विज्ञान और प्रौद्योगिकी विभाग को पर्यावरण के दृष्टिकोण से नदी-घाटी परियोजनाओं की जाँच करने के लिए कहा गया।
- भारत में वर्ष 1985 में पहली बार पर्यावरण एवं वन मन्त्रालय द्वारा विशेष उद्योगों की स्थापना के लिए मार्गदर्शन प्रकाशित किया गया। वर्ष 1994 में पर्यावरण (संरक्षण) अधिनियम, 1986 के अन्तर्गत भारत में ईआईए को अनिवार्य बना दिया गया।
- वर्ष 1994 में 32 प्रकार के उद्योगों तथा प्रकरणों के लिए पर्यावरण सम्बन्धी मंजूरी प्राप्त करना अनिवार्य बना दिया गया।
- भारत में पर्यावरणीय मंजूरी वाले उद्योग निम्नलिखित हैं

वर्ग	परियोजना
खनन, प्राकृतिक संसाधनों का उत्खनन तथा ऊर्जा उत्पादन	• खनिजों का खनन • नदी घाटी परियोजना • ताप विद्युत केन्द्र • अणुशक्ति ऊर्जा केन्द्र • अपतटीय एवं तटोन्मुख गैस खोज
प्राथमिक संस्करण	• कोयला शोधनशाला • खनिजों का परिष्करण
पदार्थों का प्रसंस्करण	• तेल परिष्करणशाला • कोक की भट्ठी • एस्बॉस्टस का उत्पादन • क्लोर-अल्कली उद्योग • सोडा-एश उद्योग • चर्म उद्योग
निर्माण/फेब्रिकेशन	• रासायनिक उर्वरक • मानवकृत रेशे • पेट्रो रसायन प्रसंस्करण • मद्य निर्माणशाला • एकीकृत पेण्ट उद्योग • कागज उद्योग • चीनी उद्योग • इण्डक्शन/आर्क भट्ठी • कृत्रिम ऑर्गेनिक रसायन उद्योग
सेवा	• तेल एवं गैस पाइप लाइनें • पदार्थों का भण्डारण (आपदा के लिए)
भौतिक आधारभूत पर्यावरणीय सेवाएँ	• हवाई अड्डे • पोत निर्माण यार्ड • औद्योगिक एस्टेट/पार्क • राष्ट्रीय महामार्ग
भवन निर्माण	• भवन निर्माण प्रोजेक्ट • टाउनशिप तथा एरिया डेवलपमेण्ट प्रोजेक्ट

पर्यावरण प्रभाव आकलन अधिसूचना, 2006

- EIA अधिसूचना, 2006 परियोजना के सम्भावित पर्यावरणीय प्रभाव के आधार पर किसी उद्योग की स्थापना व विस्तार के लिए हरित मंजूरी देने के लिए नियामक कानूनी साधन है। वर्ष 1994 में शुरू EIA अधिसूचना का वर्ष 2006 में संशोधन किया गया।
- EIA में चार चरणों की शुरुआत की गई स्क्रीनिंग, स्कोपिंग, सार्वजनिक सुनवाई और मूल्यांकन।
- विकासात्मक परियोजनाओं को दो श्रेणियों में वर्गीकृत किया गया
  - श्रेणी 'A' (राज्य स्तरीय मूल्यांकन) इन विकासात्मक परियोजनाओं का मूल्यांकन प्रभाव आकलन एजेन्सी और 'विशेषज्ञ मूल्यांकन समिति' द्वारा किया जाता है। इन परियोजनाओं को अनिवार्य पर्यावरणीय मंजूरी (EC) की आवश्यकता होती है। अत: उन्हें स्क्रीनिंग प्रक्रिया से नहीं गुजरना पड़ता है।
  - श्रेणी 'B' (राष्ट्र स्तरीय मूल्यांकन) विकासात्मक परियोजनाओं SEIAA (राज्य स्तरीय पर्यावरण प्रभाव आकलन प्राधिकरण) और SEAC (राज्य स्तरीय विशेषज्ञ मूल्यांकन समिति) द्वारा मंजूरी प्रदान की जाती है। श्रेणी 'B' परियोजनाएँ एक स्क्रीनिंग प्रक्रिया से गुजरती हैं और उन्हें 'B1' (अनिवार्य रूप से EIA की आवश्यकता) और 'B2' (EIA की आवश्यकता नहीं) के रूप में वर्गीकृत किया जाता है।
- अनिवार्य मंजूरी वाली परियोजनाएँ खनन, थर्मल पावर प्लाण्ट, नदी घाटी, बुनियादी अवसंरचना, इलेक्ट्रोप्लेटिंग, फाउण्ड्री इकाई जैसे उद्योगों के लिए पर्यावरण मंजूरी प्राप्त करना अनिवार्य है।

पर्यावरण प्रभाव आकलन, 2020 मसौदा

पर्यावरण प्रभाव आकलन की अधिसूचना, 2006 को प्रतिस्थापित करने हेतु पर्यावरणीय प्रभाव आकलन, 2020 का मसौदा जारी किया गया है

- परियोजनाओं को पुनर्वर्गीकरण में तीन श्रेणियों A, B1, B2 में वर्गीकृत किया गया है। नए मसौदे के अन्तर्गत A व B1 की परियोनाओं के लिए अनुमति क्रमश: केन्द्र एवं राज्य सरकार से लेनी होगी।
- सार्वजनिक परामर्श में **B2** श्रेणी की सभी परियोजनाओं व B1 श्रेणी की परियोजनाओं को सार्वजनिक परामर्श प्रक्रिया की आवश्यकता नहीं होगी।
- इस मसौदे में सरकार परियोजनाओं में रणनीतिक श्रेणी का टैग लगाकर उनके सम्बन्ध में निर्णय ले सकती है। पोस्ट फैक्टो प्रोजेक्ट **क्लियरेन्स** हेतु प्रावधान किया गया है, जिसमें क्लियरेन्स का अवसर दिया जाएगा।
- अनुमति की अवधि में विस्तार किया गया कि पर्यावरणीय परियोजनाओं की अनुमति की वैधता 30 वर्ष से बढ़ाकर 50 वर्ष तथा नदी घाटी परियोजनाओं की वैधता 10 वर्ष से बढ़ाकर 15 वर्ष कर दी गई है।
- सार्वजनिक परामर्श सुनवाई की अवधि को घटाकर अधिकतम 40 दिन करने का प्रस्ताव है। जनता को अपनी प्रतिक्रियाएँ प्रस्तुत करने के लिए दिए जाने वाले समय को वर्तमान में 30 दिन से घटाकर 20 दिन करने का प्रस्ताव है।

“

जलवायु परिवर्तन से तात्पर्य किसी स्थान के औसत मौसम में लम्बे समय तक होने वाले बदलाव से है। जलवायु परिवर्तन के कारण पृथ्वी के तापमान में वृद्धि हो रही है और समुद्र का स्तर बढ़ रहा है।

अध्याय ग्यारह

जलवायु परिवर्तन

परिचय

- किसी स्थान विशेष पर मौसम सम्बन्धी दशाओं में दीर्घकालिक परिवर्तन की प्रवृत्ति जलवायु परिवर्तन (Climate Change) कहलाती है। इसका सम्बन्ध वायुमण्डल के उष्मा सन्तुलन, आर्द्रता, मेघाच्छादन, वर्षा की मात्रा तथा तीव्रता में आकस्मिक परिवर्तन से है।
- 19वीं शताब्दी से पूर्व पृथ्वी पर तापमान बढ़ने का कारण ज्वालामुखी विस्फोट को माना जाता था, किन्तु 19वीं शताब्दी में पहली बार यह स्पष्ट किया गया कि जलवायु परिवर्तन का कारण प्राथमिक रूप से जीवाश्म ईंधनों के दहन से निकलने वाली गैसें हैं।
- जीवाश्म ईंधन के दहन से ग्रीन हाउस गैसों (Green House Gases) का उत्सर्जन होता है, जो पृथ्वी को आच्छादित कर सौर विकिरण को अवशोषित करता है तथा पृथ्वी के निम्न वायुमण्डल को प्रभावित कर उसके तापमान में वृद्धि के प्रति उत्तरदायी होता है।
- अमेरिकी अन्तरिक्ष एजेंसी 'नासा' के अनुसार, "जलवायु परिवर्तन जीवाश्म ईंधन (Fossil fuel) के जलने से उत्पन्न वैश्विक तापन की श्रृंखला में वायुमण्डल के तापमान में हुई वृद्धि का परिणाम है।"
- अमेरिकी भू-वैज्ञानिक सर्वेक्षण के अनुसार, "ग्लोबल वार्मिंग जलवायु परिवर्तन का मात्र एक पहलू है, वास्तव में, वायुमण्डल में ग्रीन हाउस गैसों की बढ़ती सान्द्रता के कारण जलवायु परिवर्तन की परिघटना सामने आई है।"
- Climate. Gov के अनुसार, "ग्लोबल वार्मिंग का तात्पर्य केवल पृथ्वी की सतह के बढ़ते तापमान से है, जबकि जलवायु परिवर्तन में तापन और तापन के दुष्प्रभावों को शामिल किया जाता है, जिसमें हिमनदों का पिघलना, भारी वर्षा का होना, तीव्र सूखे का पड़ना इत्यादि शामिल हैं।"
- संयुक्त राष्ट्र (United Nations) के अनुसार, जलवायु परिवर्तन का तात्पर्य तापमान और मौसम के पैटर्न में दीर्घकालिक बदलाव से है। ऐसे बदलाव प्राकृतिक हो सकते हैं, जो सूर्य की गतिविधि में बदलाव या बड़े ज्वालामुखी विस्फोटों के कारण हो सकते हैं।

जलवायु परिवर्तन की संकल्पना

- जलवायु परिवर्तन की संकल्पना सबसे पहले स्वीडन के वैज्ञानिक **स्वान्ते अर्हेनिश** (Svante Arrhenius) ने 1896 ई. में दी थी। उन्होंने अपने आलेख में कार्बन डाइऑक्साइड तथा कार्बोनिक अम्ल की वायु में बढ़ती मात्रा को जलवायु परिवर्तन का कारण माना।
- वर्ष 1938 में **गॉय कलैण्डर** (Guy Callender) ने स्वान्ते अर्हेनिश के विचार की पुष्टि की तथा जलवायु परिवर्तन का कारण वायुमण्डल में कार्बन डाइऑक्साइड की मात्रा में वृद्धि के कारण हुए वैश्विक तापन (Global warming) को माना।
- वर्ष 1953 में **गिल्बर्ट प्लास** (Gilbert Plass) ने चेतावनी देते हुए स्पष्ट किया था कि कार्बन डाइऑक्साइड के उत्सर्जन के कारण प्रत्येक शताब्दी में पृथ्वी की सतह का तापमान 1.5°C बढ़ रहा है।

स्वान्ते अर्हेनिश

- स्वान्ते अर्हेनिश को जलवायु परिवर्तन की संकल्पना का आदि पुरुष (Father of Climate Change) माना जाता है।
- अर्हेनिश को वर्ष 1903 में रसायन विज्ञान में नोबेल पुरस्कार प्रदान किया गया था। उन्हें यह नोबेल पुरस्कार वायुमण्डल में कार्बन डाइऑक्साइड की बढ़ती मात्रा के कारण पृथ्वी के सतही तापमान में वृद्धि पर शोध के लिए दिया गया था।

जलवायु परिवर्तन की अवधारणाएँ

- जलवायु परिवर्तन मनुष्य तथा प्राकृतिक प्रणालियों पर प्रभाव डालता है। उच्च उत्सर्जन परिदृश्यों ने वातावरण में कई बदलाव किए हैं। इन परिवर्तनों को सामान्य तौर पर अनुभव किया जा सकता है।
- उच्च तापमान, औसत वार्षिक वर्षा में बदलाव का पैटर्न, अधिक तथा लम्बे समय तक तीव्र गर्मी की अवधि एवं समुद्र के जल-स्तर का बढ़ना जलवायु परिवर्तन के गम्भीर तथा चरम जोखिम की प्रवृत्ति को उत्पन्न करता है।
- जलवायु परिवर्तन के सन्दर्भ में कई अवधारणाएँ प्रस्तुत की गई हैं, जिनका संक्षिप्त विवरण निम्न प्रकार है

सूर्य कलंक का सिद्धान्त

- पृथ्वी पर जलवायु परिवर्तन में सूर्य कलंकों (Sunspots) की बड़ी भूमिका होती है। सूर्य कलंक, सूर्य की बाह्य परत (Photosphere) पर उत्पन्न होने वाले वृत्ताकार काले क्षेत्रों (कलंकों) के रूप में होते हैं। सूर्य कलंकों के क्षेत्रों में सूर्य का तापमान आस-पास के क्षेत्रों से लगभग 1400° C कम रिकॉर्ड किया जाता है।
- सूर्य की बाह्य परत में उत्पन्न होने वाले सूर्य कलंकों में वृद्धि से मौसम ठण्डा तथा आर्द्र हो जाता है तथा चक्रवातों की बारम्बारता बढ़ जाती है। सूर्य कलंकों की संख्या में लगभग ग्यारह वर्ष के पश्चात् परिवर्तन देखा जाता है। जलवायु परिवर्तन की परिघटना को सूर्य कलंक से जोड़ कर देखना महत्त्वपूर्ण है।

जलवायु परिवर्तन का क्लासिक पीरियड

जलवायु परिवर्तन के क्लासिक पीरियड (Classic Period) को 30 वर्षों के समय के रूप में परिभाषित किया जाता है। इस समय में हुए परिवर्तन के पैटर्न को चिह्नित कर जलवायु परिवर्तन की अवधारणा को स्पष्ट किया गया है। इस अवधि (30 वर्ष) में पारस्परिक मौसमी प्रवृत्तियों में आए परिवर्तन के आधार पर ही **जलवायु परिवर्तन** के सातत्य को समझा जाता है।

वायुमण्डल की गैसों के संयोजन में परिवर्तन का सिद्धान्त

- वायुमण्डल में कार्बन डाइऑक्साइड (Carbon-dioxide), नाइट्रिक ऑक्साइड (Nitric oxide), मिथेन (Methen), जलवाष्प (Water Vapour) आदि की मात्रा में निरन्तर परिवर्तन होता रहता है।
- एक अनुमान के अनुसार वर्तमान समय में वायुमण्डल में कार्बन डाइऑक्साइड की मात्रा 410 PPM (Parts per million) है।
- 21वीं शताब्दी के अन्त तक इस गैस की मात्रा बढ़कर 500 ppm होने की सम्भावना है।
- वायुमण्डल में ग्रीन हाउस गैसों की मात्रा में वृद्धि के लिए कृषि तथा खनन भी उत्तरदायी हैं।
- चावल की खेती से 20% मीथेन और कोयला खनन से 6% मीथेन वायुमण्डल में वृद्धि करते हैं।
- जलवायु परिवर्तन के बारे में कार्बन डाइऑक्साइड सिद्धान्त, टी.सी. चैंबरलिन (T. C. Chamberlin) ने प्रस्तुत किया था। इस सिद्धान्त के अनुसार, जलवायु परिवर्तन में कार्बन डाइऑक्साइड गैस की महत्त्वपूर्ण भूमिका है। यह गैस सूर्य-ऊष्मा के लिए पारदर्शी (Transparent) है।
- इस गैस को पार करके सूर्य से ऊष्मा पृथ्वी तक पहुँचती है, परन्तु विकिरण (Radiation) के द्वारा पृथ्वी धरातल से अन्तरिक्ष को जाने वाली ऊष्मा को यह गैस रोक लेती है, जिसके कारण तापमान में वृद्धि एवं जलवायु परिवर्तन होता है।

ज्वालामुखी धूलीय सिद्धान्त

- ज्वालामुखी, उदगार का एक मुख्य कारण माना जाता है। ज्वालामुखी उदगार से भारी मात्रा में राख तथा धुआँ वायुमण्डल में प्रवेश करता है। ज्वालामुखी से उत्सर्जित सल्फर डाइ-ऑक्साइड (sulfur-dioxide), जब वाष्प में मिश्रित हो जाती है, तो उससे एक घनी धुन्ध अथवा कोहरा उत्पन्न हो जाता है।
- इस प्रकार की धुन्ध एवं कोहरे से सूर्य से आने वाली किरणों तथा ऊष्मा के पृथ्वी पर पहुँचने में बाधा आती है। इसके विपरीत पृथ्वी से अन्तरिक्ष को जाने वाला पार्थिव विकिरण (Terrestrial Radiation) धुन्ध की परत को पार नहीं कर पाता है।
- ज्वालामुखियों को ही पृथ्वी पर लघु हिम युग (Little Ice Age) का आगमन माना जाता है। भूतकाल में भी अधिक ज्वालामुखियों के उदगार के कारण लघु हिम युग आते रहे हैं।

नोट *लघु हिम युग (Little ice age) एक ऐसी अवधि थी जब पृथ्वी पर बहुत कम तापमान था और गर्मियाँ अत्यधिक शुष्क थी। इसे एलआईए (LIA) के नाम से भी जाना जाता है।*

महाद्वीपीय विस्थापन का सिद्धान्त

- वेगनर का महाद्वीपीय सिद्धान्त, हेजिल हैस के सागर तल विस्तार तथा मार्गन के प्लेट विवर्तनिकी सिद्धान्त (Plate Tectonic Theory) के द्वारा भी जलवायु परिवर्तन की अवधारणा को स्थापित करने में सहायता मिली है।
- विद्वानों के अनुसार लगभग 30 करोड़ वर्ष पूर्व महाद्वीपों में विस्थापन आरम्भ हुआ था, जो निरन्तर जारी है। इस विस्थापन के कारण भूमध्य रेखा के स्थान में भी परिवर्तन होता रहता है। महाद्वीपों के विस्थापन के कारण जलवायु में परिवर्तन होता रहता है।

खगोलीय एवं कक्षीय सिद्धान्त

- पृथ्वी पर ऊष्मा एवं प्रकाश का एकमात्र स्रोत सूर्य है। खगोलशास्त्रियों ने माना है कि पृथ्वी की अपनी कक्षा (Orbit) उत्केन्द्रता (Eccentricity) में परिवर्तन होता रहता है।
- यह भी प्रमाणित हुआ है कि पृथ्वी की कक्षा (Orbit) में 90 हजार से 1 लाख वर्षों की अवधि में सूक्ष्म परिवर्तन होता रहता है।
- पृथ्वी की कक्षा (Orbit) कभी अधिक दीर्घ वृत्तीय (Elliptical) कक्षा के दौरान उपसौर (Periphelian) की परिस्थिति में सूर्य से पृथ्वी पर 20 से 30 प्रतिशत ऊष्मा अधिक आती है।
- पृथ्वी की सूर्य से दूरी बदलती रहती है, जिससे पृथ्वी के तापमान में परिवर्तन होता रहता है, जो जलवायु परिवर्तन के लिए उत्तरदायी है।
- पृथ्वी की सूर्य से दूरी में बदलाव से पृथ्वी एवं सूर्य के बीच का कोण भी बदलता रहता है।
- इस बदलाव का प्रभाव विषुवत रेखा, कर्क रेखा तथा मकर रेखा पर पड़ने वाली सूर्य की लम्बवत् किरणों पर पड़ता है।

मानवीय गतिविधियों से परिवर्तन का सिद्धान्त

- मानव की उत्पत्ति तथा उसके उपरान्त पृथ्वी की संरचना में कई महत्त्वपूर्ण परिवर्तन आए। मनुष्य ने आग की खोज की, जिसके बाद से पर्यावरण में लगातार बदलाव आया है।
- फसलों को उगाने के लिए जंगलों को काटा जाने लगा। उष्णकटिबन्धीय वर्षा वन तथा सवाना के घास के मैदानों में पर्यावरणीय बदलाव का कारण जंगलों को काटा जाना है।

जलवायु परिवर्तन के प्रमाण

जलवायु परिवर्तन को प्रमाणित करने वाले कई साक्ष्य वातावरण में उपलब्ध हैं। पृथ्वी पर उसकी उत्पत्ति से लेकर अब तक जलवायु में अनेक परिवर्तन हुए हैं। इन प्रमाणों को निम्न बिन्दुओं के आधार पर समझा जा सकता है

- पृथ्वी की भूगर्भीय संरचना में से हिमयुगों (Ice Age) और अन्तर - हिमयुगों (Inter&Ice Ages) में क्रमश: परिवर्तन की प्रक्रिया का परिलक्षित होना जलवायु परिवर्तन की प्रक्रिया को प्रमाणित करता है।
- ऊँचाई के क्षेत्रों व उच्च अक्षांशों (Latitude) में हिमानियों (Glacier) के आगे बढ़ने व पीछे हटने (Advance and Retreats) के प्रमाण यह साबित करते हैं कि इन क्षेत्रों में जहाँ तापमान वर्ष भर निम्न रहता है, वहाँ तापमान में वृद्धि हुई है।
- हिमानी निर्मित झीलों में अवसादों का निक्षेपण उष्ण एवं शीत युगों के होने को उजागर करता है, इस क्रम में यह उल्लेखनीय है कि कैम्ब्रियन, आर्डोविसियन तथा सिल्युरियन युगों में पृथ्वी गर्म थी।
- वृक्षों के तनों में पाए जाने वाले वलय (Ring) भी आर्द्र व शुष्क युगों की उपस्थिति का संकेत देते हैं। भारत में तीव्र गर्मी, अत्यधिक ठण्ड और वर्षा की अल्पता या अधिकता भी जलवायु परिवर्तन के साक्ष्य उपस्थित करते हैं।
- प्लेट-टेक्टोनिक गतिविधि के कारण महाद्वीपों का स्थानान्तरण हुआ है। महासागरीय धाराओं के प्रारूप भी प्रभावित हुए हैं, जो जलवायु परिवर्तन की प्रवृत्ति को स्पष्ट करते हैं।

नोट *प्लेटों के एक-दूसरे के सापेक्ष होने वाले संचलन के परिणाम स्वरूप पृथ्वी की सतह पर होने वाले परिवर्तन के अध्ययन को प्लेट टेक्टोनिक (प्लेट विवर्तनिकी) कहते हैं।*

- महासागरीय धाराओं पर क्षैतिज पवनों का प्रभाव होता है। गर्मी बढ़ने (तापमान में वृद्धि) का सीधा प्रभाव इन पवनों की प्रवृत्ति पर हुआ है, जो जल के विस्थापन को प्रभावित करते हैं। यह जलवायु परिवर्तन का विशिष्ट साक्ष्य है।
- अण्टार्कटिक महाद्वीप की बर्फ की परतों में दरार उत्पन्न हुई है। आर्कटिक महासागर में बर्फ की चादर पतली हुई है।
- बीसवीं शताब्दी को मानव इतिहास की सबसे गर्म शताब्दी माना गया है। अण्टार्कटिका में पेंग्विन की संख्या लगातार कम हो रही है।
- प्रवाल भित्तियों का विरंजन हो रहा है। तापमान में वृद्धि को इसका कारण माना जा रहा है। अनियमित वर्षा को जलवायु परिवर्तन का प्रमाण माना जा रहा है।
- हीट वेव्स, शीतलहर, सूखा, चक्रवातों की बारम्बारता जलवायु परिवर्तन के साक्ष्य हैं।

जलवायु परिवर्तन के संकेतक

जलवायु के संकेतकों को आधारभूत स्रोतों के आधार पर निम्न रूपों में विभाजित किया जा सकता है

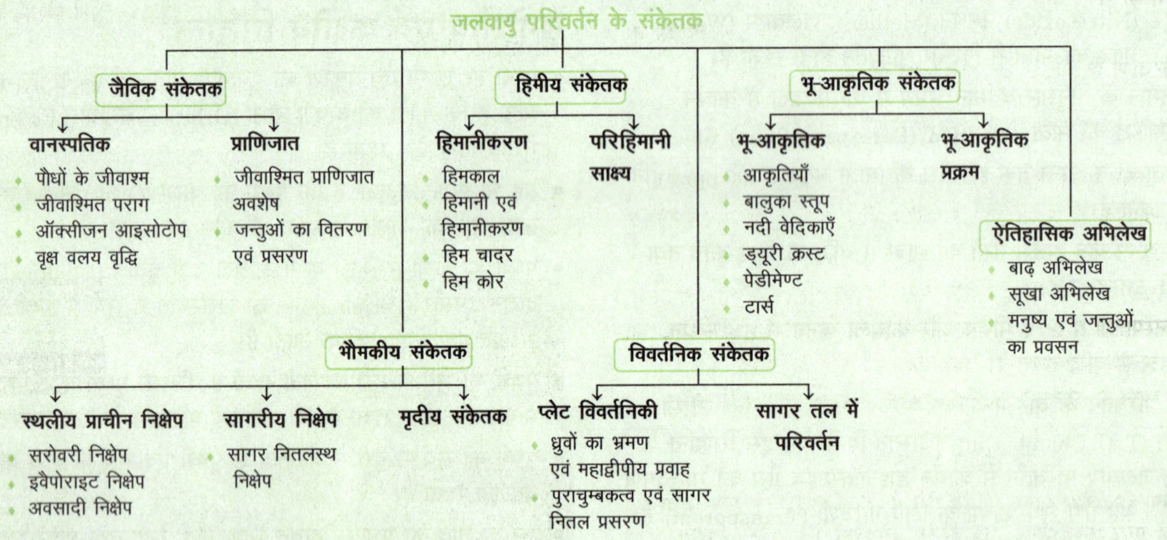

जलवायु परिवर्तन के कारण

- जलवायु परिवर्तन एक दीर्घकालिक प्रक्रिया है, जिस पर प्रकृति और मनुष्यों का प्रभाव स्पष्ट है। जलवायु परिवर्तन को प्रभावित करने वाले दो कारक—प्राकृतिक तथा मानवीय हैं।
- औद्योगीकरण से पूर्व मानवीय कारणों का कम योगदान था, लेकिन औद्योगीकरण के बाद के चरण में जलवायु परिवर्तन को सबसे अधिक मानवीय कारण ने ही प्रभावित किया है।

जलवायु परिवर्तन के कारण

प्राकृतिक	मानवजनित
सौर कलंक तथा सौर चक्र	रासायनिक उर्वरक
महासागरीय जलधाराएँ	निर्वनीकरण
जंगल की आग	वाहनों की बढ़ती संख्या
ज्वालामुखीय उद्भेदन	ग्रीन हाउस गैसों का उत्सर्जन
उल्का-पात	औद्योगिकीकरण
जीवों से मीथेन निष्कासन	CO_2 का उत्सर्जन

जलवायु परिवर्तन के प्राकृतिक कारण

जलवायु परिवर्तन के दीर्घकालिक कारणों में पृथ्वी पर हजारों वर्षों से हो रहे परिवर्तन को चिह्नित किया गया है, जो प्राकृतिक कारकों द्वारा सम्भव होता है। जलवायु परिवर्तन को प्रभावित करने वाले प्राकृतिक कारण निम्न हैं

- **सौर कलंक** सूर्य पर काले धब्बे की संख्या बढ़ने पर मौसम ठण्डा व आर्द्र (Wet) हो जाता है और तूफानों की संख्या बढ़ जाती है, जबकि सूर्य पर काले धब्बों की संख्या घटने पर उष्ण व शुष्क दशाएँ पैदा होती हैं तथा वायुमण्डलीय तापमान बढ़ जाता है।
- **सौर विकिरण में भिन्नता** पृथ्वी के अक्षीय झुकाव एवं कक्षीय स्थिति में बदलाव के कारण सूर्यातप की मात्रा घटती-बढ़ती रहती है। सौर्यिक विकिरण में दीर्घकालिक वृद्धि होने से हिम चादरें एवं हिमनद पिघलने लगते हैं। इसके विपरीत सौर्यिक विकिरण में गिरावट से वायुमण्डलीय तापमान में भी गिरावट होती है, परिणामस्वरूप हिमकाल का आगमन होता है।

  नोट *हिमचादर बर्फ का एक बड़ा समूह होती है, जो पृथ्वी को ढकती है। यह हिमानियों से बड़ी होती है और कम-से-कम 50,000 वर्ग किमी के क्षेत्रफल में फैली होती है।*
- **ज्वालामुखी क्रिया** इसके द्वारा वायुमण्डल में आए पदार्थ व गैसें पृथ्वी पर आने वाले सूर्यातप की मात्रा को कम कर देती हैं। हाल ही में हुए पिनातुबो व एल सियोल ज्वालामुखी उद्‌भेदनों के बाद पृथ्वी का औसत ताप कुछ सीमा तक गिर गया था।
- **पृथ्वी की कक्षा में परिवर्तन** पृथ्वी की कक्षा दीर्घवृत्ताकार है अर्थात् सूर्य तथा पृथ्वी के मध्य दूरी में वर्षभर परिवर्तन होता रहता है। यह परिवर्तन अग्रगमन कहलाता है। अग्रगमन तापमान में वृद्धि एवं कमी के लिए उत्तरदायी है, जोकि जलवायु परिवर्तन का कारण है।

जलवायु परिवर्तन के मानवजनित कारण

- **वन विनाश** वन पृथ्वी की सतह के लिए प्राकृतिक छतरी का निर्माण करते हैं, क्योंकि ये मानव द्वारा उत्सर्जित गैसों को सोखकर वायुमण्डल के हरित गृह प्रभाव (Green House Effect) को कम करते हैं।
  - वन अपनी वृद्धि के लिए कार्बन डाइऑक्साइड (CO_2) का प्रयोग करते हैं। वनस्पतियों द्वारा वायुमण्डल में उत्सर्जित कार्बन डाइऑक्साइड का प्रयोग प्रकाश संश्लेषण में किया जाता है। वनों के विनाश से वायुमण्डल में कार्बन डाइऑक्साइड की मात्रा में वृद्धि होती है।

फ्लोरीन युक्त गैसें

- फ्लोरीन युक्त गैसें मानव निर्मित गैसें हैं, जिनमें फ्लोरीन पाया जाता है। यह एयर कण्डीशनर, रेफ्रिजरेटर, इन्सुलेटर एयरोस्पेस, विद्युत वितरण प्रणाली इत्यादि से उत्सर्जित होती है।
- एफ-गैसें सशक्त ग्रीन हाउस गैसें हैं, जो गर्मी को वायुमण्डल में रोकती हैं। एफ-गैसों में तीन सर्वाधिक सक्रिय गैसें निम्न हैं-

  1. हाइड्रोफ्लोरो कार्बन (HFC) 2. परफ्लोरो कार्बन (PFC)
  3. सल्फर हेक्सा फ्लोराइड (SF6)

- **कृषि एवं पशुपालन** जलवायु परिवर्तन में कृषि से जुड़े क्रियाकलापों ने भी योगदान दिया है, जोकि निम्न प्रकार हैं—
  - परम्परागत खेती के अतिरिक्त आधुनिक खेती की तरफ उन्मुखता।
  - रासायनिक उर्वरकों का अन्धाधुन्ध उपयोग कृषि में बढ़ा है। जलमग्न चावल की जुताई (Ploughing) से मीथेन (CH_4) का उत्सर्जन होता है।
  - जुगाली करने वाले पशु भी वातावरण में मीथेन का उत्सर्जन करते हैं। इससे ग्रीन हाउस प्रभाव बढ़ता है, जिसके फलस्वरूप जलवायु परिवर्तन होता है।
- **जीवाश्म ईंधन** जीवाश्म आधारित ईंधन के दोहन से भी कार्बन डाइऑक्साइड एवं नाइट्रोजन डाइऑक्साइड (NO_2) जैसी गैसों का उत्सर्जन बढ़ा है। इस मानवजनित उत्सर्जन से भी जलवायु परिवर्तन की समस्या विकराल हुई है। जीवाश्म आधारित ईंधन के दहन (Combustion) से जहाँ ग्रीन हाउस गैसों का संचयन बढ़ा है, वहीं वायु एवं जल प्रदूषण (Air and Water Pollution) भी बढ़ा है।
- **शहरीकरण और औद्योगिकीकरण** जलवायु परिवर्तन के लिए औद्योगिकीकरण तथा शहरीकरण (Industralisation and Urbanisation) में उत्तरोत्तर वृद्धि मानवजनित प्रमुख कारणों में से एक है। प्रकृति का अन्धाधुन्ध दोहन कर मानव औद्योगिकीकरण तथा शहरीकरण में वृद्धि कर रहा है, जो व्यापक रूप से जलवायु को प्रभावित करता है।
- **औद्योगिक क्रान्ति** के पश्चात् जब से पेट्रोलियम, कोयले तथा प्राकृतिक गैस का उपयोग बढ़ा है, तब से वायुमण्डल की गैसों की संरचना में तेजी से परिवर्तन हो रहा है, जो जलवायु परिवर्तन की दर को बढ़ाता है।

जलवायु परिवर्तन पर अन्तर-सरकारी पैनल (IPCC)

- वर्ष 1988 में संयुक्त राष्ट्र पर्यावरण कार्यक्रम (United Nations Environment Programme-UNEP) तथा विश्व मौसम विज्ञान संगठन (World Meteorological Organisaton-WMO) द्वारा इसकी स्थापना की गई।
- IPCC (Intergovernmental Panel on Climate Change) के सदस्यों की संख्या 195 है, जो वैज्ञानिकों के एक ब्यूरो का चुनाव करते हैं। इस संस्था की समीक्षा जलवायु परिवर्तन को समझने में अपनी भूमिका निभाती है।
- IPCC समय-समय पर अपनी आकलन रिपोर्ट प्रस्तुत करती है, जिसमें जलवायु परिवर्तन शमन का तन्त्र प्रस्तुत किया जाता है।

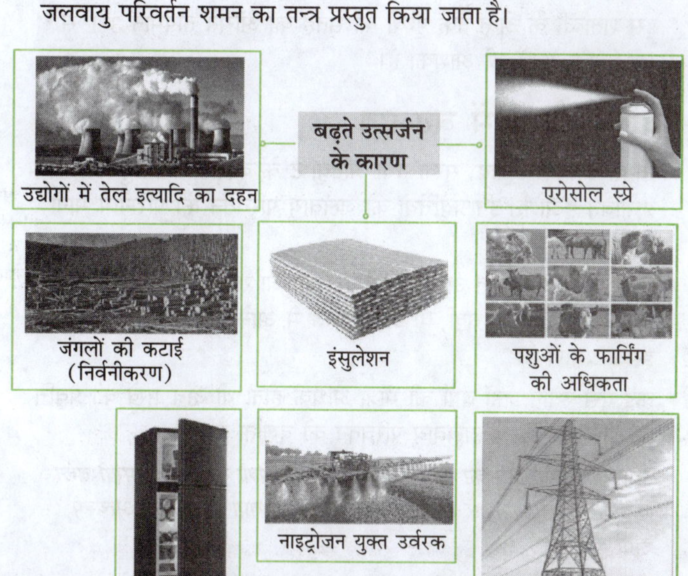

रेफ्रिजेरेटर

विद्युत वितरण प्रणाली

जलवायु संवेदनशीलता

- जलवायु संवेदनशीलता पृथ्वी के वायुमण्डल के तापमान में औसत वृद्धि को दर्शाने की प्रक्रिया है। इसका अनुमान तापमान में वृद्धि, महासागरीय ऊष्मा अवशोषण तथा विकिरण की प्रवृत्ति के आधार पर लगाया जाता है।
- वातावरण में कार्बन डाइऑक्साइड की मात्रा बढ़ने से गर्मी तेजी से बढ़ी है। सूखे और अतिवृष्टि के साथ **हीट वेव्स** के कारण गरम मौसम का जोखिम बढ़ रहा है।
- एक अनुमान के अनुसार, वर्तमान में CO_2 की सान्द्रता 414 पीपीएम (प्रति मिलियन हिस्सा) है, जिसके वर्ष 2100 तक 900 पीपीए होने की सम्भावना है।
- जलवायु संवेदनशीलता यह दर्शाती है कि तापमान की वृद्धि अधिक गम्भीर हो रही है। 1°C से 2°C के बीच में हुई औसत वृद्धि यदि इतने गम्भीर परिणाम दे सकती है, तो 4°C से 7°C के बीच में वृद्धि का प्रभाव आश्चर्यजनक होगा।

जलवायु परिवर्तन के प्रभाव

जलवायु परिवर्तन के प्रभावों में उच्च तापमान, वर्षा के पैटर्न में बदलाव, समुद्र के जल स्तर में वृद्धि, वन्यजीवों तथा वनस्पति प्रजातियों को नुकसान, स्वास्थ्य सम्बन्धी असहजताओं में वृद्धि इत्यादि प्रमुख हैं, जिन्हें निम्न बिन्दुओं के आधार पर समझा जा सकता है

उच्च तापमान

- विद्युत संयन्त्रों के निर्माण, वाहनों की संख्या में वृद्धि, वनों की कटाई तथा अन्य स्रोतों के कारण ग्रीन हाउस गैसों का उत्सर्जन, पृथ्वी के वायुमण्डल में होता है तथा ये लगातार वायुमण्डल को गर्म करते हैं। विगत 150 वर्षों में वैश्विक औसत तापमान में वृद्धि दर्ज की गई है।
- ग्रीन हाउस गैसों के उत्सर्जन की प्रक्रिया यदि इसी प्रकार जारी रही, तो इस शताब्दी के अन्त तक पृथ्वी की सतह का औसत तापमान 3°F से 10°F तक बढ़ने की आशंका है।

वर्षा के पैटर्न में बदलाव

- विगत दशकों में बाढ़, सूखा तथा अतिवृष्टि के कारण जलवायु का प्रारूप प्रभावित हुआ है। इन प्रवृत्तियों को जलवायु परिवर्तन का परिणाम माना जा सकता है।
- कुछ स्थानों पर बहुत अधिक वर्षा दर्ज की जा रही है। राजस्थान के मरुस्थलीय क्षेत्रों में वर्षा, वृष्टिछाया क्षेत्र में आने वाले पुणे में भारी वर्षा इसके प्रमाण हैं।
- कई ऐसे स्थान जहाँ वर्षा की मात्रा अधिक होती थी अब सूखे की प्रवृत्ति को झेल रहे हैं, जो जलवायु परिवर्तन को दर्शाता है।

नोट *वृष्टिछाया क्षेत्र का तात्पर्य है-किसी पर्वत श्रेणी के पवन विमुखी ढाल (Lee wand sloke) पर स्थित क्षेत्र, जहाँ औसत वर्षा अपेक्षाकृत अत्यल्प होती है।*

समुद्र जल स्तर में वृद्धि

- समुद्र के जल स्तर में वृद्धि के दो कारण हैं—प्रथम, हिमनदों एवं हिमचादरों का पिघलना तथा दूसरा, समुद्र के जल का गर्म होकर फैलना।
- हिमनदों का बर्फ पिघलकर नदियों के माध्यम से समुद्र तक पहुँचता है। 18 हजार वर्ष पूर्व समुद्र जल स्तर वर्तमान स्तर से 82 मीटर तक नीचे था। निरन्तर समुद्र जल स्तर के ऊपर आने की प्रक्रिया को उपग्रहों द्वारा स्पष्ट किया जा रहा है।
- IPCC के अनुसार, विश्व की 63.5 करोड़ जनसंख्या ऐसे स्थानों में रहती है, जो समुद्र तल से मात्र 1 मीटर की ऊँचाई पर रह गए हैं। विश्व बैंक के अनुसार, विश्व के 50 वृहद् नगरों में से 22 नगरों पर समुद्र जल स्तर में वृद्धि से खतरा उत्पन्न हुआ है। इसमें जकार्ता, लन्दन, न्यूयॉर्क, मुम्बई जैसे शहर शामिल हैं।

वन्यजीव तथा वनस्पति प्रजातियों को हानि

- तापमान में वृद्धि और वनस्पति पैटर्न में बदलाव के कारण पक्षी प्रजातियाँ विलुप्त हुई हैं। विशेषज्ञों के अनुसार वर्ष 2050 तक पृथ्वी की एक-चौथाई जीव प्रजातियों के विलुप्त होने का खतरा है।
- वर्ष 2008 में ध्रुवीय भालू (Polar Bear) को उन जीवों की सूची में शामिल किया गया है, जो हिमनद के पिघलनें और समुद्र जल स्तर में वृद्धि के कारण विलुप्त हो सकता है।

पर्यावरणीय शरणार्थी

- 'जलवायु शरणार्थी' या 'पर्यावरणीय शरणार्थी', वे लोग होते हैं, जो अपने स्थानीय क्षेत्र में अचानक या दीर्घकालिक परिवर्तनों के कारण अपने मूल स्थान को छोड़ने के लिए विवश होते हैं।
- IPCC के अनुसार, वर्ष 2020 तक 20 करोड़ जनसंख्या विभिन्न प्राकृतिक आपदाओं के कारण विस्थापित हुई है। वर्ष 2030 तक यह जनसंख्या 32.5 करोड़ हो सकती है।

संसाधनों पर प्रभाव

- जलवायु परिवर्तन के सिद्धान्तों के अनुसार, वायुमण्डल में ग्रीन हाउस गैसों की मात्रा में वृद्धि के कारण तापमान लगातार उच्च स्थिति में है, जिससे वाष्पन की दर (Rate of vaporisation) बढ़ी है। इससे कई क्षेत्रों में भूमिगत जल भण्डार कम हुए हैं।
- कम जल आपूर्ति के कारण कृषि तथा पर्यावरण पर दबाव बढ़ा है। जनसंख्या वृद्धि के साथ जल स्रोत के लिए संघर्ष की स्थिति बनी है।

जंगल में आग

जलवायु परिवर्तन के कारण लम्बे समय तक चलने वाले **हीट वेव्स** ने जंगल में लगने वाली आग के कारण गर्म तथा शुष्क परिस्थितियाँ उत्पन्न की हैं। ब्राजील की संस्था **नेशनल इन्स्टीट्यूट फॉर स्पेस रिसर्च** के अनुसार वर्ष 2019 से अब तक अमेजन वर्षा वन में 74,155 बार आग लगने की घटनाएँ हुई हैं। आग लगने की घटनाओं में 85% की वृद्धि हुई है।

जलवायु परिवर्तन प्रदर्शन सूचकांक (CCPI), 2024

- 'जर्मनवाच न्यू क्लाइमेट इंस्टीट्यूट' तथा 'क्लाइमेट एक्शन नेटवर्क इण्टरनेशनल' द्वारा प्रतिवर्ष जलवायु परिवर्तन प्रदर्शन सूचकांक (Climate Change Performance Index-CCPI) जारी किया जाता है।
- इस सूचकांक में देशों का मूल्यांकन चार प्रमुख श्रेणियों में किया जाता है
  1. ग्रीनहाउस गैस उत्सर्जन (40%)
  2. नवीकरणीय ऊर्जा (20%)
  3. ऊर्जा उपयोग (20%)
  4. जलवायु नीति (20%)
- जलवायु परिवर्तन प्रदर्शन सूचकांक (CCPI) वर्ष 2024 में भारत को 7वाँ स्थान दिया गया है। वर्ष 2023 के सूचकांक में भारत का 8वाँ स्थान था। प्रथम तीन देशों की अनुपस्थिति के कारण भारत प्रभावी रूप से वैश्विक जलवायु प्रदर्शन में चौथे स्थान पर है।
- डेनमार्क को चौथा तथा एस्टोनिया को पाँचवाँ स्थान प्राप्त हुआ है। फिलीपीन्स ने छठा स्थान प्राप्त किया है।

जलवायु परिवर्तन एवं प्राकृतिक आपदाएँ

- जलवायु परिवर्तन के कारण प्राकृतिक आपदाओं की बारम्बारता में लगातार वृद्धि हुई है। वर्ष 2013 में केदारनाथ की आपदा तथा वर्तमान (अगस्त, 2024) में वायनाड (केरल) में हुए भूस्खलन को इसका उदाहरण माना जा रहा है।
- प्राकृतिक आपदाओं पर सर्वाधिक प्रभाव मानवीय गतिविधियों का होता है। हिमालयी क्षेत्र में ग्लेशियरों के पिघलने के कारण बाढ़ की स्थिति प्रभावी हुई है।
- संयुक्त राष्ट्र पर्यावरण कार्यक्रम (UNEP) द्वारा जारी 'उत्सर्जन अन्तराल रिपोर्ट 2024' के अनुसार, मौसम सम्बन्धी चरम घटनाओं की वृद्धि से ध्रुवों पर हिम-चादरों के पिघलने तथा चक्रवात के कारण बड़ी जनसंख्या प्रभावित हुई है।
- जलवायु परिवर्तन के चरम पर पहुँचने से मानव तथा पारितन्त्र को व्यापक क्षति का अनुमान है। इससे आर्थिक क्षति की भी सम्भावना है। पर्यटन और कृषि जैसे क्षेत्र सर्वाधिक प्रभावित होंगे।
- शहरी बस्तियों तथा छोटे द्वीपीय देशों पर जलवायु परिवर्तन का प्रभाव सर्वाधिक होगा।
- यूरोपीय तथा एशियाई देशों में आई तीव्र बाढ़ के कारण सार्वजनिक अधिसंरचना, पारिस्थितिकीय सेवाओं और उसके कारण आजीविका अत्यधिक प्रभावित हुई है, जो जलवायु परिवर्तन का ही प्रभाव है।

जलवायु परिवर्तन को कम करने के उपाय

कार्बन पृथक्करण

- कार्बन पृथक्करण (Carbon Sequestration) वह प्रक्रिया है, जिसमें वातावरण से कार्बन को दूर करने तथा उसके भण्डारण को अपनाया जाता है।
- इसके अतिरिक्त यह ग्रीन हाउस गैसों के वायुमण्डलीय तथा समुद्री संचय की गति को धीमा करने का एक तरीका है।

कार्बन ऑफसेट

- कार्बन ऑफसेट से तात्पर्य कार्बन डाइऑक्साइड अथवा इसके समान किसी अन्य ग्रीन हाउस गैस के उत्सर्जन के एक मीट्रिक टन में कमी से है।
- कार्बन ऑफसेट के मापन में कार्बन डाइऑक्साइड इक्वलैण्ट (CO_2e) और छः प्राथमिक हरित गृह गैसों को मीट्रिक टन में मापा जाता है।
- छह हरित गृह गैसों के अन्तर्गत कार्बन डाइऑक्साइड (CO_2), मीथेन (CH_4), नाइट्रस ऑक्साइड (N_2O), परफ्लोरोकार्बन्स (PFCs), हाइड्रोफ्लोरोकार्बन्स (HFCs) तथा सल्फर हेक्साफ्लोराइड (SF_6) सम्मिलित हैं।

कार्बन कुण्ड

- कार्बन कुण्ड (Carbon Sink) से तात्पर्य उस स्थान या वस्तु से है, जो कार्बन उत्सर्जन की मात्रा से अधिक कार्बन को अवशोषित करने की क्षमता रखती है।
- जंगल/वन, मृदा, सागर, महासागर, जलाशय, वायुमण्डल इत्यादि कार्बन कुण्ड के उदाहरण हैं।
- इन सभी में कार्बन को सोखने की क्षमता होती है। कई जगह बहुत-से कृत्रिम कार्बन कुण्ड (Artificial Carbon Sink) भी बनाए गए हैं; जैसे—लैण्डफिल (Landfill) तथा कार्बन संचय स्थल (Carbon Capture and Storage)।

वनों द्वारा सोखे गए कार्बन को **हरित कार्बन** (Green Carbon) और सागरों द्वारा सोखे गए/संगृहीत किए गए कार्बन को **नीला कार्बन** (Blue Carbon) कहते हैं।

कार्बन टैक्स

- यह एक प्रकार का पर्यावरणीय कर है, जो कार्बन उत्सर्जन तथा प्रदूषण पर लगाया जाता है। यह उस कार्बन का मूल्य है, जो कोयला, पेट्रोलियम और प्राकृतिक गैस जैसे हाइड्रोकार्बन ईंधन के जलने से उत्सर्जित होता है। इस टैक्स के साथ दो अन्य कर भी सम्बन्धित हैं— पहला, उत्सर्जन कर (Emission Tax) और दूसरा, ऊर्जा कर (Energy Tax)।

- वर्ष 1973 में डेविड गॉर्डन विल्सन ने पहला कार्बन टैक्स प्रस्तावित किया था।

ग्रीन कार्बन एवं ब्लू कार्बन

ग्रीन कार्बन	ब्लू कार्बन
प्रकाश संश्लेषण द्वारा निकली कार्बन जो भूमि में संगृहीत होती है ग्रीन कार्बन कहलाती है।	तटीय पारितन्त्रों के मैंग्रोव वन एवं समुद्री घास मेड़ों (Medow) तथा अन्तर-ज्वारीय लवण में जमा कार्बन ब्लू कार्बन कहलाती है।
पौधों एवं फसलों में यह कार्बन लघु जीवन अवधि के कारण बहुत कम समय के लिए रहता है।	55% वातावरणीय कार्बन को समुद्र द्वारा संग्रहण कर लिया जाता है-UNEP
कुछ समय उपरान्त यह कार्बन मुक्त कर देते हैं।	समुद्री वनस्पति ब्लू कार्बन के घर कहलाते हैं।

फिनलैण्ड: कार्बन टैक्स लगाने वाला पहला देश

- जलवायु परिवर्तन के प्रभाव को नियन्त्रित करने के लिए एक उपकरण के रूप में कार्बन टैक्स का उपयोग फिनलैण्ड द्वारा सबसे पहले किया गया था।
- फिनलैण्ड में कार्बन टैक्स (Carbon Tax) जनवरी, 1990 में लागू किया गया था।

कैप एण्ड ट्रेड सिस्टम

- कैप एण्ड ट्रेड सिस्टम (Cap and Trade System) ग्रीन हाउस गैसों के उत्सर्जन को कम करने के लिए एक बाजार-आधारित दृष्टिकोण है, जहाँ एक निश्चित अवधि में उत्सर्जन की कुल मात्रा पर एक सीमा निर्धारित की जाती है और कम्पनियों को एक निश्चित मात्रा में ग्रीनहाउस गैसों का उत्सर्जन करने के लिए परमिट जारी किया जाता है।
- यूनाइटेड स्टेट्स (USA) ने वर्ष 1990 में सबसे पहले कैप एण्ड ट्रेड सिस्टम को अपनाया था, जिसका उद्देश्य सल्फर डाइऑक्साइड (SO_2) के उत्सर्जन को नियन्त्रित करना था।

कार्बन ट्रेडिंग

- कार्बन ट्रेडिंग परमिट और क्रेडिट खरीदने एवं बेचने की प्रक्रिया है, जो परमिट धारक को कार्बन डाइऑक्साइड उत्सर्जित करने की अनुमति देती है।
- एक उत्सर्जन व्यापार योजना (कैप एण्ड ट्रेड सिस्टम) के अन्तर्गत विनियमित होने वाले ग्रीन हाउस गैस उत्सर्जन पर एक नियामक सीमा या कैप निर्धारित करती है।

कार्बन उधार/कार्बन क्रेडिट

- वर्ष 1997 में क्योटो प्रोटोकॉल (Kyoto Protocol) के पश्चात् कार्बन क्रेडिट (Carbon Credit) की अवधारणा अस्तित्व में आई।
- इसके अन्तर्गत क्योटो प्रोटोकॉल के आधार पर विकसित देशों को ग्रीन हाउस गैसों के उत्सर्जन को सीमित करने के लिए कदम उठाने होंगे।

कार्बन चिह्न/कार्बन फुटप्रिण्ट

- कार्बन चिह्न, मानव प्रक्रियाओं के पर्यावरण पर प्रभाव को दर्शाता है। इसका एक विशेष विधि से आकलन किया जाता है। मनुष्य अपने दैनिक जीवन में प्रचुर मात्रा में कार्बन डाइऑक्साइड निष्कासित करता रहता है और इस कार्बन के निशान धरती पर छोड़ता रहता है।
- ग्रीन हाउस गैसों के प्रतिव्यक्ति या प्रति इकाई उत्सर्जन की मात्रा को उस व्यक्ति या औद्योगिक इकाई का कार्बन फुटप्रिण्ट कहा जाता है।
- कार्बन फुटप्रिण्ट की माप करने के लिए लाइफ साइकिल एसेसमेण्ट विधि का प्रयोग किया जाता है।

कार्बन अधिग्रहण तथा भण्डारण

- कार्बन अधिग्रहण तथा भण्डारण (Carbon Capture and Storage-CCS) एक ऐसी प्रक्रिया है, जिसमें औद्योगिक स्रोतों से कार्बन डाइऑक्साइड (CO_2) को अलग तथा उपचारित किया जाता है।
- कार्बन कैप्चर और स्टोरेज जलवायु परिवर्तन की दृष्टि से बहुत महत्त्वपूर्ण हैं, जिसमें प्रदूषण कम करने के साथ ग्लोबल वार्मिंग के बढ़ते संकट को रोका जा सकता है।

अनुकूलन एवं शमन के लिए प्रयास

- अनुकूलन (Adaptation) पारिस्थितिकीय, सामाजिक तथा आर्थिक प्रवृत्तियों का समायोजन करना है, जिससे जलवायु परिवर्तन के प्रभावों को नियन्त्रित किया जा सके; जैसे—समूह तटीय क्षेत्रों से लोगों को स्थानान्तरित करना, उच्च तापमान तथा उच्च सागर स्तर वाले क्षेत्रों की निगरानी करना।
- शमन (Mitigation) जलवायु परिवर्तन के प्रभाव को कम करने के लिए ग्रीनहाउस गैसों के उत्सर्जन (Emission) को कम करने का प्रयास करना; जैसे—विद्युत के लिए सौर ऊर्जा का प्रयोग, जीवाश्म ईंधनों के स्थान पर नाभिकीय ऊर्जा का प्रयोग। जलवायु परिवर्तन के शमन के लिए ऊर्जा संरक्षण तथा जीवाश्म ईंधनों के विकल्प के रूप में स्वच्छ ऊर्जा का चयन करना है। जलवायु परिवर्तन के अनुकूलन एवं शमन के लिए निम्नलिखित प्रयास किए गए हैं

जलवायु परिवर्तन के अनुकूलन एवं शमन के लिए प्रयास

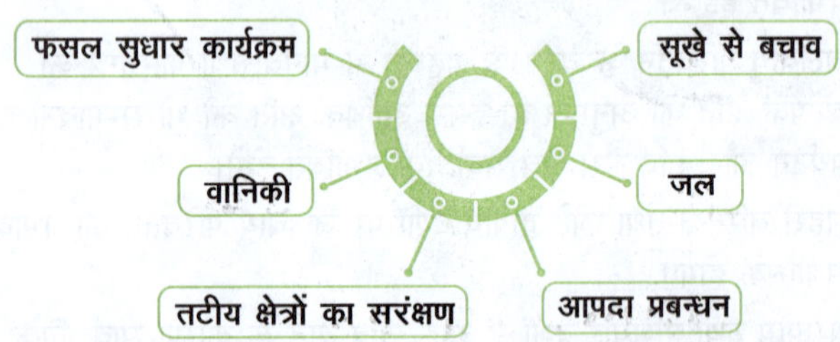

"

वैश्विक तापन का अर्थ है- पृथ्वी के औसत तापमान में बढ़ोतरी। यह पृथ्वी से बाहर जाने वाली दीर्घतरंगीय विकिरण को अवशोषित करने वाली ग्रीन हाउस गैसों के कारण होता है।

अध्याय बारह

वैश्विक तापन

परिचय

- ग्रीन हाउस गैसों के बढ़ते सान्द्रण के कारण वैश्विक तापमान में वृद्धि हो रही है। वैश्विक तापन औद्योगीकरण के साथ प्रारम्भ हुआ था, लेकिन इसकी तापन दर में उतार-चढ़ाव आता रहा है।
- वैश्विक तापन में अवशोषित ऊर्जा अवरक्त किरणों (Infrared Rays) के रूप में वापस परावर्तित होती है। इसमें से कुछ विकिरण वायुमण्डलीय गैसों द्वारा अवशोषित हो जाते हैं जिस कारण आने वाली कुल ऊर्जा का सम्पूर्ण भाग वापस अन्तरिक्ष में नहीं पहुँच पाता है।
- वैश्विक तापन में परिवर्तन मुख्यतः ग्रीन हाउस गैसों; जैसे- कार्बन डाइऑक्साइड, मीथेन और कार्बन मोनो ऑक्साइड द्वारा होता है, जिससे वायुमण्डल गर्म हो जाता है।
- वैश्विक तापन औद्योगिक क्रान्ति के बाद औसत वार्षिक वैश्विक तापमान में वृद्धि को दर्शाता है। 1880 ई. के बाद वैश्विक तापमान में 1.0°C से अधिक की वृद्धि हो चुकी है।
- वैश्विक तापन एक सतत प्रक्रिया है। पर्यावरणविदों के अनुसार वर्ष 2035 तक वैश्विक तापमान में 0.3°C से 0.7°C तक औसत तापमान में वृद्धि हो सकती है।

वैश्विक तापन के कारण

- कार्बन डाइऑक्साइड (CO_2) तथा मीथेन (CH_4) पृथ्वी के वायुमण्डल में सौर ऊर्जा की गर्मी को रोकते हैं। ये ग्रीन हाउस गैसें (Green House Gases) प्राकृतिक रूप से भी वायुमण्डल में उपस्थित होती हैं।
- मानवीय गतिविधि विशेष रूप से विद्युत संयन्त्र, विनिर्माण उद्योगों तथा जीवाश्म ईंधनों (कोयला, प्राकृतिक गैस तथा तेल) के दहन से वातावरण में ग्रीन हाउस गैसों की मात्रा में वृद्धि होती है। वृक्षों की कटाई से भी गैसों की मात्रा बढ़ जाती है।
- वायुमण्डल में ग्रीन हाउस गैसों की उच्च सान्द्रता के कारण पृथ्वी के सतही वातावरण का तापमान बढ़ता है, जिससे वैश्विक तापन की प्रक्रिया को गति मिलती है।

वालेस स्मिथ ब्रोकर

- 'ग्लोबल वार्मिंग' शब्द की संकल्पना वर्ष 1975 में जलवायु वैज्ञानिक वालेस स्मिथ ब्रोकर ने की।
- ब्रोकर ने वायुमण्डल में CO_2 की वृद्धि का सर्वप्रथम अनुमान प्रस्तुत किया था। इन्हें 'जलवायु विज्ञान का पितामह' कहा जाता है।

वैश्विक तापन के कारक

वैश्विक तापन के कारक निम्नलिखित है

काला कार्बन

- काला कार्बन एक गैस न होकर एक ठोस कण अथवा एरोसॉल है।
- यह जीवाश्म और अन्य जैव ईंधनों के अपूर्ण दहन के कारण उत्सर्जित कणिकीय पदार्थ है, जो वायुमण्डल का ताप बढ़ाते हैं। साथ ही हिम एवं बर्फ पर जमाव द्वारा पृथ्वी के एल्बिडो (Albedo) में कमी लाता है, जिससे पृथ्वी गर्म हो जाती है।
- यह कार्बन डाइऑक्साइड के बाद ग्लोबल वार्मिंग में योगदान करने वाला दूसरा सबसे महत्त्वपूर्ण प्रदूषक है।
- काला कार्बन, CO_2 की अपेक्षा कई गुना अधिक ऊष्मा अवशोषित कर सकता है। काला कार्बन निम्न प्रकार से जलवायु को प्रभावित करता है
  - सूर्य प्रकाश का सीधा अवशोषण करके।
  - हिम तथा बर्फ जमाव द्वारा एल्बिडो को कम करके।
  - बादलों के साथ अन्तर्क्रिया करके।

भूरा कार्बन

- भूरा कार्बन कार्बनिक पदार्थों के जलने से उत्पन्न होता है। यह एक प्रकार का एरोसॉल (Aerosol) है, जोकि प्रकाश को अवशोषित करने वाला कार्बनिक पदार्थ है।
- वायुमण्डल में विसर्जित होने पर यह काले कार्बन के साथ सह-अस्तित्व में रहता है।

- यह ग्लेशियरों के पिघलने के लिए प्रेरित करने वाला एक महत्त्वपूर्ण वार्मिंग कारक है।
- यह विभिन्न स्रोतों; जैसे-औद्योगिक उत्सर्जन, जीवाश्म ईंधन का दहन, बायोमास का जलना, तारकोल आदि के दहन से तथा वनस्पतियों द्वारा उत्सर्जित वाष्पशील कार्बनिक यौगिकों से उत्पन्न होता है।

जलवायु परिवर्तन पर संयुक्त फ्रेमवर्क कन्वेंशन-2019 के अनुसार 'वैश्विक तापन' के कारण वर्ष 2100 तक विश्व के 80% ग्लेशियर पिघलकर सिकुड़ सकते हैं।

'वैश्विक तापन' और जलवायु परिवर्तन में अन्तर

- जलवायु परिवर्तन तथा वैश्विक तापन को प्राय: समान अर्थ में प्रयुक्त किया जाता है, किन्तु ये परस्पर पृथक् प्रवृत्तियाँ हैं।
- जलवायु परिवर्तन मौसमी प्रक्रियाओं-तापमान, वर्षा, आर्द्रता, हवा, वायुमण्डलीय दबाव, समुद्री जल स्तर इत्यादि में परिवर्तन का द्योतक है। 'वैश्विक तापन' को पृथ्वी के औसत वैश्विक तापमान में वृद्धि के लिए जाना जाता है।

वैश्विक तापन के प्रभाव

- **बर्फ का पिघलना** वैश्विक तापन के कारण ध्रुवों पर जमी बर्फ एवं अन्य ग्लेशियरों के पिघलने से पर्यावरण एवं जैव-विविधता प्रतिकूल रूप से प्रभावित होती है। बर्फ के पिघलने से दोहरी समस्या उत्पन्न होती है, जिसमें पहले बाढ़ आती है तथा बाद में सूखे की स्थिति निर्मित होती है।
- **समुद्र जल स्तर का ऊपर आना** समुद्र जल स्तर का ऊपर उठना हिमनदों के पिघलने से उत्पन्न हुआ उप-प्रभाव है, क्योंकि पिघला हुआ हिम अन्तत: नदियों आदि से होता हुआ सागर तक पहुँचकर उसके जल स्तर में वृद्धि कर देता है। विगत 100 वर्षों में वैश्विक समुद्र जल स्तर में 6.7 इंच (170 मिमी) वृद्धि हुई है। इसी दर से उत्थान होता रहा, तो वर्ष 2100 तक समुद्र तल में 280 से 430 मिमी तक की वृद्धि हो जाएगी।
- **वर्षा प्रतिरूप में परिवर्तन** वैश्विक तापन का एक प्रमुख प्रभाव वर्षा प्रतिरूप में परिवर्तन है। तापमान में वृद्धि के कारण वर्षा के पैटर्न में बदलाव देखने को मिलता है अर्थात् कहीं अतिवृष्टि आती है, तो कहीं अल्पवृष्टि की प्रक्रिया देखने को मिलती है। वर्षा की मात्रा के साथ वर्षा की अवधि में भी अन्तर आता है। किसी वर्ष लम्बे समय तक वर्षा होती है जबकि किसी वर्ष वर्षा के दिनों में कमी आती है।
- **महासागरीय धाराओं में परिवर्तन** वैश्विक तापन के कारण महासागरीय जल के तापमान, लवणता तथा घनत्व आदि में बदलाव आता है तथा **थर्मोहेलाइन परिसंचरण** (Thermohalive Circulation-THC) में बाधा उत्पन्न होती है, जिसके परिणामस्वरूप महासागरीय धारा के क्षैतिज सन्तुलन में अवरोध उत्पन्न होता है। धाराओं के वास्तविक प्रवाह चक्र बाधित होने से वैश्विक ऊष्मा स्थानान्तरण की प्रक्रिया भी बाधित होगी और तटीय देशों की मौसमी प्रवृत्तियों में तेजी से बदलाव होगा।

  नोट *थर्मोहेलाइन परिसंचरण (THC) महासागरों में तापमान और लवणता में अन्तर के कारण होने वाली धाराओं की प्रक्रिया है। इस प्रक्रिया में जल के घनत्व में अन्तर के कारण जल एक स्थान से दूसरे स्थान की ओर चलता है।*
- **जैव-विविधता पर प्रभाव** प्रत्येक प्रजाति एक विशिष्ट प्रकार के वातावरण से अनुकूलन स्थापित कर अपना जीवन चक्र पूरा करती है, परन्तु भूमण्डलीय तापमान के बढ़ने से जीवों का भौगोलिक वितरण प्रभावित होता है, जिससे क्षेत्रीय विस्थापन की स्थिति का सामना विभिन्न प्रजातियों को करना होता है। भूमण्डलीय तापन के कारण अण्टार्कटिका के पेंग्विन की संख्या में 40% की कमी देखी गई है, क्योंकि **प्राणी प्लैंकटन** (Zoo Plankton), जो पेंग्विन के आहार हैं, ताप में वृद्धि के कारण नष्ट हो जाते हैं। इसके अतिरिक्त **प्रवाल विरंजन** (Coral Bleaching) के कारण प्रवालों का भी विनाश प्रारम्भ हो जाता है।
- **खाद्यान्न उत्पादन पर प्रभाव** तापमान में वृद्धि से कई पादप रोगों एवं पीड़क जन्तु, खरपतवार एवं श्वसन क्रिया की दर में वृद्धि होती है, इससे फसलों की उत्पादकता प्रभावित होती है। तापमान में 1°C वृद्धि से केवल दक्षिण-पूर्व एशिया में चावल उत्पादन करीब 5% गिर सकता है।
- **मानव स्वास्थ्य पर प्रभाव** जीवाणुओं तथा विषाणुओं के प्रकोप में वृद्धि होगी, क्योंकि अधिक ताप में इनकी क्रियाशीलता बढ़ जाएगी, जिस कारण रोगों के संचार में वृद्धि शुरू हो जाएगी। अभी जो बीमारियाँ उष्णकटिबन्धीय क्षेत्रों में हैं, उनका विस्तार शीतोष्ण में भी हो सकता है। डेंगू, मलेरिया, प्लेग, पीलिया, श्वसन सम्बन्धी एवं चर्म रोगों (Skin Disease) में वृद्धि होगी। मानव स्वास्थ्य पर जलवायु परिवर्तन के प्रभाव से विस्थापित आबादी **पर्यावरण शरणार्थी** (Environmental Migrant) कहलाएगी।
- **जलवायु पर प्रभाव** उपोष्ण कटिबन्धीय (Sub-tropical Zone) क्षेत्रों में वर्षा 0.3% प्रति दशक की दर से कम हुई है। इसके साथ ही अतिवादी घटनाओं जैसे-बाढ़, सूखा आदि की बारम्बारता में पर्याप्त वृद्धि हो सकती है। इससे मानव स्वास्थ्य पर भी विपरीत प्रभाव पड़ेगा; जैसे—वर्ष 2003 में ऐसी ही गर्म हवाओं के चपेट में आने से पेरिस में 3,000 व्यक्तियों की मौत हुई थी।

वैश्विक तापन को नियन्त्रित करने के उपाय

कार्बन उत्सर्जन में कमी

ग्रीन हाउस गैसों के स्राव में कमी, जीवाश्म ईंधन का कम उपयोग तथा ऊर्जा के अन्य स्रोतों-पवन ऊर्जा, सौर ऊर्जा आदि का उपयोग बढ़ाना चाहिए। क्लोरोफ्लोरो कार्बन (CFC) उत्सर्जन को नियन्त्रित करना इसके लिए कूलिंग करने वाली मशीनों के उपयोग को कम करना आवश्यक है।

वृक्षारोपण को बढ़ाना

पृथ्वी पर वानस्पतिक क्षेत्र में वृद्धि करने से CO_2 का उपयोग प्रकाश संश्लेषण में हो। खेती में नाइट्रोजन खादों का उपयोग कम करना चाहिए, जिससे NO_2 का उत्सर्जन कम होगा। वनों की कटाई को नियन्त्रित कर वृक्षारोपण को बढ़ावा देकर 'वैश्विक तापन' को सीमित किया जा सकता है।

प्रदूषण नियन्त्रण

उद्योगों और रासायनिक इकाइयों से निकलने वाले अवशिष्ट पदार्थों को खुले वातावरण में छोड़ने से प्रदूषण फैलता है। अवशिष्ट पदार्थों का उचित निस्तारण आवश्यक है। औद्योगिक इकाइयों की चिमनियों से निकलने वाला धुँआ हानिकारक होता है तथा इससे उत्सर्जित होने वाली कार्बन डाइऑक्साइड गर्मी को बढ़ाती है। ऐसी इकाइयों के विकल्प का विकास अनिवार्य है।

हरित गृह प्रभाव

- हरित गृह (Green Houses) शब्दावली का प्रयोग सर्वप्रथम स्वीडन के रसायनशास्त्री स्वान्ते अगस्त अर्हेनिश ने 1896 ई. में किया था। हरित गृह एक भवन की तरह होता है, जिसके अन्दर विकिरित ऊष्मा काँच की छत और दीवारों के कारण कैद हो जाती है, जो पौधों के लिए अनुकूल जलवायु उत्पन्न कर देती है।
- पृथ्वी भी एक हरित गृह की भाँति ही कार्य करती है, जिससे यह गर्म एवं रहने योग्य बनती है। पृथ्वी की हरित गैसें, जो पृथ्वी के निचले वायुमण्डल में पाई जाती हैं, ये हरित गृह के शीशे की तरह कार्य करती हैं।
- यह सौर्यिक विकिरण की आने वाली लघु तरंगदैर्ध्यों को तो आने देती है, परन्तु पृथ्वी से लौटती हुई दीर्घ तरंगदैर्ध्यों (पार्थिव विकिरण) को अवशोषित कर लेती हैं।
- हरित गृह प्रभाव (Green House Effect) एक प्राकृतिक घटना है, क्योंकि इसी के कारण पृथ्वी का निचला वायुमण्डल गर्म बना रहता है और तापमान को जीवन के अनुकूल बनाए रखता है।
- यह स्थिति 'ग्रीन हाउस' जैसी होती है। काँच की दीवारों की तरह भीतर की ऊष्मा बाहर नहीं जाती और यही 'हरित गृह प्रभाव' है।
- सौर विकिरण के कारण पृथ्वी की सतह और वायुमण्डल गर्म होते हैं। आने वाले विकिरण का एक-तिहाई हिस्सा अन्तरिक्ष में परिवर्तित हो जाता है।
- 20% वायुमण्डलीय गैसें अवशोषित हो जाती हैं और शेष ऊर्जा पृथ्वी की सतह तक पहुँचती है।
- अवशोषित ऊर्जा अवरक्त किरणों (Infra-Red) के रूप में वापिस परावर्तित होती है। इसी परावर्तित ऊर्जा से पृथ्वी का औसत तापमान 18°C से 15°C के बीच होता है।

हरित गृह की कार्य प्रक्रिया

विभिन्न तरंगदैर्ध्य

- दृश्य प्रकाश (सूर्य से)
- लघु तरंगदैर्ध्य शीशे/हरितगृह गैसों से गुजर सकती है।
- अवरक्त प्रकाश (ताप)
- दीर्घ तरंगदैर्ध्य शीशे/हरितगृह गैसों से गुजर नहीं सकती एवं पुन: वापस लौट आती है।

प्रमुख हरित गृह गैसें

प्रमुख हरित गृह गैसों का विवरण निम्न है

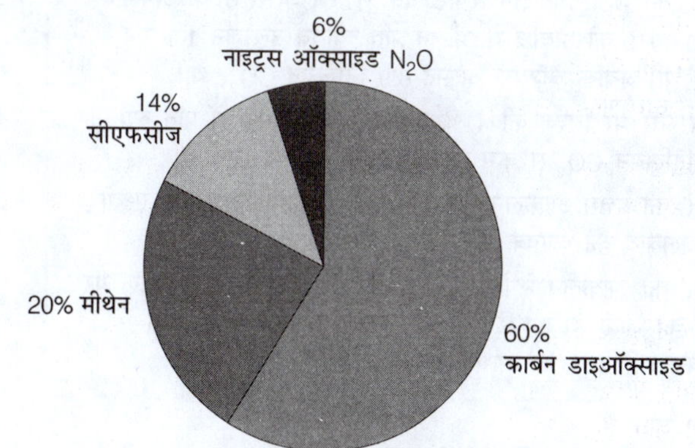

प्रमुख हरित गृह गैसें

हरित गृह गैसें	मुख्य स्रोत (वृद्धि)	ह्रास	जलवायु हेतु महत्त्व
कार्बन डाइ ऑक्साइड (CO_2)	जीवाश्मी ईंधनों का दहन	पौधों द्वारा प्रकाश संश्लेषण	समतापमण्डलीय ओजोन (CO_3) पर प्रभाव
	निर्वनीकरण	सागरों द्वारा ग्रहण	—
मीथेन (CH_4)	आर्द्रभूमियाँ, समुद्र एवं जलीय चावल के खेत, ज्वालामुखी, वनाग्नि, पशुओं की जुगाली	हाइड्रॉक्साइड के साथ अभिक्रिया मृदा के सूक्ष्मजीवों द्वारा अवशोषण	अवरक्त किरणों का अवशोषण कार्बन डाइऑक्साइड का निर्माण
नाइट्रस ऑक्साइड (N_2O)	जीवाश्म ईंधनों का दहन,	मृदा द्वारा अवशोषण	अवरक्त किरणों का अवशोषण
	उर्वरक	पराबैंगनी किरणों द्वारा विनाश	—
	बायोमास के जलने से	—	—
ओजोन (O_3)	ऑक्सीजन की प्रकाश रासायनिक क्रिया द्वारा	विभिन्न रासायनिक अभिक्रियाएँ	अवरक्त और पराबैंगनी विकिरण का अवशोषण
कार्बन मोनो ऑक्साइड (CO)	जीवाश्म ईंधनों का दहन	मृदा द्वारा अवशोषण	कार्बन डाइऑक्साइड का निर्माण
	उद्योग	हाइड्रॉक्साइड (OH) के साथ अभिक्रिया	—
क्लोरो फ्लोरो कार्बन (CFCs)	एयरकण्डिश्नर, रेफ्रिजेरेटर	समतापमण्डल में ऑक्सीजन के साथ अभिक्रिया	अवरक्त विकिरण का अवशोषण, समतापमण्डलीय ओजोन का ह्रास
	फोम उद्योग	—	—
	प्रसाधन सामग्री	—	—
सल्फर डाइऑक्साइड (SO_2)	ज्वालामुखी कोयला व बायोमास का जलना	हाइड्रॉक्साइड के साथ अभिक्रिया	सौर्य विकिरण को प्रकीर्णित (Scattering) करने वाले एरोसॉल का निर्माण
जलवाष्प (H_2O)	सागरों द्वारा वाष्पीकरण	वर्षा	जलचक्र का निर्माण

IPCC का छठा आकलन रिपोर्ट चक्र

- IPCC का छठा आकलन रिपोर्ट चक्र (IPCC-ARC6) के अनुसार 1990-2019 की अवधि में औसत प्रति व्यक्ति उत्सर्जन 1.7 टन CO_2 था, जबकि वैश्विक औसत 6.9 ट्रिलियन CO_2e था।
- विश्व स्तर पर विश्व की 41% जनसंख्या वर्ष 2019 में प्रति व्यक्ति 3.0 ट्रिलियन CO_2 से कम उत्सर्जन वाले देशों में रहती है।
- IPCC की प्रथम आकलन रिपोर्ट, 1990 में सामने आई, जो पृथ्वी की जलवायु की व्यापक मूल्यांकन रिपोर्ट है।
- IPCC की आकलन रिपोर्ट सामान्य तौर पर 7 वर्षों के अन्तराल पर जारी की जाती है। इन रिपोर्ट्स को जलवायु परिवर्तन के प्रति वैश्विक प्रतिक्रिया का आधार माना जाता है।

हरित गृह गैसों की वृद्धि के मुख्य कारण

- **भूमि उपयोग में परिवर्तन** औद्योगीकरण के कारण बड़े क्षेत्रों में वनों की कटाई की गई, जिससे वन क्षेत्र कम हुआ और कार्बन डाइऑक्साइड की मात्रा में वृद्धि देखी गई।
- **जैव ईंधनों का उपयोग** विद्युत की प्राप्ति के लिए बड़ी मात्रा में जैव ईंधनों के प्रयोग का प्रचलन बढ़ा, जिससे CO_2 के उत्सर्जन में वृद्धि हुई, जो हरित गृह गैस की वृद्धि का मुख्य कारण है।
- **पशुपालन एवं डेयरी फार्म** इससे मीथेन का उत्सर्जन होता है। पशुपालन में गाय, भेड़, बकरी आदि के उप-उत्पाद के रूप में मीथेन का उत्पादन होता है।
- **औद्योगीकरण** उद्योगों की स्थापना और उसका विस्तार औद्योगीकरण कहलाता है, जिससे 'ग्रीन हाउस गैसों' का उत्सर्जन तेजी से बढ़ा होता है। औद्योगीकरण की प्रक्रिया के कारण कार्बन डाइऑक्साइड, नाइट्रस ऑक्साइड तथा सल्फर डाइऑक्साइड की मात्रा वायुमण्डल में बढ़ी है, जिससे ग्रीन हाउस गैसों की आनुपातिक मात्रा में वृद्धि हुई है।
- **वनोन्मूलन** औद्योगीकरण के बाद के कालों में विकास के लिए वनों की कटाई की गई, जिससे वायुमण्डल में बड़ी मात्रा में CO_2 की वृद्धि हुई है। वनोन्मूलन से उद्योग तथा औद्योगिक केन्द्रों का विकास हुआ है, लेकिन CO_2 की मात्रा भी बढ़ी है।
- **उर्वरकों का बढ़ता प्रयोग** कृषि क्षेत्र में उर्वरकों के बढ़ते प्रयोग के कारण नाइट्रस ऑक्साइड में वृद्धि हुई है, जो हरित गृह गैसों में प्रमुख गैस है।
- **जीवाश्म ईंधनों का प्रयोग** इनके प्रयोग से प्राकृतिक गैस एवं पेट्रोलियम का प्रयोग बढ़ा है, जिससे लगभग 20%, ग्रीन हाउस गैसों की उत्पत्ति हुई है।

हरित गृह गैसों के उत्सर्जन को नियन्त्रित करना

- ग्रीन हाउस गैसों के उत्सर्जन को नियन्त्रित करना वर्तमान युग की आवश्यकता है। इसे नियन्त्रित कर 'वैश्विक तापन' (Global Warming) के दुष्प्रभावों से बचा जा सकता है।
- नवीकरणीय तथा न्यून प्रदूषणकारी ऊर्जा स्रोतों का प्रयोग करना तथा जीवाश्म ईंधनों के प्रयोग को चरणबद्ध तरीके से बाहर करना महत्त्वपूर्ण है।
- ऐसे वाहनों का उपयोग कम करना, जो ईंधन स्रोत के रूप में डीजल तथा पेट्रोल का प्रयोग करते हैं। सीएनजी तथा इलेक्ट्रिक चालित वाहनों के विकल्प का चयन आवश्यक है।
- वनीकरण को बढ़ावा देना आवश्यक है, जिससे वातावरण में कार्बन डाइऑक्साइड तथा अन्य ग्रीन हाउस गैसों का अवशोषण किया जाए।
- ऊर्जा स्रोतों का विवेकपूर्ण प्रयोग आवश्यक है। सतत विकास को वैचारिक स्तर पर समाज का हिस्सा बनाया जाना चाहिए।

पूर्ववर्ती तथा भविष्य में वैश्विक तापन का अनुमान

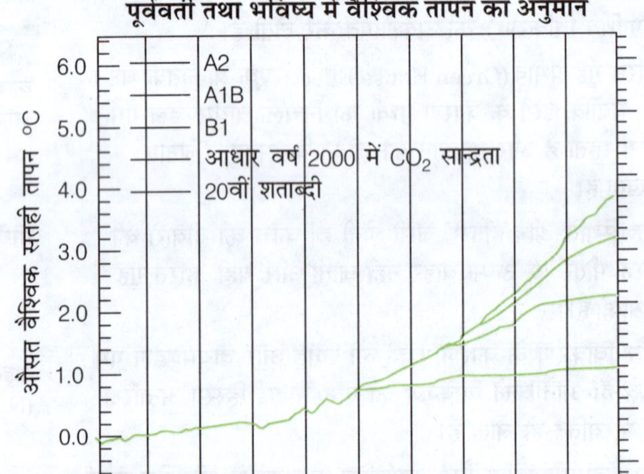

मिशन इण्टीग्रेटेड बायो-रिफाइनरीज

- केन्द्रीय विज्ञान और प्रौद्योगिकी मन्त्रालय द्वारा **मिशन इण्टीग्रेटेड बायो-रिफाइनरीज** को आरम्भ किया गया है।
- इस मिशन का लक्ष्य वर्ष 2030 तक 10% जीवाश्म आधारित ईंधन, रसायन और प्रदूषक सामग्रियों को जैव-आधारित विकल्पों के साथ बदलने का है।
- मिशन का नेतृत्व **भारत** और **नीदरलैण्ड्स** संयुक्त रूप से कर रहे हैं, जिसमें यूरोपीय आयोग तथा ब्रिटेन के विशेषज्ञ सदस्य के रूप में शामिल हैं।
- यह मिशन जैव-आधारित विकल्पों विशेष रूप से जैव ईंधन की लागत-प्रतिस्पर्धा में सुधार हेतु नवीन तथा उभरती प्रौद्योगिकी का समर्थन करेगा। यह सार्वजनिक निजी गठबन्धनों के माध्यम से स्वच्छ ऊर्जा समाधान को सक्रिय करेगा।

"

ओजोन परत क्षरण का अर्थ है–ऊपरी वायुमण्डल में उपस्थित ओजोन परत का पतला होना। यह प्रकृति, वायुमण्डल और पृथ्वी की वनस्पतियों तथा जीवों सहित सभी जीवित प्राणियों के लिए प्रमुख समस्याओं में से एक है।

अध्याय तेरह

ओजोन क्षरण

परिचय

- ओजोन समतापमण्डल में पाई जाने वाली एक महत्त्वपूर्ण गैस है, जो पराबैंगनी किरणों (Ultraviolet Rays) से पृथ्वी का बचाव करती है।
- ओजोन परत का यह क्षेत्र पृथ्वी की सतह से 60 किमी की ऊँचाई तक व्याप्त है, लेकिन ओजोन परत का सर्वाधिक सान्द्रण समतापमण्डल में 12-35 किमी की ऊँचाई के बीच पाया जाता है।
- इस ओजोन परत को पृथ्वी का रक्षा कवच (Shield) कहा जाता है, क्योंकि यह सौर विकिरण (Solar Radiation) की पराबैंगनी किरणों को अवशोषित (Absorb) करता है। ओजोन परत में सूर्य की 90% पराबैंगनी किरणें अवशोषित हो जाती हैं।
- वर्ष 1985 में अण्टार्कटिका के ऊपर वायुमण्डलीय ओजोन की अल्पता के बारे में सर्वप्रथम जानकारी जोसेफ फरमान, ब्रायन गार्डिनर तथा जोनाथन शंकलिन ने नेचर पत्रिका में एक शोध-पत्र प्रकाशित करने के साथ दी थी।

ओजोन परत की खोज

- ओजोन परत की खोज वर्ष 1913 में फ्रांस के भौतिकविदों **फैबरी चार्ल्स** तथा **हेनरी बुसीन** ने की। ओजोन को **ट्राइऑक्सीजन** भी कहते हैं और इसका रासायनिक सूत्र O_3 है। ओजोन ऑक्सीजन का एक अपरूप है।
- वर्ष 1974 में अमेरिकी वैज्ञानिक मारिया तथा शेरवुड ने अपने अध्ययन में बताया था कि **क्लोरो फ्लोरो कार्बन** में ओजोन परत को नुकसान पहुँचाने की क्षमता मौजूद है।
- इस अध्ययन को आगे बढ़ाने के लिए **क्रुटजेन,** मोलिना तथा रोलैण्ड को वर्ष 1995 का नोबेल पुरस्कार प्रदान किया गया।

ओजोन गैस का निर्माण

- ओजोन का निर्माण ऑक्सीजन अणुओं के सौर प्रकाश की पराबैंगनी विकिरणों के साथ अभिक्रिया के फलस्वरूप होता है। यह एक अस्थिर गैस है, जिसका एक ही समय में निर्माण और विघटन दोनों होते हैं।
- ओजोन का विनाश या विघटन दो प्रक्रियाओं मानवीय और प्राकृतिक प्रक्रिया द्वारा होता है।
- प्राकृतिक प्रक्रिया के अन्तर्गत सौर्यिक क्रिया के कारण नाइट्रोजन (N_2) एवं जलवाष्प का विघटन होता है, जो ओजोन से प्रतिक्रिया कर इसके स्तर में कमी लाते हैं।
- मानवीय प्रक्रिया द्वारा वायुमण्डल में क्लोरीन, ब्रोमीन आदि परमाणुओं का उत्सर्जन होता है, जो ओजोन के विनाश का कारण होते हैं।
- वर्तमान समय में जनसंख्या-वृद्धि के कारण प्राकृतिक संसाधनों पर लगातार दबाव बढ़ा है। संसाधनों के तीव्र दोहन से पर्यावरण असन्तुलन की स्थिति बनी है, जिसमें ओजोन परत का क्षय एक महत्त्वपूर्ण समस्या है।
- ओजोन (O_3), ऑक्सीजन (O_2) का एक अपरूप है। ऑक्सीजन में दो अणुओं का परस्पर बन्ध (Bond) होता है। ऑक्सीजन एक रंगहीन तथा गन्धहीन गैस है। ऑक्सीजन के तीन अणुओं के परस्पर बन्ध (Bond) से ओजोन का निर्माण होता है जो रंगहीन है, किन्तु तीव्र गन्ध वाली गैस है।
- पृथ्वी पर वनस्पतियों के विकास और प्रकाश संश्लेषण की प्रक्रिया के साथ ऑक्सीजन का निर्माण हुआ। वायुमण्डल में ऑक्सीजन के निर्माण के कारण ऊपरी वायुमण्डल (समतापमण्डल) में ओजोन परत का निर्माण हुआ।

ओजोन छिद्र

- वायुमण्डल में ओजोन की माप वर्ष 1957 में ब्रिटिश दक्षिण ध्रुव सर्वेक्षण दल ने आरम्भ की थी, जिसका वर्ष 1985 में पता चला कि दक्षिण ध्रुव प्रदेश के ऊपर बसन्त ऋतु में ओजोन का पर्याप्त ह्रास होता है।
- ओजोन की सान्द्रता वर्ष 1970 में 300 डॉबसन यूनिट (Dobson Unit) से घटकर वर्ष 1984 में 200 DU पहुँच गई थी।
- यह वर्ष 1988 में थोड़ी बढ़कर 250 DU हुई, परन्तु वर्ष 1994 में कम होकर 88 DU हो गई। इस प्रकार 1970 के दशक के मध्य से ओजोन सान्द्रता में लगातार गिरावट होने लगी। ओजोन सान्द्रता में इस ह्रास को ओजोन छिद्र (Ozone Hole) कहा गया।

ओजोन की माप

- वायुमण्डल में विद्यमान ओजोन का मापन डॉबसन स्पेक्ट्रोमीटर द्वारा किया जाता है तथा डॉबसन यूनिट में व्यक्त किया जाता है।
- ब्रिटिश वैज्ञानिक जीएमबी डॉबसन ने ओजोन के गुणों के विस्तार का पता लगाने के लिए डॉबसन मीटर का आविष्कार किया।
- ओजोन की 0.01 मिलीमीटर की मोटाई 1 डॉबसन यूनिट के बराबर होती है।
- वायुमण्डलीय ओजोन को डॉबसन स्पेक्ट्रोमीटर के अतिरिक्त फिल्टर ओजोन मीटर तथा टोटल ओजोन मैपिंग स्पेक्ट्रोमीटर द्वारा मापा जाता है।

ओजोन परत टाइमलाइन

1913 ओजोन की खोज
फ्रांस के वैज्ञानिक फैबरी चार्ल्स तथा हेनरी बुसोन द्वारा ओजोन परत की खोज

1974 ओजोन परत क्षयीकरण पर प्रथम चर्चा
वैज्ञानिक शेरवुड रोलैण्ड तथा मारियो मोलिना ने नेचर पत्रिका में प्रकाशित अभिलेख में ओजोन परत के क्षय से सम्बन्धित जोखिम को दर्शाया;

1977 विश्व कार्य योजना
यूएनईपी (संयुक्त राष्ट्र पर्यावरण कार्यक्रम) के गवर्निंग काउंसिल द्वारा ओजोन परत पर वैश्विक कार्य योजना तथा अनुसंधान की माँग रखी।

1988 प्रथम नियन्त्रण उपाय
माण्ट्रियल प्रोटोकॉल के अन्तर्गत नियन्त्रण उपायों का पहला सेट विकसित देशों पर लागू किया गया। विएना कन्वेंशन - 22 सितम्बर, 1988 को लागू।

1987 माण्ट्रियल प्रोटोकाल
16 सितम्बर, 1987 को माण्ट्रियल प्रोटोकॉल को अपनाया गया।

1985 अन्टार्कटिक छिद्र
ब्रिटिश अण्टार्कटिक सर्वेक्षण के वैज्ञानिकों ने ओजोन छिद्र के बारे में रिपोर्ट दी;

1989 माण्ट्रियल प्रोटोकॉल लागू
1 जनवरी, 1989 से माण्ट्रियल प्रोटोकॉल लागू नियन्त्रण उपायों की समीक्षा पर मूल्यांकन पैनल द्वारा पहली रिपोर्ट प्रकाशित;

1990 ओजोन चरण-उन्मूलन आरम्भ
कार्यान्वयन एजेंसियों द्वारा बहुपक्षीय कोष से वित्त-पोषण प्राप्त कर ओजोन को चरण-बद्ध तरीके से समाप्त करने की गतिविधियाँ आरम्भ

1992 गैर-अनुपालन प्रक्रिया को अपनाया गया
माण्ट्रियल प्रोटोकॉल की गैर-अनुपालन प्रक्रिया अपनायी गई। कार्यान्वयन समिति की स्थापना; लन्दन संशोधन लागू

1993 अन्तर्राष्ट्रीय ओजोन दिवस की घोषणा
संयुक्त राष्ट्र महासभा (UNGA) ने 16 सितम्बर को ओजोन परत के संरक्षण के लिए अन्तर्राष्ट्रीय दिवस मनाने का निर्णय लिया।

1995 ओजोन के क्षेत्र में नोबेल पुरस्कार
रसायन विज्ञान का नोबेल पुरस्कार शेरवुड रोलैण्ड, मारियों मोलिना तथा पॉल क्रुटजन को ओजोन निर्माण और अपघटन पर शोध के लिए;

1996 विकासशील देशों ने HCFCs पर रोक लगाई
विकासशील देशों द्वारा HCFCs के उत्पादन और खपत पर रोक

1999 माण्ट्रियल संशोधन पर सहमति
1997 के माण्ट्रियल संशोधन को लागू करने पर सहमति

2005 अन्टार्कटिक ओजोन छिद्र के विस्तार पर चिन्ता
सबसे बड़ा अन्टार्कटिका ओजोन छिद्र, 26.6 मिलियन वर्ग किमी में,

2010 सभी पक्षकार CFCs तथा हैलोन्स को समाप्त करने पर सहमत
माण्ट्रियल प्रोटोकॉल के सभी पक्ष CFC, हैलोन, कार्बन टेट्राक्लोराइड इत्यादि के उपभोग तथा उत्पादन को चरणबद्ध तरीके से समाप्त करने पर सहमत;

2013 ओजोन छिद्र की कमी की पुष्टि
ओजोन छिद्र की कमी की पुष्टि तथा सदी के मध्य तक इसके 1980 के पूर्व स्तर पर आने की आशा,

2014 सभी प्रोटोकॉल संशोधनों को स्वीकृति
माण्ट्रियल प्रोटोकॉल के सभी चार संशोधनों को 197 पक्षों द्वारा, अनुसमर्थन प्राप्त हुआ,

2016 किगाली संशोधन अपनाया गया
15 अक्टूबर, 2016 को किगाली संशोधन को अपनाया गया तथा HCFs के उपभोग एवं उत्पादन पर चरणबद्ध नियन्त्रण की सहमति

2019 किगाली संशोधन लागू
1 जनवरी, 2019 से लागू; 30 वर्षों में HFCs के अनुमानित खपत में 80 प्रतिशत की कमी लाना

2024 जीवन के लिए ओजोन
30वें विश्व ओजोन दिवस की थीम **Ozone for Life 35 years of Global Cooperation** जो माण्ट्रियल प्रोटोकॉल के सकारात्मक परिणामों पर आधारित है।

ओजोन क्षरण

- ओजोन परत के क्षरण का मुख्य कारण क्लोरो फ्लोरो कार्बन (CFC) को माना जाता है। इसे ट्राइक्लोरो फ्लोरो मीथेन भी कहा जाता है।
- CFC को 1930 के दशक में शीतलक के रूप में विकसित किया गया था। वायुमण्डल में CFC के उत्सर्जन से ओजोन के अणु टूटकर क्लोरीन के परमाणुओं को विमुक्त कर देते हैं। इससे ओजोन परत टूटने लगता है। इस प्रक्रिया को ओजोन छिद्र भी कहा गया है।
- ओजोन अणुओं के क्षरण से पराबैंगनी किरणें अबाध रूप से पृथ्वी पर आने लगती हैं। CFC का प्रयोग रेफ्रीजरेटर, वातानुकूलन यन्त्र, आग बुझाने वाले कारक, प्रणोदक इत्यादि के रूप में किया जाता है।

ओजोन क्षरण के कारण

- मानवीय क्रियाकलापों के कारण ओजोन परत का क्षरण होता है, जिससे पराबैंगनी किरणें पृथ्वी की सतह तक प्रवेश करती हैं।
- ओजोन एक वायु प्रदूषक गैस भी है। ओजोन की क्रियाशीलता ऑक्सीजन से अधिक होती है। ओजोन का क्षरण कुछ विशिष्ट गैसों के कारण होता है। ये गैसें ओजोन (O_3) के अणु को तोड़ देती हैं। इनमें क्लोरो फ्लोरो कार्बन, हैलोंस, नाइट्रस ऑक्साइड, ट्राईक्लोरोएथिलीन, कार्बन टेट्राक्लोराइड, हैलोजन आदि शामिल हैं।

ओजोन क्षरण के कारण

मानव जनित प्रक्रिया
- वायुमण्डल में क्लोरो फ्लोरो कार्बन का निष्कासन
- हैलोकार्बन्स का उत्सर्जन

प्राकृतिक प्रक्रिया
- सौर कलंक तथा सौर चक्र
- ओजोन का ऑक्सीजन

- क्लोरो फ्लोरो कार्बन (Chlorofluorocarbon, CFCs) यह अत्यन्त स्थायी, अज्वलनशील, अविषाक्त और प्रयोग में सुरक्षित गैस होती है। इस कारण यह एरोसोल, वातानुकूलकों, रेफ्रिजेरेटरों और अग्निशामकों जैसे अनेक औद्योगिक उपयोगों के लिए उपयुक्त है।
  - बाह्य वायुमण्डल की पराबैंगनी किरणें CFC से क्लोरीन परमाणुओं को पृथक् कर देती हैं। मुक्त क्लोरीन परमाणु ओजोन के अणुओं पर प्रहार कर उसे विखण्डित करते हुए ऑक्सीजन एवं क्लोरीन मोनो ऑक्साइड में परिवर्तित करती है।
  - वायुमण्डल में CFC के अणु टूटने के बाद ओजोन परत तेजी से नष्ट होती है। एक टन CFC-11 का प्रभाव 5 हजार टन कार्बन डाइऑक्साइड के बराबर होता है, जो ओजोन क्षरण के साथ पृथ्वी के समग्र तापमान में वृद्धि के लिए उत्तरदायी है।
  - ओजोन विनाश के रासायनिक मॉडल के अनुसार Cl_2O_2 का फोटोलिसिस ओजोन क्षरण का प्रमुख कारण है। यह गैस जल्दी ही वाष्पित होती है तथा समतापमण्डल में पहुँच जाती है और वहाँ विद्यमान ओजोन गैस से प्रतिक्रिया कर उसके अणुओं को क्षारित करती है।
  - हैलोंस यह संरचनात्मक रूप से क्लोरो फ्लोरो कार्बन के समान होती है, परन्तु इसमें क्लोरीन के स्थान पर ब्रोमीन के परमाणु होते हैं, जो ओजोन परत के लिए क्लोरो फ्लोरो कार्बन से भी अधिक खतरनाक हैं।
  - हैलोंस अग्निशामक (Fire Extinguisher) पदार्थों के रूप में प्रयुक्त होती है तथा आग बुझाने के दौरान यह लोगों और उपकरणों को हानि नहीं पहुँचाती है।
  - जब यह गैस ऊपरी वायुमण्डल में पहुँचती है, तो समतापमण्डल में पराबैंगनी किरणें रासायनिक बन्ध को तोड़कर क्लोरीन को मुक्त करती हैं और पुन: ओजोन के अणुओं के साथ प्रतिक्रिया कर उनको ऑक्सीजन के अणुओं और परमाणुओं में बदल देती है।
- नाइट्रस ऑक्साइड जेट विमानों, उर्वरकों आदि से उत्सर्जित नाइट्रस ऑक्साइड भी ओजोन को हानि पहुँचाती है।
- हाइड्रोफ्लोरोकार्बन इसका प्रयोग क्लोरो फ्लोरो कॉर्बन के विकल्प के रूप में किया गया, यद्यपि यह क्लोरो फ्लोरो कॉर्बन की तरह ओजोन परत के विनाश के लिए घातक नहीं है, लेकिन इससे भी ओजोन परत का क्षरण होता है।
- सल्फेट एरोसोल प्राकृतिक ज्वालामुखी (Natural Volcano) एवं औद्योगिक क्षेत्रों से कारखानों की चिमनियों [जिन्हें मानव ज्वालामुखी (Man Volcano) कहा जाता है] से सल्फेट एरोसोल उत्सर्जित होकर ओजोन को सामान्य ऑक्सीजन ($CO_2 \rightarrow O_2 + O$) में विघटित (Decompose) करती है।
- कार्बन टेट्राक्लोराइड इसमें कार्बन एवं क्लोरीन के परमाणु हैं। इसका उपयोग अग्निशमन यन्त्र, पेण्ट, दवाइयाँ, कीटनाशक, ड्राइक्लीनिंग एजेण्ट एवं विलायक में होता है।
- मिथाइल क्लोरोफॉर्म यह कार्बन, हाइड्रोजन एवं क्लोरीन के मिश्रण का एक रासायनिक यौगिक है। इसका प्रयोग सफाई के लिए, विलायक एवं गोंद में होता है। मॉण्ट्रियल प्रोटोकॉल के तहत मिथाइल क्लोरोफार्म के उत्पादन को प्रतिबन्धित किया गया है।
- भूमण्डलीय तापन 1960 के दशक के बाद क्षोभमण्डल के गर्म होने तथा समतापमण्डल के ठण्डा होने की प्रवृत्ति रही है। यह परिस्थिति ओजोन क्षरण का कारण बनती है। अवलोकनों के अनुसार क्षोभमण्डल में तापमान बढ़ने पर ताप-व्युत्क्रमण के कारण कम तापमान रहता है। ग्रीन हाउस गैसों के कारण क्षोभमण्डल एक कम्बल (Blanket) की भाँति कार्य करता है।
- रॉकेटों का अनियन्त्रित प्रक्षेपण वर्तमान समय में ओजोन परत क्षयीकरण का सबसे प्रमुख कारण रॉकेट प्रक्षेपण है। अनियमित रॉकेट प्रक्षेपण के कारण CFCs (Chlorofluorocarbons) की तुलना में अधिक प्रभावी GHGs (Green house gases) के उत्सर्जन से ओजोन परत को नुकसान पहुँचता है। एक वैज्ञानिक अनुमान के अनुसार, वर्ष 2050 तक रॉकेट प्रक्षेपणों के कारण ओजोन परत को भारी नुकसान पहुँचने की सम्भावना है।
- नाइट्रोजन एवं उसके यौगिक फसल उत्पादन तथा पशुपालन के कारण वातावरण में NH_3, NO_X ($NO + NO_2$) तथा N_2O का प्रसार स्थानीय, क्षेत्रीय तथा वैश्विक वातावरण में बढ़ा है। NO_X की स्थानीय उच्च सान्द्रता ओजोन परत को प्रबल करती है, जबकि N_2O का उत्सर्जन ओजोन क्षयीकरण को सम्भव बनाता है। औद्योगिकीकरण तथा शहरीकरण के कारण नाइट्रोजन यौगिकों का उत्सर्जन लगातार बढ़ रहा है।

ओजोन क्षरण के नियन्त्रण हेतु प्रयास

1970 एवं 1980 के दशक में अन्तर्राष्ट्रीय समुदाय द्वारा ओजोन क्षरण पर चिन्ता व्यक्त की गई तथा इसे रोकने हेतु कुछ प्रमुख अन्तर्राष्ट्रीय प्रयास किए गए, जो निम्न हैं

वियना कन्वेन्शन

- इस कन्वेन्शन का उद्देश्य ओजोन परत को क्षरण से बचाना था। यह सम्मेलन वर्ष 1985 में सम्पन्न हुआ तथा 28 देशों ने इस पर हस्ताक्षर किए।
- इस सम्मेलन में हुए समझौतों को वर्ष 1988 में लागू किया गया तथा वर्तमान में 197 सदस्य देश इस समझौते में शामिल हो चुके हैं।
- वर्ष 2009 में वियना कन्वेन्शन को सार्वभौमिक मान्यता प्राप्त हुई तथा इसके तहत CFC के उपयोग से सम्बन्धित मुद्दों पर चर्चा हुई।

मॉण्ट्रियल प्रोटोकॉल

- वर्ष 1987 में ओजोन परत का क्षरण करने वाले पदार्थों के बारे में एक समझौता हुआ, जिसे मॉण्ट्रियल प्रोटोकॉल कहा जाता है।
- मॉण्ट्रियल प्रोटोकॉल को 16 सितम्बर, 1987 को अपनाया गया तथा यह वर्ष 1989 से लागू हुआ। इस समझौते में संयुक्त राष्ट्र पर्यावरण कार्यक्रम (UNEP) ने महत्त्वपूर्ण भूमिका निभाई।
- इस समझौते के तहत ओजोन क्षयीकरण के लिए उत्तरदायी यौगिकों CFCs, हैलोंस, $CHCl_3$ और CH_3CCl_3 के उपयोग को पूरी तरह समाप्त करने के लिए विकसित देशों को वर्ष 2020 तक का समय दिया गया तथा विकासशील देशों को वर्ष 2010 तक CFC के उत्पादन एवं उपयोग को प्रतिबन्धित करने का समय दिया गया।
- भारत द्वारा वर्ष 1992 में मॉण्ट्रियल समझौते को स्वीकार किया गया।

हेलसिंकी सम्मेलन (1989)

- ओजोन क्षरण को बचाने के लिए और क्लोरो फ्लोरो कार्बन के उत्पादन पर रोक लगाने हेतु इसका आयोजन किया गया था।
- इस सम्मेलन के उपरान्त मॉण्ट्रियल प्रोटोकॉल 1 जनवरी, 1989 को प्रभावी हुआ।

कोपेनहेगन सम्मेलन (1992)

- ओजोन संरक्षण पर आयोजित इस सम्मेलन में मॉण्ट्रियल प्रोटोकॉल में बनी सहमतियों का पालन करने के लिए विकासशील एवं विकसित देशों के लिए पृथक्-पृथक् समय-सीमा निर्धारित की गई।
- इसके पश्चात् वर्ष 1995 में विएना तथा वर्ष 1999 में बीजिंग में पुनः इसी सम्बन्ध में सम्मेलन हुआ।

किगाली समझौता

- अक्टूबर, 2016 में विश्व के 197 सदस्य देशों ने HFC (हाइड्रोफ्लोरोकार्बन) गैस के ग्रीन हाउस गैसों (GHG) को कम करने के लिए एक समझौता रवाण्डा के किगाली में किया।
- इस समझौते में वर्ष 2100 तक वैश्विक तापन में 0.5°C तक कमी लाने का लक्ष्य रखा है। इस समझौते में ओजोन परत क्षरण के लिए जिम्मेदार गैसों के साथ-साथ ग्लोबल वार्मिंग के लिए जिम्मेदार गैसों को भी शामिल किया गया है।

विश्व ओजोन दिवस

- वर्ष 1994 में संयुक्त राष्ट्र महासभा (United Nations General Assembly, UNGA) ने 16 सितम्बर को **'विश्व ओजोन दिवस'** के रूप में मनाए जाने की घोषणा की।
- वर्ष **1987** में इसी दिन मॉण्ट्रियल प्रोटोकॉल पर हस्ताक्षर किया गया।

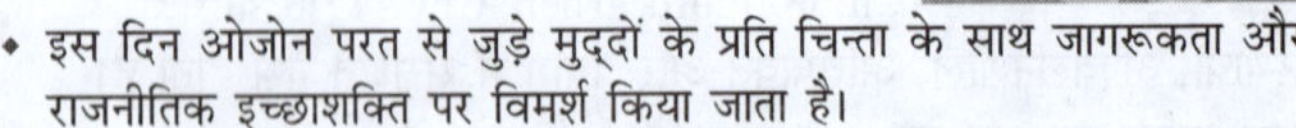

- इस दिन ओजोन परत से जुड़े मुद्दों के प्रति चिन्ता के साथ जागरूकता और राजनीतिक इच्छाशक्ति पर विमर्श किया जाता है।
- वर्ष 2024 के लिए विश्व ओजोन दिवस (**16 सितम्बर, 2024**) की थीम है - **ओजोन जीवन के लिए** (Ozone for Life)

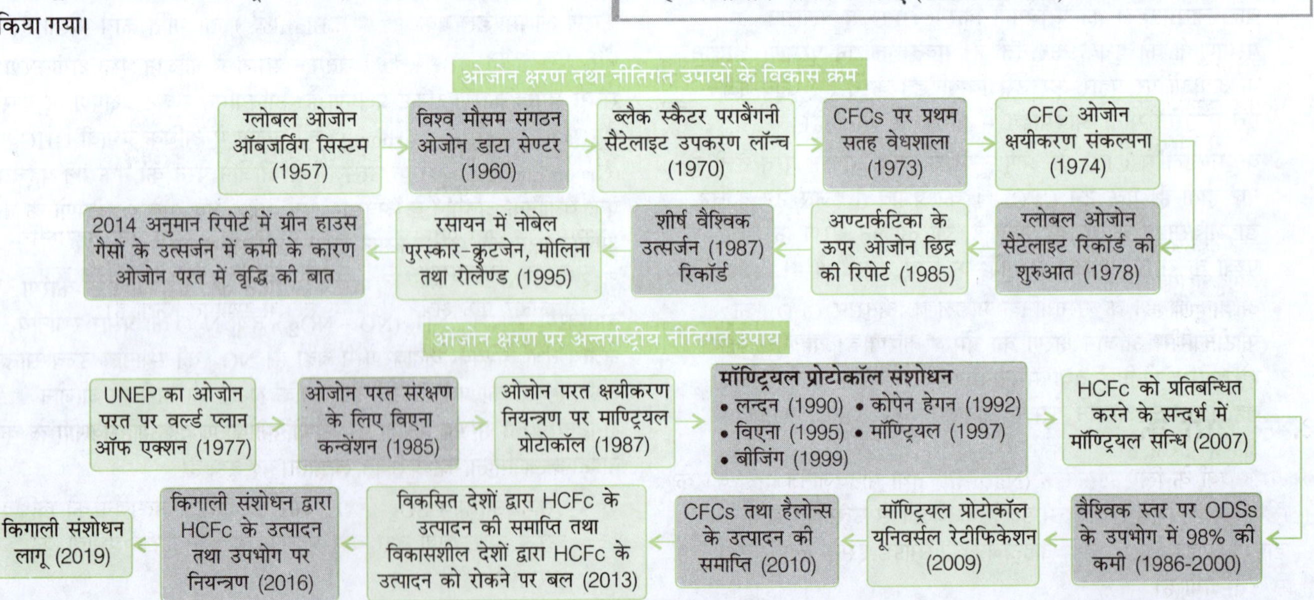

"

अम्ल वर्षा और अम्लीकरण वायु प्रदूषण से सम्बन्धित प्रमुख विषय हैं। जब बारिश, कोहरा, धुन्ध या बर्फ सामान्य से अधिक अम्लीय होती हैं, तो वह अम्ल वर्षा कहलाती है।

अध्याय चौदह

अम्ल वर्षा एवं अम्लीकरण

अम्ल वर्षा

- अम्ल वर्षा के अन्तर्गत सल्फ्यूरिक या नाइट्रिक अम्ल जैसे अम्लीय घटकों के साथ किसी भी प्रकार की वर्षा शामिल होती है, जो शुष्क या नम रूप से पृथ्वी पर गिरती है।
- जब सल्फर डाइऑक्साइड (SO_2) और नाइट्रस ऑक्साइड (NO_x), वायुमण्डल में जल (H_2O) तथा ऑक्सीजन (O_2) के साथ क्रिया करते हैं, तो वह क्रमशः सल्फ्यूरिक अम्ल (H_2SO_4) एवं नाइट्रिक अम्ल (HNO_3) बनाते हैं। तत्पश्चात् ये अम्ल, जल की बूँदों में घुलकर अम्ल वर्षा (Acid rain), बर्फ (Ice) या कोहरा (Fog) बनाते हैं।
- सामान्य वर्षा जल का पीएच (pH) मान 5.6 होता है। अम्ल वर्षा का pH मान 5.6 से कम (pH 4.2 से 4.4) होता है। 4 से कम pH मान वाला जल जैविक समुदाय के लिए हानिकारक होता है।
- 'अम्ल वर्षा' शब्द का सर्वप्रथम प्रयोग एंगस स्मिथ ने 1858 ई. में किया था।
- अम्लीय वर्षा सर्वाधिक जलीय क्षेत्रों-नदियों, झीलों तथा दलदली क्षेत्रों में देखने को मिलती है।
- उदाहरण के लिए; जर्मनी तथा यूनाइटेड किंगडम में स्थित मिलों से निःसृत सल्फर डाइऑक्साइड तथा नाइट्रोजन ऑक्साइड के कारण नॉर्वे तथा स्वीडन में विस्तृत अम्ल वर्षा होती है।

अम्ल वर्षा के स्रोत

प्राकृतिक स्रोत	मानवजनित स्रोत
• समुद्र/महासागर	• कोयले का दहन
• ज्वालामुखी उद्भेदन	• पेट्रोलियम उत्पाद
• मृदा में जैविक अभिक्रिया	• फेरिक सल्फाइड अयस्कों का प्रगलन
	• वनों में आग

अम्ल वर्षा के कारण

- अम्ल वर्षा के लिए प्राकृतिक (Natural) तथा मानवजनित दोनों कारक जिम्मेदार हैं, जिसमें जीवाश्म ईंधनों के जलने से उत्सर्जित सल्फर डाइऑक्साइड (SO_2) तथा नाइट्रोजन ऑक्साइड इसके लिए प्रमुख रूप से उत्तरदायी हैं।
- अम्ल वर्षा के लिए उत्तरदायी प्राकृतिक कारकों के अन्तर्गत ज्वालामुखी (Volcano) का फटना, प्राकृतिक वनस्पतियों का सड़ना-गलना तथा जैविक (Biotic) अपघटन से उत्सर्जित सल्फर डाइऑक्साइड एवं नाइट्रोजन ऑक्साइड शामिल हैं।
- मानवजनित कारकों के अन्तर्गत जीवाश्म ईंधनों के दहन से उत्सर्जित सल्फर डाइऑक्साइड तथा नाइट्रोजन ऑक्साइड अम्ल वर्षा के लिए उत्तरदायी हैं।
- साधारणतया दो-तिहाई सल्फर डाइऑक्साइड तथा एक-चौथाई नाइट्रस ऑक्साइड का उत्सर्जन केवल कोयला जैसे जीवाश्म ईंधनों के दहन से होता है। ये गैसें वायुमण्डल में मौजूद जल, ऑक्सीजन तथा अन्य अम्लीय यौगिकों; जैसे—सल्फ्यूरिक अम्ल, अमोनियम नाइट्रेट तथा नाइट्रिक अम्ल के साथ अभिक्रिया करती हैं। पुनः ये अम्लीय यौगिक वायु के सहारे पृथ्वी पर अम्ल वर्षा तथा वर्षण के अन्य रूपों में गिरते हैं।

अम्ल निक्षेपण के प्रकार

- नम निक्षेपण (Wet Deposition) जल वर्षा, ओले, बर्फबारी या कोहरा सामान्य से अधिक अम्लीय हो जाते हैं।
- शुष्क निक्षेपण (Dry Deposition) जब गैसें और धूल के कण अम्लीय हो जाते हैं।

दीर्घ-अवधि सीमापार वायु प्रदूषण पर कन्वेंशन (LRTAP), 1979

- सीमा पार वायु प्रदूषण को सम्बोधित करने के लिए एक बहुराष्ट्रीय समझौता, जो सम्पूर्ण यूरोप, उत्तरी अमेरिका, रूस और ईस्ट ब्लॉक देशों ने मिलकर एक क्षेत्रीय ढाँचे के रूप में स्थापित किया है।
  - भारत इसका पक्षकार नहीं है।
- LRTAP के लिए गोथेनबर्ग प्रोटोकॉल (2019)
  - सूक्ष्म कणों के उत्सर्जन में कमी की प्रतिबद्धताओं को शामिल करने वाला पहला बाध्यकारी समझौता।
  - इसका उद्देश्य SO_2, NOx और YOCs के उत्सर्जन को लक्षित करके अम्ल वर्षा जैसे वायु प्रदूषण के हानिकारक प्रभावों को कम करना है।

अम्ल वर्षा के प्रभाव एवं नियन्त्रित करने के उपाय

वनस्पति पर प्रभाव

- अम्ल वर्षा पृथ्वी के उन पोषक तत्त्वों को बहा ले जाती है, जिनकी पौधों को आवश्यकता होती है।
- यह प्रकृति में उपस्थित एल्युमीनियम और पारे जैसे विषैले पदार्थों को भी घोल लेती है, जो मुक्त होकर जल को प्रदूषित और जल को विषाक्त करते हैं।
- यह पत्तों की मोमी परत में छेद करके तथा दूसरे भूरे मृत चकत्ते पैदा करके प्रकाश संश्लेषण को प्रभावित करती है। इसी प्रकार यह क्लोरोफिल को प्रभावित करके कृषि उत्पादन को कम करती है।

वन्य जीवन पर प्रभाव

- अम्ल वर्षा वन्य प्रजातियों की आहार श्रृंखला (Food Chain) को प्रभावित करती है, अन्ततः पूरा पारितन्त्र प्रभावित होता है।
- उदाहरणार्थ मेढ़क अधिक अम्लीय जल को झेल सकते हैं, किन्तु मेफ्लाई 6.0 से अधिक pH स्तर को नहीं झेल सकती और इसकी मृत्यु हो जाती है।

अम्ल वर्षा को नियन्त्रित करने के उपाय

- **वायुमण्डल में सल्फर डाइऑक्साइड और नाइट्रोजन ऑक्साइड के उत्सर्जन में कटौती करना।**
- **बिजलीघरों, वाहनों और उद्योगों में कम जीवाश्म ईंधनों को अपनाना।**
- **पर्यावरण सम्बन्धी नियमों का पालन करना। उद्योगों से होने वाले प्रभाव का मूल्यांकन करना।**

इमारतों/निर्जीव वस्तुओं पर प्रभाव

- इससे इमारतें, वाहन, ग्लास, पेंट्स, चमड़े की वस्तुएँ आदि के विघटित होने तथा टूटने का खतरा बना रहता है।
- यह इमारतों के साथ जमीन के नीचे तथा ऊपर लगे पाइपों को नुकसान पहुँचाकर अधोसंरचना को क्षति पहुँचाती है तथा वस्तुओं को खुरचकर व्यापक हानि पहुँचाती है; जैसे-भारत में ताजमहल तथा यूनान में पार्थेनान की इमारतें।

पक्षियों तथा सूक्ष्मजीवों पर प्रभाव

- अम्ल वर्षा के कारण घोंघा (Snail's) की संख्या में कमी हो रही है जिसके कारण वह पक्षी जो अपने अण्डों को मजबूत करने के लिए कैल्शियम युक्त भोजन (घोंघा का) करते हैं कि जैव-विविधता में भी कमी आ रही है।
- निम्न मृदा pH के कारण सूक्ष्मजीवों की संख्या में भी कमी हो रही है, जिसके कारणवश मृदा में कार्बनिक पदार्थों के अपघटन में देरी होती है एवं जलीय जीवन तथा वन के कवक रोगों में वृद्धि होती है।

मानव स्वास्थ्य पर प्रभाव

- अम्ल वर्षा से प्रदूषित जल मनुष्यों को सीधे हानि नहीं पहुँचाता लेकिन मिट्टियों और जल में अधिक सान्द्रता के द्वारा यह फसलों के लिए हानिकारक तथा जल से पकड़ी गई मछलियाँ मानव उपभोग के लिए हानिकारक हो सकती हैं।
- वायु के दूसरे रसायनों से मिलकर अम्ल, नगरों में धूम्रकोहरा (Smog) उत्पन्न करता है, जिससे श्वाँस सम्बन्धी समस्याएँ उत्पन्न होती हैं; जैसे-SO_2 तथा NO_2 के उत्सर्जन से निमोनिया तथा ब्रोंकाइटिस जैसी बीमारी होती हैं।

मृदा पर प्रभाव

अम्ल वर्षा के कारण मृदा से पोषक तत्त्वों का निक्षालन हो जाता है, जिसके कारण मृदा अनुर्वर होने लगती है। अतः इसकी उत्पादकता कम होने लगती है।

अम्ल वर्षा के उत्तरदायी स्रोत

अम्लीय गैस	मानव निर्मित स्रोत	प्राकृतिक स्रोत
सल्फर	• कोयले का जलना (SO_2 का 60%)	• सागर
	• पेट्रोलियम पदार्थ का (SO_2 का 30%)	• ज्वालामुखीय उद्‌गार
	• शुद्ध धातु; जैसे-आयरन एवं स्टील प्राप्त करने हेतु धात्विक सल्फाइड अयस्क को गलाना	• मृदा में जैविक प्रक्रिया; जैसे-कार्बनिक पदार्थों का अपघटन, मृदा में जीवाणुओं की क्रिया द्वारा
	• कच्चे तेल के परिशोधन में	• प्लैंकटन एवं वनस्पतियों के सड़ने से
	• धातुशोधन (Metallurgy)	
	• रासायनिक और उर्वरक उद्योगों में सल्फ्यूरिक अम्ल का उत्पादन	
नाइट्रोजन	• वनों में अग्नि	• आकाशीय विद्युत
	• तेल, कोयला और गैस का दहन (जीवाश्म ईंधन)	• ज्वालामुखीय उद्‌गार एवं जैविक गतिविधियाँ

अम्लीय गैस	मानव निर्मित स्रोत	प्राकृतिक स्रोत
मीथेन (CH_4)	• धान के खेत • कोयला खनन • गैस ड्रिलिंग	• आर्द्रभूमि • पशु • दीमक
कार्बन डाइऑक्साइड (CO_2)	• जीवाश्म ईंधन के जलने से • औद्योगिक प्रक्रियाओं द्वारा; जैसे-सीमेण्ट उत्पादन • वनोन्मूलन	• श्वसन • सागर • अपघटन
कार्बन मोनो ऑक्साइड (CO)	• बायोमास का जलना • औद्योगिक स्रोत • धूम्रपान	• जीवजनन (Biogenesis) • ज्वालामुखी
फॉर्मिक अम्ल	• जंगल की आग के कारण बायोमास के जलने से फॉर्मिक अम्ल (HCOOH) एवं फॉर्मेल्डिहाइड (HCHO) का उत्सर्जन वातावरण में होता है।	
अमोनिया	• कृषि कार्य	

महासागरों की अम्लीयता

- विश्व के महासागर, मानव द्वारा उत्सर्जित कार्बन डाइऑक्साइड का 30% सोख लेते हैं और ये कार्बन डाइऑक्साइड का विशाल भण्डार प्रस्तुत करते हैं। इसके अतिरिक्त ये जलवायु परिवर्तन के लिए प्रतिरोधी (buffer) का काम भी करते हैं।
- महासागरों द्वारा वायुमण्डलीय कार्बन डाइऑक्साइड CO_2 का अवशोषण कर उत्सर्जन के प्रभाव को कम किया जाता है, किन्तु इससे महासागरों की अम्लीयता बढ़ जाती है।
- महासागरीय अम्लीकरण को दशकों या उससे अधिक समय में समुद्र के पीएच में कमी के रूप में परिभाषित किया जाता है। महासागरीय जल में pH मान में गिरावट को महासागरीय अम्लता कहते हैं। यह महासागरीय जल में हाइड्रोजन के आयन (ion) में वृद्धि होने से होती है।
- मानव द्वारा उत्सर्जित कार्बन डाइऑक्साइड दिन-प्रतिदिन बढ़ती जा रही है और यह महासागरों की प्रतिरोधी क्षमता से कहीं अधिक हो गई है। इससे महासागरीय जल की अम्लीयता में वृद्धि होती है।
- महासागरीय जल में CO_2 की वृद्धि के कारण इसकी अम्लीयता बढ़ती है, क्योंकि इस प्रक्रिया में pH का मान लगातार कम हो जाता है। सन्तुलन बनाए रखने के लिए कुछ CO_2 जल के साथ प्रतिक्रिया करती है और कार्बोनिक एसिड (H_2CO_3) की रचना होती है।
- कार्बोनिक एसिड के अतिरिक्त कण H_2O के साथ प्रतिक्रिया करते हैं और बाइकार्बोनेट आयन (bicarbonate ion) का निर्माण होता है। इससे महासागरीय अम्लीयता में वृद्धि होती है।
- यूएसए के National Oceanic and Atmospheric Administration (NOAA) के अनुसार, महासागरीय अम्लीयता को निम्नलिखित रूप में प्रस्तुत किया जाता है
  - वायुमण्डल में कार्बन डाइऑक्साइड (CO_2) की मात्रा में वृद्धि से महासागरीय अम्लीयता में वृद्धि होती है।
  - वायुमण्डलीय कार्बन डाइऑक्साइड (CO_2) महासागरीय जल द्वारा अवशोषित करने तथा जल में घुलकर अम्लीयता को बढ़ाती है।
  - कार्बन डाइऑक्साइड की मात्रा में बढ़ोतरी से महासागरीय जल की रासायनिक संरचना में परिवर्तन आ जाता है, जिससे समुद्री पौधों एवं जीवों की कैल्शियम कार्बोनेट के खोल (shells) एवं ढाँचे बनाने की क्षमता में कमी आती है और बहुत-से पूर्वनिर्मित ढाँचे नष्ट हो जाते हैं।

महासागरीय अम्लीकरण के कारण

- औद्योगिक क्रान्ति का विस्तार
- कार्बन डाइऑक्साइड की उच्च सान्द्रता
- जीवाश्म ईंधन का प्रयोग
- सीमेण्ट उद्योगों से उत्सर्जन
- भूमि उपयोग में परिवर्तन
- महासागरीय जल में CO_2 का स्तर बढ़ना
- वातावरण में CO_2 की मात्रा में वृद्धि
- कार्बोनेट आयनों में कमी
- जैव-विविधता में कमी
- पर्यावरण अनुकूलित नियमों एवं कानूनों का उचित पालन नहीं

महासागरीय अम्लीयता की गम्भीरता

- एमजेड जॉबसन के अनुसार, औद्योगिकीकरण से पहले pH 8.25 था, जो अब घटकर 8.14 हो गया है। पिछले दो दशकों में महासागरीय अम्लीकरण में वृद्धि हुई है, जिससे महासागरीय पारिस्थितिकी तन्त्र पर गम्भीर प्रभाव पड़ा है।
- pH एक लॉगरिथमिक (logarithmic) माप है। अत: 0.1 pH गिरने पर अम्लता में 30% की वृद्धि हो जाती है। NaOH के प्रधान ने महासागरीय अम्लीयता को वैश्विक कोष्णता जितनी ही गम्भीर समस्या माना है।
- टैरोपोड (teropods) जीवों का ऐसा समूह है, जो अन्य समुद्री जीवों को भोजन प्रदान करता है। यदि महासागरीय जल का अम्लीकरण इसी गति से बढ़ता गया तो वर्ष 2100 तक ऐसी स्थिति पैदा हो जाएगी कि टैरोपोड के खोल (shells) 45 दिनों में ही घुल जाएँगे।

महासागरीय जल की अम्लीयता को प्रभावित करने वाले कारक

महासागरीय जल के साथ कार्बन डाइऑक्साइड (CO_2) की प्रतिक्रिया से अम्लीकरण में तेजी से वृद्धि होती है, जिसे निम्न प्रभावों के रूप में देखा जाता है।

- अम्ल वर्षा (Acid Rain) अम्ल वर्षा का pH मान 2 से 5.5 होता है। इससे महासागरीय जल की अम्लता में वृद्धि होती है। यह प्रक्रिया सीमित क्षेत्रों में ही होती है।
- यूट्रॉफिकेशन (Eutrophication) कृषि उपज को बढ़ाने के लिए रासायनिक उर्वरकों का प्रयोग किया जाता है। ये उर्वरक खेतों से नदियों के माध्यम से समुद्र में प्रवेश करते हैं और शैवाल (algae) तथा पौधों में वृद्धि का कारण बनते हैं। इस प्रक्रिया को यूट्रॉफिकेशन कहते हैं।
  - ये शैवाल तथा पौधे ऑक्सीजन का प्रयोग करते हैं और महासागरीय जल में ऑक्सीजन की कमी हो जाती है। इसके अतिरिक्त ये शैवाल एवं पौधे CO_2 छोड़ते हैं, जिससे महासागरीय जल की अम्लीयता में वृद्धि होती है।
  - मैक्सिकों की खाड़ी तथा पूर्वी चीन सागर के अध्ययन से यह पता लगा है कि ये दो समुद्री भाग विश्व की दो नदियों, क्रमश: मिसिसिपी तथा चांगजियांग, द्वारा जल की विशाल राशि प्राप्त करते हैं और दोनों पर यूट्रॉफिकेशन का गहरा दुष्प्रभाव पड़ा है, क्योंकि वायुमण्डलीय CO_2 तथा समुद्री पौधों द्वारा पैदा की गई CO_2 से अम्लीकरण का स्तर उम्मीद से कहीं अधिक था।

महासागर में कार्बन

- महासागरीय जल में कार्बन तथा उसके यौगिकों के कारण बढ़ती असहजता के कारण प्रदूषण की मात्रा में वृद्धि हुई है।
- महासागरों, नदियों तथा झीलों में पादपप्लवक (phytoplankton) सांस लेने के लिए कार्बन डाइऑक्साइड का प्रयोग करते हैं। कार्बन महासागरों में जैविक (Organic) रूप में होता है।

नोट *पादप प्लवक बहुत छोटे जलीय पौधे (सूक्ष्म शैवाल) होते हैं, जो पानी की सतह पर तैरते रहते हैं। यह प्रकाश संश्लेषण की प्रक्रिया से गुजरते हैं और इन्हें जीवित रहने और विकास करने के लिए सूर्य के प्रकाश की आवश्यकता होती है।*

- महासागरों में वायुमण्डल एवं स्थलमण्डल की अपेक्षा काफी अधिक मात्रा में कार्बन उपस्थित है। महासागरों के ऊपरी भाग में सबसे अधिक कार्बन होती है।
- गहरे सागरों में अजैव कार्बन (Inorganic Carbon) जल में घुली हुई होती है, जहाँ वह लम्बी अवधि तक विद्यमान रहते हैं।
- 18 वीं शताब्दी में औद्योगिक क्रान्ति से अब तक महासागरीय जल की ऊपरी परत में pH के मूल्य में 0.1 इकाइयों की कमी आई है और H^+ आयन में 29% की वृद्धि हुई है यह अनुमान International Council for Sciences Scientific Committee द्वारा लगाया गया है।
- Mora C के अनुसार, महासागरों की जैव भू-रसायन (biogeochemistry) में परिवर्तन आने से इसमें वर्ष 2100 तक और 0.3 से 0.5 इकाइयों की कमी हो जाएगी।

महासागरों की अम्लीयता के प्रभाव

- महासागरों की अम्लीयता से पृथ्वी के जैव भू-रसायन चक्र (biogeochemical cycle) में परिवर्तन होने का जोखिम है।
- अम्लीयता में वृद्धि होने से महासागरों में कार्बन को सोखने की क्षमता कम हो जाती है।
- वैज्ञानिकों द्वारा लगाए गए अनुमान के अनुसार यदि इसी गति से महासागरों की अम्लता बढ़ती गई तो वर्ष 2100 तक महासागरीय जैव-विविधता में 30% की कमी हो जाएगी और समुद्री जीवों का अस्तित्व खतरे में पड़ जाएगा।
- पादप प्लवकों (phytoplanktons) पर प्रभाव कुछ पादप प्लवकों तथा समुद्री घास को महासागरीय अम्लता से लाभ प्राप्त होगा। शैवाल की मात्रा में वृद्धि होगी। इससे तटीय बसाव पर प्रभाव पड़ेगा।
- प्रवाल भित्तियों (Coral reefs) पर प्रभाव प्रवाल भित्तियों के विरंजित होने (bleaching) की घटनाएँ बढ़ेंगी। प्रवाल भित्ति के नष्ट होने की गति, उनके निर्माण की गति से बढ़ जाएगी, क्योंकि इनमें कैल्शियम कार्बोनेट का सेवन करने की क्षमता कम हो जाएगी। यह उन के अस्थि पिंजर निर्माण के लिए अनिवार्य है। प्रवाल भित्तियाँ कमजोर हो जाएँगी और धीरे-धीरे समाप्त हो जाएँगी। प्रवाल भित्तियाँ समुद्र तट की रक्षा का काम करती हैं। इनके नष्ट हो जाने से समुद्री तट के अपरदन का खतरा बढ़ जाता है।
- महासागरीय मॉलस्क (Mollusc) पर प्रभाव महासागरीय जल में निवास करने वाले कवचधारी जीवों (मोलस्क) पर प्रभाव की दर तीव्र हुई है।
  - महासागरीय अम्लता में वृद्धि होने से इनके स्वास्थ्य पर बुरा प्रभाव पड़ता है, क्योंकि इन्हें अपने कवच बनाने के लिए कैल्शियम कार्बोनेट की आवश्यकता होती है। महासागरीय जल में अधिक अम्लता होने से इनके खोल कमजोर हो जाते हैं और आसानी से टूट जाते हैं।
  - वैज्ञानिक अनुसंधानों से पुष्टि हुई है कि नील मॉलस्क की प्रतिरोधक शक्ति कम हो जाती है। मछली के उत्पादन में भी कमी हो जाती है। लाल ज्वार-भाटा (red tide) से शेलफिश (shellfish) के शरीर में विष भर जाता है।
- गहरे सागर में रहने वाले जीवों पर प्रभाव महासागरीय जल में अम्लीयता की वृद्धि गहरे सागर में रहने वाले जीवों के लिए जोखिम पैदा करती है। वर्तमान में महासागरीय अम्लीयता उसी स्तर पर है, जो आज से 5.5 करोड़ वर्ष पहले थी। उस समय समुद्री जल के तापमान में 5-6°C वृद्धि हुई थी। जुम्बो समुद्रफेनी (Jumbo Aquid) जैसे कई जीवों के मेटाबोलिक (metabolic) विकास की दर में कमी आ जाती है। क्लोनफिश (clownfish) आसानी से दूसरे जीवों का शिकार बन जाते हैं।
- अम्लीय महासागरों के जीवों में चिन्ता एवं तनाव महासागरों में अम्लीयता बढ़ जाने से वहाँ का पारिस्थितिकीय सन्तुलन बिगड़ जाता है, जिससे सभी जीवों में चिन्ता एवं तनाव की वृद्धि होती है और उनके जीवित रहने की सम्भावना जीवों के सशक्त या अशक्त होने पर निर्भर करती है।
- प्रतिध्वनि (Ecoholocation) पर प्रभाव महासागरीय जल की अम्लीयता से प्रतिध्वनि पर प्रभाव और इस पर निर्भर करने वाले जीवों का जीवन कष्टमय हो जाता है। इसमें डॉल्फिन, पॉरपॉइस् (Porpoise), स्पर्म ह्वेल (sperm whale) तथा किलर ह्वेल (killer whale) प्रमुख हैं।
  - पिछले कुछ वर्षों में जापान के तट पर डॉल्फिन और हिन्द महासागर में ब्लू ह्वेल (blue whale) पर यह प्रभाव देखने को मिला है।

समुद्री पारिस्थितिक तन्त्र पर प्रभाव

- महासागरीय अम्लीकरण कार्बोनेट की एकाग्रता को कम करता है, जो समुद्री जल में जीवों की वृद्धि को रोकता है।
- समुद्री जीवों की खाद्य-शृंखला बाधित होने का कारण अम्लीकृत जल में कार्बोनेट के सीप बनने में कठिनाई आना है।
- वाणिज्यिक रूप से मछली पालन, शंख निर्माण, जलीय कृषि जैसी गतिविधियों पर महासागरीय अम्लीयता का प्रभाव पड़ता है।

महासागरीय अम्लीकरण को रोकने के उपाय

- ग्रीन हाउस गैसों का उत्सर्जन ग्रीन हाउस गैसों के उत्सर्जन तथा जलीय तत्त्वों में उसके प्रवेश के कारण महासागरीय अम्लीकरण की प्रवृत्ति में लगातार वृद्धि हुई है। ग्रीन हाउस गैसों—कार्बन डाइऑक्साइड, कार्बन मोनोऑक्साइड, मीथेन इत्यादि के उत्सर्जन में कमी लाकर, महासागरीय अम्लीकरण को नियन्त्रित किया जा सकता है।
- कार्बन संचय को बढ़ावा देना वायुमण्डल में कार्बन डाइऑक्साइड (CO_2) की मात्रा में वृद्धि के कारण महासागरों के जल का अम्लीकरण होता है, इसे रोकने के लिए CO_2 के भण्डारण (कार्बन सिंक) को महत्त्व दिया गया है। इस प्रक्रिया में कार्बन डाइऑक्साइड को वायुमण्डल में जाने से रोककर धरती के अन्दर पहुँचाने का कार्य किया जाता है।
- वैश्विक स्तर पर पहल उत्सर्जन को रोकना महासागरीय अम्लीकरण के नियन्त्रण के लिए अनिवार्य है। इसके लिए वैश्विक स्तर पर पहल की जा रही है। पर्यावरण संरक्षण के लिए वैश्विक शिखर सम्मेलनों में पक्षकारों द्वारा उत्सर्जन को नियन्त्रित करने के लिए लक्ष्य निर्धारित किए जाते हैं।
- प्राकृतिक उर्वरकों का उपयोग रासायनिक उर्वरकों का कृषि में उपयोग अम्लीकरण में तेजी से वृद्धि करना है। इसके लिए कृषि कार्य में प्राकृतिक उर्वरकों के उपयोग को महत्त्व देना जरूरी है। जैव-उर्वरकों के प्रयोग को वैश्विक स्तर पर महत्त्व दिया गया है। भारत में सिक्किम पूर्ण जैविक राज्य बन चुका है।
- मैंग्रोव तथा समुद्री घास मीडो को प्रोत्साहित करना तटीय क्षेत्रों में मैंग्रोव तथा समुद्री घास मीडो (Meadow) समुद्री जल से कार्बन डाइऑक्साइड का अवशोषण कर जल की अम्लीयता को कम करता है। समुद्री वनस्पतियाँ कार्बन का संग्रहण कर अपतटीय अम्लीयता को कम करने में सहायक होती हैं।

"

भारत की अधिकांश जनसंख्या जलवायु प्रेरित आपदाओं के जोखिम वाले क्षेत्रों में रहते हैं। जलवायु परिवर्तन से बढ़ते तापमान, बारिश के पैटर्न में बदलाव, भूजल स्तर में गिरावट, तीव्र चक्रवात और समूह के स्तर में वृद्धि जैसी समस्याएँ उत्पन्न हो रही हैं।

अध्याय पन्द्रह

भारत में जलवायु परिवर्तन

परिचय

- जलवायु परिवर्तन से प्रभावित देशों में भारत का प्रमुख स्थान है। जलवायु संवेदनशील क्षेत्रकों के कारण भारत के सामने उत्पन्न होने वाले खतरों के कारण देश को जलवायु परिवर्तन से सम्बन्धित अन्तर्राष्ट्रीय प्रयासों को अपनाना आवश्यक है।
- इसके अतिरिक्त भारत राष्ट्रीय स्तर पर जलवायु परिवर्तन से सम्बन्धित नीति, ऊर्जा दक्षता में सुधार, स्वच्छ ऊर्जा के नए स्रोतों का सृजन तथा जलवायु परिवर्तन के प्रभावों की रोकथाम के लिए सतत प्रत्यनशील है।
- भारत में जलवायु परिवर्तन से प्राकृतिक संसाधनों के प्रसार तथा उनकी गुणवत्ता में परिवर्तन देखा जा रहा है, जिससे लोगों की आजीविका लगातार प्रभावित हुई है।

भारत और IPCC की आकलन रिपोर्ट

- मार्च, 2022 में जलवायु परिवर्तन पर अन्तर-सरकारी पैनल (IPCC) द्वारा भारतीय सन्दर्भ में आकलन रिपोर्ट जारी की गयी, जो जलवायु परिवर्तन के प्रभावों, भेद्यता, अनुकूलन पर केन्द्रित है।
- इस रिपोर्ट में भारत सम्बन्धी निष्कर्ष निम्न हैं
  - भारतीय आबादी सर्वाधिक सुभेद्य/संवेदनशील व गम्भीर जलवायु प्रेरित जोखिमों व आपदाओं से प्रभावित आबादी में से एक है।
  - भारत में तीन प्रमुख जलवायु परिवर्तन 'हॉटस्पॉट' हैं-अर्द्ध शुष्क व शुष्क क्षेत्र, हिमालयी पारिस्थितिकी तन्त्र व तटीय क्षेत्र।
  - भारत का लगभग आधा भू-भाग शुष्क व अर्द्ध-शुष्क है, जो बढ़ते तापमान के प्रभाव से ग्रस्त है।
  - समुद्र-स्तर चरमताएँ (Sea-Level Extremes), जो पहले 100 वर्षों के अन्तराल पर प्रकट होती थी, अब अधिक प्रकट होने लगी हैं।

भारत में जलवायु परिवर्तन का मौसम पर प्रभाव

- विगत दशकों में भारत के तापमान में वृद्धि समुद्र तल का विस्तार, चक्रवात (cyclone), सूखा (Drought), बाढ़ (Flood), वर्षण (Precipitation) तथा ग्लेशियरों (Glaciers) के पिघलने से सम्बन्धित समस्याओं की बारम्बारता में वृद्धि हुई है।
- भारत में मौसमी परिवर्तन ग्रीन हाउस गैस के उत्सर्जन के कारण नहीं, बल्कि वातावरण में उत्सर्जित कार्बन-संग्रहण के संचयी प्रभाव (Cumulative Effect) के कारण सम्भव हुआ है। यद्यपि भारत ग्रीनहाउस गैसों के उत्सर्जन करने वाले पाँच शीर्षस्थ देशों में से एक है, परन्तु इसका प्रति व्यक्ति उत्सर्जन सभी देशों की तुलना में न्यूनतम है।

भारत के भौगोलिक क्षेत्रों में जलवायु परिवर्तन से उत्पन्न होने वाले जोखिम

भारत की राष्ट्रीय कार्य योजना (NAPCC)

- भारत ने जलवायु परिवर्तन को देखते हुए इस दिशा में निगरानी, नियन्त्रण तथा अनुकूलन के लिए कदम उठाए हैं। भारत सरकार द्वारा तैयार जलवायु परिवर्तन पर राष्ट्रीय कार्य योजना (National Action Plan on Climate Change NAPCC) जलवायु परिवर्तन से निपटने और सतत विकास को बढ़ावा देने के लिए एक व्यापक संरचना के रूप में सामने आया है।
- जलवायु परिवर्तन पर राष्ट्रीय कार्य योजना (एनएपीसीसी) जलवायु परिवर्तन से उत्पन्न चुनौतियों से निपटने के लिए किसी देश की सरकार द्वारा तैयार की गई एक व्यापक रणनीति को सन्दर्भित करती है।
- प्रत्येक देश की योजना के विशिष्ट विवरण और उद्देश्य भिन्न हो सकते हैं, लेकिन समग्र उद्देश्य ग्रीनहाउस गैस उत्सर्जन को कम करना, जलवायु परिवर्तन के प्रभावों के अनुकूलन होना और सतत विकास को बढ़ावा देना है।
- 30 जून, 2008 को भारत द्वारा जलवायु परिवर्तन हेतु राष्ट्रीय कार्य योजना घोषित की गई, जिसका उद्देश्य जलवायु परिवर्तन के सन्दर्भ में सतत विकास का लक्ष्य प्राप्त करना है। जलवायु परिवर्तन पर राष्ट्रीय कार्य योजना के प्रमुख घटकों में निम्नलिखित शामिल हैं:
    - शमन इसमें नवीकरणीय ऊर्जा स्रोतों, ऊर्जा दक्षता और कम कार्बन प्रौद्योगिकियों को बढ़ावा देने जैसे विभिन्न माध्यमों से ग्रीनहाउस गैस उत्सर्जन को कम करने के प्रयास शामिल हैं। इसमें उद्योग परिवहन और कृषि जैसे क्षेत्रों से उत्सर्जन कम करने की नीतियों को भी शामिल किया जाता है।
    - अनुकूलन जलवायु परिवर्तन के प्रभावों से निपटने के लिए लचीलापन और क्षमता निर्माण पर केन्द्रित है। इसमें जलवायु लचीले बुनियादी ढाँचे को विकसित करना, आपदा प्रबन्धन योजनाओं को लागू करना, कृषि प्रथाओं को बढ़ाना और कमजोर पारिस्थितिकी तन्त्र की रक्षा करना जैसे उपाय शामिल हैं।
    - प्रौद्योगिकी और अनुसन्धान जलवायु परिवर्तन शमन और अनुकूलन प्रयासों का समर्थन करने के लिए स्वच्छ प्रौद्योगिकियों, नवाचार और अनुसंधान के विकास और तैनाती पर जोर दे सकती है। इसमें नवीकरणीय ऊर्जा, टिकाऊ कृषि और जलवायु मॉडलिंग सहित अन्य क्षेत्रों में अनुसन्धान और विकास को बढ़ावा देना शामिल हो सकता है।
    - वित्त और निवेश जलवायु परिवर्तन कार्यों के कार्यान्वयन का समर्थन करने के लिए वित्तपोषण तन्त्र महत्त्वपूर्ण है। एनएपीसीसी धन जुटाने, निवेश आकर्षित करने और जलवायु सम्बन्धित परियोजनाओं के लिए सार्वजनिक-निजी भागीदारी को बढ़ावा देने के लिए रणनीतियों की रूपरेखा तैयार करता है।
    - क्षमता निर्माण इसमें जलवायु परिवर्तन को प्रभावी ढंग से सम्बोधित करने के लिए सरकारी एजेन्सियों, समुदायों और संस्थानों सहित विभिन्न हितधारकों की क्षमता और कौशल को बढ़ाना शामिल है। इसमें प्रशिक्षण कार्यक्रम जागरूकता अभियान और ज्ञान साझा करने वाले मंच शामिल हो सकते हैं।
- एनएपीसीसी (National Action Plan for Climate Change-NAPCC) आमतौर पर एक दीर्घकालिक योजना है, जो अल्पकालिक और दीर्घकालिक लक्ष्य और समय सीमा दोनों की रूपरेखा तैयार करती है।

मिशन लाइफ (पर्यावरण के लिए जीवन-शैली)

भारत में जलवायु परिवर्तन के प्रभावों को देखते हुए प्रधानमन्त्री नरेन्द्र मोदी ने वर्ष 2021 में आयोजित संयुक्त राष्ट्र जलवायु परिवर्तन सम्मेलन कॉप-26 [UNFCCC COP - 26] में 'मिशन लाइफ' (Mission Life) की घोषणा की। इसका उद्देश्य वैश्विक जलवायु के प्रभावों में व्यक्तिगत उत्तरदायित्व लेना तथा उसके शमन के लिए प्रयास करना है। इस मिशन के अन्तर्गत उस जीवन-शैली को समर्थन दिया गया है, जो हमारे प्राचीन भारतीय दर्शन में निबद्ध है। प्राचीन भारतीय दर्शन प्रकृति के अनुरूप स्वाभाविक रूप से सन्धारणीय (Sustainable) जीवन पद्धति को अपनाने की प्रेरणा देता है।

राष्ट्रीय कार्य योजना के अन्तर्गत मिशन

जलवायु परिवर्तन पर राष्ट्रीय कार्य योजना का शुभारम्भ वर्ष 2008 में प्रधानमन्त्री द्वारा किया गया। इसके अन्तर्गत निम्नलिखित 8 राष्ट्रीय मिशन चलाए गए हैं, जो निम्न प्रकार हैं

1. राष्ट्रीय सौर मिशन

- राष्ट्रीय सौर मिशन (Solar Mission) के अन्तर्गत कुल ऊर्जा उपभोग में सौर ऊर्जा की भागीदारी बढ़ाना तथा परमाणु ऊर्जा, पवन ऊर्जा एवं बायोमास ऊर्जा जैसे पुनर्नवीकरणीय (Renewable) व गैर-जीवाश्मी (Non-Fossil) ऊर्जा स्रोतों की आवश्यकता को महत्त्व प्रदान किया जाता है। इस मिशन का उद्देश्य भारत में ऊर्जा क्षेत्र में सौर ऊर्जा की हिस्सेदारी में वृद्धि करना है।
- इसके अन्तर्गत वर्ष 2022 तक देश में 20,000 मेगावाट की सौर बिजली क्षमता संस्थापित करने का लक्ष्य रखा गया था, जिसे अब बढ़ाकर 100 गीगावाट (1,00,000 मेगावाट) कर दिया गया है।
- वर्ष 2030 तक सौर ऊर्जा उत्पादन की क्षमता ताप विद्युत के समान करना है।
- इस मिशन को नवीन और नवीकरणीय ऊर्जा मन्त्रालय भारत सरकार द्वारा संचालित किया जा रहा है।

2. उन्नत ऊर्जा दक्षता के लिए मिशन

- उन्नत ऊर्जा दक्षता के लिए मिशन (Enhanced Energy Efficiency Mission) के अन्तर्गत नई संस्थागत प्रणालियों को सृजित करने का लक्ष्य है, जिससे ऊर्जा दक्ष बाजारों का विकास और सुदृढ़ीकरण किया जा सके। इसके अन्तर्गत सुपर एफिशिएण्ट कार्यक्रम चलाया जा रहा है।
- प्रधानमन्त्री परिषद् ने इस मिशन को 24 अगस्त, 2009 को मंजूरी प्रदान की। इसमें नई पहलों को शामिल किया गया है।
- ऊर्जा बचत सम्बन्धी सुधारों की लागत प्रभाविता को बढ़ाने के लिए बाजार आधारित तन्त्र की स्थापना करना, जिससे व्यापार सम्भव हो सके।
- उत्पादों को सर्वसुलभ बनाना, जिससे ऊर्जा संरक्षण के प्रयास को और अधिक गति मिल सके।
- ऊर्जा बचत को बढ़ावा देने के लिए वित्तीय साधन विकसित करना।
- ऐसे तन्त्र तैयार करना, जो भावी ऊर्जा बचत अधिग्रहण द्वारा सभी क्षेत्रकों में वित्त माँग प्रबन्धन कार्यक्रमों में सहायता करें।
- यह मिशन केन्द्रीय विद्युत मन्त्रालय के अधीन संचालित है।

3. राष्ट्रीय सतत कृषि मिशन (NMSA)

- राष्ट्रीय सतत कृषि मिशन (National Mission Sustainable for Agriculture) का उद्देश्य ऐसी नई किस्मों की फसलों का विकास करना है, जो वैश्विक तापन के प्रभाव से स्वयं को बचा सके तथा जलवायु परिवर्तन का अधिक कुशलता से सामना कर सके।
- केन्द्रीय कृषि एवं किसान मन्त्रालय के अन्तर्गत इस मिशन को वर्ष 2008 में कृषि को जलवायु परिवर्तन के प्रति अनुकूल बनाने हेतु प्रारम्भ किया गया था।
- सतत कृषि के लिए राष्ट्रीय मिशन का लक्ष्य कृषि पद्धतियों के कार्बन पदचिन्ह को कम करते हुए कृषि उत्पादकता को बढ़ाना है। यह जलवायु-लचीली कृषि तकनीकों, सटीक खेती, जैविक खेती और कृषि क्षेत्र में नवीकरणीय ऊर्जा के उपयोग को अपनाने को बढ़ावा देता है।
- ये उपाय कृषि क्षेत्र से ग्रीनहाऊस गैस उत्सर्जन को कम करने और जलवायु परिवर्तन के प्रति किसानों को लचीला बनाने में मदद करते हैं।

4. राष्ट्रीय जल मिशन (NWM)

- केन्द्रीय जल शक्ति मन्त्रालय द्वारा संचालित इस मिशन को 6 अप्रैल, 2011 में लॉन्च किया गया। राष्ट्रीय जल मिशन (National Water Mission) जल संसाधनों के संरक्षण टिकाऊ जल प्रबन्धन प्रथाओं को बढ़ावा देने और उपयोग दक्षता में सुधार पर केन्द्रित है।
- यह एकीकृत जल संसाधन प्रबन्धन, वर्षा जल संग्रहण, वाटरशेड डेवलपमेण्ट और नदियों तथा जल निकायों के कायाकल्प की आवश्यकता पर जोर देता है।
- वाटर पॉजिटिव टेक्नोलॉजी (Water Positive Technologies) को बढ़ावा देना, भूमिगत जल स्रोतों के पुनर्भरण द्वारा सिंचाई कार्यक्रम को प्रोत्साहित करने हेतु प्रोत्साहन ढाँचा बनाना।
- वर्तमान सिंचाई प्रणाली की दक्षता में सुधार करना।

5. हिमालय पारिस्थितिकी संवर्द्धन मिशन

- केन्द्रीय विज्ञान एवं प्रौद्योगिकी मन्त्रालय के अन्तर्गत इस मिशन को 28 फरवरी, 2014 को लॉन्च किया गया था।
- इस मिशन (Sustaining Himalayan Ecosystem Mission) के अन्तर्गत हिमालयी पर्यावरण के लिए निगरानी प्रणाली की स्थापना करना है, जिससे हिमालयी हिमनदों (Glacier) पर जलवायु परिवर्तन के प्रभाव का अनुमान लगाया जा सके और पर्वतीय पारिस्थितिकी को सन्तुलित करने के लिए सुरक्षा उपायों को विकसित किया जा सके।
- हिमालय के ग्लेशियरों के निरन्तर सिकुड़ने और इसके फलस्वरूप हिमालयी नदियों तथा उस पर निर्भर सम्पूर्ण पारिस्थितिकी तन्त्र के लिए उत्पन्न होने वाले संकटों को देखते हुए यह मिशन बहुत ही महत्त्वपूर्ण है।
- हिमालय में मौजूद हिमनद के बारे में जानकारी प्राप्त करना कि किस प्रकार से इन हिमनदों का आकार कम हो रहा है तथा इनके संरक्षण के लिए क्या प्रयास किया जा सकता है।
- हिमालयी पारिस्थितिकी के साथ भागीदार एवं दक्षिण एशियाई देशों के साथ सूचना का आदान-प्रदान करना।
- हिमालय क्षेत्र में निवासरत लोगों को कृषि जलवायु परिवर्तन के प्रति सुभेद्य बनाना।
- यहाँ पर वन भूमि की सुरक्षा के लिए सामुदायिक संगठनों और पंचायतों को प्रोत्साहन देना।
- यह मिशन जलवायु परिवर्तन के प्रभावों के प्रति हिमालय की संवेदनशीलता को पहचानता है और इसे लचीला बनाने के लिए अनुकूली रणनीतियों की आवश्यकताओं पर बल देता है।

6. राष्ट्रीय ग्रीन इण्डिया मिशन

राष्ट्रीय ग्रीन इण्डिया मिशन

शुरुआत 20 फरवरी, 2014 को केन्द्रीय पर्यावरण, वन और जलवायु परिवर्तन मन्त्रालय के द्वारा

उद्देश्य भारत के घटते वन क्षेत्र की रक्षा करना, उसे बहाल करना और उसे बढ़ाना।

व्यय केन्द्र एवं राज्य का राजस्व अनुपात 75:25 तथा पूर्वोत्तर राज्यों के लिए 90:10 है।

क्रियान्वयन बिन्दु वन या वृक्षावरण को 5 मिलियन हेक्टेयर (MHA) तक बढ़ाना तथा अन्य 5 मिलियन हेक्टेयर वन या गैर-वन भूमि में वन आवरण की गुणवत्ता में वृद्धि।

- इस मिशन के अन्तर्गत वनीकरण, पुनर्वनीकरण और बेहतर वन प्रबन्धन प्रथाओं के माध्यम से वन क्षेत्र को बढ़ाने और पारिस्थितिकी तन्त्र सेवाओं को बढ़ाने का प्रयास करता है।
- इसके अन्तर्गत जैव-विविधता, हाइड्रोलॉजिकल सेवाओं के साथ पारिस्थितिकीय सेवाओं, जैसे-कार्बन अधिग्रहण में सुधार करना।
- मिशन के लक्ष्य के अन्तर्गत वन क्षेत्र के आस-पास रहने वाले 3 लाख परिवारों की वन आधारित आजीविका आय में सुधार करना है।

7. राष्ट्रीय सतत् पर्यावास मिशन

- सतत पर्यावास मिशन (Sustainable Habitat Mission) का उद्देश्य नगरों में वहनीय परिवहन, ऊर्जा अनुकूल भवनों और वहनीय अपशिष्ट प्रबन्धन को संवर्द्धित करना है।
- यह मिशन नगरों में अपशिष्टों के प्रबन्धन तथा ऊर्जा कुशलता बढ़ाने में बहुत ही महत्त्वपूर्ण भूमिका निभाएगा। इससे होने वाली ऊर्जा बचत से नगरों के ऊर्जा की माँग की पूर्ति करने में मदद मिलेगी।
- यह मिशन भारत के शहरों और कस्बों में ग्रीन बिल्डिंग कोड ऊर्जा, कुशल उपकरणों और अपशिष्ट प्रबन्धन प्रणालियों को अपनाने को प्रोत्साहित करता है।

नोट *ग्रीन बिल्डिंग कोड कानून राज्य या स्थानीय क्षेत्राधिकार द्वारा अपनाई जाने वाली अनिवार्य भवन आवश्यकताओं का एक समूह है। ये कोड स्थापित मानकों पर आधारित होते हैं और निर्माण उद्योग के पेशेवरों द्वारा विकसित किए जाते हैं।*

- इस मिशन को केन्द्रीय आवास एवं शहरी मामलों के मन्त्रालय के अन्तर्गत संचालित किया जा रहा है। इसमें बेहतर शहरी नियोजन एवं निश्चित रूप से सार्वजनिक परिवहन के उपयोग हेतु दीर्घ अवधि के लिए परिवहन रणनीति बनाना।
- नए एवं बड़े व्यापारिक भवनों की ऊर्जा जरूरतों को पूरा करने के लिए तथा उनके डिजाइन से सम्बन्धित जरूरतों के लिए 'ऊर्जा संरक्षण भवन कोड' को अपनाने की दिशा में आगे बढ़ना।
- इसके अन्तर्गत जैव रसायन रूपान्तरण, अपशिष्ट जल उपयोग, सीवेज उपयोग एवं पुर्नचक्रण विकल्पों को बढ़ावा देने के लिए अनुसन्धान एवं विकास कार्यक्रम को अपनाना।

8. राष्ट्रीय जलवायु परिवर्तन सम्बन्धी रणनीतिक ज्ञान मिशन

- यह मिशन विज्ञान एवं प्रौद्योगिकी मन्त्रालय द्वारा संचालित है।
- इसका उद्देश्य जलवायु परिवर्तन में उत्पन्न चुनौतियों का मूल्यांकन और स्वास्थ्य, जनसांख्यिकी, प्रवास और तटीय क्षेत्रों में रहने वाले समुदायों की उपजीविका के क्षेत्रों में चुनौतियों से निपटने के लिए, ज्ञान का प्रसार करना है।
- जलवायु परिवर्तन और उससे उत्पन्न चुनौतियों तथा पारिस्थितियों पर पड़ने वाले इसके प्रभावों को देखते हुए जलवायु परिवर्तन सम्बन्धी कार्य नीति एक अति महत्त्वपूर्ण मिशन है।
  - इसके अन्तर्गत जलवायु परिवर्तन के लिए उच्च गुणवत्ता और अनुसंधान के लिए वित्त का प्रबन्ध सुनिश्चित करना।
  - इसमें देश के विभिन्न विश्वविद्यालयों, वैज्ञानिक अनुसन्धान संस्थानों में जलवायु से सम्बन्धित वैज्ञानिक अनुसन्धान को बढ़ावा देने के लिए संरचनाओं की स्थापना करना।
  - इस मिशन में अनुसन्धान को बढ़ावा देने के लिए एक जलवायु विज्ञान अनुसंधान विधि का भी प्रावधान किया गया है।
  - इस मिशन में अनुसन्धान परिणामों पर आधारित नवीन ज्ञान के प्रसार पर भी ध्यान दिया जाएगा।
  - अन्तर्राष्ट्रीय व द्विपक्षीय एस एण्ड टी सहयोग व्यवस्था के तहत जलवायु पर अनुसन्धान व प्रौद्योगिकी विकास में वैश्विक सहयोग के माध्यम से गठबन्धनों व साझेदारी निर्माण का प्रावधान किया गया है।

जलवायु परिवर्तन मूल्यांकन पर भारतीय तन्त्र (INCCA)

- पर्यावरण, (जलवायु) एवं वन मन्त्रालय ने घरेलू जलवायु परिवर्तन अनुसंधान को आगे बढ़ाने और देश की जलवायु परिवर्तन विशेषता के अवसरों/प्रयासों के विस्तार के लिए अक्टूबर, 2009 में जलवायु परिवर्तन मूल्यांकन पर भारतीय तन्त्र नेटवर्क (Indian Network on climate Change Assessment-INCCA) की स्थापना की गई।
- इस नेटवर्क का मूल उद्देश्य/कार्य जलवायु परिवर्तन पर घरेलू अनुसन्धान को बढ़ावा देना एवं देश की जलवायु परिवर्तन विशेषता का निर्माण करना है।
- यह पर्यावरण जलवायु एवं वन मन्त्रालय की पहल है, जो देश भर में 120 से अधिक संस्थानों एवं 250 से अधिक वैज्ञानिकों का एक नेटवर्क है।
- इसका कार्य नीति निर्माण में माप, निगरानी और मॉडलिंग के उपयोग को बढ़ाना है तथा यह चार प्रमुख केन्द्रित क्षेत्रों कृषि वन, मानव एवं स्वास्थ्य व जल पर सकारात्मक पक्ष रखता है।
- वर्ष 1992 में जलवायु परिवर्तन पर संयुक्त राष्ट्र फेमवर्क कन्वेंशन के अनुसमर्थन के साथ जलवायु परिवर्तन से निपटने के अन्तराष्ट्रीय प्रयासों में तेजी आई।
- इसके परिणामस्वरूप महत्त्वपूर्ण आर्थिक विकास क्षेत्रों पर जलवायु परिवर्तन की संवेदनशीलता और प्रभावों को अब अधिक व्यापक रूप से स्वीकार किया जाता है। इसी परिप्रेक्ष्य में जलवायु परिवर्तन की गम्भीरता को समझते हुए केन्द्रीय पर्यावरण वन एवं जलवायु मन्त्रालय द्वारा अक्टूबर, 2009 में INCCA को स्थापित किया गया।

1. प्रथम मूल्यांकन (भारत : ग्रीन हाउस गैस उत्सर्जन रिपोर्ट, 2007)

- जलवायु परिवर्तन मूल्यांकन पर भारतीय तन्त्र ने भारत के लिए वर्ष 2007 के हरितग्रह गैसों की एक सूची तैयार की थी।
- इसने अपनी प्रथम मूल्यांकन रिपोर्ट 11 मई, 2010 को प्रकाशित की। इसके प्रकाशन के साथ ही भारत इस तरह की रिपोर्ट को प्रकाशित करने वाला प्रथम विकासशील देश बन गया।
- इस रिपोर्ट में कहा गया कि वर्ष 2007 में भारत का स्थान ग्रीनहाऊस गैस के उत्सर्जन में विश्व में 5वाँ (पहले चार स्थान पर अमेरिका, चीन, यूरोपीय युनियन तथा रूस) था।
- अमेरिका तथा चीन का उत्सर्जन, भारत के वर्ष 2007 के उत्सर्जन से 4 गुणा से अधिक था। वर्ष 1994-2007 के मध्य भारत के उत्सर्जन में 58% की वृद्धि हुई है। इस मूल्यांकन में ऊर्जा, कृषि, अपशिष्ट भूमि उपयोग, भूमि उपयोग परिवर्तन एवं वानिकी के क्षेत्र को शामिल किया गया था।

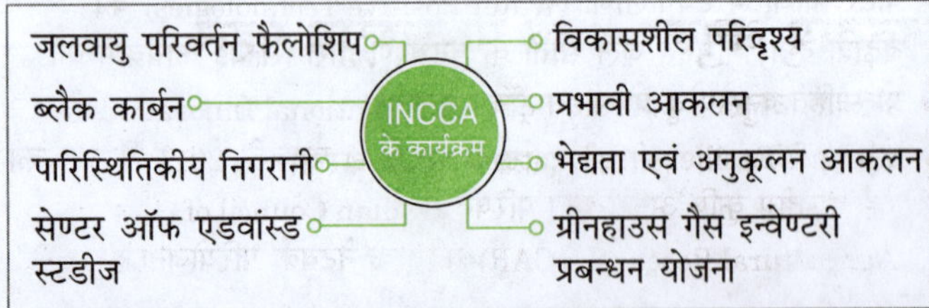

2. ***द्वितीय मूल्यांकन : जलवायु परिवर्तन एवं भारत : 4 × 4 मूल्यांकन***

- INCCA द्वारा तैयार की गई यह नई रिपोर्ट 2000 के दशक में भारतीय अर्थव्यवस्था के चार प्रमुख क्षेत्रों कृषि, जल, प्राकृतिक पारिस्थितिकी तन्त्र व जैव-विविधता के साथ भारत के चार जलवायु संवेदनशील क्षेत्र-हिमालय क्षेत्र पश्चिमी घाट, तटीय क्षेत्र एवं उत्तर-पूर्व क्षेत्र पर जलवायु परिवर्तन के प्रभाव के आकलन को प्रस्तुत/प्रदान करना।
- इस मूल्यांकन में ब्रिटेन (यूके) द्वारा विकसित क्षेत्रीय जलवायु मॉडल PRECIS (Providing Regional Climates for Impacts Studies) का प्रयोग हुआ है।
- INCCA का यह पहला मूल्यांकन है, यह वर्ष 2030 के लिए केन्द्रित है।
- INCCA का यह द्वितीय मूल्यांकन व्यापक राष्ट्रीय एवं राज्य स्तरीय प्रवृत्तियों पर आधारित है।

राष्ट्रीय अनुकूलन कोष (NAFCC)

- राष्ट्रीय अनुकूलन कोष (National Adaptation Fund for Climate Change-NAFCC) की स्थापना अगस्त, 2015 में की गई। यह भारत के उन राज्यों तथा केन्द्रशासित प्रदेशों में अनुकूलन गतिविधियों में सहायता प्रदान करने के लिए की गई, जो जलवायु परिवर्तन के प्रतिकूल प्रभावों के प्रति संवेदनशील है।
- राष्ट्रीय कृषि और ग्रामीण विकास बैंक (नाबार्ड), NAFCC के लिए राष्ट्रीय कार्यान्वयन इकाई (National Implementing Entity-NIE) है। नवम्बर, 2022 में NAFCC को एक गैर-योजना बना दिया गया।

जलवायु परिवर्तन के लक्ष्यों के सापेक्ष भारत की उपलब्धियाँ

- वर्ष 2005 और 2019 के बीच सकल घरेलू उत्पाद की तुलना में उत्सर्जन तीव्रता को 33% तक सफलतापूर्वक कम किया गया, इस प्रकार वर्ष 2030 के लिए प्रारम्भिक राष्ट्रीय स्तर पर निर्धारित योगदान एनडीसी लक्ष्य को निर्धारित समय में 11 साल पहले हासिल किया।
- गैर-जीवाश्म ईंधन स्रोतों के माध्यम से 40% विद्युत स्थापित क्षमता भी हासिल की, जो वर्ष 2030 के लक्ष्य से 9 साल पहले है।
- वर्ष 2017 और 2023 के बीच, भारत ने लगभग 100 गीगावाट स्थापित विद्युत क्षमता को जोड़ा है, जिसमें से लगभग 80% में गैर-जीवाश्म ईंधन आधारित संसाधनों का योगदान है।
- भारत की जलवायु कार्रवाई में योगदान उसके अन्तर-राष्ट्रीय प्रयासों जैसे अन्तर्राष्ट्रीय सौर गठबन्धन (आईएसए), आपदा रोधी अवसंरचना के लिए संघ (सीडीआरआई), लीडआईटी का सृजन, प्रतिस्कंदी द्विपीय राज्यों के लिए अवसंरचना (आईआरआईएस) और बिंग कैंट एलायंस के माध्यम से महत्त्वपूर्ण रहा है।

जलवायु अनुरूप कृषि पर राष्ट्रीय पहल

- जलवायु अनुरूप कृषि पर राष्ट्रीय पहल (National Innovations in Climate Resilient Agriculture-NICRA) फरवरी, 2011 में शुरू की गई भारतीय कृषि अनुसन्धान परिषद् (Indian Council of Agricultural Research-ICAR) की एक नेटवर्क परियोजना है।
- इस परियोजना का उद्देश्य रणनीतिक अनुसंधान और प्रौद्योगिकी प्रदर्शन के माध्यम से जलवायु परिवर्तन के प्रति भारतीय कृषि का लचीलापन बढ़ाना है।

पृष्ठभूमि

- जलवायु परिवर्तन के कारण भारत के लिए बढ़ती जनसंख्या के लिए खाद्य एवं पोषण सुरक्षा सुनिश्चित कर पाना एक चिन्ता का विषय बन गया है।
- जलवायु परिवर्तन का प्रभाव वैश्विक है, किन्तु कृषि पर निर्भरता और उच्च जनसंख्या के कारण भारत जैसे देश इससे अधिक असुरक्षित हैं।
- भारत में जलवायु परितर्वन के नकारात्मक प्रभाव महत्त्वपूर्ण हैं, जिनमें ग्लोबल वार्मिंग के कारण खाद्य उत्पादकता में 4.5 से 9% की कमी होने की सम्भावना जताई गई है।
- कृषि एवं सम्बद्ध क्षेत्र भारत में सकल घरेलू उत्पाद का 17.7% है और जलवायु परिवर्तन की लागत कृषि पर सकल बरेलू उत्पाद का 1.5% तक रहेगी।
- भारत सरकार ने इस क्षेत्र में जलवायु परिवर्तन से निपटने के लिए अनुसन्धान और विकास को उच्च प्राथमिकता दी है।

उद्देश्य

- NICRA के उद्देश्य निम्नलिखित हैं
    - बेहतर उत्पादन एवं जोखिम प्रबन्धन प्रौद्योगिकियों के विकास और अनुप्रयोग के माध्यम से जलवायु परिवर्तनशीलता एवं जलवायु परिवर्तन के प्रति फसलों, पशुधन एवं मत्स्यपालन को कवर करने वाली भारतीय कृषि के लचीलेपन को बढ़ाना।
    - वर्तमान जलवायु जोखिमों के अनुकूल होने के लिए किसानों के खेतों पर साइट विशिष्ट प्रौद्योगिकी पैकजों का प्रदर्शन करना।
    - जलवायु लचीले कृषि अनुसन्धान और इसके अनुप्रयोग में वैज्ञानिकों और अन्य हितधारकों की क्षमता निर्माण को बढ़ाना।

NICRA परियोजना के घटक

इस परियोजना में चार घटक शामिल किए जाते हैं, जो निम्न प्रकार हैं

(i) सामरिक या रणनीतिक अनुसन्धान

- फसलों, बागवानी, पशुधन, प्राकृतिक संसाधन, प्रबन्धन और मत्स्य पालन क्षेत्रों को कवर करते हुए नेटवर्क मोड में ICAR में प्रमुख अनुसंधान संस्थानों में रणनीतिक अनुसन्धान की योजना बनाई गई है। जिसके प्रमुख शोध विषय निम्न हैं:
    - प्रमुख उत्पादन क्षेत्रों का भेद्यता मूल्यांकन
    - मौसम आधारित कृषि-सलाहों को आकस्मिक योजना से जोड़ना
    - प्रमुख खाद्य और बागवानी फसलों के प्रभावों का आकलन करना और प्रमुख जलवायु तनावों (सूखा, गर्मी, पाला, बाढ़ आदि) के प्रति सहनशील किस्मों का विकास करना।
    - प्रमुख उत्पादन प्रणालियों में खुले मैदान की स्थितियों में ग्रीनहाउस गैसों की निरन्तर निगरानी।
    - जल और पोषक तत्त्व उपयोग दक्षता और संरक्षण कृषि को बढ़ाने के माध्यम से अनुकूलन और शमन रणनीतियों का विकास करना।

- बदलती जलवायु के अन्तर्गत कीट गतिशीलता, कीट/रोगजनक फसल सम्बन्धों और नए कीटों और रोगजनकों के परिवर्तन का अध्ययन करना।
- पोषण और पर्यावरणीय हेरफेर के माध्यम से पशुधन में अनुकूलन रणनीतियाँ
- स्पॉनिंग व्यवहार की बेहतर समझ के माध्यम से अन्तर्देशीय और समुद्री मत्स्य पालन में तापमान के लाभकारी प्रभावों का उपयोग करना।

(ii) प्रौद्योगिक प्रतिपादन

- प्रौद्योगिक प्रतिपादन/प्रदर्शन घटक जलवायु परिवर्तनशीलता के लिए फसल और पशुधन उत्पादन प्रणालियों के अनुकूलन के लिए सिद्ध प्रौद्योगिकियों का प्रदर्शन करने से सम्बन्धित हैं।
- इस घटक को कृषि विज्ञान केन्द्रों द्वारा भागीदारी मोड में स्थान विशिष्ट हस्तक्षेप के माध्यम से देश के चयनित कमजोर जिलों में कार्यान्वित किया जाता है।
- यह परियोजना विश्व के 100 जिलों में लागू की गई है, जिसमें एक लाख से अधिक किसान परिवार शामिल हैं।

(iii) प्रायोजित और प्रतिस्पर्धी अनुदान

इस घटक के अन्तर्गत पौधों के परागकणों पर प्रभाव मुहाना के आवासों में मत्स्य पालन, ओलावृष्टि प्रबन्धन, पहाड़ी और पहाड़ी पारिस्थितिकी तन्त्र छोटे जुगाली करने वालों और जलवायु परिवर्तन के सामाजिक-आर्थिक पहलुओं को अनुसंधान अनुदान प्रदान किया गया है।

(iv) क्षमता निर्माण

- जलवायु परिवर्तन विज्ञान का एक उभरता हुआ क्षेत्र है। इसलिए भारत में आयोजित प्रशिक्षण कार्यक्रमों और विदेशों में वैज्ञानिकों को प्रायोजित करने के माध्यम से सिमुलेशन मॉडलिंग, हाई थ्रू पुट फेनीटाइपिंग ग्रीनहाउस गैस (GHG) माप इत्यादि पर युवा वैज्ञानिकों की क्षमता का निर्माण किया जा रहा है।
- इसके साथ ही जलवायु परिवर्तन और परिवर्तनशीलता पर जागरूकता उत्पन्न करने के लिए 7000 किसानों को शामिल करते हुए देश भर में 100 से अधिक प्रशिक्षण कार्यक्रम आयोजित किए गए हैं।

कॉमन फ्रेमवर्क का उपयोग करते हुए भारतीय हिमालयी क्षेत्र के लिए जलवायु संवेदनशीलता मूल्यांकन रिपोर्ट

- भारत सरकार के विज्ञान एवं प्रौद्योगिकी विभाग ने 16 मार्च, 2023 को भारतीय हिमालयी क्षेत्र के राज्यों में जलवायु परिवर्तन संवेदनशीलता मूल्यांकन पर क्षमता निर्माण परियोजना के तहत कॉमन फ्रेमवर्क का उपयोग करते हुए भारतीय हिमालयी क्षेत्र के लिए जलवायु संवेदनशीलता मूल्यांकन (2018-19) रिपोर्ट प्रस्तुत की है।
- इस रिपोर्ट के अनुसार भारतीय हिमालयी क्षेत्र के 12 राज्यों/केन्द्रशासित प्रदेशों में असम में सिंचाई के तहत सबसे कम क्षेत्र (प्रतिशत के सन्दर्भ में है) प्रति 1000 ग्रामीण परिवारों पर सबसे कम वन क्षेत्र उपलब्ध है और सबसे कम प्रति व्यक्ति आय के मामले में यह दूसरे स्थान पर है।
- रिपोर्ट के अनुसार, असम जलवायु परिवर्तन के प्रति सर्वाधिक संवेदनशील है। राज्य के जल संसाधन, कृषि, वन, जैव-विविधता इत्यादि लगातार प्रभावित हो रही है।
- भारत सरकार जलवायु परिवर्तन से निपटने के लिए जलवायु परिवर्तन पर राष्ट्रीय कार्य योजना (NAPCC) के अन्तर्गत कार्यक्रमों का कार्यान्वयन कर रही है।

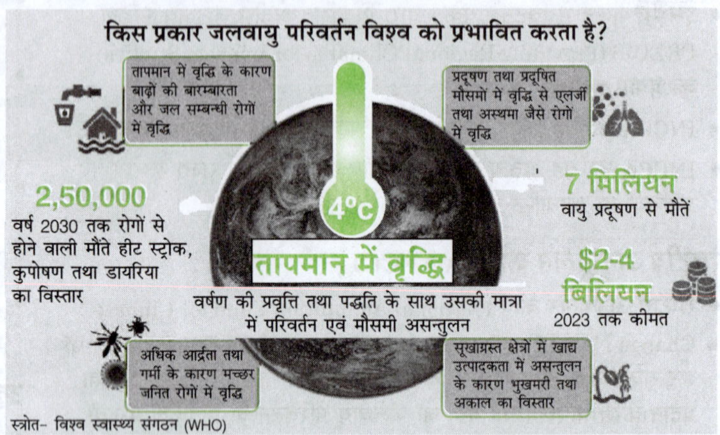

गर्म मौसम
- औसत तापमान वृद्धि 2.0°C
- 1.0 - 4.0°C अत्यधिक विस्तृत सीमा

वर्षण की औसत वार्षिक मात्रा
- वर्षा के दिनों में कमी तथा वर्षा की मात्रा में वृद्धि

चक्रवातों का वितरण
- चक्रवात कम किन्तु तीव्रता अधिक
- जोखिम की प्रवृत्ति में वृद्धि

मीठे जल की आपूर्ति
- पेयजल की मात्रा (50% तक की कमी)
- बाढ़ के जोखिम में 10-30% की वृद्धि सूखे की समस्या में भी वृद्धि

समुद्री जल-स्तर में वृद्धि
- 1.3 मिमी/वर्ष औसत

सरकार द्वारा जलवायु परिवर्तन पर की गई पहल

भारत सरकार ने जलवायु परिवर्तन शमन के लिए वैश्विक स्तर पर कई महत्त्वपूर्ण कदम उठाए हैं, जो निम्न हैं

अन्तर्राष्ट्रीय सौर गठबन्धन (ISA)

- भारत ने पेरिस सम्मेलन (2015) के दौरान भारत के साथ मिलकर अन्तर्राष्ट्रीय सौर गठबन्धन (International Solar Alliance ISA) की स्थापना पर कार्य आरम्भ किया।
- आईएसए द्वारा सौर ऊर्जा को कुशलतापूर्वक उपयोग में लाने के लिए सनसाइन देशों के गठबन्धन की संकल्पना को मूर्त रूप दिया गया है। इससे जीवाश्म ईंधन से होने वाले उत्सर्जन को नियन्त्रण में लाया जा सकेगा।
- आई एसए द्वारा एक सूर्य, एक विश्व एक ग्रिड (One Sun One World One Grid-OSOWOG) परियोजना को आगे बढ़ाने पर बल दिया गया है।
- इस गठबन्धन का सचिवालय गुरुग्राम (हरियाणा) में स्थित है।

स्वच्छ भारत मिशन

2 अक्टूबर, 2014 को स्वच्छ भारत मिशन की शुरुआत की गई। इसका उद्देश्य सर्वव्यापी स्वच्छता के प्रयासों में तेजी लाना है। प्रत्येक परिवार को शौचालय, ठोस और तरल अपशिष्ट निपटान प्रणाली, गाँव की स्वच्छता तथा सुरक्षित एवं स्वच्छ पेयजल आपूर्ति पर बल देना इस कार्यक्रम का लक्ष्य है।

पंचामृत

- भारत में जलवायु परिवर्तन के प्रभाव से निपटने के लिए पाँच अमृत तत्त्वों पंचामृत को प्रस्तुत किया गया है।
- COP - 26 के दौरान प्रधानमन्त्री नरेन्द्र मोदी ने 13 नवम्बर, 2021 को ग्लासगो स्कॉटलैण्ड में इसकी घोषणा की। यह अगले 10 वर्षों के लिए जलवायु परिवर्तन पर एक वैश्विक एजेण्डा है।
- इसका उद्देश्य सतत् विकास और पर्यावरण संरक्षण को बढ़ावा देना है।

भारत सरकार का पंचामृत

- वर्ष 2030 तक गैर-जीवाश्म ईंधन क्षमता को 500 GW तक बढ़ाना तथा वर्ष 2030 तक इसकी ऊर्जा आवश्यकताओं का 50% नवीकरणीय ऊर्जा से प्राप्त करना। अब से वर्ष 2030 तक कुल अनुमानित कार्बन उत्सर्जन में एक अरब टन की कमी।

  नोट : *कार्बन उत्सर्जन/फुटप्रिण्ट से तात्पर्य किसी एक संस्था या व्यक्ति द्वारा की गई कुल कार्बन उत्सर्जन की मात्रा से है। यह उत्सर्जन कार्बन डाइ-ऑक्साइड (CO_2) या ग्रीनहाउस गैसों के रूप में होता है।*

- वर्ष 2030 तक अर्थव्यवस्था की कार्बन तीव्रता में वर्ष 2005 के स्तर की तुलना में 45% की कमी लाना।
- वर्ष 2070 तक शुद्ध शून्य उत्सर्जन का लक्ष्य प्राप्त करना।

जलवायु स्मार्ट कृषि

- जलवायु स्मार्ट कृषि (Climate Smart Agriculture) एक दृष्टिकोण है, जो कृषि खाद्य प्रणालियों को हरित एवं जलवायु प्रत्यास्थी अभ्यासों में बदलने के लिए कार्रवाइयों को निर्देशित करता है।
- सतत विकास लक्ष्य (SDGs) तथा पेरिस जलवायु सम्मेलन में इसके लिए सहमति बनी थी।
- जलवायु स्मार्ट कृषि के तीन मुख्य उद्देश्य निम्न हैं
  1. कृषि उत्पादकता तथा आय में सतत रूप से वृद्धि करना।
  2. जलवायु परिवर्तन के प्रति अनुकूलन और प्रत्यास्थता का निर्माण
  3. ग्रीन हाउस गैस (GHG) उत्सर्जन को कम करना या उसे समाप्त करना।
- जलवायु स्मार्ट कृषि की प्रमुख पहलें निम्न हैं
  1. जलवायु परिवर्तन, कृषि और खाद्य सुरक्षा (Climate Change Agriculture and Food Security-CCAFS)
  2. जलवायु स्मार्ट कृषि पर वैश्विक गठबन्धन (Global Alliance for Climate-Smart Agriculture-GACSA)
  3. क्लाइमेट स्मार्ट एग्री कल्चरयूथ नेटवर्क (Climate Smart Agriculture Youth Network-CSAYN)

"

स्थलीय और जलीय पारिस्थितिकी प्रणालियों के बीच संक्रमण युक्त भूमि 'आर्द्रभूमि' कहलाती है, जो वर्षभर आंशिक रूप से या पूर्णत: जल से भरी रहती है।

अध्याय सोलह

आर्द्रभूमि पारितन्त्र

परिचय

- आर्द्रभूमि पारितन्त्र (Wetland Ecosystem) एक विशिष्ट पारिस्थितिकी तन्त्र है, जो पानी से संतृप्त (Saturated) भू-भाग में विकसित होता है।
- इस प्रकार के भू-भाग सामान्यत: वर्षभर आर्द्र बने रहते हैं।
- इसमें दलदली क्षेत्र, बाढ़ वाले क्षेत्र, झीलें तथा ऐसे सागरीय क्षेत्र आते हैं, जहाँ निम्न ज्वार के समय भी गहराई 6 मीटर से अधिक नहीं होती है।
- जैव-विविधता की दृष्टि से आर्द्रभूमियाँ अत्यन्त संवेदनशील होती हैं, विशेष प्रकार की वनस्पतियाँ ही आर्द्रभूमि पर उगने और फलने-फूलने के लिए अनुकूलित होती हैं; जैसे—मैंग्रोव, सुन्दरबन में पाई जाने वाली सुन्दरी वनस्पति।
- जैव-विविधता से भरपूर आर्द्रभूमि के भू-भाग उभयचर जानवरों, मछलियों तथा प्रवासी पक्षियों के लिए महत्त्वपूर्ण शरणस्थल होते हैं।
- 2 फरवरी, 1971 के ईरान के शहर रामसर में कैस्पियन सागर के तट पर आर्द्रभूमि पर एक अभिसमय (Convention on wetlands) को अपनाया गया था। अत: विश्व आर्द्रभूमि दिवस 2 फरवरी को मनाया जाता है।

आर्द्रभूमि का वर्गीकरण

अन्त:स्थलीय आर्द्रभूमि	मानव निर्मित आर्द्रभूमि	समुद्री/तटीय आर्द्रभूमि
झील/तालाब	कैनाल	स्थायी उथला समुद्री जल (खाड़ी व जलडमरूमध्य)
स्ट्रीम/क्रीक	तालाब, छोटे टैंक	समुद्री उपज्वार जलीय बेड
अनूप/कच्छ	सिंचित कृषि भूमि	मैंग्रोव
स्वच्छ पानी स्प्रिंग	एक्वाकल्चर	पथरीला समुद्री तट
डेल्टा	अपशिष्ट पानी निवारक क्षेत्र	बालू गोटियाँ एवं कंकड़ तट
		एस्चुअरी
		कोरल रीफ
		लैगून

आर्द्रभूमि के प्रकार

- **तटीय आर्द्रभूमि** यह भूमि और खुले समुद्र के बीच के क्षेत्रों में पाई जाती है, जो तटरेखा, समुद्र तट, मैंग्रोव और प्रवाल भित्तियों की तरह नदियों से प्रभावित नहीं होती हैं; जैसे-उष्णकटिबन्धीय तटीय क्षेत्रों में पाए जाने वाले मैंग्रोव दलदल।
- **उथली झीलें और तालाब** इस प्रकार की आर्द्रभूमियाँ स्थायी या अर्धस्थायी पानी वाले क्षेत्र होते हैं, जिनमें प्रवाह कम होता है। इसके अन्तर्गत स्प्रिंग पूल, तालाब, साल्ट लेक और ज्वालामुखी क्रेटर, झीलें आदि शामिल हैं।
- **दलदल** सामान्यत: ये जल से संतृप्त क्षेत्र होते हैं और गीली मिट्टी की स्थिति के अनुकूल जड़ी-बूटियों वाली वनस्पतियाँ इनकी विशेषता होती हैं। दलदल को भी ज्वारीय व गैर-ज्वारीय दलदल के रूप में बाँटा जाता है।
- **कच्छ** ये मुख्यत: सतह के जल से पोषित होते हैं तथा यहाँ झाड़ियाँ व पेड़ आदि भी पाए जाते हैं। ये मीठे पानी या खारे पानी के बाढ़ के मैदानों में पाए जाते हैं।
- **बॉग्स** पुरानी झील, घाटियाँ या भूमि पर जलभराव वाले गड्ढे के समान है। इसमें लगभग सारा पानी वर्षा के दौरान जमा होता है।
- **मुहाना** वह स्थान जहाँ नदियाँ समुद्र से मिलती हैं, वहाँ जैव-विविधता का उत्कृष्ट एवं समृद्ध मिश्रण देखने को मिलता है। इन आर्द्रभूमियों में डेल्टा, ज्वारीय मडफ्लैट्स और नमक के दलदल शामिल हैं।

अनूप एवं कच्छ

अनूप (Swamps) के अन्तर्गत ऐसी आर्द्रभूमि आती हैं जिसमें वृक्ष भी पाए जाते हैं, जबकि कच्छ (Marshes) में वृक्ष नहीं पाए जाते हैं। बहते जल से सम्बन्ध होने के कारण इन दोनों में उत्पादकता बहुत अधिक होती है। कच्छ अपेक्षाकृत स्थिर पानी से सम्बन्धित है। इसमें पौधों की जड़े पानी में तथा तने बाहर होते हैं। अनूप व कच्छ में प्रकाश संश्लेषण की क्रिया तेज गति से होती है।

आर्द्रभूमि को प्रभावित करने वाले कारक

प्रदूषण	आर्द्रभूमि एक प्राकृतिक जल फिल्टर के रूप में कार्य करती है। आर्द्रभूमि की जैविक विविधता पर औद्योगिक प्रदूषण का बुरा प्रभाव पड़ रहा है, क्योंकि फैक्ट्रियों से निकलने वाला दूषित जल आर्द्रभूमियों तक पहुँच रहा है। इसका सीधा प्रभाव आर्द्रभूमि के जलीय जीवों व पादपों पर पड़ता है।
जलवायु परिवर्तन	सूखे व बाढ़ की आवृत्ति में वृद्धि, वायु के तापमान में वृद्धि, वर्षा व मानसून में बदलाव, वायुमण्डल में कार्बन डाईऑक्साइड एकाग्रता में वृद्धि तथा समुद्र के जल स्तर में वृद्धि भी आर्द्रभूमि को प्रभावित कर रही है।
कृषि	आर्द्रभूमि के अन्तर्गत आने वाली विशाल भूमियों को धान के खेतों में बदला जा रहा है। खेतों की सिंचाई के लिए बड़ी मात्रा में जलाशयों, नहरों और बाँधों के निर्माण से सम्बन्धित आर्द्रभूमि के जल विज्ञान को महत्त्वपूर्ण रूप से प्रभावित कर रही है।
निकर्षण	आर्द्रभूमियों अथवा नदियों के तल से सामग्रियों को हटाना, जलधाराओं के निष्कासन से आस-पास के जल स्तर में कमी आ जाती है, जिससे आस-पास की आर्द्रभूमि सूखने लग जाती है।
शहरीकरण	शहरी क्षेत्रों के आस-पास की आर्द्रभूमि को आवासीय, औद्योगिक तथा वाणिज्यक सुविधाओं के लिए उपयोग में लाया जा रहा है, जबकि सार्वजनिक जल आपूर्ति के संरक्षण के लिए शहरी आर्द्रभूमि अत्यन्त आवश्यक है।
ड्रेनिंग	आर्द्रभूमियों के संरक्षित जल को लगातार निकालने से जल स्तर कम हो जाता है, जिससे आने वाले समय में आर्द्रभूमि सूख जाती है।
नुकसानदेय प्रजातियाँ	भारतीय आर्द्रभूमियों में कुछ नुकसानदेय पादपों जैसे जलकुम्भी और साल्विनिया आदि प्रजातियाँ जल मार्गों को अवरूद्ध करती हैं तथा स्थानीय वनस्पतियों से प्रतिस्पर्धा करती है।
लवणीकरण	भूमिगत जल के अत्यधिक दोहन से लवणीकरण जैसी स्थितियों का सामना करना पड़ रहा है।

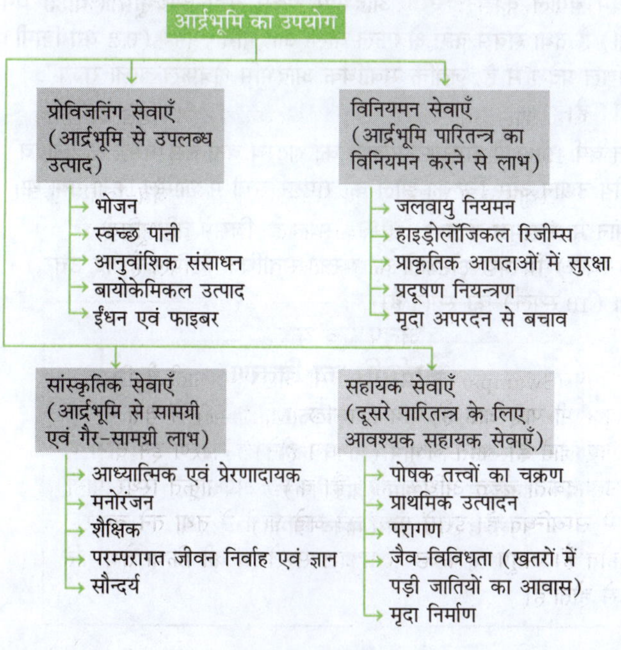

आर्द्रभूमि का उपयोग

प्रोविजनिंग सेवाएँ (आर्द्रभूमि से उपलब्ध उत्पाद)
- भोजन
- स्वच्छ पानी
- आनुवांशिक संसाधन
- बायोकेमिकल उत्पाद
- ईंधन एवं फाइबर

विनियमन सेवाएँ (आर्द्रभूमि पारितन्त्र का विनियमन करने से लाभ)
- जलवायु नियमन
- हाइड्रोलॉजिकल रिजीम्स
- प्राकृतिक आपदाओं में सुरक्षा
- प्रदूषण नियन्त्रण
- मृदा अपरदन से बचाव

सांस्कृतिक सेवाएँ (आर्द्रभूमि से सामग्री एवं गैर-सामग्री लाभ)
- आध्यात्मिक एवं प्रेरणादायक
- मनोरंजन
- शैक्षिक
- परम्परागत जीवन निर्वाह एवं ज्ञान
- सौन्दर्य

सहायक सेवाएँ (दूसरे पारितन्त्र के लिए आवश्यक सहायक सेवाएँ)
- पोषक तत्त्वों का चक्रण
- प्राथमिक उत्पादन
- परागण
- जैव-विविधता (खतरों में पड़ी जातियों का आवास)
- मृदा निर्माण

आर्द्रभूमियों के संरक्षण के लिए प्रयास

रामसर सम्मेलन, 1971

- रामसर सम्मेलन आर्द्रभूमि पर वैश्विक स्तर का सम्मेलन है, जिस पर वर्ष 1971 में ईरानी शहर रामसर में हस्ताक्षर किए गए थे।
- इस सम्मेलन के लिए वार्ता की शुरुआत 1960 के दशक में विभिन्न देशों और गैर-सरकारी संगठनों द्वारा आर्द्रभूमि और उनके संसाधनों के संरक्षण के लिए शुरू की गई थी।
- रामसर समझौता, 1975 में लागू हुआ तथा भारत इसमें 1982 में शामिल हुआ।
- रामसर सम्मेलन एकमात्र ऐसा वैश्विक सम्मेलन है, जो किसी विशिष्ट पारिस्थितिकी तन्त्र से सम्बन्धित वैश्विक वातावरणीय सन्धि के रूप में है।
- रामसर कन्वेंशन के छः अन्तर्राष्ट्रीय साझेदार हैं, जो निम्न हैं
  1. बर्ड लाइफ इण्टरनेशनल
  2. वेटलैंड्स इण्टरनेशनल
  3. आईयूसीएन
  4. डब्ल्यू डब्ल्यू एफ
  5. वाइल्डफाउल एवं वेटलैड्स ट्रस्ट
  6. अन्तर्राष्ट्रीय जल प्रबन्धन संस्थान

महत्त्वपूर्ण तथ्य

- पहला विश्व आर्द्रभूमि दिवस 2 फरवरी, 1997 को मनाया गया था।
- रामसर कन्वेंशन की स्थायी समिति द्वारा वर्ष 2024 की थीम **आर्द्रभूमि और मानव कल्याण** है।
- वर्तमान में विश्व में 2500 से अधिक आर्द्रभूमियाँ हैं। सबसे अधिक आर्द्रभूमि स्थल **175 यू.के.** में हैं।
- दुनिया का पहला रामसर स्थल ऑस्ट्रेलिया का **कोबोर द्वीप** था।
- रामसर सम्मेलन के अनुबन्धकारी पक्षों का सम्मेलन (सीओपी) हर तीन वर्ष में आयोजित होता है। रामसर कन्वेंशन की स्थायी समिति में **18 सदस्य** हैं।

कॉन्फ्रेन्स रिकॉर्ड

- रामसर सम्मेलन के तहत बने कॉन्फ्रेन्स रिकॉर्ड के अन्तर्गत अन्तर्राष्ट्रीय महत्त्व की उन आर्द्रभूमियों को चिन्हित किया जाता है, जिसमें मानवीय अतिक्रमण और प्रदूषित पर्यावरण के कारण पारिस्थितिकीय खतरा उत्पन्न हो गया है तथा जिन्हें संरक्षण की आवश्यकता है।
- कॉन्फ्रेन्स रिकॉर्ड पहली बार वर्ष 1990 में मोंट्रेक्स, स्विटजरलैण्ड में कॉन्ट्रेक्टिंग पार्टियों के सम्मेलन की सिफारिश पर कॉन्फ्रेन्स ऑफ पार्टीज के चौथे सम्मेलन (COP4) में स्थापित किया गया था।
- कॉन्फ्रेन्स रिकॉर्ड के स्थलों को केवल कोप (COP) की सहमति से ही हटाया जा सकता है। साइटों को केवल उन अनुबन्धित पक्षों के समझौते से रिकॉर्ड में शामिल या हटाया जा सकता है, जिनके क्षेत्र में वे आते हैं।
- कॉन्फ्रेन्स रिकॉर्ड के तहत भारत से दो आर्द्रभूमि क्षेत्र केवलादेव राष्ट्रीय उद्यान (राजस्थान) को वर्ष 1990 में पानी व चारागाह की कमी के कारण तथा वर्ष 1993 में लोकटक झील (मणिपुर) को वनोन्मूलन व प्रदूषण की समस्या के कारण शामिल किया गया है।

- चिल्का झील (ओडिशा) को भी कॉन्फ्रेन्स रिकॉर्ड साइट में वर्ष 1993 में शामिल किया गया, क्योंकि वहाँ गाद (Siltation) की समस्या बढ़ गई थी। सार्वजनिक व सरकारी प्रयासों से वर्ष 2002 में इसे कॉन्फ्रेन्स रिकॉर्ड सूची से हटा दिया गया तथा इसने वर्ष 2002 में रामसर संरक्षण पुरस्कार भी प्राप्त किया।

क्र.सं.	कॉन्फ्रेन्स रिकॉर्ड में रामसर साइट्स	देश
1.	लगुना डी ललंकानेलो	अर्जेण्टीना
2.	डोनो-मार्च-औएन	ऑस्ट्रिया
3.	डी इजेरब्रोकेन ते डिक्समुइड एन लो-रेनिंगे	बेल्जियम
4.	शोरेन वैन डी बेनेडेन शेल्डे	बेल्जियम
5.	पालो वर्डे	कोस्टा रिका
6.	कोपाकी रीत	क्रोएशिया
7.	लिटोवेल्स्के पोमोरावी	चेक रिपब्लिक
8.	लगुना डेल टाइग्रे	ग्वाटेमाला
9.	केवलादेव राष्ट्रीय उद्यान	भारत
10.	लोकटक झील	भारत
11.	अंजली मोर्दब (तालाब) परिसर	ईरान
12.	हमुन-ए-पुजाक, दक्षिण छोर	ईरान
13.	हमुन-ए-सबेरी और हमुन-ए-हेलमण्ड	ईरान
14.	नेरीज झीलें और कामजन मार्शेस	ईरान
15.	शेडगन मार्शेस और खोर-अल अमाया और खोर मूसा के मडफ्लैट	ईरान
16.	शूरगोल, यादेगरलू और दोरगेह सांझी झीले	ईरान
17.	ब्लसवोकपूट	दक्षिण अफ्रीका
18.	ऑरेंज रिवर माउथ	दक्षिण अफ्रीका
19.	डोनाना	स्पेन
20.	हविजेह मार्श	इराक
21.	अजराक ओएसिस	जॉर्डन
22.	सिस्तेमा डे हमेडेल्स डे ला बाहिया डी ब्लूफील्ड्स	निकारागुआ
23.	बेसिन डू नडियाल	सेनेगल
24.	अमराविकाकीस बाड़ी	यूनान
25.	एक्सियस, लोडियस, एल्थाकमन	यूनान
26.	कोटिची लैगून	यूनान
27.	विस्टोनिस झील	यूनान
28.	वोल्वी और कोरोनिया झीलें	यूनान
29.	मेसोलोघी लैगून	यूनान
30.	नेस्टोस डेल्टा और आसपास के लैगून	यूनान
31.	लच्कउल	ट्यूनीशिया
32.	जॉर्ज झील	युगाण्डा
33.	डी इस्टयूरी	यूनाइटेड किंगडम
34.	ओउसे वाशेष	यूनाइटेड किंगडम
35.	एवरग्लेड्स	संयुक्त राज्य अमेरिका
36.	मोकरडी डोल्हिो पीडीजी	चेक रिपब्लिक
37.	पूदरी	चेक रिपब्लिक
38.	ट्रेबोंस्का रिबनिकी	चेक रिपब्लिक
39.	पार्क नेशनल डेस मैंग्रोव	कांगो लोकतान्त्रिक गणराज्य
40.	रिंगकोबिंग फोजर्ड	डेनमार्क
41.	बरदाविल झील	मिस्र
42.	बुरुल्लस झील	मिस्र
43.	दुरानकुलक झील	बुल्गारिया
44.	श्रेबरना	बुल्गारिया
45.	कार्लोस अनवंडर अभयारण्य	चिली
46.	वाटेनमेयर, ओस्टफ्रीसिसचेस वाटेनमेयर ऑर डॉलर्ट	डेनमार्क
47.	लास तबलास की डेमिल	स्पेन

भारत में आर्द्रभूमि का वितरण

- भारत के कुल भौगोलिक क्षेत्रफल का लगभग 4.86% (13,58,066 हेक्टेयर) आर्द्रभूमि के रूप में है। भारत में कुल आन्तरिक आर्द्रभूमि का क्षेत्रफल, तटीय आर्द्रभूमि के क्षेत्रफल से ज्यादा है।
- पश्चिम बंगाल की सुन्दरबन आर्द्रभूमि सबसे बड़ी आर्द्रभूमि (4230 वर्ग किमी) है तथा सबसे कम क्षेत्रफल वाली आर्द्रभूमि रेणुका (0.2 वर्ग किमी) हिमाचल प्रदेश में है, जबकि सर्वाधिक आर्द्रभूमि क्षेत्रफल वाला राज्य गुजरात है।
- भारत वर्ष 1982 में रामसर समझौते का सदस्य बना उस समय केवलादेव राष्ट्रीय उद्यान और चिल्का झील को रामसर सूची में शामिल किया गया था।
- वर्तमान में भारत में कुल 89 रामसर स्थल हैं, जिसमें तमिलनाडु (20 स्थल) में रामसर स्थलों की संख्या सर्वाधिक है। इसके बाद उत्तर प्रदेश (10 स्थल) का स्थान है।

आर्द्रभूमि का वितरण

- कोस्टल आर्द्रभूमि (प्राकृतिक) – 24%
- कोस्टल आर्द्रभूमि (मानव निर्मित) – 3%
- इनलैण्ड आर्द्रभूमि (प्राकृतिक) – 43%
- इनलैण्ड आर्द्रभूमि (मानव निर्मित) – 30%

भारत में रामसर साइट्स

घोषणा / वर्ष	राज्य/केन्द्रशासित प्रदेश	रामसर साइट
1981	ओडिशा	चिल्का झील
	राजस्थान	केवलादेव रा. उ.
1990	मणिपुर	लोकटक झील
	जम्मू-कश्मीर	वूलर झील
	पंजाब	हरिके झील
	राजस्थान	साम्भर झील
2002	पंजाब	कंजली झील
	पंजाब	रोपड़ आर्द्रभूमि
	आन्ध्र प्रदेश	कोलरू झील
	असम	दीपोर बील
	हिमाचल प्रदेश	पोंग बाध झील
	लद्दाख	त्सो मोरीरी झील
	केरल	अष्टमुडी झील
	केरल	सस्थमकोटा झील
	केरल	बेम्बनाद - कोल आर्द्रभूमि
	मध्य प्रदेश	भोज आर्द्रभूमि
	ओडिशा	भितरकनिका मैंग्रोव
	तमिलनाडु	प्वॉइण्ट कैलिमेरे वन्यजीव एवं पक्षी अभयारण्य
2005	पश्चिम बंगाल	पूर्व कोलकाता आर्द्रभूमि
	हिमाचल प्रदेश	चन्दरताल आर्द्रभूमि
	हिमाचल प्रदेश	रेणुका आर्द्रभूमि
	जम्मू-कश्मीर	होकेरा आर्द्रभूमि
	जम्मू-कश्मीर	सुरिंसर-मानसर झील
	त्रिपुरा	रुद्रसागर झील
	उत्तर प्रदेश	ऊपरी गंगा नदी
2012	गुजरात	नल सरोवर पक्षी अभयारण्य
2019	पश्चिम बंगाल	सुन्दरबन डेल्टा क्षेत्र
	महाराष्ट्र	नन्दुर मध्यमेश्वर
	पंजाब	केशोपुर मिआनी कम्युनिटी रिजर्व
	पंजाब	नांगल वन्यजीव अभयारण्य
	पंजाब	व्यास संरक्षण रिजर्व
	उत्तर प्रदेश	नवाबगंज पक्षी अभयारण्य
	उत्तर प्रदेश	साण्डी पक्षी अभयारण्य
	उत्तर प्रदेश	समसपुर पक्षी अभयारण्य
	उत्तर प्रदेश	समन पक्षी अभयारण्य
	उत्तर प्रदेश	पार्वती अरगा पक्षी अभयारण्य
	उत्तर प्रदेश	सरसइ नावर झील
2020	उत्तराखण्ड	आसन कन्जर्वेशन रिजर्व
	बिहार	काबरताल झील (बिहार राज्य का सबसे पुराना (पहला) रामसर स्थल)
	महाराष्ट्र	लोनार झील
	उत्तर प्रदेश	सुर सरोवर झील
	लद्दाख	त्सो कार आर्द्रभूमि

घोषणा / वर्ष	राज्य/केन्द्रशासित प्रदेश	रामसर साइट
2021	गुजरात	वाधवाना आर्द्रभूमि
	गुजरात	थोल झील वन्यजीव अभयारण्य
	हरियाणा	सुल्तानपुर रा.उ.
	हरियाणा	भिण्डावास वन्यजीव अभयारण्य
	उत्तर प्रदेश	हैदरपुर आर्द्रभूमि
	तमिलनाडु	कुन्थाकुलम पक्षी अभयारण्य
	उत्तर प्रदेश	बखीरा वन्यजीव अभयारण्य
	गुजरात	खिजड़िया वन्यजीव अभयारण्य
	मिजोरम	पाला आर्द्रभूमि
	ओडिशा	सतकोसिया गॉर्ज
2022	तमिलनाडु	करिकिली पक्षी अभयारण्य
	तमिलनाडु	पल्लिकरनई मार्श रिजर्व फॉरेस्ट
	तमिलनाडु	पिचवरम मैंग्रोव
	मध्य प्रदेश	साख्य सागर, सिरपुर आर्द्रभूमि
	तमिलनाडु	मन्नार की खाड़ी समुद्री बायोस्फीयर रिजर्व, उदयमार्थण्डपुरम पक्षी अभयारण्य
	तमिलनाडु	वेदान्थंगली पक्षी अभयारण्य
	तमिलनाडु	वेलोड पक्षी अभयारण्य
	तमिलनाडु	वेम्बनूर आर्द्रभूमि कॉम्प्लेक्स
	गोवा	नन्दा झील
	कर्नाटक	रंगनथिट्टू वी एस
	ओडिशा	टंपारा झील, हीराकुड रिजर्व
	ओडिशा	अनसुपा झील
	मध्य प्रदेश	यशवन्त सागर
	तमिलनाडु	चित्रांगुडी पक्षी अभयारण्य
	तमिलनाडु	सुचिन्द्रम थिरूर आर्द्रभूमि कॉम्प्लेक्स
	तमिलनाडु	वडुवुर पक्षी अभयारण्य
	तमिलनाडु	कांजीरकुलम पक्षी अभयारण्य
	महाराष्ट्र	ठाणे क्रीक
	जम्मू-कश्मीर	हाइगम वेटलैण्ड कन्जर्वेशन रिजर्व
	जम्मू-कश्मीर	शालबुग वेटलैण्ड कन्जर्वेशन रिजर्व
2024	तमिलनाडु	कराईवेट्टी पक्षी अभयारण्य
	तमिलनाडु	लॉन्गुवुड शोला रिजर्व फॉरेस्ट
	कर्नाटक	अंक समुद्र पक्षी संरक्षण रिजर्व
	कर्नाटक	अधनाशिनी एस्चुयरी
	कर्नाटक	मगदी केरे संरक्षण रिजर्व
	बिहार	नागी पक्षी अभयारण्य
	बिहार	नकटी पक्षी अभयारण्य
	मध्य प्रदेश	तवा जलाशय
	तमिलनाडु	काझुवेली पक्षी अभयारण्य
	तमिलनाडु	नंजरायण पक्षी अभयारण्य
2025	तमिलनाडु	सक्काराकोट्टई पक्षी अभयारण्य
	तमिलनाडु	थेरथंगल पक्षी अभयारण्य
	सिक्किम	खाचोएदपालरी आर्द्रभूमि
	झारखण्ड	उधवा झील

भारत के रामसर स्थल

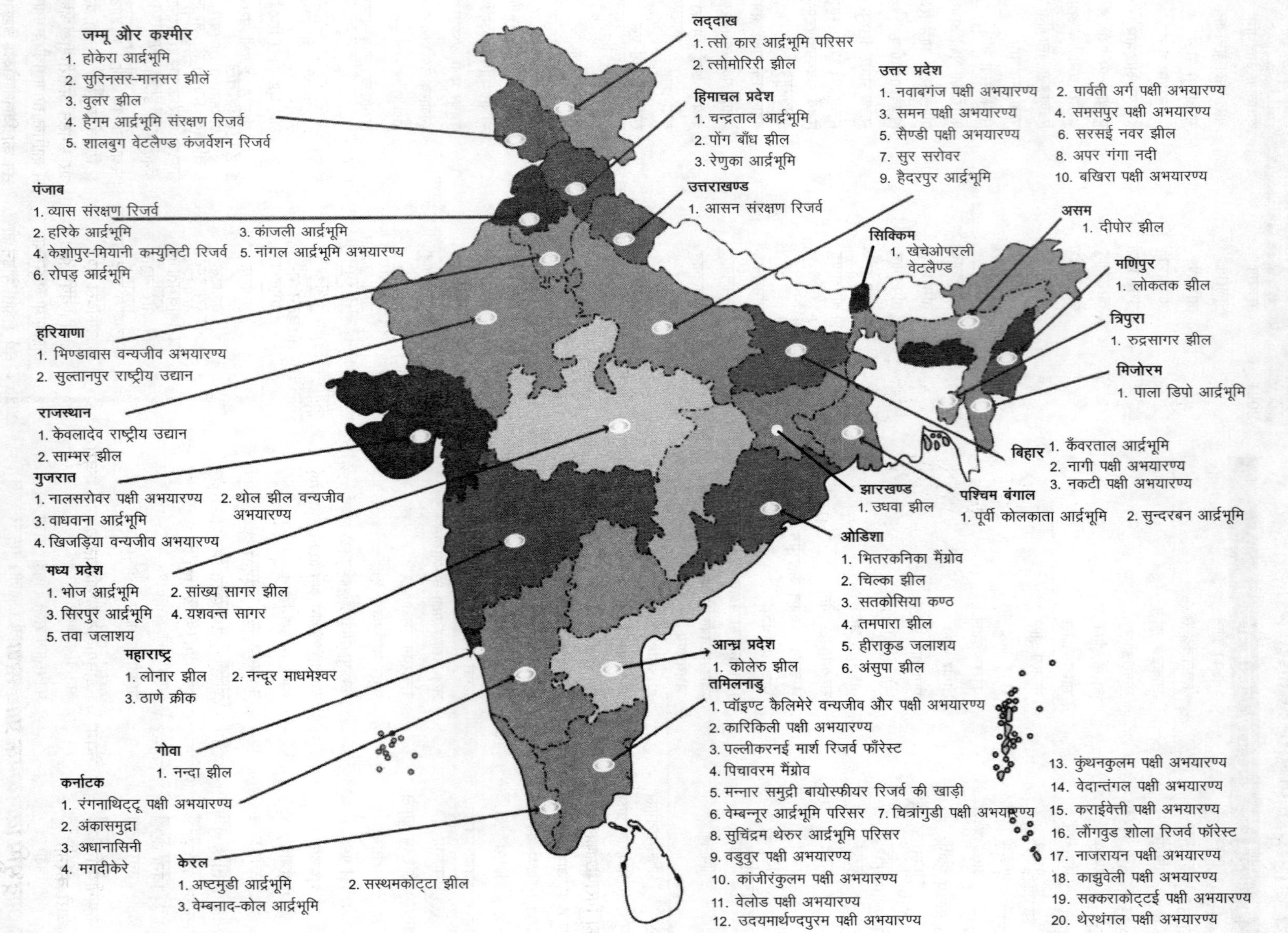

राष्ट्रीय आर्द्रभूमि संरक्षण कार्यक्रम (NWCP)

- राष्ट्रीय आर्द्रभूमि संरक्षण कार्यक्रम (National Wetlands Conservation Programme-NWCP) वर्ष 1985 में शुरू किया गया। इसका उद्देश्य संवेदनशील आर्द्रभूमि पारिस्थितिकी प्रणालियों के लिए बढ़ते खतरों को सम्बोधित करना तथा उसके संरक्षण को बढ़ावा देना है।
- यह आर्द्रभूमि की रक्षा के लिए अन्तर्राष्ट्रीय प्रयासों के साथ संरक्षित है, जिसमें कुछ स्थलों को रामसर स्थल के रूप में नामित करना शामिल है, जो उनके वैश्विक महत्त्व को दर्शाता है।
- राज्य सरकारों के साथ मिलकर चलाए गए इस कार्यक्रम के अन्तर्गत पर्यावरण, वन एवं जलवायु परिवर्तन मन्त्रालय द्वारा 115 वेटलैण्ड्स (आर्द्रभूमि) की पहचान की गई थी, जिनके संरक्षण एवं प्रबन्धन हेतु उचित कदम उठाने की आवश्यकता है।
- इस (NWCP) कार्यक्रम का नाम अब राष्ट्रीय आर्द्रभूमि संरक्षण एवं प्रबन्धन कार्यक्रम (National Wetlands Conservation and Management Programme-NWCMP) कर दिया गया हैं।
- प्रमुख उद्देश्य
  - पहचान और मूल्यांकन
  - संरक्षण और प्रबन्धन
  - क्षमता निर्माण
  - अनुसन्धान और निगरानी
  - कानूनी ढाँचा
  - पर्यावरण शिक्षा व जागरूकता

आर्द्रभूमि (संरक्षण और प्रबन्धन) नियम, 2010

- आर्द्रभूमि संरक्षण के प्रयासों को बढ़ावा देने तथा आर्द्रभूमियों की स्थिति में हो रही गिरावट को रोकने के लिए पर्यावरण एवं वन मन्त्रालय द्वारा पर्यावरण संरक्षण अधिनियम 1986 के तहत आर्द्रभूमि (संरक्षण एवं प्रबन्धन) नियम, 2010 की घोषणा की गई।
- यह नियम उन सभी गतिविधियों पर रोक लगाता है, जो आर्द्रभूमियों के संरक्षण व उनके प्रबन्धन में हानिकारक सिद्ध हो सकते हैं; जैसे-औद्योगीकरण, ठोस कचरे व अपशिष्ट फैलाना, कन्स्ट्रक्शन गतिविधियाँ व अनुपचारित सीवेज आदि।
- आर्द्रभूमि क्षेत्र के भीतर गतिविधियों पर प्रतिबन्ध जैसे कि पुनर्ग्रहण, आस-पास के क्षेत्र में औद्योगिक स्थापना, ठोस अपशिष्ट डम्पिंग, विषैले पदार्थों का भण्डारण, अनुपचारित अपशिष्ट निर्वहन तथा स्थायी निर्माण आदि को रोकना।
- विनियमित गतिविधियाँ जिनके लिए सम्बन्धित राज्य सरकार की अनुमति आवश्यक होती है, जिनमें संसाधनों का दोहन, उपचारित अपशिष्ट जल का उत्सर्जन, हाइड्रोलिक परिवर्तन जलीय कृषि, कृषि तथा ड्रेजिंग आदि शामिल हैं, बिना अनुमति प्रतिबन्धित हैं।
- प्राधिकरण के प्रमुख कार्यों में संरक्षण के लिए नई आर्द्रभूमियों की पहचान करना स्थानीय निकायों द्वारा नियमों का अनुपालन सुनिश्चित करना, मंजूरी आदि जारी करना।

केन्द्रीय आर्द्रभूमि विनियामक प्राधिकरण

पर्यावरण, वन और जलवायु परिवर्तन मन्त्रालय के सचिव की अध्यक्षता वाले प्राधिकरण में विभिन्न सरकारी मन्त्रालयों के सदस्य तथा विभिन्न विशेषज्ञों (जल विज्ञान, लिम्नोजाली, पक्षी विज्ञान और पारिस्थितिकी के) को शामिल किया जाता है। यह रामसर वेटलैण्ड्स और संरक्षित आर्द्रभूमि को विनियमित करने, गतिविधियों की देखरेख करने और नियमों के अनुपालन के विनिश्चयन के लिए जिम्मेदार हैं।

आर्द्रभूमि (संरक्षण और प्रबन्धन) नियम, 2017

- पर्यावरण संरक्षण अधिनियम, 1986 में उल्लिखित प्रावधानों के अनुसार वन एवं जलवायु परिवर्तन मन्त्रालय (Ministry of Environment, Forest and Climate Change-MOEFCC) द्वारा आर्द्रभूमि संरक्षण और प्रबन्धन नियम, 2017 को आर्द्रभूमि (संरक्षण एवं प्रबन्धन) नियम 2010 के स्थान पर औपचारिक रूप से स्थापित किया गया।
- ये नियम पर्यावरण (संरक्षण) अधिनियम 1986 के तहत भारत में आर्द्रभूमि के संरक्षण और प्रबन्धन को नियन्त्रित करने वाले कानूनी ढाँचे के रूप में महत्त्वपूर्ण भूमिका निभाते हैं।
- आर्द्रभूमि (संरक्षण एवं प्रबन्धन) नियम 2017 ने आर्द्रभूमि के प्रबन्धन को केन्द्रीय निकाय से हटाकर राज्य-स्तरीय संगठनों की ओर स्थानान्तरित कर दिया। राज्य आर्द्रभूमि प्राधिकरण द्वारा लिए गए निर्णय पर राष्ट्रीय आर्द्रभूमि समिति निगरानी करेगी।
- केन्द्रीय आर्द्रभूमि नियामक प्राधिकरण (Central Wetland Regulatory Authority-CWRA) का स्थान अब राष्ट्रीय आर्द्रभूमि समिति (National Wetland Committee-NWC) ने ले लिया है।

राज्य आर्द्रभूमि प्राधिकरण का गठन

- इसमें प्रत्येक राज्य और केन्द्रशासित प्रदेश में एक राज्य आर्द्रभूमि प्राधिकरण (State Wetland Authority-SWA) स्थापित करने का प्रावधान है, जिसका नेतृत्व सम्बन्धित राज्य के पर्यावरण मन्त्री करेंगे।
- इसमें जल विज्ञान, सामाजिक अर्थशास्त्र, भूदृश्य नियोजन, मत्स्य पालन और आर्द्रभूमि पारिस्थितिकी के क्षेत्रों से एक-एक विशेषज्ञ शामिल होंगे।
- वे 'बुद्धिमानी से उपयोग के सिद्धान्त' का निर्धारण करेगा, जो आर्द्रभूमि के प्रबन्धन को नियन्त्रित करेगा।

राष्ट्रीय आर्द्रभूमि समिति की स्थापना

राष्ट्रीय आर्द्रभूमि समिति (NWC) केन्द्रीय आर्द्रभूमि विनियामक प्राधिकरण के स्थान पर बनाई गई है, इसका नेतृत्व पर्यावरण, वन और जलवायु परिवर्तन मन्त्रालय के सचिव करेंगे।

वेटलैण्ड इण्टरनेशनल

- वेटलैण्ड्स इण्टरनेशनल एक वैश्विक संगठन है, जो लोगों और जैव-विविधता के लिए वेटलैण्ट्स और उनके संसाधनों को बनाए रखने और बहाल करने के लिए काम करता है।
- वेटलैण्ट्स इण्टरनेशनल की स्थापना वर्ष 1954 में इण्टरनेशनल वाटरफॉवल एण्ड वेटलैण्ड्स रिसर्च ब्यूरो (IWRB) के रूप में की गई थी। वर्ष 1991 में दो और संगठन अन्तर्राष्ट्रीय जलपक्षी और आर्द्रभूमि अनुसन्धान ब्यूरो में शामिल हो गए।
- वर्ष 1996 में इन तीनों संगठन का विलय होकर वेटलैण्ड्स इण्टर नेशनल का गठन हुआ।
- इसका मुख्यालय नीदरलैण्ड में स्थित है।

ऊर्जा उत्पन्न करने के लिए उपयोग में लाए जाने वाले सभी स्रोतों को ऊर्जा स्रोत कहा जाता है। इनका उपयोग बिजली और ऊर्जा के दूसरे स्वरूपों को तैयार करने लिए किया जाता है। ऊर्जा स्रोत के दो प्रकार हैं-परम्परागत ऊर्जा स्रोत (सीमित स्रोत) व गैर-परम्परागत ऊर्जा स्रोत (असीमित स्रोत)।

अध्याय सत्रह

परम्परागत व गैर-परम्परागत ऊर्जा एवं ऊर्जा संरक्षण

ऊर्जा संसाधन

- किसी भी देश का आर्थिक विकास मुख्य रूप से उसके ऊर्जा संसाधनों पर ही निर्भर करता है।
- ऊर्जा संसाधनों में कमी विकासशील राष्ट्रों के पिछड़ेपन का एक प्रमुख कारण है।
- पृथ्वी पर जीवन आवश्यकताओं, भौगोलिक क्षेत्रों की उपलब्धता, संसाधनों के वितरण आदि में विविधताओं के चलते ऊर्जा के विभिन्न स्रोतों का उपयोग किया जाता है।
- भारत में ऊर्जा की आवश्यकता परम्परागत और गैर-परम्परागत दोनों ही साधनों से पूरी की जाती है।
- परम्परागत ऊर्जा के स्रोत प्रायः अनवीकरणीय ऊर्जा संसाधन की श्रेणी में आते हैं तथा अपरम्परागत ऊर्जा के स्रोत नवीकरणीय ऊर्जा संसाधन की श्रेणी में सम्मिलित किए जाते हैं।

ऊर्जा संसाधन

- परम्परागत ऊर्जा संसाधन
  - कोयला
  - पेट्रोलियम
  - शैल गैस
  - प्राकृतिक गैस
  - परमाणु ऊर्जा
- गैर-परम्परागत ऊर्जा संसाधन
  - बायोगैस
  - सौर ऊर्जा
  - पवन ऊर्जा
  - भू-तापीय ऊर्जा
  - ज्वारीय ऊर्जा
  - जल विद्युत

परम्परागत (अनवीकरणीय) ऊर्जा संसाधन

- जिस ऊर्जा स्रोत का उपयोग दोबारा नहीं किया जा सकता तथा उनकी उपलब्धता भी सीमित हो ऐसे स्रोतों को अनवीकरणीय ऊर्जा संसाधन कहते हैं।
- इस वर्ग में कोयला, लकड़ी, पेट्रोलियम व प्राकृतिक गैस आदि आते हैं।

परम्परागत (अनवीकरणीय) ऊर्जा स्रोत

स्रोत	विवरण
कोयला	• भारत में बहुतायत पाया जाने वाला जीवाश्म ईंधन। • इसका मुख्य प्रयोग ताप विद्युत उत्पादन तथा लौह अयस्क के प्रगलन के लिए किया जाता है। • देश की ऊर्जा आवश्यकताओं में इसका योगदान लगभग **55%** है। • शीर्ष तीन कोयला उत्पादक राज्य **ओडिशा**, **छत्तीसगढ़** व **झारखण्ड** हैं।
पेट्रोलियम	• भारत में कोयले के पश्चात् ऊर्जा का दूसरा प्रमुख साधन पेट्रोलियम या खनिज तेल है। • कच्चा पेट्रोलियम द्रव और गैसीय अवस्था के हाइड्रोकार्बन से युक्त होता है तथा इसके रंगों एवं विशिष्ट घनत्व में भिन्नता पायी जाती है। • मोटरवाहनों, रेलवे तथा वायुयानों के अन्तर-दहन ईंधन के लिए ऊर्जा का प्रमुख एवं अनिवार्य स्रोत। • भारत के तीन शीर्ष कच्चे तेल उत्पादक राज्य राजस्थान, गुजरात व असम हैं।
प्राकृतिक गैस	• ऊर्जा का स्वच्छ संसाधन जो पेट्रोलियम के साथ अथवा अलग भी पाया जाता है। • इसे ऊर्जा के साधन के रूप में बिजली पैदा करने, खाना पकाने तथा घरों को गर्म करने आदि में किया जाता है। • शीर्ष तीन प्राकृतिक गैस उत्पादक राज्य **असम**, **राजस्थान** व **त्रिपुरा** हैं।
नाभिकीय/ परमाणु ऊर्जा	• यूरेनियम एक भारी, कठोर रेडियोधर्मी एवं सफेद खनिज पदार्थ है, इसे मेटल ऑफ होप (Metal of hope) भी कहा जाता है। यह परमाणु ऊर्जा का सबसे महत्त्वपूर्ण खनिज संसाधन है। • इसका (यूरेनियम) प्रयोग मुख्यतः नाभिकीय रिएक्टरों के संचालन हेतु ईंधन के रूप में किया जाता है। • भारत में यूरेनियम मुख्यतः आन्ध्र प्रदेश व झारखण्ड में पाया जाता है।
शैल गैस	• शैल गैस अवसादी चट्टानों के मध्य पाई जाती है। • भारत में उत्तरपूर्व में तथा गोण्डवाना चट्टानों में शैल गैस प्रचुर मात्रा में विद्यमान है। • शैल गैस, प्राकृतिक गैस का एक गैर-परम्परागत रूप है, परन्तु यह नवीकरणीय नहीं है।

प्रधानमन्त्री ऊर्जा गंगा परियोजना

- इस परियोजना की शुरुआत वर्ष 2016 में वाराणसी से की गई। इस परियोजना में जगदीशपुर (उत्तर प्रदेश) से हल्दिया (पश्चिम बंगाल) को पाइपलाइन से जोड़ने की योजना शामिल है।
- इस परियोजना का मुख्य उद्देश्य पूर्वी भारत में पीएनजी (Piped Natural Gas) और सीएनजी (Compressed Natural Gas) उपलब्ध कराना है। इस योजना का संचालन गैस अथॉरिटी ऑफ इण्डिया द्वारा किया जा रहा है।
- इस योजना में भारत के पाँच राज्य (उत्तर प्रदेश, बिहार, झारखण्ड, पश्चिम बंगाल और ओडिशा) होंगे, जिसके 9 औद्योगिक संकुलों को विकसित किया जाएगा।

हाइड्रोकार्बन विजन-2025

विशेषज्ञों के एक दल ने अप्रैल, 2000 में भारतीय हाइड्रोकार्बन विजन-2025 की रिपोर्ट (IHV 2025) तैयार की। इस रिपोर्ट में पहली बार विश्वस्तरीय व्यापारिक प्रतिस्पर्धा के परिदृश्य को ध्यान में रखते हुए भारत में तेल और गैस क्षेत्र के विकास की रूपरेखा तैयार की गई। हाइड्रोकार्बन विजन-2025 में निम्नलिखित लक्ष्य रखे गए हैं

- तेल के घरेलू उत्पादन में वृद्धि और विदेश में इक्विटी आयल में निवेश की वृद्धि के माध्यम से ऊर्जा सुरक्षा के क्षेत्र में आत्मनिर्भरता प्राप्त करना।
- स्वच्छ और हरे-भरे भारत का निर्माण सुनिश्चित करने के लिए उत्पादों के स्तर में सुधार से जीवन-स्तर बेहतर बनाना।
- उपभोक्ता सेवाओं को बेहतर बनाने के लिए मुक्त बाजार की स्थापना और कारोबारियों के बीच प्रतिस्पर्धा को बढ़ावा देना।

गैर-परम्परागत (नवीकरणीय) ऊर्जा संसाधन

ऊर्जा संसाधन

- ऐसे स्रोत जिनका प्रयोग बार-बार किया जा सकता है, गैर-परम्परागत अथवा नवीकरणीय ऊर्जा स्रोत कहलाते हैं।
- इस वर्ग में वे ऊर्जा स्रोत आते हैं, जिनके अक्षय भण्डार हैं; जैसे- पवन ऊर्जा, सौर ऊर्जा, भूतापीय ऊर्जा, वायुशक्ति एवं ज्वारीय शक्ति आदि।
- इनका क्षरण नहीं होता व इनकी उपलब्धता लगातार बनी रहती है।
- पर्यावरण प्रदूषण से मुक्त एवं अक्षय ऊर्जा संसाधन, नवीकरणीय ऊर्जा संसाधन के अन्तर्गत आते हैं। इनके प्रमुख स्रोत सौर ऊर्जा, पवन ऊर्जा, जीवाश्म ऊर्जा, भू-तापीय ऊर्जा व बायोमास आदि हैं। जीवाश्म ईंधनों के बढ़ते प्रयोग से अनवीकरणीय संसाधनों का अभाव उत्पन्न हो रहा है।
- भारत ने पेरिस में हुए COP- 21 में 195 देशों के साथ जलवायु परिवर्तन के मुद्दे पर समझौते में महत्त्वपूर्ण भूमिका निभाई। वर्ष 2030 तक राष्ट्रीय निर्धारित योगदान के अन्तर्गत निम्नलिखित लक्ष्यों पर सहमति प्रदान की गई।
- GDP की उत्सर्जन तीव्रता को 35% तक कम करना (2005 के स्तर से)।
- विद्युत क्षमता का लगभग 40% गैर-जीवाश्मी ईंधन आधारित ऊर्जा स्रोतों से हासिल करना। वनों या जंगलों के रूप में 250-300 करोड़ टन के कार्बन सिंक का सृजन किया जाना है।
- भारत ने COP- 26 में वर्ष 2030 तक 500 गीगावाट गैर-जीवाश्म ईंधन आधारित ऊर्जा का लक्ष्य रखा है।
- COP- 28 सम्मेलन में ऊर्जा स्रोतों के लिए तेल, गैस और कोयले के प्रयोग से दूर जाने पर सहमति बनी। वर्ष 2030 तक वैश्विक स्तर पर नवीकरणीय ऊर्जा क्षमता को तीन गुना करने का लक्ष्य रखा गया।
- वर्ष 2050 तक शुद्ध कार्बन डाइऑक्साइड उत्सर्जन को शून्य करने का लक्ष्य रखा गया।
- वैश्विक समीक्षा में सभी देशों से मीथेन सहित गैर-CO_2 उत्सर्जन में कटौती करने का आह्वान किया गया।
- नवीकरणीय 2024 वैश्विक स्थिति रिपोर्ट के अनुसार, भारत नवीकरणीय ऊर्जा स्थापित क्षमता (बड़ी हाइड्रो सहित) में विश्व स्तर पर चौथे स्थान पर (पवन ऊर्जा क्षमता में चौथे स्थान पर) तथा सौर ऊर्जा क्षमता में पाँचवें स्थान पर है।

जल विद्युत

- गिरते हुए या बहते हुए जल की ऊर्जा से टरबाइन चलाकर जो विद्युत उत्पन्न की जाती है, उसे जल विद्युत कहते हैं। इसके लिए सबसे पहले ऐसे स्थान का चुनाव करना होता है, जहाँ बाँध बनाकर प्रचुर मात्रा में पानी जमा किया जा सके।
- इसके बाद इसे बड़े पाइपों अथवा सुरंगों से निचले स्तर पर भेजा जाता है। इस तेजी से गिरते हुए जल की सहायता से टरबाइनों को चलाया जाता हैं। टरबाइनों के जेनरेटरों में लगे आर्मेचर तार एक शक्तिशाली चुम्बकीय क्षेत्र उत्पन्न करते हैं, जो टरबाइन की यान्त्रिक ऊर्जा को विद्युत ऊर्जा में रूपान्तरित कर देते हैं।
- विश्व में ऊर्जा का लगभग एक-चौथाई भाग जल विद्युत से प्राप्त किया जाता है। विश्व में जल विद्युत ऊर्जा के शीर्ष उत्पादक देश चीन, ब्राजील, यूएसए, कनाडा व रूस हैं। इसमें भारत का स्थान छठा है।
- भारत की प्रथम जल विद्युत परियोजना 1897 ई. में दार्जिलिंग में स्थापित की गई थी। इसके बाद वर्ष 1902 में कावेरी नदी पर शिवसमुद्रम (कर्नाटक) में जल विद्युत केन्द्र स्थापित किया गया।

एक सामान्य जल विद्युत परियोजना

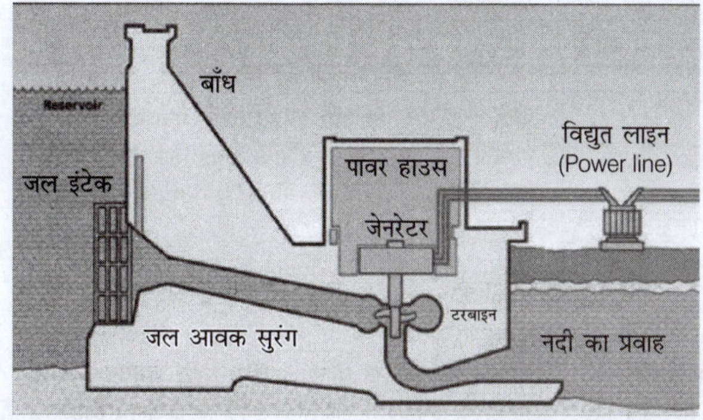

- भारत की कुछ महत्त्वपूर्ण जल विद्युत परियोजनाएँ भाखड़ा नांगल, गाँधी सागर, नागार्जुन सागर, दामोदर घाटी परियोजना, बलिहार व टिहरी परियोजना आदि हैं।
- भारत में जल विद्युत उत्पादन की क्षमता 442.85 गीगावाट है। वर्ष 2023-24 में भारत के जल विद्युत उत्पादन में 17.33% की गिरावट आई है।

रन–ऑफ–द–रिवर परियोजना

- इस परियोजना का सम्बन्ध नदियों के जल को बिना बाधित किए जल विद्युत के उत्पादन से है। इसमें नदी मार्ग में बड़े बाँध का निर्माण किए बिना विद्युत हेतु प्रवाहित जल का प्रयोग किया जाता है, हालाँकि टरबाइन में जल के सतत प्रवाह के लिए छोटे बाँध बनाए जाते हैं।
- इसमें पेन स्टाक पाइप अथवा अन्य माध्यम से नदी के जल को टरबाइन पर प्रवाहित कर जल विद्युत उत्पादन किया जाता है। इसके पश्चात् जल को पुन: नदी में छोड़ दिया जाता है, जिससे जल की मात्रा में कोई परिवर्तन नहीं होता।

सौर ऊर्जा

सौर ऊर्जा का मुख्य स्रोत सूर्य है। सौर ऊर्जा सबसे अधिक पर्यावरण हितैषी ऊर्जा है, क्योंकि इससे विषैले व हानिकारक उत्पाद का उत्सर्जन नहीं होता है। इसकी आपूर्ति निर्बाध होती है तथा यह गैर–परम्परागत ऊर्जा संसाधन के अन्तर्गत आता है।

सोलर पौण्ड

- सोलर पौण्ड सौर ऊर्जा प्राप्त करने की एक नई तकनीक है। इसमें सोलर पौण्ड एक विशाल ऊर्जा संग्रह का कार्य करता है और इसके साथ आण्विक ताप संगहित होता है।
- इस तकनीक के अन्तर्गत सोलर पौण्ड के जल को सघन बनाने के लिए उसमें नमक मिलाते हैं ताकि सौर ऊर्जा से गर्म होकर जल पौण्ड से बाहर न निकलने पाए। भारत का एकमात्र सोलर पौण्ड गुजरात के **कच्छ** में भुज सोलर पौण्ड परियोजना के नाम से बनाया गया है। **जर्मनी** दुनिया में नवीकरणीय ऊर्जा के प्रयोग के मामले में विश्व में सबसे अग्रणी है।

सौर ऊर्जा का उपयोग

सौर पैनलों द्वारा चलित कम्प्यूटर	सौर ऊर्जा का प्रयोग कर लैपटॉप व मोबाइल चार्ज करने के उपकरण बनाए जा रहे हैं। इसके माध्यम से जहाँ सूर्य का प्रकाश उपस्थित हो वहाँ ऐसे उपकरण चार्ज किए जा सकते हैं।
परिवहन में उपयोग	वर्तमान में सौर ऊर्जा से संचालित होने वाले ऑटोरिक्शा, कार, स्कूटर आदि वाहनों का निर्माण किया जा रहा है। नासा (NASA) के द्वारा 'HELIOS' एक बहुराष्ट्रीय कम्पनी द्वारा शुद्ध मशीन 'Odysseus' तथा एक सोलर कार 'Quant' एवं हवाई जहाज 'Impulse' आदि का निर्माण किया गया है।
जल का ऊष्मण	सौर ऊर्जा आधारित प्रौद्योगिकी व उपकरण का प्रयोग घरेलू, व्यापारिक व औद्योगिक क्षेत्र में जल को गर्म करने में किया जाता है।
सौर कुकर	सौर ऊर्जा संचालित बॉक्स पाचक, वाष्प पाचक व ऊष्मा भण्डारक उपकरणों का विकास किया जा चुका है। इससे विभिन्न प्रकार के ईंधनों की बचत होती है।
सौर आधारित अन्य उपकरण	सौर ऊर्जा आधारित अन्य उपकरणों का उपयोग बड़े पैमाने पर किया जा रहा है; जैसे- सौर लालटेन, सौर बल्ब, सौर चार्जर, सौर टार्च, सौर म्यूजिक प्लेयर व सौर जल पम्प आदि।
कृत्रिम उपग्रहों में प्रयोग	ऊर्जा का सबसे अच्छा स्रोत होने के कारण लम्बी दूरी के अन्तरिक्ष कार्यक्रमों व उपग्रहों में सौर ऊर्जा का भरपूर प्रयोग हो रहा है। भारत ने अपने Mars ऑर्बिटर मिशन में सोलर पैनल का प्रयोग किया।

सिलिकॉन वेफर

- यह अर्द्धचालकों के निर्माण के लिए आवश्यक होता है अर्थात् वेफर, अर्द्धचालक पदार्थ जैसे क्रिस्टलीय सिलिकॉन का पतला टुकड़ा होता है, जिसका उपयोग एकीकृत सर्किट के निर्माण हेतु इलेक्ट्रॉनिक्स में और परम्परागत वेफर आधारित सोलर सेल्स के लिए फोटोवोल्टिक्स में होता है।
- भारत सरकार वर्ष 2013 में सिलिकॉन वेफर फैब्रिकेशन (फैब) को मंजूरी दी थी। इण्डिया इलेक्ट्रॉनिक एण्ड सेमीकंडक्टर एसोसिएशन (IESA) ने इसे एक रणनीतिक पहल बताते हुए कहा कि यह स्थानीय निर्माताओं को प्रेरित करेगा तथा शुल्क में कमी लाएगा।
- विश्व के यूएसए, फ्रांस, जर्मनी, आयरलैण्ड, जापान, सिंगापुर तथा चीन के पास स्वयं का फैब्रिकेशन है। भारत भी अब स्वयं को सिलिकॉन वेफर्स बनाने की दिशा में अग्रसर है।

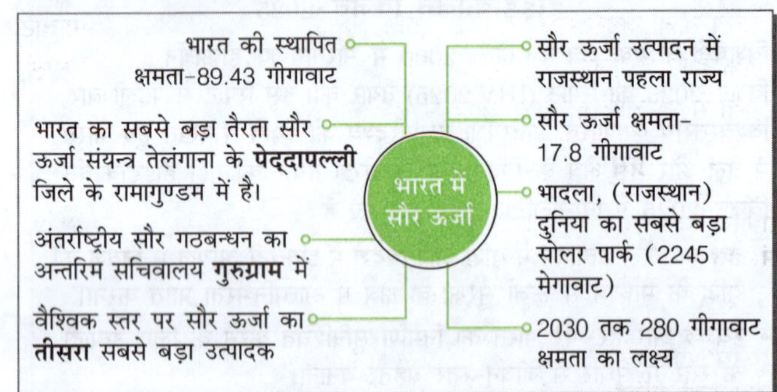

भारत के प्रमुख संगठन, योजना, कार्यक्रम

राष्ट्रीय सौर ऊर्जा संस्थान	• यह संस्थान सौर ऊर्जा से सम्बन्धित शोध एवं अनुसंधान क्षेत्र में अग्रणी संस्थान है। • इस संस्थान का प्रमुख कार्य राष्ट्रीय सौर मिशन के कार्यान्वियन एवं शोध, तकनीकी व अन्य क्षेत्रों में सहयोग प्रदान करना है।
जवाहरलाल नेहरू राष्ट्रीय सौर मिशन	• भारत सरकार द्वारा इस मिशन की शुरुआत 11 जनवरी, 2010 को की गई थी। मिशन के प्रमुख उद्देश्य- दीर्घ अवधि नीति बनाना, बड़े पैमाने पर प्रसार के लक्ष्य निर्धारित करना, उद्यमशील अनुसंधान व विकास को बढ़ावा देना तथा महत्त्वपूर्ण कच्ची सामग्री, घटकों और उत्पादकों के घरेलू उत्पादन के माध्यम से सौर विद्युत उत्पादन लागत को कम करना था।
सोलर गाइडलाइन्स	• यह भारत–जर्मनी ऊर्जा फोरम के अधीन एक पहल के रूप में वेब आधारित मंच है। • यह ऊर्जा परियोजना के विकास के सम्बन्ध में सूचना व अद्यतन जानकारी प्रदान करने का प्रयास करके समय-समय पर केन्द्र व राज्य सरकारों द्वारा घोषित नीतिगत ढाँचे व प्रक्रियात्मक ब्यौरों द्वारा भारत में सौर ऊर्जा को बढ़ावा देता है।

पवन ऊर्जा

- पवन ऊर्जा, ऊर्जा का एक असीमित संसाधन है। इस ऊर्जा की उन क्षेत्रों में अधिक सम्भावना होती है, जहाँ प्रबल हवाएँ लगातार चलती हैं।
- यह एक प्रकार की गतिज ऊर्जा है, जिसके वेग से टरबाइनों को चलाकर विद्युत ऊर्जा प्राप्त की जा सकती है। भारत में पवन ऊर्जा की बहुत बड़ी क्षमता अनुमानित है। विशेषकर तटीय तथा पर्वतीय राज्यों में। गुजरात तथा तमिलनाडु राज्य पवन ऊर्जा के माध्यम से विद्युत उत्पादन करने वाले प्रमुख राज्य हैं।

- पवन ऊर्जा उत्पादन में शीर्ष 3 देश चीन, अमेरिका व जर्मनी हैं। इसमें भारत का स्थान चौथा है। भारत की पवन ऊर्जा स्थापित क्षमता 38.63 गीगावाट है।
- भारत में तमिलनाडु राज्य पवन ऊर्जा का सबसे बड़ा उत्पादक (4899.76 मेगावाट) है।
- पवन टरबाइनों में प्राय: तीन रोटर पंखड़ियाँ होती हैं, जो जेनरेटर से गियर के माध्यम से जुड़ी होती हैं, जो नेसेल के अन्दर स्थित रहता है। नेसेल द्वारा टरबाइन को हवा की दिशा में घुमाया जाता है।
- जेनरेटर के द्वारा उत्पन्न विद्युत को हवा की गति बदलने पर स्वचालित रूप से नियन्त्रित किया जाता है।
- पवन टरबाइन के द्वारा उत्पन्न विद्युत को इस प्रकार अनुकूलित किया जाता है, जिससे स्थानीय ग्रिड में विद्युत प्रवाहित हो सके।
- पवन ऊर्जा जेनरेटरों की यूनिट क्षमता 225 किलोवाट से लेकर 2 मेगावाट तक होती है, जिन्हें 2.5 मी/से से लेकर 25 मी/से की गति से बहने वाली हवा में परिचालित किया जाना सम्भव होता है।

प्रमुख संस्थान, योजना, नीति एवं कार्यक्रम

राष्ट्रीय पवन ऊर्जा संस्थान	• **स्थापना**-वर्ष 1998, नवीन व नवीकरणीय ऊर्जा मन्त्रालय के अधीन तमिलनाडु के चेन्नई शहर में हुआ था। • **उद्देश्य**-संसाधनों का मूल्यांकन व परीक्षण करना
राष्ट्रीय अपतटीय पवन ऊर्जा नीति, 2015	• अक्टूबर, 2015 में लागू • इस नीति को विशिष्ट आर्थिक क्षेत्र में 7600 किमी की भारतीय तटरेखा के साथ अपतटीय पवन ऊर्जा विकसित करने के उद्देश्य से अधिसूचित किया गया है। • इसे देश में एजेन्सियों के साथ समन्वय एवं सम्बद्ध कार्यों के लिए प्रमुख एजेंसी के रूप में अधिकृत किया गया है।
राष्ट्रीय पवन-सौर हाइब्रिड नीति, 2018	• इसका मुख्य उद्देश्य पवन और सौर-संसाधनों, पारेषण, बुनियादी ढाँचे और भूमि के इष्टतम प्रयोग को प्रभावी बनाना है। • पवन तथा सौर पीवी हाइब्रिड सिस्टम को बढ़ावा देने के लिए, यह नीति एक ढाँचा प्रदान करती है।
ऊर्जा टावर प्रोजेक्ट	• यह एक पूर्णत: नवीन ऊर्जा साधन है। यह प्रौद्योगिकी लगभग 12 किमी की ऊँचाई पर शुष्क क्षेत्रों की शुष्क व नर्म वायुमण्डलीय पवन का प्रयोग करती है। • इसके अन्तर्गत जल के एक महीन स्प्रे द्वारा कृत्रिम कूलिंग की जाती है तथा पवन के नीचे की ओर बहाव को एक अनुलम्ब सुरंग से निकाल कर टरबाइन चलाई जाती है। • इस प्रक्रिया से पारिस्थितिकी अनुकूल विद्युत का उत्पादन होता है। यह परियोजना अभी परीक्षण स्तर पर है, जिसे सूचना प्रौद्योगिकी पूर्वानुमान एवं मूल्यांकन परिषद् (टाइफैक) ने भविष्य के लिए प्रारम्भ किया है।

ऐयरोजेनरेटर

यह एक छोटा पवन विद्युतीय जेनरेटर होता है। इसकी क्षमता 30 किलोवाट तक होती है। इसे सौर फोटोवोल्टिक प्रणाली के साथ पवन सौर-हाइब्रिड प्रणाली अथवा विकेन्द्रीकृत विद्युत उत्पादन हेतु ऐयरोजेनरेटर एकल रूप में लगाया जा सकता है।

समुद्री ऊर्जा

- समुद्री ऊर्जा के अन्तर्गत समुद्र लहर ऊर्जा, ज्वारीय ऊर्जा, समुद्री धाराएँ तथा तापीय ढाल के रूप में प्राप्त ऊर्जा को शामिल किया जाता है। हमारे देश की समुद्री ऊर्जा क्षमता हमारी आवश्यकता से अधिक है, क्योंकि भारत की तट रेखा विशाल है।
- भारत एक उष्णकटिबन्धीय देश होने के कारण इसकी सतह के पानी व गहरे समुद्र के बीच तापमान में लगातार भिन्नता पाई जाती है। इस दृष्टि से इसके ढाल को बिजली तथा ताजे पानी के लिए प्रयोग किया जा सकता है। वर्ष 2019 में सरकार ने समुद्री ऊर्जा को बढ़ावा देने के लिए इसे नवीकरणीय ऊर्जा घोषित करने सम्बन्धी प्रस्ताव की मंजूरी दी।
- भारत में समुद्री ऊर्जा के लिए प्रमुख स्थान-
  - ◆ खम्भात की खाड़ी
  - ◆ कच्छ की खाड़ी
  - ◆ सुन्दरवन क्षेत्र

तरंग ऊर्जा

- समुद्री तरंगे समुद्र के जल को लगातार गतिशील रखती हैं, जिसमें तरंगों के ऊपर उठने व नीचे गिरने को ऊर्जा उत्पादन के लिए प्रयोग में लाया जा सकता है।
- भारत के पास तटरेखा के सहारे तरंग ऊर्जा की सम्भावित क्षमता 40,000 मेगावाट है।
- भारत में समुद्र विकास विभाग तरंगीय ऊर्जा के लिए अधिकृत एजेन्सी है। राष्ट्रीय तकनीकी केन्द्र द्वारा केरल के विझिंज्म में एक परियोजना स्थापित की है। मानसून के दौरान इसकी उच्चतम ऊर्जा 150 किलोवाट व मौसम के निम्न स्तर पर 25 किलोवाट ऊर्जा उत्पादन करता है।

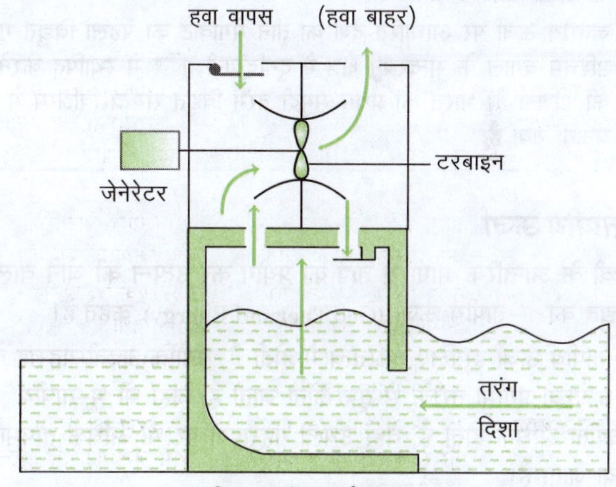

चित्र : तरंग ऊर्जा संयन्त्र

ज्वारीय ऊर्जा

- ज्वारीय ऊर्जा, ज्वार भाटा के उठने एवं गिरने से निकलने वाली संग्रहित ऊर्जा होती है। इसके लिए ज्वार भाटा की लहर की ऊँचाई 5 मीटर से अधिक होनी चाहिए।
- ज्वारीय ऊर्जा के संग्रह के लिए खाड़ी या मुहाने पर बाँध बनाया जाता है, जिसमें जलाशय तैयार होता है। जब ज्वार की लहरें ऊँची होती हैं, तो बाँध को खोल दिया जाता है और पानी इससे जलाशय में गिरता है, जिससे टरबाइन के पंखे घूमते हैं और विद्युत उत्पन्न होती है।

- इस प्रकार यह एक प्रकार की पनबिजली है, जिसमें ज्वार-भाटे की ऊर्जा को बिजली में बदला जाता है। हालाँकि इसका अभी बहुत कम प्रयोग हो रहा है, लेकिन भविष्य में इसके बढ़ने की पूरी सम्भावना है। ज्वारीय ऊर्जा पैदा करने की कई तकनीकें हैं, जिनमें प्रमुख है- ज्वारीय बैराज।

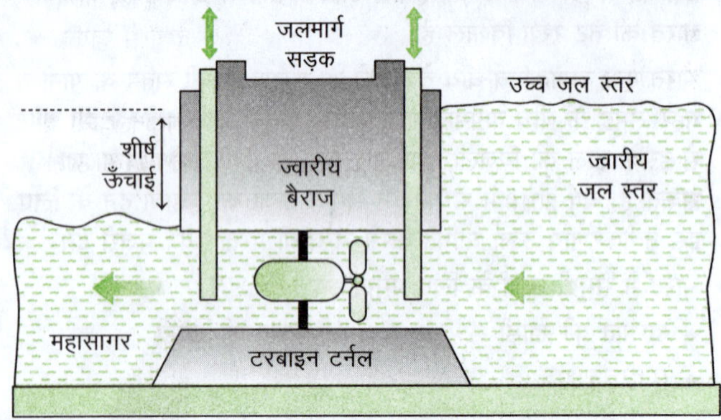

टरबाइन ऊर्जा संयन्त्र की कार्य प्रणाली

- ज्वारीय बैराज में नदी के मुहाने पर या समुद्र के कोल पर एक बैराज बनाया जाता है। जब ज्वार आता है, तो वह इस बैराज में बनी सुरंगों से होकर गुजरता है, जिससे इसके अन्दर लगे टरबाइन चलने लगते हैं, जो जेनरेटर को चलाते हैं और बिजली निर्मित होने लगती है।

भारत के सन्दर्भ में ज्वारीय ऊर्जा

- भारत में ज्वारीय ऊर्जा की सम्भावित क्षमता 9000 मेगावाट (MW) है। इसमें खम्भात की खाड़ी में 7000 MW, कच्छ की खाड़ी में 1200 MW तथा गंगा के सुन्दरवन डेल्टा के पूर्वी किनारे में 100 MW आदि सम्भावित क्षमता विद्यमान है।
- ज्वारीय ऊर्जा पर आधारित देश का तीन मेगावाट का पहला विद्युत गृह पश्चिम बंगाल के सुन्दरबन क्षेत्र में दुर्गाद्वानी क्रीक में स्थापित करने की योजना है। भारत का प्रथम समुद्री तरंग विद्युत संयन्त्र विझिंगम में बनाया गया है।

भू-तापीय ऊर्जा

- पृथ्वी के आन्तरिक भागों से ताप का प्रयोग कर उत्पन्न की जाने वाली विद्युत को भू-तापीय ऊर्जा (Geo Thermal Energy) कहते हैं।
- भू-तापीय ऊर्जा इसलिए अस्तित्व में होती है, क्योंकि बढ़ती गहराई के साथ पृथ्वी प्रगामी तरीके से तृप्त होती जाती है। जहाँ भी भू-तापीय प्रवणता अधिक होती है, वहाँ उथली गहराइयों पर भी अधिक तापमान पाया जाता है।
- ऐसे क्षेत्रों में भूमिगत जल चट्टानों से ऊष्मा का अवशोषण कर तप्त हो जाता है। यह इतना तप्त हो जाता है कि यह पृथ्वी की सतह की ओर उठता है, तो यह भाप में परिवर्तित हो जाता है।
- इसी भाप का उपयोग टरबाइन को चलाने और विद्युत उत्पन्न करने के लिए किया जाता है। भारत में सैकड़ों गर्म पानी के सोते (Hot Water Springs) हैं, जिनका विद्युत उत्पादन में प्रयोग किया जा सकता है।
- भारत में भूतापीय ऊर्जा की क्षमता लगभग 10 गीगावाट है।
- भूतापीय ऊर्जा से सम्बन्धित क्षेत्रों में उत्तराखण्ड का तपोवन, झारखण्ड का सूरजकुण्ड, छत्तीसगढ़ का तातापानी, ओडिशा का तप्तपानी, मध्यप्रदेश का अनहोनी, पश्चिमी तट, सोन-नर्मदा घाटी क्षेत्र एवं दामोदर घाटी क्षेत्र सम्मिलित हैं।
- भू-तापीय ऊर्जा के दोहन के लिए भारत में दो प्रायोगिक परियोजनाएँ शुरू की गई हैं- एक हिमाचल प्रदेश में मणिकर्ण के निकट पर्वती घाटी में स्थित है तथा दूसरी लद्दाख में पूगा घाटी में स्थित है।

भू-तापीय ऊर्जा की उत्पत्ति

- भू-तापीय ऊर्जा की उत्पत्ति मुख्य रूप से पृथ्वी के गर्भ में विद्यमान यूरेनियम, थोरियम व पोटेशियम आइसोटोप के विकिरण तथा पृथ्वी की कोर में पाए जाने वाले उच्च तापमान युक्त तरल पदार्थ की मैग्मा से होती है।
- भू-गर्भीय ऊष्मा पृथ्वी के अन्दर गतिशील जल के द्वारा भू-सतह तक पहुँचती है, जिस स्थान पर तापमान स्रोत भू-सतह के निकट होता है, वहाँ का भू-जल गर्म होकर तप्त जल भण्डार का रूप ले लेता है।
- इसका तापमान सम्भवत: 30°C से 37°C तक होता है। तप्त जल भण्डार, गरम एवं वाष्प के रूप में पृथ्वी के अन्दर 3 किमी की गहराई तक पाए जाते हैं, जिसका उपयोग अप्रत्यक्ष ऊर्जा उत्पादन में होता है।
- विश्व के कई बड़े देश भूतापीय ऊर्जा का प्रयोग बिजली उत्पादन के लिए कर रहे हैं। पिछले कई दशकों से भारतीय भू-वैज्ञानिक सर्वेक्षण विभाग भूतापीय ऊर्जा पर शोध व अध्ययन कर रहा है। भारत में 340 झरनों की पहचान की गई है।
- विश्व भर में भूपातीय ऊर्जा के दोहन के लिए 3 किमी. गहराई तक छिद्रों का निर्माण जाँच व शोध करके किया जाता है। भारत के पास अभी ऐसी मशीनों व संसाधनों की कमी है। ऐसे संसाधन हमें आयात करने होंगे, जिससे हम अपने ऊर्जा स्रोतों का लाभ उठा सकें।
- भू-तापीय संयन्त्र स्थापित करने के लिए न्यूनतम भूमि व मीठे पानी की आवश्यकता होती है।
- इस प्रकार के संयन्त्रों द्वारा प्रति गीगावाट बिजली उत्पादन में 3.5 वर्ग किमी का उपयोग होता है, जबकि कोयला व पवन फार्मों में 32 और 12 वर्ग किमी की आवश्यकता होती है।

भू-तापीय विद्युत प्लाण्ट

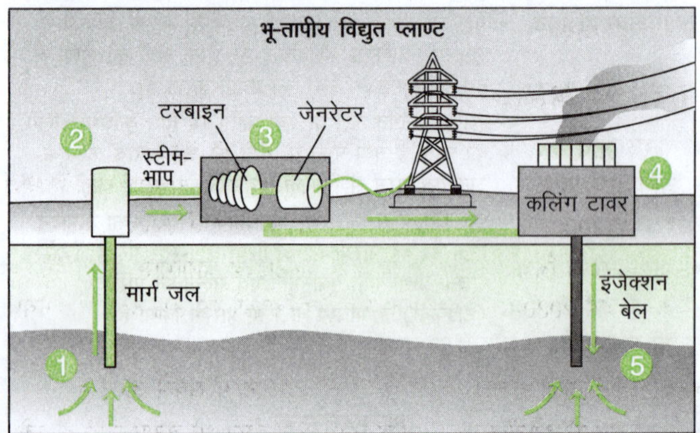

पर्यावरणीय प्रभाव: पृथ्वी के अन्दर से निकले तरल पदार्थों में प्राय: विभिन्न गैसें जैसे कार्बन डाइऑक्साइड (CO_2), हाइड्रोजन सल्फाइड (H_2S), मीथेन (CH_4) व अमोनिया आदि होती हैं। भू-तापीय बिजली संयन्त्र प्रति मेगावाट घण्टे (MWh) में 122 किग्रा CO_2 का उत्सर्जन करती है, जो कोयला, जलविद्युत आदि की तुलना में बहुत कम है।

बायोमास ऊर्जा

- बायोमास ऊर्जा (Biomass Energy), कार्बनिक पदार्थ, जीवित जीवों के अपशिष्ट, वनस्पतियों एवं पशुओं के अपशिष्ट से प्राप्त एक नवीकरणीय ऊर्जा है। बायोमास से ऊर्जा का उत्सर्जन प्रकाश संश्लेषण के दौरान, जैविक परमाणुओं के रासायनिक बाँधों के टूटने या जलने से होता है।
- बायोमास सौर ऊर्जा का अप्रत्यक्ष रूप होता है, जिससे ऊष्मा एवं ऊर्जा प्राप्त होती है। ऊर्जा उत्पादन हेतु कम्बाइण्ड ऊष्मा एवं शक्ति संयन्त्र में बायोमास का उपयोग किया जाता है।
- इस ऊर्जा को जीवाश्म ईंधन के साथ संयोजन में उपयोग किया जा सकता है, ताकि दक्षता में सुधार के साथ दहन अवशेष कम हो सके।

> - पशु खाद, लैण्डफिल अपशिष्ट, लकड़ी के छर्रे, घरेलू कचरा, मक्का, चीनी आदि फसलों के अपशिष्टों आदि का उपयोग बायोमास ऊर्जा में होता है।
> - गन्ने में उपस्थित सर्करा से बायोइथेनॉल का उत्पादन किया जा सकता है, जिसका प्रत्यक्ष रूप से ईंधन के रूप में प्रयोग करके ऊर्जा उत्पादन किया जा सकता है।

ऊर्जा उत्पादन में प्रौद्योगिकी का प्रयोग

बायोमास में ऊर्जा प्राप्ति के विभिन्न तरीके विद्यमान हैं। सामान्यत: बायोमास ऊर्जा प्राप्त करने के लिए दहन, गैसीकरण, पायरोलाइसिस (Phrolysis) एवं जैव रसायन तकनीक जैसे किण्वन, पाचन, ट्रांस एस्टरीफिकेशन का उपयोग किया जाता है। ऊर्जा उत्पादन में प्रयोग की जाने वाली तकनीकों से ऊर्जा एवं विभिन्न सह-उत्पाद उत्पन्न होते हैं।

बायोमास गैसीकरण

- वह प्रक्रिया जिसमें कार्बनिक पदार्थों को अधिक तापमान पर रखकर गैस के रूप में परिवर्तित किया जाता है, जो कई गैसों का मिश्रण होता है।
- इस गैस के मिश्रण को प्रोड्यूसर गैस कहा जाता है, इस प्रक्रिया में उपलब्ध गैसें निम्न प्रकार हैं–
  - नाइट्रोजन– 45-55%
  - कार्बन मोनो ऑक्साइड– 18-20%
  - हाइड्रोजन– 15-20%
  - कार्बन डाइऑक्साइड– 9-12%

भारत में बायोमास ऊर्जा

- भारत कृषि उद्योगों आदि क्रिया कलापों के अन्तर्गत बड़ी मात्रा में बायोमास सामग्री उत्पन्न करता है। एक आंकलन के अनुसार यह लगभग 18000-20000 मेगावाट बिजली का उत्पादन करने में सक्षम है।
- बायोमास से बिजली उत्पादन के लिए पेलेटाइज्ड बायोमास का प्रयोग करके वर्ष 2030-31 तक भारत की कुल बिजली का 6% उत्पादन किया जा सकता है।
- बायोमास ऊर्जा क्षमता मामले में महाराष्ट्र भारत में सबसे आगे है।
- बायोमास से इथेनॉल व मिथेनॉल जैसे तरल ईंधन भी बनाए जाते हैं, जो बायोडीजल के रूप में प्रयुक्त होते हैं।
- बायोडीजल के प्रमुख स्रोत में करंज, जटरोफा व गन्ने के शोरे आते हैं।
- 13 अक्टूबर, 2007 को आन्ध्र प्रदेश के काडीनाडा में भारत का पहला बायोडीजल संयन्त्र स्थापित किया गया।
- इस संयन्त्र से बायोडीजल का उत्पाद हैदराबाद स्थित कम्पनी नेचुरल बायोएनर्जी द्वारा प्रारम्भ किया गया। बायोडीजल का रासायनिक नाम मिथाइल एस्टर्स है।
- वर्तमान में बायोमास दुनिया भर में कुल ऊर्जा आपूर्ति में 14% का योगदान देता है तथा इस ऊर्जा का 35% विकासशील देशों में खपत होता है।
- गन्ने में पायी जाने वाली शर्करा से बायोइथेनॉल का उत्पादन किया जा सकता है। इसको प्रत्यक्ष रूप से ईंधन के रूप में प्रयुक्त करके ऊर्जा उत्पन्न की जा सकती है।

> **राष्ट्रीय बायोगैस विकास कार्यक्रम**
>
> - **बायोगैस** संयन्त्रों को प्रोत्साहन देने के उद्देश्य से इस कार्यक्रम की शुरुआत वर्ष 1981-82 में की गई।
> - **उद्देश्य**
>   - ग्रामीण क्षेत्रों में स्वच्छ एवं सस्ते ऊर्जा स्रोत उपलब्ध कराना।
>   - रासायनिक उर्वरकों के प्रयोग में पूरक के रूप में समृद्ध जैविक खाद तैयार करना।
>   - सफाई व स्वच्छता की स्थित सुधारना।

कचरे से ऊर्जा

- कचरे से ऊर्जा (Waste Energy) का आशय कागज, पॉलिथीन, रद्दी, बोतल, कपड़े, खाद्य सामग्री आदि में से ऊर्जा के उत्पादन से है। शहरों में विशेषकर कचरों की अधिकता पाई जाती है, जिसमें से कुछ का पुन: उपयोग किया जाता है।
- ऊर्जा संकट की वैश्विक समस्या ने कचरे की समस्या को ऊर्जा के रूप में प्रयोग करने का विचार दिया, जिसे Waste to- Energy (WTE) कहा जाता है।
- यूरोप कचरों से ऊर्जा उत्पादन में अग्रणी रहा है और जर्मनी ने कूड़े–कचरे से बिजली बनाने में सफलता प्राप्त की है। वर्तमान में म्यूनिख शहर में कुल बिजली खपत का 10% से अधिक भाग कूड़े–कचरे को जलाकर प्राप्त किया जा रहा है।

- जापान की तोशिबा कम्पनी ने थर्मोप्लास्टिक के कचरे से ईंधन तेल बनाने की उन्नत तकनीक को विकसित किया है।

ऊर्जा उत्पादन

- वैज्ञानिक अध्ययन के अनुसार, कचरे से ऊर्जा उत्पादन में जितनी ऊर्जा की खपत होती है, उसकी तीन गुनी अधिक ऊर्जा प्राप्त की जा सकती है।
- पृथ्वी को प्रदूषित करने वाले प्लास्टिक कचरे का लगभग 20% भाग थर्मोप्लास्टिक होता है। इससे प्रदूषण की समस्या के साथ-साथ ऊर्जा प्राप्ति का विकल्प उपलब्ध होता है।
- एक अध्ययन के अनुसार, अपशिष्ट से ऊर्जा बनाने वाला बाजार प्रतिवर्ष लगभग 10% की वृद्धि से बढ़ रहा है। इसके संयन्त्र लैण्डफिल व उससे होने वाले प्रदूषण तथा पर्यावरण हितैषी ईंधन की पूर्ति करने में सक्षम है।
- यह खर्चीली व्यवस्था है, किन्तु भविष्य की जरूरतों व अपशिष्ट समस्या के निस्तारण व आर्थिक रूप से एक लाभ्रप्रद व्यवसाय है।
- इस संयन्त्र में ऊर्जा के साथ-साथ स्क्रैप मेटल प्राप्त होता है, जिसे पुन: बाजार में बेचा जाना सम्भव होता है, जिससे आय की भी प्राप्ति होती है।

प्रमुख अपशिष्ट

- खनन अपशिष्ट (मलबा), कृषि अपशिष्ट (कृषि उत्पाद, भूसा, फसल, गोबर आदि), औद्योगिक अपशिष्ट (खोई, कागज उद्योग, ताँबा एवं एल्युमीनियम उद्योग के अपशिष्ट), घरेलू कचरा, अखबार, कागज, खाद्य पदार्थ, चिकित्सा अपशिष्ट (रासायनिक व जैविक अपशिष्ट) आदि।
- विकसित देशों में कृषि जन्य अपशिष्ट एक समस्या होती है, वहीं विकासशील देशों में इसका उपयोग विभिन्न रूपों में किया जाता है।

अपशिष्ट से ऊर्जा निर्माण तकनीक

विश्व में बढ़ते अपशिष्ट को देखते हुए अपशिष्ट से ऊर्जा तकनीकों का विकास लगातार हो रहा है। विश्व सहित भारत भी संयन्त्रों का निर्माण कर रहा है। इस संयन्त्र से ऐश की प्राप्ति होती है, जिसका उपयोग बिल्डिंग के निर्माण में विशेष रूप से हो रहा है। इसमें विभिन्न प्रकार की तकनीकों का उपयोग किया जाता है, जिसमें कुछ का विवरण निम्न प्रकार है

- पायरोलिसिस/गैसीफिकेशन यह वह प्रक्रिया होती है, जिसमें जैविक पदार्थों व अपशिष्ट का ऊष्मा के माध्यम से रासायनिक अपघटन होता है। इसमें जैविक पदार्थ को वायु की सीमित मात्रा में गरम किया जाता है, जब तक कि उनका गैस के छोटे-छोटे कणों (मॉलिक्यूल) में अपघटन न हो जाए। अपघटन से प्राप्त गैसों को सिन गैस (प्रोड्यूसर गैस) कहते हैं। इसके पश्चात् बिजली पैदा करने हेतु प्रोड्यूसर गैस को इण्टरनल कम्बशन जेनरेटर सेट अथवा टरबाइन में जलाया जाता है।
- लैण्डफिल गैस रिकवरी यह कचरे से गैस प्राप्त करने का एक उपाय है। इसमें लैण्डफिल गैस तैयार करने के लिए कचरे को धीरे-धीरे सड़ाया जाता है। इसके पश्चात् प्राप्त गैस को एकत्र किया जाता है। इस गैस में मीथेन की मात्रा अत्यधिक होती है तथा इससे अधिक मात्रा में ऊष्मा उत्पन्न होती है, जो लगभग 4500 किलो कैलोरी/घनमीटर होती है। अतः यह ऊर्जा उत्पादन में उपयोगी होता है।
- प्लाज्मा आर्क यह नई प्रौद्योगिकी है, जो खतरनाक और रेडियोसक्रियता वाले कचरे के निपटान में प्रयुक्त होती है। ऊर्जा उत्पादन करते समय इस प्रक्रिया में कचरा लगभग पूरी तरह नष्ट हो जाता है। यह कम प्रदूषण वाली प्रक्रिया है, जिसमें सल्फर और नाइट्रोजन के ऑक्साइड नहीं बनते हैं। इसमें केवल जहरीली राख बच जाती है, जिसे आसानी से हटा दिया जाता है।
- भस्मीकरण यह एक निपटान विधि है, जिसमें अपशिष्ट पदार्थों को 1000 °C ताप पर जलाया जाता है। इसके पश्चात् ठोस अपशिष्ट, राख तथा गैस व ऊर्जा में परिवर्तित हो जाता है। इससे प्राप्त ऊर्जा का प्रयोग बिजली बनाने में किया जाता है।

भारत के सन्दर्भ में (कचरे से ऊर्जा)

- भारत के बहुत-से शहरों में सरकारी तथा निजी सहयोग से कचरे से ऊर्जा (Waste to Energy) संयन्त्रों का निर्माण किया जा रहा है, जिससे भारत की बढ़ती ऊर्जा की माँग की समस्या तथा कचरे के निस्तारण की समस्या का समाधान सम्भव है।
- भारत सरकार ने 12वीं पंचवर्षीय योजना में ठोस अपशिष्ट प्रबन्धन हेतु ₹ 2500 करोड़ के वित्तीय फण्ड की व्यवस्था का प्रावधान किया था। वर्तमान में भी इस दिशा में कार्य प्रगति पर है।
- अपशिष्ट प्रबन्धन एजेंसी को आय कर में छूट दी जा रही है तथा कर रहित नगरपालिका बॉण्ड को जारी किया जा रहा है। इसमें निजी क्षेत्र महत्त्वपूर्ण भूमिका निभा रहा है।
- भारत सरकार अपशिष्ट से प्राप्त ऊर्जा को अक्षय ऊर्जा के रूप में शामिल कर विभिन्न प्रकार की सब्सिडी तथा इंसेंटिव (प्रोत्साहन) प्रदान किया जा रहा है।
- देश में लगभग प्रतिवर्ष 6.5 करोड़ टन कचरा उत्पन्न होता है, जिसका वर्ष 2030 में बढ़कर 16.5 करोड़ टन तथा 2050 तक 43.6 करोड़ टन होने का अनुमान है।
- देश के नगरपालिका क्षेत्र में लगभग 75-80% कचरे को एकत्र किया जाता है, जिसका 22 से 28% तक प्रसंस्करण किया जाता है।
- दिल्ली शहर अकेला 7000 मीट्रिक टन अपशिष्ट उत्पन्न करता है। दिल्ली के तिमारपुर तथा ओखला में अपशिष्ट से ऊर्जा बनाने के संयन्त्र स्थापित हैं।
- दिल्ली में ओखला स्थित संयन्त्र से 16 मेगावाट बिजली का उत्पादन प्रतिदिन होता है। यहाँ प्रतिदिन 1300 टन कचरे का उपयोग होता है।
- देश के शहरी नगरपालिका तथा औद्योगिक कचरे से 3600 मेगावाट बिजली उत्पादन की सम्भावना है, जबकि देशभर में कचरे का उपयोग कर 65000 मेगावॉट वार्षिक बिजली पैदा की जा सकती है।
- इसके अतिरिक्त यह ऊर्जा उत्पादन की क्षमता वर्ष 2030 तक 1.65 लाख मेगावाट तथा 2050 तक 4.36 लाख मेगावाट तक पहुँच सकती है।
- इसकी अपार सम्भावनाओं को देखते हुए, इसे भविष्य की ऊर्जा कहा जा रहा है तथा केन्द्र एवं राज्य सरकारों के द्वारा प्रोत्साहित किया जा रहा है।

भविष्य के कुछ प्रमुख ऊर्जा स्रोत (नवीनतम ऊर्जा स्रोत)

- विश्व में ऊर्जा की आवश्यकता व माँग लगातार बढ़ रही है। हालाँकि सौर ऊर्जा, पवन ऊर्जा, समुद्री ऊर्जा आदि के उत्पादन को बड़े स्तर पर बढ़ावा दिया जा रहा है।
- इसके अतिरिक्त अन्य तकनीकों या संसाधनों की खोज या शोध या अनुसंधान किया जा रहा है, जिससे भविष्य की ऊर्जा स्रोतों को बढ़ावा दिया जा सके तथा देश ऊर्जा उत्पादन में आत्मनिर्भर हो सके। कुछ प्रमुख ऊर्जा स्रोत निम्न प्रकार हैं-

ईंधन सेल

- ईंधन सेल (Fuel Cell) बहुत प्रभावशाली पावर उत्पादन की पद्धति है। इसमें हाइड्रोजन (ईंधन) तथा ऑक्सीजन को विद्युत रासायनिक प्रक्रिया के माध्यम से जोड़कर विद्युत उत्पन्न की जाती है।
- ईंधन सेल एक विद्युत रासायनिक उपकरण है, जो ईंधन की रासायनिक ऊर्जा को सीधे विद्युत व ताप में परिवर्तित करता है। इसमें प्राय: दहन की प्रक्रिया नहीं होती है।
- इसमें हाइड्रोजन का प्रयोग ईंधन के रूप में होता है तथा उप उत्पाद के रूप में ऊष्मा एवं जल की प्राप्ति होती है।
- हाइड्रोजन एवं फॉस्फोरिक एसिड ईंधन सेल के प्रमुख प्रकार के रूप में प्रयोग होता है। अन्तरिक्ष अनुसंधान में ईंधन सेल के प्रयोगों ने वाहन निर्माताओं को प्रेरित एवं आकर्षित किया है।
- भारत में जून, 1998 में जापानी कम्पनी तोशिबा द्वारा आयातित 200 किलोवॉट के फ्यूल सैल संयन्त्र को बीएचईएल, हैदराबाद में स्थापित किया गया है।

शैवाल आधारित जैव ईंधन

- परम्परागत जैव ईंधन की तुलना में शैवाल आधारित जैव ईंधन के नवीनतम स्रोत हैं, जिसे भविष्य की ऊर्जा के रूप में देखा जा रहा है।
- परम्परागत जैव ईंधन की तुलना में इसमें ऊर्जा का अत्यधिक उत्पादन तथा खाद्य के रूप में इसका प्रयोग न होना प्रमुख विशेषताएँ हैं।
- इसका उत्पादन समुद्र के साथ कृषि के लिए अनुपयुक्त भूमि पर भी हो सकता है। इस जैव ईंधन के उत्पादन के लिए एक उच्च स्तरीय तकनीकी विशेषज्ञता तथा अपेक्षाकृत अधिक पूँजी की आवश्यकता होती है।

हाइड्रोजन ऊर्जा

- यह ऊर्जा का सर्वाधिक शक्तिशाली स्रोत है, जिससे सस्ता ईंधन उपलब्ध कराया जा सकता है। इसके साथ ही अन्य ईंधनों की अपेक्षा हाइड्रोजन से प्राप्त प्रति इकाई क्षमता अधिक होती है तथा इसके प्रयोग से किसी प्रकार का प्रदूषण नहीं फैलता है।
- भारत में वर्ष 1983 में हाइड्रोजन ऊर्जा तकनीकी सलाहकार समिति के गठन के द्वारा हाइड्रोजन ऊर्जा (Hydrogen Energy) के विकास में सकारात्मक शुरुआत की गई।
- हाइड्रोजन ऊर्जा रोडमैप बनाने तथा हाइड्रोजन ऊर्जा पर एक राष्ट्रीय कार्यक्रम के माध्यम से इसके कार्यान्वयन पर नजर रखने व नीतियों के निर्माण के लिए राष्ट्रीय हाइड्रोजन ऊर्जा बोर्ड का गठन किया गया है।

राष्ट्रीय हाइड्रोजन मिशन

- 75वें स्वतन्त्रता दिवस के अवसर पर प्रधानमन्त्री द्वारा 15 अगस्त, 2021 को राष्ट्रीय हाइड्रोजन मिशन की घोषणा की गई।
- इस मिशन के उद्देश्य कच्चे तेल की आयात को कम करना, देश को गैस आधारित अर्थव्यवस्था बनाना, पर्यावरण प्रदूषण को कम करना और वर्ष 2047 तक देश को ऊर्जा उत्पादन में आत्मनिर्भर करना है।

ग्रीन हाइड्रोजन

- नवीकरणीय ऊर्जा (जैसे-जल, हवा या सौर ऊर्जा) का उपयोग करके पानी का हाइड्रोजन व ऑक्सीजन में विखण्डन करके ग्रीन हाइड्रोजन का उत्पादन किया जाता है।
- ग्रीन हाइड्रोजन से ग्रे-हाइड्रोजन की तुलना में काफी कम कार्बन उत्सर्जन होता है। यह जलवायु परिवर्तन नियन्त्रण में सहायक है।
- भारत का पहला ग्रीन हाइड्रोजन संयन्त्र मार्च, 2024 में हरियाणा के हिसार में जिन्दल स्टेनलेस लि. में खोला गया।
- 9 जनवरी, 2025 को राष्ट्रीय हरित हाइड्रोजन मिशन के तहत आन्ध्र प्रदेश के विशाखापत्तनम के निकट पुदीमदक्य में भारत के पहले ग्रीन हाइड्रोजन हब की स्थापना की गई है।
- इसकी उत्पादन क्षमता प्रतिदिन 1500 टन (TPD) ग्रीन सिलिकॉन है।

अन्तरिक्ष आधारित सौर ऊर्जा

- पृथ्वी पर सौर ऊर्जा का लगभग 40-50% भाग ही पहुँच पाता है, बचा हुआ भाग वायुमण्डल द्वारा अवरुद्ध हो जाता है।
- अन्तरिक्ष आधारित सौर ऊर्जा संयन्त्र के समूहों के विशाल दर्पण को अन्तरिक्ष में फैलाया जाएगा, जो सौर विकिरण को सौर पैनलों पर केन्द्रित करेंगे, जिससे बिजली बनाकर तरंगों के रूप में धरती पर स्थापित रिसीवरों तक पहुँचाया जाएगा।

संलयन ऊर्जा

- संलयन ऊर्जा ही सूर्य तथा सभी तारों के ऊर्जा का कारण है, यह कभी न समाप्त होने वाली स्वच्छ ऊर्जा है, जिसमें कोई प्रदूषण नहीं होता है।
- नाभिकीय संलयन में हाइड्रोजन के समस्थानिक ड्यूटीरियम व टाइट्रियम से हीलियम बनती है तथा परमाणु विखण्डन से चार गुना अधिक ऊर्जा उत्सर्जित होती है।
- इस ऊर्जा उत्पादन में टोकामैक मशीन का प्रयोग किया जा रहा है।

ITER

- ITER (International Thermonuclear Experimental Reactor) फ्रांस में बनाया जा रहा एक ऐसा रिएक्टर है, जो नाभिकीय संलयन की तकनीक पर आधारित है।
- यह बिजली के व्यावसायिक उत्पादन के लिए आवश्यक एकीकृत प्रौद्योगिकी, सामग्री और भौतिकी के नियमों का परीक्षण करने वाला पहला संलयन उपकरण होगा।
- इस परियोजना में भारत, यूएसए, यूरोपीय संघ, रूस, चीन, जापान, दक्षिण कोरिया सहित 35 देश शामिल हैं, जो इसमें अपना योगदान दे रहे हैं।

प्रमुख संगठन/संस्था/मन्त्रालय तथा सरकार के कार्यक्रम व नीतियाँ

नवीन और नवीकरणीय ऊर्जा मन्त्रालय (MNRE)	• नवीन एवं नवीकरणीय ऊर्जा से सम्बन्धित सभी मुद्दों के लिए भारत सरकार का नोडल मन्त्रालय। • **उद्देश्य** देश की ऊर्जा आवश्यकताओं की पूर्ति के लिए नवीन व अक्षय ऊर्जा का विकास व स्थापना।
भारतीय अक्षय ऊर्जा विकास संस्था लिमिटेड (IREDA)	• **स्थापना**- 11 मार्च, 1987 • नवीन और नवीकरणीय ऊर्जा मन्त्रालय के प्रशासनिक नियन्त्रण के अधीन कम्पनी। नवीकरणीय ऊर्जा/ दक्षता से सम्बन्धित परियोजना को बढ़ावा देना, विकसित करना व आर्थिक सहायता करना। • प्रक्रियाओं एवं संसाधनों में सतत सुधार के माध्यम से उपभोक्ता को दी जाने वाली सेवाओं व दक्षता को बेहतर करना।
ग्रीन एनर्जी कॉरिडोर	• इसका प्रमुख उद्देश्य नवीकरणीय ऊर्जा प्रोजेक्टों को **राष्ट्रीय ग्रिड** से जोड़ना है। • यह योजना मार्च, 2020 में शुरू की गई थी। • इस परियोजना के अन्तर्गत उत्तरी ग्रिड व दक्षिणी ग्रिड को भी जोड़ने की योजना है। • केन्द्र सरकार ने इस परियोजना के बेहतर कार्यान्वयन के लिए लगभग ₹ 43000 करोड़ के परिव्यय का लक्ष्य रखा है।
सोलर सिटी	• नवीन व नवीकरणीय ऊर्जा मन्त्रायल द्वारा सौर ऊर्जा शहरों के विकास कार्यक्रम की शुरुआत। • इसके प्रोत्साहन के लिए 60 शहरों को **सोलर सिटी** बनाया जा रहा है। प्रत्येक राज्य में कम-से-कम एक शहर सोलर सिटी बनाने का लक्ष्य। • सोलर शहर बनने वाला पहला शहर साँची (मध्य प्रदेश) है। • नीवकरणीय ऊर्जा मन्त्रालय द्वारा सोलर सिटी को आर्थिक सहायता देने का भी प्रावधान है।
अन्तर्राष्ट्रीय सौर गठबन्धन (ISA)	• सौर ऊर्जा आधारित 121 देशों का संगठन। • आरम्भ भारत व फ्रांस द्वारा 30 नवम्बर, 2015 को पेरिस में। • यह संगठन कर्क व मकर रेखा के बीच स्थित राष्ट्रों को एक मंच पर लाता है। ऐसे राष्ट्रों में धूप की उपलब्धता अधिक होती है। • **उद्देश्य**- स्वच्छ सौर ऊर्जा उत्पादन को रफ्तार देने के साथ कार्बन उत्सर्जन में कमी। वर्ष 2030 तक एक लाख करोड़ डॉलर जुटाकर निवेश करना।

ऊर्जा संरक्षण से सम्बन्धित पहल (राष्ट्रीय पहल)

प्रदर्शन उपलब्धि व्यापार योजना (PET)	यह ऊर्जा बचत के प्रमाणीकरण के माध्यम से ऊर्जा गहन उद्योगों में ऊर्जा दक्षता में सुधार के लिए प्रभावशीलता बढ़ाने हेतु एक बाजार आधारित तन्त्र है।
मानक और लेवलिंग	**शुरुआत**- वर्ष 2006 में वर्तमान में उपकरणों के लिए लागू की गई है।
ऊर्जा संरक्षण भवन संहिता	इसे वर्ष 2007 में नए वाणिज्यिक भवनों के लिए विकसित किया गया था।
माँग पक्ष प्रबन्धन	यह विद्युत मीटर की माँग या ग्राहक पक्ष पर प्रभाव डालने के उद्देश्य से उपायों का चयन, योजना व कार्यान्वियन है।

वैश्विक पहल

अन्तर्राष्ट्रीय ऊर्जा एजेन्सी	• सुरक्षित व टिकाऊ भविष्य के लिए ऊर्जा नीतियों को आकार देना। • भारत **सदस्य देश नहीं** बल्कि सहयोगी देश है।
सस्टेनेवल एनर्जी फॉर ऑल	• अन्तर्राष्ट्रीय संगठन जो जलवायु पर पेरिस समझौते के अनुरूप सतत विकास लक्ष्य 7 (वर्ष 2030 तक सभी सस्ती, विश्वसनीय, टिकाऊ व आधुनिक ऊर्जा की पहुँच) की उपलब्धि की दिशा में कार्रवाई करने के लिए संयुक्त राष्ट्, सरकार के नेताओं, निजी क्षेत्र, वितीय संस्थानों के बीच साझेदारी का कार्य करता है।
पेरिस समझौता	• जलवायु परिवर्तन पर कानूनी रूप से बाध्यकारी अन्तर्राष्ट्रीय सन्धि। • **लक्ष्य** पूर्व औद्योगिक स्तर की तुलना में ग्लोबल वार्मिंग को 2° C से कम लगभग 1.5° C तक सीमित करना है।
मिशन इनोवेशन	• स्वच्छ ऊर्जा नवाचार में तेजी लाने के लिए 24 देशों व यूरोपियन आयोग संघ की पहल है। • इसकी शुरुआत की घोषणा नवम्बर, 2015 में COP-21 सम्मेलन के दौरान की गयी थी। • भारत इसका **सदस्य देश** है। इसका उद्देश्य नवाचार की परिवर्तनकारी क्षमता के विषय में जागरूकता बढ़ाना व अन्तर्राष्ट्रीय सहयोग को बढ़ाना है।

"

सतत् विकास वर्तमान की परम आवश्यकता है, जिससे पारितन्त्र की उत्पादकता को बनाए रखा जा सकता है। वास्तविकता यह है कि मानव जीवन का आधार पारितन्त्र एवं पर्यावरण ही है।

अध्याय अट्ठारह

सतत् विकास की अवधारणा

परिचय

सतत् विकास (Sustainable Development) एक ऐसी प्रक्रिया है, जिसके अन्तर्गत प्राकृतिक संसाधनों का इस प्रकार उपभोग किया जाता है, जिससे वर्तमान में आवश्यकताओं की पूर्ति हो सके तथा आने वाली पीढ़ियों को भी उनकी आवश्यकताओं की पूर्ति में किसी कठिनाई का सामना न करना पड़े।

''धारणीय विकास का अर्थ विकास की वह रणनीति है, जो सभी प्राकृतिक, मानवीय, वित्तीय एवं भौतिक संसाधनों का सम्पत्ति तथा आर्थिक कल्याण में दीर्घकालीन वृद्धि करने के लिए प्रबन्ध करती है।'' — **रॉबर्ट रेपीटो**

''सतत् पोषणीयता की संकल्पना से अभिप्राय यह सुनिश्चित करने से है कि वर्तमान पीढ़ी की भाँति भावी पीढ़ी भी सम्पन्न हो तथा यह सम्पन्नता समय के साथ-साथ निरन्तर जारी रहे।' — **रॉबर्ट सोलो**

सतत् विकास की संकल्पना

- 1960 के दशक के अन्त में पश्चिमी दुनिया में पर्यावरण सम्बन्धी विषयों पर बढ़ती जागरूकता की सामान्य वृद्धि के कारण सतत् पोषणीय धारणा का विकास हुआ।
- वर्ष 1968 में प्रकाशित एहरलिच की पुस्तक द पापुलेशन बम (The population Bomb) और वर्ष 1972 में मीडोस और अन्य द्वारा लिखी गई पुस्तक द लिमिट टू ग्रोथ (The limit of Groth) के प्रकाशन ने इस विषय पर पर्यावरणविदों का ध्यान केन्द्रित किया।
- इस घटनाक्रम के परिप्रेक्ष्य में विकास के एक नए मॉडल सतत् पोषणीय विकास की शुरुआत की गई।
- पर्यावरणीय विषयों पर विश्व समुदाय की बढ़ती चिन्ता को ध्यान में रखकर संयुक्त राष्ट्र संघ ने 'संयुक्त राष्ट्र विश्व पर्यावरण और विकास आयोग' (United Nation World Commission on Environment and Development) की स्थापना की।
- संयुक्त राष्ट्र संघ का मानव विकास सम्बन्धी अन्तर्राष्ट्रीय सम्मेलन वर्ष 1972 में स्टॉकहोम (Stockholm) में आयोजित किया गया था। वर्ष 1974 में बेरी ने अपनी प्रसिद्ध पुस्तक द क्लोजिंग सर्कल प्रकाशित की, इसमें निम्न बिन्दुओं पर बल दिया गया था
  - पृथ्वी पर प्रत्येक वस्तु एक-दूसरे से जुड़ी हुई है।
  - पृथ्वी की प्रत्येक वस्तु किसी-न-किसी दिशा में बढ़ रही है।
  - प्रकृति सब कुछ भली-भाँति जानती है और
  - मुफ्त आहार जैसी दुनिया में कोई चीज नहीं है।
- 'सतत् विकास' की संकल्पना का वास्तविक विकास वर्ष 1987 से माना जाता है, जब हमारा साझा भविष्य (Our Common Future) रिपोर्ट चर्चा में आई, जिसे द ब्रण्टलैण्ड रिपोर्ट (The Brundtland Report) के नाम से भी जाना जाता है।
- ब्रटलैण्ड कमीशन ने भावी पीढ़ियों के लिए संरक्षण करने पर बल दिया।
- सतत् विकास के सन्दर्भ में वर्ष 1992 के रियो घोषणा-पत्र और वर्ष 2002 के जोहान्सबर्ग घोषणा-पत्र तथा 2012 के रियो-डि-जेनेरियो सम्मेलन में भी सभी देशों से आग्रह किया गया कि वे अपने विकास कार्यों में पर्यावरणीय मुद्दों को पर्याप्त महत्त्व दें, अर्थात् टिकाऊ विकास की नीति अपनाए।
- सतत् विकास के कुछ अन्य मूल सिद्धान्त निम्नवत हैं
  - जीवन के सभी रूपों का आदर व देखभाल करना एवं मानव जीवन की गुणवत्ता को बढ़ाना।
  - पृथ्वी की जीवन शक्ति और विविधता का संरक्षण करना
  - प्राकृतिक संसाधनों के ह्रास को कम-से-कम करना
  - पर्यावरण के प्रति व्यक्तिगत व्यवहार और अभ्यास में परिवर्तन करना
  - समुदायों को अपने पर्यावरण की देखभाल करने योग्य बनाना।

सतत् विकास की संकल्पना

1962 रिशेल कार्सन द साइलेंट स्प्रिंग	1968 पॉल इलिच पापुलेशन बम
1972 संयुक्त राष्ट्र पर्यावरण कार्यक्रम	1972 क्लब ऑफ रोम लिमिट टू ग्रोथ
1983 ग्रो हालमब्रटलैंड विश्व पर्यावरण एवं विकास आयोग	1987 ब्रटलैंड आयोग हमारा साझा भविष्य
1992 संयुक्त राष्ट्र पर्यावरण व विकास सम्मेलन पर्यावरण व सतत् विकास	2000 विश्व शिखर सम्मेलन 8 विकास लक्ष्य
	2015 सतत विकास लक्ष्य 2030

सतत् विकास के उद्देश्य एवं महत्त्व

सतत् विकास का सबसे महत्त्वपूर्ण उद्देश्य हमारी आर्थिक, पर्यावरणीय और सामाजिक आवश्यकताओं को सन्तुलित करना है। पृथ्वी पर मानव का अस्तित्व तभी तक है, जब तक अन्य पशुओं एवं पेड़-पौधों का है। सतत् विकास के कुछ प्रमुख उद्देश्य निम्न हैं

- संधारणीय मानव बस्तियों का निर्माण करना।
- टिकाऊ उपभोग और उत्पादन को बढ़ावा देना
- जलवायु परिवर्तन से निपटना
- पर्यावरण अनुकूल मानवीय गतिविधियाँ
- प्राकृतिक और मानव निर्मित संसाधनों का संरक्षण
- सतत् आजीविका एवं गरीबी निवारण
- आर्थिक विकास, सामाजिक न्याय और पर्यावरण संरक्षण को ध्यान में रखना।

सतत् विकास के मानक

सतत् विकास के मापदण्ड (Parameters of Sustainable Development) उन निर्देशक सिद्धान्तों (Guiding Principles) की ओर संकेत करते हैं, जो निम्न प्रकार हैं

(i) सतत् विकास की संकल्पना को समझने में सहायक होते हैं।

(ii) उससे जुड़ी समस्याओं की पहचान कराते हैं।

(iii) उन पर आधारित नीतिगत निर्णय को लेने में मदद करते हैं। अत: सतत् विकास के मापदण्डों में अन्तर-पीढ़ी (Inter-generational) एवं अन्तरा-पीढ़ी (Intra-generational) समानता, वहनीय क्षमता (Carrying Capacity) एवं लैंगिक असमानता (Gender Disparity) शामिल हैं। सतत् विकास का निर्धारण करने के लिए मुख्यत: चार मानक बनाए गए हैं, जो निम्न प्रकार हैं—

(i) अन्तर-पीढ़ी समानता

- इसका तात्पर्य है कि प्राकृतिक संसाधनों का प्रयोग इस प्रकार से किया जाए कि वे वर्तमान पीढ़ी के साथ-साथ आने वाली पीढ़ियों की भी जरूरत की पूर्ति करने में सक्षम हो सकें।
- अन्तर-पीढ़ी समानता एक मूल्यगत संकल्पना है, जो मानव समुदाय की भूतकालीन, वर्तमानकालीन एवं भविष्यकालीन पीढ़ियों के मध्य साझेदारी (Partnership) को दर्शाती है।

अन्तर-पीढ़ी समानता के सिद्धान्त का मुख्य आधार निम्न बिन्दु हैं

(i) विकल्पों का संरक्षण अर्थात् प्रत्येक को प्राकृतिक एवं सांस्कृतिक संसाधनों की विविधता का संरक्षण करना चाहिए, ताकि अगली पीढ़ी को सीमित विकल्प प्राप्त न हों।

(ii) गुणवत्ता का संरक्षण अर्थात् प्रत्येक पीढ़ी का यह दायित्व है कि वह प्राकृतिक संसाधनों की गुणवत्ता का संरक्षण करे, ताकि अगली पीढ़ी को भी वे गुणवत्तापूर्ण प्राप्त हो सकें।

(iii) पहुँच का संरक्षण अर्थात् प्रत्येक पीढ़ी को संसाधनों तक पहुँच का लाभ प्राप्त होना चाहिए।

(ii) अन्तरा-पीढ़ी समानता

- यह वर्तमान पीढ़ी के सभी सदस्यों, चाहे वे देश के अन्दर के हों या पूरे विश्व के, के बीच संसाधनों के समान बँटवारे की बात करती है।
- अन्तरा-पीढ़ी समानता सतत् विकास का प्रमुख सिद्धान्त है, जो यह मानता है कि समुदाय, देश या विश्व के सभी सदस्यों की कुछ समान मूलभूत जरूरतें हैं, जिन्हें ध्यान में रखा जाए।
- यह वर्तमान पीढ़ी के सभी सदस्यों, चाहे वे गरीब हों या अमीर, शहरी हों या ग्रामीण, देशी हों या विदेशी, के मध्य संसाधनों के न्यायपूर्ण वितरण को समर्थन प्रदान करती है।

(iii) वहनीय क्षमता

- किसी भी पारितन्त्र की सीमाओं के अन्दर निवास करना तीन कारकों पर निर्भर करता है

(i) उस पारितन्त्र की सीमाओं के भीतर उपलब्ध संसाधनों की मात्रा

(ii) जनसंख्या का आकार

(iii) प्रत्येक जीव द्वारा उपभोग की जा रही संसाधनों की मात्रा

(iv) लैंगिक असमानता

- पर्यावरणीय सततता को प्राप्त करने के लिए लैंगिक अन्तराल, भले ही वह राजनीतिक हो, आर्थिक हो या सामाजिक हो, को समाप्त करना होगा, ताकि संसाधनों तक पुरुष एवं महिला दोनों की समान पहुँच सम्भव हो सके।
- स्वास्थ्य सुधार, निर्धनता निवारण, शिक्षा का विस्तार, शिशु मृत्यु में सुधार के साथ-साथ पर्यावरणीय सततता के लिए भी लैंगिक असमानता को समाप्त करना जरूरी है।

सतत् विकास हेतु भारत के प्रयास

- भारत ने जलवायु परिवर्तन सम्बन्धी संयुक्त राष्ट्र रूपरेखा अभिसमय (United Nations Framework Convention on Climate Change UNFCCC पर हस्ताक्षर किए हैं। भारत जैव-विविधता सम्बन्धी अभिसमय (Convention on Biological Diversity- CBD) का भी हस्ताक्षरित सदस्य है।
- भारत अपनी मूलभूत आवश्यकताओं जैसे गरीबी निवारण, रोजगार सृजन, शिक्षा व स्वास्थ्य तथा महिला सशक्तीकरण आदि मुद्दों पर विशेष नीतियाँ व योजनाएँ बनाकर नए आयाम स्थापित कर रहा है।
- राष्ट्रीय पर्यावरण नीति 2006 स्वच्छ पर्यावरण के प्रति भारत की प्रतिबद्धता को दर्शाती है, भारत धीमी गति से ही सही, लेकिन अपने वन क्षेत्रों में बढ़ोतरी कर रहा है।
- निम्नलिखित आठ कार्यक्रम जो प्रकृति में बहुआयामी और दीर्घावधिक हैं, सतत् विकास की दृष्टि से अत्यन्त महत्त्वपूर्ण हैं

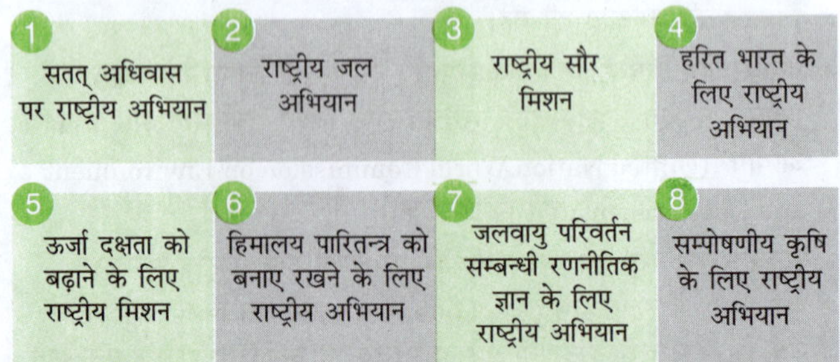

- सरकार द्वारा कार्यान्वित किए जा रहे अनेक कार्यक्रम सतत् विकास लक्ष्यों के अनुरूप हैं, जिसमें मेक इन इण्डिया, स्वच्छ भारत अभियान, बेटी बचाओ बेटी पढ़ाओ, राष्ट्रीय ग्रामीण पेयजल कार्यक्रम, राष्ट्रीय स्वास्थ्य मिशन, प्रधानमन्त्री आवास योजना-ग्रामीण व शहरी, प्रधानमन्त्री ग्राम सड़क योजना, डिजिटल इण्डिया, स्किल इण्डिया व प्रधानमन्त्री कृषि सिंचाई योजना आदि शामिल हैं।

सतत् विकास लक्ष्य

- सतत् विकास लक्ष्य (एसडीजी), जिन्हें वैश्विक लक्ष्य के रूप में भी जाना जाता है, को संयुक्त राष्ट्र द्वारा वर्ष 2015 में गरीबी समाप्त करने, पृथ्वी की रक्षा करने और यह सुनिश्चित करने के लिए कि वर्ष 2030 तक इन निर्धारित लक्ष्यों की प्राप्ति की जा सके, के लिए निर्धारित किया गया था।
- 193 सदस्यीय संयुक्त राष्ट्र महासभा ने नई रूपरेखा 'अपनी दुनिया में बदलाव: टिकाऊ विकास के लिए 2030 का एजेण्डा' को अंगीकृत किया। इसमें 15 वर्ष के लिए 17 लक्ष्य और 169 प्रयोजन तय किए गए हैं।

एसडीजी सूचकांक 2024 में भारत ने 64 के समग्र स्कोर के साथ **109वीं रैंक हासिल** की, जबकि फिनलैण्ड 86.4 स्कोर के साथ पहले

सतत् प्रबन्धन

- सतत् प्रबन्धन में संसाधनों (प्राकृतिक और निर्मित) और प्रक्रियाओं को इस तरह प्रबन्धित करना शामिल है, जो आर्थिक, सामाजिक और पर्यावरणीय विचारों को सन्तुलित करता है, ताकि यह सुनिश्चित किया जा सके कि संसाधनों का उपयोग जिम्मेदार और टिकाऊ तरीके से किया जाए।
- सतत् प्रबन्धन (Sustainable Management) एक दृष्टिकोण को सन्दर्भित करता है, जो पर्यावरण, समाज और अर्थव्यवस्था पर निर्णयों एवं कार्यों के दीर्घकालिक प्रभाव को ध्यान में रखता है।
- सतत् आर्थिक विकास के लिए जिम्मेदार संसाधनों को भी संसाधन प्रबन्धन की आवश्यकता होती है, जिसमें प्राकृतिक संसाधनों का कुशल उपयोग और अपशिष्ट तथा प्रदूषण को कम करना शामिल है।
- संयुक्त राष्ट्र संसाधन प्रबन्धन प्रणाली (UNRMS) और संसाधनों के लिए संयुक्त राष्ट्र फ्रेमवर्क वर्गीकरण (UNFC) जैसी प्रणालियाँ सतत् प्रबन्धन में सहायता करती हैं।

सतत् प्रबन्धन के प्रमुख क्षेत्र

वनों में सतत् प्रबन्धन	• संयुक्त राष्ट्र खाद्य एवं कृषि संगठन के अनुसार वनों का उपयोग इस तरह किया जाए कि जैव-विविधता, उत्पादकता व वनों के पुनः जनन की क्षमता सुनिश्चित हो सके, जिससे वे वर्तमान व भावी पीढ़ियों की जरूरतों को पूरा कर सकें तथा किसी अन्य पारिस्थितिकी व्यवस्थाओं को हानि न पहुँचें।
कृषि में सतत् प्रबन्धन	• कृषि में सतत् प्रबन्धन की विचारधारा का जन्म 1980 के दशक में हुआ। • कृषि पद्धति को इस प्रकार ढालने की आवश्यकता है, जिससे मृदा की न्यूनतम क्षति हो, पर्यावरण का न्यूनतम निम्नीकरण हो तथा यह मानव की भोजन व वस्त्र आवश्यकताओं को पूरा करने में सक्षम हो। • न्यूनतम संसाधनों से अधिकतम उपज प्राप्त करने के लिए प्रोत्साहन किया जाना चाहिए।
व्यापार में सतत् प्रबन्धन	• व्यापार में पदार्थों एवं प्राकृतिक संसाधनों का सतत् उपयोग होना चाहिए। • प्रक्रिया पुनःचक्रण (Recycling) एवं पुनः प्रयोग (Reuse) निर्माण प्रक्रियाओं एवं आपूर्ति चेन का अभिन्न अंग होनी चाहिए। • कार्बन फुटप्रिण्ट कम-से-कम हो इसके लिए इकोफ्रेंडली प्रक्रिया व कच्चा माल प्रयुक्त होना चाहिए। • उत्पादों के जीवन चक्रण का मूल्यांकन होना चाहिए।

“

सतत् कृषि का तात्पर्य कृषि और खाद्य उत्पादन के लिए एक समग्र दृष्टिकोण से है, जिसका उद्देश्य प्राकृतिक संसाधनों को संरक्षित करना है।

अध्याय उन्नीस

सतत् कृषि

परिचय

कृषि एक प्राथमिक क्रिया है, जो हमारे लिए खाद्यान्न उत्पन्न करती है। खाद्यान्नों के अतिरिक्त यह विभिन्न उद्योगों के लिए कच्चा माल भी उत्पन्न करती है। सतत् कृषि (Sustainable Agriculture) एक ऐसी कृषि प्रणाली है जो पर्यावरण की सुरक्षा, आर्थिक स्थिरता और सामाजिक न्याय को प्राथमिकता देती है। इसका मुख्य उद्देश्य कृषि उत्पादन को बढ़ाते हुए प्राकृतिक संसाधनों का संरक्षण करना है।

सतत् कृषि पद्धतियाँ

फसल चक्र (Crop Rotation)	• **अवलोकन** संसाधन उपयोग और मृदा के स्वास्थ्य को अधिकतम करने के लिए भूमि के एक टुकड़े पर विभिन्न फसलों का 'नियोजित अनुक्रम' के तहत उत्पादित किया जाता है। उदाहरण: चावल, अरहर, केला। • चक्रण से कीटों के प्रजनन चक्र टूट जाते हैं। फसल चक्रण के दौरान किसान कुछ फसलें उगा सकते हैं, जो पौधों के पोषक तत्त्वों की भरपाई कर सकती हैं। इसमें रासायनिक उर्वरकों की आवश्यकता भी कम होती है। • वायुमण्डलीय नाइट्रोजन को स्थिर करने और कार्बनिक पदार्थ जोड़ने के लिए गैर-फलीदार फसलों से पहले फलीदार फसलें उगाई जाती हैं। • समान पोषक तत्त्वों के उपयोग के लिए गहरी जड़ वाली फसलें और उसके बाद उथली जड़ वाली फसलें।
जैविक खेती (Organic Farming)	• FSSAI के अनुसार, जैविक कृषि वह प्रणाली है जिसमें किसी बाहरी तथा कृत्रिम आगत अर्थात् रासायनिक खादों, कीटनाशकों तथा सिन्थेटिक हार्मोन या आनुवंशिक रूप से संशोधित जीवों के प्रयोग के बिना फसल उत्पाद की प्रक्रिया तथा पारिस्थितिकी बनाने का प्रयास किया जाता है। • **घटक**-फसल चक्र, फसल अवशेष, पशु खाद, फलियाँ, हरी खाद, जैविक अपशिष्ट और पोषक तत्त्व जुटाने की जैविक प्रणाली। • मिशन आर्गेनिक वैल्यू चेन डेवलपमेण्ट फॉर नॉर्थ ईस्टर्न रीजन (MOVCD-NER) - यह एक केन्द्रीय क्षेत्र की योजना है, जो राष्ट्रीय सतत कृषि मिशन (NMSA) के तहत एक उप-मिशन है। • अरुणाचल प्रदेश, असम, मणिपुर, मेघालय, मिजोरम, नागालैण्ड, सिक्किम और त्रिपुरा राज्यों में कार्यान्वयन के लिए वर्ष 2015 में कृषि और किसान कल्याण मन्त्रालय द्वारा शुरू किया गया। • इस योजना का उद्देश्य उत्पादकों को उपभोक्ताओं के साथ जोड़ने और सम्पूर्ण मूल्य श्रृंखला के विकास का समर्थन करने के लिए मूल्य श्रृंखला मोड़ में प्रमाणित जैविक उत्पादन विकसित करना है। • **भारत से प्रमुख जैविक निर्यात** अलसी के बीज, तिल, सोयाबीन, चाय, औषधीय पौधे, चावल और दालें । • वर्ष 2016 में सिक्किम पूरी तरह से जैविक बनने वाला विश्व का पहला राज्य बन गया। • वर्ष 2015 में आरम्भ की गई 'परम्परागत कृषि विकास योजना', सतत कृषि के लिए सतत मिशन (NMSA) के तहत एक उप-घटक है। • PKVY के तहत, क्लस्टर दृष्टिकोण और भागीदारी गारण्टी प्रणाली (Participatory Guarantee System; PGS) प्रमाणीकरण द्वारा जैविक गाँवों को अपनाने के माध्यम से जैविक खेती को बढ़ावा दिया जाता है। • **भागीदारी गारण्टी प्रणाली** (PGS): यह जैविक उत्पादों को प्रमाणित करने की एक प्रक्रिया है, जो यह सुनिश्चित करती है कि उनका उत्पादन निर्धारित गुणवत्ता मानकों के अनुसार हो । • PGS ग्रीन को 'जैविक' में परिवर्तन के तहत रसायन मुक्त उपज के लिए दिया जाता है, जिसमें 3 वर्ष लगते हैं। यह मुख्यतः घरेलू उद्देश्य के लिए है।

सतत् कृषि पद्धतियाँ

जीरो बजट प्राकृतिक खेती (ZBNF)	• यह खेती के तरीकों का एक सेट है, जिसमें कृषि के लिए शून्य ऋण और रासायनिक उर्वरकों का उपयोग शामिल नहीं है। • ZBNF चार स्तम्भों पर आधारित है: • **जीवामृतः** यह गाय के ताजा गोबर और पुराने गौमूत्र (दोनों भारत की देशी गाय की नस्ल से), गुड़, दाल का आटा, पानी व मिट्टी का मिश्रण है, जिसे खेतों में डाला जाता है। यह एक किण्वित माइक्रोबियल कल्चर (Fermented Microbial Culture) है, जो मृदा में पोषक तत्त्व जोड़ता है और मृदा में सूक्ष्मजीवों और केंचुओं की गतिविधि को बढ़ावा देने के लिए उत्प्रेरक एजेण्ट के रूप में कार्य करता है। • **बीजामृतः** यह नीम की पत्तियों और गूदे, तम्बाकू तथा हरी मिर्च का एक मिश्रण है, जो कीटों के प्रबन्धन के लिए तैयार किया जाता है, जिसका उपयोग बीजों के उपचार के लिए किया जा सकता है। • **छायावरण** (Mulching) : यह खेती के दौरान ऊपरी मृदा की रक्षा करता है और जुताई करके इसे नष्ट नहीं करता है। • **वातन** (Aeration): यह वह स्थिति है, जहाँ मिट्टी में हवा के अणु और पानी दोनों उपस्थित होते हैं, जिससे सिंचाई की आवश्यकता को कम करने में सहायता मिलती है। • ZBNF के लाभ: फसल उत्पादकता और मृदा की उर्वरता में सुधार; रोजगार के अवसरों का सृजन उर्वरक सब्सिडी में कमी; मृदा क्षरण और लवणीकरण आदि की समस्या नहीं। • **भारतीय प्राकृतिक कृषि पद्धति** (BPKP) की शुरुआत वर्ष 2020-21 के दौरान इनपुट लागत को कम करने के लिए प्राकृतिक खेती सहित पारम्परिक स्वदेशी प्रथाओं को बढ़ावा देने के लिए पारम्परिक कृषि विकास योजना (PKVY) की एक उप-योजना के रूप में की गई। • यह योजना मुख्य रूप से सभी सिन्थेटिक रासायनिक आगतों (Inputs) के बहिष्कार पर बल देती है और बायोमास छायावरण (मल्चिंग) गाय के गोबर-मूत्र फॉर्मूलेशन और अन्य पौधे आधारित तैयारियों के उपयोग पर प्रमुख बल देकर खेत पर बायोमास रिसाइक्लिंग को बढ़ावा देती है। • PGS ग्रीन को 'जैविक' में परिवर्तन के तहत रसायन मुक्त उपज के लिए दिया जाता है, जिसमें 3 साल लगते हैं। यह मुख्यतः घरेलू उद्देश्य के लिए है।
पुनर्योजी कृषि (Regenerative Agriculture)	• यह एक समग्र कृषि प्रणाली है, जिसमें मृदा स्वास्थ्य, खाद्य गुणवत्ता, जैव-विविधता उन्नति तथा वायु एवं जल की गुणवत्ता को बनाए रखने के लिए रासायनिक उर्वरकों तथा कीटनाशकों के प्रयोग को नियन्त्रित किया जाता है। • यह निम्नलिखित सिद्धान्तों का पालन करती है: – संरक्षण जुताई के माध्यम से मिट्टी के वितरण को कम करना। – पोषक तत्त्वों की पूर्ति तथा कीट व रोग जीवनचक्र को बाधित करने के लिए फसलों में विविधता लाना। – कवर फसलों का उपयोग करके मिट्टी के आवरण को बनाए रखना। – पशुधन को एकीकृत करना, जो मिट्टी में खाद जोड़ता है और कार्बन सिंक के स्रोत के रूप में कार्य करता है।
एकीकृत कृषि प्रणाली (IFS)	• एकीकृत कृषि का अर्थ है, फसल उत्पादन को पशुधन प्रबन्धन के साथ जोड़ना। यह फसल मुर्गी पालन, मछली पालन आदि पशुधन प्रबन्धन का एकीकरण है। इसका उद्देश्य फसल प्रणाली में उत्पादकता बढ़ाने के लिए कुशल सतत संसाधन प्रबन्धन करना है। • **फायदेः** फसलों में उच्च उत्पादकता और अधिकतम संसाधन उपयोग, पोषक तत्त्वों का पुनर्चक्रण, किसानों के लिए आय विविधीकरण, जल निकायों के लिए कम प्रदूषण तथा सतत कृषि।
पर्माकल्चर (Permaculture)	• खेती और आवास की एक नियोजित प्रणाली को सन्दर्भित करता है, जो प्राकृतिक पारिस्थितिकी तन्त्र की अन्योन्याश्रयता (Interdependency) और स्थिरता का अनुकरण करने का प्रयास करती है। • **उद्देश्यः** ऐसी प्रणालियाँ बनाना, जो पारिस्थितिक रूप से सुदृढ़ और आर्थिक रूप से व्यवहार्य हों, जो उनकी अपनी जरुरतों को पूरी करती हों, शोषण या प्रदूषण न करती हों और इसलिए दीर्घकालिक रूप से टिकाऊ हो। • पर्माकल्चर की अवधारणा में अच्छी तरह से डिजाइन की गई प्रणालियाँ अपशिष्ट उत्पन्न नहीं करती हैं। • पर्माकल्चर सबसे छोटे व्यावहारिक क्षेत्र का उपयोग करके शहर और देश के लिए जीवन सहायक प्रणाली का निर्माण करने के लिए परिदृश्य और संरचनाओं की प्राकृतिक विशेषताओं के साथ पौधों और जानवरों के अन्तर्निहित गुणों का उपयोग करता है। यह महत्त्वपूर्ण कारणों में सहायता करता है; जैसे-कचरे को सीमित करने के लिए संसाधनों / सामग्रियों का पुनर्चक्रण, नवीकरण और मरम्मत; मिट्टी की सामग्री को फिर से भरना, जल, भोजन और पानी के उपयोग में कटौती, प्रजातियों की विविधता का रखरखाव; पर्यावरण में परिवर्तन का सामना करने के लिए लचीलापन पैदा करना; परिवर्तन के अनुकूल।
कृषि-वानिकी (Agroforestry)	• कृषि वानिकी एक एकीकृत कृषि तथा वानिकी प्रणाली है, जिसमें भू-उपयोग प्रणाली वर्द्धित विविधता, उत्पादकता, लाभप्रदता, स्वास्थ्य तथा सतत विकास प्रणाली को विशिष्टता प्रदान करते हैं। • वर्ष 2014 में भारत रोजगार, उत्पादकता और पर्यावरण संरक्षण को बढ़ावा देने के लिए कृषि वानिकी नीति-नेशनल एग्रोफोरेस्ट्री पॉलिसी (NAP) अपनाने वाला पहला देश बन गया।
बहु फसलीकरण (Multiple Cropping)	• **बहु फसलीकरण प्रणाली** में किसान एक कैलेण्डर वर्ष में खेत में दो से अधिक फसलें उगाते हैं (मोनो-क्रॉपिंग के विपरीत, जिसमें एक खेत में केवल एक ही फसल बोई जाती है) • इसमें अन्तर-फसलीकरण, मिश्रित फसलीकरण और रिले फसलीकरण शामिल हैं। • **अन्तर-फसलीकरण** (Inter-cropping) : एक निश्चित फसल पद्धति में दो-या-दो से अधिक फसलें एक साथ उगाना • **रिले फसलीकरण** (Relay cropping) : इसमें एक ही खेत में दो-या-दो से अधिक फसलें उगाना और पहली फसल के प्रजनन चरण में पहुँचने के बाद दूसरी फसल उगाना शामिल है। • **मिश्रित फसलीकरण** (Mixed cropping) : इसमें बिना किसी विशिष्ट पंक्ति व्यवस्था के एक से अधिक फसलें एक साथ उगाना शामिल है।

आधुनिक कृषि पद्धतियाँ

पद्धति	विवरण	लाभ	उदाहरण
सटीक कृषि (Precision Farming)	जीपीएस, सेंसर, ड्रोन, जियोइन्फॉर्मेटिक्स और रिमोट सेंसिंग का उपयोग करके संसाधनों का कुशल प्रबन्धन।	संसाधनों की बर्बादी कम, उत्पादन अधिक, और लागत में कमी।	मिट्टी की नमी सेंसर, वेरिएबल रेट टेक्नोलॉजी (VRT), रिमोट सेंसिंग आधारित फसल निगरानी।
उच्च घनत्व पौधरोपण (High Density Planting)	फसलों को निकट अन्तराल पर उगाने की तकनीक।	प्रति इकाई क्षेत्र में अधिक उत्पादन और भूमि का बेहतर उपयोग।	सेब, आम और साइट्रस फलों का उच्च घनत्व पौधरोपण।
हाइड्रोपोनिक्स (Hydroponics)	मिट्टी के बिना पोषक तत्व युक्त पानी में फसल उगाना।	पानी की बचत, कम जगह में खेती और वर्षभर उत्पादन।	लेट्यूस, पालक जैसी पत्तेदार सब्जियाँ।
वर्टिकल फार्मिंग (Vertical Farming)	नियन्त्रित वातावरण में फसलों को स्तरीय परतों में उगाना।	जगह की बचत, पानी की खपत कम और शहरी क्षेत्रों में खेती।	इनडोर फार्मिंग, एलईडी लाइटिंग के साथ हाइड्रोपोनिक सिस्टम।
ड्रिप सिंचाई (Drip Irrigation)	पानी को पौधों की जड़ों तक पाइप और ड्रिपर्स के माध्यम से पहुँचाना।	पानी की बचत और मिट्टी का कटाव रोका जा सकता है।	बागवानी और पानी की कमी वाले क्षेत्रों में।
आनुवंशिक रूप से संशोधित फसलें (GM Crops)	अधिक पैदावार, कीट प्रतिरोधक और सूखा सहनशील फसलें।	उत्पादन में वृद्धि और कीटनाशकों का कम उपयोग।	बीटी कपास, गोल्डन राइस, जड़ी-प्रतिरोधी सोयाबीन।
जैविक खेती (Organic Farming)	रासायनिक उर्वरकों और कीटनाशकों के बिना प्राकृतिक विधियों से खेती।	पर्यावरण-अनुकूल, मिट्टी की उर्वरता में सुधार, और स्वस्थ भोजन।	वर्मी कम्पोस्टिंग, फसल चक्र, जैविक कीटनाशक।
कृषि वानिकी (Agroforestry)	फसलों और पशुपालन के साथ पेड़ और झाड़ियों का संयोजन।	जैव-विविधता में वृद्धि, मिट्टी का कटाव रोकना, और सूक्ष्म जलवायु सुधार।	कॉफी और कोको के साथ लकड़ी के पेड़ लगाना।
बिना जुताई की खेती (No-Till Farming)	मिट्टी को बिना जोते फसल उगाना।	मिट्टी का कटाव रोकता है, नमी बनाए रखता है, और कार्बन भण्डारण में सहायता करता है।	गेहूँ और सोयाबीन की फसल को सीधे बोना।
एक्वापोनिक्स (Aquaponics)	मछली पालन और हाइड्रोपोनिक्स का संयोजन।	मछली और पौधों दोनों का उत्पादन, पोषक तत्वों का पुनर्चक्रण।	तिलापिया मछली के साथ पत्तेदार सब्जियाँ उगाना।
स्मार्ट खेती (Smart Farming)	कृषि प्रक्रियाओं को मॉनिटर और प्रबन्धित करने के लिए IoT, AI और डेटा का उपयोग।	कुशलता बढ़ती है, श्रम कम होता है और निर्णय तुरन्त लिए जा सकते हैं।	स्मार्ट सिंचाई प्रणाली, एआई-आधारित कीट पहचान ऐप्स।
सतत कृषि (Sustainable Agriculture)	दीर्घकालिक उत्पादकता के साथ पर्यावरणीय सन्तुलन बनाए रखना।	संसाधनों का संरक्षण, प्रदूषण में कमी और खाद्य सुरक्षा बढ़ाना।	फसल विविधीकरण, एकीकृत कीट प्रबन्धन (IPM)।
समेकित कृषि प्रणाली (Integrated Farming Systems)	फसलों, पशुपालन और मछली पालन का संयोजन।	आय में वृद्धि, संसाधनों का कुशल उपयोग और अपशिष्ट प्रबन्धन।	धान-मछली पालन, कृषि-पशु पालन प्रणाली।

जुताई के प्रकार

अवलोकन	• **परिभाषा :** बीज के अंकुरण, स्थापना और फसल वृद्धि के लिए आदर्श परिस्थितियाँ बनाने के लिए कार्यान्वयन तथा उपकरणों के साथ मिट्टी का यान्त्रिक हेर-फेर। • **जोतभूमि** (Tilth) : जुताई से उत्पन्न मिट्टी की भौतिक स्थिति, जिसे फसलों की आवश्यकताओं और मिट्टी की विशेषताओं के आधार पर मोटे, बारीक या मध्यम के रूप में वर्गीकृत किया जाता है।
जुताई के प्रकार	• **ऑन-सीजन जुताई** (On Season Tillage) : गहरी मिट्टी को ढीला करने और खरपतवार के समावेश के माध्यम से फसल की खेती के लिए खेत तैयार करती है। • **प्राथमिक जुताई** (Primary Tillage) : देशी हल या मोल्ड बोर्ड हल जैसे हलों का उपयोग करके कटाई के बाद सघन मिट्टी को खोलना। • **द्वितीयक जुताई** (Secondary Tillage) : प्राथमिक जुताई के बाद मिट्टी की सफाई, ढेले तोड़ने और खाद डालने के लिए किए गए कार्य, जिसमें अक्सर हैरोइंग (Harrowing) और प्लैंकिंग (Planking) शामिल होते हैं। • **शुष्क जुताई** (Dry Tillage): पर्याप्त नमी वाली शुष्क भूमि में बोई जाने वाली फसलों; जैसे- प्रसारित धान, गेहूँ या तिलहन फसलों के लिए उपयोग की जाती है। • **नम या पुडिंग जुताई** (Wet or Pudding Tillage) : जलयुक्त भूमि में की जाती है, जो चावल की खेती के लिए एक अभेद्य परत बनाती है। • **ऑफ सीजन जुताई** (Off-Season Tillage) : आगामी मुख्य सीजन की फसल के लिए मिट्टी की कण्डीशनिंग करना, जिसमें कटाई के बाद, गर्मी, सर्दी या परती जुताई शामिल हैं।
शून्य जुताई	• यह एक संरक्षण कृषि तकनीक है, जहाँ पारम्परिक जुताई या खेती के तरीकों से बचते हुए बीज सीधे उपजाऊ मिट्टी में बोए जाते हैं। • शून्य जुताई से न केवल खेती की लागत कम होती है, बल्कि यह मिट्टी के कटाव, फसल की अवधि और सिंचाई की आवश्यकता और खरपतवार के प्रभाव को भी कम करती है, जो जुताई से बेहतर है।

पौधों में आवश्यक पोषक तत्त्व एवं उनके कार्य

- पौधे जड़ों द्वारा भूमि से पानी एवं पोषक तत्त्व, सूर्य से प्रकाश तथा वायु से कार्बन डाई ऑक्साइड लेकर अपने विभिन्न भागों का निर्माण करते हैं।
- पौधों की आवश्यकतानुसार पोषक तत्त्वों को निम्न प्रकार से वर्गीकृत किया गया है।
  - सूक्ष्म पोषक तत्त्व लोहा, जिंक, कॉपर, मैंगनीज, सोडियम, सिलिकॉन व कोबाल्ट आदि
  - गौण पोषक तत्त्व सल्फर, कैल्शियम व मैगनीशियम
  - मुख्य पोषक तत्त्व फास्फोरस, नाइट्रोजन एवं पोटाश

जैव प्रबलीकरण

जैव प्रौद्योगिकी के माध्यम से फसलों में पोषण की गुणवत्ता; जैसे–प्रोटीन, खनिज, विटामिन इत्यादि को बढ़ाना जैव प्रबलीकरण कहलाता है। यह परम्परागत प्रबलीकरण से अलग होता है, क्योंकि इसमें पौधों की वृद्धि के समय पोषक तत्त्वों के स्तर को और बेहतर बनाया जा सकता है।

पोषक तत्त्वों के कार्य

तत्त्व	कार्य
नाइट्रोजन (N)	• पौधों को गहरा हरा रंग प्रदान करता है तथा वानस्पतिक वृद्धि में सहायक होता है। • जीवित ऊतकों जैसे–जड़, तना व पत्ती के विकास में सहायक होता है। प्रोटोप्लाज्म, प्रोटीन और न्यूक्लिक अम्लों का एक महत्त्वपूर्ण घटक है। • ये क्लोरोफिल का एक महत्त्वपूर्ण भाग है, जो प्रकाश संश्लेषण हेतु अति आवश्यक होता है।
पोटेशियम (K)	• पौधों की रोग प्रतिरोधक क्षमता में वृद्धि करना तथा एन्जाइमों की क्रियाशीलता को बढ़ाता है। • कार्बोहाइड्रेट के स्थानान्तरण, प्रोटीन संश्लेषण और इनकी स्थिरता बनाए रखने में मदद करता है। • ठण्डे व बादलयुक्त मौसम में पौधों द्वारा प्रकाश के उपयोग में वृद्धि करता है।
फास्फोरस (P)	• प्रोटीन, फास्फोलिपिड व न्यूक्लिक अम्लों का अविभाज्य अवयव है। • पौधे के बीज, पुष्प और फलों के विकास हेतु आवश्यक • कोशिका विभाजन के लिए आवश्यक तथा जड़ों के विकास में समान रूप से उपयोगी।
मैग्नीशियम (Mg)	• क्लोरोफिल का प्रमुख अवयव जिसके बिना प्रकाश संश्लेषण की क्रिया सम्भव नहीं है। • फास्फोरस के अवशोषण और स्थानान्तरण में वृद्धि करता है।
कैल्शियम (Ca)	• कोशिका झिल्ली की स्थिरता बनाए रखने में सहायक तथा कार्बोहाइड्रेट के स्थानान्तरण में मदद करता है। • कोशिका भित्ति का प्रमुख अवयव, जोकि सामान्य कोशिका भित्ति के लिए अत्यन्त आवश्यक है। • पत्तियों को गिरने से रोकता है, पौधों में जैविक अम्लों को उदासीन बनाकर विषाक्त प्रभाव को समाप्त करता है।
(गंधक) सल्फर (S)	• क्लोरोफिल निर्माण में मदद करता है। • दो आवश्यक अमीनों अम्लों के भागों का निर्माण करता है। प्रोटीन की संरचना को स्थिर रखने में सहायता करता है।
जस्ता (Zn)	• हार्मोन के जैव संश्लेषण में योगदान • न्यूक्लिक अम्ल व प्रोटीन संश्लेषण में सहायक • पौधों द्वारा फास्फोरस और नाइट्रोजन के उपयोग में सहायक
ताँबा (Cu)	• कई एन्जाइमों का घटक • पौधों में विटामिन 'ए' के निर्माण तथा वृद्धि में सहायक
मैंगनीज (Mn)	• कार्बोहाइड्रेट के ऑक्सीकरण के फलस्वरूप कार्बन डाइ-ऑक्साइड व जल का निर्माण करता है। • अंधेरे व प्रकाश में पादप कोशिकाओं में होने वाली क्रियाओं को नियन्त्रित करता है। • एन्जाइम युक्त और कोशिकीय कार्यों के संचालन में सहायक
बोरॉन	• कोशिका झिल्ली की पारगम्यता बढ़ाता है। • कोशिका विभाजन में प्रभावी भूमिका। • प्रोटीन संश्लेषण के लिए आवश्यक।

जैव उर्वरक

जैव उर्वरक (Bio Fertilizers) प्राकृतिक उत्पाद होते हैं, जो खेती में मिट्टी की उर्वरता और फसल उत्पादन बढ़ाने में सहायता करते हैं। ये सूक्ष्मजीवों के माध्यम से पौधों को पोषक तत्त्व प्रदान करते हैं। जैव उर्वरक पर्यावरण के अनुकूल होते हैं और रासायनिक उर्वरकों के उपयोग को कम करने में सहायक होते हैं।

1. नाइट्रोजन स्थिर करने वाले जैव उर्वरक ये वायुमण्डलीय नाइट्रोजन को स्थिर करके पौधों को उपलब्ध कराते हैं। उदाहरण
   - राइजोबियम (Rhizobium): दलहनी फसलों (मूंग, मटर, चना) के लिए।
   - एजोटोबैक्टर (Azotobacter): गैर-दलहनी फसलों (गेहूँ, चावल) के लिए।
   - एजोस्पाइरिलम (Azospirillum): धान, गन्ना और अन्य फसलों के लिए।
   - नीली-हरी शैवाल (Blue-Green Algae, BGA): धान की फसल के लिए।
2. फॉस्फोरस घोलक जैव उर्वरक ये मिट्टी में मौजूद अघुलनशील फॉस्फेट को घोलकर पौधों को प्रदान करते हैं। उदाहरण
   - फॉस्फोबैक्टीरिया (Phosphobacteria)
   - पीएसबी (Phosphate Solubilizing Bacteria)
3. पोटाश गतिशीलता जैव उर्वरक ये मिट्टी में पोटाश को घोलने और पौधों तक पहुँचाने में सहायता करते हैं। उदाहरण
   - फ्रैंकोनिया (Frankeinia)
   - के-एमजी बैक्टीरिया (K-Mobilizing Bacteria)
4. माइकोराइजा ये एक प्रकार के कवक हैं जो पौधों की जड़ों के साथ सहजीवी सम्बन्ध बनाते हैं। ये पानी और पोषक तत्व (फॉस्फोरस, जिंक) के अवशोषण को बढ़ाते हैं। उपयोग
   - फलों, सब्जियों और वानस्पतिक पौधों में।
5. जैव नियन्त्रक ये पौधों को रोगों और कीटों से बचाते हैं और मिट्टी के स्वास्थ्य को बनाए रखते हैं। उदाहरण
   - ट्राइकोडर्मा (Trichoderma) कवक रोगों को नियन्त्रित करने के लिए।
   - पेसिलोमाइसिस (Pecilomyces): कीटों और रोगों के प्रबन्धन में।

6. जैव उत्तेजक ये पौधों की जड़ों में सहजीवी रूप से रहकर उनकी वृद्धि को बढ़ावा देते हैं। उदाहरण

- पेसूडोमोनास (Pseudomonas)
- बैसिलस (Bacillus)

7. कार्बनिक अवशिष्ट जैव उर्वरक ये जैविक कचरे को खाद में परिवर्तित कर मिट्टी को उर्वर बनाते हैं। उदाहरण

- वर्मी कम्पोस्ट (Vermicompost)
- बायोगैस स्लरी

उदाहरण	विवरण
राइजोबियम	• सहजीवी जीवाणु (Symbiotic Bacteria) फलीदार पौधों में जड़ की गाँठें बनाते हैं। • खेतों में लघु नाइट्रोजन उत्पादन कारखानों (वायुमण्डलीय नाइट्रोजन को स्थिर करने) के रूप में कार्य करता है और मृदा को उर्वरित करता है।
एजोटोबैक्टर	• वायवीय मुक्त- जीवित नाइट्रोजन फिक्सर • राइजोस्फेयर (जड़ों के आस-पास) में उगते हैं और वायुमण्डलीय नाइट्रोजन को गैर-सहजीवी रूप से स्थिर करते हैं और इसे शुष्क भूमि वाली फसलों सहित नॉन-लेग्यूम फसलों के लिए उपलब्ध कराते हैं।
एजोस्पाइरिलियम	• वायवीय मुक्त- जीवित नाइट्रोजन फिक्सर, जो उच्च पौधे प्रणाली के साथ सहयोगी सहजीवन में रहते हैं (घास की जड़ों के साथ कोई नॉड्यूल नहीं बनाते हैं) • उपयुक्त फसलें- नॉन-लेग्यूम; जैसे-मक्का, जौं, जई, ज्वार, बाजरा, गन्ना, चावल आदि ।
नीले-हरे शैवाल	• उदाहरण- नॉस्टॉक और अनाबेना • मुक्त- जीवित प्रकाश-संश्लेषी जीव, वायुमण्डलीय नाइट्रोजन को स्थिर करने में भी सक्षम हैं। • मृदा की क्षारीयता (Alkalinity) को कम करता है और मछलियों के लिए चारे के रूप में उपयोग किया जा सकता है।
माइकोराइजा	• जंगल के वृक्षों और फसली पौधों की जड़ों पर प्राकृतिक रूप से पाए जाते हैं। इस कवक में फॉस्फोरस को घोलने और अवशोषित करने की क्षमता होती है, जिसे पौधों की जड़ें आसानी से अवशोषित नहीं कर पाती हैं।
कम्पोस्ट टी	• **प्रकार** जैविक तरल उर्वरक। • **विशेषता** – जैविक खाद को पानी में मिलाकर बनाया गया तरल उर्वरक। – पैधों को पोषण प्रदान करने के साथ मिट्टी में सूक्ष्मजीवों की वृद्धि करता है।

सतत् कृषि सम्बन्धी सरकारी योजनाएँ

राष्ट्रीय सतत् कृषि मिशन

- कृषि उत्पादकता को बनाए रखना मिट्टी और पानी जैसे प्राकृतिक संसाधनों की गुणवत्ता और उपलब्धता पर निर्भर करता है। उचित स्थान-विशिष्ट उपायों के माध्यम से इन दुर्लभ प्राकृतिक संसाधनों के संरक्षण और सतत् उपयोग को बढ़ावा देकर कृषि विकास को बनाए रखा जा सकता है।
- भारतीय कृषि मुख्य रूप से वर्षा पर आधारित है, जो देश के शुद्ध बोए गए क्षेत्र का लगभग 60% है और कुल खाद्य उत्पादन का 40% है।
- इसका उद्देश्य भारतीय कृषि को शामिल करने वाले दस प्रमुख आयामों पर ध्यान केन्द्रित करते हुए अनुकूलन उपायों की एक श्रृंखला के माध्यम से सतत कृषि को बढ़ावा देना है; जैसे- उन्नत फसल, बीज, पशुधन, मछली पालन, जल उपयोग दक्षता, कीट प्रबन्धन, उन्नतकृषि पद्धतियाँ, पोषक तत्त्व का प्रबन्धन, कृषि बीमा, ऋण सहायता, बाजार और आजीविका विविधीकरण।

राष्ट्रीय बागवानी मिशन

- यह केन्द्र सरकार द्वारा प्रायोजित कृषि विभाग द्वारा वर्ष 2005-06 में शुरू किया गया कार्यक्रम है। इस कार्यक्रम के अन्तर्गत 85% योगदान केन्द्र तथा 15% योगदान राज्य सरकार का रहा है।
- कृषि क्षेत्र के अन्तर्गत बागवानी; जैसे—सब्जियों, फलों, जड़ एवं कन्द फसलों, मसालों, फूलों व सुगन्धित पौधों के उत्पादन में सतत रूप से वृद्धि करने के लिए चलाया गया।
- बागवानी फसलों की क्षमता में वृद्धि करने के लिए वर्ष 2005-06 में इसे 18 राज्यों, 3 केन्द्रशासित प्रदेशों के 382 सक्षम जिलों में लागू किया गया।
- इस योजना में प्रतियोगी बागवानी फसलों पर अधिक जोर दिया गया तथा प्रौद्योगिकी के प्रति भी दृष्टिकोण बदलने पर भी जोर दिया गया।

सतत् कृषि से सम्बन्धित अन्य योजनाएँ, कार्यक्रम और कानून

योजना/कार्यक्रम/कानून का नाम	उद्देश्य	सम्बन्धित मन्त्रालय/संस्था
प्रधानमन्त्री कृषि सिंचाई योजना (PMKSY)	जल संसाधनों के बेहतर प्रबन्धन के लिए, पानी की कमी को दूर करने हेतु सिंचाई सुविधाओं का विकास।	जल संसाधन मन्त्रालय
राष्ट्रीय जैविक कृषि परियोजना (NPOP)	जैविक खेती को बढ़ावा देना और किसानों को जैविक खेती के प्रमाण-पत्र प्रदान करना।	कृषि मन्त्रालय
उन्नत कृषि कार्यक्रम	कृषि में तकनीकी सुधार, उर्वरकों का सही उपयोग और उत्पादकता बढ़ाने के लिए किसानों को प्रशिक्षित करना।	कृषि मन्त्रालय
फसल बीमा योजना	प्राकृतिक आपदाओं, कीटों और रोगों से किसानों की सुरक्षा के लिए फसल बीमा योजना।	कृषि मन्त्रालय
राष्ट्रीय जलवायु परिवर्तन कार्य योजना (NCCAP)	जलवायु परिवर्तन के प्रभावों से कृषि को बचाने के लिए रणनीतियाँ तैयार करना।	पर्यावरण मन्त्रालय
रासायनिक उर्वरकों और कीटनाशकों पर नियन्त्रण (Pesticides Management Act)	रासायनिक उर्वरकों और कीटनाशकों के उपयोग को नियन्त्रित करना और पर्यावरणीय खतरों से बचाव।	रसायन एवं उर्वरक मन्त्रालय
फसल चक्र और विविधता प्रोत्साहन योजना	मिट्टी की उर्वरता बढ़ाने और कीटों के नियन्त्रण के लिए फसल चक्र और जैव-विविधता को बढ़ावा देना।	कृषि मन्त्रालय
नेशनल ग्रीन ट्रिब्यूनल (NGT)	पर्यावरण से सम्बन्धित विवादों का समाधान और सतत कृषि के लिए कानूनों को लागू करना।	पर्यावरण मन्त्रालय
राष्ट्रीय जैव-विविधता अधिनियम, 2002	जैव-विविधता का संरक्षण और सतत कृषि के लिए बायोडायवर्सिटी के उपयोग पर नियन्त्रण।	पर्यावरण मन्त्रालय

"

राष्ट्रीय पर्यावरण कानून, संगठन एवं आन्दोलन पर्यावरण संरक्षण और सतत् विकास के लिए महत्त्वपूर्ण हैं। भारत में पर्यावरण संरक्षण अधिनियम, जल एवं वायु प्रदूषण निवारण अधिनियम जैसे कानून प्राकृतिक संसाधनों की रक्षा करते हैं।

अध्याय बीस

पर्यावरण से सम्बन्धित कानून, संगठन एवं आन्दोलन

प्रमुख पर्यावरणीय कानून

भारतीय परिदृश्य में पर्यावरण की सुरक्षा और पारिस्थितिकी सन्तुलन को स्थापित करने के लिए समय-समय पर महत्त्वपूर्ण कानून और संगठनों को स्थापित किया गया। जिसे न केवल सरकार, बल्कि प्रत्येक व्यक्ति, संघ, समाज, उद्योग को लागू करना चाहिए।

वन्यजीव संरक्षण अधिनियम से सम्बन्धित संवैधानिक प्रावधान

- **42वें संशोधन अधिनियम, 1976** के माध्यम से वन तथा जंगली जानवरों एवं पक्षियों के संरक्षण को राज्य सूची से निकालकर, **समवर्ती** सूची में शामिल कर दिया गया है।
- **राज्य के नीति-निदेशक सिद्धान्त के अनुच्छेद-**48(A) के अनुसार, राज्य पर्यावरण संरक्षण व उसको बढ़ावा देने का काम करेगा तथा देश भर में जंगलों एवं वन्यजीवों की सुरक्षा की दिशा में कार्य करेगा।

- अनुच्छेद 21 के अन्तर्गत जीवन के अधिकार की सुप्रीम कोर्ट द्वारा व्याख्या की गई, जिसके अन्तर्गत स्वच्छ पर्यावरण के अधिकार को शामिल किया गया।
- संविधान के अनुच्छेद-51A (g) के अनुसार वनों एवं वन्यजीवों सहित प्राकृतिक पर्यावरण की सुरक्षा तथा सुधार करना सभी नागरिकों का मौलिक कर्त्तव्य होगा।
- भारत में पर्यावरण एवं वन्यजीवों से सम्बन्धित महत्त्वपूर्ण कानून एवं संगठन प्रारम्भ किए गए, जिनका विस्तृत विवरण अग्रलिखित है।

वन्यजीव संरक्षण अधिनियम, 1972

- भारत सरकार ने वन्यजीव (संरक्षण) अधिनियम, 1972 को देश के वन्यजीवों को सुरक्षा देने, अवैध शिकार, तस्करी एवं अवैध व्यापार को नियन्त्रित करने के लिए लागू किया था।
- जनवरी, 2003 में इस अधिनियम में संशोधन किया गया तथा इसका नाम बदलकर भारतीय वन्यजीव (संरक्षण) अधिनियम, 2002 रखा गया।
- वर्ष 1972 से पहले भारत के पास मात्र पाँच राष्ट्रीय पार्क ऐसे थे, जिन्हें लोग जानते थे। वर्तमान में इनकी संख्या 106 है।
- इस अधिनियम वे द्वारा संरक्षित पौधे और पशु प्रजातियों की अनुसूचियों की स्थापना तथा इन प्रजातियों की कटाई व शिकार को गैर-कानूनी बना दिया।
- वन्यजीव संरक्षण अधिनियम, 1972 में 66 धाराएँ तथा 6 अनुसूचियाँ हैं, जो उनमें से प्रत्येक के अन्तर्गत रखी गई प्रजातियों के लिए अनेक प्रकार की सुरक्षा का प्रावधान करती हैं।

वन्यजीव संरक्षण अधिनियम 1972 की अनुसूचियाँ

अनुसूची 1 तथा अनुसूची 2

इसके अन्तर्गत भाग 2 में दी गई श्रेणियों के जीवों को नुकसान पहुँचाना सम्पूर्ण भारत में पूर्णतया प्रतिबन्धित है। इसके अन्तर्गत अपराधों के लिए **कठोर सजा** का प्रावधान है।

अनुसूची 3 तथा अनुसूची 4

ये अनुसूची वन्यजीवों को संरक्षण प्रदान करती हैं, परन्तु इन्हें हानि पहुँचाने पर तुलनात्मक रूप से **कम सजा** का प्रावधान है।

अनुसूची 5

इसके अन्तर्गत वे जानवर शामिल हैं, जिनका शिकार हो सकता है।

अनुसूची 6

इस अनुसूची में शामिल पौधों की खेती और रोपण पर प्रतिबन्ध है। इस अनुसूची के अन्तर्गत अधिकारियों को शिकार के सम्बन्ध में अपराध निर्धारित कर सजा देने एवं जुर्माना लगाने की शक्ति दी गई है।

- पारितन्त्रों के संरक्षण को सुनिश्चित करने के लिए वनोत्पादों को पुर्नपरिभाषित किया गया तथा इस अधिनियम को वर्ष 2006 में संशोधित कर इसमें 4B एवं 4C जोड़ा गया।

- वर्ष 2013 में उच्च सदन में (राज्यसभा) में पर्यावरण, वन एवं जलवायु परिवर्तन में संशोधन अधिनियम प्रस्तुत किया। इसमें भारतीय कानून को अन्तर्राष्ट्रीय कानूनों के अनुरूप बनाने का प्रयास किया गया है।

CITES के अन्तर्गत पौधों और जानवरों के नमूनों को उनके विलुप्त होने के खतरे के आधार पर **तीन श्रेणियों** में वर्गीकृत किया गया है।

- इस अधिनियम के अन्तर्गत दिए गए लाइसेन्स या परमिट की शर्तों को भंग करने वाला व्यक्ति अपराध का दोषी माना जाएगा।
- अपराध पर कैद की सजा का प्रावधान है, जिसे बढ़ाकर तीन वर्ष तक किया जा सकता है अथवा ₹ 25,000 का जुर्माना और कैद दोनों ही सजा दी जा सकती हैं।
- वन्य जीव संरक्षण अधिनियम 1972 को लागू करने वाला पहला राज्य मध्य प्रदेश था।
- वर्ष 1973-74 में इसे मध्य प्रदेश में लागू किया गया था।
- राज्यसभा ने वन्यजीव (संरक्षण), संशोधन, 2022 पारित किया, जो वन्यजीवों और वनस्पतियों की लुप्तप्राय प्रजातियों पर अन्तर्राष्ट्रीय व्यापार सम्मेलन के तहत भारत के दायित्वों को प्रभावी बनाने का प्रयास करता है। इस संशोधन में निम्न प्रस्ताव पारित किए गए।
  - इसके अन्तर्गत 'सामान्य उल्लंघन' के लिए अधिकतम जुर्माना ₹ 25000 से बढ़ाकर ₹ 1 लाख कर दिया गया है।
  - विशेष रूप से संरक्षित पशुओं के मामलें में न्यूनतम जुर्माना ₹ 10000 से बढ़ाकर ₹ 25000 कर दिया गया है।
  - विधेयक केन्द्र सरकार को विदेशी प्रजातियों के आक्रामक पौधें या पशु के आयात, व्यापार या नियन्त्रण को विनियमित करने और रोकने का भी अधिकार देता है।
  - इस अधिनियम की धारा 43 में संशोधन किया गया, जिसमें 'धार्मिक या किसी अन्य उद्‌देश्य' के लिए हाथियों के उपयोग की अनुमति दी गई है।

राष्ट्रीय वन्यजीव कार्यवाही योजना

- भारत की पहली राष्ट्रीय वन्यजीव कार्यवाही योजना का प्रारूप, भारतीय वन्यजीव बोर्ड के द्वारा वर्ष 1982 में तैयार किया गया था।
- यह प्रारूप राष्ट्रीय वन्यजीव कार्यवाही योजना की 15वीं बैठक में लिए गए निर्णय के अनुसार तैयार किया गया था, इस योजना का क्रियान्वयन वर्ष 1983 में की गई थी।
- यह वन्यजीवों के संरक्षण के लिए एक राष्ट्रीय योजना थी, जिसकी समयावधि 1983-2001 तक थी।
- इस योजना में वन्यजीव संरक्षण रणनीतियों और कार्य बिन्दुओं को रेखांकित किया गया, जो आज भी प्रासंगिक हैं। प्राकृतिक संसाधनों के बढ़ते व्यावसायिक उपयोग, मानव और पशुओं की आबादी में निरन्तर वृद्धि और खपत पैटर्न में बदलाव के कारण बड़े जनसांख्यिकीय प्रभाव हो रहे हैं। इस प्रकार जैव-विविधता का संरक्षण एक चर्चित विषय बन गया है।
- वर्ष 2001 तक व्यापक परिवर्तन हो चुके थे तथा वैश्वीकरण और उदारीकरण ने प्राकृतिक संसाधनों के व्यावसायिक उपयोग के लिए दोहन व्यापक स्तर पर किया।
- वन्यजीव कार्यवाही पर पुनर्विचार के पीछे एक कारण बढ़ती जनसंख्या एवं उनके भूमि उपयोग में होने वाला तीव्र परिवर्तन भी था।
- राष्ट्रीय वन्यजीव कार्यवाही योजना पाँच भागों; 17 विषयों, 103 संरक्षण कार्यों और 250 परियोजनाओं से बना है।
- केन्द्रीय पर्यावरण, वन और जलवायु परिवर्तन मन्त्रालय ने वर्ष 2017-2031 के लिए तीसरी राष्ट्रीय कार्य योजना जारी की, जिसमें वन्यजीव संरक्षण के लिए भविष्य की रूपरेखा तैयार की गई। यह कार्य योजना 'पृथ्वी पर जीवन' (Life on Land) एजेण्डा के अन्तर्गत तैयार की गई थी। इसकी कुछ कार्य नीतियाँ निम्नलिखित हैं—
  - वन्यजीव प्रबन्धन योजना को जलवायु परिवर्तन के साथ जोड़ना।
  - मनुष्य एवं पशु संघर्ष (Human-wildlife Conflict) जैसी समस्याओं के समाधान करने के लिए संस्थागत प्रयास करना।
  - अवैध शिकार करने पर रोक लगाना।
  - जलवायु परिवर्तन अनुकूलता के लिए इको-पर्यटन का प्रबन्धन करना।
  - संरक्षण के लिए जनता की भागीदारी निश्चित करना तथा साथ ही रेडियो कॉलर एवं ड्रॉन जैसी अत्याधुनिक तकनीकों के द्वारा निगरानी करना इत्यादि।

वन संरक्षण अधिनियम, 1980

- यह अधिनियम वनों के संरक्षण और उससे जुड़े मामलों के लिए बनाया गया था। इसका उद्देश्य देश के वनों की सुरक्षा करना, वनों की कटाई को नियन्त्रित करना और जैव-विविधता तथा वन्य जीवों को बचाना है। इस अधिनियम के अन्तर्गत निम्न प्रावधान किए गए-
  - यह अधिनियम, 25 अक्टूबर, 1980 को लागू किया गया था। यह अधिनियम राज्य सरकार और अन्य प्राधिकरणों को केन्द्र सरकार की अनुमति के बिना पहले निर्णय लेने से प्रतिबन्धित करता है।
  - इस अधिनियम के तहत, वन क्षेत्रों में स्थायी कृषि वानिकी करने के लिए केन्द्रीय अनुमति की आवश्यकता होती है।
  - इस अधिनियम के तहत केन्द्र सरकार को वन सम्बन्धी चिन्ताओं पर सलाह देने के लिए एक सलाहकार समिति बनाने का अधिकार है।
  - इस अधिनियम द्वारा वनों को अनारक्षित करने या वन-भूमि को गैर-वनीय उद्‌देश्यों के लिए उपयोग करने पर रोक है।

पर्यावरण संरक्षण अधिनियम, 1986

- पर्यावरण की सुरक्षा तथा इसमें सुधार के उद्‌देश्य से पर्यावरण संरक्षण अधिनियम, 1986 को अधिनियमित किया गया था।
- भोपाल गैस त्रासदी (3 दिसम्बर, 1984) के बाद इस कानून को लाया गया था, जिसका उद्‌देश्य वर्ष 1972 में संयुक्त राष्ट्र मानवीय पर्यावरण सम्मेलन (स्टॉकहोम) में लिए गए निर्णय को लागू करना था।
- इसकी रूपरेखा को केन्द्रीय सरकार के विभिन्न केन्द्रीय और राज्य प्राधिकरणों के क्रियाकलापों के समन्वयन के लिए तैयार किया गया है।
- मानव पर्यावरण की रक्षा और सुधार करने एवं पेड़-पौधे और सम्पत्ति को छोड़कर मानव जाति को आपदा से बचाने के लिए यह कानून पारित किया गया।

- यह केन्द्र सरकार को पर्यावरणीय गुणवत्ता की रक्षा करने और सुधारने, प्रदूषण नियन्त्रण और पर्यावरणीय गुणवत्ता की रक्षा करने और सुधारने, प्रदूषण नियन्त्रण और पर्यावरणीय आधार पर किसी औद्योगिक सुविधा की स्थापना करना, संचलन करना, निषेध या प्रतिबन्धित करने का अधिकार देता है।

प्रमुख प्रावधान

इस अधिनियम को 26 भागों तथा 4 अध्यायों में विभक्त किया गया है

- इस अधिनियम के अन्तर्गत पर्यावरण संरक्षण को आगे बढ़ाने के लिए राष्ट्रव्यापी कार्यक्रमों और योजनाओं का समन्वय और क्रियान्वयन किया जा सकता है।
- यह पर्यावरण गुणवत्ता मानकों को अनिवार्य कर सकता है, विशेष रूप से पर्यावरण प्रदूषकों के उत्सर्जन या निर्वहन से सम्बन्धित है। यह कानून उद्योगों के स्थान पर प्रतिबन्ध लगा सकता है।
- कानून सरकार को परीक्षण, उपकरणों के परीक्षण और अन्य उद्देश्यों के लिए प्रवेश की शक्ति देता है और किसी भी स्थान से हवा, पानी, मिट्टी या किसी अन्य पदार्थ के नमूने के विश्लेषण करने की शक्ति देता है। पर्यावरण संरक्षण अधिनियम स्पष्ट रूप से निर्धारित नियामक मानकों से अधिक पर्यावरण प्रदूषकों के निर्वहन पर रोक लगा सकता है।
- खतरनाक पदार्थों को सम्भालने के लिए एक विशिष्ट प्रावधान भी है, जो नियामक आवश्यकताओं के अनुपालन में प्रतिबन्धित है।
- पर्यावरण (संरक्षण) अधिनियम, 1986 ऐसा पहला पर्यावरण सम्बन्धी कानून था, जिसने केन्द्र सरकार को सीधे निर्देश देने को अधिकृत किया। इसमें उद्योग बन्द करने का आदेश, किसी भी उद्योग पर नियन्त्रण का आदेश, परीक्षण के लिए स्वीकृति किसी भी स्थान के जल, वायु, भूमि या अन्य वस्तु के विश्लेषण करने का अधिकार शामिल है।
- इस कानून के अन्तर्गत पारिस्थितिकी संवेदी क्षेत्र घोषित किए जाते हैं, जिसके अन्तर्गत क्षेत्र में रात्रि के समय में व्यावसायिक क्रियाकलापों वाले वाहनों के आवागमन तथा कृषि एवं अन्य मानवीय क्रियाओं का विनयमन किया जाएगा।

अनुसूचित जनजाति और अन्य परम्परागत वन निवासी अधिनियम, 2006

- जंगलों में रहने वाले कई आदिवासी परिवारों की प्रतिकूल जीवन स्थितियों को दूर करने के लिए गैर-मान्यता और पहले से मौजूद अधिकारों के निहित होने के कारण एक ऐतिहासिक कानून था।
- इस अधिनियम को 1 जनवरी, 2008 से लागू किया गया। इस कानून को वन अधिकार अधिनियम, आदिवासी अधिकार अधिनियम तथा आदिवासी भूमि अधिनियम भी कहा जाता है।

अनुसूचित जनजाति तथा अन्य परम्परागत वन निवासी संशोधन नियमावली, 2012

- संशोधित नियम, 2012 की अधिसूचना को सितम्बर, 2012 में प्रकाशित किया गया। इस अधिनियम के अन्तर्गत व्यक्तिगत एवं सामुदायिक अधिकार प्रदान किए जा रहे हैं।
- छोटे गाँव या बस्तियों की पहचान हेतु प्रक्रिया एवं उनकी सूचियों की समेकन प्रक्रिया को निर्धारित करना।
- मौजूदा वन अधिकार समिति की अनिवार्य जनजाति सदस्यता को एक-तिहाई से दो-तिहाई तक बढ़ाना। वन अधिकार का उल्लेख धारा-3 में निहित है।
- जीविका शब्द से तात्पर्य है—स्वयं की आवश्यकताओं अर्थात् परिवार की आवश्यकताओं को पूरा करने के लिए किसी उपज की बिक्री करना।
- वन उत्पादों को बाहर ले जाने अथवा अन्दर ही कहीं ले जाने के लिए समितियों एवं महासंघों को स्थानीय परिवहन की अनुमति देना।

नेशनल ग्रीन ट्रिब्यूनल (NGT)

- **राष्ट्रीय हरित प्राधिकरण अधिनियम, 2010** द्वारा भारत में राष्ट्रीय हरित प्राधिकरण की स्थापना की गई।
- यह एक विशेष पर्यावरण अदालत है, जो पर्यावरण संरक्षण और वनों के संरक्षण से सम्बन्धित मामलों की सुनवाई करती है।
- यह अधिकरण वर्ष 1908 की **नागरिक प्रक्रिया संहिता** (Code of Civil procedure) द्वारा प्रदत्त कार्य के प्रति प्रतिबद्ध नहीं है, किन्तु **प्राकृतिक न्याय** के सिद्धान्त द्वारा निर्देशित होता है।
- इस अधिकरण की प्रधान पीठ **नई दिल्ली** में तथा इसके अतिरिक्त **भोपाल, पुणे, कोलकाता** और **चेन्नई** में स्थित है।
- इसमें पूर्णकालिक अध्यक्ष के रूप में भारत के सुप्रीम कोर्ट के अवकाश प्राप्त न्यायाधीश या उच्च न्यायालय के मुख्य न्यायाधीश, न्यायिक सदस्य और विशेषज्ञ सदस्य शामिल होते हैं। न्यायमूर्ति **प्रकाश श्रीवास्तव** वर्तमान में राष्ट्रीय हरित प्राधिकरण के अध्यक्ष है, जो कलकत्ता उच्च न्यायालय के मुख्य न्यायाधीश रह चुके हैं।
- इस अधिकरण के समर्पित अधिकारी पर्यावरण के मामलों में त्वरित निर्णय देंगे, जिससे उच्च न्यायालय में लम्बित मुकदमों के भार को कम किया जा सकेगा।
- एनजीटी यह सुनिश्चित करता है कि पर्यावरणीय मुद्दों के कारण लोगों या सम्पत्तियों को हुए किसी भी प्रकार की हानि के लिए उचित राहत एवं मुआवजा प्रदान किया जाए।
- राष्ट्रीय हरित अधिकरण कई हितधारकों से जुड़े पर्यावरणीय विवादों की एक विस्तृत शृंखला को भी सम्भालता है।
- इस अधिकरण को आवेदनों और याचिकाओं को उनकी अपील से **6 माह के अन्दर** निपटारे का कार्य सौंपा गया है।
- **एनजीटी** सभी प्रकार के दीवानी मामलों की सुनवाई कर सकता है, जिसमें पर्यावरण सम्बन्धी किसी भी कानूनी अधिकार का प्रवर्तन भी शामिल है। एनजीटी, सिविल प्रक्रिया संहिता, 1908 के अन्तर्गत निर्धारित प्रक्रिया द्वारा सीमित नहीं है, बल्कि एनजीटी प्राकृतिक न्याय के सिद्धान्तों द्वारा निर्देशित है।

भारतीय वन संशोधन अधिनियम, 2017

- पर्यावरण, वन एवं जलवायु परिवर्तन मन्त्री हर्षवर्द्धन ने 18 दिसम्बर, 2017 को लोकसभा में पेश किया था। यह बिल भारतीय वन संशोधन अध्यादेश वर्ष 2017 का स्थान लेता है तथा भारतीय वन अधिनियम, 1927 में संशोधन करता है।

- यह अधिनियम वनों, वन उत्पादों आदि को एक स्थान से दूसरे स्थान पर लाने या ले जाने में तथा इन पर वसूली जाने वाली ड्यूटी से जुड़े कानून को लागू करता है।
- इस अधिनियम के अन्तर्गत वृक्ष की परिभाषा में ताड़, बाँस, ठूँठ झाड झंखाड़ तथा बेन्त शामिल हैं। यह अधिनियम बाँस शब्द को हटाए जाने के लिए वृक्ष की परिभाषा में संशोधन करता है।
- भारतीय वन अधिकार अधिनियम, 2006 में बाँस को गैर-इमारती लकड़ी के रूप में मान्यता थी, परन्तु वन अधिनियम में इसे इमारती लकड़ी के रूप में मान्यता दी गई है।
- नीति आयोग के आँकड़ों के अनुसार, देश में बाँस के संसाधनों से ₹ 50000 करोड़ की आर्थिक गतिविधि उत्पन्न करने की क्षमता है।
- बाँस को विश्व की सबसे बड़े घास की मान्यता प्राप्त थी, इसलिए यह भारतीय वन अधिनियम, 1927 की परिभाषा में शामिल नहीं था।
- इस अधिनियम के अनुसार वन क्षेत्र में उगाए गए बाँस को वन संरक्षण अधिनियम, 1980 के प्रावधानों के अन्तर्गत प्रशासित किया जाता है।

वन संरक्षण नियम, 2022

- पर्यावरण, वन और जलवायु परिवर्तन मन्त्रालय ने वन (संरक्षण) नियम जुलाई, 2022 में जारी किया था। यह वन (संरक्षण) अधिनियम, 1980 की धारा 4 और वन (संरक्षण) नियम, 2003 के अधिक्रमण में प्रदान किया गया हैं
- वन (संरक्षण) नियम 2022 में निम्न प्रावधान किए गए है।
  - इन नियमों के तहत वन भूमि से जुड़े प्रस्तावों की समीक्षा के लिए प्रत्येक राज्य और केन्द्र शासित प्रदेश में एक परियोजना स्क्रीनिंग समिति बनाई गई है। इस समिति में पाँच सदस्य होते हैं और यह प्रत्येक महीने कम-से-कम दो बार बैठक करती है।
  - 5-40 हेक्टेयर के बीच की गैर-खनन परियोजनाओं की समीक्षा 60 दिनों के अन्दर और खनन परियोजनाओं की समीक्षा 75 दिनों के अन्दर की जाती है।
  - इन नियमों के तहत, ग्राम सभाओं की सहमति को अनिवार्य करने वाले अन्य कानूनों के संचालन पर रोक नहीं लगाई गई है।
  - इन नियमों के द्वारा राज्य सरकारों को आरक्षित भूमि के अतिरिक्त सरकार की सम्पत्ति वाली अन्य भूमि को संरक्षित करने का अधिकार है।

वन संरक्षण संशोधन अधिनियम, 2023

इस संशोधन अधिनियम में कई बदलाव किए गए हैं, जो निम्नवत हैं

- इस अधिनियम के अन्तर्गत वन भूमि के दायरे को बढ़ाया गया है। अब यह अधिनियम सिर्फ अधिसूचित वन भूमि पर ही लागू नहीं रहेगा, बल्कि राजस्व वन भूमि और सरकारी रिकॉर्ड में वन के रूप में दर्ज भूमि पर लागू होगा।
- इस संशोधन द्वारा भारत की अन्तर्राष्ट्रीय प्रतिबद्धताओं और वन कार्बन स्टॉक को बनाए रखने और बढ़ाकर वर्ष 2070 तक शुद्ध शून्य उत्सर्जन प्राप्त करने के लिए देश द्वारा निर्धारित राष्ट्रीय लक्ष्य को स्वीकार करता है।
- इसका लक्ष्य वर्ष 2030 तक अतिरिक्त 2.5 से 3.0 बिलियन टन CO_2 के समकक्ष कार्बन सिंक बनाकर भारत के राष्ट्रीय स्तर पर निर्धारित योगदान लक्ष्य को प्राप्त करना है।
- इस अधिनियम में वन भूमि पर निजी संस्थाओं को पट्टे पर देने के प्रावधानों को सरकारी कम्पनियों तक भी बढ़ाया गया है।
- इस अधिनियम में वन के संरक्षण के लिए वानिकी गतिविधियों को बढ़ाया गया है, इसमें चिड़ियाघर, सफारी, इको-टूरिज्म जैसी गतिविधियों को जोड़ा गया है।
- इस अधिनियम में केन्द्र सरकार को किसी सर्वेक्षण को गैर-वन उद्देश्य के रूप में वर्गीकृत करने से बाहर रखने का अधिकार दिया गया है।

भारत की वन नीतियाँ

भारत में समय-समय वन नीतियाँ बनाई जाती है, कुछ वन नीतियों का वर्णन निम्न प्रकार है

राष्ट्रीय वन नीति, 1988

- 1894 ई. में देश की पहली राष्ट्रीय वन नीति घोषित की गई, जो ब्रिटिश नियन्त्रण को जंगली क्षेत्र में सशक्त करती थी।
- स्वतन्त्र भारत की पहली वन नीति वर्ष 1952 में अपनाई गई। इस नीति में वनों के संरक्षण तथा उससे बेहतर उपयोग की बात की गई तथा राष्ट्रीय आवश्यकताओं के अनुसार, 1894 की नीति में परिवर्तन किया गया।
- वन नीति, 1988 में देश के 33% भाग को वनाच्छादित करने का लक्ष्य रखा गया था।
- राष्ट्रीय वन नीति, 1988 का मुख्य उद्देश्य-पर्यावरणीय स्थिरता और वायुमण्डलीय सन्तुलन सहित पारिस्थितिक सन्तुलन के रख-रखाव को सुनिश्चित करना है, जो सभी जीवन रूपी, मानव, पशु और पौधों के निर्वाह के लिए महत्त्वपूर्ण है। प्रत्यक्ष आर्थिक लाभ की व्युत्पत्ति इस प्रमुख उद्देश्य के अधीन होनी चाहिए।
- वन नीति, 1988 की स्थापना के बाद से देश में वन और वृक्षों का आवरण भौगोलिक क्षेत्र (राज्य वन रिपोर्ट, 1987) के 19.7% से बढ़कर भौगोलिक क्षेत्र (राज्य वन रिपोर्ट, 2021) का 25.17% हो गया है।
- तथ्य प्रदर्शित करते हैं कि वन नीति के तरीके धीरे-धीरे पर्यावरणीय स्थिरता और पारिस्थितिक सन्तुलन को बनाए रखने में मदद कर रहे हैं। राष्ट्रीय वन नीति, 1988 की प्रमुख उपलब्धियाँ निम्न प्रकार हैं
- जंगल और वृक्षों के अनाच्छादन में वृद्धि।
- संयुक्त वन प्रबन्धन कार्यक्रम के माध्यम से वनों के संरक्षण और प्रबन्धन में स्थानीय समुदायों को शामिल करना।
- ईंधन की लकड़ी, चारा, लघु वन उपज एवं ग्रामीण और जनजातीय आबादी की छोटी इमारती लकड़ी की आवश्यकता को पूरा करना।
- एक्स-सीटू और इन-सीटू संरक्षण उपायों के माध्यम से देश की जैविक विविधता और आनुवंशिक संसाधनों का संरक्षण। देश में पर्यावरण और पारिस्थितिक स्थिरता के रख-रखाव में महत्त्वपूर्ण योगदान।
- राष्ट्रीय वन नीति को संचालित करने वाले मूल उद्देश्य निम्नलिखित हैं
  - परिरक्षण के माध्यम से पर्यावरण स्थिरता को बनाए रखना और जहाँ आवश्यक हो, पारिस्थितिक सन्तुलन की बहाली करना, जो देश के जंगलों के गम्भीर क्षरण से प्रतिकूल रूप से प्रभावित हुआ है।

- वनस्पतियों और जीवों की विशाल विविधता वाले शेष प्राकृतिक वनों को संरक्षित करके देश की प्राकृतिक विरासत का संरक्षण करना, जो देश की उल्लेखनीय जैविक विविधता और आनुवंशिक संसाधनों का प्रतिनिधित्व करते हैं।
- बाढ़ और सूखे को कम करने तथा जलाशयों की गाद को कम करने के लिए 'मृदा और जल संरक्षण के हित में' नदियों, झीलों, जलाशयों के जलग्रहण क्षेत्रों में मिट्टी के कटाव की जाँच करना।
- राजस्थान के मरुस्थलीय क्षेत्रों और तटीय क्षेत्रों में रेत के टीलों के विस्तार की जाँच करना।
- बड़े पैमाने पर वनीकरण और सामाजिक वानिकी कार्यक्रमों के माध्यम से देश में वन/वृक्षों के आच्छादन में, विशेष रूप से सभी अनाच्छादित निम्नीकृत और अनुत्पादक भूमि पर पर्याप्त वृद्धि करना।
- उपयोगी राष्ट्रीय आवश्यकताओं को पूरा करने के लिए वनों की उत्पादकता बढ़ाना।
- वन उपज के कुशल उपयोग को प्रोत्साहित करना और लकड़ी के प्रतिस्थापन को अधिकतम करना।
- इन उद्देश्यों को प्राप्त करने और मौजूदा वनों पर दबाव को कम करने के लिए महिलाओं की भागीदारी के साथ बड़े पैमाने पर जन आन्दोलन करना।

राष्ट्रीय वन नीति, 2018

भारत सरकार ने सम्पूर्ण देश के लिए वन संरक्षण नीति वर्ष 1952 में लागू की तथा वर्ष 1988 में इसे संशोधित किया गया, जिसके पश्चात् सरकार ने मार्च, 2018 में राष्ट्रीय वन नीति, 2018 का प्रारूप जारी किया, जो वर्ष 1988 की वन नीति का स्थान लेगी। इस नीति के प्रारूप के अन्तर्गत निम्नलिखित प्रावधान किए गए हैं

- देश में 33% भाग पर वन लगाना, जो वर्तमान में 25.17% हैं।
- पहाड़ी एवं दुर्गम क्षेत्रों में वनों का विस्तार कुल भौगोलिक भूमि का दो-तिहाई करना।
- वनों में निवास करने वाली जनसंख्या एवं जन्तुओं को पारिस्थितिक संरक्षण प्रदान करना।
- इसके अन्तर्गत उन योजनाओं को रद्द किए जाने का प्रावधान है, जो नदियों, ढलानों, झीलों व भौगोलिक रूप से संवेदनशील क्षेत्रों में जारी है।
- समावेशी वन प्रबन्धन को इस नीति का आधार बनाया गया है।
- इसमें स्थायी वन प्रबन्धन के अन्तर्गत जलवायु परिवर्तन की समस्या से निपटने से सम्बन्धित प्रावधान भी किया गया है।
- इसके अन्तर्गत पारिस्थितिक रूप में संवेदनशील क्षेत्रों को उपयुक्त तरीके से मृदा संरक्षण एवं वनों का रोपण और बम्बू जैसी घासों को उगाकर सम्बन्धित क्षेत्र की सुरक्षा प्रदान करने का प्रावधान भी किया गया है।
- केन्द्र द्वारा राज्यों को आवश्यकतानुसार सहायता दिए जाने हेतु एक निधि की स्थापना का प्रावधान किया गया है।
- इसके अतिरिक्त इसमें कृषि वानिकी को एक उचित धनराशि प्रदान करने का प्रावधान है।
- वनों के पुनर्वनीकरण एवं पुनर्स्थापना द्वारा वनों के ह्रास को रोकना तथा इस कार्य में प्राकृतिक रूप-रेखा को व्यर्थ न होने देना।
- शहरी एवं अर्द्ध-शहरी क्षेत्रों में निवासियों की बेहतरी के लिए हरित क्षेत्रों का प्रबन्धन और विस्तार करना।
- भूमिगत जल भण्डारों के पुनर्भरण एवं सतह के जल का विनियमन करके जलापूर्ति को बढ़ाना, ताकि वनीय मृदा स्वस्थ बनी रहे।
- मसौदा नीति में वनों की गुणवत्ता में कमी, जलवायु परिवर्तन का प्रभाव, बढ़ते मानव वन्यजीव टकराव, गहराता जल संकट और बढ़ते वायु प्रदूषण पर भी विचार किया गया है।

तटीय पर्यावरण संरक्षण हेतु पहल

तटीय क्षेत्रों में मानवीय गतिविधियों के कारण जलीय पारितन्त्र पर गहरा दुष्प्रभाव पड़ा है। तटीय क्षेत्रों के संरक्षण हेतु सरकार द्वारा विभिन्न कानून व योजनाओं का निर्माण किया गया है।

तटीय विनियमन क्षेत्र (CRZ)

- जनसंख्या वृद्धि तथा आर्थिक गतिविधियाँ बढ़ने से तटीय क्षेत्रों का पर्यावरण प्रभावित हो रहा है। इससे तटीय प्रजातियों का अस्तित्व प्रभावित हुआ है।
- तटीय विनियमन जोन को 'पर्यावरण संरक्षण अधिनियम, 1986' के तहत पर्यावरण और वन मन्त्रालय द्वारा फरवरी, 1991 में अधिसूचित किया गया था।

तटीय विनियमन जोन (CRZ) अधिसूचना, 2019

जनवरी, 2019 में केन्द्र सरकार ने तटीय विनियमन क्षेत्र सम्बन्धी वर्ष 2011 की अधिसूचना में संशोधन करने के लिए तटीय विनियमन जोन अधिसूचना वर्ष 2019 को जारी किया। शैलेश नायक समिति 2014 की अधिकांश अनुशंसाएँ इसमें स्वीकृत कर ली गई।

इसके अन्तर्गत तटीय क्षेत्रों को चार भागों में बाँटा गया है

1. तटीय विनियमन क्षेत्र I- यह कम और उच्च ज्वार लाइन के बीच का पारिस्थितिक रूप से संवेदनशील क्षेत्र है, जो तट के पारिस्थितिकी तन्त्र को बनाए रखता है।
2. तटीय विनियमन क्षेत्र II- यह क्षेत्र तट के किनारे तक फैला हुआ होता है।
3. तटीय विनियमन क्षेत्र III- इसके अन्तर्गत तटीय विनियमन क्षेत्र 1 और 2 के बाहरी ग्रामीण और शहरी क्षेत्र आते हैं। इस क्षेत्र में कृषि से सम्बन्धित कुछ खास गतिविधियों को करने की अनुमति दी गई है।
4. तटीय विनियमन क्षेत्र IV- यह जलीय क्षेत्र में क्षेत्रीय सीमा तक फैला हुआ होता है। इस क्षेत्र में मत्स्य पालन जैसी गतिविधियों की अनुमति होती है।

सामाजिक वानिकी

- यह पौधे के रोपण से सम्बन्धित ऐसी पद्धति है, जो परम्परागत वनों अथवा स्थापित वनों के अतिरिक्त लोगों एवं सरकारों को निजी व सार्वजनिक जमीन पर पौधे लगाने के लिए प्रोत्साहन देती है।
- राष्ट्रीय कृषि आयोग भारत सरकार द्वारा वर्ष 1976 में सर्वप्रथम सामाजिक वानिकी शब्द का प्रयोग किया गया था।

- सामाजिक वानिकी कार्यक्रम का प्रारम्भ परम्परागत वनों से भार कम करके बिना उपयोग वाली भूमि तथा परती भूमि पर वन लगाकर उपयोगी बनाना था।
- सामाजिक वानिकी कार्यक्रम शुरू करने का उद्देश्य परम्परागत वनों से भार कम कर अनुपयोगी और परती भूमि को वनीकरण के माध्यम से उपयोगी बनाना था।
- मानवीय गतिविधियों के कारण नष्ट हो रहे सरकारी वनक्षेत्र, जो मानव अधिवासों से परे हैं, का पुनर्वनीकरण करना भी सामाजिक वानिकी के अन्तर्गत शामिल किया जाता है।
- कृषि वानिकी इसका उद्देश्य किसानों को स्वयं की जरूरतों को पूरा करने के लिए स्वयं की भूमि पर पौधें लगाने के लिए प्रोत्साहित करना था। यह भूमि खेत, घर के आस-पास का क्षेत्र या गौशाला के आस-पास वाले क्षेत्र आदि हो सकती है।
- सामुदायिक वानिकी इसके अन्तर्गत निजी भूमि के स्थान पर सामुदायिक भूमि पर समुदाय के द्वारा वन लगाने पर बल दिया जाता है। स्वभावत: सामुदायिक वनों के लाभ का अधिकार समस्त समुदाय का होता है।
- सार्वजनिक वानिकी इस वानिकी के अन्तर्गत वन रोपण का कार्य वन विभाग द्वारा किया जाता है। यह वन सड़कों, नहरों, रेलवे ट्रैकों के किनारे एवं अन्य सरकारी भूमियों पर लगाया जाता है।

संयुक्त वन प्रबन्धन

- राष्ट्रीय वन नीति, 1988 में ही वनों की बेहतरी तथा प्रभावी संरक्षण की रूपरेखा तैयार कर ली गई थी। इसके लिए स्थानीय समुदाय और सरकार के बीच सहयोग की आवश्यकताओं पर बल दिया गया था।
- सामाजिक वानिकी कार्यक्रम की असफलता के कारण एक **संयुक्त वन प्रबन्धन** (Joint Forest Management-JFM) की नीति अपनाने के लिए विवश कर दिया। उसी परिप्रेक्ष्य में **1 जून, 1990** को केन्द्र सरकार द्वारा पहला संयुक्त वन प्रबन्धन दिशा-निर्देश जारी किया गया। अधिकांश राज्यों ने वर्तमान में इसे अपना लिया है।
- यह एक विशेष पहल प्रक्रिया है, जो वन संसाधन के प्रबन्धन में स्थानीय लोगों की भागीदारी को सुनिश्चित करने के लिए, **सहभागिता मूलक** गवर्नेन्स की स्थापना करता है।
- संयुक्त वन प्रबन्धन के अधीन वन विभाग और स्थानीय समुदाय साथ मिलकर एक समिति का निर्माण करते हैं तथा लागत एवं लाभ पर आपस में चर्चा करते हैं तथा वन प्रबन्धन और संरक्षण के कार्य को आगे बढ़ाते रहते हैं।
- इस प्रकार की समिति के निर्माण में वन विभाग स्थानीय लोगों से सलाह लेते हैं अथवा अमुक क्षेत्र में कार्यरत एनजीओ से मदद लेते हैं। संयुक्त वन प्रबन्धन केवल वन प्रबन्धन तथा संरक्षण ही नहीं करता है, बल्कि नष्ट होने वाले वनों की पुनर्स्थापना भी करता है।

भारत में पर्यावरणीय संरक्षण से सम्बन्धित संस्थान

बॉम्बे नेचुरल हिस्ट्री सोसायटी (BNHS), मुम्बई

- इसका आरम्भ 1883 ई. में मुम्बई में हुआ। वर्तमान में यह शिकारियों तथा जीवन के अनेक क्षेत्रों से सम्बन्धित महत्त्वपूर्ण शोध संस्था है।
- यह प्रजातियों और पारितन्त्रों के संरक्षण के क्षेत्र में सबसे पुराना **गैर-सरकारी संगठन** है।
- यह **बॉम्बे नेचुरल हिस्ट्री सोसायटी** नामक जर्नल भी प्रकाशित करता है। BNHS का लोगों (LOGO) **ग्रेट हार्नबल** है, जो **विलियम** द्वारा तैयार किया गया था।
- यह जैव-विविधता एवं पर्यावरण संरक्षण के लिए अनुसंधान कार्य करने वाला **भारत का सबसे बड़ा** गैर-सरकारी संगठन है।

बॉटनिकल सर्वे ऑफ इण्डिया (BSI), कोलकाता

- इसकी स्थापना **1890 ई.** में **रॉयल बॉटनिकल गार्डन**, कोलकाता में हुई थी। इसके नौ क्षेत्रीय केन्द्र हैं। यह विभिन्न क्षेत्रों में वनस्पति संसाधनों का सर्वेक्षण करती है। BSI का मुख्यालय कोलकाता में है।
- बॉटनिकल सर्वे ऑफ इण्डिया ने एक डिजिटल प्लेटफार्म **इण्डियन प्लाण्ट डायवर्सिटी इन्फार्मेशन सिस्टम** (IPDIS) भी विकसित किया है।
- **बाह्य स्थाने (Ex-Situ)** संरक्षण पर पादप संरक्षण लक्ष्य के लिए वैश्विक रणनीति को पूरा करने हेतु विभाग के पास देश के विभिन्न जैव-भौगोलिक क्षेत्रों के 12 विस्तृत वनस्पति उद्यान हैं।

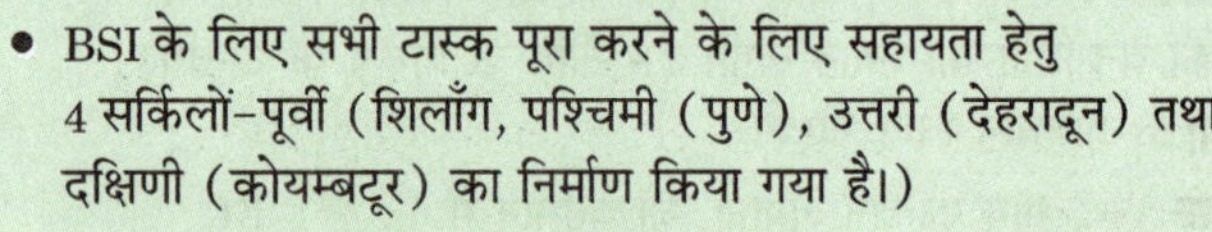

- BSI के लिए सभी टास्क पूरा करने के लिए सहायता हेतु 4 सर्किलों-पूर्वी (शिलाँग, पश्चिमी (पुणे), उत्तरी (देहरादून) तथा दक्षिणी (कोयम्बटूर) का निर्माण किया गया है।)

जूलॉजिकल सर्वे ऑफ इण्डिया (ZSI), कोलकाता

- भारत के प्राणिजगत का सुव्यवस्थित सर्वेक्षण करने वाली इस संस्था की स्थापना 1 जुलाई, 1916 में हुई थी। प्रजातियों के नमूने जमा कर प्राणी जीवन का अध्ययन किया जाता है।
- पर्यावरण प्रदूषण से होने वाली हानियों के लिए युवाओं को जागरूक बनाने तथा वायु, जल एवं अन्य प्रदूषणों और वनों की अन्धाधुन्ध कटाई जैसे मामलों में सुधारात्मक उपायों के सम्बन्ध में जानकारी देने के लिए भारत के 183 जिलों में **पर्यावरण वाहिनी योजना** की शुरुआत की है।

सलीम अली सेण्टर फॉर ऑर्निथोलॉजी एण्ड नेचुरल हिस्ट्री, (SACON)

- यह **बॉम्बे नेचुरल हिस्ट्री सोसायटी** की एक शाखा के रूप में शुरू हुई। यह संस्था वर्ष 1990 में एक स्वतन्त्र संस्था बन गई। संकटग्रस्त जैव-विविधता सम्बन्ध ज्ञान का इस संस्था ने प्रसार किया। **सलीम अली** महान पक्षी वैज्ञानिक थे।
- यह केन्द्र पर्यावरण एवं वन मन्त्रालय, भारत सरकार के अन्तर्गत एक स्वायत्त केन्द्र है।

वर्ल्ड वाइड फण्ड फॉर नेचर इण्डिया, नई दिल्ली

- वर्ष 1969 में इसका आरम्भ मुम्बई में हुआ, परन्तु बाद में इसका मुख्यालय दिल्ली स्थानान्तरित हो गया। यह पर्यावरण और विकास के मुद्दों पर कार्य करता है, साथ ही यह विद्यालयी बच्चों के लिए **भारतीय प्रकृति क्लब** जैसे अनेक कार्यक्रम भी चलाता है।
- वर्ष 1969 से 1987 तक इस संगठन को **वर्ल्ड वाइल्ड लाइफ फण्ड इण्डिया** के नाम से जाना जाता था। तत्पश्चात् इस संस्था का नाम परिवर्तित कर **वर्ल्ड वाइड फण्ड फॉर नेचर इण्डिया** कर दिया गया।

वाइल्डलाइफ इन्स्टीट्यूट ऑफ इण्डिया, देहरादून

वन्य अधिकारियों को प्रशिक्षण देने वाली इस संस्था की स्थापना वर्ष 1982 में हुई थी। यह वन्यजीव अनुसन्धान और प्रबन्धन में प्रशिक्षण कार्यक्रम, शैक्षणिक पाठ्यक्रम और परामर्श प्रदान करता है।

भारतीय वन सर्वेक्षण

- भारतीय वन सर्वेक्षण भारत सरकार के पर्यावरण एवं वन मन्त्रालय के अधीन एक संस्थान है। इसका मुख्यालय **देहरादून** (उत्तराखण्ड) में स्थित है।
- यह संगठन सुदूर संवेदन उपग्रह डाटा की डिजिटल व्याख्या द्वारा प्रत्येक **2 वर्ष** में देश के वन आवरण का आकलन करता है।
- भारतीय वन सर्वेक्षण भारत के विभिन्न राज्यों के वन कर्मियों के संवर्गों को प्रशिक्षण प्रदान करता है।
- इसकी शुरुआत **वर्ष 1965** में **वन संसाधन निवेश पूर्ण सर्वेक्षण संस्थान** के रूप में भारत सरकार की एक परियोजना के रूप में हुई। सूचनाओं में परिवर्तन होने के परिणामस्वरूप वन संसाधनों के निवेश पूर्ण सर्वेक्षण के क्रियाकलापों के कार्य का विस्तार होने से वर्ष 1981 में इसका **भारतीय वन सर्वेक्षण** नाम से पुनर्गठन किया गया।
- पर्यावरण और वन मन्त्रालय द्वारा **वर्ष 2004** में भारत के सर्वोच्च न्यायालय के आदेश के अनुसार, क्षतिपूरक वनीकरण निधि प्रबन्धन और योजना प्राधिकरण का गठन क्षतिपूर्ति के लिए एकत्रित धन के प्रबन्धन के उद्देश्य से किया गया था।

प्रतिपूरक वनीकरण कोष प्रबन्धन एवं योजना प्राधिकरण (CAMPA)

- उच्चतम न्यायलय द्वारा 10 जुलाई, 2009 का प्रतिपूरक वनीकरण कोष प्रबन्धन एवं योजना प्राधिकरण (CAMPA) के गठन पर चर्चा की गई थी, जो राष्ट्रीय सलाहकार परिषद् की तरह पर्यावरण, वन एवं जलवायु परिवर्तन मन्त्रालय के अधीन **केन्द्रीय मन्त्री की अध्यक्षता** में काम करेगा।
- राष्ट्रीय प्रतिपूरक वनीकरण कोष प्रबन्धन एवं योजना प्राधिकरण के निम्नलिखित कार्य हैं—
  - ◆ राज्यस्तर पर कैम्पा के लिए विस्तृत निर्देश जारी करना।
  - ◆ राज्य कैम्पा को जरूरी तकनीकी सहयोग उपलब्ध करवाना।
  - ◆ इसके योजना कार्यक्रम की जाँच कर, समुचित जवाब देना।

सेण्टर फॉर साइंस एण्ड एनवायरनमेण्ट

- सेण्टर फॉर सांइस एण्ड एनवायरनमेण्ट **नई दिल्ली में** स्थित एक जनहित में कार्य करने वाला संगठन है। इसकी स्थापना वर्ष 1980 में हुई थी।
- **सेण्टर फॉर सांइस एण्ड एनवायरमेण्ट** ने सर्वप्रथम भारत के बाजारों में बिकने वाले **13 शीर्ष** और छोटे ब्राण्ड वाले **प्रोसेस्ड शहद** का चुनाव किया।
- यह संस्थान देश के सभी राज्यों, जिलों, ग्राम पंचायत स्तर पर खाद्य पदार्थों के उत्पादन और बिक्री के मानकों को बनाए रखने में सहयोग करता है। यह समय-समय पर खुदरा एवं थोक खाद्य-पदार्थों की गुणवत्ता की जाँच भी करता है।

पर्यावरण शिक्षा केन्द्र

- पर्यावरण शिक्षा केन्द्र **अगस्त, 1984** में पर्यावरण और वन मन्त्रालय द्वारा समर्पित उत्कृष्टता केन्द्र के रूप में स्थापित किया गया था।
- यह एक राष्ट्रीय संस्थान के रूप में राष्ट्रव्यापी पर्यावरण जागरूकता को बढ़ावा देने के लिए उत्तरदायी संस्थान है। यह **अहमदाबाद** (गुजरात) में स्थित है।
- यह केन्द्र अभिनव कार्यक्रम और शैक्षिक सामग्री विकसित करता है तथा सतत विकास के लिए शिक्षा के क्षेत्र में क्षमता निर्माण करता है।
- पर्यावरण शिक्षा केन्द्र नेहरू फाउण्डेशन फॉर डेवलपमेण्ट द्वारा मान्यता प्राप्त है।

केन्द्रीय प्रदूषण नियन्त्रण बोर्ड

- केन्द्रीय प्रदूषण नियन्त्रण बोर्ड, पर्यावरण वन और जलवायु परिवर्तन मन्त्रालय के अन्तर्गत एक **वैधानिक निकाय** है।
- इसकी स्थापना वर्ष 1974 में जल (प्रदूषण की रोकथाम और नियन्त्रण) अधिनियम, 1974 के अन्तर्गत की गई थी।
- **सीपीसीबी** को वायु (प्रदूषण की रोकथाम और नियन्त्रण) अधिनियम, 1981 के अन्तर्गत शक्तियाँ और कार्य भी सौंपे गए हैं।
- यह एक फील्ड फॉर्मेशन की तरह कार्य करता है तथा पर्यावरण (संरक्षण) अधिनियम, 1986 के प्रावधानों के अन्तर्गत पर्यावरण और वन मन्त्रालय को तकनीकी सेवाएँ भी प्रदान करता है।
- यह देश में प्रदूषण नियन्त्रण के क्षेत्र में सर्वोच्च संगठन है।
- सीपीसीबी का **मुख्यालय नई दिल्ली** में स्थित है। इसके सात क्षेत्रीय कार्यालय एवं पाँच प्रयोगशालाएँ हैं।

राष्ट्रीय पर्यावरण अभियान्त्रिकी अनुसन्धान संस्थान

- इस संस्थान की स्थापना केन्द्रीय सार्वजनिक स्वास्थ्य इन्जीनियरिंग अनुसन्धान संस्थान के रूप में **नागपुर** में वर्ष 1958 में की गई थी।
- वर्ष 1974 में इसका नाम बदलकर राष्ट्रीय पर्यावरण अभियान्त्रिकी रखा गया।

भारत में पर्यावरण संरक्षण से सम्बन्धित प्रमुख आन्दोलन

प्रमुख आन्दोलन	वर्ष	विवरण
चिपको आन्दोलन	1973	• यह आन्दोलन उत्तराखण्ड राज्य के **चमोली जिले** के गोपेश्वर नामक स्थान पर प्रारम्भ हुआ, जिसका प्रारम्भिक लक्ष्य वृक्षों का कटान बन्द करना था, लेकिन बाद में इसमें समन्वित रूप से पर्यावरण के सभी आयामों को शामिल कर लिया गया। • टिहरी में इस आन्दोलन के जनक **सुन्दरलाल बहुगुणा** तथा **चण्डीप्रसाद भट्ट** थे। • इस आन्दोलन का बड़ा कारण उत्तराखण्ड के **रैणी गाँव** के जंगल के लगभग 2500 पेड़ों की कटाई की नीलामी था।
अप्पिको आन्दोलन	1983	• यह चिपको आन्दोलन की तर्ज पर ही कर्नाटक में **पाण्डुरंग हेगड़े** के नेतृत्व में प्रारम्भ हुआ। • चिपको का पर्याय शब्द कन्नड भाषा में **अप्पिको** होता है। इसका मूल उद्देश्य वनारोपण, विकास तथा संरक्षण रहा है।
नर्मदा बचाओ आन्दोलन	1985	• वर्ष 1985 से **मेधा पाटेकर** के नेतृत्व में नर्मदा घाटी की जैव-विविधता को बचाने तथा मूल आदिवासियों के सांस्कृतिक पर्यावरण की रक्षा के लिए यह आन्दोलन चलाया जा रहा है, जिसमें **अरुन्धति राय** तथा **बाबा आम्टे** भी शामिल हैं। • यह आन्दोलन नर्मदा नदी के ऊपर बनाई जा रही बहुउद्देशीय बाँध परियोजना को रोकने के लिए चलाया गया था। • यह परियोजना गुजरात, मध्य प्रदेश एवं महाराष्ट्र राज्यों की सम्मिलित बहुउद्देशीय परियोजना है।
पश्चिमी घाट बचाओ आन्दोलन	1986	• इस आन्दोलन की शुरुआत भारत के पश्चिमी तट पर स्थित पर्वत श्रृंखला के पर्यावरणीय क्षरण को रोकने के लिए शुरू किया गया था। • महाराष्ट्र सरकार द्वारा पश्चिमी घाट की जैव-विविधता को नुकसान पहुँचाने के विरोध में यह आन्दोलन पीपुल्स पार्टी के कार्यकर्ताओं द्वारा शुरू किया गया था।
एक वन्यजीव गोद लो योजना	2008	• इसकी शुरुआत मार्च, 2008 में ओडिशा के **नन्दनकानन चिड़ियाघर** में की गई थी। • इस योजना के अन्तर्गत गोद लिए गए वन्यजीव का पालन, गोद लेने वाले को करना निर्धारित किया गया।
शान्त घाटी आन्दोलन	1973	• **यह समृद्ध जैव-विविधता वाले केरल** में **शान्त घाटी** उष्णकटिबन्धीय सदाबहार वनों का क्षेत्र है। • जलविद्युत परियोजना की स्थापना के विरोध में यहाँ आन्दोलन प्रारम्भ हुआ, जिसके परिणामस्वरूप सरकार को अपना निर्णय बदलकर उसे **राष्ट्रीय आरक्षित वन क्षेत्र** घोषित करना पड़ा।
बिश्नोई आन्दोलन	1730	• इस आन्दोलन का नेतृत्व **अमृता देवी** ने किया, जिसमें 363 लोगों ने जंगल के संरक्षण के लिए अपनी जान दी थी। • पेड़ों को उनके संरक्षण के लिए गले लगाने की अवधारणा को स्थापित करने के लिए इस तरह का यह पहला आन्दोलन था। • विश्नोई आन्दोलन सर्वप्रथम 15वीं शताब्दी में राजस्थान में **सन्त जम्भोजी** द्वारा शुरू किया गया था। राजस्थान सरकार द्वारा पर्यावरण संरक्षण करने वाले संस्थानों एवं विशिष्ट पर्यावरणीय संरक्षकों को **अमृता देवी पर्यावरण पुरस्कार** प्रदान किया जाता है।
नवदान्या आन्दोलन	1982	• यह आन्दोलन महान पर्यावरणविद् **वन्दना शिवा** के द्वारा दिल्ली में चलाया गया था। • इस आन्दोलन का उद्देश्य जैविक कृषि, उर्वरक और जैविक बीज के प्रयोग को बढ़ावा देना था।
गंगा बचाओ आन्दोलन	1998	• यह आन्दोलन मुक्त गंगा के समर्थन में भारतीय राज्यों में उत्तर प्रदेश और बिहार में सन्तों और लोकप्रिय सामाजिक कार्यकर्ताओं द्वारा समर्पित एक व्यापक **गाँधीवादी अहिंसक** आन्दोलन है। • इस आन्दोलन को गंगा सेवा अभियान, पुणे स्थित **राष्ट्रीय महिला संगठन** के अतिरिक्त कई अन्य समान विचारधारा वाले संगठनों तथा कई धार्मिक नेताओं, आध्यात्मिक और राजनीतिक, वैज्ञानिकों, पर्यावरणविदों, लेखकों और सामाजिक कार्यकर्ताओं का नैतिक समर्थन प्राप्त था। • गंगा बचाओ आन्दोलन विकास की अहिंसक संस्कृति के लिए एक गाँधीवादी अहिंसक आन्दोलन था।
चिल्का बचाओ आन्दोलन	1992	• इसकी शुरुआत मछुआरों की आजीविका पर खतरे के लिए चलाया गया था। टाटा आयरन स्टील ओडिशा सरकार ने झींगा की खेती के लिए संयुक्त उद्यम पर सहमति व्यक्त की। परिणामस्वरूप यह वहाँ के मछुआरों की आजीविका के लिए खतरा बन गया। • इस आन्दोलन में छात्रों, शिक्षित बुद्धिजीवियों द्वारा मछुआरों को समर्थन दिया गया।
मैती आन्दोलन	1995	• इस आन्दोलन की शुरुआत चमोली (उत्तराखण्ड) में **कल्याण सिंह रावत** द्वारा की गई थी। • यह एक भावात्मक पर्यावरण आन्दोलन था। इसमें शादी में जूता चोरी की रस्म को खत्म करके, दूल्हे द्वारा लड़की के मायके में पेड़ लगाने की परम्परा शुरू की गई थी। मैती का अर्थ-मायका होता है। मैती आन्दोलन के जनक कल्याण सिंह रावत को इस आन्दोलन की प्रेरणा चिपको आन्दोलन से मिली थी। इस आन्दोलन से लोग वृक्षों से भावात्मक रूप से जुड़ेंगे, जिससे वृक्षों की सुरक्षा के लिए दीवार या वाड़ की आवश्यकता धीरे-धीरे खत्म हो जाएगी।
जंगल बचाओ आन्दोलन	1980	• यह आन्दोलन 1980 के दशक में बिहार में शुरू किया गया था, परन्तु यह आन्दोलन शीघ्र ही वर्तमान झारखण्ड से लेकर उड़ीसा राज्य तक फैल गया। • इस आन्दोलन का कारण सरकार द्वारा प्राकृतिक साल वृक्ष को काटकर उसके स्थान पर कीमती पेड़ सागौन को लगाए जाने की योजना थी। • बिहार के सिंहभूम जिले (वर्तमान में झारखण्ड राज्य का जिला) के आदिवासियों द्वारा यह आन्दोलन चलाया गया था। • इसे **A Greed Game Political Populism** कहा जाता है।
बलियापाल आन्दोलन	1986	• यह आन्दोलन उड़ीसा के बालासोर के नजदीक बलियापास गाँव में **मिसाइल की टेस्टिंग रोकने के लिए** वर्ष 1986 में शुरू किया गया था। • मिसाइल टेस्टिंग के कारण भूमि की उर्वरता क्षमता खत्म होने का भय था। यद्यपि वर्तमान में भी उड़ीसा के बालासोर में ही मिसाइल टेस्टिंग की जाती है।

"

पर्यावरण संरक्षण हेतु विश्व में कई अन्तर्राष्ट्रीय संगठन और सम्मेलन आयोजित किए जाते हैं। इनका मुख्य उद्देश्य पर्यावरणीय मुद्दों पर जागरूकता फैलाना, पर्यावरण संरक्षण के लिए नीतियाँ बनाना तथा उन्हें लागू करना है।

अध्याय इक्कीस

पर्यावरण एवं जलवायु से सम्बन्धित राष्ट्रीय/अन्तर्राष्ट्रीय संगठन एवं सम्मेलन

अन्तर्राष्ट्रीय पर्यावरणीय संस्था/संगठन

संयुक्त राष्ट्र पर्यावरण कार्यक्रम (UNEP)

- संयुक्त राष्ट्र पर्यावरण कार्यक्रम (United Nations Environment Programme-UNEP) का गठन वर्ष 1972 में संयुक्त राष्ट्र महासभा द्वारा यूनाइटेड नेशन्स के स्टॉकहोम (स्वीडन) सम्मेलन के परिणामस्वरूप हुआ। इसका मुख्यालय नैरोबी (केन्या) में है।
- संयुक्त राष्ट्र की यह एजेंसी पर्यावरणीय निरीक्षण एवं परिरक्षण के लिए अन्तर-सरकारी (Inter-governmental) तरीकों के समन्वय के लिए उत्तरदायी है।
- जलवायु परिवर्तन पर अन्तर्राष्ट्रीय पैनल (IPCC) का गठन UNEP और विश्व मौसम विज्ञान संगठन (WMO) ने मिलकर वर्ष 1988 में किया था। इसी तरह वैश्विक पर्यावरणीय सुविधा (GEF) की क्रियान्वयन एजेंसियों में UNEP एक प्रकार का संयुक्त राष्ट्र पर्यावरणीय फण्ड भी है, जो विभिन्न पर्यावरणीय कार्यक्रमों एवं परियोजनाओं को आर्थिक सहायता भी प्रदान करता है।
- UNEP का मुख्य उद्देश्य है, वैश्विक पर्यावरण को ध्यान में रखते हुए पर्यावरण नीति के विकास का संचालन करना तथा अन्तर्राष्ट्रीय समुदाय एवं सरकारों का ध्यान ज्वलन्त मुद्दों की ओर आकर्षित करना, जिससे उन पर कार्य हो सके।
- इसके अतिरिक्त UNEP ने पर्यावरणीय गैर-सरकारी संगठनों (NGO) के साथ कार्य करने में, राष्ट्रीय सरकार तथा क्षेत्रीय संस्थानों के साथ नीतियों को विकसित करने तथा उन्हें क्रियान्वित करने में एवं पर्यावरणीय विज्ञान तथा सूचना को बढ़ावा देने के साथ उन्हें यह भी बताया है कि वे नीतियों के अनुसार किस प्रकार कार्य करेंगे आदि कार्यों में भी मुख्य भूमिका निभाई है।
- UNEP की पहल पर प्रत्येक वर्ष 5 जून को पर्यावरण दिवस मनाया जाता है।
- पहला विश्व पर्यावरण दिवस वर्ष 1974 में मनाया गया तथा पर्यावरण से सम्बन्धित प्रयासों के लिए UNEP द्वारा ग्लोबल 500 नामक पुरस्कार दिया जाता है।

हेली

- पर्यावरण सम्बन्धित स्वास्थ्य खतरों से निपटने के लिए विश्व स्वास्थ्य संगठन (WHO) ने **हैल्थ एनवायरनमेण्ट लिंक इनिशिएटिव** (Health Environment Link Initiative-HELI) का विकास किया है।
- WHO एवं UNEP के द्वारा किया गया एक वैश्विक प्रयास है, जो विकासशील देशों के नीतिकारों द्वारा स्वास्थ्य पर होने वाले पर्यावरणीय खतरों पर किए जाने वाले कार्यों का समर्थन करता है।
- हेली सभी देशों से इस बात को बढ़ावा देने की बात करता है कि आर्थिक विकास का सम्बन्ध स्वास्थ्य एवं पर्यावरण से होता है। आमतौर पर स्वस्थ जीवन एवं कार्य का वातावरण तथा वायु, जल, खाद्य एवं ऊर्जा के स्रोतों का पुनरुत्पादन अथवा प्रयोजन या जलवायु नियन्त्रण जैसी सभी सेवाएँ जो मानव स्वास्थ्य के लिए आवश्यक हैं, का आंकलन एवं समर्थन HELI द्वारा किया जाता है। HELI की गतिविधियों में राष्ट्रस्तरीय पायलट प्रोजेक्ट भी शामिल हैं।

संयुक्त राष्ट्र का खाद्य एवं कृषि संगठन (FAO)

- यह यूनाइटेड नेशन्स की एक विशिष्ट एजेन्सी है, जो भुखमरी को मिटाने के अन्तर्राष्ट्रीय प्रयासों का नेतृत्व करती है। विकसित एवं विकासशील दोनों तरह के देशों की सेवा करते हुए FAO (Food and Agriculture Organisation) एक निष्पक्ष फोरम के रूप में कार्य करता है, जहाँ सभी देश समान रूप से मिलकर बहस की नीति तथा सहमतियों पर विचार करते हैं।
- इस संगठन का लैटिन भाषा में आदर्श वाक्य है 'Fiat Panis' जिसका अंग्रेजी में अर्थ है 'Let there be bread' अर्थात् हम हिन्दी में कह सकते हैं कि 'सभी को रोटी मिले'।

- FAO का मुख्यालय रोम में है एवं इसके 5 क्षेत्रीय कार्यालय हैं:
  - अफ्रीका के लिए क्षेत्रीय कार्यालय अक्रा, घाना (Regional Office for Africa in Accra, Ghana)
  - लैटिन अमेरिका तथा कैरीबियन देशों का क्षेत्रीय कार्यालय, सैंटियागो, चिली (Regional Office for Latin America and the Caribbean in Santiago, Chile)
  - एशिया एवं पैसेफिक के लिए क्षेत्रीय कार्यालय बैंकाक, थाईलैण्ड (Regional Office for Asia and the Pacific in Bangkok, Thailand)
  - रीजनल ऑफिस फॉर द नीयर ईस्ट इन काइरो, ईजिप्ट (Regional Office for the Near East in Cairo, Egypt)
  - यूरोप के लिए क्षेत्रीय कार्यालय बुडापेस्ट, हंगरी (Regional Office for Europe in Budapest, Hungary)

इण्टरनेशनल यूनियन फॉर कन्जर्वेशन ऑफ नेचर (IUCN)

- IUCN (International Union for Conservation of Nature) विश्व का सबसे पुराना एवं सबसे बड़ा वैश्विक पर्यावरण नेटवर्क है। इसमें 1000 से अधिक सरकारी और गैर-सरकारी सदस्य संगठन हैं। इसके प्रतिनिधियों में 11,000 स्वयंसेवी वैज्ञानिक हैं, जो 160 से अधिक देशों में रहते हैं।
- IUCN का कार्य, विश्व में चारों तरफ फैले सैकड़ों सार्वजनिक एनजीओ (Public NGO) एवं निजी क्षेत्रों के पार्टनरों तथा 60 ऑफिसों के करीब सौ से अधिक पेशेवर स्टाफ की मदद से चलता है। इसका मुख्यालय ग्लैण्ड (स्विट्जरलैण्ड) में स्थित है।
- IUCN पर्यावरण तथा विकास से जुड़ी अधिकांश चुनौतियों के लिए व्यावहारिक समाधान विकसित करने के लिए कार्य करता है।
- यह वैज्ञानिक शोध का समर्थन करता है, पूरे विश्व में फील्ड प्रोजेक्टों का प्रबन्धन करता है तथा सरकारी, गैर-सरकारी, संयुक्त राष्ट्र, विभिन्न कम्पनियों एवं स्थानीय समुदायों को एकजुट करता है, जिससे नीतियों एवं कानूनों का क्रियान्वयन अच्छी तरह से हो सके।

विश्व वन्यजीव कोष

- विश्व वन्यजीव कोष (World Wildlife fund-WWF) विश्व का सबसे बड़ा स्वतन्त्र संरक्षण संगठन है। इसकी स्थापना वर्ष 1961 में स्विट्जरलैण्ड के मोर्जेस में एक धर्मार्थ ट्रस्ट के रूप में की गई थी।
- वर्तमान में WWF का मुख्यालय स्विट्जरलैण्ड के ग्लैण्ड में स्थित है।
- इसका प्रतीक चिह्न विलुप्तप्राय प्राणी जायण्ट पाण्डा है। यह संगठन अन्तर्राष्ट्रीय स्तर पर वन्यजीवों की देखभाल करता है तथा उनके रख-रखाव सम्बन्धी मानदण्डों को पूरा करने में विभिन्न देशों तथा एजेन्सियों को वित्तीय सहायता उपलब्ध कराता है।
- WWF की नीतियाँ तीन वर्षों के लिए चुने गए बोर्ड के सदस्यों द्वारा बनाई जाती है। सम्पूर्ण विश्व में प्रतिवर्ष मार्च महीने के अन्तिम शनिवार में एक घण्टे के लिए पृथ्वी काल आयोजित किया जाता है।
- WWF का लक्ष्य है, 'हमारे पर्यावरण को नष्ट होने से रोकना एवं इसका प्रतिकार करना।' वर्तमान में इसका अधिकांश कार्य तीन बायोम के संरक्षण पर केन्द्रित है।
- इनमें विश्व की अधिकतम जैव-विविधता छिपी हुई है, जिसमें वन, अलवण जलीय पारिस्थितिकी तन्त्र, महासागर एवं तट शामिल हैं। अन्य मुद्दों में यह विलुप्त प्राय प्रजातियों, प्रदूषण एवं जलवायु परिवर्तन पर भी ध्यान देता है।
- इसके स्थापना दस्तावेज में संगठन ने अपना वास्तविक लक्ष्य इस प्रकार उल्लेखित किया है: 'विश्व के जीव-जन्तु, पेड़, पौधे, वन, स्थल आकृतियाँ, जल, मिट्टी एवं अन्य प्राकृतिक संसाधनों का संरक्षण भूमि के प्रबन्धन, शोध एवं खोज, प्रचार, समन्वयन एवं प्रयास, अन्य इच्छुक पार्टियों के साथ सहयोग तथा अन्य उपयुक्त उपायों द्वारा किया जाएगा।'
- पिछले कुछ वर्षों में इस संगठन ने सम्पूर्ण विश्व में ही कई कार्यालय स्थापित कर उनमें कार्य प्रारम्भ कर दिया है। विलुप्तप्राय प्रजातियों की सुरक्षा करना। इसकी गतिविधियों का प्रारम्भिक केन्द्र था, जैसे-जैसे अधिक संसाधन उपलब्ध होते गए, इसका कार्य अन्य क्षेत्रों; जैसे-जैव-विविधता का संरक्षण, प्राकृतिक संसाधनों का सतत प्रयोग तथा प्रदूषण एवं बर्बादी से होने वाली खपत में कमी लाना आदि की ओर भी बढ़ता गया।
- वर्ष 1986 में संगठन का नाम बदलकर वर्ल्ड वाइल्ड लाइफ फण्ड फॉर नेचर कर दिया गया, लेकिन उसके आरम्भिक शब्द WWF ही रखे गए, जोकि इसके क्रिया-कलापों को अच्छे ढंग से बता सकें, जबकि यूनाइटेड स्टेट्स एवं कनाडा में यह अपने मूल नाम से कार्य करता है।

साइट्स

- साइट्स का उद्देश्य जंगली जानवरों एवं पौधों को अन्तर्राष्ट्रीय व्यापार से उनके अस्तित्व एवं उत्तरजीविता पर होने वाले खतरों से बचाना है। इसे 'वाशिंगटन कन्वेंशन' के नाम से भी जाना जाता है, क्योंकि इसका पहला सम्मेलन मार्च, 1973 में वाशिंगटन (अमेरिका) में हुआ था।
- यह कन्वेंशन जुलाई, 1975 से लागू हुआ तथा भारत इसमें वर्ष 1976 में शामिल हुआ।

> साइट्स अन्तर्राष्ट्रीय संरक्षण की आधारशिलाओं में से एक है। 184 सदस्य दल और 38,000 से अधिक प्रजातियों में व्यापार को विनियमित किया जाता है।

- प्रगति की समीक्षा करने और संरक्षित प्रजातियों की सूचियों को समायोजित करने के लिए साइट्स राष्ट्रों के प्रतिनिधियों (Cop) के एक सम्मेलन में प्रत्येक दो से तीन वर्ष में मिलते हैं, जिन्हें सुरक्षा के विभिन्न स्तरों के साथ तीन श्रेणियों में बाँटा गया है
  - परिशिष्ट-I इसमें दुनिया के लुप्तप्राय पौधे एवं जानवर शामिल हैं। वैज्ञानिक अनुसन्धान जैसे दुर्लभ मामलों को छोड़कर इन प्रजातियों का अन्तर्राष्ट्रीय वाणिज्य एवं व्यापार पूरी तरह प्रतिबन्धित है। इसमें 687 जन्तु एवं 395 पादप प्रजातियाँ सम्मिलित हैं।
  - परिशिष्ट-II इसमें कोरल जैसी प्रजातियाँ शामिल हैं, जिन्हें अभी तक विलुप्त होने का खतरा नहीं है, परन्तु यदि असीमित व्यापार की अनुमति दी गई, तो वे खतरे में पड़ सकती हैं। इसमें 5056 जन्तु एवं 32364 पादप प्रजातियाँ सम्मिलित हैं।
  - परिशिष्ट-III जिन प्रजातियों के व्यापार को केवल एक विशिष्ट देश के भीतर विनियमित किया जाता है, उन्हें परिशिष्ट-III में रखा जा सकता है, यदि वह देश शोषण को रोकने के लिए किसी साइट्स सहयोगी से सहायता की माँग रखता है। इसमें 202 जन्तु तथा 9 पादप प्रजातियाँ सम्मिलित होती हैं।

जलवायु परिवर्तन पर अन्तर-सरकारी पैनल (IPCC)

- जलवायु परिवर्तन से सम्बन्धित अन्तर-सरकारी पैनल संयुक्त राष्ट्र की संख्या है, जो जलवायु परिवर्तन विज्ञान के अध्ययन के लिए जिम्मेदार है।
- IPCC की स्थापना वर्ष 1988 में विश्व मौसम विभाग संगठन और UNEP द्वारा सबसे हाल की जानकारी का उपयोग करके जलवायु परिवर्तन का आकलन करने के लिए की गई थी।
- IPCC आकलन जलवायु सम्बन्धी नीतियों को विकसित करने हेतु सभी स्तरों पर सरकारों के लिए वैज्ञानिक आधार प्रदान करते हैं।

IPCC आकलन रिपोर्ट

- आकलन रिपोर्ट पहली बार वर्ष 1990 में सामने आई थी। IPCC प्रत्येक सात वर्षों में 'पृथ्वी की जलवायु की स्थिति' का मूल्यांकन रिपोर्ट तैयार करती है।
- प्रत्येक मूल्यांकन रिपोर्ट में पिछली रिपोर्ट की सूचना व डेटा पर अधिक ध्यान दिया जाता है, जिससे जलवायु परिवर्तन व उसके प्रभावों के विषय में अधिक स्पष्टता व सुनिश्चित्ता से जाना जा सके। आकलन रिपोर्ट वैज्ञानिकों के निम्न तीन कार्यकारी समूहों द्वारा तैयार की जाती है
- कार्यकारी समूह-I जलवायु परिवर्तन के वैज्ञानिक आधार से सम्बन्धित
- कार्यकारी समूह-II सम्भावित प्रभावों, कमजोरियों व अनुकूलन मुद्दों का देखता है।
- कार्यकारी समूह-III जलवायु परिवर्तन से निपटने के लिए की जाने वाली कार्रवाइयों से सम्बन्धित

ग्लोबल ग्रीनग्रोथ इंस्टीट्यूट (GGGI)

- ग्लोबल ग्रीनग्रोथ इंस्टीट्यूट सियोल, दक्षिण कोरिया में स्थित एक अंतर-सरकारी संगठन है। यह हरित विकास को बढ़ावा देने के लिए समर्पित है, जो आर्थिक प्रगति को पर्यावरणीय स्थिरता के साथ एकीकृत करता है।
- यह विशेष रूप से विकासशील देशों की आवश्यकताओं पर ध्यान केन्द्रित करते हुए हरित विकास योजनाओं को विकसित करने के लिए तकनीकी सहायता, अनुसंधान के अवसर और हितधारक सहयोग प्रदान करता है।
- GGGI चार प्राथमिकता वाले क्षेत्रों में काम करता है, जिसमें पानी, ऊर्जा, हरित शहर व भूमि उपयोग योजना शामिल हैं।

प्रवासी जंगली प्रजातियों के संरक्षण पर सम्मेलन (CMS)

- जंगली जानवरों की प्रवासी प्रजातियों के संरक्षण पर कन्वेंशन (CMS) संयुक्त राष्ट्र पर्यावरण कार्यक्रम के तत्त्वाधान में एक पर्यावरण सन्धि है।
- यह प्रवासी जानवरों एवं उनके आवासों के संरक्षण करने के उद्देश्य से UNEP के संरक्षण में वर्ष 1979 में विभिन्न सरकारों के बीच जर्मनी के बॉन में एक सन्धि की गई, जिसे वान सम्मेलन नाम दिया गया।

> **सीएमएस** एकमात्र वैश्विक और संयुक्त राष्ट्र आधारित अन्तर्सरकारी संगठन है, जो विशेष रूप से स्थलीय, जलीय और एवियन प्रवासी प्रजातियों के संरक्षण और प्रबन्धन के लिए स्थापित किया गया है।

- यह उन सभी अन्तर्राष्ट्रीय संगठनों, गैर-सरकारी संगठनों और औद्योगिक घरानों के साथ सहयोग करता है, जो प्रवासी प्रजातियों के संरक्षण से सम्बन्धित होते हैं।
- इस समझौते के अन्तर्गत आने वाली प्रवासी प्रजातियों को संरक्षण हेतु दो परिशिष्टों में विभक्त किया जाता है।

परिशिष्ट-I में वे प्रवासी प्रजातियाँ शामिल हैं, जिनका मूल्यांकन पूरे क्षेत्र या उनकी सीमा के एक महत्त्वपूर्ण हिस्से में विलुप्त होने के खतरे के रूप में किया गया है।	यह कन्वेंशन **परिशिष्ट-II** में सूचीबद्ध प्रजातियों के लिए अलग-अलग प्रजातियों या सम्बन्धित प्रजातियों के समूहों के संरक्षण और प्रबन्धन के लिए वैश्विक या क्षेत्रीय समझौतों को समाप्त करने के लिए प्रोत्साहित करता है।

वन्यजीव तस्करी के विरुद्ध गठबन्धन

- वन्यजीव तस्करी के विरुद्ध गठबन्धन (Coalition Against Wildlife Trafficking 'CAWT') वर्ष 2005 में वन्यजीव व उनसे सम्बन्धित उत्पादों की बढ़ती अवैध तस्करी पर लोगों एवं सरकारों का ध्यान आकर्षित करने के लिए बनाया गया, जो समान विचारधारा और उद्देश्यों वाले सार्वजनिक निजी सहयोग पर आधारित था।
- CAWT सरकार और गैर-सरकारी सहभागियों की सम्मिलित क्षमता के साथ निम्नलिखित कार्य करता है।
- अवैध वन्यजीव तस्करी के दुष्परिणामों, पर्यावरणीय जैव-विविधता तथा मानव स्वास्थ्य पर पड़ने वाले बुरे प्रभावों के परिणामों के प्रति आम लोगों तक जागरूकता फैलाकर वन्यजीव उत्पादों की माँग को कम करने का प्रयास करता है।
- वन्यजीवों से सम्बन्धित कानूनों में भाग लेने के अतिरिक्त यह संस्था प्रशिक्षण व सूचनाओं के आदान-प्रदान के माध्यम से उसे प्रभावी बनाने का प्रयास करती है।
- वन्यजीव तस्करी को पूर्णतया रोकने के लिए उच्च स्तरीय राजनीतिक इच्छाशक्ति को उत्प्रेरित करने का कार्य इस संस्था द्वारा किया जाता है।

अन्तर्राष्ट्रीय उष्णकटिबन्धीय काष्ठ संगठन

- अन्तर्राष्ट्रीय उष्णकटिबन्धीय काष्ठ संगठन (ITTO) का गठन वर्ष 1986 में संयुक्त राष्ट्र के तत्वाधान में गठित एक अन्तर-सरकारी संगठन के रूप में किया गया।
- यह उष्ण कटिबन्धीय वन संसाधनों के संरक्षण, उनके सतत प्रबन्धन, उपयोग एवं व्यापार को बढ़ावा देता है।
- यह अपनी तरह का एक अनोखा संगठन है, जो एक ओर व्यापार व उद्योग से भी सम्बन्धित है, वहीं दूसरी ओर इसमें पर्यावरणीय चिन्ताएँ भी शामिल है।
- इस संस्था के सदस्य देश विश्व के लगभग 90% उष्ण कटिबन्धीय काष्ठ व्यापार का प्रतिनिधित्व करते हैं।
- यह संगठन साइट्स (CITES) एवं सीबीडी (CBD) के साथ संयुक्त कार्यक्रम भी आयोजित करता है, जिससे जैव-विविधता संरक्षण व संकटग्रस्त प्रजातियों के अवैध व्यापार पर प्रभावी नियन्त्रण स्थापित हो सके।

- सतत वन प्रबन्धन और वन संरक्षण को बढ़ावा देने के लिए यह संगठन वैश्विक रूप से स्वीकृत नीतियों का दस्तावेज सदस्य देशों के समक्ष रखता है तथा उसे लागू करने के लिए प्रेरित करता है।
- इस संगठन के अधीन वर्तमान में कुल 74 सदस्य देश हैं, जिसमें 36 उत्पादक एवं 38 उपभोक्ता सदस्य हैं। भारत इस संस्था का उत्पादक सदस्य है।

अन्तर्राष्ट्रीय जल प्रबन्धन संस्थान

- IWMI (International Water Management Institute) एक निजी गैर-लाभकारी वैज्ञानिक शोध संगठन है, जो विकासशील देशों में जल और भूमि संसाधनों के उपयोग को बढ़ावा देता है।
- अन्तर्राष्ट्रीय जल प्रबन्धन संस्थान के वैज्ञानिक 30 से अधिक देशों में कार्यरत् हैं तथा इसके कार्यालय 13 देशों में विकसित हैं।
- इसका मुख्य उद्देश्य अथवा कार्य क्षेत्रवार सतत जल प्रबन्धन एवं भूमि उपयोग से सम्बन्धित समस्याओं का निराकरण करना है।
- इसके द्वारा कृषि में उपयोग होने वाले जल का समुचित प्रबन्धन किया जाता है, ताकि खाद्य सुरक्षा एवं आजीविका के लक्ष्य की प्राप्ति की जा सके जिसकी प्राप्ति हेतु इसके द्वारा रणनीति 2019-2023 कार्य योजना बनाई गई है। यह तीन उच्च प्राथमिकता वाले क्षेत्रों भोजन, जलवायु और संवृद्धि पर ध्यान केन्द्रित करती है।
- इसका मुख्यालय कोलम्बो (श्रीलंका) में है। इसके साथ कई एशियाई-अफ्रीकी देशों में इसके क्षेत्रीय कार्यालय भी हैं।

यूनाइटेड नेशन्स फोरम ऑन फॉरेस्ट

- संयुक्त राष्ट्र वन फोरम (United Nation Forum on Forest, UNFF), संयुक्त राष्ट्र की आर्थिक और सामाजिक परिषद् (ECOSOC) द्वारा बनाई गई एक सहायक संस्था है।
- इसे अक्टूबर, 2000 में प्रबन्धन संरक्षण और सभी के सतत विकास को बढ़ावा देने के प्राथमिक लक्ष्य के साथ स्थापित किया गया था।
- संयुक्त राष्ट्र वन फोरम, वनों के लिए संयुक्त राष्ट्र सामरिक योजना (2017-2030) के हिस्से के रूप में 6 स्वैच्छिक और सार्वभौमिक वैश्विक वन लक्ष्यों और 26 सम्बन्धित लक्ष्यों पर सहमति हुई।
- इस संस्था का प्रमुख उद्देश्य सभी प्रकार के वनों का संरक्षण, प्रबन्धन और सतत विकास को बढ़ावा देना है। दूसरे शब्दों में वन संरक्षण व सतत विकास से सम्बन्धित रियो घोषणा-पत्र, वन सिद्धान्त, एजेण्डा 21 के अध्याय 11 तथा वनों पर विभिन्न वैश्विक नीतियों को बढ़ावा देना है।
- UNFF में संयुक्त राष्ट्र संघ के सभी सदस्य राज्य शामिल होते हैं।

ट्रैफिक : वन्य जीव व्यापार निगरानी नेटवर्क

- ट्रैफिक (The Wild Life Trade Monitoring Network- TRAFFIC) जैव-विविधता संरक्षण और सतत विकास दोनों के सन्दर्भ में वन्य जीवों और पौधों में व्यापार पर वैश्विक स्तर पर कार्य करने वाला प्रमुख गैर-सरकारी संगठन है।
- ये संगठन वर्ल्ड वाइड फण्ड फॉर नेचर (WWF) और आईयूसीएन (IUCN) का रणनीतिक गठबन्धन है।
- यह वन्यजीवों के व्यापार सम्बन्धी अन्तर्राष्ट्रीय बाजारों; जैसे-अमेरिका, ब्रिटेन, मध्य अफ्रीकी देश, चीन आदि पर नजर रखता है। पादपों तथा पशुओं के महत्त्वपूर्ण हिस्सों; जैसे- हड्डी, दाँत, खाल आदि के व्यापार पर प्रभावी ढंग से नियन्त्रण रखने के लिए इसका गठन किया गया है।
- ट्रैफिक का मुख्यालय यूनाइटेड किंगडम में है। ट्रैफिक का 2020 का लक्ष्य जैव-विविधता पर वन्यजीवों के अवैध और गैर-सम्पोषणीय व्यापार से पड़ने वाले दबाव को कम करके वन्यजीव संरक्षण से प्राप्त होने वाले सतत लाभों में वृद्धि करना है।
- ट्रैफिक, 1991 में भारत आया और WWF-इण्डिया के प्रभाग के रूप में कार्य करने लगा। इसका मुख्यालय दिल्ली में है।

बर्डलाइफ इण्टरनेशनल

- बर्डलाइफ इण्टरनेशनल (BirdLife International) प्राकृतिक सरंक्षण साझेदारों का सबसे पुराना संगठन है। इसके 120 से अधिक सहयोगी संगठन हैं।
- यह गैर-सरकारी संगठनों की एक वैश्विक साझेदारी है, जो पक्षियों और उनके आवासों के संरक्षण का प्रयास करती हैं।
- इसकी स्थापना 20 जून, 1922 में पक्षी संरक्षण के लिए अन्तर्राष्ट्रीय समिति के नाम से की गई।
- बर्ड लाइफ इण्टरनेशनल की प्राथमिकताओं में पक्षी प्रजातियों को विलुप्त होने से रोकना, पक्षियों के लिए महत्त्वपूर्ण स्थलों की पहचान करना और उनकी सुरक्षा करना, प्रमुख पक्षी आवासों को बनाए रखना तथा पुनर्स्थापित करना शामिल है।
- बॉम्बे नेचुरल हिस्ट्री सोसाइटी (BNHS) भारत में बर्ड लाइफ इण्टरनेशनल की प्रमुख सहयोगी संस्था है।
- यह 'महत्त्वपूर्ण पक्षी और जैव-विविधता क्षेत्र' (Imported Bird and Biodiversities Areas- IBA) की पहचान कर उसकी निगरानी और संरक्षण का कार्य भी करता है।
- यह संस्था प्रकृति और लोगों के बीच परस्पर साझेदारी के सिद्धान्त पर कार्य करता है। इसका मानना है कि स्थानीय लोग जो अपने क्षेत्र में प्रकृति संरक्षण का कार्य कर रहे हैं। वे ही इस ग्रह पर जीवन के सभी रूपों को बचाने में मुख्य भूमिका निभाते हैं।
- वर्ल्ड लाइफ इण्टरनेशनल का स्थानीय से वैश्विक (Local to Global) दृष्टिकोण लम्बी अवधि के लिए पर्यावरण संरक्षण में प्रभावी सिद्ध होगा।

वर्ल्ड नेचर ऑर्गेनाइजेशन

- WNO (World Nature Organisation) का उदय वर्ष 2010 में हुआ, लेकिन इस संस्था की वास्तविक स्थापना वर्ष 2014 में हुई।
- यह एक वैश्विक अन्तर सरकारी संगठन है, जो पर्यावरण संरक्षण हेतु समर्पित है।
- इसका उद्देश्य एक स्थायी वार्ता हेतु मंच प्रदान करने के लिए विचार-विमर्श की निरन्तरता को बनाए रखना है।
- WNO एक स्थायी मंच है, जो पर्यावरण और विकास के बीच सन्तुलन स्थापित करने हेतु विभिन्न सरकारों और संगठनों को एक मंच पर लाने का प्रयास करता है।

- पर्यावरण संरक्षण के लिए समर्पित इस संस्था का उद्देश्य ऊर्जा दक्षता व सतत ऊर्जा आपूर्ति के साथ जलवायु संरक्षण और सतत विकास को बढ़ावा देना है।

वर्ल्डवाच इंस्टीट्यूट

- WWI (Worldwatch Institute) वाशिंगटन डीसी में स्थित विश्व स्तर पर पर्यावरण अनुसन्धान संगठन है, जिसकी स्थापना लेस्टर. आर. ब्राउन ने वर्ष 1974 में की थी।
- वर्ल्डवॉच संस्थान का उद्देश्य नीति निर्माताओं और जनता को विश्व अर्थव्यवस्था और इसके पर्यावरण समर्थन प्रणालियों के बीच सम्बन्धों के बारे में सूचित करना है।
- वर्ल्डवॉच संस्थान एक स्थायी दुनिया में परिवर्तन को गति देने के लिए कार्य करता है, जो मानव की आवश्यकताओं को पूरा करता है। इस संस्थान का शीर्ष लक्ष्य-नवीकरणीय ऊर्जा और पौष्टिक भोजन की सार्वभौमिक पहुँच का विस्तार करना है।
- सतत विकास लक्ष्यों को प्राप्त करने के लिए वर्ल्डवॉच इंस्टीट्यूट निम्न क्षेत्रों से सम्बन्धित कार्यक्रमों पर ध्यान केन्द्रित करता है
  - जलवायु और ऊर्जा
  - खाद्य और कृषि
  - पर्यावरण ओर समाज

वर्ल्ड रिर्सोसेज इंस्टीट्यूट

- वर्ल्ड रिर्सोसेज इंस्टीट्यूट (World Resources Institute) की स्थापना वर्ष 1982 में एक स्वतन्त्र वैश्विक गैर-सरकारी संस्था के रूप में की गई थी।
- इस संस्था का प्रमुख उद्देश्य मानवीय जीवन को सुरक्षित बनाने के लिए बदलते पर्यावरणीय दशाओं को धारणीय विकास से जोड़ कर रखना है।
- यह संस्था एक ऐसे विश्व की कल्पना करती है, जिसमें प्राकृतिक संसाधनों का प्रबन्धन पूर्णतया विवेकपूर्ण तरीके से किया जाए।

विश्व संरक्षण निगरानी केन्द्र

- विश्व संरक्षण निगरानी केन्द्र (World Conservation Monitoring Centre- WCMC) यूनाटेड किंगडम के कैम्ब्रिज में स्थित संयुक्त राष्ट्र पर्यावरण कार्यक्रम का विशेषज्ञ जैव-विविधता केन्द्र है। जिसका कार्य जैव विविधता से सम्बन्धित सूचनाओं का एक ऋण व इनका आकलन प्रस्तुत करना है।
- यह एक गैर-लाभकारी संस्था है, जिसके प्रमुख कार्य निम्नलिखित हैं-
  - जैव-विविधता के संरक्षण के लिए किए जा रहे राष्ट्रीय व अन्तराष्ट्रीय प्रयासों का समर्थन करना।
  - जैव-विविधता के सुस्पष्ट व प्रमाणिक आँकड़ों को वस्तुनिष्ठ तथा वैज्ञानिक ढंग से वैश्विक नीति निर्माताओं के समक्ष रखना।
  - जैव-विविधता के संरक्षण एवं बचाव हेतु रिपोर्ट तैयार करना।
  - पारितन्त्रीय सेवा योजना व जैव-विविधता से सम्बन्धित मॉडल का निर्माण करना।
- विश्व संरक्षण निगरानी केन्द्र ने पेरिस जलवायु समझौते पर आँकड़ों के साथ अपनी प्रतिक्रिया रखी थी।

REDD (Reducing Emission from Deforestation and forest Degradation)

- यह संस्था विकासशील देशों में वन प्रबन्धन को बढ़ावा देकर हरितगृह गैसों के उत्सर्जन को कम कर जलवायु परिवर्तन से होने वाले प्रभावों को कम करने में मदद करती है।
- REDD एक जलवायु परिवर्तन शमन समाधान है, जिसे जलवायु परिवर्तन पर संयुक्त राष्ट्र फ्रेमवर्क कन्वेंशन (UNFCCC) के पक्षों द्वारा विकसित किया गया है।
- इस संस्था को वर्ष 2005 में UNFCCC के 11 वें सत्र (COP 11) में चर्चा में लाया गया, जो मॉण्ट्रियल (कनाडा) में आयोजित किया गया था।
- COP 13 (बाली, इण्डोनेशिया) में REDD संस्था को अधिकारिक रूप से अपनाया गया। इसे REDD + के रूप में बाली एक्शन प्लान में स्थान दिया गया।

वन कार्बन भागीदारी सुविधा

- वन कार्बन साझेदारी सुविधा ((Forest Carbon Partnership Facility -FCPF) सरकारों, व्यवसायों, नागरिक समाज और स्वदेशी लोगों का एक सहयोग है।
- यह विकासशील देशों में वन निर्वनीकरण और वन क्षरण, वन कार्बन स्टॉक, वन और वन कार्बन स्टॉक के स्थायी प्रबन्धन के संरक्षण से उत्सर्जन को कम करने पर केन्द्रित है। यह जून, 2008 में लागू हुआ।

फॉरेस्ट इंवेस्टमेण्ट प्रोग्राम

- वन निवेश कार्यक्रम (Forest Investment programme, FIP) जलवायु निवेश कोष के अन्तर्गत रणनीतिक जलवायु कोष का एक लक्षित कार्यक्रम है। यह वन की कटाई व वन क्षरण (REDD) को कम करने के लिए विकासशील देशों के प्रयासों का समर्थन करता है तथा टिकाऊ वन प्रबन्धन को बढ़ावा देता है।
- FIP द्वारा प्रदत्त अनुदान या कम ब्याज वाली राशि का उपयोग निर्धन देश गरीबी उन्मूलन न्यूनीकरण व प्रतिरोधक क्षमता बढ़ाने में मदद करते हैं।
- FIP द्वारा समर्थित कुछ प्रमुख क्षेत्र
  - वन निगरानी
  - कृषि एवं खाद्य सुरक्षा
  - कृषि वानिकी
  - सतत वन प्रबन्धन
  - वनीकरण (Afforestation) एवं पुनर्वनीकरण (Reforestation)
  - देशी जन और स्थानीय समुदाय की भागीदारी बढ़ाना

विश्व बैंक समूह की पर्यावरण रणनीति, 2012-22

- विश्व बैंक समूह की पर्यावरण रणनीति, 2012-22 विकासशील देशों के लिए गरीबी निवारण और विकास को बढ़ावा देकर हरे, स्वच्छ एवं लचीले पर्यावरण का निर्माण करना चाहती है।
- इसका उद्देश्य-वृद्धि के साथ-साथ सम्पूर्ण और सम्पोषणीय विकास को बढ़ावा देना है।
- पर्यावरण रणनीति, जिसमें विश्व बैंक, अन्तर्राष्ट्रीय वित्त निगम (IFC) और बहुपक्षीय निवेश गारण्टी एजेन्सी (MIGA) शामिल है।

- यह स्वीकार करती है कि वैश्विक गरीबी को कम करने में उल्लेखनीय प्रगति हुई है, लेकिन पर्यावरण के प्रबन्धन में काफी कम प्रगति हुई है, जबकि विकासशील देशों को अभी भी अगले दशक में गरीबी को कम करने के लिए तेजी से विकास की आवश्यकता होगी।

हरा (ग्रीन)	स्वच्छ	प्रतिरोधक
एक ऐसी दुनिया को सन्दर्भित करता है, जिसमें आजीविका में सुधार और खाद्य सुरक्षा सुनिश्चित करने के लिए महासागरों, भूमि और जंगलों सहित प्राकृतिक संसाधनों का निरन्तर प्रबन्धन और संरक्षण किया जाता है।	एक कम प्रदूषण, कम उत्सर्जन वाली दुनिया को सन्दर्भित करता है, जिसमें स्वच्छ हवा, पानी और महासागर लोगों को स्वास्थ्य उत्पादक जीवन जीने में सक्षम बनाते हैं।	इसका आशय जलवायु परिवर्तन के कारण होने वाली हानि व संकटों (Shocks) से निपटने के लिए पूर्णरूप से तैयार होने और सक्षम बनने से है।

वन्यजीव संरक्षण सोसायटी

वन्यजीव संरक्षण सोसायटी (Wildlife Conservation Society- WCS) वन्यजीवों और जंगली क्षेत्रों के संरक्षण के लिए काम करने वाली एक संस्था है। इस कार्य को पूरा करने के लिए यह विज्ञान, संरक्षण कार्य और शिक्षा को बढ़ावा देती है। इस सोसायटी के महत्त्वपूर्ण उद्देश्य निम्नलिखित हैं

- वन्यजीव संरक्षण सोसायटी का उद्देश्य विश्व के सबसे बड़े वन्य स्थानों को संरक्षित करना है। ये स्थान विश्व की करीब 50% जैव-विविधता का घर है।
- डब्लूसीएस वन्यजीवों के लिए खतरे कम करने के लिए काम करती है। इसका उद्देश्य प्रजातियों की आबादी को बढ़ाना और स्थिर रखना है। डब्लूसीएस अपने काम के लिए समुदायों और हितधारकों की मदद लेती है।
- डब्लूसीएस के मूल्यों में सहानुभूति, सम्मान, जवाबदेही, पारदर्शिता, नवाचार, विविधता और समावेश, सहयोग और अखण्डता शामिल हैं।

WCS India कार्यक्रम

- भारतीय कानूनों को ध्यान में रखते हुए भारत के वन्यजीवों और स्थलों की सुरक्षा प्रदान करने के उद्देश्य से वन्यजीव संरक्षण सोसाइटी इण्डिया कार्यक्रम चलाया गया।
- इस कार्यक्रम का उद्देश्य सरकारी और गैर सरकारी सहयोगियों के सम्मिलित प्रयासों से बाघों व अन्य वन्यजीवों पर शोध, क्षमता निर्माण और प्रभावी स्थान-आधारित संरक्षण प्रदान करना है।
- यह भारतीय नियमों के पूर्ण अनुपालन में संचालित होता है, जो देश के प्राकृतिक पर्यावरण और इसकी समृद्ध जैवविविधता के संरक्षण के प्रति समर्पण पर बल देता है।

वेटलैण्ड्स इण्टरनेशनल

- यह एक गैर-लाभकारी वैश्विक संगठन है, जिसका मुख्य मिशन दलदली भूमि का संरक्षण और पुनर्स्थापन है। वेटलैण्ड्स इण्टरनेशनल (Wetlands International) का गठन वर्ष 1996 में किया गया था तथा इसका मुख्यालय नीदरलैण्ड में है।
- वेटलैण्ड्स इण्टरनेशनल नदियों, झीलों, दलदल और जल निकायों के अन्य रूपों का संरक्षण करता है।
- वेटलैण्ड्स इण्टरनेशनल का विजन-एक ऐसी दुनिया का निर्माण करना है, जो दलदली भूमि को उसकी सुन्दरता, जैव-विविधता और उनके द्वारा प्रदान किए जाने वाले संसाधन के लिए संजोए रखता है।
- भारत अपनी आर्द्रभूमि (Wetlands) के भारी नुकसान का सामना कर रहा है। शहरीकरण, प्रदूषण, अवैध निर्माण और अतिक्रमण के कारण लगभग 30% प्राकृतिक दलदली भूमि गायब हो गई है।
- वेटलैण्ड्स इण्टरनेशनल साझेदारी के माध्यम से कार्य करता है और जो व्यापक विशेषज्ञ नेटवर्क तथा हजारों स्वयंसेवकों द्वारा समर्पित है। यह अपने विभिन्न स्थानीय कार्यालयों के माध्यम से लक्ष्यों की पूर्ति करता है।

ग्रीनपीस

- ग्रीनपीस (GreenPeace) की स्थापना वर्ष 1971 में हुई। यह एक स्वतन्त्र वैश्विक अभियानकारी संस्था है, जिसका मुख्यालय एम्सटर्डम (नीदरलैण्ड) में है।
- ग्रीनपीस शान्तिपूर्ण विरोध और रचनात्मक टकराव का प्रयोग करके पर्यावरण से जुड़ी समस्याओं को उजागर करता है।
- ग्रीनपीस संस्था वर्तमान में यूरोप, एशिया, अमेरिका तथा अफ्रीका के लगभग 55 देशों के समूह का प्रतिनिधित्व कर रही है।
- इस संस्था का उद्देश्य न केवल पर्यावरण संरक्षण अपितु ऊर्जा संरक्षण, समुद्री सुरक्षा वनों के दोहन की प्रवृत्ति को रोकना, निशस्त्रीकरण व शान्ति स्थापना के लिए प्रयास करना।

ग्रीनपीस की नीतियाँ एव मान्यताएँ निम्न हैं-

- शान्तिपूर्ण एवं अहिंसात्मक तरीके से पर्यावरण को नष्ट होने से रोकना।
- राजनैतिक एवं व्यावसायिक रूचियों से आर्थिक स्वतन्त्रता प्राप्त करना।
- समाज में पर्यावरण के बारे में खुली एवं स्वतन्त्र बहस को बढ़ावा देना व उनके लिए समाधान खोजना।

पर्यावरणीय सूचकांक एवं अन्य कन्वेंशन

बायोकार्बन फण्ड इनिशिएटिव फॉर सस्टनेबल फॉरेस्ट लैण्डस्केप (ISFL)

- ISFL (BioCarbon Fund Initiative for Sustainable Forest Landscapes) के लिए बायोकार्बन फण्ड इनिशिएटिव एक बहुपक्षीय सुविधा है, जो REDD+ जलवायु स्मार्ट कृषि और स्मार्ट भूमि सहित बेहतर भूमि प्रबन्धन के माध्यम से ग्रीन हाउस गैस उत्सर्जन को कम करने और इस भू-क्षेत्र के सुनियोजित उपयोग को बढ़ावा देने का कार्य करता है।
- इस कोष के माध्यम से ग्रीन हाउस गैसों के उत्सर्जन को कम किया जाता है तथा वन कटाई एवं वन क्षेत्रों के दुरुपयोग को भी रोका जाता है। यह फण्ड ग्रामीण समुदायों के जीवन की गुणवत्ता को बढ़ाने और नई राजस्व धाराओं को विकसित करने का प्रयास करता है।

- इस कोष को मुख्यत: दो आधारों पर वर्गीकृत किया जाता है
  (i) अनुदान एवं तकनीकी सहायता यह सहायता उन विकासशील देशों को दी जाती है, जो परिवर्तनकारी बदलाव REDD + रणनीतियों के निर्णयों के क्रियान्वयन को समर्थन देता है। यह अनुदान Bio CF Plus के द्वारा निष्पादन के आधार पर दिया जाता है।
  (ii) परिणाम आधारित सहायता जिस देश का कार्बन उत्सर्जन की कमी, वनारोपण में वृद्धि, कृषि भू-क्षेत्र का समुचित, सुनियोजित उपयोग का मापक अच्छा होता है। कार्बन भुगतान बायो कार्बन फण्ड द्वारा अनुदानित किया जाता है।

पर्यावरणीय निष्पादन सूचकांक

- पर्यावरणीय निष्पादन सूचकांक (Environmental Performance Index- EPI) एक वैश्विक रेटिंग प्रणाली है, जो देशों को उनके पर्यावरणीय स्वास्थ्य के आधार पर रैंक प्रदान करती है।
- यह सूचकांक किसी राज्य की नीतियों के पर्यावरण प्रदर्शन को मापने और संख्यात्मक रूप से चिह्नित करने का तरीका है। इसे संयुक्त राष्ट्र सहस्राब्दी विकास लक्ष्यों के पर्यावरण लक्ष्यों को पूरा करने के लिए डिजाइन किया गया था।
- EPI से पहले ESI (Environmental Sustainability Index) पर्यावरण स्थिरता सूचकांक जारी किया जाता था, जिसे वर्ष 1999 से 2005 के बीच जारी किया गया।
- पर्यावरण प्रदर्शन सूचकांक वर्ष 2024 में भारत 180 देशों में से 176 वें स्थान पर रहा। इस सूचकांक में भारत को 27.6 अंक मिले।
- पर्यावरण प्रदर्शन सूचकांक को येल सेण्टर फॉर एनवायनरनमेण्टल लॉ एण्ड पॉलिसी और कोलम्बिया यूनिवर्सिटी सेण्टर फॉर इण्टरनेशनल अर्थ साइंस इंफॉर्मेशन नेटवर्क मिलकर तैयार करता है।
- यह सूचकांक मानव स्वास्थ्य की सुरक्षा एवं पारितन्त्र की सुरक्षा पर आधारित है। इन दो नीति उद्देश्यों में 11 मुख्य मुद्दों के साथ 32 सूचकों के आधार पर सूचकांक निकाला जाता है।
- पर्यावरणीय निष्पादन सूचकांक को भारत में राज्य स्तर पर जारी किया जाता है, जिसमें मुख्य रूप से अपशिष्ट प्रबन्धन, जनसंख्या तथा पर्यावरण बजट को शामिल किया जाता है।

पर्यावरणीय लोकतन्त्र सूचकांक (EDI)

- EDI (Environmental Democracy Index) पर्यावरण निर्णय लेने में नागरिक जुड़ाव और जवाबदेही पारदर्शिता को बढ़ावा देने के लिए कानून बनाने में देशों की प्रगति का मूल्यांकन करता है।
- सूचकांक 75 कानूनी और 24 अभ्यास संकेतकों सहित मान्यता प्राप्त अन्तर्राष्ट्रीय मानकों के आधार पर देशों का मूल्यांकन करता है।
- मूल्यांकन किए गए देशों में से केवल 14% देशों के पास कानूनी तन्त्र है, जो महिलाओं को उनके पर्यावरणीय अधिकारों का उल्लंघन होने पर निवारण प्राप्त करने के लिए अदालतों तक पहुँचने में सहायता करते हैं।
- इस सूचकांक द्वारा मुख्य रूप से दो आधार पर परीक्षण किया जाता है
  (i) पर्यावरण लोकतन्त्र को विकसित करने में किस प्रकार एवं कितने लोगों को निर्णय में शामिल करना इत्यादि को इस सूचकांक द्वारा परीक्षण किया जाता है।
  (ii) जनमानस/ जनता को प्रवर्तनीय कानूनी अधिकार प्रदान करने के लिए कानूनी अधिकार के प्रावधान की क्षमता का परीक्षण करना।

बेसल कन्वेंशन

- बेसल कन्वेंशन (Basel Convention) खतरनाक अपशिष्ट पदार्थों के सीमापार स्थानान्तरण के नियन्त्रण और इन पदार्थों के निपटारे से सम्बन्धित अन्तर्राष्ट्रीय सन्धि है। यह सन्धि 22 मार्च, 1989 को हस्ताक्षरित की गई थी तथा 5 मई, 1992 से प्रभाव में आई। बेसल कन्वेंशन में 53 हस्ताक्षरकर्ता देश हैं तथा 188 भागीदार देश हैं।
- इसका उद्देश्य-खतरनाक और अन्य अपशिष्ट निपटान को नियन्त्रित और विनियमित करने के उपायों को स्थापित कर पर्यावरण की रक्षा करना है। बेसल कन्वेंशन का सचिवालय जेनेवा (स्विट्जरलैण्ड) में है।
- इस सम्मेलन के सदस्य राष्ट्रों को ऐसे खतरनाक कचरे की अवैध तस्करी की रोकथाम और सजा दोनों के लिए घरेलू कानून की आवश्यकता है।
- यह सुनिश्चित करता है कि सदस्य राष्ट्र खतरनाक कचरे के उत्पादन, भण्डारण, परिवहन, उपचार, पुनः उपयोग, पुनर्चक्रण, पुनर्प्राप्ति और अन्तिम निपटान को नियन्त्रित करें।
- इसके मुख्य अपशिष्टों में बायोमेडिकल और हेल्थकेयर अपशिष्ट, प्रयुक्त लीड एसिड बैटरी, स्थायी जैविक प्रदूषक अपशिष्ट, खनन अपशिष्ट, कृषि कचरा तथा ई-कचरा आदि सम्मिलित हैं।

रॉटरडैम अभिसमय

- रॉटरडैम अभिसमय (Rotterdam Convention) को 10 सितम्बर, 1998 को अपनाया गया एवं 24 फरवरी, 2004 को लागू किया गया। यह कानूनी रूप से बाध्यकारी लेकिन स्वैच्छिक कन्वेंशन है। भारत 24 मई, 2006 को इस कन्वेंशन में शामिल हुआ।
- यह कन्वेंशन मानव स्वास्थ्य और पर्यावरण को सम्भावित नुकसान से बचाने के लिए कुछ खतरनाक रसायनों के अन्तर्राष्ट्रीय व्यापार में पक्षकार देशों के बीच साझा जिम्मेदारी और सहकारी प्रयासों को बढ़ावा देने का प्रयास करता है।

पूर्व सूचित प्रक्रिया (PIC)

ऐसी प्रक्रिया है, जिसमें खतरनाक रसायनों के सन्दर्भ में आयातक देशों के निर्णयों को औपचारिक रूप से प्राप्त और प्रसारित किया जा सके, जिससे यह जाना जा सके कि क्या वे भविष्य में इसकी शिपमेंट (वस्तु को एक स्थान से दूसरे स्थान पे ले जाना) प्राप्त करने की इच्छा रखते हैं। PIC प्रक्रिया स्वैच्छिक रूप से वर्ष 1989 में UNEP और FAO द्वारा शुरू की गई और 24 फरवरी, 2006 को स्थगित कर दी गई। वर्तमान में PIC में 52 रसायन शामिल हैं, जिसमें से 35 कीटनाशक में प्रयुक्त किए जाते हैं।

सहस्राब्दी पारितन्त्र मूल्यांकन

- सहस्राब्दी पारितन्त्र मूल्यांकन ((Millennium Ecosystem Assessment-MEA)-MEA) मानव का पर्यावरण पर प्रभाव का प्रमुख आकलन है। इसे संयुक्त राष्ट्र संघ (UNI) के तत्कालीन महासचिव कोफी अन्नान द्वारा वर्ष 2000 में नाम दिया गया।
- वर्ष 2005 में इस मूल्यांकन को 14 मिलियन डॉलर से अधिक अनुदान की मदद से प्रकाशित किया गया था। इस रिपोर्ट में 95 देशों से सम्बन्ध रखने वाले लगभग 1300 लोगों से अधिक लोगों ने भाग लिया था।

अनवरत जैविक प्रदूषक पर स्टॉकहोम सम्मेलन

- मानव स्वास्थ्य और पर्यावरण को अनवरत जैविक प्रदूषक (POP) से बचाने के लिए स्टॉकहोम सम्मेलन (Stockholm Convention) एक वैश्विक समझौता है।
- यह कन्वेंशन वर्ष 2001 में पेश किया गया तथा वर्ष 2004 में लागू हुआ। पहले 128 दलों व 151 हस्ताक्षरकर्ताओं ने सम्मेलन को अनुमति प्रदान दी।
- इस कन्वेंशन के तहत पीओपी के उत्सर्जन को कम करने या खत्म करने के लिए उपाय करने पर सहमति जताई गई।

पीओपी ऐसे रसायन होते हैं, जो पर्यावरण में लम्बे समय तक बने रहते हैं और पानी या वायुमण्डल में लम्बी दूरी तय कर सकते हैं। पीओपी के कुछ उदाहरण- DDT, **पालीक्लोरीनेटेड बाइफिनाइल** आदि हैं।

- ऑस्ट्रेलिया ने वर्ष 2004 में स्टॉकहोम कन्वेंशन की पुष्टि की। इस समय कन्वेंशन में बारह पीओपी सूची बद्ध थे। ऑस्ट्रेलिया ने इन रसायनों के आयात, उपयोग व निर्यात पर नियन्त्रण लगा दिया है।

अन्तर्राष्ट्रीय सम्मेलन

विभिन्न देशों द्वारा पर्यावरणीय मुद्दों पर विचार के बाद संयुक्त राष्ट्र (United Nations) द्वारा, पर्यावरण पर कॉन्फ्रेन्स तथा पृथ्वी शिखर सम्मेलन आयोजित किए गए हैं, जिन्हें आधिकारिक रूप से 'कॉन्फ्रेन्स ऑफ पार्टीज' कहा जाता है।

COP क्या है?

- जलवायु परिवर्तन तथा पर्यावरणीय मुद्दों पर होने वाले समझौतों पर सहमति व्यक्त करने वाले देशों को 'कॉन्फ्रेंस ऑफ पार्टीज' (COP) कहा जाता है।
- इन देशों का वार्षिक स्तर पर होने वाला सम्मेलन, जिसका आयोजन संयुक्त राष्ट्र (UN) द्वारा किया जाता है।
- COP वस्तुतः UNFCCC सम्मेलन का सर्वोच्च निकाय है।

पर्यावरण एवं विकास पर संयुक्त राष्ट्र सम्मेलन/ रियो सम्मेलन/पृथ्वी सम्मेलन

- वैश्विक स्तर पर विकास के मुद्दों के साथ पर्यावरणीय संरक्षण के मुद्दों पर चर्चा करना एवं उनका समाधान निकालना जिसमें वैश्विक तापन, संपोषणीय विकास, उष्णकटिबन्धीय वर्षा वनों का संरक्षण आदि मुद्दे प्रमुख थे।
- रियो सम्मेलन में प्रस्तुत घोषणा-पत्र तथा दस्तावेज
  - पर्यावरण एवं विकास पर रियो घोषणा-पत्र
  - एजेण्डा-21 (Agenda-21) (सतत विकास से सम्बन्धित)
  - वन सिद्धान्त
  - जलवायु परिवर्तन पर फ्रेमवर्क कन्वेन्शन
  - जैव-विविधता पर कन्वेंशन
  - रियो-अर्थ समिट 1992 मरुस्थलीकरण को रोकने हेतु कन्वेंशन

क्योटो प्रोटोकॉल

- यह एक अन्तर्राष्ट्रीय तथा कानूनी रूप से बाध्य करने वाला समझौता है, जिसके द्वारा सम्पूर्ण विश्वभर में ग्रीन हाउस गैसों के उत्सर्जन को कम किया जा सकता है।
- यह प्रोटोकॉल 16 फरवरी, 2005 से लागू हुआ था।

यूएनएफसीसीसी के अन्तर्गत पक्षों का वर्गीकरण (क्योटो प्रोटोकॉल)

एनेक्स 1
- इसमें ऐसे विकसित देश शामिल हैं, जो वर्ष 1992 में OECD के सदस्य थे।
- संक्रमण से गुजर रही अर्थव्यवस्थाओं वाले देश-मध्य और पूर्वी यूरोपीय देश

एनेक्स 2
- ऐसे देश शामिल हैं, जो OECD के सदस्य हैं, किन्तु अर्थव्यवस्था के संक्रमण से नहीं गुजरे हैं।
- इस श्रेणी में शामिल विकासशील देशों को ग्रीन हाउस गैस उत्सर्जन नियन्त्रण में वित्तीय सहायता करनी होती है।

नॉन-एनेक्स 1
- इस श्रेणी में विकासशील देश हैं, जिन पर जलवायु परिवर्तन का प्रभाव पड़ा है।
- इन देशों को तकनीकी सहायता तथा निवेश द्वारा GHGs के उत्सर्जन से होने वाले प्रभावों से बचाना आवश्यक है।

एनेक्स B
- 37 औद्योगिकृत देश जिन्हें क्योटो प्रोटोकॉल के तहत् GHGs उत्सर्जन की कमी के लिए लक्ष्य निर्धारित करना है।
- इस सूची के देश UNFCCC द्वारा चिह्नित देश हैं।

अल्प विकसित देश (LDCs)
- कम प्रति व्यक्ति आय वाले देश जिन्हें विकसित देशों के अनुदानों की आवश्यकता, वैश्विक संस्थाओं तथा विकसित देशों से होती है।

क्योटो प्रोटोकॉल द्वारा तय उत्सर्जन नियन्त्रण प्रतिबद्धताएँ

संयुक्त क्रियान्वयन
(क्योटो प्रोटोकॉल अनुच्छेद 6)

जब कोई औद्योगिक देश किसी अन्य औद्योगिक देश की उत्सर्जन परियोजना में निवेश करता है, तो **उत्सर्जन कमी** की मात्रा निवेशकर्त्ता देश के उत्सर्जन से जुड़ती है।

औद्योगिक देश

विकासशील देश

फण्ड टेक्नोलॉजी

संयुक्त उत्सर्जन न्यूनीकरण परियोजना

लागत में कमी

इमिशन रिडक्शन यूनिट्स (ERUs)

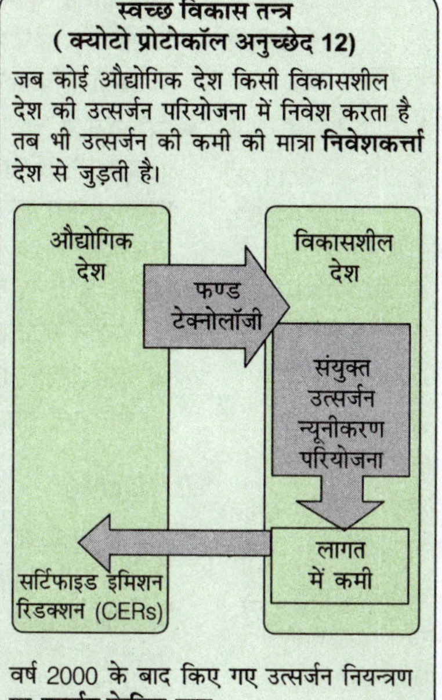

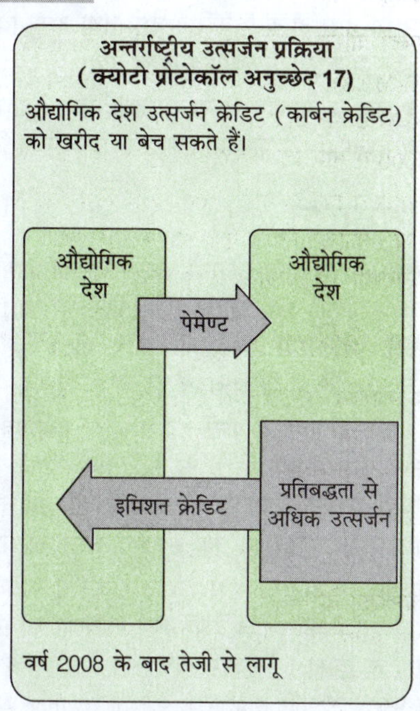

बाली सम्मेलन 2007

- वर्ष 2007 में UNFCCC का 13वाँ सम्मेलन तथा क्योटो प्रोटोकॉल के लिए मीटिंग ऑफ पार्टीज (MOP) की तरह कार्य करने वाला CMP का तीसरा अधिवेशन बाली, इण्डोनेशिया में आयोजित किया गया।
- इस सम्मेलन में बाली रोड मैप (Bali Road Map) को अपनाया गया। इसके अन्तर्गत बाली एक्शन प्लान का प्रस्ताव रखा गया था, जिसमें दीर्घावधि सहयोग कार्य द्वारा कन्वेंशन में पारित तथ्यों को वर्ष 2012 तक क्रियान्वित करने का लक्ष्य रखा गया था।
- बाली रोड मैप के तथ्य निम्नलिखित थे:
  - निर्वनीकरण एवं वन प्रबन्धन पर निर्णय
  - विकासशील देशों के लिए प्रौद्योगिकी पर निर्णय
  - अनुकूल निधि बोर्ड (Adaptation Fund Board) की स्थापना
  - उन वित्तीय तन्त्रों का निरीक्षण, जो वर्तमान जी. ई. एफ. (Global Environment Facility) के कार्य क्षेत्र से बाहर हैं।

कोपेनहेगन सम्मेलन 2009

वर्ष 2009 में COP का 15वाँ अधिवेशन कोपेनहेगन में आयोजित किया गया। इस कॉन्फ्रेन्स ने जलवायु परिवर्तन नीति को उच्चतम राजनीतिक स्तर तक पहुँचाया।

COP 15 के बिन्दु निम्न प्रकार हैं

- इस सम्मेलन में प्रभावी वैश्विक जलवायु परिवर्तन सहयोग के लिए अनिवार्य आधारभूत संरचना निर्माण की वार्ता को आगे बढ़ाया गया, जिसमें क्योटो प्रोटोकॉल (1997) का स्वच्छ विकास तन्त्र (CDM) भी शामिल था।
- इस सम्मेलन में कोपेनहेगन एकॉर्ड (Copenhagen Accord) अस्तित्व में आया, जो संयुक्त राज्य अमेरिका और BRICS देशों [ब्राजील, रूस, दक्षिण अफ्रीका, भारत तथा चीन] के मध्य GHGs उत्सर्जन को प्रतिबन्धित करने का ऐतिहासिक समझौता था।
- नए निकायों की स्थापना के साथ REDD+ पर एक तन्त्र को विकसित करने पर सहमति बनी। विकसित देशों ने $ 30 अरब की राशि प्रदान करने के लिए प्रतिबद्धता व्यक्त की।
- इस सम्मेलन में 'दीर्घावधि वित्त' के तहत् $ 100 अरब का कोष वर्ष 2022 तक तैयार करने पर सहमति बनी थी।

कानकुन जलवायु परिवर्तन सम्मेलन 2010

- UNFCCC का COP-16 सम्मेलन कानकुन (मैक्सिको) में आयोजित किया गया। इस सम्मेलन में जलवायु परिवर्तन शमन के लिए व्यापक एवं दूरगामी अन्तर्राष्ट्रीय अनुक्रिया का आधार तैयार किया गया।
- इस सम्मेलन में पूर्व-औद्योगिक स्तर के ऊपर अधिक-से-अधिक 2°C तापमान में वृद्धि को भविष्य में नीचे 1.5°C तक लाने पर सहमति बनी।
- जलवायु हितैषी प्रौद्योगिकी के प्रसार हेतु 2012 तक एक प्रौद्योगिकी तन्त्र [Technology Mechanism] के क्रियान्वयन पर बल दिया गया था।
- सम्मेलन में विकासशील देशों में परियोजनाओं कार्यक्रमों, नीतियों एवं कार्यों के लिए वित्तीय सुविधा हेतु ग्रीन क्लाइमेट फण्ड (Green Climate Fund) की स्थापना पर सहमति बनी।
- सम्मेलन में कानकुन अनुकूलन फ्रेमवर्क (Cancun Adaptation Framwork) के लिए पक्षों के बीच सहमति बनी। इसके लिए अनुकूलन समिति (Adaptation Committee) स्थापित की गई।

राष्ट्रीय अनुकूलन योजना (National Adaptation Plans)

- COP-16 द्वारा अल्प विकसित देशों तथा अन्य विकासशील देशों के लिए इस प्रकिया को स्थापित किया गया।
- इस योजना के माध्यम से मध्यम तथा दीर्घ अवधि अनुकूलन आवश्यकताओं की पहचान तथा उसे क्रियान्वित किया जाता है।

डरबन सम्मेलन 2011

- UNFCCC के अन्तर्गत COP-17 सम्मेलन का आयोजन डरबन में (दक्षिण अफ्रीका) 28 नवम्बर से 11 दिसम्बर, 2011 के बीच में सम्पन्न हुआ। इस सम्मेलन में क्योटो प्रोटोकॉल, बाली एक्शन प्लान एवं कानकुन समझौते के क्रियान्वयन पर चर्चा की गई थी।
- इसके मुख्य परिणामों में पार्टीज द्वारा लिया गया एक महत्त्वपूर्ण निर्णय शामिल है, जिसमें वर्ष 2015 के पहले तक जलवायु परिवर्तन पर एक सार्वभौमिक कानूनी समझौते को अपनाने की बात कही गई। साथ ही इस कानूनी समझौते को 2020 तक स्थापित करने की बात भी कही गई।
- इस समझौते के अनुसार GHG के उत्सर्जन में कटौती के लिए सभी विकसित एवं विकासशील देश अपने दायित्वों को निभाएँगे। इस कानूनी उपकरण के विकास हेतु इस अधिवेशन में एडहॉक वर्किंग ग्रुप ऑन द डरबन प्लेटफॉर्म फॉर इनहैन्सड एक्शन (Adhoc Working Group on the Durban Platfrom for Enhanced Action-ADP) की स्थापना की गई।

दोहा सम्मेलन, 2012

- UNFCCC के तत्वाधान में 26 नवम्बर से 8 दिसम्बर, 2012 के बीच दोहा (कतर) में COP-18 का आयोजन हुआ। इस जलवायु वार्ता में यूएसए के नेतृत्व में धनी देशों ने निर्धन देशों की इस माँग के आगे झुकने से इन्कार कर दिया कि वे वैश्विक तापन की समस्या से पृथ्वी को बचाने हेतु ज्यादा जिम्मेदारी निभाएँ।
- अल्प आय वर्ग के देशों ने समस्याओं को कम करने और सुधारात्मक कदम उठाने हेतु वित्त पोषण तथा जलवायु के कारण होने वाले नुकसान की क्षतिपूर्ति के मुद्दे पर सकारात्मक रूप से विचार करने की माँग की थी।
- बार-बार संशोधनों के प्रस्ताव आने के बावजूद धनी और निर्धन देशों के बीच दीर्घकालिक सहयोगात्मक कार्य मंच (L.C.A.) पर सहमति नहीं बन पाई। इस मुद्दे को दोहा में ही पूरा करने का कार्यक्रम था।

क्योटो प्रोटोकॉल संशोधन

8 दिसम्बर, 2012 को दोहा (कतर) में क्योटो प्रोटोकॉल में संशोधन किया गया, जिससे कार्बन उत्सर्जन की मात्रात्मक कटौती को प्रभावी बनाया गया। इसे 1 जनवरी, 2013 को क्योटो प्रोटोकॉल संशोधन की दूसरी प्रतिबद्धता की अवधि आरम्भ की गई। यह वर्ष 2013 से वर्ष 2020 तक चली है। प्रथम प्रतिबद्धता अवधि वर्ष 2008 से वर्ष 2012 तक संचालित की गई।

वारसा सम्मेलन 2013

- वारसा जलवायु परिवर्तन सम्मेलन, 2013 (COP-19) पोलैण्ड की राजधानी वारसा में सम्पन्न हुआ था।
- इस सम्मेलन की महत्त्वपूर्ण उपलब्धि यह रही कि इसमें भाग लेने वाले देशों ने वार्ता के गतिरोध को दूर किया तथा वर्ष 2015 तक एक सार्वभौमिक कानूनी सन्धि को तैयार करने हेतु एक रूपरेखा तय की। यह प्रस्ताव यूरोपीय संघ (EU) की मूल आशाओं पर खरा नहीं उतरा लेकिन अधिकांश विकासशील देशों को यह स्वीकार्य था।
- सरकारों ने इण्टेन्डेड नेशनली डिटरमाइण्ड कण्ट्रीब्यूशन (INDC-Intended Nationally Determined Contribution) की घरेलू तैयारी करने का निर्णय लिया, जिसे दिसम्बर, 2015 से पहले उससे प्रस्तावित किया जा सके। इसे एक स्पष्ट एवं पारदर्शी तरीके से सम्पादित करने को कहा गया। इसमें निम्न मुद्दों पर निर्णय लिए गए-
  - डरबन प्लेटफार्म को आगे बढ़ाना
  - ग्रीन क्लाइमेट फण्ड
  - दीर्घ अवधि वित्त
  - REDD+ हेतु वारसा फ्रेमवर्क
  - क्षति एवं नुकसान हेतु वारसा अन्तर्राष्ट्रीय तन्त्र

REDD+

- यह UNFCCC के अन्तर्गत परिभाषित एक तन्त्र है, जो विकासशील देशों को निर्वनीकरण एवं वन निम्नीकरण में कमी द्वारा उनके उत्सर्जन कटौती के लिए पुरस्कृत करता है। यह जलवायु परिवर्तन के हल हेतु एक कटौती उपाय प्रदान करता है, जो 20% वैश्विक कार्बन उत्सर्जन में कमी करने में मदद करेगा।
- UN-REDD कार्यक्रम सीधे तौर पर REDD+ तन्त्र से नहीं जुड़ा है बल्कि यह UNDP, UNEP एवं FAO का एक सहयोगात्मक कार्यक्रम है, जो विकासशील देशों को REDD+ (REDD+ तत्परता क्षमता) के क्रियान्वयन हेतु जरूरी क्षमता विकास में मदद हेतु तकनीकी एवं वित्तीय सहायता प्रदान करता है।
- बहुपक्षीय REDD+ पहलों में वन कार्बन भागीदारी सुविधा (Forest Caron Partnership Facility FCPF) तथा वन निवेश कार्यक्रम (Forest Investment Programme - FIP) शामिल हैं, जिनकी मेजबानी विश्व बैंक द्वारा की जा रही है।
- REDD+ के अन्तर्गत विकासशील देशों को उनके वन संसाधनों के विवेकपूर्ण उपयोग एवं उत्तम प्रबन्धन हेतु प्रोत्साहन प्रदान किए जाते हैं। इस प्रकार विकासशील देश जैव-विविधिता के संरक्षण में भी भागीदार बनते हैं एवं जलवायु परिवर्तन से निपटने के वैश्विक लड़ाई में सहयोग करते हैं।

REDD+ हेतु वारसा फ्रेमवर्क

- REDD+ हेतु वारसा फ्रेमवर्क (Warsaw Framework for REDD+) के अन्तर्गत सरकारें निर्वनीकरण (Deforestation) एवं वन निम्नीकरण (Forest Degradation) पर नियन्त्रण द्वारा उत्सर्जन में कमी का रास्ता निकालने के निर्णय पर सहमत हो गई।
- वनों की कटाई (Deforestation) द्वारा लगभग 17% कार्बन डाइऑक्साइड गैस वातावरण में निर्मुक्त होती है।
- अत: इस निर्णय द्वारा वन संरक्षण एवं वनों के सम्पोषणीय उपयोग को बढ़ावा मिलेगा। साथ ही वनों में एवं उसके आस-पास रहने वाले लोगों को भी लाभ प्राप्त होगा।
- यह एक परिणाम आधारित भुगतान है, जो विकासशील देशों को उनके द्वारा वन संरक्षण के प्रदर्शन पर दिया जाता है।

REDD और REDD+ में अन्तर

- REDD जहाँ केवल विकासशील देशों द्वारा उनके वन संसाधनों के बेहतर प्रबन्धन एवं बचाव करने हेतु प्रोत्साहन राशि तक सीमित है, वहीं REDD+ न केवल निर्वनीकरण एवं वन निम्नीकरण को देखता है, बल्कि वनों के संरक्षण, सम्पोषणीय प्रबन्धन एवं वन कार्बन भण्डार के सकारात्मक तत्त्वों हेतु भी प्रोत्साहन राशि देता है।
- REDD+ में गुणवत्ता संवर्द्धन एवं वन आवरण (Forest Cover) का संवर्द्धन भी शामिल है।
  - निर्वनीकरण द्वारा उत्सर्जन कटौती
  - वन निम्नीकरण द्वारा उत्सर्जन कटौती
  - वन कार्बन संग्रह (Forest carbon Stock) का संरक्षण
  - वनों का सम्पोषणीय प्रबन्धन
  - वन कार्बन संग्रह का संवर्द्धन

लीमा सम्मेलन 2014

- पेरू के लीमा में 1 दिसम्बर से 14 दिसम्बर, 2014 के बीच सम्पन्न हुआ। यह संयुक्त राष्ट्र जलवायु सम्मेलन (UNFCCC) का 20वाँ सत्र (COP-20) था। लीमा में कॉल फॉर क्लाइमेट एक्शन (Lima Call for Climate Action) के साथ विश्व ने एक नए सार्वभौमिक जलवायु समझौते की ओर कदम बढ़ाया।
- इस सम्मेलन में भारत सहित 190 से अधिक देशों ने वैश्विक कार्बन उत्सर्जन में कटौती के राष्ट्रीय आम सहमति वाले प्रारूप को स्वीकार कर लिया।
- इस सम्मेलन का उद्देश्य नई जलवायु परिवर्तन सन्धि के लिए प्रारूप तैयार करना था, जिससे वर्ष 2015 में पेरिस सम्मेलन के दौरान हस्ताक्षर किया जा सके।
- नए समझौते के प्रभाव में आने के बाद INDC ही जलवायु कार्यों के लिए आधारभूत कार्य कर सकता है, ऐसा स्वीकार किया गया।
- लीमा जलवायु सम्मेलन में कई अन्य महत्त्वपूर्ण निर्णय एवं परिणाम हासिल किए गए, जो अन्तर्राष्ट्रीय जलवायु प्रक्रिया में पहली बार था
- दोनों तरह के विकसित एवं विकासशील देशों द्वारा नए GCF (आरम्भिक 10 अरब लक्ष्य) का पूँजीकरण।
- पारदर्शिता एवं विश्वास निर्माण का स्तर नई ऊँचाइयों तक पहुँच गया क्योंकि कई औद्योगीकृत राष्ट्रों ने एक नई प्रक्रिया बहुपक्षीय मूल्यांकन (Multilateral Assessment) के तहत् अपने उत्सर्जन लक्ष्यों के बारे में पूछताछ के लिए खुद को प्रस्तुत किया।
- शिक्षा एवं जागरूकता पर लीमा मन्त्रिस्तरीय उद्घोषणा (Lima Ministerial Declaration) में सरकारों को स्कूली पाठ्यक्रम में जलवायु परिवर्तन से सम्बन्धित एवं राष्ट्रीय विकास योजनाओं में जलवायु जागरूकता को सम्मिलित करने के लिए कहा गया।
- इस सम्मेलन का व्यापक लक्ष्य तत्कालीन स्तर (2014) से 2°C वैश्विक तापमान में वृद्धि को सीमित करने के लिए ग्रीन हाउस गैस (GHG) उत्सर्जन को कम करना था।
- NAPs (National Adaptation Plans) के महत्त्व को पहचाना गया तथा वह जलवायु परिवर्तन के प्रति सहायता हेतु एक महत्त्वपूर्ण मार्ग प्रदान करेगा।
- NAPs को अब UNFCCC वेबसाइट के द्वारा और अधिक दृश्यपरक (Visible) बना दिया गया, जो हाल के अनुकूलन अवसरों को उन्नत करेगा। GCF के लिए सहमति बनी कि कैसे देशों को उनके NAPs के साथ वित्तीय सहयोग मिलेगा।

पेरिस सम्मेलन 2015 (COP-21)

- 30 नवम्बर से 11 दिसम्बर, 2015 तक पेरिस में जलवायु परिवर्तन पर COP-21 सम्पन्न हुआ। इस सम्मेलन में विश्व के सभी राष्ट्रों के लिए वर्ष 2020 के बाद की अवधि हेतु जलवायु परिवर्तन के विरुद्ध कार्य करने के लिए एक योजना प्रस्तुत की गई। यह भिन्न-भिन्न राष्ट्रीय परिस्थितियों के आलोक में समान परन्तु अलग-अलग जिम्मेदारियों तथा सम्बन्धित क्षमताओं (CBDR-RC: Common But Differentiated Responsibilities and Respective Capabilities) को दर्शाता है।
- इस समझौते का उद्देश्य वैश्विक ग्रीन हाउस गैस उत्सर्जन को काफी हद तक कम करना है, जिससे इस शताब्दी में वैश्विक तापमान वृद्धि को पूर्व-औद्योगिक स्तर (Pre-Industrial Level) से 2°C कम रखा जा सके।
- पेरिस करार में विभिन्न दृष्टिकोणों पर राष्ट्रों के व्यवस्थापन (Systematization) मुद्दे पहले से अलग हैं, जिसमें प्रत्येक देश की उत्सर्जन में कमी लाने के लक्ष्य को तय करते हुए टॉप-डाउन एप्रोच के पालन की अपेक्षा ग्रीन हाऊस गैसों के उत्सर्जन में कमी लाने की अपनी राष्ट्रीय योजना प्रस्तुत करने की अनुमति होती है।

मराकेश सम्मेलन (COP-22)

- UNFCCC का 22वाँ सम्मेलन मराकेश (मोरक्को) में 7 नवम्बर से 18 नवम्बर, 2016 के बीच सम्पन्न हुआ। COP-22 के नाम से प्रसिद्ध इस सम्मेलन में मराकेश कार्य घोषणा पारित किया गया।
- क्योटो प्रोटोकॉल के अनुपालन की बैठकों के सन्दर्भ में यह 12वाँ सत्र था, जिस कारण इसे 'CMP-12' भी कहा गया। पेरिस सम्मेलन (2015) के अनुपालन के सन्दर्भ में मराकेश सम्मेलन पहला सत्र था, जिससे इसे 'CMA-II' माना गया है।

मराकेश कार्य घोषणा	COP-22 का परिणाम
• इस कार्य घोषणा में पेरिस समझौते (2015) का स्वागत किया गया तथा इसके क्रियान्वयन की प्रतिबद्धता को प्रभावी बनाने पर बल दिया गया। • हरित गृह गैसों (GHGs) के उत्सर्जन में कमी लाना एवं अनुकूलन के प्रयासों को प्रभावी बनाते हुए 'सतत विकास लक्ष्य-2030' का समर्थन किया गया है। • गरीबी उन्मूलन खाद्य सुरक्षा तथा कृषि को जलवायु परिवर्तन से बचाने तथा इसके प्रभावों से सुभेद्य बनाने पर बल इस घोषणा-पत्र में दिया गया है।	• पेरिस समझौते से सम्बन्धित क्रियान्वयन को **एनेक्स 1** देशों द्वारा अपनाया गया। • समझौते के क्रियान्वयन के लिए वर्ष 2018 तक की समय-सीमा को अपनाया गया। • देशों द्वारा **मराकेश कार्य-घोषणा** का समर्थन करते हुए पेरिस समझौते की पुनर्पुष्टि की गई। • वैश्विक जलवायु कार्यवाही के लिए **मराकेश भागीदारी** जैसे मंच की स्थापना की गई।

बॉन सम्मेलन (COP-23)

जर्मनी के शहर बॉन में UNFCCC के 23वें कॉन्फ्रेन्स ऑफ पार्टीज का आयोजन वर्ष 2017 में किया गया। पेरिस सम्मेलन (2015) के बाद यूएसए ने पहली बार इस सम्मेलन में प्रतिनिधित्व किया।

उपलब्धियाँ

- **तालानोवा वार्ता की शुरुआत :** पेरिस समझौते के लक्ष्यों को प्राप्त करने के लिए पक्षकारों द्वारा सामूहिक प्रयासों की समीक्षा की गई। नेशनली डिटरमाइण्ट कॉण्ट्रिब्यूशन (NDC) के सन्दर्भ में सूचित किया गया।
- **WBCSD की शुरुआत :** वर्ल्ड बिजनेस काउन्सिल फॉर सस्टेनेबल डेवलपमेण्ट (WBCSD) की शुरुआत की गई। इसका लक्ष्य ऐसे ईंधन के लिए माँग और बाजार का निर्माण करना है, जिससे उत्सर्जन की मात्रा 50% तक कम हो सके।
- **जेण्डर एक्शन प्लान :** देशों ने पहली बार जेण्डर एक्शन प्लान को अन्तिम रूप दिया, जिसका उद्देश्य सभी UNFCCC प्रक्रियाओं में महिलाओं की भागीदारी को सुनिश्चित करना है।
- **कोयला सम्बन्धी पूर्व सन्धियों को सशक्त बनाना :** कनाडा तथा ब्रिटेन के नेतृत्व में एक गठबन्धन स्थापित किया गया, जिसका उद्देश्य वर्ष 2030 तक कोयले के उपयोग में कमी लाना है।

कैटोवाइस सम्मेलन COP-24

- पौलेण्ड के कैटोवाइस में 2 दिसम्बर से 14 दिसम्बर, 2018 के बीच COP-24 सम्मेलन का आयोजन किया।
- इस सम्मेलन में पेरिस समझौते पर व्यापक चर्चा की गई। साथ ही विस्तृत नियमावली का प्रारूप भी तैयार किया गया। इस सम्मेलन में शामिल देशों को ग्रीन हाउस गैसों के उत्सर्जन लेखांकन तथा कार्बन कटौती की गणना के लिए अधिक स्पष्ट आकलन के प्रति सहमत किया गया।

> **COP-25 मैड्रिड सम्मेलन**
>
> मैड्रिड (स्पेन) में दिसम्बर, 2019 के दौरान COP-25 सम्मेलन आयोजित किया गया। यह पेरिस सम्मेलन का दूसरा सत्र CMA-2 था। इस शिखर सम्मेलन में वर्ष 2015 के पेरिस समझौते के लक्ष्यों के अनुरूप पृथ्वी पर वैश्विक तापन के लिए उत्तरदायी **ग्रीन हाउस गैसों** में कटौती के लिए **तत्काल आवश्यकता** का आह्वान किया गया।

ग्लासगो सम्मेलन (COP-26)

ग्लासगो (ब्रिटेन) में नवम्बर, 2012 में COP-26 सम्मेलन का आयोजन किया गया। इस सम्मेलन में माना गया कि शताब्दी के अन्त तक विश्व का तापमान + 3°C तक पहुँचने की स्थिति में है, जिस कारण पेरिस समझौते के लक्ष्य '2° (नीचे) तथा आदर्श रूप से 'पूर्व-औद्योगिक स्तर से 1.5 डिग्री सेल्सियस ऊपर' से कहीं अधिक को अपनाने पर बल दिया गया।

शर्म अल-शेख सम्मेलन (COP-27)

- यू एन एफसीसीसी (UNFCCC) अर्थात् जलवायु परिवर्तन पर संयुक्त राष्ट्र फ्रेमवर्क अभिसमय का COP-27 सम्मेलन 7 नवम्बर से 18 नवम्बर, 2022 के बीच शर्म अल शेख (मिस्र) में आयोजित किया गया।
- इस सम्मेलन में जलवायु परिवर्तन तथा वैश्विक तापन को नियन्त्रित करने के लिए, इसे आधिकारिक एजेण्डे में शामिल किया गया।

COP-27 के प्रमुख बिन्दु

- COP-27 में कमजोर देशों को लॉस एण्ड डैमेज फण्ड (Loss and Damage Fund) के तहत वित्तपोषण प्रदान करने के लिए समझौते पर हस्ताक्षर किया गया।
- COP-27 में विकासशील देशों में जलवायु प्रौद्योगिकी समाधानों को बढ़ावा देने के लिए एक नया कार्यक्रम आरम्भ किया गया है।
- UNFCCC COP-27 शिखर सम्मेलन में शामिल देशों के प्रतिनिधियों द्वारा पेरिस समझौते के तहत् महत्त्वाकाँक्षा बढ़ाने के लिए वैश्विक स्टॉक्टेक [Global Stocktake] की वार्ता आरम्भ की गई।
- शर्म-अल-शेख अनुकूलन एजेण्डा के तहत् वर्ष 2030 तक सबसे अधिक 'जलवायु संवेदनशील' समुदायों में रहने वाले 4 अरब जनसंख्या के लिए लचीलापन बढ़ाने हेतु 30 अनुकूलन परिणामों की रूपरेखा को तैयार करना है।

दुबई जलवायु परिवर्तन सम्मेलन (COP-28)

- दुबई (यूएई) में 30 नवम्बर से 13 दिसम्बर, 2023 के बीच UNFCCC का COP-28 सम्मेलन (जलवायु परिवर्तन सम्मेलन) आयोजित किया गया। यह अब तक का सबसे बड़ा अन्तर्राष्ट्रीय सम्मेलन था।
- इस सम्मेलन में 150 देशों के राष्ट्राध्यक्षों तथा शासनाध्यक्षों के साथ 85,000 प्रतिनिधियों ने हिस्सा लिया।

COP-28 के प्रमुख बिन्दु

- वैश्विक स्टॉक्टेक (Global Stocktake) में वैश्विक तापमान वृद्धि को 1.5 डिग्री सेल्सियस के दायरे में रखने के लिए आठ कदमों को प्रस्तावित किया गया।
- इसमें वर्ष 2030 तक वैश्विक स्तर पर नवीकरणीय ऊर्जा क्षमता को तीन गुना करने और ऊर्जा दक्षता सुधार की वैश्विक औसत वार्षिक दर को दोगुना करने का आह्वान किया गया है।
- COP-28 ने ऊर्जा प्रणालियों में जीवाश्म ईंधन उत्सर्जन को वर्ष 2050 तक शुद्ध शून्य (Net Zero) तक लाने का आह्वान किया है।
- जलवायु सुरक्षा, पारिस्थितिकी तन्त्र बहाली और स्वास्थ्य पर लक्ष्यों के लिए वर्ष 2030 को लक्षित वर्ष माना गया है।
- जलवायु वित्त के सन्दर्भ में वर्ष 2025 से पूर्व एक नया सामूहिक मात्रात्मक लक्ष्य निर्धारित करने पर बल दिया गया है। इसके लिए लक्ष्य प्रतिवर्ष $ 100 बिलियन के स्तर से आरम्भ किया गया है।
- सदस्य देश जलवायु परिवर्तन के प्रभावों से जूझ रहे देशों को मुआवजा देने के उद्देश्य से क्षति कोष संचालित करने के लिए एक समझौते पर सहमत हुए हैं।
- अल्प विकसित देशों (LDCs) तथा छोटे द्वीपीय विकासशील प्रदेशों (SIDs) के लिए हानि एवं क्षति कोष में एक विशिष्ट प्रतिशत निर्धारित किया गया है। हानि एवं क्षति कोष की आरम्भिक रूप से निगरानी विश्व बैंक करेगा।
- COP-28 में कहा गया है कि हस्ताक्षरकर्ता देश वर्ष 2030 तक विश्व की स्थापित नवीकरणीय ऊर्जा उत्पादन क्षमता को तीन गुना (कम-से-कम 11,000 गीगावॉट) करने के लिए मिलकर कार्य करने हेतु प्रतिबद्ध हुए हैं।
- COP-28 में घोषणा की गई है कि वर्ष 2050 तक वैश्विक परमाणु ऊर्जा लक्ष्य क्षमता को बढ़ाकर तीन गुना करना है।

बाकू सम्मेलन (COP-29)

- UNFCC अर्थात् यूनाइटेड नेशन फ्रेमवर्थ कन्वेंशन ऑन क्लाइमेट चेन्ज कोप-29 संयुक्त राष्ट्र जलवायु शिखर सम्मेलन 11-22 नवम्बर, 2024 तथा बाकू, अजरबैजान में आयोजित किया गया।
- इस सम्मेलन का लक्ष्य, ग्लोबल वार्मिंग को 1.5°C तक सीमित रखने के लिए उपायों को लागू करना व जलवायु कार्रवाई में निवेश की तत्काल आवश्यकता पर बल देना रहा। इस सम्मेलन की थीम (विषय)- सभी के लिए रहने योग्य ग्रह में निवेश करना रही।

COP-29 के प्रमुख बिन्दु

- इस सम्मेलन में विकसित देशों द्वारा जलवायु वित्त के लिए वर्ष 2035 से विकासशील देशों को प्रति वर्ष 300 बिलियन डॉलर प्रदान करने के समझौते पर सहमति बनी।
- COP-29 के दौरान UAE द्वारा वैश्विक ऊर्जा ऋणबन्धन को लॉन्च किया गया, जो वैश्विक सहयोग को बढ़ावा देकर कार्बन उत्सर्जन को कम करने व प्राकृतिक संसाधनों के संरक्षण हेतु सहयोगी देशों की प्रतिबद्धता को उजागर करती है।
- जलवायु पारदर्शिता पर बाकू घोषणा-पत्र घोषित किया गया, जो सम्बन्धित पारदर्शिता ढाँचे (ETF) के पूर्ण संचालन के लिए वैश्विक प्रतिबद्धता का आह्वान करता है।
- इस सम्मेलन में पेरिस समझौते के अनुच्छेद-6 (थ) के तहत् अन्तर्राष्ट्रीय कार्बन बाजार मानकों पर एक समझौता हुआ, जो सहयोगी देशों व कम्पनियों को कार्बन ऑफसेट का व्यापार करने हेतु मार्ग प्रदान करता है।

हरित ऋण पहल

- दुबई (यूएई) में सम्पन्न COP 28 जलवायु परिवर्तन शिखर सम्मेलन में स्वैच्छिक ग्रह समर्थक कार्रवाईयों को प्रोत्साहित करने हेतु एक तन्त्र विकसित करने को संकल्पित किया गया है, जिसे **हरित ऋण पहल** (Green Credit Initiative) कहा गया।
- यह प्राकृतिक पारिस्थितिकी-तन्त्र को पुनजीर्वित करने तथा वृक्षारोपण को बढ़ावा देने के लिए **'हरित ऋण'** (Green Credit) की परिकल्पना है।

कॉन्फ्रेंस ऑफ पार्टीज
- UNFCCC की सर्वोच्चता निर्णय लेने वाली संस्था
- प्रत्येक वर्ष बैठक होती है (जब तक कि पक्षकार अन्यथा निर्णय न लें)

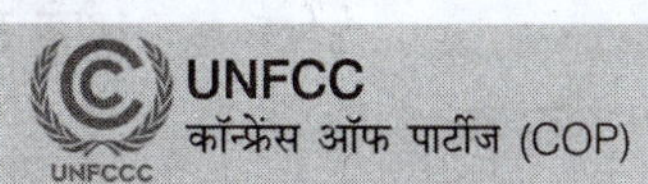

- **बॉन, सचिवालय** में बैठक (जब तक कि कोई पार्टी सत्र की मेजबानी करने की पेशकश नहीं करती)
- पहला सीओपी-बर्लिन, जर्मनी में आयोजित (1995)

COPs और उनके प्रमुख परिणाम

COP 3 (1997) क्योटो, जापान क्योटो प्रोटोकॉल (उत्सर्जन लक्ष्यों को कम करने के लिए विकसित देशों पर कानूनी रूप से बाध्यकारी) अपनाया

COP 7 (2001) मराकेश, मोरक्को मराकेश समझौते पर हस्ताक्षर (क्योटो प्रोटोकॉल के अनुसमर्थन के लिए चरण निर्धारित)

COP 8 (2002) नई दिल्ली, भारत दिल्ली घोषणा (सबसे गरीब देशों की विकास आवश्यकताओं तथा जलवायु परिवर्तन शमन के लिए प्रौद्योगिकी हस्तान्तरण (सीसी)

COP 13 (2007) बाली, इण्डोनेशिया साझा बाली रोड मैप और बाली कार्य योजना (साझा दृष्टि शमन, अनुकूलन, प्रौद्योगिकी और वित्तपोषण)

COP 14 (2008) पॉल्जॉन पोलैण्ड
- क्योटो प्रोटोकॉल के तहत् अनुकूलन कोष लॉन्च किया गया
- प्रौद्योगिकी हस्ताक्षरण पर पॉज्नान

COP 15 (2009) कोपेनहेगन, डेनमार्क विकसित देशों ने फास्ट-स्टार्ट फाइनेंस (2010-12 के लिए) में + 30 बिलियन तक का अनुदान देने का वचन दिया।

COP 16 (2010) कानकुन, मेक्सिको
- कानकुन समझौता (CC से निपटने में विकासशील देशों की सहायता)
- स्थापना : हरित जलवायु कोष

COP 18 (2012) दोहा, कतर क्योटो प्रोटोकॉल में दोहा संशोधन (1990 के स्तर की तुलना में ग्रीन हाउस उत्सर्जन में 18% की कमी)

COP 19 (2013) वारसॉ, पोलैण्ड
- REDD प्लस के लिए वारसॉ फ्रेमवर्क
- लॉस और डेमेज के लिए वारसॉ अन्तर्राष्ट्रीय तन्त्र

COP 21 (2015) पेरिस, फ्रांस
- पेरिस समझौता
- अमीर देशों द्वारा जलवायु वित्त
- अमीर देशों द्वारा वार्षिक 100 अरब डॉलर की फण्डिंग

COP 24 (2018) काटोवाइस, पोलैण्ड पेरिस समझौते के लिए नियम पुस्तिका (NDC के अनुसार की जाने वाली कार्रवाई)

COP 26 (2021) ग्लासगो, यूके भारत में **नेट जीरो लक्ष्य 2070** की घोषणा की भारत ने कोयला आधारित बिजली को चरणबद्ध तरीके से बन्द करने का आह्वान किया। ग्लासगो ब्रेकथ्रू एजेण्डा (41 देश + भारत)

COP 27 (2022) शर्म-अल-शेख, मिस्र
- लॉस और डेमेज फण्ड
- पूर्व चेतावनी प्रणाली के लिए USD 3.1 बिलियन की योजना
- जलवायु अपदाओं से पीड़ित देशों के लिए G7 के नेतृत्व वाली 'ग्लोबल शील्ड फाइनेनसिंग फैसिलिटी'
- अफ्रीकी कार्बन बाजार पहल
- जल अनुकूलन और लचीलापन (AWARe) पहल के लिए कार्रवाई मैंग्रोव एलायंस (भारत के साथ साझेदारी में)
- भारत की दीर्घकालिक कम उत्सर्जन विकास रणनीति

COP 28 (2023)
- दुबई, यूएई
- जीवाश्म ईधन से दूर जाना
- अनुकूलन पर वैश्विक लक्ष्य
- जलवायु वित्त पर सहमति
- **हानि एवं क्षति कोष** बनाने का प्रस्ताव पारित

COP 29 (2024)
- बाकू, अजर बैजान
- ग्लोबल वार्मिंग को 1.5°C तथा सीमित रखने के उपायों को लागू करना
- वैश्विक ऊर्जा दक्षता गठबन्धन का गठन
- जलवायु परिवर्तन प्रदर्शन सूचकांक-2025 का प्रकाशन,
- हरित ऊर्जा क्षेत्र व कॉरिडोर जैविक अपशिष्ट से मीथेन को कम करने पर सहमति

COP 30 (2025)
- बेलेम डो पारा, ब्राजील (प्रस्तावित)

“

आपदाएँ प्राकृतिक, मानव निर्मित और तकनीकी खतरों के साथ-साथ विभिन्न कारकों के कारण हो सकती हैं, जो किसी समुदाय के जोखिम और भेद्यता को प्रभावित करती हैं।

अध्याय बाईस

आपदा एवं आपदा प्रबन्धन

भारत में प्राकृतिक आपदाएँ

भारत के सन्दर्भ में प्राकृतिक आपदाओं को निम्नलिखित वर्गों में बाँटा जा सकता है

भूकम्प

- भूकम्प (Earthquakes) सबसे अधिक अपूर्वसूचनीय और विध्वंसक प्राकृतिक आपदा है।
- भूकम्पों की उत्पत्ति विवर्तनिकी से सम्बन्धित है, ये विध्वंसक होते हैं और विस्तृत क्षेत्र को प्रभावित करते हैं।
- भूकम्प पृथ्वी की ऊपरी सतह में विवर्तनिकी गतिविधियों से निकलने वाली ऊर्जा से उत्पन्न होते हैं, जबकि इसकी तुलना में ज्वालामुखी विस्फोट, चट्टान का गिरना, भू-स्खलन, जमीन के धँसने (अवतलन), बाँध व जलाशयों के धँसने इत्यादि से आने वाला भूकम्प कम क्षेत्र को प्रभावित करता है और हानि भी कम पहुँचाता है।

भारत में भूकम्पीय क्षेत्र

राष्ट्रीय भू-भौतिकी प्रयोगशाला, भारतीय भू-गर्भीय सर्वेक्षण, मौसम विज्ञान विभाग, भारत सरकार और इनके साथ कुछ समय पूर्व निर्मित राष्ट्रीय आपदा प्रबन्धन संस्थान (National Disaster Management Institute) ने भारत में आए लगभग 1200 भूकम्पों का गहन विश्लेषण किया और भारत को निम्नलिखित पाँच भूकम्पीय क्षेत्रों में विभाजित किया गया

1. अत्यधिक क्षति जोखिम क्षेत्र (Very High Damage Risk Zone) यह क्षेत्र भूकम्प तीव्रता (8 से अधिक मैग्नीट्यूड) की दृष्टि से अत्यधिक संवेदनशील है। इन भूकम्पीय सुभेद्य क्षेत्रों (Vulnerable Areas) में उत्तरी-पूर्वी प्रान्त, दरभंगा से उत्तर में स्थित क्षेत्र तथा अररिया (बिहार में भारत-नेपाल सीमा के साथ), उत्तराखण्ड, पश्चिमी हिमाचल प्रदेश (धर्मशाला के चारों ओर), कश्मीर घाटी और कच्छ (गुजरात) शामिल हैं।
2. अधिक क्षति जोखिम क्षेत्र (High Damage Risk Zone) इन क्षेत्रों में भूकम्प तीव्रता 6 से 8 मैग्नीट्यूड के मध्य पाई जाती है। इस क्षेत्र के अन्तर्गत जम्मू और कश्मीर, लद्दाख और हरियाणा का पूर्वी भाग, दिल्ली, पश्चिमी उत्तर प्रदेश और उत्तर बिहार आदि शामिल हैं।
3. मध्यम क्षति जोखिम क्षेत्र (Moderate Damage Risk Zone) इस क्षेत्र का विस्तार दक्षिण हरियाणा, उत्तर प्रदेश का मध्यवर्ती व दक्षिण-पूर्वी भाग, बिहार व पश्चिम बंगाल का मैदानी भाग, गुजरात का पूर्वी भाग, पश्चिमी राजस्थान, दक्षिणी व पश्चिमी मध्य प्रदेश, गोदावरी-कृष्णा डेल्टाई भाग तथा पश्चिमी तटीय प्रदेशों तक है।
4. निम्न क्षति जोखिम क्षेत्र (Low Damage Risk Zone) इस क्षेत्र का विस्तार प्रायद्वीपीय पठारी भू-भाग पर मुख्य रूप से मिलता है, इसके अतिरिक्त यह भूकम्पीय क्षेत्र राजस्थान का उत्तरी व पूर्वी भाग, मध्य प्रदेश के पश्चिमी पठारी भाग सहित पश्चिमी कर्नाटक के अनेक भागों पर विस्तारित है।
5. अति निम्न क्षति जोखिम क्षेत्र (Very Low Damage Risk Zone) यह क्षेत्र मुख्यत: चार विस्तृत भूखण्डों में फैला हुआ है, जिनमें दक्षिणी व पूर्वी राजस्थान, पश्चिमी मध्य प्रदेश, दक्षिणी छत्तीसगढ़ व पश्चिमी ओडिशा, आन्ध्र प्रदेश का अधिकांश पश्चिमी व मध्यवर्ती भाग तथा कर्नाटक का पूर्वी भाग शामिल हैं। भूकम्प से सुरक्षित समझे जाने वाले क्षेत्रों का एक बड़ा भाग दक्कन पठार में स्थित भू-भाग में पड़ता है।

भारतीय मानक ब्यूरो (Bureau of Indian Standarads, BIS) भूकम्पीय संकट के नक्शे और कोड प्रकाशित करने के लिए आधिकारिक एजेन्सी है।

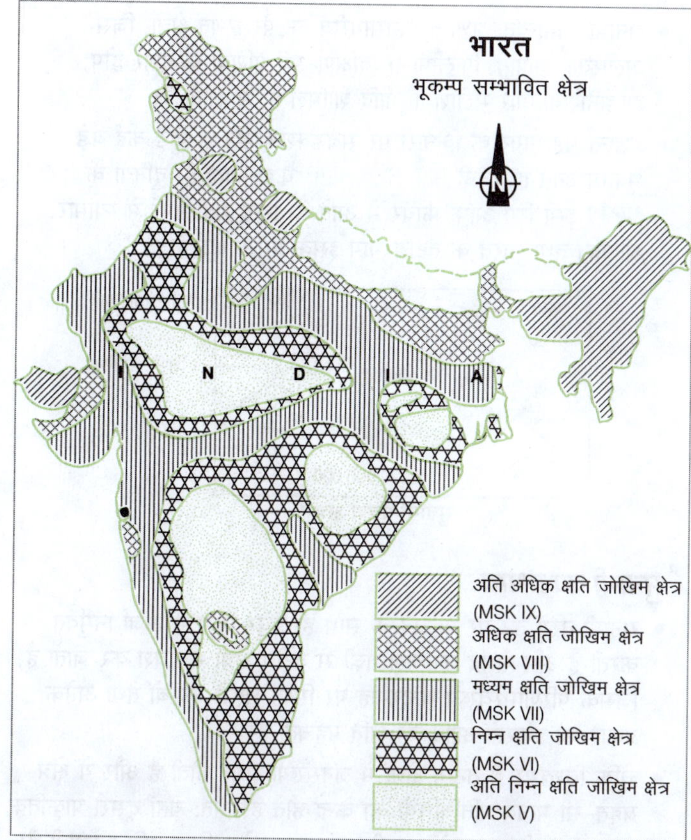

वर्तमान में अति निम्न जोखिम क्षेत्र को भूकम्पीय क्षेत्र से हटा दिया गया है। वर्तमान में मुख्यतः भारत में कुल चार भूकम्पीय क्षेत्र हैं, जो निम्न प्रकार से हैं

भारत के भूकम्पीय क्षेत्र

भूकम्प जोन		भूकम्पीय तीव्रता	कुल प्रतिशत	प्रमुख क्षेत्र
I	**निम्न जोखिम**	VI (या कम) तीव्रता वाले	43%	अन्य क्षेत्र
II	**मध्यम जोखिम वाले क्षेत्र**	VII तीव्रता वाले	27%	लक्षद्वीप, गोवा, केरल, पश्चिम बंगाल, उत्तर प्रदेश, गुजरात, पंजाब, राजस्थान, मध्य प्रदेश, बिहार, झारखण्ड, छत्तीसगढ़, महाराष्ट्र, ओडिशा, आन्ध्र प्रदेश, तेलंगाना, तमिलनाडु, कर्नाटक
III	**अधिक जोखिम वाले क्षेत्र**	VIII तीव्रता वाले	18%	जम्मू-कश्मीर, हिमाचल प्रदेश, दिल्ली, सिक्किम, उत्तर प्रदेश, बिहार, पश्चिम बंगाल, गुजरात, राजस्थान, महाराष्ट्र
IV	**अत्यधिक जोखिम वाले क्षेत्र**	IX (अथवा अधिक) तीव्रता वाले	12%	उत्तर प्रदेश, जम्मू-कश्मीर, हिमाचल प्रदेश, उत्तराखण्ड, कच्छ (गुजरात), बिहार अण्डमान निकोबार द्वीप समूह

मानव निर्मित संरचनाओं पर भूकम्प का प्रभाव

दरार	• भूकम्प इमारतों, सड़कों और अन्य बुनियादी ढाँचों में दरार उत्पन्न कर सकता है। लम्बे समय के बाद ये दरारें संरचनाओं को और अधिक नुकसान पहुँचा सकती हैं।
स्लाइडिंग (सरकना)	• भूकम्प कभी-कभी संरचनाओं को उनकी बुनियाद से भी स्खलित कर सकता है। • जब टेक्टानिक प्लेटें एक-दूसरे पर स्लाइड करती हैं तब जमीनी सतह पर कई तरह की असमानता उत्पन्न होती है।
नष्ट होना	• यदि किसी संरचना का निर्माण करते समय उस क्षेत्र की भूगर्भीय और भू-आकृतिक स्थितियों के अनुसार निर्माण न किया जाए तो भूकम्प के दौरान उस पर भूगर्भीय संकट आने की सम्भावना अधिक हो जाती है।

पानी पर भूकम्प का प्रभाव

लहरें	• भूकम्प प्रायः जल निकायों में सामान्य से अधिक लहरें, उत्पन्न कर सकता है। इन लहरों का पास के भौगोलिक क्षेत्रों (मानव बस्तियाँ, कृषि) पर नकारात्मक प्रभाव पड़ सकता है।
हाइड्रोडायनमिक दाब	• जल निकाय, दाब में होने वाले परिवर्तन के प्रति अत्यधिक संवेदनशील होते हैं। यदि भूकम्प के कारण दाब अधिक हो जाए, तो बाँध टूट भी सकते हैं।
सुनामी	• सामान्यतः विवर्तनिक प्लेटों के आपसी प्रतिस्थापन से भूकम्प आते हैं। यह सामान्य तरंग दैर्ध्यों को उच्च तरंग दैर्ध्यों में परिवर्तित कर सकता है, ऐसी तरंगें अत्यधिक विनाशकारी होती हैं; जैसे- 2004 सुनामी (भारत), 2018 सुनामी (इण्डोनेशिया)

भूकम्पीय आपदा का निवारण (भूकम्प न्यूनीकरण)

- भूकम्प अन्य आपदाओं की तुलना में अधिक विध्वंसकारी है। चूँकि यह परिवहन एवं संचार व्यवस्था के संचालन को भी बाधित कर देता है, इसलिए लोगों तक राहत पहुँचाना कठिन हो जाता है।
- इसे रोका नहीं जा सकता, अतः इसके लिए विकल्प यह है कि इस आपदा से निपटने की तैयारी रखी जाए, ताकि इससे होने वाले प्रभाव को कम किया जा सके, इसके लिए निम्नलिखित उपाय अपनाए जा सकते हैं
  - भूकम्प नियन्त्रण केन्द्रों की स्थापना की जाए, जिससे भूकम्प सम्भावित क्षेत्रों में लोगों तक सूचना पहुँचाई जा सके। जीपीएस (GPS- Geographical Positioning System) की सहायता से प्लेट हलचलों का पता लगाया जा सकता है।
  - देश में भूकम्प सम्भावित क्षेत्रों का सुभेद्यता (Vulnerability) मानचित्र तैयार करना और सम्भावित जोखिम की सूचना लोगों तक पहुँचाना तथा उन्हें इसके प्रभाव को कम करने के बारे में शिक्षित करना।
  - भूकम्प प्रभावित क्षेत्रों में गृहों (घर) के प्रकार और भवन निर्माण में सुधार लाना। ऐसे क्षेत्रों में ऊँची इमारतें, बड़े औद्योगिक संस्थान और शहरीकरण को बढ़ावा न देना।
  - अन्ततः भूकम्प प्रभावित क्षेत्रों में भूकम्प प्रतिरोधी इमारतें बनाना और सुभेद्य क्षेत्रों में हल्की निर्माण सामग्री का प्रयोग करना।

भूकम्प जोखिम के न्यूनीकरण की राष्ट्रीय परियोजना

- इसकी शुरुआत वर्ष 2005 में की गई थी। राष्ट्रीय आपदा प्रबन्धन अधिकरण (NDMA-National Disaster Management Authority) के दिशा निर्देशन में भूकम्प जोखिम के न्यूनीकरण की राष्ट्रीय परियोजना (National Earthquake Risk Mitigation) कार्य कर रही है, इस परियोजना के निम्नलिखित कार्य हैं
  - संरचनात्मक तथा गैर-संरचनात्मक सुधार
  - भूकम्प प्रभावित क्षेत्रों के लिए विस्तृत परियोजना निर्माण
  - विस्तृत रिपोर्ट निर्माण के लिए चार प्रमुख बिन्दुओं का अध्ययन करने का दायित्व दिया गया है
    - प्रौद्योगिकी
    - अधोसंरचना का सशक्तिकरण
    - क्षमता निर्माण (क्षतिपूर्ति के लिए)
    - जन जागरूकता तथा प्रशिक्षण

> पृथ्वी विज्ञान मन्त्रालय द्वारा आपदा प्रबन्धन से सम्बन्धित दो ऐप कार्यरत् हैं
> (i) **इण्डिया क्वेक**-भूकम्प मापदण्डों के बारे में जानकारी देने के लिए।
> (ii) **सागर वाणी**- उपयोगकर्ताओं को समुद्री जानकारी और अलर्ट का समय पर प्रसार करने के लिए।

भूकम्प प्रबन्धन

- मौसम विभाग द्वारा भूकम्पीय गतिविधियों पर दृष्टि रखने हेतु राष्ट्रीय नेटवर्क के अन्तर्गत 51 भूकम्प विज्ञान वेधशालाएँ (Observatory) संचालित की जा रही हैं, जिनमें से 24 वेधशालाएँ नवीनतम ब्रॉडबैण्ड सिस्मोग्रॉफ प्रणालियों और आधुनिक संचार सुविधाओं से सुसज्जित हैं।
- नई दिल्ली में स्थापित सेण्ट्रल रिसीविंग स्टेशन (Central Receiving Centres) और राष्ट्रीय भूकम्प विज्ञान आँकड़ा केन्द्र (National Sismo Logical Data Base Centre) में वी सेट आधारित 16 एलीमेण्ट डिजिटल टेलीमीटरी सिस्मोग्राफी केन्द्र नेटवर्क द्वारा दिल्ली व आस-पास के क्षेत्रों में भूकम्पीय गतिविधियों पर नजर रखी जा सकेगी।

सुनामी

- सुनामी (Tsunamis) जापानी भाषा का शब्द है, जो Tsu (Harbour) तथा Namic (Waves) से बना है।
- भूकम्प और ज्वालामुखी से महासागरीय धरातल में अचानक उत्पन्न हुई हलचल के फलस्वरूप महासागरीय जल का विस्थापन होता है; परिणामस्वरूप ऊर्ध्वाधर ऊँची तरंगें उत्पन्न होती हैं, जिन्हें सुनामी (बन्दरगाह लहरें) या भूकम्पीय समुद्री लहरें (Seismic Sea Waves) कहा जाता है।
- अधिकांश विनाशकारी सुनामी तीव्र भूकम्प से उत्पन्न होती है, जो सामान्यतया भूगर्भीय प्लेटों के टकराने के स्थान पर या भ्रंश रेखा (fault-lines) के पास उत्पन्न होते हैं।
- दिसम्बर, 2004 में हिन्द महासागर में भूकम्प के परिणामस्वरूप आई सुनामी का भारत पर अत्यधिक विनाशकारी प्रभाव पड़ा था। इस सुनामी से भारत के दक्षिणी तट व अण्डमान एवं निकोबार द्वीप समूह अत्यधिक प्रभावित थे।
- सुनामी सामान्यत: प्रशान्त महासागरीय तट पर स्थित क्षेत्रों, जिसमें अलास्का, जापान, फिलीपीन्स, दक्षिण-पूर्व एशिया के दूसरे द्वीप, इण्डोनेशिया और मलेशिया आदि शामिल हैं, में आती है।
- प्रशान्त महासागर के किनारों पर सबडक्शन जोन से जुड़े कई बड़े भूकम्प आते हैं, जिन्हें रिंग ऑफ फायर कहा जाता है। दुनिया के 90% भूकम्प इसी रिंग ऑफ फायर में आते हैं। हिन्द महासागर में म्यांमार, श्रीलंका तथा भारत के तटीय भाग इसके प्रमुख क्षेत्र हैं।

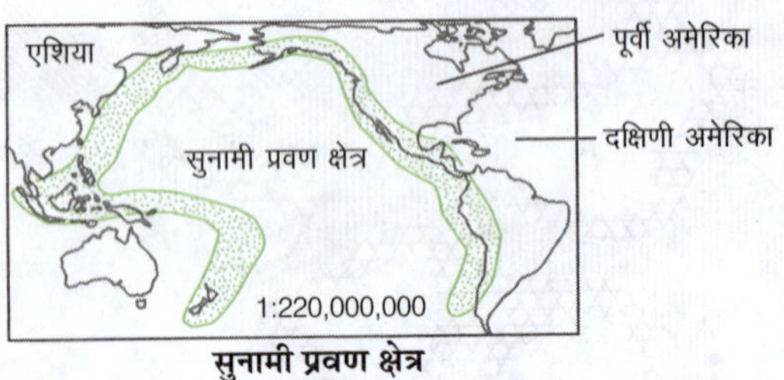

सुनामी प्रवण क्षेत्र

सुनामी का प्रभाव

- सुनामी तरंगें तट पर पहुँचने के साथ ही प्रचुर मात्रा में ऊर्जा निर्मुक्त करती हैं और समुद्र का जल तेजी से तटीय क्षेत्रों में प्रवेश कर जाता है, जिसके परिणामस्वरूप बन्दरगाह पर स्थित शहरों, कस्बों तथा अनेक प्रकार की इमारतों आदि को क्षति पहुँचती है।
- चूँकि विश्वभर में तटीय क्षेत्रों में जनसंख्या सघन होती है और ये क्षेत्र बहुत-सी मानव गतिविधियों का केन्द्र होते हैं। अत: यहाँ दूसरी प्राकृतिक आपदाओं की तुलना में सुनामी जान-माल को अधिक क्षति पहुँचाती है।
- सुनामी के पश्चात् जल बहाव से समुद्री कचरे का मानवीय बस्तियों में प्रवेश हो जाता है, जो पर्यावरणीय प्रदूषण को बढ़ावा देता है।

सुनामी प्रबन्धन

- अन्य प्राकृतिक आपदाओं की तुलना में सुनामी के प्रभाव को कम करना कठिन है, क्योंकि इससे होने वाली हानि व्यापक होती है, अत: इसके लिए अन्तर्राष्ट्रीय प्रयासों में लैण्ड यूज जोनिंग (Land Use Zonning) का मार्ग अपनाया गया है।
- सुनामी जैसी आपदा से निपटने हेतु भारत ने अन्तर्राष्ट्रीय सुनामी चेतावनी तन्त्र (International Tsunami Warning System) में शामिल होने का निर्णय लिया है।

> **भारत में सुनामी चेतावनी प्रणाली**
> - भारत में 26 दिसम्बर, 2004 को आई सुनामी से पहले इसके आगमन की पूर्व सूचना के बारे में जानकारी की कोई वैज्ञानिक विधि नहीं थी।
> - भारत सरकार ने अक्टूबर, 2007 में पूर्व-सुनामी सूचना-तन्त्र स्थापित करने का निर्णय लिया तथा इण्डियन सुनामी अर्ली वार्निंग सिस्टम (Indian Tsunami Early Warning System) की स्थापना **हैदराबाद** में की गई।
> - इण्डियन सुनामी अर्ली वार्निंग सिस्टम की स्थापना में केन्द्र सरकार के विज्ञान और प्रौद्योगिकी विभाग, अन्तरिक्ष विभाग तथा वैज्ञानिक एवं औद्योगिक अनुसन्धान परिषद् (SIR- Council of Scientific and Industrial Research) ने संयुक्त रूप से सहयोग किया है।

बाढ़

- नदी, झील या सागर तल के उत्थान के कारण भूमि के अस्थायी रूप से जलमग्न हो जाने की अवस्था बाढ़ (Flood) कहलाती है।
- इसकी उत्पत्ति अतिवृष्टि (High Intensity Rain Fall), हिमद्रवण (Melting of Ice and Snow), उच्च ज्वार (High tide), बाँध टूटने (Cracks in Dams) आदि कारणों से हो सकती है।
- बाढ़ की स्थिति तब उत्पन्न होती है, जब नदी जल-वाहिकाओं में इनकी क्षमता से अधिक जल बहाव होता है और जल, बाढ़ के रूप में मैदान के निचले हिस्सों में भर जाता है।
- बाढ़ आने के कई कारण हो सकते हैं, जिनमें तटीय क्षेत्रों में तूफानी लहर (Storm Surge), लम्बे समय तक होने वाली बारिश, हिम का पिघलना, जमीन की अन्त: स्पन्दन (Infiltration) दर में कमी आना और अधिक मृदा अपरदन के कारण नदी जल में गाद की मात्रा में वृद्धि होना आदि शामिल हैं।

बाढ़ग्रस्त क्षेत्र

भारत में बाढ़ग्रस्त क्षेत्र 1 करोड़ हेक्टेयर है। यह कुल भूमि क्षेत्र का 1/8वाँ भाग है। बाढ़ग्रस्त क्षेत्र के 25 से 50% क्षेत्र पर प्रत्येक वर्ष बाढ़ आती है। भारत के कुल बाढ़ग्रस्त क्षेत्र का 60% भाग गंगा तथा ब्रह्मपुत्र नदियों के अपवाह क्षेत्र में है। राज्यों के स्तर पर बाढ़ से प्रभावित क्षेत्र में उत्तर प्रदेश (33%), बिहार (27%) तथा पंजाब व हरियाणा (15%) व असम है।

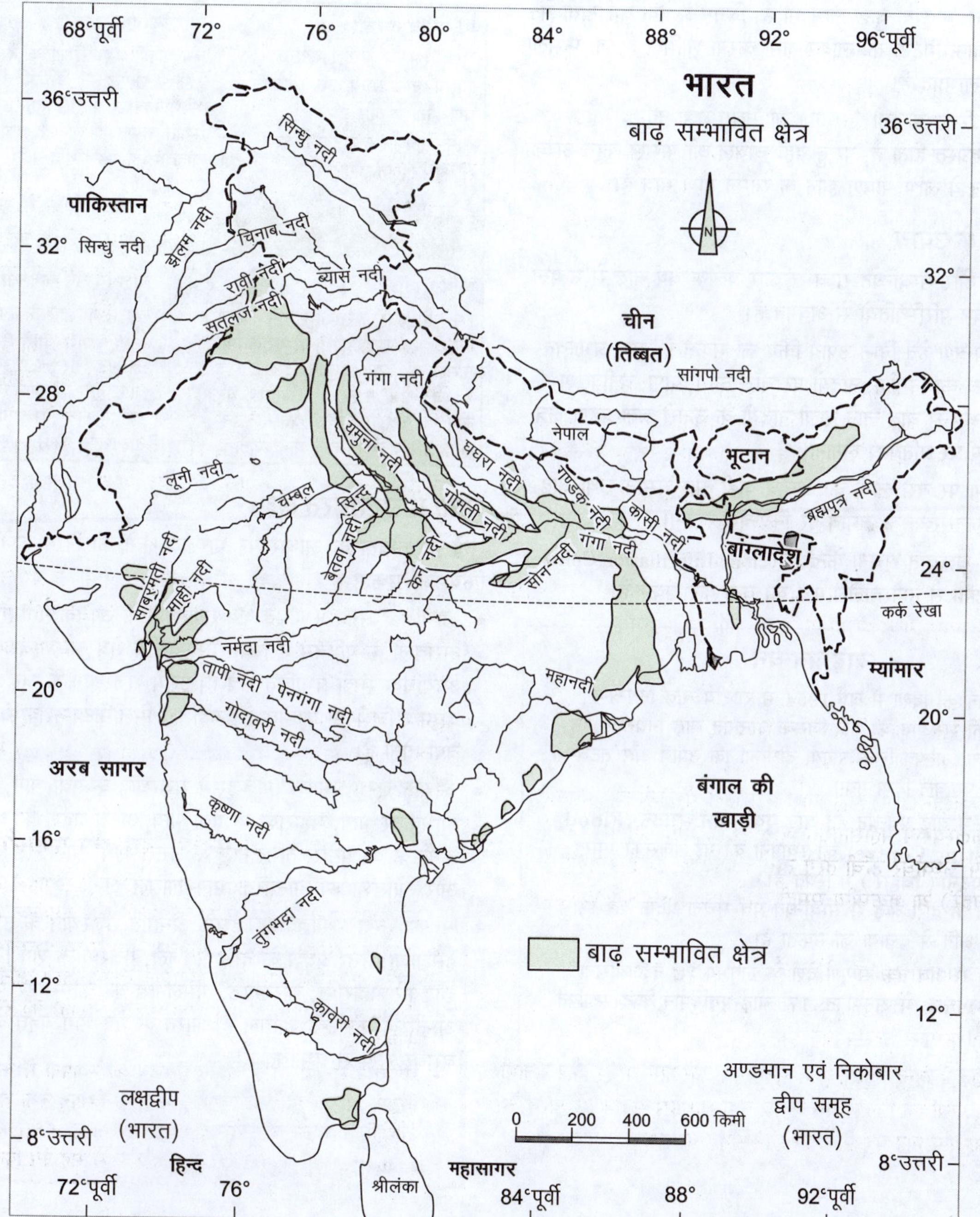

बाढ़ के प्रभाव

- असम, पश्चिम बंगाल, बिहार, पूर्वी उत्तर प्रदेश (मैदानी क्षेत्र) एवं ओडिशा, आन्ध्र प्रदेश, तमिलनाडु, गुजरात के तटीय क्षेत्र, पंजाब, राजस्थान, उत्तर गुजरात और हरियाणा में बाढ़ की बारम्बारता और कृषि भूमि तथा मानव बस्तियों की जलमग्नता के फलस्वरूप आर्थिक व्यवस्था और समाज पर गहरा प्रभाव दृष्टिगोचर होता है।
- बाढ़ न केवल फसलों को नष्ट करती है, बल्कि आधारभूत ढाँचा, जैसे-सड़कें, रेल, पुल और मानव बस्तियों को भी क्षति पहुँचाती है।
- बाढ़ ग्रस्त क्षेत्रों में अनेक प्रकार की बीमारियाँ फैल जाती हैं; जैसे-हैजा, आन्त्रशोथ, हेपेटाइटिस आदि।
- इसके अतिरिक्त, बाढ़ के कुछ लाभ भी हैं, जिनमें प्रत्येक वर्ष खेतों में बाढ़ द्वारा उपजाऊ मिट्टी को लाकर जमा करना शामिल है, जो फसलों के पोषण हेतु लाभप्रद है।
- ब्रह्मपुत्र नदी में स्थित माजुली (असम) जो सबसे बड़ा नदी द्वीप है, प्रत्येक वर्ष बाढ़ग्रस्त होता है, परन्तु यहाँ चावल की फसल बहुत अच्छी होती है, लेकिन ये लाभ भीषण हानि के सामने गौण मात्र है।

बाढ़ नियन्त्रण के उपाय

- भारत सरकार और सम्बन्धित राज्य सरकारें प्रत्येक वर्ष बाढ़ से उत्पन्न होने वाली विषम परिस्थितियों से अवगत हैं।
- अत: बाढ़ नियन्त्रण हेतु निम्न उपाय किए जा सकते हैं; बाढ़ प्रभावित क्षेत्रों में तटबन्ध का निर्माण, नदियों पर बाँध का निर्माण, वनीकरण और सामान्य रूप से बाढ़ लाने वाली नदियों के ऊपरी जल ग्रहण क्षेत्र में निर्माण कार्य पर प्रतिबन्ध लगाना।
- नदी वाहिकाओं पर बसे लोगों को अन्यत्र कहीं ओर बसाना तथा बाढ़ के मैदानों में जनसंख्या के जमाव पर नियन्त्रण रखना।
- तटीय क्षेत्रों में चक्रवात सूचना केन्द्र (Cyclone Information Centre) तूफान की तीव्रता से होने वाले प्रभाव को कम कर सकते हैं।

बाढ़ प्रबन्धन

- बाढ़ प्रबन्धन की दिशा में **वर्ष 1954** में राष्ट्रीय बाढ़ नियन्त्रण कार्यक्रम की शुरुआत की गई, जिसके अन्तर्गत बाढ़ नियन्त्रण हेतु त्वरित उपाय, अल्पकालिक उपाय, दीर्घकालिक उपाय और तटबन्धों के निर्माण पर बल दिया गया।
- वर्ष 1954 में बाढ़ प्रबन्धन हेतु **बाढ़ पूर्वानुमान संगठन (Flood Forecasting Centre)** की स्थापना की गई, जिसका प्रमुख कार्यालय **पटना (बिहार)** में स्थित है।
  इस संगठन के द्वारा बाढ़ से सम्बन्धित पूर्व सूचना प्रदान कर इससे होने वाली क्षति से बचाया जा सकता है।
- वर्ष 1959 से अब तक सम्पूर्ण देश के लगभग 72 नदी बेसिनों (River Basins) में अनुमानत: 175 बाढ़ पूर्वानुमान केन्द्र स्थापित किए गए हैं।

सूखा

- सूखा एक ऐसी स्थिति को कहा जाता है, जब लम्बे समय तक कम वर्षा, अत्यधिक वाष्पीकरण और जलाशयों तथा भूमिगत जल के अत्यधिक प्रयोग से भूतल पर जल की कमी हो जाए।
- सूखा एक जटिल परिघटना है, जिसमें अनेक प्रकार के मौसम विज्ञान सम्बन्धी तत्त्व, जैसे-वृष्टि, वाष्पीकरण, वाष्पोत्सर्जन, भौम जल, मृदा में नमी, जल भण्डारण व भरण, कृषि पद्धतियाँ, विशेषत: उगाई जाने वाली फसलें, सामाजिक आर्थिक गतिविधियाँ और पारिस्थितिकी सूखा शामिल हैं।

सूखे के प्रकार

मौसम विज्ञान सम्बन्धी	पारिस्थितिक सूखा
सूखा यह एक ऐसी स्थिति है, जिसमें लम्बे समय तक अपर्याप्त वर्षा होती है और इसका सामयिक और स्थानिक वितरण भी असन्तुलित होता है।	जब प्राकृतिक पारिस्थितिक तन्त्र में जल की कमी से उत्पादकता में कमी हो जाती है और परिणामस्वरूप पारिस्थितिक तन्त्र में तनाव की स्थिति उत्पन्न हो जाती है तथा यह क्षतिग्रस्त हो जाता है, तो यह स्थिति पारिस्थितिक सूखा कहलाती है।
कृषि सूखा	**जल विज्ञान सम्बन्धी सूखा**
इसे भूमि-आर्द्रता सूखा भी कहा जाता है। मिट्टी में आर्द्रता की कमी के कारण फसलों पर इसका प्रभाव दिखाई पड़ता है, जिन क्षेत्रों में 30% से अधिक कुल बोए गए क्षेत्र में सिंचाई होती है, उन्हें भी सूखा प्रभावित क्षेत्र नहीं माना जाता।	यह स्थिति तब उत्पन्न होती है, जब विभिन्न जल संग्रहण, जलाशय, जलभृत और झीलों इत्यादि का स्तर वृष्टि द्वारा की जाने वाली जलापूर्ति के पश्चात् नीचे गिर जाए या निचले स्तरों तक पहुँच जाए।

भारत में सूखाग्रस्त क्षेत्र

सूखे की तीव्रता के आधार पर भारतीय क्षेत्रों को निम्न रूपों में वगीकृत किया जा सकता है

- अत्यधिक सूखा प्रभावित क्षेत्र राजस्थान के अधिकतर भाग, विशेषकर अरावली के पश्चिम में स्थित मरुस्थलीय क्षेत्र और गुजरात का कच्छ क्षेत्र अत्यधिक सूखा प्रभावित क्षेत्र हैं। इसमें राजस्थान के जैसलमेर और बाड़मेर जिले भी शामिल हैं, जहाँ 90 मिलीमीटर से कम औसत वार्षिक वर्षा होती है।
- अधिक सूखा प्रभावित क्षेत्र इसमें राजस्थान के पूर्वी भाग, मध्य प्रदेश के अधिकतर भाग, महाराष्ट्र के पूर्वी भाग, आन्ध्र प्रदेश के आन्तरिक भाग, कर्नाटक का पठार, तमिलनाडु के उत्तरी भाग, झारखण्ड का दक्षिणी भाग और ओडिशा का आन्तरिक भाग शामिल हैं।
- मध्यम सूखा प्रभावित क्षेत्र इसके अन्तर्गत राजस्थान के उत्तरी भाग, हरियाणा, उत्तर प्रदेश के दक्षिणी जिले, गुजरात के शेष जिले, कोंकण को छोड़कर महाराष्ट्र, झारखण्ड, तमिलनाडु का कोयम्बटूर पठार और आन्तरिक कर्नाटक शामिल हैं। भारत के शेष भाग बहुत कम या न के बराबर सूखे से प्रभावित हैं।

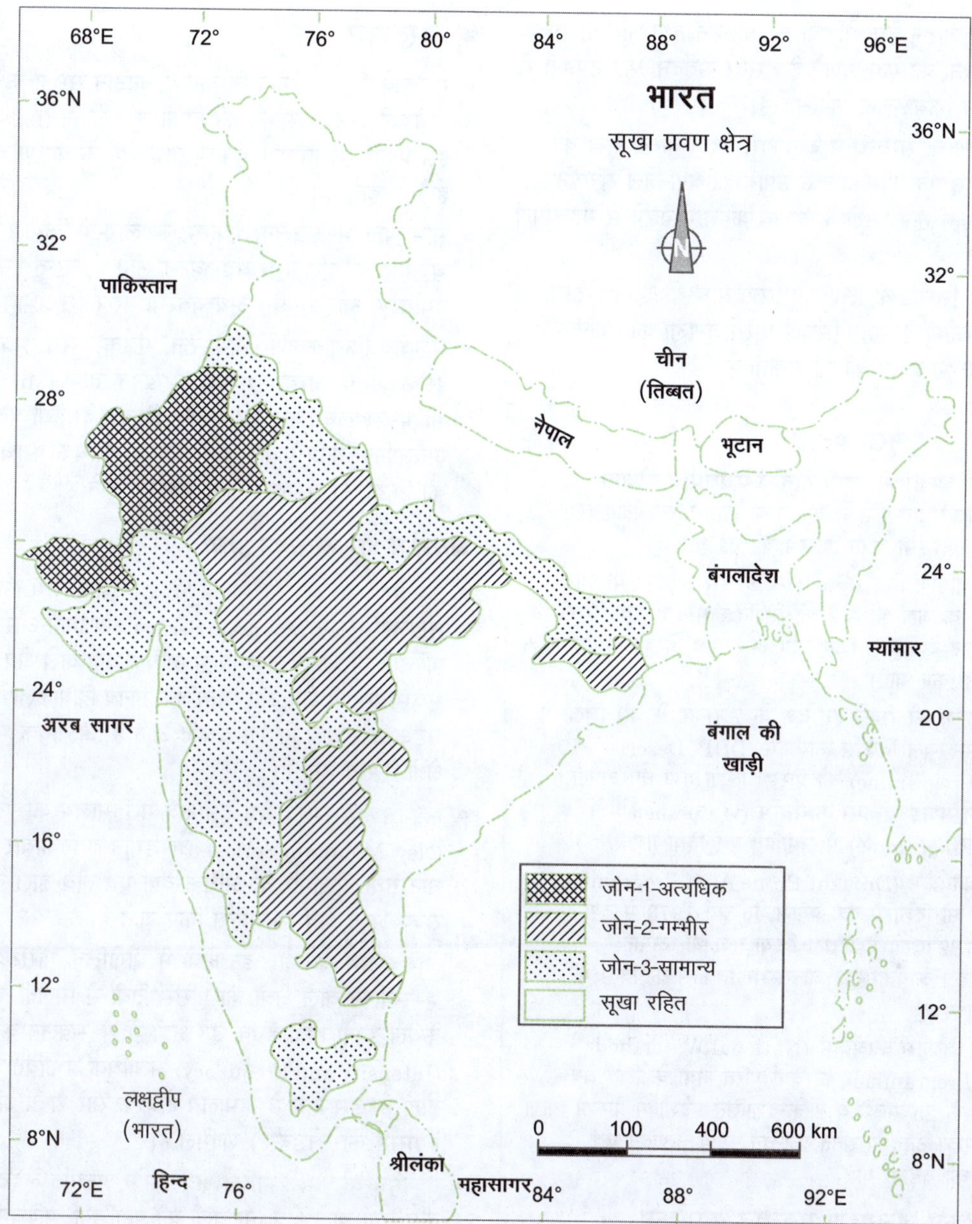

सूखे के प्रभाव

- पर्यावरण और समाज पर सूखे का क्रमश: प्रभाव पड़ता है। फसलें नष्ट होने से अन्न की कमी होती है, जिसे अकाल कहा जाता है। चरागाहों के कम होने की स्थिति ऋण अकाल और जल के कम होने की समस्या जल अकाल कहलाती है। ये तीनों स्थितियाँ सूखे के प्रभाव का विध्वंसक रूप हैं, ये तीनों स्थितियाँ सम्मिलित रूप में त्रि-अकाल कहलाती हैं।
- सूखा प्रभावित क्षेत्रों में वृहत पैमाने पर मवेशियों और अन्य पशुओं की मृत्यु, मानव प्रवास तथा पशु पलायन एक सामान्य घटना है।
- जल की कमी के कारण लोग दूषित जल पीने को बाध्य होते हैं, जिसके परिणामस्वरूप पेयजल सम्बन्धी बीमारियाँ; जैसे-आंत्रशोथ, हैजा और हेपेटाइटिस मानव स्वास्थ्य को प्रभावित करती हैं।

सूखा नियन्त्रण के उपाय

- सामाजिक और प्राकृतिक पर्यावरण पर सूखे का प्रभाव तात्कालिक एवं दीर्घकालिक होता है, इसलिए सूखे से निपटने के लिए तैयार की जा रही योजनाओं को इन्हें ध्यान में रखकर बनाया जाना चाहिए।
- सूखे की स्थिति में तात्कालिक सहायता में सुरक्षित पेयजल वितरण, दवाइयाँ, पशुओं के लिए चारे और जल की उपलब्धता तथा मानव और पशुओं को बुनियादी सुविधाओं से युक्त सुरक्षित स्थानों पर पहुँचाया जाना आदि शामिल हैं।
- सूखे की स्थिति से निपटने हेतु दीर्घकालीन योजनाओं में विभिन्न कदम उठाए जा सकते हैं, जैसे-भूमिगत जल के भण्डारण का पता लगाना, जल आधिक्य क्षेत्रों से अल्पजल क्षेत्रों में जल की उपलब्धता को सुनिश्चित करना, नदियों को जोड़ना और बाँध व जलाशयों का निर्माण करना इत्यादि।

- नदियों को आपस में जोड़ने हेतु द्रोणियों की पहचान तथा भूमिगत जल भण्डारण की सम्भावना का पता लगाने हेतु सुदूर संवेदन और उपग्रहों से प्राप्त चित्रों का प्रयोग किया जाना अपेक्षित है।
- सूखा प्रतिरोधी फसलों के सम्बन्ध में जानकारी प्रदान करना सूखे की समस्या से निपटने हेतु एक दीर्घकालिक उपाय है। वर्षा जल संचयन (Rain Water Harvesting) सूखे के प्रभाव को कम करने में महत्त्वपूर्ण भूमिका निभाता है।
- सूखा क्षेत्रों में बेहतर सिंचाई के लिए भण्डारण बाँध बनाए जाएँ तथा जल मन्त्रालय की स्कीमों के तहत सिंचाई परियोजनाओं को तकनीकी और वित्तीय सहायता भी प्रदान की जा सकती है।

सूखा प्रबन्धन

- सूखे से निपटने का व्यवस्थित प्रयास **द्वितीय पंचवर्षीय योजना** (1956-61) के दौरान प्रारम्भ हुआ था। शुष्क खेती परियोजनाएँ (Dry Farming Projects) इसी दौरान प्रारम्भ की गई थीं।
- वर्ष 1970-71 में ग्रामीण विकास कार्यक्रम को इस उद्देश्य के साथ प्रारम्भ किया गया कि जहाँ भी सूखे की स्थिति उत्पन्न हो, वहाँ सूखे के प्रभाव को कम करने के प्रयास किए जाएँ और साथ ही इन कार्यक्रमों के द्वारा रोजगार प्रदान किए जाएँ।
- देश में मरुस्थलीकरण को रोकने हेतु देश के 7 राज्यों के 40 जिलों में वर्ष 1977-78 में मरुस्थल विकास कार्यक्रम (DDP- Desert Development Programme) को प्रारम्भ किया गया था। अप्रैल, 1995 में इसे **जलसम्भर विकास कार्यक्रम** (Watershed Development Programme) में समाहित कर दिया गया।
- सूखा प्रवण क्षेत्र कार्यक्रम (Drought Prone Area Programme) को सूखा प्रबन्धन की दिशा में एक प्रयास हेतु वर्ष 1973 में देश के 16 राज्यों के 182 जिलों में प्रारम्भ किया गया था, अन्तत: वर्ष 1995-96 में इस कार्यक्रम को जलसम्भर विकास कार्यक्रम में समाहित कर दिया गया।
- राष्ट्रीय **जलसंभर विकास कार्यक्रम** (National Watershed Development Programme) को वर्षा पूरित क्षेत्रों के लिए वर्ष 1990-91 में देश के 25 राज्यों व 2 केन्द्रशासित प्रदेशों में प्रारम्भ किया गया था। इसका मुख्य उद्देश्य सतत प्रबन्धन, कृषि उत्पादन एवं उत्पादकता आदि को बढ़ाना था।

एकीकृत जलग्रहण प्रबन्धन कार्यक्रम

एकीकृत जलग्रहण प्रबन्धन कार्यक्रम, ग्रामीण विकास मन्त्रालय के फ्लैगशिप कार्यक्रमों में से एक है। यह योजना वर्ष 2009-10 से चलाई जा रही है, वर्तमान में इस योजना का नाम प्रधानमन्त्री कृषि सिंचाई योजना है।

मरुस्थलीकरण रोकने के लिए संयुक्त राष्ट्र अभिसमय (UNCCD)

UNCCD (United Nations Convention to Combat Desertification) अभिसमय वर्ष 1992 में ब्राजील के रियो-डी-जेनेरियो में आयोजित **पृथ्वी सम्मेलन** में अपनाया गया। इस अभिसमय के अन्तर्गत नवप्रवर्तनकारी राष्ट्रीय कार्यक्रमों एवं समर्थक अन्तर्राष्ट्रीय भागीदारी के माध्यम से प्रभावकारी कार्रवाई को प्रोत्साहित किया जाता है। यह अभिसमय मरुस्थलीकरण को रोकने के लिए स्थानीय लोगों की भागीदारी को प्रोत्साहित करने हेतु **बाटम अप एप्रोच** को वरीयता देता है।

भू-स्खलन

- गुरुत्वाकर्षण के प्रभाव के कारण चट्टान समूहों के अचानक ढाल से नीचे की ओर खिसकने की क्रिया भू-स्खलन (Landslide) कहलाती है, इस प्रकार की क्रियाएँ भूकम्प तथा वर्षा के कारण चट्टानों के कमजोर होने से होती हैं।
- सामान्यत: भू-स्खलन, भूकम्प, ज्वालामुखी क्रिया (विस्फोट), सुनामी व चक्रवात की तुलना में बड़ी घटना नहीं है, परन्तु इसका प्राकृतिक पर्यावरण और राष्ट्रीय अर्थव्यवस्था पर गहरा प्रभाव पड़ता है।
- मानवीय क्रियाकलापों; जैसे-रेल, सड़क, सुरंग, भवन आदि का निर्माण इसके प्रमुख कारक हैं। साथ ही खनन क्रिया (Mining) के फलस्वरूप भी भू-स्खलन क्रिया को बढ़ावा मिलता है। इसी प्रकार, नहर-निर्माण, अवैज्ञानिक कृषि पद्धति, निर्वनीकरण, अधिक पशुचारण भी भू-स्खलन की क्रिया को बढ़ावा देने में सहायक होते हैं।

भारत में भू-स्खलन क्षेत्र

- अत्यधिक भू-स्खलन सम्भावित क्षेत्र इस क्षेत्र में हिमालय की युवा पर्वत शृंखलाएँ (New Mountain Series) अण्डमान और निकोबार द्वीप समूह, पश्चिमी घाट और नीलगिरि में अधिक वर्षा वाले क्षेत्र, उत्तर-पूर्वी क्षेत्र, भूकम्प प्रभावी क्षेत्र और अत्यधिक मानव क्रियाकलापों वाले क्षेत्र, जिसमें सड़क और बाँध निर्माण इत्यादि आते हैं, अत्यधिक भू-स्खलन सम्भावित क्षेत्रों में रखे जाते हैं।
- अत्यधिक प्रभावित क्षेत्र इस क्षेत्र में हिमालय की युवा पर्वत शृंखलाएँ (New Mountain Series), अण्डमान व निकोबार द्वीप समूह, पश्चिमी घाट तथा नीलगिरि के अधिक वर्षा एवं तीव्र ढाल वाले क्षेत्र, उत्तर-पूर्वी राज्य आदि क्षेत्र सम्मिलित किए जाते हैं।
- अधिक प्रभावित क्षेत्र इन क्षेत्रों में भौगोलिक परिस्थितियाँ अत्यधिक भू-स्खलन वाले क्षेत्रों की परिस्थितियों से मिलती-जुलती होती हैं। अन्तर केवल इतना होता है कि इन क्षेत्रों में भू-स्खलन की गहनता एवं आवृत्ति (Intensity and Frequency) अत्यधिक प्रभावित क्षेत्रों की अपेक्षा कम होती है। इस क्षेत्र में हिमालय क्षेत्र के सारे राज्य और उत्तर-पूर्वी भाग (असम को छोड़कर) शामिल हैं।
- मध्यम तथा कम प्रभावित क्षेत्र इसके अन्तर्गत लद्दाख तथा स्पीति के कम वर्षा वाले क्षेत्र अरावली की पहाड़ियाँ, पश्चिमी तथा पूर्वी घाट के वृष्टि छाया क्षेत्र (Rain Shadow Zone) तथा दक्कन का पठार सम्मिलित हैं। इसके अतिरिक्त झारखण्ड, ओडिशा, छत्तीसगढ़, मध्य प्रदेश, महाराष्ट्र, आन्ध्र प्रदेश, कर्नाटक, तमिलनाडु, गोवा और केरल में खदानों और भूमि धँसने से भू-स्खलन होता रहता है।

भू-स्खलन के प्रभाव

- भू-स्खलन का प्रभाव अपेक्षाकृत छोटे क्षेत्रों में पाया जाता है तथा यह स्थानीय होता है, परन्तु सड़क मार्ग में अवरोध, रेल पटरियों का टूटना और जल वाहिकाओं में चट्टानों के गिरने से उत्पन्न हुई रुकावटों के गम्भीर प्रभाव परिलक्षित होते हैं।
- भू-स्खलन के प्रभावस्वरूप अधिवासित क्षेत्र, गाँव, बस्तियाँ आदि की संरचना में परिवर्तन हो जाता है, जिसके परिणामस्वरूप प्रवास की प्रक्रिया बढ़ती है।

- भू-स्खलन के कारण नदी मार्ग में हुआ बदलाव बाढ़ का एक प्रमुख कारक होता है, जिससे व्यापक स्तर पर जान-माल की क्षति होती है। इससे इन क्षेत्रों में आवागमन की समस्या उत्पन्न हो जाती है और विकास कार्यों की गति धीमी पड़ जाती है।

भू-स्खलन प्रबन्धन

- भू-स्खलन से निपटने हेतु अलग-अलग क्षेत्रों में अलग-अलग उपाय अपनाए जाने की आवश्यकता होती है। अधिक भू-स्खलन सम्भावी क्षेत्रों में सड़क और बड़े बाँध जैसे निर्माण कार्य तथा विकास कार्य पर प्रतिबन्ध होना चाहिए। इन क्षेत्रों में कृषि नदी घाटी तथा कम ढाल वाले क्षेत्रों तक सीमित होनी चाहिए और बड़ी विकास परियोजनाओं पर नियन्त्रण स्थापित किया जाना चाहिए।
- सकारात्मक कार्य; जैसे-वृहत स्तर पर वनीकरण (Forestation) को बढ़ावा देना और जल बहाव को कम करने के लिए बाँध का निर्माण करना भू-स्खलन के उपायों के पूरक हैं।
- स्थानान्तरी कृषि वाले उत्तर-पूर्वी क्षेत्रों में सीढ़ीनुमा खेत (Terrace farm) बनाकर कृषि की जानी चाहिए, जिससे भू-स्खलन की समस्या के प्रभाव को कम किया जा सके।

चक्रवात

- केन्द्र में कम दबाव के साथ उसके चारों ओर गोल घूमने वाले तेज तूफान को चक्रवात (Cyclone) कहा जाता है।
- चक्रवात घूमती हुई वायुराशि (Airmass) होती है, जिसका केन्द्र एक शान्त क्षेत्र होता है।
- उष्णकटिबन्धीय चक्रवात सबसे विनाशकारी चक्रवात होते हैं। यहाँ तक कि उनके गठन के शुरुआती चरणों में उष्णकटिबन्धीय चक्रवात सम्पत्ति और मानव जीवन के लिए सबसे बड़े जोखिमों में से एक है।
- भारत के अधिकांश तूफान बंगाल की खाड़ी में प्रारम्भ होते हैं एवं पूर्वी भारतीय तटों को सर्वाधिक प्रभावित करते हैं। भारत में उष्ण कटिबन्धीय चक्रवात मई-जून और अक्टूबर-नवम्बर माह में आते हैं।
- उष्ण कटिबन्धीय चक्रवातों के उद्भव के लिए प्रारम्भिक परिस्थितियाँ अत्यधिक मात्रा में निरन्तर गर्म और आर्द्र वायु की आपूर्ति, जो बहुत अधिक गुप्त उष्मा का उत्पादन कर सकती है।

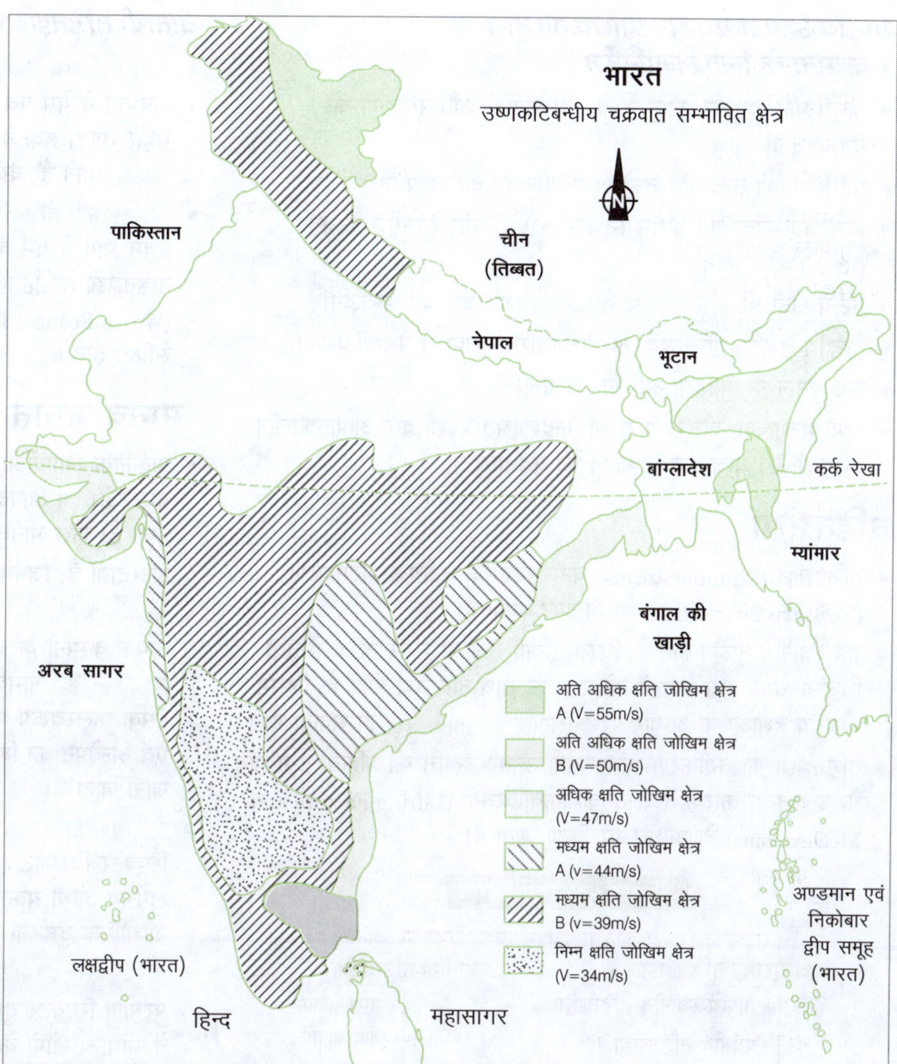

भारत में चक्रवातों का क्षेत्रीय व समयानुसार वितरण

- भारत की आकृति प्रायद्वीपीय है और इसके पूर्व में बंगाल की खाड़ी तथा पश्चिम में अरब सागर स्थित है, अतः यहाँ आने वाले चक्रवात इन्हीं दो जलीय क्षेत्रों में निर्मित होते हैं।
- मानसूनी मौसम के दौरान चक्रवात 10° से 15° उत्तर अक्षांशों के मध्य निर्मित होते हैं। बंगाल की खाड़ी में चक्रवात अधिकतर अक्टूबर और नवम्बर में बनते हैं।
- यहाँ ये चक्रवात 16° से 21° उत्तर तथा 92° पूर्व देशान्तर से पश्चिम में बनते हैं, परन्तु जुलाई में ये सुन्दरबन डेल्टा के समीप 18° उत्तर और 90° पूर्व देशान्तर से पश्चिम में उत्पन्न होते हैं।
- भारत में कोलकाता, भुवनेश्वर, विशाखापत्तनम, चेन्नई, मुम्बई और अहमदाबाद ऐसे छः स्थान हैं, जहाँ पर चक्रवात पूर्वानुमान केन्द्र स्थापित किए गए हैं और इन केन्द्रों के द्वारा अपने क्षेत्र विशेष में चक्रवात सम्बन्धी सूचनाओं को प्रसारित किया जाता है।

फेनी (2019, ओडिशा), अम्फान (2020, महाराष्ट्र के तटीय क्षेत्र), निवार (2020, तमिलनाडु एवं पुदुचेरी) यास (2021, पश्चिम बंगाल एवं आस-पास के तटीय क्षेत्र), ताउते (2021, गुजरात, महाराष्ट्र), गुलाब (2021, आन्ध्र प्रदेश के आस-पास क्षेत्र), जवाद (2021, ओडिशा और आन्ध्र प्रदेश), बिपरजॉय (2023 गुजरात), रेमल (2024 ओडिशा), दाना (2024 ओडिशा एवं पश्चिम बंगाल) तथा फेंगल (2024 तमिलनाडु पुदुचेरी)

राष्ट्रीय आपदा प्रबन्धन प्राधिकरण द्वारा चक्रवातों के लिए दिशानिर्देश

- अनुसन्धान अनुदान प्रदान करके शोधकर्ताओं और संस्थानों को बढ़ावा देना।
- पारिस्थितिकी तन्त्र और तटरेखा में परिवर्तन का अध्ययन
- नियोजित स्वचालित मौसम स्टेशनों (AWS) और रेन-गेज नेटवर्क (RGN) की स्थापना।
- तटीय क्षेत्रों पर एक डॉपलर मौसम रडार नेटवर्क का सम्वर्द्धन।
- केन्द्रीय व राज्य एजेन्सियों के बीच त्वरित, स्पष्ट व प्रभावी प्रसार।
- बड़े पैमाने पर मीडिया अभियान चलाना।
- सभी मन्त्रालयों और सभी राज्यों केन्द्रशासित प्रदेशों द्वारा आपातकालीन अभ्यासों की योजना व निष्पादन को बढ़ावा देना।

तड़ितझंझा

- तड़ितझंझा (Thunderstorms) वायुमण्डल के तृतीयक परिसंचरण (Tertiary Circulation) के अन्तर्गत आता है।
- यह स्थानीय तूफान होते है, जिसमें हवाएँ तेजी से ऊपर उठती हैं तथा बिजली चमकने व बादलों की गरज के साथ तीव्र वर्षा होती है, जिसमें स्थानीय दशाओं के आधार पर ओलापात (Hailstorm) हो सकता है।
- तड़ितझंझा का वर्गीकरण सामान्यतया उनकी उत्पत्ति की प्रक्रिया तथा वायु के उत्थान के कारकों तथा उनकी क्रियाविधियों (Lifting Factors and Mechanisms) के आधार पर किया जाता है।

तड़ितझंझा का वर्गीकरण

- वायुराशि तड़ितझंझा
  - → तापीय/स्थानीय तड़ितझंझा
  - → पर्वतीय तड़ितझंझा
  - → अभिवहनीय तड़ितझंझा
- वाताग्री तड़ितझंझा
  - → उष्ण वाताग्र
  - → शीत वाताग्र

वायुराशि तड़ितझंझा

- तापीय तड़ितझंझा सूर्यताप से धरातलीय सतह गर्म होकर तापीय संवहन तरंगों को उत्पन्न करती है, जो तेज गति से ऊपर उठती हैं, इस प्रक्रिया को तापीय तड़ितझंझा कहा जाता है। यह सीमित क्षेत्रों को ही प्रभावित करती है।
- पर्वतीय तड़ितझंझा जब कोई गर्म वायु किसी पर्वतीय (Orographic) अवरोध से टकराती है, तो वह पहाड़ी ढाल के सहारे तेजी से उठती है। संघनन के बाद इसकी गुप्त ऊष्मा अवमुक्त होकर वायु के साथ मिल जाती है तथा वायु के ऊर्ध्वमुखी संचालन की गति को और तेज कर देती है। इस क्रियाविधि के कारण आर्द्र सक्रिय तड़ितझंझा का निर्माण होता है तथा उससे मूसलाधार वर्षा (Rain) होती है।
- अभिवहनीय तड़ितझंझा (Advectional Thunderstorms) इसका निर्माण सामान्य ताप पतन दर में भारी वृद्धि के कारण होती है, जिससे गर्म वायु तेजी से ऊपर उठती है तथा अस्थिर होकर अभिवहनीय तड़ितझंझा का निर्माण करती है।

वाताग्री तड़ितझंझा

- उष्ण वाताग्री तड़ितझंझा इसका निर्माण शीतोष्ण कटिबन्ध चक्रवातों के अग्रभाग में गर्म एवं आर्द्र वायु के उष्ण वाताग्र (Warm Frontal) के सहारे ठण्डी हवा के ऊपर उठने से होता है। इस तरह के तड़ितझंझा कमजोर होते हैं, क्योंकि गर्म वायु धीरे-धीरे ऊपर उठती है।
- शीत वाताग्री तड़ितझंझा इसका निर्माण शीतोष्ण कटिबन्ध चक्रवातों के प्रथम भाग में गर्म वायु के ऊपर उठने के कारण होता है। शीत वाताग्री तड़ितझंझा (Cold Frontal Thunderstorms) उष्ण वाताग्री तड़ितझंझा (Warm Frontal Thunderstorms) की अपेक्षा अधिक प्रबल एवं सक्रिय होते हैं।

मानव जनित आपदा

- प्राकृतिक आपदाओं के अतिरिक्त अन्य आपदाओं में मानवजनित आपदा प्रमुख हैं। इन आपदाओं की उत्पत्ति मानवीय क्रियाकलापों से सम्बन्धित होती है। कुछ मानवीय गतिविधियाँ प्रत्यक्ष रूप से इन आपदाओं के लिए उत्तरदायी हैं, जिनमें शामिल हैं
- भोपाल गैस त्रासदी 3 दिसम्बर, 1984 को भोपाल स्थित यूनियन कार्बाइड नामक कम्पनी के कारखाने से मिथाइल आइसोसाइनेट (Methyl Isocyanate) नामक जहरीली गैस के रिसाव ने व्यापक प्रभाव डाला। इसके फलस्वरूप मानवीय गतिविधियाँ प्रभावित हुईं और लोग अपंगता एवं अन्धेपन का शिकार हुए, यह घटना भोपाल गैस त्रासदी के नाम से जानी जाती है।
- चेर्नोबिल नाभिकीय घटना 26 अप्रैल, 1986 में यूक्रेन में हुए परमाणु रिएक्टर विस्फोट (Nuclear Reactor Blast) से फैले विकिरण से लगभग आधा यूक्रेन प्रभावित हुआ। इसे मानव इतिहास की सबसे बड़ी औद्योगिक दुर्घटना माना जाता है।
- फुकूशिमा दुर्घटना जापान के फुकूशिमा शहर में 11 मार्च, 2011 को हुई परमाणु रिएक्टर दुर्घटना के पश्चात् विषैले रासायनिक पदार्थों के रिसाव ने सामान्य लोगों के जीवन को वृहत पैमाने पर प्रभावित किया।

आपदा प्रबन्धन

- आपदा प्रबन्धन का तात्पर्य प्राकृतिक आपदाओं द्वारा मानव एवं मानवीय संरचनाओं पर पड़ने वाले प्रभावों के न्यूनीकरण से है।
- प्राकृतिक आपदाओं को रोका नहीं जा सकता, लेकिन आपदा प्रबन्धन के प्रयासों द्वारा उनके दुष्प्रभावों को कम करने का प्रयास किया जा सकता है।
- पहले आपदा प्रबन्धन में मुख्य बल आपदा के पश्चात् चलाए जाने वाले राहत व बचाव प्रयासों पर रहता था, लेकिन अब आपदा प्रबन्धन के अन्तर्गत आपदा पूर्वानुमान, आपदा-पूर्व तैयारियों एवं आपदा के दौरान बचाव व राहत कार्यों के साथ-साथ आपदा प्रभावितों का पुनर्स्थापन (Rehabilitation) भी शामिल किया जाता है।
- आपदाएँ प्राकृतिक या मानवकृत दोनों प्रकार की हो सकती हैं, परन्तु प्रत्येक संकट आपदा भी नहीं होता। प्राकृतिक आपदाओं पर नियन्त्रण करना कठिन होता है। इसका समुचित उपाय इनके निवारण की तैयारियाँ करना है।

- आपदा निवारण और प्रबन्धन की तीन अवस्थाएँ हैं
    - आपदा से पहले आपदा के विषय में आँकड़े और सूचना एकत्र करना, आपदा सम्भावी क्षेत्रों का मानचित्र तैयार करना और लोगों को इसके बारे में जानकारी प्रदान करना। इसके अतिरिक्त सम्भावी क्षेत्रों में आपदा योजना का निर्माण करना, तैयारियाँ रखना और बचाव के उपाय करना।
        - आपदा के समय युद्ध स्तर पर बचाव व राहत कार्य; जैसे-आपदा ग्रस्त क्षेत्रों से लोगों को सुरक्षित बाहर निकालना, आश्रय स्थल का निर्माण करना, राहत कैंप तथा जल, भोजन एवं दवाइयों की आपूर्ति करना है।
        - आपदा के पश्चात् आपदा से प्रभावित लोगों का बचाव और पुनर्वास तथा
    - भविष्य में आपदाओं से निपटने हेतु क्षमता निर्माण पर ध्यान केन्द्रित करना। भारत जैसे देश में, जहाँ दो-तिहाई क्षेत्र और जनसंख्या आपदा सुभेद्य है, इन उपायों का विशेष महत्त्व है। आपदा प्रबन्धन अधिनियम, 2005 और राष्ट्रीय आपदा प्रबन्धन संस्थान की स्थापना करना इस दिशा में भारत सरकार द्वारा उठाए गए सकारात्मक कदम का उदाहरण है।

आपदा प्रबन्धन के संघटक

संघटक	विवरण
आपदा विश्लेषण (Disaster Analysis)	किसी क्षेत्र विशेष में आने वाली आपदाओं के प्रकार, उनके घटित होने तथा भविष्य में उनके घटित होने की सम्भावनाओं का विश्लेषण।
सुभेद्यता विश्लेषण (Vulnerability Analysis)	आपदा प्रभावित समूह, आपदा की गति, आपदा की अवधि का विश्लेषण।
जोखिम विश्लेषण (Risk Analysis)	समाज के विभिन्न पक्षों; जैसे—सामाजिक आर्थिक, राजनीतिक, स्वास्थ्य एवं मनोवैज्ञानिक पक्ष आदि, पर किसी आपदा के पड़ने वाले सम्भावित दुष्प्रभावों का विश्लेषण।

भारत में आपदा प्रबन्धन

आपदाएँ प्रगति में बाधा डालती हैं तथा कड़ी मेहनत और यत्नपूर्वक किए गए विकास सम्बन्धी प्रयासों को नष्ट कर देती हैं और प्रगति की ओर अग्रसर हो रहे राष्ट्रों को कई दशक पीछे धकेल देती हैं। आपदाओं की बारम्बारता में वृद्धि और तीव्रता की बात को इसी प्रकार स्वीकार करना है, क्योंकि अब यह मान लिया गया है कि जिम्मेदार और सिविल समाज में सुशासन के लिए आपदाओं के विनाशकारी प्रभाव से प्रभावी रूप से निपटने की आवश्यकता है।

राष्ट्रीय आपदा प्रबन्धन प्राधिकरण

- राष्ट्रीय आपदा प्रबन्धन प्राधिकरण, आपदा प्रबन्धन का एक शीर्ष निकाय (Body) है। इसका अध्यक्ष प्रधानमन्त्री होता है। यह आपदा प्रबन्धन के लिए नीतियाँ, योजनाएँ और दिशा-निर्देश निर्धारित करने, आपदाएँ आने के समय पर प्रभावी कार्रवाई सुनिश्चित करने के लिए इनके प्रवर्तन और कार्यान्वयन को समन्वित करने के लिए उत्तरदायी है।
- राष्ट्रीय आपदा कार्रवाई बल का सामान्य अधीक्षण, निर्देश और नियन्त्रण राष्ट्रीय आपदा प्रबन्धन प्राधिकरण में निहित है तथा इनका प्रयोग उसी के द्वारा किया जाएगा।
- राष्ट्रीय आपदा प्रबन्धन संस्थान (National Disaster Management Institute) राष्ट्रीय आपदा प्रबन्धन प्राधिकरण द्वारा निर्धारित व्यापक नीतियों और दिशा-निर्देशों के दायरे के भीतर कार्य करता है।

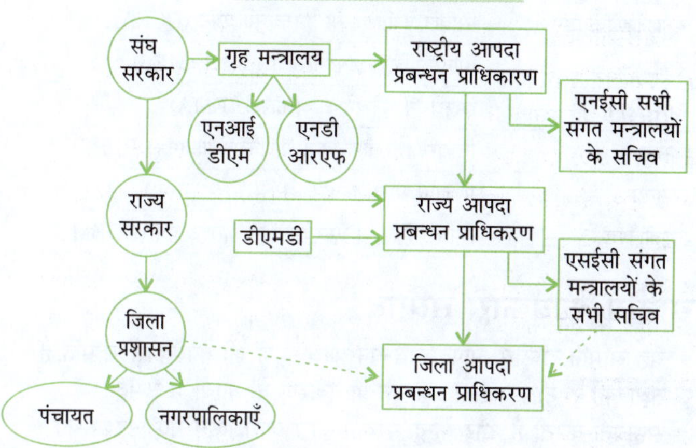

आपदा प्रबन्धन अधिनियम, 2005

- इस अधिनियम में आपदा को किसी क्षेत्र में घटित एक महाविपत्ति दुर्घटना, संकट या गंभीर घटना के रूप में परिभाषित किया गया है।
- इस अधिनियम को वर्ष 2005 में भारत सरकार द्वारा आपदाओं के कुशल प्रबन्धन और इससे जुड़े अन्य मामलों के लिए पारित किया गया था, हालाँकि यह **जनवरी, 2006** में लागू हुआ।
- इसका प्रमुख उद्देश्य **आपदा प्रबन्धन में शमन रणनीति तैयार करना** तथा **क्षमता निर्माण करना** आदि शामिल हैं।
- यह राष्ट्रीय, राज्य और जिला स्तरों पर संस्थानों की एक व्यवस्थित संरचना बनाए रखता है।

राष्ट्रीय आपदा प्रबन्धन नीति 2009

- राष्ट्रीय आपदा प्रबन्धन प्राधिकरण (NDMA) ने वर्ष 2009 में आपदा प्रबन्धन पर एक राष्ट्रीय नीति (National Policy on Disaster Management) तैयार की है।
- इस नीति में यह परिकल्पना की गई कि निवारण शमन तथा त्वरित कार्रवाई की प्रकृति के माध्यम से समग्र, सक्रिय, बहु आपदा उन्मुखी (Multi- Disaster-Oriented) तथा प्रौद्योगिकी चालित रणनीति तैयार की जाए।
- इस नीति के प्रमुख उद्देश्य निम्न हैं
    - सभी स्तरों पर आपदा जोखिम को नियन्त्रित करने का प्रयास किया जाए।
    - प्रौद्योगिक पारम्परिक ज्ञान तथा पर्यावरण की निरन्तरता पर आधारित प्रशमन (Mitigation) उपायों को प्रोत्साहित करना।
    - आपदा जोखिमों के निर्धारण, आकलन तथा निगरानी के लिए कुशल-तन्त्र सुनिश्चित करना।

राष्ट्रीय आपदा प्रबन्धन प्लान, 2016

- राष्ट्रीय आपदा प्रबन्धन प्लान (NDMP- National Disaster Management Plan) आपदा से सम्बन्धित सभी पक्षों को ध्यान में रखकर बनाई गई योजना है। इसके अन्तर्गत सभी सरकारी तन्त्रों को एकीकृत कर आपदा को रोकने, कम करने तथा उसके प्रबन्धन हेतु आवश्यक कदम उठाने का कार्य किया जाता है।

आपदा प्रबन्धन से सम्बन्धित देश एवं संगठन

देश	संगठन
भारत	राष्ट्रीय आपदा प्रबन्धन प्राधिकरण (NDMA)
संयुक्त राज्य अमेरिका	लॉ इनफोर्समेण्ट एजेन्सी (LEA)
यूनाइटेड किंगडम	सिविल कॉण्टिजेन्सी इमरजेन्सी एक्ट (CCEA)
रूस	मिनिस्ट्री ऑफ इमरजेन्सी सिचुएशन (MES)
ऑस्ट्रेलिया	इमरजेन्सी मैनेजमेण्ट अथॉरिटी (EMA)
जर्मनी	डिजास्टर रिलीफ एण्ड प्रोजेक्शन प्रोग्राम (DRPP)
कनाडा	पब्लिक सेफ्टी कनाडा (PSC)
न्यूजीलैण्ड	सिविल डिफेन्स एमरजेन्सी मैनेजमेण्ट ग्रुप (CDEMG)

राष्ट्रीय कार्यकारी समिति

- यह समिति राष्ट्रीय आपदा प्रबन्धन प्राधिकरण की कार्यकारी समिति है तथा यह राष्ट्रीय आपदा प्रबन्धन प्राधिकरण के कार्यों में उसकी सहायता करती है और केन्द्र सरकार द्वारा जारी किए गए निर्देशों का अनुपालन भी सुनिश्चित करती है।
- राष्ट्रीय कार्यकारी समिति, खतरनाक आपदा की कोई स्थिति पैदा होने अथवा आपदा आने पर कार्रवाई का समन्वय करती है।
- इसका प्रमुख भारत सरकार का गृह सचिव होता है। राष्ट्रीय कार्यकारी समिति, राष्ट्रीय आपदा प्रबन्धन सम्बन्धी राष्ट्रीय नीति के आधार पर आपदा प्रबन्धन के लिए राष्ट्रीय योजना तैयार करेगी।
- यह राष्ट्रीय आपदा प्रबन्धन प्राधिकरण द्वारा जारी किए गए दिशा-निर्देशों के कार्यान्वयन की निगरानी करेगी।

जिला आपदा प्रबन्धन प्राधिकरण

- जिला आपदा प्रबन्धन प्राधिकरण का अध्यक्ष जिला कलेक्टर, उपायुक्त अथवा जिला मजिस्ट्रेट, जैसा भी मामला हो, होगा तथा स्थानीय प्राधिकरण का निर्वाचित प्रतिनिधि इसका सह-अध्यक्ष होगा।
- जिला आपदा प्रबन्धन प्राधिकरण जिला स्तर पर आपदा प्रबन्धन के लिए योजना, समन्वय और कार्यान्वयन निकाय के रूप में कार्य करेगा और राष्ट्रीय आपदा प्रबन्धन प्राधिकरण और राज्य आपदा प्रबन्धन प्राधिकरण द्वारा निर्धारित दिशा-निर्देशों के अनुसार आपदा प्रबन्धन के प्रयोजन के लिए सभी आवश्यक उपाय करेगा।

राष्ट्रीय आपदा प्रबन्धन से सम्बन्धित कार्यक्रम

राष्ट्रीय आपदा प्रबन्धन संस्थान

- प्राकृतिक आपदा न्यूनीकरण के लिए अन्तर्राष्ट्रीय दशक की पृष्ठ भूमि में वर्ष 1995 में कृषि एवं सहकारिता मन्त्रालय, जो देश में आपदा प्रबन्धन के लिए **नोडल मन्त्रालय** था, द्वारा भारतीय लोक प्रशासन संस्थान के अन्तर्गत राष्ट्रीय आपदा प्रबन्धन केन्द्र की स्थापना की गई।
- केन्द्र द्वारा आपदा प्रबन्धन विषय कृषि एवं सहकारिता मन्त्रालय से गृह मन्त्रालय के अधीन हस्तानान्तरित होने के पश्चात् केन्द्र को राष्ट्रीय आपदा प्रबन्धन संस्थान (National Disaster Management Authority) के रूप में विकसित किया गया। 11 अगस्त, 2004 को संस्थान का उद्घाटन तत्कालीन केन्द्रीय गृह मन्त्री द्वारा किया गया।

राष्ट्रीय आपदा अनुक्रिया बल

- आपदा प्रबन्धन अधिनियम, 2005 में प्राकृतिक व मानव जनित आपदाओं के प्रति अनुक्रिया (Response) हेतु राष्ट्रीय आपदा अनुक्रिया बल (National Disaster Relief Force, NDRF) के रूप में एक विशेषज्ञ बल की स्थापना के लिए प्रावधान किए गए हैं।
- वर्ष 2006 में बीएसएफ, सीआरपीए आईटीबीपी और सीआईएसएफ की 8 बटालियनों को मिलाकर इसकी स्थापना की गई थी।
- वर्तमान में इसमें कुल 10 बटालियनें शामिल हैं, जिनमें 4 बटालियनों को विशेष रूप से रेडियोधर्मी, जैविक एवं रासायनिक आपदाओं से निपटने के लिए प्रशिक्षित किया गया है।

राष्ट्रीय फायर सर्विस कॉलेज

- राष्ट्रीय फायर सर्विस कॉलेज कॉलेज (National Fire Service College) **नागपुर** में स्थित राष्ट्रीय स्तर का संस्थान है, जो फायर ब्रिगेड कर्मियों को प्रशिक्षण प्रदान करता है।

- इसकी स्थापना वर्ष 1956 में रामपुर में हुई थी, लेकिन बाद में नागपुर के भौगोलिक व जलवायविक लाभों को ध्यान में रखते हुए इसे वहाँ स्थानान्तरित कर दिया गया।

राष्ट्रीय नागरिक सुरक्षा महाविद्यालय

- इसकी स्थापना **नागपुर** में वर्ष 1957 में हुई थी और तब इसका नाम केन्द्रीय आपात राहत प्रशिक्षण संस्थान था।

- 1 अप्रैल, 1968 में इसका नाम बदलकर राष्ट्रीय नागरिक सुरक्षा महाविद्यालय (National Civil Defence College, NCDC) कर दिया गया।
- यह संस्थान केन्द्रीय पुलिस बलों के प्रशिक्षकों (Trainers) को प्रशिक्षण (Training) प्रदान करता है, ताकि वे राष्ट्रीय आपदा मोचन बल के कार्मिकों (Personnel) का प्रशिक्षित कर सकें।
- **प्राकृतिक आपदा न्यूनीकरण का अन्तर्राष्ट्रीय दशक यॉकोहामा** रणनीति तथा सुरक्षित संसार के लिए कार्य योजना संयुक्त राष्ट्र के सभी सदस्य देश तथा अन्य देशों की एक बैठक प्राकृतिक आपदा न्यूनीकरण विश्व कॉफ्रेन्स 23 से 27 मई, 1994 को यॉकोहामा नगर में हुई।

परिशिष्ट

IUCN-अन्तर्राष्ट्रीय प्रकृति संरक्षण संघ व WPA-वन्यजीव संरक्षण अधिनियम के अन्तर्गत शामिल जीव CR- *Criticaly Endangered*

जीवों के नाम	श्रेणी	स्थान/कहाँ पाए जाते हैं	विशेषताएँ/खतरा
जेरडॉन कॉर्सर	CR, श्रेणी-1	आन्ध्र प्रदेश के उत्तरी क्षेत्र में पाए जाते हैं। पहले ये महाराष्ट्र में भी पाए जाते थे।	आन्ध्र प्रदेश का स्थानिक पक्षी है। वर्ष 1986 में एक लम्बे समय बाद पुनः देखा गया। उस क्षेत्र को श्रीलंकामलेश्वर वन्यजीव अभयारण्य नाम दिया गया। जंगलों में कमी, रात्रिचर पक्षी व शिकार से संकंट
साइबेरियन क्रेन	CR, श्रेणी-1	केवलादेव राष्ट्रीय उद्यान (राजस्थान) के आर्द्रक्षेत्रों में निवास स्थान- आर्कटिक रूस और पश्चिमी साइबेरिया	असाधारण राजसी प्रवासी पक्षी ठण्डी में इसे केवलादेव राष्ट्रीय उद्यान में देखा जाता था। अन्तिम बार इसे वर्ष 2002 में देखा गया था। दलदली क्षेत्रों की समाप्ति से आवास छिना प्रदूषण व कीटनाशक के कारण संकट
ग्रेट इण्डियन बस्टर्ड	CR, श्रेणी-1 गम्भीर संकटग्रस्त	गुजरात, मध्यभारत, पूर्वी पाकिस्तान	यह पक्षी उड़ने वाले सबसे भारी पक्षियों में से एक, भारत में इसके शिकार पर प्रतिबन्ध सामान्यतः सिंचित क्षेत्रों में ये प्रजाति नहीं पाई जाती।
हाक्सबिल कछुआ	CR, श्रेणी-1	हिन्द महासागर, प्रशान्त महासागर अटलाण्टिक के उष्ण कटिबन्धीय रीफ में	विश्व की सर्वाधिक शोषित प्रजतियों में से एक इनके खोल (Shell) का व्यापार, मांस के लिए शिकार जल में तैलीय- प्रदूषण के कारण आवास प्रभावित
मालावार सीवेट	CR, श्रेणी-1	भारत के पश्चिमी घाट मुख्यतः कर्नाटक के कुर्ग से कन्याकुमारी तक	भारत के लिए स्थानिक प्रजाति रात्रिचर, ये साँप, मेढ़क, अण्डे आदि खाते हैं। प्रकृति एकान्त और गोपनीय होने के कारण ढूँढ़ना कठिन
घड़ियाल	CR, श्रेणी 1	राष्ट्रीय चम्बल अभयारण्य (म० प्र०) व कतर्नियाघाट (उ० प्र०) वन्य जीव अभयारण्य में	साफ नदियों में रहना पसन्द करते हैं, जिनका तट बलुई हो। मछलियाँ इनका मुख्य भोजन
उत्तरी नदी टेरेपिन	CR, श्रेणी-1	भारत, बांग्लादेश, मलेशिया कंबोडिया, इण्डोनेशिया	कछुए की सर्वाधिक संकटग्रस्त प्रजाति स्वच्छ नदी व झील क्षेत्रों में भोजन एवं औषधि में प्रयोग हेतु शिकार
गुलाबी सिर वाली बत्तख	CR, श्रेणी-1	गंगा के मैदानी क्षेत्र म्यांमार व बांग्लादेश के दलदली क्षेत्र	वर्ष 1949 के बाद से जंगलों में नहीं देखा गया। आवास-निचली भूमि वाले जंगल, ऊँचे मैदान, दलदल आदि। विलुप्ति-आवास नष्ट होने, दलदल समाप्त व लगातार शिकार
चाइनीज पैंगोलिन	CR, श्रेणी-1	नेपाल, पाकिस्तान, श्रीलंका व भारत में हिमालय के दक्षिण व सुदूर दक्षिण भारत में	मोटी पूँछ व कठोर खाल से सुरक्षा रात्रिचर, चीटीं व दीमक इनका प्रमुख भोजन मांस, चमड़ा व दवाई के लिए शिकार
सफेद पेट वाल बगुला	CR, श्रेणी-1	असम, अरुणाचल प्रदेश, भूटान और म्याँमार के कुछ स्थानों पर।	अत्यन्त दुर्लभ। नदी के रेतीले भाग, अन्तर्देशीय झीलों में निवास। दलदल एवं छोटे जंगलों में मानव अतिक्रमण से इनके आवास नष्ट हो रहे हैं।
बंगाल फ्लोरिकन	CR, श्रेणी-1	उत्तर प्रदेश, असम व अरुणाचल प्रदेश, कम्बोडिया, नेपाल और वियतनाम।	यह अपने आकर्षक नृत्य के लिए जाना जाता है। ये घासभूमि (Grassland) में निवास करते हैं। घास मैदानों को कृषि योग्य बनाने से प्राकृतिक आवास पर विलुप्तीकरण का खतरा
दो-कूबड़ वाला ऊँट या बैक्ट्रीयन ऊँट	CR, श्रेणी-1	मंगोलिया, चीन, कजाख्स्तान, उज्बेकिस्तान, तुर्की, रूस तथा तुर्कमेनिस्तान, लद्दाख क्षेत्र (भारत)	ये ऊँट प्रवासी हैं और इनका निवास स्थान चट्टानी पर्वतीय क्षेत्रों से लेकर समतल शुष्क रेगिस्तान पथरीले मैदान और रेत के टीलों तक है।

En- Endangered, Vu- Vulnerable, LC- Least Concern

जीवों के नाम	श्रेणी	स्थान/कहाँ पाए जाते हैं	विशेषताएँ/खतरा
गंगा नदी डाल्फिन	EN, श्रेणी-1	भारत, नेपाल, बांग्लादेश (गंगा, ब्रह्मपुत्र, सिन्धु-मेघना अपवाह तन्त्र) गंगा, चम्बल, घाघरा, सोन, कोसी व ब्रह्मपुत्र इनकी पसन्दीदा अधिवास नदियाँ हैं।	भारत का जलीय जीव मछली पकड़ने का जाल, नदियों में गाद व तेल प्राप्त करने के लिए शिकार, इनकी संख्या में कमी का प्रमुख कारण।
संगाई/ ब्राउ एण्टलर्ड	EN, श्रेणी-1	मणिपुर, दक्षिणपूर्वी एशिया	यह केवल केबुललामजाओं (मणिपुर) राष्ट्रीय उद्यान में पाया जाता है। इसे डांसिंग डीयर भी कहते हैं।
पिग्मी हॉग	CR, श्रेणी-1	मानस वन्यजीव अभयारण्य व आस-पास के क्षेत्रों में	विश्व का सबसे छोटा जंगली सुअर भोजन-घास, फल, कीड़ा-मकोड़ा व केचुआ। इसका एक आश्रित परजीवी सकिंग लूस है।
शेर जैसी पूँछ वाला बन्दर	EN, श्रेणी-1	कर्नाटक, केरल व तमिलनाडु में पाया जाता है।	पश्चिमी घाट का स्थानिक पशु निवास-चौड़ी पत्ती वाले मानसूनी वनों में वृक्षवासी व दिनचर प्राणी
लाल पाण्डा	EN, श्रेणी-1	असम, सिक्किम व उत्तरी अरुणाचल में म्यांमार, चीन व नेपाल में भी कई जगहों पर	ये भोजन का अधिकांश हिस्सा बांस के वृक्ष से प्राप्त करते हैं।
सुनहरा लंगूर	EN, श्रेणी-1	पश्चिमी असम, त्रिपुरा व भूटान के कुछ क्षेत्रों में।	ये ऊँचे पेड़ों पर तथा समूहों में रहना पसन्द करते हैं।
बाघ	EN, श्रेणी-1	दक्षिण-पश्चिम एशिया, मध्य एशिया, कम्बोडिया, चीन, भारत, इण्डोनेशिया, लाओस, मलेशिया, म्याँमार, नेपाल, रूस, थाईलैण्ड और वियतनाम, बांग्लादेश व भूटान	अवैध शिकार तथा मानव वन्यजीव संघर्ष के कारण प्रजाति खतरे में है। भारत में बाघ संरक्षण के लिए वर्ष 1973 में **प्रोजेक्ट टाइगर** की शुरुआत की गई वर्ष 2022 में हुई बाघ जनगणना के अनुसार बाघों की संख्या बढ़कर 3682 हो गई है।
नीलगिरि ताहर	EN, श्रेणी-1	पश्चिमी घाट, केरल तथा तमिलनाडु।	यह तमिलनाडु का **राजकीय पशु** है। यह ताहर की तीनों उपजातियों (हिमालयन ताहर, अरब ताहर, नीलगिरि ताहर) में सबसे बड़ा होता है।
भारतीय भैंसा	VU, श्रेणी-1	दक्षिण नेपाल, दक्षिण भूटान, पश्चिम थाईलैण्ड, उत्तर म्यांमार, भारत (बस्तर क्षेत्र-मध्य प्रदेश, असम, अरुणाचल प्रदेश, मेघालय, ओडिशा, महाराष्ट्र)	अवैध शिकार तथा आर्द्रभूमियों की कमी के कारण इसकी संख्या घटती जा रही है।
ग्रीन टर्टल	EN, श्रेणी-1	हिन्द व प्रशान्त महासागर भूमध्य सागर का पूर्व व पश्चिमी क्षेत्र	पारिस्थितिकी तन्त्र बेहतर बनाने में महत्त्वपूर्ण भूमिका ये समुद्र के किनारे अण्डे देते हैं।
चिंकारा (इण्डियन गैजल)	LC, श्रेणी-1	ईरान, पाकिस्तान, भारत के शुष्क मैदान, मरुस्थल, सूखी झाड़ियों वाले प्रदेशें में पाए जाते हैं।	यह सबसे छोटा एशियाई मृग है। यह बिना पानी के भी लम्बे समय तक जिन्दा रह सकता है।
अण्डमान जंगली सूअर	LC (संकट बहुत कम) श्रेणी-1	अण्डमान के पश्चात् संख्या की दृष्टि से कर्नाटक व महाराष्ट्र का स्थान आता है। भारत में पूर्वोत्तर क्षेत्र को छोड़कर समस्त भारत में ये मिलते हैं।	ये अपनी दो उप-प्रजातियों की अपेक्षा जो हिमालय और प्रायद्वीपीय भारत में पाई जाती है कम संख्या में मिलते हैं।
हॉग हिरन	EN, श्रेणी-1	उत्तर व उत्तर-पूर्व भारत, दक्षिण चीन के सीमान्त क्षेत्र में तथा पाकिस्तान में	शिकार के कारण इनकी संख्या में गिरावट हो रही है।
बंगाल स्लो लोरिस	EN, श्रेणी-1	बांग्लादेश, चीन, उत्तर-पश्चिम भारत व कम्बोडिया	विकासात्मक कार्यों, कृषि कार्य, अवसंरचना विकास व दवाओं के लिए इनका शिकार किया जा रहा है, जिनसे इनकी संख्या में गिरावट आ रही है।
भौंकने वाला हिरण या भारतीय काकड़ या उत्तरी लाल काकड़	LC, श्रेणी-III	बोर्नियो, जावा, बाली, सुमात्रा, श्रीलंका, भारत में पेरियार राष्ट्रीय उद्यान (केरल), संजय गाँधी राष्ट्रीय उद्यान (मुम्बई)। मलाया प्रायद्वीप	ये वनों के साथ-साथ कॉफी, रबड़ आदि बागानों में भी पाए जाते हैं। खतरे का आभास होते ही ये कुत्ते की तरह आवाज निकलते हैं।

NT- Near Threatened

जीवों के नाम	श्रेणी	स्थान/कहाँ पाए जाते हैं	विशेषताएँ/खतरा
नीलगाय	LC, श्रेणी-III	नेपाल के निचले भागों में, उत्तराखण्ड और पाकिस्तान के सीमावर्ती क्षेत्रों एवं भारत में (बिहार, मध्य प्रदेश और उत्तर प्रदेश में) बहुतायत रूप में पाए जाते हैं।	ये विरल वनों व झाड़ियों वाले प्रदेश में ज्यादा पाए जाते हैं। सघन वन इनके लिए उपयुक्त नहीं होते हैं। ये फसलों को बहुत हानि पहुँचाते हैं।
भारल या नीला भेड़	LC, श्रेणी-III	उत्तरी भारत, उत्तरी म्यांमार, नेपाल, उत्तरी पाकिस्तान, भूटान, चीन।	सामान्यत: पहाड़ी ढलानों के घासयुक्त क्षेत्र में निवास करता है। भारल मुख्य रूप से घास खाता है, परन्तु घास की कमी के दौरान पत्तियाँ और झाड़ियाँ भी खाता है।
हिमलायन ताहर	NT, श्रेणी-1	जम्मू-कश्मीर, हिमाचल प्रदेश, उत्तराखण्ड, नेपाल, सिक्किम तथा दक्षिणी तिब्बत।	जंगली बकरी की प्रजाति का निकट सम्बन्धी है। यह तीव्र ढाल वाले ऊँचे पर्वतीय भागों पर आसानी से रह सकता है।
कैराकल रेगिस्तान, बिल्ली	LC, श्रेणी-1	अफ्रीका, दक्षिण-पश्चिम एशिया, भारत व मध्य एशिया	कैराकल एक पतली, मध्यम आकार की बिल्ली है, जिसकी विशेषता एक मजबूत शरीर, छोट चेहरा और लम्बे कैनाइन दाँत हैं। कृषि विस्तार से इनके निवास स्थान को नुकसान पहुँच रहा है।
तिब्बती लोमड़ी	LC, श्रेणी-1	तिब्बत के पठार, नेपाल और भारत के लद्दाख क्षेत्र व चीन में	तिब्बती लोमड़ी छोटे आकार की तथा सुगठित शरीर की होती हैं। कृषि क्षेत्रों के विस्तार तथा आवासीय क्षेत्रों के विनाश से इनकी संख्या में कमी
चीतल	LC, श्रेणी-III	नेपाल, बांग्लादेश, श्रीलंका, सिक्किम, पूर्वी राजस्थान, पश्चिमी असम व भूटान	खतरे से बाहर परन्तु शिकार व घरेलू पशुधन के लिए हानि पहुँचाई जाती है।
चीरू/ तिब्बत का एण्टीलोप	NT, श्रेणी-1	भारत के जम्मू-कश्मीर राज्य, चीन	यह अपने उत्कृष्ट ऊन के लिए जाना जाता है। हालाँकि यही इस प्रजाति के लिए संकट का कारण भी है। ऊन, सींग आदि प्राप्त करने के लिए इनका शिकार किया जाता है। इनके ऊन से बने शॉल को **शंतूश** (Santoosh) कहते हैं। हालाँकि भारत में इस शॉल के उत्पादन को **प्रतिबन्धित** किया गया है।
कियांग (जंगली गधा)	LC, श्रेणी-1	चीन, उत्तरी पाकिस्तान, नेपाल, सिक्किम व लद्दाख एवं तिब्बत का पठार।	कियांग शाकाहारी होते हैं। ये घास के अतिरिक्त स्थानीय पौधों को भी खाते हैं।
त्रावणकोर उड़ने वाली गिलहरी	NT, श्रेणी-1	दक्षिण भारत में पश्चिमी घाट, केरल, तमिलनाडु, कर्नाटक में ब्रह्मगिरी वन्यजीव अभयारण्य तथा श्रीलंका	मानवीय गतिविधियों व कृषि के विस्तार से निवास स्थान सीमित हो रहे हैं।
हाइना (लकड़बग्घा)	NT, श्रेणी-III	भारतीय उपमहाद्वीप, अफ्रीका, अरब प्रायद्वीप, तुर्किये	निवास स्थान सीमित होने तथा शिकार के कारण इनकी संख्या सीमित होती जा रही है।
तेन्दुआ	VU, श्रेणी-1	अफ्रीका का उपसहारा क्षेत्र, हिमालय की तराई, भारत, चीन, जावा, श्रीलंका। भारत में सर्वाधिक जनसंख्या मध्य प्रदेश में मिलती है।	अवैध व्यापार व वनों में कमी से इनकी संख्या में गिरावट
मोरचाभ (रस्टी) चित्तीदार बिल्ली	NT, श्रेणी-1	श्रीलंका, नेपाल व भारत के पूर्वी घाट में	इनके आवासीय जगहों का विनाश व शिकार के कारण इनकी संख्या में गिरावट।
निकोबार क्रैब खाने वाला बन्दर/मकॉक	VU, श्रेणी-1	ये निकोबार द्वीप समूह पर पाए जाते हैं।	मैंग्रोव, घासभूमि व आर्द्रभूमि वाले प्रदेशों में निवास ये मकॉक क्रैब खाते हैं।
तिब्बती चिंकारा	NT, श्रेणी-1	भारत में लद्दाख व सिक्किम में तिब्बत का पठार	आवासीय स्थान सीमित होने के कारण संकटग्रस्त उच्च अक्षांशीय मैदानों में निवास
गोरल (हिमालय हिरन)	NT, श्रेणी-III	उत्तर भारत का सिक्किम, भूटान, चीन, उत्तरी पाकिस्तान	गोरल उच्च अंक्षाशों व पहाड़ियों पर पाए जाते हैं। पशुधन के लिए इनका शिकार

जीवों के नाम	श्रेणी	स्थान/कहाँ पाए जाते हैं	विशेषताएँ/खतरा
हिम तेन्दुआ	VU, श्रेणी-1	हिमाचल प्रदेश, सिक्किम, उत्तराखण्ड, जम्मू व कश्मीर काराकोरम, हिन्दुकुश और हिमालय रेन्ज	ऊँचे पर्वतीय ढाल व अत्यधिक ठण्ड (–40° C तक में भी) में रहने वाला शिकारी पशु जलवायु परिवर्तन व मानव समुदाय से संघर्ष से इनकी संख्या में गिरावट यह बेहद शर्मीला माना जाता है। इसे पहाड़ों का भूत भी कहते हैं। इनकी 60% से ज्यादा आबादी मध्य एशिया में पाई जाती है।
ड्यूगोंग (समुद्री गाय)	VU, श्रेणी-1	लाल सागर में इनकी संख्या सर्वाधिक कच्छ की खाड़ी, ईरान की खाड़ी, मन्नार की खाड़ी व अण्डमान	वन्यजीव संरक्षण अधिनियम 1972 के तहत इसे विधिक संरक्षण प्राप्त है। समुद्री घास खाने वाला स्तनधारी शाकाहारी
स्लोथ भालू	VU, श्रेणी-1	भारतीय उपमहाद्वीप (नेपाल, भूटान, बांग्लादेश, भारत व श्रीलंका में)	मुख्य आहार कीड़े-मकौड़े
चीता	VU, श्रेणी-1	अफ्रीका व ईरान के कुछ भागों में भारत में प्राकृतिक रूप में नहीं पाए जाते	यह सबसे पुरानी **बिग कैट** प्रजातियों में से एक है। विश्व का सबसे तेज दौड़ने वाला स्थलीय स्तनपायी।
साम्बर	VU, श्रेणी-III	भारत के पश्चिमी दक्षिणी और हिमालय की तराई के समीप वाले राज्यों में नेपाल, भूटान व श्रीलंका में	यह बड़ा हिरण है, आवासीय अतिक्रमण व शिकार इनके लिए मुख्य खतरा।
स्वैम्प डियर या (बारहसिंगा)	VU, श्रेणी-1	उत्तर एवं मध्य भारत, असम सुन्दरवन क्षेत्र व दक्षिण पश्चिम नेपाल	अप्रवास व कृषि भूमि में विस्तार के कारण इनके आवासीय क्षेत्र नष्ट हो रहे हैं।
चार सींगों वाला मृग	VU, श्रेणी-1	भारत व नेपाल के खुले जंगलों में गिर राष्ट्रीय उद्यान में भी इनकी उपस्थिति देखी जा सकती है।	कृषि भूमि में विस्तार के कारण इनके आवास में कमी शिकार भी इनकी संख्या में कमी होने का प्रमुख कारण
इण्डियन सॉफ्टशेल टर्टल	VU, श्रेणी-1	भारत, पाकिस्तान, बांग्लादेश	ये ताजे पानी में पाए जाते हैं।
यूरिअल	VU, श्रेणी-1	भारत (केवल लद्दाख), मध्य और दक्षिण पश्चिम एशिया	अवैध शिकार के कारण इनकी संख्या में गिरावट
गौर या भारतीय बाइसन	VU, श्रेणी-1	दक्षिणी व दक्षिण-पूर्वी एशिया के सदाबहार, पर्णपाती व सवाना वनों में	भोजन के लिए पत्तियों व हरी घास पर निर्भर
फिशिंग बिल्ली	VU, श्रेणी-1	हिमालय की तराई, पूर्वी भारत नागपुर व केवला देव राष्ट्रीय उद्यान में	मुख्य भोजन- मछली निवास- आर्द्रभूमि, गोखुरझील, मैंग्रोव व ज्वारीय क्रीक
चमड़े की पीठ वाला कछुआ	VU, श्रेणी-1	तमिलनाडु, गुजरात व ओडिशा के तटीय क्षेत्र समेत उष्णकटिबन्धीय एवं उपोष्णकटिबन्धीय समुदी क्षेत्र	वजन 900 किग्रा. तक समुद्र में गहराई तक गोता लगाने में सक्षम मानवीय गतिविधियों सहित विदेशी प्रजातियों के अतिक्रमण से संकट

आईयूसीएन (IUCN) के अन्तर्गत शामिल जीव

जीवों का नाम	श्रेणी	स्थान (जहाँ पाए जाते हैं।)	विशेषताएँ/खतरा
सोसिएबल लेपविंग	CR	उत्तरी व उत्तरी-पश्चिमी भागों में जाड़े में प्रवास करता है। मध्य एशिया, दक्षिण एशिया व मध्य पूर्व में	परती भूमि और रेगिस्तान में झाड़ियों में पाया जाता है। इनके आवास क्षेत्रों में अतिक्रमण एवं शिकार से संख्या में भारी कमी
हिमालयन बटेर	CR	पश्चिमी हिमालय के लम्बी घास व झाड़ियों में भारत में उत्तराखण्ड में	तीतर समुदाय का पक्षी आवासीय जगहों में बदलाव व पूर्वकाल में अत्यधिक शिकार के कारण संकट ग्रस्त
नामदफा उड़ने वाली गिलहरी	CR	नामदफा राष्ट्रीय उद्यान (अरुणाचल प्रदेश) में	वृक्षों पर निवास व रात्रिचर
स्पून बिल्ड सैंडपाइपर	CR	श्रीलंका, बर्मा, थाईलैण्ड वियतनाम, भारत, फिलीपींस	अति विशिष्ट स्थानों में ही जनन करने के कारण इनकी सीमित संख्या
अण्डमान सफेद दांतेदार छछूँदर	CR	अण्डमान एवं निकोबार	पर्वतीय क्षेत्रों में पेड़ की पत्तियों के ढेर एवं पत्थरों की दरारों में रहते हैं।

जीवों का नाम	श्रेणी	स्थान (जहाँ पाए जाते हैं।)	विशेषताएँ/ खतरा
निकोबार सफेद पूँछ वाले छछूँदर	CR	ग्रेट निकोबार द्वीप कैम्प बेल खाड़ी राष्ट्रीय पार्क	आवास क्षेत्र नष्ट होने व प्राकृतिक
एल्विरा चूहे या लार्ज रॉक-रैट	CR	तमिलनाडु के पूर्वी घाट पर	भारत की स्थानिक प्रजाति वनों में परिवर्तन व आवास नष्ट होने से विलुप्ती करण उष्णकटिबन्धीय शुष्क पर्णपाती वनों व चट्टानी क्षेत्रों में निवास
सुमात्रन राइनोसेरस	CR	हिमालय की तलहटी, जावा सुमात्रा एवं वियतनाम, उत्तर-पूर्व भारत	गैण्डे की पाँच प्रजातियों में यह प्रजाति सबसे छोटी तथा सबसे ज्यादा संकटग्रस्त है कई क्षेत्रों में विलुप्त भी
गंगा-शार्क	CR	भारत में गंगा नदी तन्त्र व बंगाल की खाड़ी में। म्यांमार व बांग्लादेश में भी	मुख्यत: मछली से अपना भोजन प्राप्त करते हैं। गन्दे जल में भी रह सकते हैं।
रेड क्राउण्ड रूफ टर्टल	CR	भारत में गंगा बेसिन, नेपाल व बांग्लादेश में	गहरे व प्रावहमान नदी क्षेत्रों में पाए जाते हैं। प्रजनन मौसम में नर कछुओं पर लाल आवरण आ जाता है।
पॉण्डिचेरी शार्क	CR	हुगली नदी मुहाना सहित अन्य भारतीय तट क्षेत्र पाकिस्तान व श्रीलंका आदि में भी	दुर्लभ समुद्री मछली समुद्रतट, महाद्वीपीय मग्न तट व द्वितीय किनारों पर
फॉरेस्ट ऑउलेट	EN	महाराष्ट्र के शुष्क पर्णपाती वनों व मध्य प्रदेश के दक्षिणी क्षेत्र	एक शताब्दी तक लगभग विलुप्त होने के बाद वर्ष 1997 में फिर से देखा गया। पर्यावरण परिवर्तन, वनाग्नि, वनोन्मूलन से आवास संकट व विलुप्तीकरण
इरावदी डॉल्फिन	EN	भारत (चिल्का झील), दक्षिण-पूर्व एशिया	नदियों के मुहाने, एश्चुअरी व तटीय क्षेत्रों के खारे जल में पाई जाती है।
एशियाई शेर	EN	प्राकृतिक रूप से भारत में गिर नेशनल पार्क (गुजरात)	शिकार, जंगल की आग से आवासीय क्षेत्रों का विनाश वर्ष 2018 से कैनाइन डिस्टेम्पयर वायरस से 30 से अधिक शेरों की मौत
खाराई ऊँट	EN	केवल गुजरात में	मैंग्रोव की कमी से इनकी संख्या में गिरावट इसे '**समुद्र का जहाज**' भी कहा जाता है।
भारतीय पैंगोलिन	EN	दक्षिण एशिया, पाकिस्तान का पश्चिमी भाग केरल व तमिलनाडु	दवाइयों में उपयोग व जूते बनाने आदि के लिए इनका शिकार किया जाता है।
कोंडाना चूहा	EN	भारत के उष्णकटिबन्धीय शुष्क पर्णपाती वन क्षेत्रों में	वनस्पतियों के अत्यधिक चारण मनोरंजन एवं पर्यटन आदि से आवास नष्ट व संकटग्रस्त।
सैंड कैट	NT	दक्षिण पश्चिम व मध्य एशिया के रेगिस्तानों में	मानवीय गतिविधियाँ व पशुओं के चरने से निवास स्थान सीमित अन्य जंगली जानवरों द्वारा शिकार
एशियाई छोटे पंजों वाला ऊदबिलाव	VU	असम, कर्नाटक, हिमाचल प्रदेश, पलानी हिल्स (तमिलनाडु)	आवास क्षेत्रों के नष्ट होने, शिकार व प्रदूषण से इनकी संख्या में कमी
हिमालयन सीरो	VU	उत्तर व उत्तर पूर्व भारत दक्षिण पूर्वी पाकिस्तान व म्यांमार	यह बकरी की प्रजाति का है। निवास स्थान कम होने से संकटग्रस्त।
भारतीय साही	LC	भारत, नेपाल, चीन, श्रीलंका, तुर्किये	खाने के लिए तथा कृषि में कीटनाशक के तौर पर प्रयोग करने के लिए इस प्रजाति को नुकसान पहुँचाया जा रहा है।

भारत में अति संकटग्रस्त पौधों की प्रजाति

लॉटस कॉरनिक्यूलैटस (Lotus Corniculatus)	गुजरात
सीलोटम नुडम (Psilotum nudum)	कर्नाटक
अमेंटोटैक्सस (Amentotaxus)	असम
पोलीगाला (Polygala)	गुजरात
डायोस्पायरॉस सिलवेटिका (Diospyros Sylvatica)	कर्नाटक
बबूल (Planifrons)	तमिलनाडु
एबुटिलोन (Abutilon)	तमिलनाडु
क्लोरोफाइटम ट्यूबरोसम (Chlorophytum tuberosums)	तमिलनाडु
निम्फेआ टेट्रागोना (Nymphea tetragona)	जम्मू व कश्मीर
कोल्चिकम (Colchicum)	हिमाचल प्रदेश
सेरोपेजिया आडोराता (Ceropegia odorata)	गुजरात

भारत के प्रमुख बॉटेनिकल गार्डन
(Important Botanical Gardens of India)

वेल्लायनी कृषि विद्यालय	तिरुवनन्तपुरम (केरल)
आर. बी. बॉटेनिकल गार्डन एण्ड एक्यूजमेण्ट	अहमदाबाद (गुजरात)
सेमोझी पूंगा	चेन्नई (तमिलनाडु)
सहारनपुर बॉटेनिकल गार्डन	सहारनपुर (उत्तर प्रदेश)
लायड बॉटेनिकल गार्डन	दार्जिलिंग (पश्चिम बंगाल)
जगदीश चन्द्र बोस बॉटेनिकल गार्डन	शिबपुर (कोलकाता)
एग्री हार्टीकल्चर सोसायटी ऑफ इण्डिया	अलीपुर (कोलकाता)
गार्डेन ऑफ मेडिकल प्लाण्ट	उत्तरी बंगाल विश्वविद्यालय (पं. बंगाल)
गवर्नमेण्ट बॉटेनिकल गार्डन	ऊटकमण्ड नीलगिरि (तमिलनाडु)
एक्सप्रेस गार्डन	पुणे (महाराष्ट्र)
झाँसी बॉटेनिकल गार्डन	झाँसी (उत्तर प्रदेश)
कर्जन पार्क	मैसूर (कर्नाटक)

वर्ष 2024 की पर्यावरणीय उपलब्धियाँ/महत्त्वपूर्ण तथ्य

इण्टरनेशनल बिग कैट एलायंस (IBCA) का सदस्य बना भारत	सितम्बर, 2024 में भारत IBCA का चौथा सदस्य देश बना (i) निकारगुआ (ii) ईस्वातिनी (iii) सोमालिया- अन्य तीन देश मुख्यालय **भारत** में यह एलायंस 7 प्रमुख बिगकैट्स बाघ, शेर, तेन्दुआ, हिम तेन्दुआ, जगुआर, चीता व प्यूमा के संरक्षण से सम्बन्धित है।
आइसोपॉड की नई प्रजाति का नामकरण	कोल्लम (केरल) तट पर गहरे समुद्र में इसकी खोज इस प्रजाति को ब्रुसेथोआ इसरो (Brucethoa ISRO) नाम दिया गया है। यह ब्रुसेथोआ जीनस की दूसरी प्रजाति है। इस प्रजाति की लम्बाई 19 मिमी. व चौड़ाई 6 मिमी. तक होती है।
भारत का पहला डार्क स्काई पार्क पेंच वाद्य अभयारण्य	जनवरी, 2024 में इसे भारत का पहला डार्क स्काई पार्क घोषित किया गया। यह एशिया का पाँचवा डार्क स्काई पार्क है। पेंच बाघ अभयारण्य मध्य प्रदेश व महाराष्ट्र राज्य में विस्तृत है।
तमिलनाडु ने शुरू किया नीलगिरि नहर परियोजना	मुख्यमन्त्री एम. के. स्टालिन द्वारा इस परियोजना को लॉन्च किया गया यह परियोजना तमिलनाडु के राजकीय पशु नीलगिरि के संरक्षण के लिए शुरू की गई। भारत में इस प्रकार की पहली परियोजना IUCN की रेड लिस्ट में इसे संकटग्रस्त श्रेणी में शामिल किया गया है।
कैडिसफ्लाई की नई प्रजाति की खोज	जम्मू कश्मीर में खोजी गई नई प्रजाति इस प्रजाति का नाम 'रयाकोफिला मसुदी' रखा गया।
नागालैण्ड में कैटफिश की नई प्रजाति की खोज	जुलेके नदी में खोजी गई यह प्रजाति इसकी लम्बाई 75.8 मिमी. है।

प्रीलिम्स फैक्ट्स

1. पर्यावरण : सामान्य परिचय

- पर्यावरण किससे बनता है?
  - पर्यावरण जीवीय घटकों, भू-आकृतिक घटकों एवं अजैव घटकों से बनता है। [BPSC (Pre) 2011]
- पर्यावरण, जीवीय घटकों, भू-आकृतिक घटकों, अजैव घटकों में से किससे बनता है? *- जीवीय, भू-आकृतिक एवं अजैव तीनों घटकों से* [BPSC (Pre) 2011]
- पर्यावरण में निर्मुक्त होने वाली सूक्ष्मकणिका (माइक्रोबीड्स) के विषय में अत्यधिक चिन्ता क्यों है?
  - ये समुद्री पारितन्त्रों के लिए हानिकारक मानी जाती है [IAS (Pre) 2019]
- मानव गतिविधियों से परिवर्तित पर्यावरण कहलाता है
  - एन्थ्रोपोजेनिक पर्यावरण [UPPSC (Pre) 2019]
- परिचालन पर्यावरण, भौतिक पर्यावरण, सांस्कृतिक पर्यावरण और जैविकीय पर्यावरण में से सामान्यतः कौन-सा पर्यावरण वर्गीकरण का अंश नहीं है?
  - परिचालन पर्यावरण [UPPSC (Pre) 2020]
- जीव से जैवमण्डल तक जैविक संगठन का सही क्रम है
  - जनसंख्या → समुदाय → पारिस्थितिकी तन्त्र → भू-दृश्य [UPPSC (Pre) 2017]
- धारणीय विकास, गरीबी कम करना, वातानुकूलन और कागज के थैलों का प्रयोग में से किस एक का सम्बन्ध पर्यावरणीय सुरक्षा से नहीं है?
  - गरीबी कम करना [UP UDA/LDA 2013]

2. पारिस्थितिकी एवं पारिस्थितिकी तन्त्र

- पारिस्थितिकी होती है *- जीव एवं उनके पर्यावरण के बीच सम्बन्ध के कारण* [HPSC (Pre) 2013, UPRO/ARO (Pre) 2014]
- जगत-गण-वर्ग-संघ-कुल-वंश-जाति का सही वर्गिकी पदानुक्रम है
  - जगत-संघ-वर्ग-गण-कुल-वंश-जाति [UPPSC (Pre) 2015]
- किसने सर्वप्रथम गहन पारिस्थितिकी (डीप इकोलॉजी) शब्द का प्रयोग किया? *- अर्नीज नेस ने* [UPPSC (Mains) 2014, 2016]
- किसी निश्चित क्षेत्र में क्रमिक रूप से परिवर्तित होने वाले समुदायों के सम्पूर्ण अनुक्रम को क्या कहा जाता है? *- क्रमक* [UPPSC (Pre) 2020]
- वह क्षेत्र जो दो पारिस्थितिकी तन्त्रों के मध्य सीमा रेखा अथवा संक्रमण क्षेत्र के रूप में कार्य करता है *- इकोटोन* [MPPSC (Pre) 2013]
- दो भिन्न समुदायों के बीच का संक्रान्ति क्षेत्र क्या कहलाता है?
  - इकोटोन [UPPSC (Pre) 2012, UKPSC (Pre) 2022]
- जीवभार का पिरामिड, वन, तालाब, घासीय स्थल और शुष्क स्थल में से किस पारिस्थितिकी तन्त्र में उलट जाता है?
  - तालाब में [UPPSC (Pre) 2010]
- पारिस्थितिकी तन्त्र के जैविक घटकों गाय, मोर, बाघ और हरे पौधे में से कौन-सा उत्पादक घटक है? *- हरे पौधे* [UPPSC (Pre) 2013]
- वनस्पति, जीवाणु, जानवर और वायु में से कौन-सा एक पारिस्थितिकी तन्त्र का जीवीय संघटक नहीं है? *- वायु* [RAS/RTS (Pre) 2015]
- मरुस्थल, पर्वत, महासागर और वन में से कौन-सा सर्वाधिक स्थायी पारिस्थितिकी तन्त्र है?
  - महासागर [UPPSC (Pre) 2013, 2018, MPPSC (Pre) 2023]
- धान का खेत, वन, घास का मैदान और झील में से कौन-सा कृत्रिम पारिस्थितिकी तन्त्र है?
  - धान का खेत [JPSC (Pre) 2013, UPPSC (Pre) 2016]
- एकोक्लाइन, हैलोक्लाइन, पिक्नोक्लाइन और थर्मोक्लाइन में से कौन किसी जल निकाय में घनत्व प्रवणता को दर्शाती है?
  - पिक्नोक्लाइन [UPPSC (Mains) 2016]
- जलमण्डल, जीवोम, स्थलमण्डल और जैवमण्डल में से कौन-सा पृथ्वी का सर्वाधिक वृहद् पारिस्थितिकी तन्त्र है?
  - जैवमण्डल [UP RO/ARO (Pre) 2017]
- पारितन्त्र में खाद्य-शृंखलाओं के सन्दर्भ में विषाणु, कवक और जीवाणु में से किस प्रकार का/के जीव अपघटक जीव कहलाता/कहलाते है/हैं?
  - कवक और जीवाणु [UPPSC (Pre) 2013]
- समुद्र, घास के मैदान, वन और पर्वत में कौन-सा एक विश्व का विशालतम पारिस्थितिकी तन्त्र है? *- समुद्र* [UPPSC (Pre) 2014]
- बबूल, यूकेलिप्टस, नीम और पीपल के वृक्षों में कौन पारिस्थितिकी मित्र नहीं है? *- यूकेलिप्टस* [UPPSC (Pre) 2005, UPPSC (Mains) 2016]
- शाकाहारी जन्तु, मांसाहारी जन्तु, सर्वभक्षी जन्तु और हरित पादप में से कौन प्रथम पोषक स्तर के अन्तर्गत आते हैं?
  - हरित पादप [MPPSC (Pre) 2016]
- किण्वन में उत्सर्जित ऊष्मा, वनस्पति के संरक्षित शर्करा, सौर ऊर्जा में से कौन पारिस्थितिकी निकाय में ऊर्जा का प्राथमिक स्रोत है?
  - सौर ऊर्जा [UPPSC (Mains) 2016]
- उथली झीलों परपोषित, सुपोषी, मध्यपोषी और अल्पपोषी में से कौन अधिक मात्रा में कार्बनिक उत्पादक होते हैं? *- सुपोषी* [MPPSC (Pre) 2013]
- अशल्क मीन (कैटफिश), अष्टभुज (ऑक्टोपस), सीप (ऑयस्ट) और हवासिल (पेलिकन) में से कौन-सा जीव निस्यन्द भोजी (फिल्टर फीडर) है? *- सीप (ऑयस्ट)* [UPSC (Pre) 2021]
- कांग्रेस घास, एलिफेण्ट घास, लेमन घास और नट घास में से किसका उपयोग प्राकृतिक मच्छर प्रतिकर्षी तैयार करने में किया जाता है?
  - लेमन घास [UPSC (Pre) 2021]
- एक जलीय पारिस्थितिकी तन्त्र के तालाब में किस घटक का प्रतिनिधित्व कवकों, जीवाणुओं एवं फलैजेलेट्स के द्वारा किया जाता है?
  – अपघटक [MPPSC (Pre) 2024]

3. पारिस्थितिकी तन्त्र की कार्यप्रणाली

- पारिस्थितिकी निकाय में ऊर्जा का प्राथमिक स्रोत है
  – सौर ऊर्जा [UPPSC (Mains) 2016, UP BEO 2019]
- किसी भी पारिस्थितिकी तन्त्र में ऊर्जा का पिरामिड होता है
  – सदैव सीधा [MPPSC (Pre) 2020, 2021]
- जीव भार का पिरामिड किस पारिस्थितिक तन्त्र में उलट जाता है?
  – तालाब [UPPSC (Pre) 2010]

- पारिस्थितिकी तन्त्र में एक पोषी स्तर से दूसरे पोषी स्तर में स्थानान्तरण से ऊर्जा की मात्रा में क्या होता है?
– *ऊर्जा की मात्रा घटती है।* *[MPPSC (Pre) 2018]*
- एक मनुष्य के जीवन को पूर्ण रूप से धारणीय करने के लिए आवश्यक न्यूनतम भूमि को कहते हैं
– *पारिस्थितिकीय पदछाप* *[UPPSC (Pre) 2012, UP RO/ARO 2016]*
- पारिस्थितिकी पदछाप के माप की इकाई है
– *भूमण्डलीय हेक्टेयर* *[UP RO/ARO (Pre) 2016]*
- 10% नियम किससे सम्बन्धित है?
– *ऊर्जा का खाद्य के रूप में एक पोषी स्तर से दूसरे पोषी स्तर तक पहुँचना* *[CGPSC (Pre) 2016]*
- एक समुद्री आहार शृंखला का सही क्रम है
– *डायटम-क्रस्टेशियाई हेरिंग* *[IAS (Pre) 2014]*
- घास-गेहूँ तथा आम, घास-बकरी तथा मानव, बकरी-गाय तथा हाथी और घास-मछली तथा बकरा में से कौन आहार शृंखला का निर्माण करते हैं?
– *घास, बकरी तथा मानव* *[CGPSC (Pre) 2016]*
- खाद्य शृंखला में मानव, एक निर्माता, केवल प्राथमिक उपभोक्ता, केवल द्वितीयक उपभोक्ता एवं प्राथमिक एवं द्वितीयक उपभोक्ता में से क्या है?
– *प्राथमिक एवं द्वितीयक उपभोक्ता* *[UPPSC (Pre) 2016]*
- कौन-सा जीव निस्यन्दक भोजी (फिल्टर फीडर) है?
– *सीप (ऑयस्ट)* *[IAS (Pre) 2021]*
- जहाँ जीव रहता है, उस स्थान को कहते हैं **– *आवास*** *[BPSC (Pre) 2019]*
- पारिस्थितिक निकेत होता है
– *प्रत्येक प्रजाति का एक अलग स्थान होता है।* *[UPPSC (Pre) 2022]*
- किसी निश्चित क्षेत्र में प्राणियों की संख्या की सीमा, जिसे पर्यावरण समर्थन कर सकता है, क्या कहलाती है? **– *वहन क्षमता*** *[UKPSC (Pre) 2014]*
- कौन-सा शब्द न केवल एक जीव द्वारा अधिकृत भौतिक स्थान का वर्णन करता है, बल्कि जीवों के समुदाय में इसकी कार्यात्मक भूमिका का भी वर्णन करता है? **– *पारिस्थितिकी कर्मता*** *[UPSC (Pre) 2013]*

4. पारिस्थितिकी तन्त्र में पदार्थों का संचरण

- एक पारिस्थितिकी तन्त्र के विभिन्न घटकों से होकर पोषक तत्त्वों का गुजरना कहलाता है **– *जैव भू-रसायन चक्र*** *[UPPSC (Pre) 2020]*
- कार्बन-चक्र, नाइट्रोजन चक्र, फॉस्फोरस चक्र और सल्फर चक्र जैव भू-रासायनिक चक्रों में से किसमें चट्टानों का अपक्षय चक्र में प्रवेश करने वाले पोषक तत्त्व के निर्मुक्त होने का मुख्य स्रोत है?
– *फॉस्फोरस चक्र* *[IAS (Pre) 2021]*
- कौन पृथ्वी के कार्बन-चक्र में कार्बन-डाइ-ऑक्साइड की मात्रा को नहीं बढ़ाता है? **– *प्रकाश-संश्लेषण*** *[IAS (Pre) 2011, UPPSC (Pre) 2012, 2014]*
- पारिस्थितिकी तन्त्र में तत्त्वों के चक्रण को क्या कहते हैं?
– *जैव भू-रासायनिक चक्र* *[UPPSC (Pre) 2012]*
- मिलेनियम इकोसिस्टम एसेसमेण्ट, पारिस्थितिकी तन्त्र की सेवाओं के निम्नलिखित प्रमुख वर्णों का वर्णन करता है; जैसे- व्यवस्था, समर्थन, नियन्त्रण, संरक्षण और सांस्कृतिक। खाद्यान्न और एक का उत्पादन, जलवायु और रोग का नियन्त्रण, पोषण चक्रण और फसल परागण, विविधता अनुरक्षण में से कौन-सा एक समर्थन सेवा है?
– *पोषण चक्रण एवं फसल परागण* *[IAS (Pre) 2012]*
- पृथ्वी के कार्बन-चक्र में कार्बन डाइ-ऑक्साइड की मात्रा को नहीं बढ़ाता है
– *प्रकाश संश्लेषण* *[UPPSC (Pre) 2011]*
- जैव भू-रासायनिक चक्रों में से किसमें चट्टानों का अपक्षय चक्र में प्रवेश करने वाले पोषक तत्त्व के निर्मुक्त होने का मुख्य स्रोत है
– *फॉस्फोरस चक्र* *[UPPSC (Pre) 2020]*

5. जैवमण्डल तथा बायोम

- जीवमण्डल किस प्रकार के तन्त्र का उदाहरण है?
– *एक खुला (विवृत्त) तन्त्र* *[UP RO/ARO (Pre) 2017]*
- जलतन्त्र, घास का मैदान, वर्षा वन और फसली भूमि में कौन मानवजनित जीवोम का एक उदाहरण है? **- *फसली भूमि*** *[UPPSC (Pre) 2018]*
- जो पौधे एक ऋतु में मरुद्भिद् की तरह और दूसरी ऋतु में जलोद्भिद् की तरह व्यवहार करते हैं, उन्हें क्या कहते हैं?
- *हीलियोट्रोफाइट* *[UPPSC (Pre) 2016]*
- हैलोफाइट्स, सियोफाइट्स, हेलियोफाइट्स और ऑटोट्रॉफस में से कौन सूर्य के प्रिय पौधे हैं? **- *हेलियोफाइट्स*** *[HPSC (Pre) 2013]*
- केला, यूकेलिप्टिस, बबूल और नीम में से कौन-सा वृक्ष पर्यावरण के लिए खतरा है? **- *यूकेलिप्टिस*** *[UPPSC (Pre) 2022]*
- प्रकृति में फर्न, लाइकेन, मॉस और छत्रक (मशरूम) में से किस जीव का/किन जीवों के मृदाविहीन सतह पर जीवित पाए जाने की सर्वाधिक सम्भावना है/हैं? **- *लाइकेन और मॉस*** *[UPPSC (Pre) 2021]*
- मोनोक्लाइमेक्स (एकल चरम) सिद्धान्त का प्रतिपादन किया था?
- *एफ. ई. क्लेमेण्ट्स* *[UP RO/ARO (Pre) 2021]*
- मरुस्थल क्षेत्रों में जल को रोकने के लिए कठोर एवं मोमी पर्ण, लघु पर्ण अथवा पर्णहीनता और पर्ण के स्थान पर काँटे में से कौन-से पर्ण रूपान्तरण होते हैं?
- *कठोर एवं मोमी पर्ण, लघुपर्ण अथवा पर्णहीनता और पर्ण के स्थान पर काँटे* *[IAS (Pre) 2018]*

6. जैव-विविधता की अवधारणा

- जैव-विविधता का अर्थ है
- *एक निर्धारित क्षेत्र में विभिन्न प्रकार के पादप एवं जन्तु* *[UPPSC (Pre) 2014]*
- जैव-विविधता बहुतायत में मिलती है
- *विकासशील देशों में* *[HPSC (Pre) 2017]*
- जैव-विविधता का सबसे महत्त्वपूर्ण पहलू है
- *पारिस्थितिकी तन्त्र का निर्वहन* *[UPPSC (Pre) 2015]*
- किसने सर्वप्रथम बायोडायवर्सिटी शब्द का प्रयोग किया था?
- *वोल्टर जी. रोसेन* *[UPPSC (Pre) 2013, CGPSC (Pre) 2019]*
- जैव-विविधता में परिवर्तन होता है
- *भूमध्य रेखा की ओर बढ़ती है* *[UPPSC (Pre) 2019]*
- जैव-विविधता उच्चतर अक्षांशों और निम्नतर अक्षांशों में कहाँ सामान्यत: अधिक होती है? **- *निम्नतर अक्षांशों में*** *[IAS (Pre) 2011]*
- किस पारिस्थितिकी तन्त्र में प्रजातीय विविधता सापेक्षत: अधिक होती है?
- *उष्णकटिबन्धीय वर्षा वन* *[UPPSC (Pre) 2012, 2016, 2018]*
- कौन-सा पारिस्थितिक तन्त्र, जैव-विविधता की बढ़ोतरी के लिए उत्तरदायी नहीं है? **- *पोषण स्तरों की कम संख्या*** *[UPPSC (Pre) 2015]*

- जैव-विविधता मापने के गणितीय सूचकांकों एल्फा सूचकांक, बीटा सूचकांक और गामा सूचकांक में से कौन-सा एक स्थानीय स्तर पर किसी समुदाय/आवासीय क्षेत्र में माध्य प्रजाति विविधता को दर्शाता है?
  - एल्फा सूचकांक [RAS/RTS (Pre) 2018]
- भूमण्डलीय तापन, प्राकृतिक वास का विखण्डन, विदेशी प्रजातियों का आक्रमण और शाकाहार को प्रोत्साहन में से कौन-से किसी प्रदेश की जैव-विविधता के लिए हानिकारक हो सकते हैं?
  - भूमण्डलीय तापन, प्राकृतिक वास का विखण्डन, विदेशी प्रजातियों का आक्रमण [IAS (Pre) 2012, RAS/RTS (Pre) 2016]
- जैव-विविधता के ह्रास का मुख्य कारण है
  - प्राकृतिक आवासीय विनाश [UPPSC (Mains) 2002, UPPSC (Pre) 2015, 2016]

7. जैव-विविधता का संरक्षण

- विलुप्त स्पीशीज (जाति) के पादप जीन्स संचित किए जाते हैं
  - जीनबैंक में [HPSC (Pre) 2013]
- कौन-सा स्थल वनस्पति संरक्षण हेतु स्वस्थान पद्धति नहीं है?
  - वानस्पतिक उद्यान [IAS (Pre) 2011]
- जैव-विविधता के संरक्षण के लिए महत्त्वपूर्ण रणनीति है
  - जैवमण्डल रिजर्व [IAS (Pre) 2013, 2014]
- कौन-सा क्षेत्र 'जैव-विविधता' का तप्त स्थल कहलाता है?
  - पश्चिमी घाट [MPPSC (Pre) 2023]
- पूर्वी हिमालय, पूर्वी भूमध्य सागरीय क्षेत्र और उत्तर-पश्चिम ऑस्ट्रेलिया में से कौन-सा जैव-विविधता का हॉटस्पॉट है?
  - पूर्वी हिमालय और पूर्वी भूमध्य सागरीय क्षेत्र [UPPSC (Pre) 2016]
- नगरीकरण और औद्योगीकरण, सन्तुलित विकास, पर्यावरण एवं पारिस्थितिकी, जैव-विविधता के संरक्षण में से किसके लिए हानिकारक है?
  - उपरोक्त सभी के लिए [UPPSC (Mains) 2014]
- बिहार का प्रथम रामसर क्षेत्र बेगूसराय, बांका, भागलपुर और भोजपुर में से कहाँ स्थित है? *- बेगूसराय (काँवरताल झील) में [BPSC (Pre) 2020]*
- रेड डाटा बुक का सम्बन्ध किससे है?
  - विलुप्ति के संकट से ग्रस्त जीवों से [UPPSC (Pre) 2016]
- जंगली हाथियों को रेलवे ट्रैक से दूर रखने के लिए पूर्वोत्तर सीमान्त रेलवे द्वारा अपनाई गई अनूठी रणनीति का नाम बताएँ?
  - प्लान बी [UKPSC (Pre) 2022]
- मध्य प्रदेश का कौन-सा क्षेत्र सफेद बाघों के लिए जाना जाता है?
  - बघेलखण्ड [MPPSC (Pre) 2015]
- राष्ट्रीय उद्यानों में आनुवंशिक विविधता का रख-रखाव किया जाता है
  - इन सीटू संरक्षण द्वारा [UPPSC (Pre) 2023]
- कौन-सा नेशनल पार्क पूर्णतया शीतोष्ण अल्पाइन कटिबन्ध में स्थित है?
  - फूलों की घाटी नेशनल पार्क [IAS (Pre) 2019]
- मिजोरम में स्थित फावंगपुई राष्ट्रीय उद्यान को किस अन्य नाम से भी जाना जाता है?
  - नीला पर्वत उद्यान [MPPSC (Pre) 2021]
- भारत में स्थापित होने वाला पहला सबसे पुराना राष्ट्रीय उद्यान है
  - कॉर्बेट राष्ट्रीय उद्यान [CGPSC (Pre) 2019]
- समुद्री जैव-विविधता के दृष्टिकोण से दुनिया का सबसे समृद्ध बायोस्फीयर रिजर्व है
  - मन्नार की खाड़ी बायोस्फीयर रिजर्व [BPSC (Pre) 2023]
- कौन-से जैवमण्डल संरक्षण क्षेत्र का क्षेत्रफल सबसे ज्यादा है?
  - मन्नार की खाड़ी [CGPSC (Pre) 2023]
- भारत की प्रथम डॉल्फिन वेधशाला कहाँ है?
  - बिहार [BPSC (Re-Exam) 2020]
- *WWF* (प्रकृति हेतु विश्व व्यापक कोष) का प्रतीक चिह्न क्या है?
  - महाकाय पाण्डा [UKPSC (Pre) 2022]
- चन्दौली राष्ट्रीय उद्यान स्थित है *- महाराष्ट्र [MPPSC (Pre) 2022]*
- अरावली की पहाड़ियाँ, सिन्धु-गंगा का मैदान, पूर्वी घाट और पश्चिमी घाट में से कौन जैव-विविधता का एक संवेदनशील स्थान माना जाता है?
  - पश्चिमी घाट [UKPSC (Pre) 2016]
- हिमालय पर्वत प्रदेश जैव-विविधता की दृष्टि से अत्यन्त समृद्ध है, इस संवृद्धि के लिए कौन-सा कारण सबसे उपयुक्त है?
  – यह विभिन्न प्रकार के जीव भौगोलिक क्षेत्रों का संगम है। [UPPSC (Pre) 2021]
- भारत की जैव-विविधता के सन्दर्भ में सीलोन फ्रॉगमाउथ, कॉपरस्मिथ बार्बेट, ग्रे-चिण्ड मिनिवेट एवं व्हाइट थ्रोटेड रेडस्टार्ट क्या है?
  - पक्षी [IAS (Pre) 2020]
- तमिलनाडु, केरल, कर्नाटक एवं आन्ध्र प्रदेश राज्यों में से किसमें/किनमें सिंह पुच्छी वानर (मैकॉक) अपने प्राकृतिक आवास में पाया जाता है?
  – तमिलनाडु, केरल एवं कर्नाटक में [IAS (Pre) 2013]
- प्रकृति एवं प्राकृतिक संसाधन अन्तर्राष्ट्रीय संरक्षण संघ (*IUCN*) द्वारा प्रकाशित रेड डेटा बुक में किसकी सूचियाँ सम्मिलित की जाती हैं?
  – संकटग्रस्त पौधों एवं पशु जातियों की सूची [IAS (Pre) 2011]
- भारत में गिद्धों की तेजी से घटती जनसंख्या का मुख्य कारण है
  – डाइक्लोफिनेक दवा का अत्यधिक प्रयोग [UPPSC (Pre) 2008, 2018, CGPSC (Pre) 2019]
- कुछ वर्ष पहले तक गिद्ध भारतीय देहातों/गाँवों में आमतौर से दिखाई देते थे, किन्तु आजकल कभी-कभार ही नजर आते हैं। इस स्थिति के लिए उत्तरदायी है
  – गोपशु मालिकों द्वारा रुग्ण पशुओं के उपचार हेतु प्रयुक्त एक औषधि [IAS (Pre) 2012]
- भारतीय पक्षियों में कौन-सा अत्यधिक संकटापन्न किस्म है?
  – ग्रेट इण्डियन बस्टर्ड [UPPSC (Pre) 2015]
- कौन-सा एक प्राणी समूह संकटापन्न जातियों के संवर्ग के अन्तर्गत आता है? *– महान भारतीय सारंग, कस्तूरी मृग, लाल पाण्डा एवं एशियाई वन्य गधा [UPPSC (Pre) 2012]*
- किस एक जीव की कुछ प्रजातियाँ कवकों के कृषकों के रूप में जानी जाती हैं? *– चींटी [UPPSC (Pre) 2022]*
- भारतीय प्राणिजात घड़ियाल, चर्मपीठ (लेदरबैक टर्टल) और अनूप मृग में कौन-सा संकटापन्न है? *– सभी प्राणिजात संकटापन्न हैं। [IAS (Pre) 2013]*
- भारत में कौन जैव-विविधता का एक संवेदनशील स्थान माना जाता है?
  - पश्चिमी घाट [UKPSC (Pre) 2015]
- भारत के किस क्षेत्र में ग्रेट इण्डियन हॉर्न बिल के अपने प्राकृतिक आवास में पाए जाने की सबसे अधिक सम्भावना है?
  - पश्चिमी घाट [IAS (Pre) 2016]
- गंगा नदी की डॉल्फिन को IUCN की रेड लिस्ट के अन्तर्गत किस जीव के रूप मे वर्गीकृत किया गया है? *- लुप्तप्राय [BPSC (Pre) 2023]*
- किस अधिनियम के अन्तर्गत विशिष्ट जाति के पौधों की खेती करने के लिए लाइसेन्स की आवश्यकता है?
  - वन्यजीव सुरक्षा अधिनियम, 1972 [IAS (Pre) 2020]

- भारत का प्रथम नेशनल सेण्टर फॉर मेरीन बायोडायवर्सिटी (NCMB) किस शहर में स्थित है? *- जामनगर (गुजरात) [UPPSC (Pre) 2018, 2023]*

8. पर्यावरणीय प्रदूषण

- फ्लाई ऐश प्रदूषण तेल शोधन, उर्वरक उद्योग, ताप विद्युत संयन्त्र और खनन में से किससे होता है? *- ताप विद्युत संयन्त्र से [UPPSC (Pre) 2021]*
- डाइक्लोरो-डाइफिनाइल-ट्राइक्लोरोएथेन (डीडीटी) एक है *- अजैव-अपघटनीय प्रदूषक (Non-biodergradable Pollutant) [UPPSC (Pre) 2022]*
- सल्फर डाइ-ऑक्साइड, कार्बन डाइ-ऑक्साइड, नाइट्रोजन ऑक्साइड और रेडॉन गैस में से कौन सर्वाधिक महत्त्वपूर्ण प्रदूषक है? *- रेडॉन गैस [CGPSC (Pre) 2016]*
- कोयला, पेट्रोल, डीजल आदि का दहन किस प्रदूषण का मूल स्रोत है? *- वायु प्रदूषण का [UPPSC (Mains) 2011]*
- पफबॉल्स, शैवाल, लाइकेन और मॉस में से कौन-सा एक वायु प्रदूषण का अच्छा सूचक है? *- लाइकेन [UPPSC (Pre) 2012, 2021]*
- सिगरेट के धुएँ में मुख्य प्रदूषक है *- कार्बन मोनो-ऑक्साइड व बेन्जीन [UPPSC (Pre) 2015]*
- 'रिंगलमेन स्केल' का प्रयोग, धुआँ, प्रदूषित जल, कोहरा और ध्वनि में से किसके घनत्व मापन में होता है? *- धुआँ [UPPSC (Pre) 2021]*
- हाइड्रोजन सायनाइड, हाइड्रोजन सल्फाइड, मीथेन और फॉस्जीन में से कौन वायु का अकार्बनिक गैसीय प्रदूषक है? *- हाइड्रोजन सल्फाइड [RAS/RTS (Pre) 2015]*
- स्मॉग, कार्बन डाइ-ऑक्साइड, कार्बन मोनो-ऑक्साइड और फ्लाई ऐश में से कौन द्वितीय प्रदूषक है? *- स्मॉग [UPPSC (Pre) 2018]*
- मीथेन, नाइट्रोजन डाइ-ऑक्साइड, कार्बन मोनो-ऑक्साइड और सल्फर डाइऑक्साइड गैसों में से कौन-सी एक रक्त के हीमोग्लोबिन में आसानी से मिल जाती है? *- कार्बन मोनो-ऑक्साइड [UPPSC (Pre) 2016]*
- बैक्टीरिया, शैवाल, आर्सेनिक और विषाणु में से कौन भूमिगत जल को दूषित करने वाले अजैविक प्रदूषक हैं? *- आर्सेनिक [UPPSC (Pre) 2012]*
- जस्ता, ताँबा, निकेल और सल्फर डाइ-ऑक्साइड में से कौन जल प्रदूषक नहीं है? *- सल्फर डाइ-ऑक्साइड [UPPSC (Mains) 2011]*
- नदी में जल प्रदूषण के निर्धारण के लिए घुली हुई मात्रा पाई जाती है *- ऑक्सीजन की [UPPSC (Mains) 2008, 2011]*
- किस देश में प्राकृतिक आर्सेनिक प्रदूषित जल मिलता है? *- बांग्लादेश [UPPSC (Pre) 2022]*
- एस्बेस्टॉस, डीडीटी, प्लास्टिक और मल में से कौन-सा प्रदूषण कारक जैवीय रूप से अपघटित है? *- मल [UKPSC (Pre) 2012, UPPSC (Pre) 2014]*
- कौन-सा प्रदूषण मनुष्यों में इटाई-इटाई रोग कहलाता है? *- कैडमियम प्रदूषण [MPPSC (Pre) 2023]*
- 'ग्रीन मफ्लर' मृदा प्रदूषण, वायु प्रदूषण, ध्वनि प्रदूषण और जल प्रदूषण में से किससे सम्बन्धित है? *- ध्वनि प्रदूषण से [UPPSC (Pre) 2014]*
- मनुष्य की श्रव्यता की सीमा क्या है? *– 20 हर्ट्ज से 20000 हर्ट्ज [MPPSC (Pre) 2018]*
- 30 डेसीबल, 40 डेसीबल, 60 डेसीबल और 80 डेसीबल में से किस स्तर (डेसीबल में) से अधिक ध्वनि हानिकारक ध्वनि प्रदूषण कहलाती है? *- 80 डेसीबल [UPPSC (Pre) 2013]*
- चेर्नोबिल दुर्घटना, नाभिकीय दुर्घटना, भूकम्प, बाढ़ और अम्लीय वर्षा में से किससे सम्बन्धित है? *- नाभिकीय दुर्घटना से [CGPSC (Pre) 2015]*
- सीवेज, एस्बेस्टस, प्लास्टिक और पॉलिथीन में से कौन जैव अपघटनीय प्रदूषक है? *- सीवेज [UPPSC (Mains) 2016]*
- इन्सीनरेटर्स का प्रयोग कूड़ा-कचरा जलाने, कूड़ा-कचरा इनमें रखने, हरे पेड़ों को काटने और खाद बनाने में से किसके लिए किया जाता है? *- कूड़ा-कचरा जलाने के लिए [UPPSC (Pre) 2018]*
- भारत में किस नियम के अन्तर्गत एक महत्त्वपूर्ण विशेषता के रूप में 'विस्तारित उत्पादक दायित्व' आरम्भ किया गया था? *- ई-अपशिष्ट (प्रबन्धन और हस्तन) नियम, 2011 [IAS (Pre) 2019]*
- पर्यावरण संरक्षण एजेन्सी (EPA) के अनुसार, SO_2 उत्सर्जनों का सबसे बड़ा स्रोत है? *- जीवाश्म ईंधनों का उपयोग करने वाले विद्युत संयन्त्र [IAS (Pre) 2024]*
- ग्लोबल वार्मिंग में CO_2 का कितना योगदान है? *- 40% [UKPSC (Pre) 2024]*
- वर्ष 2024 की वायु गुणवत्ता रिपोर्ट के अनुसार भारत का सबसे प्रदूषित शहर कौन-सा है? *- बेगूसराय [HPPSC (Pre) 2024]*
- भारत सरकार ने जल (प्रदूषण एवं नियन्त्रण) अधिनियम कब पारित किया था? *- वर्ष 1974 [MPPSC (Pre) 2024]*

9. पर्यावरण अनुकूलन

- कौन-से जीव परभक्षियों द्वारा पकड़े जाने की सम्भावना को कम करने के लिए स्वयं को लपेटकर अपने सुभेद्य अंगों की रक्षा करते हैं? *– जाहक (हेज्हॉग) एवं वज्रशलक (पैंगोलिन) [IAS (Pre) 2021]*
- प्रकृति में किन जीवों के मृदाविहीन सतह पर जीवित पाए जाने की सर्वाधिक सम्भावना है? *- लाइकेन और मॉस [IAS (Pre) 2021]*
- कौन-सा जीव निस्यन्दक भोजी (फिल्टर फीडर) होता है? *– सीप (ऑयस्टर) [IAS (Pre) 2021]*
- वह जानवर कौन-सा है, जो बिना पानी पिए सबसे लम्बी अवधि तक रह सकता है? *– कंगारू चूहा [UPPSC (Pre) 2018]*
- किस प्रकार के जन्तु में शीत निष्क्रियता की परिघटना का प्रेक्षण किया जा सकता है? *– चमगादड़, भालू एवं कृन्तक (रोडेण्ट) [IAS (Pre) 2014]*

10. पर्यावरण संरक्षण

- केन्द्रीय भूजल प्राधिकरण का गठन किस अधिनियम के तहत किया गया है? *- पर्यावरण (संरक्षण) अधिनियम, 1986 [UPSC (Pre) 2022]*
- वन्यजीव संरक्षण अधिनियम, 1972 की सूची-VI अन्तर्गत क्या प्रावधान है? *- विशेष पौधे की खेती के लिए लाइसेंस की आवश्यकता होगी [UPSC (Pre) 2020]*
- राष्ट्रीय गंगा नदी बेसिन प्राधिकरण की प्रमुख विशेषता क्या है? *- यह राष्ट्रीयस्तर पर नदी संरक्षण प्रयासों का नेतृत्व करता है। [UPSC (Pre) 2016]*

- इकोमार्क (Ecomark) प्रतीक किससे सम्बन्धित है?
  - पर्यावरण के लिए सुरक्षित सामग्री से [UPSC (Pre) 2021]
- भारत सरकार द्वारा पर्यावरण संरक्षण अधिनियम कब पारित किया गया?
  - वर्ष 1986 [UPSC (Pre) 2021]

11. जलवायु परिवर्तन

- किसने बताया कि पृथ्वी का धुरी पर अवस्था बदलना जलवायु परिवर्तन के लिए एक कारक है? *- मिलुटिन मिलानकोविच [UPPSC (Pre) 2015]*
- वैश्विक जलवायु परिवर्तन के सन्दर्भ में मृदा में कार्बन प्रच्छादन संग्रहण में सहायक है *- शून्य जुताई [IAS (Pre) 2013]*
- मानव की कौन-सी गतिविधि जलवायु परिवर्तन को सर्वाधिक प्रभावित करती है? *- कृषि [JPSC (Pre) 2013]*
- मौसम की चरम दशा की बारम्बारता एवं तीव्रता से गम्भीर प्रभाव पड़ता है
  - खाद्य सुरक्षा पर [UPPSC (Pre) 2018]
- पृथ्वी के पूर्व कालों में हुए जलवायु परिवर्तन के साक्ष्यों को कहा जाता है? *- जलवायु परिवर्तन संकेतक [MPPSC (Pre) 2016]*
- अभीष्ट राष्ट्रीय निर्धारित अशंदान (INDC) अवधारणा का प्रयोग किया जाता है *- जलवायु परिवर्तन नियन्त्रण के सन्दर्भ में [IAS (Pre) 2021]*
- INSC कार्य योजना को कब प्रस्तुत किया गया? *- वर्ष 2015 में*
- जलवायु परिवर्तन का सम्बन्ध है
  - ऊष्मा सन्तुलन, आर्द्रता तथा वर्षा की मात्रा में परिवर्तन से [UPPSC (Pre) 2017]
- महासागरों तथा तटीय पारिस्थितिक – तन्त्रों द्वारा प्रगृहीत कार्बन कहलाता है: *- ब्लू कार्बन [UPPSC (Pre) 2017]*

12. वैश्विक तापन

- ग्रीन हाउस गैसों (Green House Gases) की संकल्पना किसकी थी?
  - जोसेफ फोरियर [UPPSC (Mains) 2021]
- ग्लोबल वार्मिंग के प्रभाव से किसका स्तर बढ़ता है?
  - समुद्र तल [UPPSC (Pre) 2018]
- विश्व का सबसे बड़ा ग्लोबल कार्बन उत्सर्जक देश है
  - चीन [UPPSC (Pre) 2015]
- सर्वाधिक भंगुर पारिस्थितिकी तन्त्र है, जो वैश्विक तापन से सर्वाधिक प्रभावित हो रहा है *- आर्कटिक तथा ग्रीनलैण्ड हिमचादर [UKPSC (Pre) 2012]*
- वायुमण्डल में कौन-सी गैस एक या दो दशक के बाद कार्बन डाइऑक्साइड में ऑक्सीकृत हो जाती है? *- मीथेन [UPPSC (Pre) 2011]*
- सूर्यताप के अवशोषण में सबसे महत्त्वपूर्ण भूमिका किसके द्वारा निभाई जाती है? *- कार्बन डाइ-ऑक्साइड [UKPSC (Pre) 2016]*
- प्राकृतिक रूप से वायुमण्डल में पाई जाने वाली 'ग्रीन हाउस गैस' नहीं है
  - नाइट्रस ऑक्साइड [UPPSC (Pre) 2020]
- ग्रीनहाउस गैसों का मुख्य घटक है
  - कार्बन डाइ-ऑक्साइड [BPSC (Pre) 2018]
- हरित गृह प्रभाव के अभाव में पृथ्वी की सतह पर औसत तापमान क्या होगा? *– – 18°C (माइनस 18°C) [UPPSC (Pre) 2020]*
- ग्लोबल वार्मिंग की स्थिति वातावरण में किस गैस की गहनता से होती है?
  - कार्बन डाइ-ऑक्साइड [CGPSC (Pre) 2013]
- कौन-सी गैस ग्रीन हाउस प्रभाव में योगदान देती है?
  - कार्बन डाइ-ऑक्साइड तथा मीथेन [UPPSC (Pre) 2013]

13. ओजोन क्षरण

- विश्व ओजोन दिवस किस दिन मनाया जाता है?
  - 16 सितम्बर [MPPSC (Pre) 2014]
- ओजोन की सान्द्रता वायुमण्डल की किस परत में मिलती है?
  - समताप मण्डल (स्ट्रैटोस्फीयर) [UPPSC (Pre) 2012]
- वायुमण्डल के ओजोन परत की मोटाई मापने वाली इकाई है
  - डॉब्सन यूनिट (DU) [UKPSC (Pre) 2012]
- सूर्य के प्रकाश से आने वाली पराबैंगनी किरणों को पृथ्वी सतह पर जाने से रोकती है *- ओजोन परत [UPPSC (Pre) 2018]*
- समतापमण्डल में ओजोन के स्तर को प्राकृतिक रूप से विनियमित किया जाता है। *- नाइट्रस ऑक्साइड द्वारा [UPPSC (Mains) 2016]*
- ओजोन परत पृथ्वी से लगभग कितनी ऊँचाई पर है?
  - 20 किमी [RAS/RTS (Pre) 2012]
- रेफ्रिजरेटर में किस गैस का प्रयोग होता है?
  - फ्रिऑन गैस [UKPSC (Pre) 2010]
- ओजोन छिद्र के लिए कौन-सी गैस उत्तरदायी है?
  - CFC [MPPSC (Pre) 2016]
- ओजोन की सर्वाधिक सान्द्रता वायुमण्डल के किस भाग में है?
  - स्ट्रैटोस्फीयर [UPPSC (Pre) 2018]
- ओजोन परत किसे रोककर मानव तथा अन्य सजीवों की रक्षा करती है?
  - पराबैंगनी किरणें [UPPSC (Pre) 2013]
- मॉण्ट्रियल प्रोटोकॉल का सम्बन्ध है
  - ओजोन परत क्षयीकरण से [IAS (Pre) 2015]
- ओजोन परत क्षयीकरण का कारण नहीं है
  - कार्बन डाइ-ऑक्साइड [UPPSC (Pre) 2012]

14. अम्ल वर्षा एवं अम्लीकरण

- अम्ल वर्षा से सर्वाधिक प्रभावित देश है *- नॉर्वे [UPPSC (Pre) 2011]*
- अम्ल वर्षा के घटक हैं *- HNO_3, H_2SO_4 [CGPSC (Pre) 2021]*
- अम्ल वर्षा के लिए उत्तरदायी है
  - नाइट्रोजन ऑक्साइड (NO_2) तथा सल्फर डाइऑक्साइड (SO_2) [IAS (Pre) 2011]
- कोयले के जलने से किसके ऑक्साइड अम्ल वर्षा का कारण बनते हैं?
  - सल्फर डाइऑक्साइड [UPPSC (Pre) 2016]
- अम्ल वर्षा किससे बनी इमारतों को अधिक नुकसान पहुँचाती है?
  - चूना-पत्थर एवं संगमरमर [HPSC (Pre) 2013]
- बादल के जल एवं सल्फर डाइऑक्साइड प्रदूषकों के मध्य प्रतिक्रिया के फलस्वरूप होती है *- अम्ल वर्षा [BPSC (Pre) 2016]*

15. भारत में जलवायु परिवर्तन

- भारत में जलवायु परिवर्तन से बढ़ रहा है।
  - सामाजिक तनाव [UPPSC (Pre) 2013]
- पोर्ट ब्लेयर के समीप की प्रसिद्ध ब्लेयर प्रवाल भित्ति मृत हो रही है
  - वैश्विक तापन के कारण [UPPSC (Pre) 2012]
- भारत की जलवायु परिवर्तन पर प्रथम राष्ट्रीय कार्य योजना किस वर्ष प्रकाशित हुई? *- वर्ष 2008 में [UPPSC (Pre) 2016]*

- किसके सहयोग से झारखण्ड राज्य ने जलवायु केन्द्र की स्थापना की है? – ***संयुक्त राष्ट्र विकास कार्यक्रम (UNDP)*** *[JPSC (Pre) 2016]*
- भारत सरकार ने वर्ष 2015 में कितने बजट प्रावधान के साथ जलवायु परिवर्तन पर 'राष्ट्रीय अनुकूल कोष' की स्थापना की थी? – ***₹ 350 करोड़*** *[MPPSC (Pre) 2018]*
- जलवायु परिवर्तन पर झारखण्ड कार्य योजना किस वर्ष प्रकाशित की गई? – ***वर्ष 2013-2014*** *[JPSC (Pre) 2018]*
- स्वच्छ भारत मिशन (SBM) की शुरुआत कब की गई? – ***2 अक्टूबर, 2014*** *[IAS (Pre) 2017]*
- राष्ट्रीय ग्रीन इण्डिया मिशन को कब स्वीकृति दी गई? – ***20 फरवरी, 2014*** *[UPPSC (Pre) 2015]*
- राष्ट्रीय अनुकूलन कोष (NAFCC) के गठन को कब स्वीकृति दी गई? – ***अगस्त, 2015*** *[IAS (Pre) 2016]*
- राष्ट्रीय अनुकूलन कोष (NAFCC) के लिए 'राष्ट्रीय कार्यान्वयन इकाई' किसे बनाया गया है? – ***नाबार्ड*** *[BPSC (Pre) 2018]*

16. आर्द्रभूमि पारितन्त्र

- रामसर सम्मेलन किससे सम्बन्धित है? – ***आर्द्रभूमि से*** *[BPSC (Pre) 2020, 22]*
- पार्वती अर्गा रामसर स्थल किस राज्य में है? – ***उत्तर प्रदेश*** *[UP RO/ARO (Mains) 2021]*
- गोदावरी डेल्टा, कृष्णा डेल्टा, सुन्दरबन और भोज आर्द्र स्थल में से कौन-सा रामसर स्थल है? – ***भोज आर्द्र स्थल*** *[UPPSC (Mains) 2015]*

17. परम्परागत व गैर-परम्परागत ऊर्जा एवं ऊर्जा संरक्षण

- सौर ऊर्जा को विद्युत ऊर्जा में किसके द्वारा परिवर्तित किया जाता है? – ***फोटोवोल्टाइक कोशिकाओं के द्वारा*** *[UPPSC (Pre) 2022]*
- भारत में सौर ऊर्जा द्वारा संचालित पहला हवाई अड्डा है – ***कोचीन*** *[UPPSC (Pre) 2022]*

18. सतत् विकास की अवधारणा

- संसाधनों के उपयोग तथा भविष्य के लिए उनके संरक्षण की आवश्यकता को सन्तुलित करने को हम क्या कहते हैं? – ***सतत् विकास*** *[UPPSC (Pre) 2023]*
- प्राकृतिक संसाधनों का वर्तमान पीढ़ी द्वारा इस प्रकार से उपयोग किया जाए कि प्राकृतिक संसाधनों का न्यूनतम क्षरण हो, तो यह किस प्रकार का विकास कहलाएगा? – ***सतत् विकास*** *[UPPSC (Pre) 2023]*
- वर्ष 1987 में संयुक्त राष्ट्र में पर्यावरण सम्बन्धित एक प्रतिवेदन की प्रस्तुति के उपरान्त 'धारणीय विकास' (सस्टेनेबल डेवेलपमेण्ट) पर चर्चा आरम्भ हुई, वह प्रतिवेदन था– – ***अवर कॉमन फ्यूचर*** *[UPPSC (Pre) 2023]*
- आमतौर पर समाचारों में आने वाला रियो +20 (Rio +20) सम्मेलन क्या है? – ***धारणीय विकास (सस्टेनेबल डेवलपमेण्ट) पर संयुक्त राष्ट्र सम्मेलन*** *[IAS (Pre) 2015]*
- सतत् विकास शब्द कब अस्तित्व में आया था? – ***वर्ष*** *1980 [JPSC (Pre) 2024]*
- जोहन्सबर्ग में सतत विकास सम्मेलन किस वर्ष आयोजित हुआ था? – ***वर्ष*** *2002 [JPSC (Pre) 2024]*
- सतत विकास के निर्धारण हेतु, कन सूचकांकों को आधार बनाया जाता है? - ***पारिस्थितिकी, आर्थिक, सामाजिक और सांस्कृतिक*** *[JPSC (Pre) 2024]*

19. सतत् कृषि

- कौन-सी फसल मीथेन और नाइट्रस ऑक्साइड दोनों का सर्वाधिक महत्त्वपूर्ण मानवोद्भवी स्रोत है? – ***धान*** *(IAS (Pre) 2022)*
- इन्द्रधनुष क्रान्ति के अन्तर्गत क्या सम्मिलित किया जाता है? – ***समस्त कृषि क्रान्तियाँ*** *(UPPSC (Pre) 2016)*
- राष्ट्रीय बागवानी मिशन कब प्रारम्भ किया गया? – ***मई, 2005*** *(UPPSC (Mains) 2016)*
- भारत में शुष्क भूमि की खेती उन प्रदेशों तक सीमित है, जहाँ वार्षिक वर्षा – ***75 सेमी से कम हो*** *[JPSC (Pre) 2024]*

20. पर्यावरण से सम्बन्धित कानून, संगठन एवं आन्दोलन

- वन्यजीव संरक्षण अधिनियम किस वर्ष पारित हुआ था? – ***वर्ष 1972 में*** *[RAS/RTS (Pre) 2015]*
- जेनेटिक इन्जीनियरिंग अनुमोदन समिति का गठन किसके द्वारा किया गया था? – ***पर्यावरण संरक्षण अधिनियम, 1986*** *[UPPSC (Pre) 2015]*
- नेशनल ग्रीन ट्रिब्यूनल (एनजीटी) भारत सरकार द्वारा किस वर्ष स्थापित किया गया था? – ***वर्ष*** *2010 [JPSC (Pre) 2016, MPPSC (Pre) 2018]*
- चिपको आन्दोलन से मेघा पाटेकर, पी. हेगडे और एस. एल. बहुगुणा में से कौन सम्बन्धित हैं? – ***एस. एल. बहुगुणा*** *[UPSC (Pre) 2016]*
- भारत में वन्यजीव संरक्षण अधिनियम किस वर्ष लागू किया गया था? – ***वर्ष*** *1972 [UPPSC (Pre) 2015, MPPSC (Pre) 2016]*
- भारत सरकार द्वारा पर्यावरण का परिरक्षण, अधिनियम कब पारित किया गया था? – ***वर्ष*** *1986 [UPSC (Pre) 2022]*
- भारत में वन संरक्षण अधिनियम कब पारित किया गया? – ***वर्ष*** *1980 [UP Lower Sub (Pre) 2013, UPPSC (Pre) 2017]*
- चमौली के रैणी गाँव में किसके नेतृत्व में वन कटाई के विरोध में आन्दोलन चलाया गया? – ***गौरा देवी*** *[UKPSC (Pre) 2020]*
- भारत में मिट्टी बचाओ आन्दोलन कहाँ से प्रारम्भ हुआ? – ***होशंगाबाद (मध्य प्रदेश)*** *[UPPSC (Pre) 2020]*
- नर्मदा बचाओ आन्दोलन वर्ष 1985 से कौन सम्बन्धित हैं? – ***मेघा पाटेकर*** *[IAS (Pre) 2016]*
- भारत में वन संरक्षण अधिनियम कब पारित किया गया? – ***वर्ष 1980*** *[UP Lower Sub (Pre) 2013; UPPSC (Pre) 2017]*
- चमोली के रैणी गाँव में किसके नेतृत्व में वन कटाई के विरोध में आन्दोलन चलाया गया? – ***गौरा देवी*** *[UKPSC (Pre) 2016]*
- भारत में मिट्टी बचाओं आन्दोलन कहाँ से प्रारम्भ हुआ? – ***थाणे, महाराष्ट्र*** *[UPPSC (Pre) 2020]*
- कौन-सा एक पर्यावरण (संरक्षण) अधिनियम, 1986 के अधीन गठित किया गया है? – ***केन्द्रीय भूजल प्राधिकरण*** *[UPSC (Pre) 2022]*

21. पर्यावरण एवं जलवायु से सम्बन्धित राष्ट्रीय/अन्तर्राष्ट्रीय संगठन एवं सम्मेलन

- वर्ष 1997 में विश्व पर्यावरण सम्मेलन कहाँ आयोजित किया गया था? – *क्योटो में [UKPSC (Pre) 2016]*
- क्योटो प्रोटोकॉल किससे सम्बन्धित है? – *ग्रीन हाउस गैस [MPPSC (Pre) 2014]*
- कार्बन क्रेडिट के दृष्टिकोण की शुरुआत कब हुई? – *क्योटो प्रोटोकॉल से [JPSC (Pre) 2012]*
- कार्टाजेना प्रोटोकॉल का सम्बन्ध है – *जैव सुरक्षा समझौते से [JPSC (Pre) 2016]*
- स्टॉकहोम सम्मेलन का सम्बन्ध है? – *अनवरत जैविक प्रदूषण से [UPPSC (Pre) 2019]*
- मॉण्ट्रियल प्रोटोकॉल का सम्बन्ध है – *ओजोन परत से [UPPSC (Pre) 2019]*
- 50 से अधिक देशों द्वारा समर्पित संयुक्त राष्ट्र का मौसम परिवर्तन समझौता कब प्रभावी हुआ? – *21 मार्च, 1994 [UPPSC (Pre) 2012]*
- वर्ष 2021 में 26वें संयुक्त राष्ट्र जलवायु परिवर्तन सम्मेलन (COP-26) का आयोजन हुआ – *ग्लासगो में [UPPSC (Pre) 2016]*
- संयुक्त राष्ट्र जलवायु कार्यवाही शिखर सम्मेलन 2019 का आयोजन किस शहर में हुआ था ? – *न्यूयॉर्क में [RAS/RTS (Pre) 2013]*
- 'नेट जीरो' का लक्ष्य रखा गया है – *वर्ष 2050 [UPPSC (Pre) 2021]*
- संक्रामक (इन्वेसिव) जीव-जाति (स्पीशीज) विशेषज्ञ समूह किस संगठन से सम्बन्धित हैं? – *अन्तर्राष्ट्रीय प्रकृति संरक्षण संघ [IAS (Pre) 2023]*
- 'मोमेण्टम फॉर चेन्ज- क्लाइमेट न्यूट्रल नाउ' यह पहल जलवायु परिवर्तन का अन्तर- सरकारी पैनल, UNEP सचिवालय UNFCCC सचिवालय और विश्व मौसम संगठन में से किसके द्वारा प्रदर्शित की गई है? – *UNFCCC [UPSC (Pre) 2018]*
- वर्ष 1962 में प्रकाशित पुस्तक 'साइलेण्ट स्प्रिंग' जिससे विश्व के पर्यावरणीय आन्दोलन को गति मिली के लेखक हैं – *रेचल कारसन [UPPSC (Pre) 2020]*
- संयुक्त राष्ट्र संघ के पर्यावरण कार्यक्रम द्वारा जारी वार्षिक 'फ्रण्टियर रिपोर्ट-2022' के अनुसार विश्व का दूसरा सर्वाधिक ध्वनि प्रदूषणयुक्त भारत का कौन-सा शहर है? – *मुरादाबाद [UPPSC (Pre) 2022]*

22. आपदा एवं आपदा प्रबन्धन

- बिहार, उत्तर प्रदेश, गुजरात में से कौन-से राज्य/क्षेत्र भूकम्प के मध्यम क्षति जोखिम के अन्तर्गत आते हैं? – *ये सभी [JPSC (Pre) 2013]*
- भूकम्प के प्रभाव के सन्दर्भ में भूतल पर प्रभाव किस रूप में प्रदर्शित होता है? – *दरारें पड़ने के रूप में [UPPSC (Pre) 2021]*
- भूकम्प के प्रभाव के सन्दर्भ में मानवकृत ढाँचे पर प्रभाव किस रूप में प्रदर्शित होता है? – *आकुंचन के रूप में [UPPSC (Pre) 2021]*
- पूर्व चेतावनी, क्षेत्रीकरण, पुनर्निर्माण और योजना व नीतियों में से कौन-सा आपदा के बाद का उपाय है? – *पुनर्निर्माण [JPSC (Pre) 2021]*
- आपदा प्रबन्धन अधिनियम (एक्ट) कब बनाया गया था? – *वर्ष 2005 [MPPSC (Pre) 2021]*
- भारत में आपदा प्रबन्धन के लिए राष्ट्रीय आपदा प्रबन्धन डिवीजन गृह मन्त्रालय में एक नोडल डिवीजन है। राष्ट्रीय आपदा प्रबन्धन प्राधिकरण का पदेन अध्यक्ष होता है – *प्रधानमन्त्री [UPPSC (Pre) 2021]*
- भोपाल गैस त्रासदी किस वर्ष में हुई? – *वर्ष 1984 [MPPSC (Pre) 2022]*
- भारत का उत्तराखण्ड, हिमाचल प्रदेश, कच्छ, कर्नाटक पठार में से कौन-सा क्षेत्र उच्च तीव्रता की भूकम्पीय मेखला में नहीं आता है? – *कर्नाटक पठार [UPPSC (Pre) 2006, UPPSC (Pre) 2012]*
- भोपाल गैस दुर्घटना का कारण था – *मिथाइल आइसोसायनेट का रिसाव [UPPSC (Pre) 2001, 2008, 2017, MPPSC (Pre) 1991, UP RO/ARO 2014]*
- बंगाल की खाड़ी के तटवर्ती क्षेत्रों में चक्रवात अधिक क्यों आते हैं? – *बंगाल की खाड़ी में अधिक गर्मी के कारण [MPPSC (Pre) 1996]*
- सुनामी की उत्पत्ति किसके द्वारा होती है? – *समुद्र में उत्पन्न होने वाले भूकम्प से [JPSC (Pre) 2013]*
- कौन-से चक्रवात ने नवम्बर-दिसम्बर 2024 में तमिलनाडु के तटीय भाग को प्रभावित किया था? – *फेंगल [MPPSC (Pre) 2025]*
- वर्ष 2004 की सुनामी द्वारा भारत के कौन-सा तट सर्वाधिक दुष्प्रभावित हुआ था? – *कोरोमण्डल तट [UP RO/ARO (Mains) 2014]*
- नेशनल डिजास्टर रिस्पॉन्स फोर्स एकेडमी (राष्ट्रीय आपदा मोचन बल अकादमी) की स्थापना किस शहर में की गई थी? – *नागपुर [MPPSC (Pre) 2025]*
- हुदहुद चक्रवात से भारत का कौन-सा तटीय क्षेत्र प्रभावित हुआ था? – *आन्ध्र प्रदेश तट [MPPSC (Pre) 2016]*

प्रीलिम्स अभ्यास

1. पर्यावरण : सामान्य परिचय

1. किसके अन्तर्गत ग्रहीय पृथ्वी के भौतिक घटकों को शामिल किया जाता है? UPPSC (Pre) 2006

(a) पर्यावरण (b) जैविक संरचना
(c) पर्यावरणीय संरचना (d) भौतिक पर्यावरण

2. किस विद्वान ने कहा है कि ''प्रभावकारी दशाओं का वह सम्पूर्ण योग, जिसमें जीव रहते हैं, वातावरण कहलाता है?''

(a) फिटिंग (b) टॉन्सले
(c) मैकाइवर (d) मेरियम वेबस्टर

3. पर्यावरण की मुख्य विशेषताएँ क्या हैं?

(a) जैविक एवं अजैविक तत्त्वों का योग
(b) जैव-विविधता में पर्यावरण के मुख्य तत्त्व
(c) पर्यावरण अपने जैविक पदार्थों का उत्पादन
(d) उपरोक्त सभी

4. निम्नलिखित कथनों पर विचार कीजिए

1. प्राकृतिक पर्यावरण के अन्तर्गत पृथ्वी पर विद्यमान सभी तत्त्व शामिल हैं।
2. मानव निर्मित पर्यावरण के अन्तर्गत कृषि क्षेत्र, वायु पत्तन एवं अन्तरिक्ष स्टेशन इत्यादि शामिल हैं।
3. सामाजिक पर्यावरण में सांस्कृतिक मूल्य एवं मान्यताओं को शामिल किया जाता है।

उपरोक्त कथनों में से कौन-सा/से कथन सही नहीं है/हैं?

(a) केवल 1 (b) 1 और 2
(c) 2 और 3 (d) 1 और 3

5. स्थलमण्डल से सम्बन्धित सही कथनों पर विचार कीजिए

1. इसके अन्तर्गत केवल मृदा एवं चट्टानें सम्मिलित हैं।
2. यह जीवों के लिए खनिजों का स्रोत होता है।
3. इसके संगठित एवं कठोर भाग को शैल कहते हैं।

कूट

(a) केवल 1 (b) केवल 2
(c) 1 और 2 (d) 2 और 3

6. निम्नलिखित क्षेत्रों में से कहाँ जैवमण्डल नहीं पाया जाता है?

1. ध्रुवीय क्षेत्र
2. भूमध्यरेखीय सदाबहार वन
3. उच्च पर्वतों की चोटियाँ
4. गहन महासागर

कूट

(a) केवल 1
(b) केवल 2
(c) 1, 3 और 4
(d) उपरोक्त सभी

7. सामान्यतः पर्यावरण को निम्न प्रकार से वर्गीकृत किया जा सकता है। निम्नलिखित में से कौन-सा एक इस वर्गीकरण का अंश नहीं है? UPPSC (Pre) 2020

(a) परिचालन पर्यावरण
(b) भौतिक पर्यावरण
(c) सांस्कृतिक पर्यावरण
(d) जैविकीय पर्यावरण

8. निम्नलिखित युग्मों पर विचार कीजिए

1. पराबैंगनी विकिरण UV-C – 280-320 nm
2. पराबैंगनी विकिरण UV-B – 120-200 nm
3. पराबैंगनी विकिरण UV-A – 320-400 nm

उपरोक्त में से कौन-सा/से युग्म सही सुमेलित है/हैं?

(a) केवल 1
(b) केवल 2
(c) 1 और 2
(d) केवल 3

9. निम्नलिखित कथनों पर विचार करें

कथन (A) मानव पर्यावरण का कारक एवं पालक न होकर उसका विनाशक है।

कारण (R) प्राकृतिक संसाधनों की सुलभता, मनुष्य के क्रियाकलापों को प्रभावित करने वाले भौतिक पर्यावरण के पक्षों में सबसे महत्त्वपूर्ण है।

(a) (A) और (R) दोनों सही हैं तथा (R), (A) की सही व्याख्या है।
(b) (A) और (R) दोनों सही हैं, परन्तु (R), (A) की सही व्याख्या नहीं है।
(c) (A) सही है, किन्तु (R) गलत है।
(d) (A) गलत है, किन्तु (R) सही है।

10. वायुमण्डल के स्तरों को सही क्रम में लगाए

1. क्षोभमण्डल
2. समतापमण्डल
3. आयनमण्डल
4. बाह्यमण्डल

कूट

(a) 1, 2, 3, 4 (b) 2, 3, 1, 4
(c) 4, 1, 3, 2 (d) 3, 4, 1, 2

11. निम्नलिखित युग्मों में से कौन-सा/से युग्म सही सुमेलित है/हैं?

गैस	मिश्रण
1. हीलियम	0.002%
2. नीऑन	0.0005%
3. ऑक्सीजन	20.95%
4. नाइट्रोजन	77.1%

कूट

(a) केवल 1 (b) केवल 3
(c) 1 और 3 (d) 2 और 4

2. पारिस्थितिकी एवं पारिस्थितिकी तन्त्र

12. पारिस्थितिकी होती है [HPSC (Pre) 2013, UPRO/ARO (Pre) 2014]

(a) केवल पर्यावरणीय कारकों के कारण
(b) पर्यावरण पर पौधे के प्रभाव के कारण
(c) पादप अनुकूलन के कारण
(d) जीव एवं उनके पर्यावरण के बीच सम्बन्ध के कारण

13. एक जलीय पारिस्थितिकी तन्त्र के तालाब में निम्नलिखित में से किस घटक का प्रतिनिधित्व कवकों, जीवाणुओं एवं फ्लैजेलेट्स के द्वारा किया जाता है? MPPSC (Pre) 2024

(a) स्वपोषी घटक (b) उपभोक्ता
(c) अपघटक (d) अजैविक घटक

14. 'पारिस्थितिकी' शब्द का प्रयोग सर्वप्रथम जर्मन प्राणिशास्त्री अर्नस्ट हैक्कल द्वारा किस वर्ष में किया गया था?

(a) 1865 ई. में (b) 1867 ई. में
(c) 1869 ई. में (d) 1872 ई. में

15. सर्वाधिक स्थायी/स्थिर पारिस्थितिकी तन्त्र निम्नांकित में से कौन-सा है? UPPSC (Pre) 2012, 2013, 2018, MPPSC (Pre) 2023

(a) मरुस्थल (b) पर्वत
(c) महासागर (d) वन

16. किस दक्षिण अफ्रीकी पर्यावरणविद् ने वर्ष 1926 में 'समग्रता' शब्द को लिखा था?
(a) फ्रेडरिक क्लेमेण्ट्स (b) जॉन क्रिस्चन स्मट्स
(c) ई. पी. ओडीम (d) जॉन एफ. टेलर

17. निम्नलिखित में से कौन-सा एक विश्व का विशालतम पारिस्थितिकी तन्त्र है? UPPSC (Pre) 2014
(a) समुद्र (b) घास के मैदान
(c) वन (d) पर्वत

18. निम्नलिखित में से किस पारिस्थितिकी तन्त्र में पौधों का जैविक पदार्थ अधिकतम है? UPPSC (Pre) 2017
(a) उष्णकटिबन्धीय पतझड़ वन
(b) उष्णकटिबन्धीय वर्षा वन
(c) शीतोष्ण पतझड़ वन
(d) रेगिस्तानी झाड़ियाँ

19. समुदायों का पूर्णक्रम, जो क्रमशः एक निश्चित स्थान पर बदलता है, कहलाता है
UPPSC (Pre) 2020
(a) पारिस्थितिकी अनुक्रम
(b) सीयर
(c) समुदाय गतिकी
(d) जैवभार का पिरामिड

20. किसके अनुसार "पारिस्थितिकी तन्त्र एक या एक से अधिक जीवों तथा उनके भौतिक एवं जैविक पर्यावरण की अन्तर्क्रियाओं की प्रणाली को कहते हैं।"
(a) एफ. आर. फॉरेजर (b) आर. एल. लिण्डमैन
(c) पी. हेगेट (d) डब्ल्यू. डब्ल्यू नोवे

21. कौन-से मैंग्रोव, समुद्र के समीप उगते हैं, जिनमें रूपान्तरित जड़ें होती हैं?
(a) काले मैंग्रोव (b) लाल मैंग्रोव
(c) सफेद मैंग्रोव (d) बटनवुड मैंग्रोव

22. निम्नलिखित में से कौन-सा एक पारितन्त्र (इकोसिस्टम) शब्द का सर्वोत्कृष्ट वर्णन है? UPPSC (Pre) 2015
(a) एक-दूसरे से अन्योन्यक्रिया करने वाले जीवों (ऑर्गेनिज्म्स) का एक समुदाय
(b) पृथ्वी का वह भाग जो सजीव जीवों (लिविंग ऑर्गेनिज्म्स) द्वारा आवासित है
(c) जीवों का समुदाय और साथ ही वह पर्यावरण, जिसमें वे रहते हैं
(d) किसी भौगोलिक क्षेत्र के वनस्पतिजात और प्राणिजात

23. पारिस्थितिकी तन्त्र से सम्बन्धित निम्नलिखित कथनों पर विचार कीजिए UP UDA/LDA 2002
1. पारिस्थितिकी तन्त्र शब्द का प्रयोग सर्वप्रथम ए.जी. टॉन्सले ने किया था।
2. जो जीव अपना भोजन स्वयं उत्पादित करते हैं, उन्हें स्वपोषित कहते हैं।
3. प्रकाश संश्लेषण की प्रक्रिया द्वारा उपभोक्ता अपने भोजन का उपयोग करता है।
4. वियोजक अकार्बनिक पदार्थ को कार्बनिक पदार्थ में परिवर्तित करते हैं।

उपरोक्त कथनों में से कौन-से कथन सही हैं?
(a) 1 और 2 (b) 1 और 3
(c) 2 और 4 (d) 3 और 4

24. 'पारिस्थितिकी संवेदी क्षेत्रों' के सन्दर्भ में निम्नलिखित में से कौन-सा/से कथन सही है/हैं? IAS (Pre) 2014
1. पारिस्थितिक संवेदी क्षेत्र वे क्षेत्र हैं, जिन्हें वन्यजीव (संरक्षण) अधिनियम, 1972 के अधीन घोषित किया गया है।
2. पारिस्थितिक संवेदी क्षेत्र को घोषित करने का प्रयोजन है, उन क्षेत्रों में केवल कृषि को छोड़कर सभी मानव क्रियाओं पर प्रतिबन्ध लगाना।

कूट
(a) केवल 1 (b) केवल 2
(c) 1 और 2 (d) इनमें से कोई नहीं

25. नीचे दो वक्तव्य दिए गए हैं, जिसमें एक को अभिकथन (A) और दूसरे को कारण (R) कहा गया है UP RO/ARO 2016, UPPSC (Pre) 2021

अभिकथन (A) पारिस्थितिकी तन्त्र में विविध अवयव आपस में एक-दूसरे पर निर्भर नहीं होते हैं।

कारण (R) मानव क्रियाओं से वातावरण प्रभावित होता है।

कूट
(a) A और R दोनों सही हैं तथा R, A की सही व्याख्या है
(b) A और R दोनों सही हैं, परन्तु R, A की सही व्याख्या नहीं है
(c) A सही है, किन्तु R गलत है
(d) A गलत है, किन्तु R सही है

3. पारिस्थितिकी तन्त्र की कार्यप्रणाली

26. एक मनुष्य के जीवन को पूर्णरूप से धारणीय करने के लिए आवश्यक न्यूनतम भूमि को क्या कहते हैं? UPPSC (Pre) 2012, UP RO/ARO 2016
(a) जीवजात (b) पारिस्थितिकीय पदछाप
(c) जीवोम (d) निकेत

27. पारिस्थितिकी पदछाप के माप की इकाई है UP RO/ARO (Pre) 2016
(a) भूमण्डलीय हेक्टेयर (b) नैनोमीटर
(c) हॉपस क्यूबिक फूट (d) क्यूबिक टन

28. खाद्य-श्रृंखला में मानव है UPPSC (Pre) 2016
(a) एक निर्माता
(b) केवल प्राथमिक उपभोक्ता
(c) केवल द्वितीयक उपभोक्ता
(d) प्राथमिक तथा द्वितीयक उपभोक्ता

29. निम्न में से कौन आहार श्रृंखला का निर्माण करते हैं? CGPSC (Pre) 2015, 2016
(a) घास, गेहूँ तथा आम
(b) घास, बकरी तथा मानव
(c) बकरी, गाय तथा हाथी
(d) घास, मछली तथा बकरा

30. पारितन्त्रों में खाद्य श्रृंखलाओं के सन्दर्भ में निम्नलिखित कथनों पर विचार कीजिए
1. खाद्य-श्रृंखला उस क्रम को निर्देशित करती है, जिससे जीवों की एक श्रृंखला एक-दूसरे के आहार द्वारा पोषित होती है।
2. खाद्य श्रृंखला एक जाति की समष्टि के अन्तर्गत पाई जाती है।
3. खाद्य श्रृंखला उस प्रत्येक जीव की संख्याओं, जो दूसरे के द्वारा खाई जाती है, का निदर्शन करती है। IAS (Pre) 2013

उपरोक्त में से कौन-सा/से कथन सही है/हैं?
(a) केवल 1
(b) 1 और 2
(c) 1, 2 और 3
(d) उपरोक्त में से कोई नहीं

31. प्रथम पोषक स्तर के अन्तर्गत आते हैं MPPSC (Pre) 2016
(a) शाकाहारी जन्तु
(b) मांसाहारी जन्तु
(c) सर्वभक्षी जन्तु
(d) हरित पादप

32. 10 प्रतिशत नियम किससे सम्बन्धित है? CGPSC (Pre) 2016
(a) ऊर्जा का खाद्य के रूप में एक पोषी स्तर से दूसरे पोषी स्तर तक पहुँचना
(b) ऊष्मा का एक पदार्थ से दूसरे पदार्थ में पहुँचना
(c) पक्षियों का एक क्षेत्र से दूसरे क्षेत्र में पहुँचना
(d) पानी का एक जोन से दूसरे जोन में पहुँचना
(e) उपरोक्त में से कोई नहीं

33. पारितन्त्र में खाद्य-श्रृंखलाओं के सन्दर्भ में, निम्नलिखित में से किस प्रकार का/के जीव अपघटक जीव कहलाता/कहलाते हैं? UPPSC (Pre) 2013
1. विषाणु 2. कवक
3. जीवाणु

कूट
(a) केवल 1 (b) 2 और 3
(c) 1 और 3 (d) ये सभी

34. पारिस्थितिकी तन्त्र के सन्दर्भ में निम्नलिखित कथनों पर विचार कीजिए **UP RO/ARO 2017**

1. स्वपोषी (स्वपोषणज) स्तर पर उत्पादन को प्राथमिक उत्पादकता कहा जाता है।
2. द्वितीय उत्पादकता का सन्दर्भ परपोषी (विषमपोषणज) स्तर के उत्पादन से है।

उपरोक्त कथनों में से कौन-सा/से कथन सही कथन है/हैं?

(a) केवल 1 (b) केवल 2
(c) 1 और 2 (d) न तो 1 और न ही 2

35. निम्नलिखित में से कौन-सा एक समुद्री आहार श्रृंखला का सही क्रम है? **IAS (Pre) 2014**

(a) डायटम-क्रस्टेशियाई-हेरिंग
(b) क्रस्टेशियाई-डायटम-हेरिंग
(c) डायटम-हेरिंग-क्रस्टेशियाई
(d) क्रस्टेशियाई-हेरिंग-डायटम

36. निम्नलिखित में से कौन-से जीव अपरदाहारी (डेट्राइटिवोर) हैं? **IAS (Pre) 2021**

1. केंचुआ (अर्थवॉर्म)
2. जेलीफिश (जेलीफिश)
3. सहस्रपादी (मिलीपीड)
4. समुद्री घोड़ा (सीहॉर्स)
5. काष्ठ यूका (वुडलाइस)

कूट

(a) 1, 2 और 4 (b) 2, 3, 4 और 5
(c) 1, 3 और 5 (d) ये सभी

37. पारितन्त्र उत्पादकता के सन्दर्भ में समुद्री उत्प्रवास (अपवेलिंग) क्षेत्र इसलिए महत्त्वपूर्ण है, क्योंकि ये निम्नलिखित माध्यम/माध्यमों से समुद्री उत्पादकता बढ़ाते हैं **IAS (Pre) 2011**

1. अपघटक सूक्ष्म जीवियों को सतह पर लाकर
2. पोषकों को सतह पर लाकर
3. अधस्थली जीवों को सतह पर लाकर

उपरोक्त कथनों में से कौन-सा/से कथन सही है/हैं?

(a) 1 और 2 (b) केवल 2
(c) 2 और 3 (d) केवल 3

38. कथन (A) भोजन जालों की विविधता वृद्धि पारिस्थितिकी तन्त्र की स्थिरता को बढ़ावा देती है।
कारण (R) वह पारिस्थितिकी तन्त्र की समुत्थान शक्ति को बढ़ाती है। **UPPSC (Pre) 2001**

कूट

(a) A और R दोनों सही हैं तथा R, A की सही व्याख्या करता है
(b) A और R दोनों सही हैं, परन्तु R, A की सही व्याख्या नहीं करता है
(c) A सही है, किन्तु R गलत है
(d) A गलत हैं, किन्तु R सही है

39. किसी भी पारिस्थितिक तन्त्र में ऊर्जा का पिरामिड होता है **MPPSC (Pre) 2020**

(a) हमेशा सीधा
(b) शायद सीधा और उल्टा
(c) हमेशा उल्टा
(d) उपरोक्त में से कोई नहीं

40. दो भिन्न समुदायों के बीच का संक्रान्ति क्षेत्र कहलाता है **UPPSC (Pre) 2012, UKPSC (Pre) 2022**

(a) इकोटाइप (b) ईकेड
(c) इकोस्फीयर (d) इकोटोन

41. पारिस्थितिक निकेत के सन्दर्भ में निम्नलिखित कथनों में से कौन-सा/से कथन सही है/हैं? **UPPSC (Pre) 2022**

1. यह उन स्थितियों की श्रेणी का प्रतिनिधित्व करता है, जो संसाधनों के उपयोग और पारिस्थितिकी तन्त्र में उसकी कार्यात्मक भूमिका को सहन कर सकती है।
2. प्रत्येक प्रजाति का एक अलग स्थान होता है।

कूट

(a) केवल 1 (b) 1 और 2
(c) केवल 2 (d) न तो 1 और न ही 2

4. पारिस्थितिकी तन्त्र में पदार्थों का संचरण

42. एक पारिस्थितिकी तन्त्र के विभिन्न घटकों से होकर पोषक तत्त्वों का गुजरना कहलाता है **UPPSC (Pre) 2020**

(a) जैव भू-रसायन चक्र
(b) जैव भू-गर्भिक चक्र
(c) पारिस्थितिकी अनुक्रम
(d) जैविक चक्र

43. पारिस्थितिकी तन्त्र में तत्त्वों के चक्रण को क्या कहते हैं? **UPPSC (Pre) 2012**

(a) रासायनिक चक्र
(b) जैव भू-रासायनिक चक्र
(c) भू-वैज्ञानिक चक्र
(d) भू-रासायनिक चक्र

44. किसके अनुसार "जीव द्रव्य के सभी तत्त्वों सहित, रासायनिक तत्त्व जैवमण्डल में चक्रीय पथ पर पर्यावरण से जीवों एवं जीवों से पर्यावरण की ओर वापस जाते हैं, क्योंकि ये लगभग पूर्णतया चक्रीय पथ पर आगे बढ़ते हैं।"

(a) डी. वी. बोलकिन (b) पी. ए. फर्ले
(c) ई. ए. कीलर (d) ई. पी. ओडम

45. निम्नलिखित में से कौन-सी प्रक्रिया पोषण से सम्बन्धित नहीं है?

(a) अन्तर्ग्रहण (b) स्वांगीकरण
(c) निष्कासन (d) अभिमार्जन

46. सौर विकिरण की सबसे महत्त्वपूर्ण भूमिका है **UPPSC (Pre) 2000, UP Lower Sub (Spl (Pre) 2004**

(a) कार्बन-चक्र में (b) हाइड्रोजन-चक्र में
(c) जल-चक्र में (d) नाइट्रोजन-चक्र में

47. निम्नलिखित में से कौन-सा पृथ्वी के कार्बन-चक्र में कार्बन डाइ-ऑक्साइड की मात्रा को नहीं बढ़ाता है? **IAS (Pre) 2011, UPPSC (Pre) 2012, 2014**

(a) श्वसन
(b) प्रकाश-संश्लेषण
(c) जैविक पदार्थों का क्षय
(d) ज्वालामुखी क्रिया

48. निम्नलिखित में से कौन-सा जैविक नाइट्रोजन निर्धारण से सम्बन्धित है? **UPPSC (Pre) 2020**

(a) लाल शैवाल (b) भूरा शैवाल
(c) हरा शैवाल (d) नीला-हरा शैवाल

49. किस भू-रासायनिक चक्र के तत्त्व का विशाल भण्डार मिट्टी एवं अवसादों के अन्दर है, जहाँ वह कार्बनिक एवं अकार्बनिक रूप में पाई जाती है?

(a) नाइट्रोजन-चक्र (b) जलीय-चक्र
(c) कार्बन-चक्र (d) सल्फर-चक्र

50. निम्नलिखित में से कौन-से नाइट्रोजन यौगिकीकरण पादप हैं? **IAS (Pre) 2022**

1. अल्फाल्फा 2. चौलाई (ऐमरंथ)
3. चना (चिक-पी) 4. तिपतिया घास (क्लोवर)
5. कुलफा (पर्सलेन) 6. पालक

कूट

(a) 1, 3 और 4
(b) 1, 3, 5 और 6
(c) 2, 4, 5 और 6
(d) 1, 2, 4, 5 और 6

51. निम्नलिखित जैव भू-रासायनिक चक्रों में से किसमें चट्टानों का अपक्षय चक्र में प्रवेश करने वाले पोषक तत्त्व के निर्मुक्त होने का मुख्य स्रोत है? **IAS (Pre) 2021**

(a) कार्बन-चक्र (b) नाइट्रोजन-चक्र
(c) फॉस्फोरस-चक्र (d) सल्फर-चक्र

5. जैवमण्डल तथा बायोम

52. सामान्य रूप से पृथ्वी की सतह के चारों ओर व्याप्त आवरण, जिसके अन्तर्गत पौधों एवं जन्तुओं का जीवन सम्भव होता है, को कहा जाता है

(a) जैवमण्डल/जीवमण्डल
(b) संरक्षितमण्डल
(c) स्थलमण्डल
(d) पशुमण्डल

53. निम्नलिखित में कौन मानवजनित जीवोम का एक उदाहरण है? **UPPSC (Pre) 2018**

(a) जलतन्त्र (b) घास का मैदान
(c) वर्षा वन (d) फसली भूमि

54. पृथ्वी के कौन-से परिमण्डल हैं, जो जैवमण्डल क्षेत्र का निर्माण करते हैं?

(a) स्थलमण्डल (b) वायुमण्डल
(c) जलमण्डल (d) ये सभी

55. किसके अनुसार "पृथ्वी के समस्त जीवधारी प्राणी एवं वह पर्यावरण जिसमें इन जीवों की पारस्परिक क्रिया होती है, जैवमण्डल कहलाता है"?

(a) ई. पी. ओडम
(b) जी. ए. मूरे
(c) मॉकहाउस
(d) क्रो एण्ड क्रो

56. घास स्थलों में वृक्ष पारिस्थितिकी अनुक्रमण के अंश के रूप में किस कारण घासों को प्रतिस्थापित नहीं करते हैं? **IAS (Pre) 2013**

(a) कीटों एवं कवकों के कारण
(b) सीमित सूर्य के प्रकाश एवं पोषक तत्त्वों की कमी के कारण
(c) जल की सीमाओं एवं आग के कारण
(d) उपरोक्त में से कोई नहीं

57. निम्नलिखित में से किसका उपयोग प्राकृतिक मच्छर प्रतिकर्षी तैयार करने में किया जाता है? **IAS (Pre) 2021**

(a) कांग्रेस घास (b) एलिफेण्ट घास
(c) लेमन घास (d) नट घास

58. निम्नलिखित युग्मों पर विचार कीजिए **UPSC (Pre) 2024**

	देश	अपने प्राकृतिक आवास में पाए जाने वाले जन्तु
1.	ब्राजील	इण्ड्री
2.	इण्डोनेशिया	एल्क
3.	मेडागास्कर	बोनोबो

उपरोक्त युग्मों में से कितने युग्म सही सुमेलित हैं?

(a) केवल एक
(b) केवल दो
(c) सभी तीन
(d) उपरोक्त में से कोई नहीं

59. प्रकृति में निम्नलिखित में से किस जीव का/किन जीवों के मृदाविहीन सतह पर जीवित पाए जाने की सर्वाधिक सम्भावना है? **UPPSC (Pre) 2021**

1. फर्न 2. लाइकेन
3. मॉस 4. छत्रक (मशरूम)

कूट

(a) 1 और 4 (b) केवल 2
(c) 2 और 3 (d) 1, 3 और 4

60. निम्नलिखित क्षेत्रों में से एक में विश्व की सबसे बड़ी उष्णकटिबन्धीय पीट-भूमि है, जो जीवाश्म ईंधन से होने वाले लगभग तीन वर्ष के वैश्विक कार्बन उत्सर्जन को धारण करता है और जिसके सम्भाव्य विनाश से वैश्विक जलवायु पर प्रतिकूल प्रभाव पड़ सकता है। निम्नलिखित में से कौन-सा उस क्षेत्र को घोषित करता है?

(a) अमेजन बेसिन **UPSC (Pre) 2024**
(b) कांगो बेसिन
(c) किकोरी बेसिन
(d) रियो-डे-ला प्लाटा बेसिन

61. मरुस्थल क्षेत्रों में जल ह्रास को रोकने के लिए निम्नलिखित में से कौन-सा/से पर्ण रूपान्तरण होता है/होते हैं? **IAS (Pre) 2018**

1. कठोर एवं मोमी पर्ण
2. लघु पर्ण अथवा पर्णहीनता
3. पर्ण की जगह काँटे

कूट

(a) 1 और 2 (b) केवल 2
(c) 1 और 3 (d) ये सभी

62. यदि उष्णकटिबन्धीय वर्षा वन काट दिये जाएँ, तो वे उष्णकटिबन्धीय पर्णपाती वनों की तुलना में शीघ्र पुनर्योजित नहीं हो पाते हैं इसका कारण है— **IAS (Pre) 2011**

(a) उष्णकटिबन्धीय वर्षा वन की मृदा में पोषक तत्त्वों का अभाव होता हैं
(b) उष्णकटिबन्धीय वर्षा वन में वृक्षों के प्रवर्ध्यों की जीवन क्षमता दुर्बल होती है।
(c) उष्णकटिबन्धीय वर्षा वन की प्रजातियाँ धीमी गति से बढ़ती है।
(d) विदेशज प्रजातियाँ वर्षा वन की उर्वर मृदा पर अतिक्रमण कर जाती है।

63. 'पत्ती-कूड़ा, (लीफ लिटर) किसी अन्य जीवोम (बायोम) की तुलना में तेजी से विघटित होता है और इसके परिणामस्वरूप मिट्टी की सतह प्राय: अनावृत्त होती है। पेड़ों के अतिरिक्त, वन में विविध प्रकार के पौधे होते हैं, जो आरोहण के द्वारा या अधिपादप (एपिफाइट) के रूप में पनपकर पेड़ों के शीर्ष तक पहुँचकर प्रतिस्थ होते हैं और पेड़ों की ऊपरी शाखाओं में जड़े जमाते हैं।' यह किसका सबसे अधिक सटीक विवरण है? **UPSC (Pre) 2021**

(a) शंकुधारी वन
(b) शुष्क पर्णपाती वन
(c) गरान (मैंग्रोव) वन
(d) उष्ण कटिबन्धीय वर्षा वन

6. जैव-विविधता की अवधारणा

64. जैव-विविधता का अर्थ है **UPPSC (Pre) 2014, UP RO/ARO (Mains) 2014**

(a) विभिन्न प्रकार के पादप एवं वनस्पति
(b) विभिन्न प्रकार के जन्तु
(c) एक निर्धारित क्षेत्र में विभिन्न प्रकार के पादप एवं जन्तु
(d) विभिन्न पारिस्थितिकी तन्त्र के पादप एवं जन्तु

65. निम्नलिखित में से किसने सर्वप्रथम बायोडायवर्सिटी शब्द का प्रयोग किया था? **UPPSC (Pre) 2013, CGPSC (Pre) 2019**

(a) सी. जो. बैरो
(b) डी. कास्त्री
(c) वाल्टर जी. रोसेन
(d) डी. आर. बैटिश

66. जैव-विविधता बहुतायत में मिलती है **HPPSC (Pre) 2017**

(a) विकासशील देशों में (b) विकसित देशों में
(c) दोनों में समान (d) इनमें से कोई नहीं

67. जैव-विविधता का सबसे महत्त्वपूर्ण पहलू है? **UPPSC (Pre) 2015**

(a) भोजन
(b) औषधि
(c) औद्योगिक उपयोग
(d) पारिस्थितिकी तन्त्र का निर्वहन

68. निम्नलिखित पारिस्थितिकी तन्त्रों में किसमें प्रजातीय विविधता सापेक्षत: अधिक होती है? **UPPSC (Pre) 2012, 2016, 2018**

(a) गहरे समुद्र (b) उष्णकटिबन्धीय वर्षा वन
(c) कोरल (d) मरुस्थल

69. निम्नलिखित में से किनमें प्रवाल भित्तियाँ हैं? **IAS (Pre) 2014**

1. अण्डमान-निकोबार द्वीपसमूह
2. कच्छ की खाड़ी
3. मन्नार की खाड़ी
4. सुन्दरबन

उपरोक्त कथनों में से कौन-से कथन सही हैं?

(a) 1, 2 और 3 (b) 2 और 4
(c) 1 और 4 (d) ये सभी

70. किस संस्था ने जलवायु परिवर्तन और जैव-विविधता की हानि के नियंत्रण हेतु प्रकृति पुन: स्थापन विधि (नेचर रेस्टोरेशन लॉ (NRL)) अधिनियमित की? **IAS (Pre) 2025**

(a) यूरोपीय संघ
(b) विश्व बैंक
(c) आर्थिक सहयोग और विकास संगठन
(d) खाद्य और कृषि संगठन

71. निम्नलिखित कथनों में से कौन-सा सही नहीं है? UPPSC (Pre) 2019

(a) भूमध्य रेखा से ध्रुवों की ओर जाति विविधता में वृद्धि होती है
(b) उष्णकटिबन्धीय, शीतोष्ण क्षेत्रों की अपेक्षा अधिक जातियों को आश्रय देते हैं
(c) विशालतम जैव-विविधता अमेजनी वर्षा वनों में पाई जाती है
(d) जाति विविधता शीतोष्ण क्षेत्रों से ध्रुवों की ओर घटती जाती है

72. जैव-विविधता में परिवर्तन होता है UPPSC (Pre) 2019

(a) भूमध्य रेखा की ओर बढ़ती है
(b) भूमध्य रेखा की ओर घटती है
(c) पृथ्वी पर एक समान रहती है
(d) ध्रुवों की ओर बढ़ती है

73. जैव-विविधता मापने के गणितीय सूचकांकों में से कौन-सा एक स्थानीय स्तर पर किसी समुदाय/आवासीय क्षेत्र में मध्य प्रजाति विविधता को दर्शाता है? RAS/RTS (Pre) 2018

(a) अल्फा सूचकांक (b) बीटा सूचकांक
(c) गामा सूचकांक (d) इनमें में कोई नहीं

74. नीचे दो कथन दिए गए हैं, जिनमें एक को कथन (A) तथा दूसरे का कारण (R) कहा गया है UPPSC (Pre) 2019

कथन (A) उष्णकटिबन्धीय देशों में तितलियों की प्रजातियाँ सर्वाधिक संख्या में पाई जाती हैं।

कारण (R) तितलियाँ कम तापमान में नहीं रह सकती हैं।

कूट

(a) (A) और (R) दोनों सही हैं तथा (R), (A) की सही व्याख्या है
(b) (A) और (R) दोनों सही हैं, परन्तु (R), (A) की सही व्याख्या नहीं है
(c) (A) सही है, किन्तु (R) गलत है
(d) (A) गलत है, किन्तु (R) सही है

75. निम्न में से कौन एक प्रवाल विरंजन का सबसे अधिक प्रभावी कारक है? UPPSC (Pre) 2012, 2014

(a) सागरीय प्रदूषण
(b) सागरों की लवणता में वृद्धि
(c) सागरीय जल के सामान्य तापमान में वृद्धि
(d) रोगों एवं महामारियों का फैलना

76. जैव-विविधता के ह्रास का मुख्य कारण है UPPSC (Pre) 2016, UPPSC (Pre) 2015, UPPSC (Mains) 2002

(a) आवासीय प्रदूषण
(b) विदेशज प्रजातियों का समावेश
(c) अत्यधिक दोहन
(d) प्राकृतिक आवासीय विनाश

77. निम्नलिखित में से कौन-सा एक वन्य प्राणियों के विलुप्तीकरण का प्रमुख कारण नहीं है? UPPSC (Pre) 2020

(a) प्राकृतिक आवास का नष्ट होना
(b) जंगलों में आग लगा देना
(c) वन्यप्राणियों का अवैध वाणिज्यिक व्यापार
(d) जनसंख्या की तीव्र वृद्धि

78. निम्नलिखित में से कौन-से किसी प्रदेश की जैव-विविधता के लिए संकट हो सकते हैं? IAS (Pre) 2012, RAS/RTS (Pre) 2016

1. भूमण्डलीय तापन
2. प्राकृतिक वास का विखण्डन
3. विदेशी प्रजातियों का आक्रमण
4. शाकाहार को प्रोत्साहन

कूट

(a) 1, 2 और 3
(b) 2 और 3
(c) 1 और 4
(d) 2, 3 और 4

7. जैव-विविधता का संरक्षण

79. राष्ट्रीय उद्यानों में आनुवंशिक विविधता का रख-रखाव किया जाता है UPPSC (Pre) 2023

(a) इन-सीटू संरक्षण द्वारा
(b) एक्स-सीटू संरक्षण द्वारा
(c) जीन पुल द्वारा
(d) उपरोक्त में से कोई नहीं

80. निम्नलिखित में से कौन-सा नेशनल पार्क पूर्णतया शीतोष्ण अल्पाइन कटिबन्ध उत्तराखण्ड में स्थित है? IAS (Pre) 2019

(a) मानस नेशनल पार्क
(b) नामदफा नेशनल पार्क
(c) नेओरा घाटी नेशनल पार्क
(d) फूलों की घाटी नेशनल पार्क

81. निम्नलिखित में से कौन-सा युग्म सही सुमेलित नहीं है? MPPSC (Pre) 2020

(a) अंशी राष्ट्रीय उद्यान - कर्नाटक
(b) बालपक्रम राष्ट्रीय उद्यान - मेघालय
(c) चन्दोली राष्ट्रीय उद्यान - गुजरात
(d) हेमिस राष्ट्रीय उद्यान - लद्दाख

82. मिजोरम में स्थित फावंगपुई राष्ट्रीय उद्यान को किस अन्य नाम से भी जाना जाता है? MPPSC (Pre) 2021

(a) काला पर्वत उद्यान
(b) नीला पर्वत उद्यान
(c) पीला पर्वत उद्यान
(d) मिजो हिल्स उद्यान

83. निम्नलिखित कथनों को पढ़िए तथा सही विकल्प को चुनिए CGPSC (Pre) 2020, 2021

कथन

I. कांगेर घाटी एक राष्ट्रीय उद्यान है।
II. कांगेर घाटी एक जीवमण्डल संरक्षण क्षेत्र (बायोस्फियर रिजर्व) नहीं है।
III. कांगेर घाटी तीरथगढ़ जलप्रपात से आरम्भ होकर पूर्व में ओडिशा की सीमा कोलाब नदी तक विस्तृत है।

कूट

(a) कथन I, II और III सभी सही हैं
(b) कथन I, II और III सभी गलत हैं
(c) कथन I और III सही हैं, किन्तु कथन II गलत है
(d) कथन I और II सही हैं, किन्तु कथन III गलत है

84. निम्नलिखित कथनों पर विचार कीजिए HPPSC (Pre) 2024

1. सिमलीपाल आरक्षित जैवमण्डल तमिलनाडु में स्थित है।
2. पन्ना आरक्षित जैवमण्डल मध्य प्रदेश में स्थित है।
3. भद्रक मैंग्रोव का सम्बन्ध ओडिशा से है।
4. कच्छ की खाड़ी में भारत का सबसे बड़ा मैंग्रोव है।

नीचे दिए गए विकल्पों में से सही उत्तर का चुनाव कीजिए

(a) 1 और 2 (b) 1 और 4
(c) 2 और 4 (d) 2 और 3

85. निम्नलिखित में से कौन-सा समुद्री जैव-विविधता के दृष्टिकोण से दुनिया का सबसे समृद्ध क्षेत्र है, जिसमें ज्वारनदमुख, समुद्र तट, निकट-तटीय पर्यावरण के जंगल, समुद्री घास, प्रवाल भित्तियाँ, नमक दलदल और मैंग्रोव के साथ इक्कीस द्वीप शामिल हैं? BPSC (Pre) 2023

(a) मन्नार की खाड़ी बायोस्फीयर रिज़र्व
(b) नन्दा देवी बायोस्फीयर रिज़र्व
(c) सुन्दरबन बायोस्फीयर रिज़र्व
(d) नीलगिरि बायोस्फीयर रिज़र्व

86. निम्नलिखित में से कौन-से अगस्त्यमाला जैवमण्डल रिजर्व में आते हैं? IAS (Pre) 2020

(a) नेय्यार, पेप्पारा और शेन्दुर्नी वन्यप्राणी अभयारण्य और कलाकड़ मुन्दनथुराई बाघ रिजर्व
(b) मुदुमलाई, सत्यमंगलम् और वायनाड वन्यप्राणी अभयारण्य और साइलेण्ट वैली नेशनल पार्क
(c) कौडिन्य, गुण्डला ब्रह्मबलेश्वरम् और पापीकोण्डा वन्यप्राणी अभयारण्य और मुकुर्थी नेशनल पार्क
(d) कावल और श्रीवेण्कटेश्वर वन्यप्राणी अभयारण्य और नागार्जुनसागर श्रीशैलम बाघ रिजर्व

87. वन्यजीव संरक्षण के बारे में भारतीय विधियों के सन्दर्भ में, निम्नलिखित कथनों पर विचार कीजिए UPPSC (Pre) 2022

1. वन्यजीव, एकमात्र सरकार की सम्पत्ति है।
2. जब किसी वन्यजीव को संरक्षित घोषित किया जाता है, तो यह जीव चाहे संरक्षित क्षेत्र में हो या उससे बाहर, समान संरक्षण का हकदार है।
3. किसी संरक्षित वन्यजीव के मानव जीवन के लिए खतरा बन जाने की आशंका उस जीव को पकड़ने या मार दिए जाने का पर्याप्त आधार है।

उपरोक्त कथनों में से कौन-सा/से कथन सही है/हैं?

(a) 1 और 2
(b) केवल 2
(c) 1 और 3
(d) केवल 3

88. सूची I को सूची II से सुमेलित कीजिए तथा सूचियों के नीचे दिए गए कूट से सही उत्तर चुनिए UPPSC (Pre) 2022

सूची I (जैव-आरक्षित क्षेत्र)	सूची II (राज्य)
A. मानस	1. मध्य प्रदेश
B. सुन्दरबन	2. उत्तर प्रदेश (उत्तराखण्ड)
C. नन्दा देवी	3. असम
D. पचमढ़ी	4. पश्चिम बंगाल

कूट

	A	B	C	D		A	B	C	D
(a)	3	4	2	1	(b)	4	3	2	1
(c)	1	2	3	4	(d)	2	1	3	4

89. निम्नलिखित युग्मों पर विचार कीजिए IAS (Pre) 2022

	आर्द्रभूमि/झील		अवस्थान
1.	होकेरा आर्द्रभूमि	–	पंजाब
2.	रेणुका आर्द्रभूमि	–	हिमाचल प्रदेश
3.	रुद्रसागर झील	–	त्रिपुरा
4.	सस्थामकोट्टा	–	तमिलनाडु

उपरोक्त युग्मों में से कौन-सा युग्म सही सुमेलित है?

(a) केवल एक युग्म (b) दो युग्म
(c) तीन युग्म (d) चार युग्म

90. प्वॉइण्ट कैलिमियर वन्यजीव और पक्षी अभयारण्य रामसर आर्द्रभूमि स्थल भारत के किस राज्य में स्थित है? UP RO/ARO (Mains) 2021

(a) केरल (b) तमिलनाडु
(c) कर्नाटक (d) आन्ध्र प्रदेश

91. 'रामसर सम्मेलन' सम्बन्धित है UP RO/ARO 2016, UP RO/ARO (Pre) 2016 UKPSC (Pre) 2021

(a) जलवायु परिवर्तन से
(b) कीटनाशक प्रदूषण से
(c) ओजोन परत क्षरण से
(d) आर्द्रभूमि संरक्षण से

92. अन्तर्राष्ट्रीय संस्था WWF (प्रकृति हेतु विश्व व्यापक कोष) का प्रतीक चिह्न है UKPSC (Pre) 2022

(a) एशियाई शेर
(b) महाकाय पाण्डा
(c) कस्तूरी मृग
(d) भारतीय जंगली गधा

93. 'रेड डाटा बुक' का सम्बन्ध है UPPSC (Pre) 2016, CGPSC (Pre) 2019, UPPSC (Mains) 2002

(a) जैव-विविधता के बारे में तथ्यों से
(b) विलुप्ति के संकट से ग्रस्त जीव-जन्तुओं से
(c) वृक्षारोपण से
(d) तस्करों द्वारा वन्य प्राणियों के अवैध शिकार से

94. जंगली हाथियों को रेलवे ट्रैक से दूर रखने के लिए पूर्वोत्तर सीमान्त रेलवे द्वारा अपनाई गई अनूठी रणनीति का नाम बताइए UKPSC (Pre) 2022

(a) प्लान फ्ली (b) प्लान बी
(c) प्लान टी (d) प्लान स्वीप

95. निम्नलिखित घटनाओं को उनके प्रारम्भ के कालानुक्रम में व्यवस्थित कीजिए IAS (Pre) 2019, 2020

1. प्रोजेक्ट टाइगर
2. प्रोजेक्ट हाथी
3. वन्यजीव संरक्षण अधिनियम
4. जैव-विविधता अधिनियम

कूट

(a) 1, 2, 3, 4 (b) 2, 1, 4, 3
(c) 3, 1, 2, 4 (d) 3, 4, 1, 2

96. 'गैंगेटिक डॉल्फिन' के सम्बन्ध में निम्नलिखित कथनों पर विचार कीजिए BPSC (Pre) 2023

1. गंगा नदी की डॉल्फिन को आई.यू.सी.एन. की रेड लिस्ट के अन्तर्गत 'लुप्तप्राय' जीव के रूप में वर्गीकृत किया गया है?
2. इसमें कोई क्रिस्टलीय क्षेत्र लेंस नहीं है, जो इसे प्रभावी रूप से अन्धा बना देता है।
3. यह इकोलोकेशन का उपयोग कर आगे बढ़ती है और शिकार करती है।
4. इसे भारत के राष्ट्रीय जलीय जीव के रूप में मान्यता दी गई है।

उपरोक्त में से कौन-से कथन सही हैं?

(a) 1, 2 और 4 (b) 2, 3 और 4
(c) 1, 3 और 4 (d) ये सभी

97. निम्नलिखित कथनों पर विचार कीजिए IAS (Pre) 2019

1. एशियाई शेर प्राकृतिक रूप से केवल भारत में पाया जाता है।
2. दो-कूबड़ वाला ऊँट प्राकृतिक रूप से केवल भारत में पाया जाता है।
3. एक सींग वाला गैण्डा प्राकृतिक रूप से केवल भारत में पाया जाता है।

उपरोक्त में से कौन-सा/से कथन सही है/हैं?

(a) केवल 1 (b) केवल 2
(c) 1 और 3 (d) 1, 2 और 3

98. निम्नलिखित सूची I को सूची II से सुमेलित कीजिए HPPSC (Pre) 2020

सूची I	सूची II
A. विलुप्त प्राय प्रजाति	1. मरुस्थलीय भेड़ और हार्नबिल
B. असुरक्षित प्रजाति	2. नीली भेड़
C. दुर्लभ प्रजाति	3. लॉइन टेल मैकेक
D. विलुप्त प्रजाति	4. गुलाबी सिर वाली बत्तख

कूट

	A	B	C	D		A	B	C	D
(a)	3	1	4	2	(b)	3	2	1	4
(c)	2	1	4	3	(d)	4	3	1	2

99. यदि किसी पौधे की विशिष्ट जाति को वन्यजीव सुरक्षा अधिनियम, 1972 की अनुसूची VI में रखा गया है, तो इसका क्या तात्पर्य है? IAS (Pre) 2020

(a) उस पौधे की खेती करने के लिए लाइसेन्स की आवश्यकता है
(b) ऐसे पौधे की खेती किसी भी परिस्थिति में नहीं हो सकती
(c) यह एक आनुवंशिकत: रूपान्तरित फसली पौधा है
(d) ऐसा पौधा आक्रामक होता है और पारितन्त्र के लिए हानिकारक होता है

100. निम्नलिखित कथनों पर विचार कीजिए HPSC (Pre) 2024

1. त्रावणकोर कृषि जैव-विविधता हॉटस्पॉट राजस्थान से सम्बन्धित है।
2. कोंकण कृषि जैव-विविधता हॉटस्पॉट महाराष्ट्र और गोआ में स्थित है।
3. खेती वाले पौधों का राष्ट्रीय पादपालय नई दिल्ली में है।
4. त्रिवेणी कृषि जैव-विविधता हॉटस्पॉट असम से सम्बन्धित है।

नीचे दिए गए विकल्पों में से सही उत्तर का चुनाव कीजिए

(a) 1 और 2 (b) 2 और 3
(c) 3 और 4 (d) 1 और 4

8. पर्यावरण प्रदूषण

101. मानव गतिविधियों से परिवर्तित पर्यावरण कहलाता है UPPSC (Pre) 2019
(a) नैसर्गिक पर्यावरण (b) एन्थ्रोपोजेनिक पर्यावरण
(c) शहरी पर्यावरण (d) आधुनिक पर्यावरण

102. पर्यावरण संरक्षण एजेन्सी (EPA) के अनुसार निम्नलिखित में से कौन-सा सल्फर डाइ-ऑक्साइड उत्सर्जनों का सबसे बड़ा स्रोत है? UPSC (Pre) 2024
(a) जीवाश्म ईंधनों का उपयोग करने वाले रेल इंजन (लोकोमोटिव)
(b) जीवाश्म ईंधनों का उपयोग करने वाले जहाज
(c) अयस्कों से धातुओं का निष्कर्षण
(d) जीवाश्म ईंधनों का उपयोग करने वाले विद्युत संयन्त्र

103. वर्ष 2024 की वायु गुणवत्ता रिपोर्ट के अनुसार भारत का सबसे प्रदूषित शहर कौन-सा है? HPPSC (Pre) 2024
(a) गुवाहाटी (b) सहरसा
(c) बेगूसराय (d) कठहार

104. वायु (संरक्षण एवं प्रदूषण नियन्त्रण) अधिनियम किस वर्ष बना था? UKPSC (Pre) 2022
(a) वर्ष 1980 (b) वर्ष 1974
(c) वर्ष 1981 (d) वर्ष 1986

105. वायु प्रदूषण हेतु सितम्बर, 2018 में वायु (वी.ए.वाई.यू.) प्रणाली का शुभारम्भ किस नगर/राज्य में किया गया? BPSC (Pre) 2018
(a) चेन्नई (b) अमृतसर
(c) दिल्ली (d) वाराणसी
(e) इनमें से कोई नहीं/इनमें से एक से अधिक

106. निम्नलिखित में कौन द्वितीयक प्रदूषक है? UPPSC (Pre) 2018
(a) स्मॉग
(b) कार्बन डाइ-ऑक्साइड
(c) कार्बन मोनो-ऑक्साइड
(d) फ्लाई ऐश

107. राष्ट्रीय स्वच्छ वायु कार्यक्रम केन्द्र सरकार द्वारा किस वर्ष में प्रारम्भ किया गया? UPPSC (Pre) 2020
(a) वर्ष 2018 (b) वर्ष 2017
(c) वर्ष 2020 (d) वर्ष 2019

108. निम्न में से कौन-सा सर्वाधिक घरेलू रासायनिक प्रदूषण का कारण है? JPSC (Pre) 2021
(a) रूम स्प्रे
(b) मच्छर मारने वाले लच्छे का जलना
(c) कोयले का जलना
(d) खाना बनाने वाली गैस का जलना

109. कणीय तत्त्व क्या है? BPSC (Pre) 2017
(a) ठोस अपशिष्ट (b) वायु प्रदूषक
(c) जल प्रदूषक (d) मृदा प्रदूषक

110. मेट्रोपॉलिटन शहरों में निम्नलिखित में से कौन-सा/से मुख्य प्रदूषक है/हैं? MPPSC (Pre) 2018
(a) O_3 (b) CO और SO_2
(c) CO_2 और NO_2 (d) इनमें से कोई नहीं

111. सी. एन. जी. का मुख्य घटक है BPSC (Pre) 2020
(a) CO_2 (b) N_2 (c) H_2 (d) CH_4

112. 'रिंगेलमेन स्केल' का प्रयोग निम्नलिखित में से किसके घनत्व मापन में होता है? UPPSC (Pre) 2021
(a) धुआँ (b) प्रदूषित जल
(c) कोहरा (d) ध्वनि

113. वायु प्रदूषण कम करने हेतु कृत्रिम वर्षा कराने के तरीके में किनका प्रयोग होता है? IAS (Pre) 2025
(a) सिल्वर आयोडाइड और पोटैशियम आयोडाइड
(b) सिल्वर नाइट्रेट और पोटैशियम आयोडाइड
(c) सिल्वर आयोडाइड और पोटैशियम नाइट्रेट
(d) सिल्वर नाइट्रेट और पोटैशियम क्लोराइड

114. तन्त्रिका अपह्रास (न्यूरोडीजेनेरेटिव) समस्याओं के लिए उत्तरदायी माने जाने वाले मैग्नेटाइट कण पर्यावरणीय प्रदूषकों के रूप में निम्नलिखित में से किनसे उत्पन्न होते हैं? IAS (Pre) 2021
1. मोटरगाड़ी के ब्रेक
2. मोटरगाड़ी के इंजन
3. घरों में प्रयोग होने वाले माइक्रोवेव स्टोव
4. बिजली संयन्त्र
5. टेलीफोन लाइन

कूट
(a) 1, 2, 3 और 5 (b) 1, 2 और 4
(c) 3, 4 और 5 (d) ये सभी

115. फ्लाई ऐश प्रदूषण होता है UPPSC (Pre) 2021
(a) तेल शोधन से (b) उर्वरक उद्योग से
(c) ताप विद्युत संयन्त्र से (d) खनन से

116. भारत सरकार ने जल (प्रदूषण निवारण एवं नियन्त्रण) अधिनियम कब पारित किया था? MPPSC (Pre) 2024
(a) वर्ष 1972 (b) वर्ष 1986
(c) वर्ष 1990 (d) वर्ष 1974

117. जल (रोकथाम एवं प्रदूषण) अधिनियम को निम्नलिखित में से किस वर्ष बनाया गया? UPPSC (Pre) 2023
(a) वर्ष 1967 में (b) वर्ष 1977 में
(c) वर्ष 1974 में (d) वर्ष 1957 में

118. किस देश में प्राकृतिक आर्सेनिक प्रदूषित जल मिलता है? UPPSC (Pre) 2022
(a) पाकिस्तान (b) बांग्लादेश
(c) भूटान (d) श्रीलंका

119. अम्ल वर्षा में कौन-सा अम्ल उपस्थित रहता है? CGPSC (Pre) 2018, BPSC (Pre) 2020
(a) बेन्जोइक अम्ल (b) एसिटिक अम्ल
(c) नाइट्रिक अम्ल (d) ऑक्जेलिक अम्ल

120. अम्ल वर्षा में नीचे दिए गए कौन-से प्रदूषक वर्षा-जल एवं हिम को प्रदूषित करते हैं? RPSC (Pre) 2015, IAS (Pre) 2022, JPSC (Pre) 2013, RAS/RTS (Pre) 2018
1. सल्फर डाइ-ऑक्साइड
2. नाइट्रोजन ऑक्साइड
3. कार्बन डाइ-ऑक्साइड
4. मीथेन

कूट
(a) 1, 3 और 4 (b) 1 और 2
(c) 1, 2 और 4 (d) 2 और 3

121. अम्ल वर्षा का/के घटक है/हैं BPSC (Re-Exam) 2020
(a) HNO_3 (b) H_2SO_4
(c) CO_2 (d) 'a' और 'b'
(e) इनमें से कोई नहीं/इनमें से एक से अधिक

122. 'ग्रीन मफ्लर' सम्बन्धित है UPPSC (Pre) 2014, 2017, MPPSC (Pre) 2023
(a) मृदा प्रदूषण से (b) वायु प्रदूषण से
(c) ध्वनि प्रदूषण से (d) जल प्रदूषण से

123. अनुमति योग्य शोर के स्तर के सन्दर्भ में सूची I को सूची II से सुमेलित कीजिए तथा नीचे दिए गए कूट से सही उत्तर का चयन कीजिए UPPSC (Pre) 2022

सूची I (क्षेत्र)	सूची II (अनुमति योग्य शोर स्तर)
A. आवासीय क्षेत्र	1. 50 dB
B. शान्त क्षेत्र	2. 55 dB
C. औद्योगिक क्षेत्र	3. 65 dB
D. व्यापारिक क्षेत्र	4. 70 dB

कूट

	A	B	C	D		A	B	C	D
(a)	1	2	3	4	(b)	3	4	2	1
(c)	2	1	4	3	(d)	2	1	3	4

124. पारा प्रदूषण के बारे में निम्नलिखित कथनों पर विचार कीजिए UPPSC (Pre) 2023
1. स्वर्ण खनन गतिविधि विश्व में पारा प्रदूषण का स्रोत है।

2. कोयला-आधारित ऊष्मीय शक्ति संयन्त्र (थर्मल पावर प्लाण्ट) से पारा प्रदूषण होता है।
3. पारा के सम्पर्क में आने का कोई ज्ञात सुरक्षा-स्तर नहीं है।

कूट
(a) केवल 1
(b) केवल 2
(c) सभी 3
(d) उपरोक्त में से कोई नहीं

125. बिस्फिनॉल A(BPA), जो चिन्ता का कारण है, निम्नलिखित में से किस प्रकार के प्लास्टिक के उत्पादन में एक संरचनात्मक/मुख्य घटक है? IAS (Pre) 2021
(a) निम्न घनत्व वाले पॉलिएथिलीन
(b) पॉलिकार्बोनेट
(c) पॉलिएथिलीन टेरेफ्थेलेट
(d) पॉलिविनाइल क्लोराइड

126. प्लास्टिक बैग/थैलियाँ पर्यावरण के लिए सम्भाव्य जोखिम हैं। निम्न में से कौन-सा विकल्प इसे सही वर्णित करता है? HPSC (Pre) 2021
(a) ये वजन में हल्की होती हैं तथा उड़ते हुए उपद्रव (न्यूसेन्स) करती है
(b) इनके उत्पादन में विषाक्त रसायनों का उपयोग होता है
(c) ये ताप के प्रति अप्रतिरोधी होती हैं
(d) ये नॉन-बायोडिग्रेडेबल होती हैं

127. निम्नलिखित में से कौन-सा बायोडिग्रेडेबल प्रदूषक नहीं है? UPPSC (Pre) 2023
(a) मल पदार्थ
(b) कीटनाशक
(c) मूत्र
(d) घरेलू अपशिष्ट

128. निम्नलिखित कथनों पर विचार कीजिए UPSC (Pre) 2024

कथन I बाजार में मिलने वाली अनेक च्युइंगम पर्यावरणीय प्रदूषण का स्रोत मानी जाती हैं।

कथन II अनेक च्युइंगमों में गोंद (गम बेस) के रूप में प्लास्टिक होता है।

उपरोक्त कथनों के सम्बन्ध में निम्नलिखित में से कौन-सा सही है?
(a) कथन I और कथन II दोनों सही हैं तथा कथन II, कथन I की व्याख्या करता है
(b) कथन I और कथन II दोनों सही हैं, परन्तु कथन II, कथन I की व्याख्या नहीं करता है
(c) कथन I सही है, किन्तु कथन II सही नहीं है
(d) कथन I सही नहीं है, किन्तु कथन II सही है

9. पर्यावरण अनुकूलन

129. पर्यावरणीय अनुकूलन, किसी जीव को किसमें अच्छी तरह से सफलतापूर्वक समायोजित करने में मदद करता है?
(a) वातावरण
(b) पारिस्थितिकी
(c) पारिस्थितिकी तन्त्र संरक्षण
(d) परिवर्तन

130. जीव के शारिरिक व बाहरी अंगों में हुए बदलाव से सम्बन्धित कौन-सा अनुकूलन है?
(a) व्यवहारात्मक अनुकूलन
(b) विकासात्मक अनुकूलन
(c) संरचनात्मक अनुकूलन
(d) इनमें से कोई नहीं

131. प्रकृति में निम्नलिखित में से किस जीव का/किन जीवों के मृदा विहीन सतह पर जीवित पाए जाने की सर्वाधिक सम्भावना है? IAS (Pre) 2021
1. फर्न 2. लाइकेन
3. मॉस 4. छत्रक (मशरूम)

नीचे दिए गए कूट का प्रयोग कर सही उत्तर चुनिए।
(a) 1 और 4 (b) केवल 2
(c) 2 और 3 (d) 1, 3 और 4

132. मरुस्थल क्षेत्रों में जल ह्रास को रोकने के लिए निम्नलिखित में से कौन-सा/से पर्ण रूपान्तरण होता/होते है/हैं? IAS (Pre) 2018
1. कठोर एवं मोमी पर्ण
2. लघु पर्ण
3. पर्ण की जगह काँटे

नीचे दिए गए कूट का प्रयोग कर सही उत्तर का चयन कीजिए
(a) 2 और 3 (b) केवल 2
(c) केवल 3 (d) 1, 2 और 3

133. निम्नलिखित पर विचार कीजिए IAS (Pre) 2014
1. चमगादड 2. भालू
3. कृन्तक (रोडेण्ट)

उपरोक्त में से किस प्रकार के जन्तु में शीतनिष्क्रियता की परिघटना का प्रेक्षण किया जा सकता है?
(a) 1 और 2
(b) केवल 2
(c) 1, 2 और 3
(d) शीतनिष्क्रियता उपरोक्त में से किसी में भी प्रेक्षित नहीं की जा सकती।

134. निम्नलिखित में से कौन-सा जानवर बिना पानी पिए सबसे लम्बी अवधी तक रह सकता है? UPPSC (Pre) 2018
(a) जिराफ (b) ऊँट
(c) कंगारू (d) कंगारू चूहा

135. निम्नलिखित में से कौन-सा जीव निस्यन्दक भोजी (फिल्टर फीडर) है? IAS (Pre) 2021
(a) अशल्कमीन (कैटफिश)
(b) अष्टभुज
(c) सीप (ऑयस्टर)
(d) हवासिल (पेलिकन)

136. निम्नलिखित प्राणियों पर विचार कीजिए IAS (Pre) 2021
1. जाहक (हेज्हॉग)
2. शैलभूषक (मारमॉट)
3. वज्रशल्क (पैंगोलिन)

उपर्युक्त में से कौन-सा/कौन-से जीव परभक्षियों द्वारा पकड़े जाने की सम्भावना को कम करने के लिए, स्वयं को लपेटकर अपने सुभेद्य अंगों की रक्षा करता है/करते हैं?
(a) 1 और 2 (b) केवल 2
(c) केवल 3 (d) 1 और 3

10. पर्यावरण संरक्षण

137. पर्यावरण (संरक्षण) अधिनियम, 1986 के तहत निम्नलिखित में से किसका गठन किया गया है? UPSC (Pre) 2022
(a) केन्द्रीय जल आयोग
(b) केन्द्रीय भूजल बोर्ड
(c) केन्द्रीय भूजल प्राधिकरण
(d) राष्ट्रीय जल विकास एजेन्सी

138. वन्यजीव संरक्षण के बारे में भारतीय कानूनों के सन्दर्भ में, निम्नलिखित कथनों पर विचार करें UPSC (Pre) 2022
1. जंगली जानवर पूरी तरह से सरकार की सम्पत्ति है।
2. जब किसी जंगली पशु को संरक्षित घोषित कर दिया जाता है, तो वह पशु समान संरक्षण का हकदार हो जाता है, चाहे वह संरक्षित क्षेत्र में पाया जाए या बाहर।
3. किसी संरक्षित वन्य पशु के मानव जीवन के लिए खतरा बनने की आशंका ही उसे पकड़ने या मारने के लिए पर्याप्त आधार है।

उपरोक्त में से कौन-सा/से कथन सही है/हैं?
(a) 1 और 2 (b) केवल 2
(c) 1 और 3 (d) केवल 3

139. इको मार्क (Ecomarc) प्रतीक निम्नलिखित में से किससे सम्बन्धित है? UPPSC (Pre) 2021
(a) सर्वोच्च गुणवत्ता की सामग्री से
(b) पर्यावरण के लिए सुरक्षित सामग्री से
(c) निर्यातित सामग्री से
(d) आयातित सामग्री से

140. निम्नलिखित में से किस वर्ष में भारत सरकार द्वारा पर्यावरण (संरक्षण) अधिनियम पारित किया गया? UPPSC (Pre) 2021, MPPSC (Pre) 2025
(a) वर्ष 1982 (b) वर्ष 1986
(c) वर्ष 1990 (d) वर्ष 1992

141. निम्नलिखित में से कौन विश्व भर में 'वृक्षमित्र' के नाम से प्रसिद्ध है?
(a) सुन्दरलाल बहुगुणा
(b) चण्डी प्रसाद भट्ट
(c) बिली अर्जन सिंह
(d) बाबा आमटे

142. संसाधनों के उपयोग तथा दोहन से पर्यावरण पर पड़ने वाला प्रभाव क्या कहलाता है?
(a) अनुकल्पित प्रभाव (b) हरित प्रभाव
(c) पर्यावरण प्रभाव (d) इनमें से कोई नहीं

143. निम्नलिखित कथनों पर विचार कीजिए
1. लियोपोल्ड मैट्रिक्स पर्यावरणीय प्रभाव आकलन की एक विधि है।
2. वर्तमान में EIA की जिम्मेदारी परियोजना के प्रस्तावक पर ही डाली गई है।
उपरोक्त में से कौन-सा/से कथन सही है/हैं?
(a) केवल 1
(b) केवल 2
(c) 1 और 2 दोनों
(d) न तो 1 और न ही 2

144. निम्नलिखित कथनों पर विचार करें
1. EIA संकल्पना द्वारा आर्थिक विकास की आवश्यकता को सन्तुलित करने में सहायता करता है।
2. EIA से निर्णय लेने की प्रक्रिया प्रभावित नहीं होती है।
उपरोक्त कथनों में से कौन-सा/से कथन सही है/हैं?
(a) केवल 1
(b) केवल 2
(c) 1 और 2 दोनों
(d) न तो 1 और न ही 2

145. पर्यावरणीय प्रभाव आकलन रिपोर्ट के घटक हैं
(a) वायु पर्यावरण (b) जोखिम आकलन
(c) जैविक पर्यावरण (d) ये सभी

146. रणनीतिक पर्यावरण आकलन का विकास किस वर्ष तक सीमित मात्रा में हुआ था?
(a) वर्ष 1986 (b) वर्ष 1988
(c) वर्ष 1990 (d) वर्ष 1992

147. पर्यावरण प्रभाव आकलन की अधिसूचना, 2006 को प्रतिस्थापित करने हेतु किस वर्ष नया मसौदा जारी किया गया?
(a) वर्ष 2010 में (b) वर्ष 2014 में
(c) वर्ष 2016 में (d) वर्ष 2020 में

11. जलवायु परिवर्तन

148. जलवायु परिवर्तन का कारण है JPSC (Pre) 2013
(a) ग्रीन हाउस गैसें (b) ओजोन परत का क्षरण
(c) प्रदूषण (d) ये सभी

149. कौन जलवायु परिवर्तन का संकेतक नहीं है? MPPSC (Pre) 2016
(a) वानस्पतिक संकेतक
(b) हिमीय संकेतक
(c) विवर्तनीय संकेतक
(d) दीर्घकालीन परिवर्तन

150. निम्न में से कौन जलवायु परिवर्तन के खगोलीय सिद्धान्तों से सम्बन्धित नहीं है? UPPSC (Pre) 2015
(a) पृथ्वी की कक्षा की उत्केन्द्रता (अण्डाकार कक्षीय मार्ग)
(b) पृथ्वी की घूर्णन अक्ष की तिर्यकता (झुकाव)
(c) विषुव आयन (पृथ्वी की सूर्य से अपसौर या उपसौर की स्थिति)
(d) सौर किरणित ऊर्जा (सौर विकिरण)

151. निम्नलिखित में से किसने सुझाया था कि पृथ्वी का धुरी पर अवस्था बदलना जलवायु परिवर्तन के लिए एक कारक है? UPPSC (Mains) 2015
(a) रॉबर्ट हुक
(b) मिलुटिन मिलानकोविच
(c) जॉर्ज सिम्पसन
(d) टीसी चैम्बरलेन

152. निम्नलिखित में से कौन-से जलवायु परिवर्तन के प्रमुख कारक हैं? UPPSC (Pre) 2017
1. जीवाश्मिक ईंधन का अधिकाधिक प्रज्वलन
2. तेल चालित स्वचालितों की संख्या में विस्फोटन
3. सौर-धधक में वृद्धि
4. अत्यधिक वनोन्मूलन
कूट
(a) 2 और 3 (b) 1, 2 और 4
(c) 1 और 4 (d) 1, 2, 3 और 4

153. निम्नलिखित में से कौन-सा कथन 'कार्बन के सामाजिक मूल्य' पद का सर्वोत्तम रूप से वर्णन करता है? IAS (Pre) 2020
आर्थिक मूल्य के रूप में यह निम्नलिखित में से किसकी माप है?
(a) प्रदत्त वर्ष में एक टन CO_2 के उत्सर्जन से होने वाली दीर्घकालीन क्षति
(b) किसी देश की जीवाश्म ईंधन की आवश्यकता, जिन्हें जलाकर देश अपने नागरिकों को वस्तुएँ और सेवाएँ प्रदान करता है
(c) किसी जलवायु शरणार्थी (Climate Refugee) द्वारा किसी नए स्थान के प्रति अनुकूलित होने हेतु किए गए प्रयास
(d) पृथ्वी ग्रह पर किसी व्यक्ति विशेष द्वारा अंशदत्त कार्बन पदचिह्न

154. ग्रामीण सड़क निर्माण में पर्यावरणीय दीर्घोपयोगिता को सुनिश्चित करने अथवा कार्बन पदचिह्न को घटाने के लिए निम्नलिखित में से किसके प्रयोग को अधिक प्राथमिकता दी जाती है? IAS (Pre) 2020
1. ताम्र स्लैग
2. शीत मिश्रित ऐस्फाल्ट प्रौद्योगिकी
3. जीयोटेक्सटाइल्स
4. उष्ण मिश्रित ऐस्फास्ट प्रौद्योगिकी
5. पोर्टलैण्ड सीमेण्ट
नीचे दिए गए कूट का प्रयोग कर सही उत्तर चुनिए
(a) 1, 2 और 3 (b) 2, 3 और 4
(c) 4 और 5 (d) 1 और 5

155. 'कार्बन क्रेडिट' का दृष्टिकोण (अवधारणा) इनमें से किससे शुरू हुआ? JPSC (Pre) 2011, UPPSC (Pre) 2021
(a) क्योटो-प्रोटोकॉल
(b) अर्थ शिखर सम्मेलन, रियो-डी-जेनेरियो
(c) मॉण्ट्रियल प्रोटोकॉल
(d) G-8 शिखर सम्मेलन, हैलीजेण्डम

156. वर्ष 2050 के लिए 'नेट-जीरो' लक्ष्य के सन्दर्भ में निम्नलिखित में से कौन-सा/से कथन सही है/हैं? UPPSC (Pre) 2021
1. इसका अभिप्राय है कि देश को वर्ष 2050 तक इसके उत्सर्जन को शून्य तक नीचे लाना होगा।
2. इसका अभिप्राय है कि किसी देश के उत्सर्जन की क्षतिपूर्ति, वातावरण से ग्रीन हाउस गैसों के निराकरण तथा अवशोषण से होगी।
कूट
(a) केवल 1
(b) केवल 2
(c) 1 और 2
(d) न तो 1 और न ही 2

12. वैश्विक तापन

157. वैश्विक ऊष्मन के फलस्वरूप निम्नलिखित में किसकी बारम्बारता और प्रचण्डता बढ़ रही है? UPPSC (Pre) 2018

(a) चक्रवात (b) तूफान
(c) बवण्डर (d) ये सभी

158. निम्नलिखित में से कौन-सा विश्व का सबसे बड़ा ग्लोबल कार्बन उत्सर्जक है? UP Lower (Pre) 2015

(a) संयुक्त राज्य अमेरिका (b) चीन
(c) भारत (d) यूरोपीय संघ

159. निम्नलिखित में से किस देश में विश्व के तापमानों पर आँकड़े इकट्ठा करने के लिए वैश्विक वायुमण्डल चौकसी स्टेशन स्थापित नहीं किया गया है? UPPSC (Pre) 2012

(a) अल्जीरिया में (b) ब्राजील में
(c) केन्या में (d) भारत में

160. 'हरित गृह प्रभाव' क्या है? UPPSC (Pre) 2018

(a) वैश्विक ताप में वृद्धि
(b) वैश्विक ताप में कमी
(c) सागर जल के ताप में वृद्धि
(d) नदियों एवं झीलों के ताप में वृद्धि

161. हरित गृह प्रभाव का अर्थ है RAS/RTS (Pre) 1992, UKPSC (Pre) 2006

(a) वायुमण्डल में ग्रीन हाउस गैसों के घनीकरण के कारण वायुमण्डल के तापमान का बढ़ना
(b) बढ़े हुए तापमान में सब्जियों तथा फूलों का उत्पादन
(c) शीशे के मकानों में खाद्य फसलों का उत्पादन
(d) उपरोक्त में से कोई नहीं

162. 'ग्रीन हाउस प्रभाव' में योगदान देने वाले निम्नलिखित का घटता हुआ क्रम क्या होगा? CGPSC (Pre) 2021

(a) $CO_2 > CH_4 > CFCs > N_2O$
(b) $CH_4 > CO_2 > CFCs > N_2O$
(c) $CO_2 > CFCs > CH_4 > N_2O$
(d) $CO_2 > CH_4 > N_2O > CFCs$

163. निम्नलिखित में से कौन-सी हरित गृह गैस नहीं है? UPPSC (Pre) 2022

(a) कार्बन डाइऑक्साइड (b) क्लोरोफ्लोरो कार्बन
(c) मीथेन (d) ऑर्गन

164. निम्नलिखित में से कौन-सी एक प्राकृतिक रूप से वायुमण्डल में पाई जाने वाली ग्रीन हाउस गैस नहीं है? UPPSC (Pre) 2020

(a) नाइट्रोजन ऑक्साइड (b) कार्बन डाइऑक्साइड
(c) मीथेन (d) ओजोन

165. हरित गृह प्रभाव (ग्रीन हाउस इफेक्ट) के अभाव में भू-सतह का औसत तापमान होगा UPPSC (Pre) 2020

(a) 0°C (b) –18°C
(c) 5°C (d) –20°C

166. गैस, जो धान के खेत से उत्सर्जित होती है तथा भूमि के तापमान में वृद्धि करती है, वह है UPPSC (Pre) 2019

(a) नाइट्रोजन
(b) कार्बन डाइऑक्साइड
(c) कार्बन मोनो-ऑक्साइड
(d) मीथेन

167. ग्लोबल वार्मिंग के प्रभाव से HPPSC (Pre) 2017

(a) फसलों की उत्पादकता बढ़ जाती है
(b) समुद्र का तल घट जाएगा
(c) मानव की मृत्यु दर घट जाएगी
(d) समुद्र का तल बढ़ जाएगा

168. निम्नलिखित फसलों में कौन-सी एक मीथेन और नाइट्रस ऑक्साइड दोनों का सर्वाधिक महत्त्वपूर्ण मानवोद्भवी स्रोत है? IAS (Pre) 2022

(a) कपास (b) धान
(c) गन्ना (d) गेहूँ

169. मानव गतिविधियों को प्रत्यक्ष एवं अप्रत्यक्ष आलम्बन प्रदान करने में उत्पन्न ग्रीन हाउस गैसों की कुल मात्रा को कहते हैं RAS/RTS (Pre) 2018

(a) कार्बन डाइऑक्साइड सूचकांक
(b) कार्बन पदचिह्न
(c) कार्बन पृथक्करण
(d) कार्बन अवशोषण

170. मीथेन निम्न में से किससे निकलती या उत्सर्जित होती है? UPPSC (Pre) 2018

(a) धान के खेतों से
(b) दीमक की बाम्बी से
(c) 'a' और 'b' दोनों से
(d) उपरोक्त में से कोई नहीं

171. निम्नलिखित क्षेत्रों में से एक में विश्व की सबसे बड़ी उष्णकटिबन्धीय पीट-भूमि है, जो जीवाश्म ईंधन से होने वाले लगभग तीन वर्ष के वैश्विक कार्बन उत्सर्जन को धारण करता है और जिसके सम्भाव्य विनाश से वैश्विक जलवायु पर प्रतिकूल प्रभाव पड़ सकता है। निम्नलिखित में से कौन-सा उस क्षेत्र को घोषित करता है? IAS (Pre) 2024

(a) अमेजन बेसिन
(b) कांगो बेसिन
(c) किकोरी बेसिन
(d) रियो डे ला प्लाटा बेसिन

13. ओजोन क्षरण

172. ओजोन परत पृथ्वी से करीब ऊँचाई पर है RAS/RTS (Pre) 2012

(a) 50 किमी (b) 300 किमी
(c) 2000 किमी (d) 20 किमी

173. समतापमण्डल में ओजोन के स्तर को प्राकृतिक रूप से विनियमित किया जाता है UPPSC (Mains) 2016

(a) नाइट्रस ऑक्साइड द्वारा
(b) नाइट्रोजन डाइ-ऑक्साइड द्वारा
(c) सी. एफ. सी. द्वारा
(d) जलवाष्प द्वारा

174. ओजोन छिद्र का निर्माण सर्वाधिक है MPPSC (Pre) 2008

(a) भारत के ऊपर (b) अफ्रीका के ऊपर
(c) अण्टार्कटिका के ऊपर (d) यूरोप के ऊपर

175. सूर्य के प्रकाश से पराबैंगनी विकिरण अभिक्रिया निम्न में से क्या उत्पन्न करती है? UPPSC (Pre) 2018

(a) कार्बन मोनो-ऑक्साइड
(b) सल्फर डाइ-ऑक्साइड
(c) ओजोन
(d) फ्लोराइड्स

176. निम्नलिखित युग्मों में कौन-सा युग्म सही सुमेलित नहीं है? UPPSC (Pre) 2018

(a) रेनेटिंग – पनीर
(b) जैव-प्रौद्योगिकी – प्लास्मिड्स
(c) गोल्डन चावल – विटामिन-A
(d) ओजोन परत – ट्रोपोस्फीयर

177. 'विश्व ओजोन दिवस' अथवा 'ओजोन संरक्षण दिवस' मनाया जाता है MPPSC (Pre) 2014, 2015, 2021, UPPSC (Pre) 1996, 2015, 2021, 2022, UKPSC (Pre) 2021

(a) 25 दिसम्बर को (b) 21 अप्रैल को
(c) 16 सितम्बर को (d) 30 जनवरी को

178. निम्न ग्रीन हाउस गैसों में से ऐसी कौन-सी गैस है, जिसके द्वारा ट्रोपोस्फियर में ओजोन प्रदूषण नहीं होता है? UPPSC (Pre) 2008

(a) मीथेन
(b) कार्बन मोनोऑक्साइड
(c) नाइट्रोजन ऑक्साइड (NO)
(d) जलवाष्प

179. निम्नलिखित पदार्थों में से कौन-से ओजोन रिक्तिकारक हैं? UPPSC (Pre) 2012

1. क्लोरोफ्लोरो कार्बन 2. हैलान्स
3. कार्बन टेट्राक्लोराइड

कूट

(a) केवल 1 (b) 1 और 2

(c) 2 और 3 (d) ये सभी

180. ओजोन परत मानव के लिए उपयोगी है, क्योंकि **MPPSC (Pre) 1994**

(a) वह वायुमण्डल को ऑक्सीजन प्रदान करती है

(b) वह सूर्य की अल्ट्रावायलेट किरणों को पृथ्वी पर नहीं आने देती

(c) वह पृथ्वी का तापमान सन्तुलित रखती है

(d) उपरोक्त में से कोई नहीं

181. निम्न में से कौन-सा एक ओजोन का अवक्षय करने वाले पदार्थों के प्रयोग पर नियन्त्रण करने और उन्हें चरणबद्ध रूप से प्रयोग-बाह्य करने (फेजिंग आउट) के मुद्दे से सम्बद्ध है? **IAS (Pre) 2015**

(a) ब्रेटन वुड्स सम्मेलन (b) मॉण्ट्रियल प्रोटोकॉल

(c) क्योटो प्रोटोकॉल (d) नगोया प्रोटोकॉल

182. कथन (A) ओजोन जैविक जीवन के लिए परमावश्यक है।

कारण (R) ओजोन परत पृथ्वी को उच्च ऊर्जा विकिरण से संरक्षित करती है।

UP UDA/LDA (Mains) 2010, UPPSC (Mains) 2010

कूट

(a) (A) और (R) दोनों सही हैं तथा (R), (A) की सही व्याख्या है

(b) (A) और (R) दोनों सही हैं, परन्तु (R), (A) की सही व्याख्या नहीं है

(c) (A) सही है, किन्तु (R) गलत है

(d) (A) गलत है, किन्तु (R) सही है

14. अम्ल वर्षा एवं अम्लीकरण

183. अम्ल वर्षा में निम्नलिखित होते हैं? **CGPSC (Pre) 2021**

(a) एसीटिक एसिड एवं फॉस्फोरिक एसिड

(b) एसीटिक एसिड एवं सल्फ्यूरिक एसिड

(c) नाइट्रिक एसिड एवं सल्फ्यूरिक एसिड

(d) हाइड्रोजन क्लोराइड एवं एसीटिक एसिड

184. निम्न में से कौन-सा युग्म सुमेलित नहीं है? **UKPSC (Mains) 2002**

(a) ओजोन – क्लोरो फ्लोरो कार्बन (CFC)

(b) अम्ल वर्षा – नाइट्रिक एसिड

(c) रॉकेट ईंधन – कैरोसिन तेल

(d) ग्रीन हाउस प्रभाव – कार्बन डाइऑक्साइड

185. अम्ल वर्षा के लिए उत्तरदायी गैस है?

(a) कार्बन डाइऑक्साइड तथा कार्बन मोनोक्साइड

(b) कार्बन डाइऑक्साइड तथा सल्फर डाइऑक्साइड

(c) नाइट्रोजन डाइऑक्साइड तथा सल्फर डाइऑक्साइड

(d) नाइट्रस ऑक्साइड तथा सल्फर डाइऑक्साइड

186. सल्फर डाइऑक्साइड के प्राकृतिक रूप से उत्तरदायी तत्त्व हैं?

(a) ज्वालामुखीय उद्भेदन

(b) समुद्र में बनने वाले एरोसोल कण

(c) वनों में लगने वाली आग

(d) उपरोक्त सभी

187. अम्ल वर्षा किसके उत्सर्जन का परिणाम है?

(a) सल्फर डाइऑक्साइड (b) नाइट्रोजन ऑक्साइड

(c) 'a' और 'b' दोनों (d) कार्बन डाइऑक्साइड

188. 'अम्ल वर्षा' शब्द किसने दिया?

(a) क्रिस राल्फ (b) इल्मर जोसेफ क्लार्क

(c) एर्नेस्ट फ्लावर (d) रार्बट एंगुस स्मिथ

189. अम्ल वर्षा का मुख्य कारण है

(a) कोयला तथा जीवाश्म ईंधन का दहन

(b) वनों की कटाई

(c) खेती में उर्वरक उपयोग

(d) उपरोक्त सभी

190. अम्ल वर्षा के सन्दर्भ में, निम्नलिखित कथनों पर विचार कीजिए

1. इससे वन्य प्रजाति पर प्रतिकूल प्रभाव आहारश्रृंखला को भंग कर सकता है।
2. पश्चिमी यूरोप में अम्ल वर्षा से अत्यधिक नुकसान हुआ।

उपरोक्त कथनों में से कौन-सा/से सही है/हैं?

(a) केवल 1 (b) केवल 2

(c) 1 और 2 दोनों (d) इनमें से कोई नहीं

191. महासागरीय अम्लीयकरण का कारण है

1. जीवाश्म ईंधन का प्रयोग
2. जैव-विविधता में कमी
3. भूमि उपयोग में परिवर्तन
4. कार्बन डाइऑक्साइड की उच्च सान्द्रता

उपरोक्त कथनों में से कौन-सा/से कथन सही है/हैं?

(a) केवल 2 (b) केवल 3

(c) 1, 2, 3 और 4 (d) इनमें से कोई नहीं

15. भारत में जलवायु परिवर्तन

192. भारत की जलवायु परिवर्तन पर प्रथम राष्ट्रीय कार्य योजना प्रकाशित हुई **UPPSC (Pre) 2016, 2018**

(a) वर्ष 2008 में (b) वर्ष 2012 में

(c) वर्ष 2014 में (d) वर्ष 2015 में

193. राष्ट्रीय हरित मिशन, भारत निम्नलिखित में से किस राज्य में मौजूदा वनों के घनत्व में सुधार करने के उद्देश्य से भारत सरकार द्वारा शुरू नहीं की गई है? **JPSC (Pre) 2016**

(a) झारखण्ड (b) मध्य प्रदेश

(c) दोनों राज्यों में (d) इनमें से कोई नहीं

194. किसके सहयोग से झारखण्ड राज्य जलवायु केन्द्र स्थापित कर दिया है? **JPSC (Pre) 2016**

(a) विश्व व्यापार संगठन

(b) एक्नेस्टी इण्टरनेशनल

(c) संयुक्त राष्ट्र विकास कार्यक्रम

(d) उपरोक्त में से कोई नहीं

195. झारखण्ड जलवायु परिवर्तन कार्य योजना रिपोर्ट (2014) के अनुसार, सबसे संवेदनशील जिला कौन है? **JPSC (Pre) 2016**

(a) पूर्वी सिंहभूम (b) सरायकेला खारसावाँ

(c) राँची (d) बोकारो

196. जलवायु परिवर्तन पर झारखण्ड कार्य योजना किस वर्ष प्रकाशित हुई? **JPSC (Pre) 2018**

(a) वर्ष 2013 (b) वर्ष 2014

(c) वर्ष 2015 (d) वर्ष 2011

197. भारत के परिप्रेक्ष्य में निम्नलिखित में से कौन-सा कथन जलवायु परिवर्तन के दुष्प्रभाव के सन्दर्भ में सही नहीं है? **JPSC (Pre) 2016**

(a) क्लीन डेवलपमेण्ट मैकेनिज्म (CDM) की स्थापना

(b) नेशनल एडॉप्टेशन फण्ड के अन्तर्गत ₹ 100 करोड़ का प्रारम्भिक कोष के रूप में निवेश

(c) वर्तमान में दक्षिण अफ्रीका के सन सिटी में आयोजित (BASIC) की 19वीं बैठक में शामिल न होना

(d) उपरोक्त सभी कथन सही हैं

198. राष्ट्रीय जलवायु परिवर्तन सम्बन्धी कार्यनीतिक ज्ञान मिशन भारत सरकार के किस मन्त्रालय द्वारा संचालित है?

(a) कृषि एवं किसान मन्त्रालय

(b) विज्ञान एवं प्रौद्योगिकी मन्त्रालय

(c) पर्यावरण वन एवं जलवायु परिवर्तन मन्त्रालय

(d) ग्रामीय विकास मन्त्रालय

16. आर्द्रभूमि पारितन्त्र

199. सूची I का सूची II से मिलान कीजिए। **HPSC (Pre) 2024**

सूची I (रामसर स्थल)	सूची II (राज्य का नाम)
A. रुद्रसागर झील	1. पंजाब
B. हरिके झील	2. असम
C. दीपोर बील हील	3. त्रिपुरा
D. वेम्बनाड आर्द्रभूमि	4. केरल

नीचे दिए गए विकल्पों में से सही उत्तर का चुनाव कीजिए।

	A	B	C	D		A	B	C	D
(a)	3	2	1	4	(b)	4	3	2	1
(c)	3	1	2	4	(d)	3	1	4	2

200. "यदि वर्षावन और उष्णकटिबन्धीय वन पृथ्वी के फेफड़े हैं, तो निश्चित ही आर्द्रभूमियाँ इसके गुर्दों की तरह काम करती हैं।" निम्नलिखित में से आर्द्रभूमियों का कौन-सा एक कार्य उपरोक्त कथन को सर्वोत्तम रूप से प्रतिबिम्बित करता है? IAS (Pre) 2022

(a) आर्द्रभूमियों के जल चक्र में सतही अपवाह, अवमृदा अन्तःस्रवण और वाष्पन शामिल होते हैं

(b) शैवालों से वह पोषक आधार बनता है, जिस पर मत्स्य, परुषकवची (क्रस्टेशियाई) मृदुकवची (मोलस्क) पक्षी, सरीसृप और स्तनधारी फलते-फूलते हैं

(c) आर्द्रभूमियाँ अवसाद सन्तुलन और मृदा स्थिरीकरण बनाए रखने में महत्त्वपूर्ण भूमिका निभाती हैं

(d) जलीय पादप भारी धातुओं और पोषकों के आधिक्य को अवशोषित कर लेते हैं

201. वेटलैण्ड दिवस मनाया जाता है UPPSC (Mains) 2008

(a) 2 फरवरी को

(b) 2 अप्रैल को

(c) 2 मई को

(d) 2 मार्च को

202. 'पार्वती अरगा' रामसर स्थल के सन्दर्भ में, निम्नलिखित में से कौन-सा/से कथन सही है/हैं?

1. यह उत्तर प्रदेश के गोण्डा जिले में स्थित है।
2. यह एक पक्षी अभयारण्य है।

UP RO/ARO (Mains) 2021

कूट

(a) केवल 1

(b) केवल 2

(c) 1 और 2 दोनों

(d) न तो 1 और न ही 2

203. निम्नलिखित कथनों पर विचार कीजिए IAS (Pre) 2019

1. रामसर सम्मेलन के अनुसार, भारत के राज्यक्षेत्र में सभी आर्द्रभूमि को बचाना और संरक्षित रखना भारत सरकार के लिए अधिदेशात्मक है।
2. आर्द्रभूमि (संरक्षण और प्रबन्धन) नियम, 2010 भारत सरकार ने रामसर सम्मेलन की संस्तुतियों के आधार पर बनाए थे।
3. आर्द्रभूमि (संरक्षण और प्रबन्धन) नियम, 2010 के अपवाह क्षेत्र या जलग्रहण क्षेत्रों को भी सम्मिलित करते हैं, जैसा कि प्राधिकार द्वारा निर्धारित किया गया है।

उपरोक्त कथनों में से कौन-सा/से कथन सही है/हैं?

(a) 1 और 2 (b) 2 और 3

(c) केवल 3 (d) 1, 2 और 3

204. कौन-सा संवैधानिक अधिनियम पर्यावरण की सुरक्षा और सुधार तथा वनों और वन्यजीवों की सुरक्षा से सम्बन्धित है?

(a) 1972 (b) 1974

(c) 1976 (d) 1978

205. निम्नलिखित में से कौन रामसर कन्वेन्शन के अन्तर्गत रामसर स्थल है? UPPSC (Mains) 2015

(a) गोदावरी डेल्टा (b) कृष्णा डेल्टा

(c) सुन्दरबन (d) भोज आर्द्र स्थल

206. 'वेटलैण्ड्स इण्टरनेशनल' नामक संरक्षण संगठन के सन्दर्भ में निम्नलिखित में से कौन-सा/से कथन सही है/हैं? IAS (Pre) 2014

1. यह रामसर अभिसमय के हस्ताक्षरकर्ता देशों द्वारा बनाया गया एक अन्तःसरकारी संगठन है।
2. यह ज्ञान के विकास और संग्रहण के लिए तथा व्यावहारिक अनुभव का बेहतर नीतियों हेतु पक्षसमर्थन करने के लिए क्षेत्र स्तर पर कार्य करता है।

कूट

(a) केवल 1 (b) केवल 2

(c) 1 और 2 (d) न तो 1 और न ही 2

207. निम्नलिखित युग्मों पर विचार कीजिए IAS (Pre) 2014

आर्द्रभूमि		नदियों का संगम
हरिके आर्द्रभूमि	—	व्यास और सतलुज का संगम
केवलादेव घाना राष्ट्रीय उद्यान	—	बनास और चम्बल का संगम
कोलेरू झील	—	मूसी और कृष्णा का संगम

उपरोक्त युग्मों में से कौन-सा/से युग्म सुमेलित है/हैं?

(a) केवल 1 (b) 2 और 3

(c) 1 और 3 (d) ये सभी

208. निम्नलिखित आर्द्र क्षेत्रों में किन्हें रामसर का दर्जा प्राप्त है? UPPSC (Pre) 2013

1. चिल्का झील 2. लोकटक
3. केवलादेव 4. वुलर झील

कूट

(a) 1 और 2 (b) 2 और 3

(c) 1, 2 और 3 (d) ये सभी

209. पारिस्थितिकी निकाय में आर्द्रभूमि (बरसाती जमीन) निम्नलिखित में से किस हेतु उपयोगी है? UPPSC (Pre) 2012

(a) पोषक पुनःप्राप्ति एवं चक्रण हेतु

(b) पौधों द्वारा अवशोषण के माध्यम से भारी धातु को अवमुक्त करने हेतु

(c) तलछट रोककर नदियों का गादीकरण कम करने हेतु

(d) उपरोक्त सभी

210. निम्नलिखित राज्यों में से किसमें भारत की सबसे बड़ी अन्तर्देशीय लवणीय आर्द्रभूमि है? IAS (Pre) 2009

(a) गुजरात (b) हरियाणा

(c) मध्य प्रदेश (d) राजस्थान

211. वर्तमान में मोण्ट्रेक्स रिकॉर्ड के अन्तर्गत कितनी रामसर साइटें अधिसूचित हैं?

(a) 42 (b) 48

(c) 49 (d) 56

17. परम्परागत व गैर-परम्परागत ऊर्जा एवं ऊर्जा संरक्षण

212. गैर-पारम्परिक ऊर्जा वे स्रोत हैं, जो कि- UPPSC (Pre) 2023

(a) विद्युतजनित हैं

(b) नवीकरणीय हैं

(c) गैर-नवीकरणीय हैं

(d) ऊष्माजनित हैं

213. इनमें से कौन-सा प्राकृतिक संसाधन गैर-नवीकरणीय संसाधन माना जाता है? RAS/RTS (Pre) 2023

(a) इमारती लकड़ी (टिंबर)

(b) जीवाश्म ईंधन

(c) सौर ऊर्जा

(d) पवन ऊर्जा

(e) अनुत्तरित प्रश्न

214. निम्नलिखित कथनों पर विचार कीजिए IAS (Pre) 2022

1. गुजरात में भारत का विशालतम सौर पार्क है।
2. केरल में पूर्णतः सौर शक्तिकृत अन्तर्राष्ट्रीय हवाई अड्डा है।
3. गोआ में भारत की विशालतम तैरती हुई सौर प्रकाश-वोल्टीय परियोजना है।

उपरोक्त कथनों में से कौन-सा/से कथन सही है/हैं?

(a) 1 और 2 (b) केवल 2

(c) 1 और 3 (d) केवल 3

215. हमारे द्वारा उपयोग किए जाने वाले ऊर्जा के अधिकांश स्रोत संगृहीत सौर ऊर्जा का प्रतिनिधित्व करते हैं। निम्नलिखिम में से कौन-सा अन्ततः सूर्य की ऊर्जा से व्युत्पन्न नहीं होता है? UPPSC (Pre) 2022

(a) बायोमास ऊर्जा (b) नाभिकीय ऊर्जा

(c) पवन ऊर्जा (d) भूतापीय ऊर्जा

216. सौर ऊर्जा को विद्युत ऊर्जा में किसके द्वारा परिवर्तित किया जाता है? **UPPSC (Pre) 2022**
(a) शुष्क कोशिकाओं के द्वारा
(b) लेकलेंच कोशिकाओं के द्वारा
(c) वोल्टाइक कोशिकाओं के द्वारा
(d) फोटोवोल्टाइक कोशिकाओं के द्वारा

217. भारत में सौर ऊर्जा द्वारा संचालित पहला हवाई अड्डा है **UPPSC (Pre) 2022**
(a) चेन्नई (b) कोचीन
(c) अहमदाबाद (d) नई दिल्ली

218. भारत में सौर ऊर्जा उत्पादन के सन्दर्भ में नीचे दिए गए कथनों पर विचार कीजिए **IAS (Pre) 2018**
1. भारत प्रकाश-वोल्टीय इकाइयों में प्रयोग में आने वाले सिलिकॉन वेफर्स का विश्व में तीसरा सबसे बड़ा उत्पादक देश है।
2. सौर ऊर्जा शुल्क का निर्धारण भारतीय सौर ऊर्जा निगम के द्वारा किया जाता है।

उपरोक्त कथनों में से कौन-सा/से कथन सही है/हैं?
(a) केवल 1 (b) केवल 2
(c) 1 और 2 दोनों (d) न तो 1 और न ही 2

219. कभी-कभी समाचारों में दिखाई पड़ने वाले 'घरेलू अंश आवश्यकता (डोमेस्टिक कण्टेण्ट रिक्वायरमेण्ट)' पद का सम्बन्ध किससे है? **IAS (Pre) 2017**
(a) हमारे देश में सौर शक्ति उत्पादन का विकास करने से
(b) हमारे देश में विदेशी टीवी चैनलों को अनुज्ञप्ति प्रदान करने से
(c) हमारे देश के खाद्य उत्पादों को अन्य देशों को निर्यात करने से
(d) विदेशी शिक्षा संस्थानों को हमारे देश में अपने परिसर स्थापित करने की अनुमति देने से

220. निम्नलिखित में से कौन-सा संयोजन नवीकरणीय प्राकृतिक संसाधन प्रकट करता है? **UGC NET June, 2015**
(a) उर्वर मृदा, ताजा जल और प्राकृतिक गैस
(b) स्वच्छ वायु, फास्फेट्स और जैव-विविधता
(c) मछलियाँ, उर्वर मृदा और ताजा जल
(d) तेल, वन और ज्वार

221. भारत में कुल विद्युत उत्पादन में इनके योगदान के परिप्रेक्ष्य में ऊर्जा स्रोतों के सही क्रम की पहचान कीजिए **UGC NET July, 2018**
ताप विद्युत संयन्त्र (TPP), विशाल जल विद्युत परियोजनाएँ (LHP), परमाणु ऊर्जा (NE) और नवीकरणीय ऊर्जा (RE), जिसमें सौर ऊर्जा, वायु ऊर्जा, जैव मात्रा और लघु जल विद्युत परियोजनाएँ सम्मिलित हैं।
(a) TPP > RE > LHP > NE
(b) TPP > LHP > RE > NE
(c) LHP > TPP > RE > NE
(d) LHP > TPP > NE > RE

222. 'आम व्यक्तियों की त्रासदी' कहावत निम्न में से किसके सन्दर्भ में है? **UGC NET July, 2013**
(a) जहरीली गैस फैलने के कारण नुकसान से सम्बन्धित घटना
(b) गरीब लोगों की दु:खद स्थिति
(c) नवीकरणीय नि:शुल्क उपलब्ध संसाधनों का क्षय
(d) जलवायु परिवर्तन

223. निम्नलिखित में से कौन बायोमास के प्रमुख स्रोत नहीं हैं? **UPPSC (Mains) 2014**
(a) जानवरों के अपशिष्ट
(b) औद्योगिक अपशिष्ट
(c) यूरेनियम व थोरियम के अंश
(d) सीवेज अपशिष्ट

224. पुनर्नवीकरणीय ऊर्जा शिक्षा कार्यक्रमों के मूलभूत उद्देश्य हैं **NTA NET Dec, 2018**
(a) शिक्षणात्मक और अन्वेषणात्मक
(b) नैदानिक और मूल्यनात्मक
(c) संशोधनात्मक और भविष्य सूचक
(d) निवारक और सुधारात्मक

225. निम्नलिखित कथनों पर विचार कीजिए **IAS (Pre) 2016**
1. अन्तर्राष्ट्रीय सौर गठबन्धन (International Solar Alliance) को वर्ष 2015 के संयुक्त राष्ट्र जलवायु परिवर्तन में प्रारम्भ किया गया था।
2. इस गठबन्धन में संयुक्त राष्ट्र के सभी सदस्य देश सम्मिलित हैं।

उपरोक्त कथनों में से कौन-सा/से कथन सही है/हैं?
(a) केवल 1 (b) केवल 2
(c) 1 और 2 दोनों (d) न तो 1 और न ही 2

18. सतत् विकास की अवधारणा

226. संसाधनों के उपयोग तथा भविष्य के लिए उनके संरक्षण की आवश्यकता को सन्तुलित करने को हम क्या कहते हैं? **UPPSC (Pre) 2023**
(a) संसाधन संरक्षण (b) सतत् विकास
(c) भविष्य के संसाधन (d) खपत में कमी करना

227. निम्नलिखित में से कौन-सा सतत् विकास का लक्ष्य नहीं है, जिसे वर्ष 2030 तक प्राप्त करने का लक्ष्य रखा गया है? **UPPSC (Pre) 2023**
(a) लैंगिक समानता
(b) अन्तरिक्ष अनुसन्धान
(c) अच्छा स्वास्थ्य एवं भलाई
(d) शून्य भूख

228. सूची I को सूची II से सुमेलित कीजिए तथा सूचियों के नीचे दिए गए कूट से सही उत्तर का चयन कीजिए **UPPSC (Pre) 2023**

	सूची I (सतत विकास लक्ष्य)		सूची II (सम्बन्धित)
A.	एस.डी.जी.- 10	1.	जलवायु क्रिया
B.	एस.डी.जी.- 13	2.	जमीन पर जीवन
C.	एस.डी.जी.- 14	3.	असमानताओं में कमी
D.	एस.डी.जी.- 15	4.	पानी के नीचे का जीवन

कूट

	A	B	C	D		A	B	C	D
(a)	3	2	4	1	(b)	1	2	3	4
(c)	2	3	1	4	(d)	3	1	4	2

229. संधारणीय विकास के सन्दर्भ में निम्नलिखित कथनों पर विचार कीजिए– **UPPSC (Pre) 2023**
1. वैश्विक संकेतक ढाँचे तथा राष्ट्रीय सांख्यिकीय व्यवस्थाओं द्वारा प्रस्तुत एवं क्षेत्रीय आधार पर संकलित सूचना के आधार पर संयुक्त राष्ट्र महासचिव एक वार्षिक संधारणीय विकास लक्ष्य रिपोर्ट प्रस्तुत करते हैं।
2. वैश्विक संधारणीय विकास रिपोर्ट हर तिमाही संयुक्त राष्ट्र महासभा में चतुवार्षिक संधारणीय विकास लक्ष्य के विषयों को पुनरावलोकन हेतु प्रस्तुत की जाती है।

नीचे दिए गए कूट का प्रयोग करके सही उत्तर का चुनाव कीजिए
(a) 1 और 2 दोनों (b) केवल 2
(c) न तो 1 और न ही 2 (d) केवल 1

230. प्राकृतिक संसाधनों का वर्तमान पीढ़ी द्वारा इस प्रकार से उपयोग किया जाए कि प्राकृतिक संसाधनों का न्यूनतम क्षरण हो, तो यह किस प्रकार का विकास कहलाएगा? **UPPSC (Pre) 2023**
(a) सामाजिक विकास (b) सतत विकास
(c) आर्थिक विकास (d) जैविक विकास

231. निम्नलिखित में से कौन-सा 'सतत विकास लक्ष्य' (SDG) हेतु 2030 तक प्राप्त करने का लक्ष्य नहीं है? **UPPSC (Pre) 2022**
(a) अन्तरिक्ष अनुसन्धान (b) गुणवत्तापरक शिक्षा
(c) लैंगिक समानता (d) शून्य भूख

232. पोषकीय (सस्टेनेबल) पर्यटन का मुख्य उद्देश्य है **UPPSC (Pre) 2022**

(a) पर्यटकों की संख्या में वृद्धि
(b) बड़े पैमाने पर पर्यटन और लघु पैमाने पर यात्राओं का प्रबन्ध करना
(c) सांस्कृतिक अखण्डता और पारिस्थितिक प्रक्रियाओं को बनाए रखते हुए पर्यटन और पर्यावरण प्रबन्ध करना
(d) उपरोक्त में से कोई नहीं

233. वर्ष 1987 में संयुक्त राष्ट्र में पर्यावरण सम्बन्धित एक प्रतिवेदन की प्रस्तुति के उपरान्त 'धारणीय विकास' (सस्टेनेबल डेवेलपमेण्ट) पर चर्चा आरम्भ हुई। वह प्रतिवेदन था। **UPPSC (Pre) 2023**

(a) जलवायु परिवर्तन पर पहला प्रतिवेदन
(b) अवर कॉमन फ्यूचर
(c) जलवायु परिवर्तन पर दूसरा प्रतिवेदन
(d) पाँचवाँ मूल्यांकन प्रतिवेदन

234. निम्नलिखित में से कौन-सा सतत् विकास लक्ष्य (SDG) भारत में वर्ष 2030 तक सभी के लिए पानी की उपलब्धता और इसके स्थायी प्रबन्धन को लक्षित करेगा? **UPPSC (Pre) 2019**

(a) एसडीजी-6 (b) एसडीजी-7
(c) एसडीजी-8 (d) एसडीजी-9

235. निम्नलिखित कथनों पर विचार कीजिए **IAS (Pre) 2016**

1. धारणीय विकास लक्ष्य (Sustainable Development Goals) पहली बार वर्ष 1972 में एक वैश्विक विचार मण्डल (थिंक टैंक), जिसे 'क्लब ऑफ रोम' कहा जाता था, ने प्रस्तावित किया था।
2. धारणीय विकास लक्ष्य को वर्ष 2030 तक प्राप्त किया जाना है।

उपरोक्त कथनों में से कौन-सा/से कथन सही है/हैं?

(a) केवल 1
(b) केवल 2
(c) 1 और 2 दोनों
(d) न तो 1 और न ही 2

236. धारणीय विकास किसके उपयोग के सन्दर्भ में अन्तर-पीढ़ीगत संवेदनशीलता का विषय है? **UPPSC (Pre) 2012**

(a) प्राकृतिक संसाधन
(b) भौतिक संसाधन
(c) औद्योगिक संसाधन
(d) सामाजिक संसाधन

237. जोहान्सबर्ग में सतत विकास सम्मेलन किस वर्ष आयोजित हुआ था? **JPSC (Pre) 2024**

(a) 1997 (b) 2002
(c) 2003 (d) 2004

238. सतत् विकास के निर्धारण हेतु, किन सूचकांकों को आधार बनाया जाता है? **JPSC (Pre) 2024**

(a) पारिस्थितिकी
(b) सामाजिक और सांस्कृतिक
(c) आर्थिक
(d) उपरोक्त सभी

239. सतत् विकास क्या है? **JPSC (Pre) 2024**

(a) आर्थिक विकास (b) पर्यावरणीय विकास
(c) सामाजिक विकास (d) ये सभी

240. 'सतत् विकास' शब्द कब अस्तित्व में आया था? **JPSC (Pre) 2024**

(a) वर्ष 1980 (b) वर्ष 1987
(c) वर्ष 1992 (d) वर्ष 1998

19. सतत् कृषि

241. कृषि की 'धान गहनता प्रणाली' का, जिसमें धान के खेतों का बारी-बारी से क्लेदन और शुष्कन किया जाता है, क्या परिणाम होता है? **IAS (Pre) 2022**

1. बीज की कम आवश्यकता
2. मीथेन का कम उत्पादन
3. बिजली की कम खपत

नीचे दिए गए कूट का प्रयोग कर सही उत्तर चुनिए

(a) 1 और 2 (b) 2 और 3
(c) 1 और 3 (d) 1, 2 और 3

242. स्थायी कृषि (पर्माकल्चर), पारम्परिक रासायनिक कृषि से किस प्रकार भिन्न है? **IAS (Pre) 2021**

1. स्थायी कृषि एक-धान्य कृषि पद्धति को हतोत्साहित करती है, किन्तु पारम्परिक रासायनिक कृषि में एकधान्य कृषि पद्धति की प्रधानता है।
2. पारम्परिक रासायनिक कृषि के कारण मृदा की लवणता में वृद्धि हो सकती है, किन्तु इस प्रकार की परिघटना स्थायी कृषि में दृष्टिगोचर नहीं होती है।
3. पारम्परिक रासायनिक कृषि अर्द्धशुष्क क्षेत्रों में आसानी से सम्भव है, किन्तु ऐसे क्षेत्रों में स्थायी कृषि इतनी आसानी से सम्भव नहीं है।
4. मल्च बनाने (मल्चिंग) की प्रथा स्थायी कृषि में काफी महत्त्वपूर्ण है, किन्तु पारम्परिक रासायनिक कृषि में ऐसी प्रथा आवश्यक नहीं है।

नीचे दिए गए कूट का प्रयोग कर सही उत्तर चुनिए

(a) 1 और 3 (b) 1, 2 और 4
(c) केवल 4 (d) 2 और 3

243. भारतीय कृषि में परिस्थितियों के सन्दर्भ में, 'संरक्षण कृषि' की संकल्पना का महत्त्व बढ़ जाता है। निम्नलिखित में से कौन-कौन-से संरक्षण कृषि के अन्तर्गत आते हैं? **IAS (Pre) 2018**

1. एकधान्य कृषि पद्धतियों का परिहार
2. न्यूनतम जोत को अपनाना
3. बागानी फसलों की खेती का परिहार
4. मृदा धरातल को ढकने के लिए फसल अवशिष्ट का उपयोग
5. स्थानिक एवं कालिक फसल अनुक्रमण/फसल आवर्तनों को अपनाना

कूट

(a) 1, 3 और 4 (b) 2, 3, 4 और 5
(c) 2, 4 और 5 (d) 1, 2, 3 और 5

244. भारत में जैविक कृषि के सन्दर्भ में निम्नलिखित कथनों पर विचार कीजिए **IAS (Pre) 2018**

1. 'जैविक उत्पाद के लिए राष्ट्रीय कार्यक्रम' (एन.पी.ओ.पी.) केन्द्रीय ग्रामीण विकास मन्त्रालय के मार्गदर्शन एवं निर्देश के अधीन कार्य करता है।
2. एन.पी.ओ.पी. के क्रियान्वयन के लिए 'कृषि और प्रसंस्कृत खाद्य उत्पादन निर्यात विकास प्राधिकरण' (APEDA) सचिवालय के रूप में कार्य करता है।
3. सिक्किम, भारत का पहला पूर्ण रूप से जैविक राज्य बन गया है।

उपरोक्त कथनों में से कौन-सा/से कथन सही है/हैं?

(a) 1 और 2 (b) 2 और 3
(c) केवल 3 (d) ये सभी

245. निम्नलिखित पद्धतियों में से कौन-सी कृषि में जल संरक्षण में सहायता कर सकती है/हैं? **IAS (Pre) 2017**

1. भूमि की कम या शून्य जुताई
2. खेत में सिंचाई के पूर्व जिप्सम का प्रयोग
3. फसल अवशेष को खेत में ही रहने देना

कूट

(a) 1 और 2 (b) केवल 3
(c) 1 और 3 (d) 1, 2 और 3

246. उर्वरक के अत्यधिक प्रयोग से होता है **UPPSC (Pre) 2016**

(a) मृदा प्रदूषण (b) जल प्रदूषण
(c) वायु प्रदूषण (d) ये सभी

247. राष्ट्रीय बागवानी मिशन कब प्रारम्भ किया गया? **UPPSC (Mains) 2016**

(a) मई, 2004 में (b) मई, 2006 में
(c) मई, 2007 में (d) मई, 2005 में

248. काटकर जलाने वाली कृषि, जिसे आमतौर पर झूम कृषि कहा जाता है **CGPSC (Pre) 2024**

(a) भारत के उत्तर-पूर्वी राज्यों में प्रचलित है
(b) भारत के उत्तर-पश्चिमी राज्यों में प्रचलित है
(c) भारत के पश्चिमी तट पर प्रचलित है
(d) उपरोक्त में से कोई नहीं

249. झूम कृषि का पोड़ू रूप भारत के निम्नलिखित में से किस राज्य में लोकप्रिय है? **HPPSC (Pre) 2024**

(a) ओडिशा (b) असम
(c) केरल (d) छत्तीसगढ़

250. भारत में शुष्क भूमि की खेती उन प्रदेशों तक सीमित है, जहाँ वार्षिक वर्षा **JPSC (Pre) 2024**

(a) 25 सेमी से कम हो
(b) 50 सेमी से कम हो
(c) 75 सेमी से कम हो
(d) 100 सेमी से कम हो

20. पर्यावरण से सम्बन्धित कानून, संगठन एवं आन्दोलन

251. भारत में वन्यजीव सरंक्षण अधिनियम किस वर्ष लागू किया गया था? **UPPSC (Pre) 2015, MPPSC (Pre) 2016**

(a) वर्ष 1962 (b) वर्ष 1970
(c) वर्ष 1972 (d) वर्ष 1982

252. भारत में निम्नलिखित में से कौन-सा अधिनियम वन्यजीवों को संरक्षण प्रदान करता है? **UPPSC (Pre) 2016**

(a) वन्यजीव संरक्षण अधिनियम, 1972
(b) वन संरक्षण अधिनियम, 1982
(c) पर्यावरण संरक्षण अधिनियम, 1996
(d) पश्चिम बंगाल वन्यजीव संरक्षण अधिनियम, 1959

253. वन्यजीव संरक्षण अधिनियम, 1972 का नाम बदलकर भारतीय वन्यजीव संरक्षण अधिनियम, 2002 कब रखा गया था?

(a) जनवरी, 2003 (b) फरवरी, 2003
(c) जनवरी, 2005 (d) जनवरी, 2004

254. भारत सरकार द्वारा पर्यावरण का परिरक्षण अधिनियम कब पारित किया गया था? **UPPSC (Pre) 2022**

(a) वर्ष 1971 (b) वर्ष 1974
(c) वर्ष 1981 (d) वर्ष 1986

255. निम्नलिखित में कौन-सा एक, पर्यावरण (संरक्षण) अधिनियम, 1986 के अधीन गठित किया गया है? **IAS 2022**

(a) केन्द्रीय जल आयोग
(b) केन्द्रीय भूजल बोर्ड
(c) केन्द्रीय भूजल प्राधिकरण
(d) राष्ट्रीय जल विकास अभिकरण

256. निम्नलिखित कथनों पर विचार कीजिए **IAS (Pre) 2019**

1. भारतीय वन अधिनियम, 1927 में हाल में हुए संशोधन के अनुसार, वन निवासियों को वन क्षेत्रों में उगने वाले बाँस को काट गिराने का अधिकार है।
2. अनुसूचित जनजाति एवं अन्य पारम्परिक वनवासी (वन अधिकारों की मान्यता) अधिनियम, 2006 के अनुसार, बाँस एक गौण वनोपज है।
3. अनुसूचित जनजाति एवं अन्य पारम्परिक वनवासी (वन अधिकारों की मान्यता) अधिनियम, 2006 वन निवासियों को गौण वनोपज के स्वामित्व की अनुमति देता है।

उपरोक्त कथनों में से कौन-सा/से कथन सही है/हैं?

(a) 1 और 2 (b) 2 और 3
(c) केवल 3 (d) 1, 2 और 3

257. राष्ट्रीय हरित अधिकरण (एन. जी. टी.) किस प्रकार केन्द्रीय प्रदूषण नियन्त्रण बोर्ड (सी. पी. सी. बी.) से भिन्न है? **IAS (Pre) 2018**

1. एन. जी. टी. का गठन एक अधिनियम द्वारा किया गया है।
2. एन. जी. टी. पर्यावरणीय न्याय उपलब्ध कराता है और उच्चतर न्यायालयों में मुकदमों के भार को कम करने में सहायता करता है, जबकि सी. पी. सी. बी. झरनों और कुओं की सफाई को प्रोत्साहित करता है तथा देश में वायु की गुणवत्ता में सुधार लाने का लक्ष्य रखता है।

उपरोक्त कथनों में से कौन-सा/से कथन सही है/हैं?

(a) केवल 1
(b) केवल 2
(c) 1 और 2 दोनों
(d) न तो 1 और न ही 2

258. भारत में वन संरक्षण अधिनियम कब पारित किया गया? **UP Lower Sub (Pre) 2013, UPPSC (Pre) 2017**

(a) वर्ष 1978 (b) वर्ष 1979
(c) वर्ष 1980 (d) वर्ष 1981

259. चिपको आन्दोलन की शुरुआत कब और किस राज्य में हुई थी?

(a) वर्ष 1970, उत्तर प्रदेश
(b) वर्ष 1971, झारखण्ड
(c) वर्ष 1972, राजस्थान
(d) वर्ष 1973, उत्तराखण्ड

260. चमोली के रैणी गाँव में किसके नेतृत्व में वन कटाई के विरोध में आन्दोलन चलाया गया? **UKPSC (Pre) 2023**

(a) सुन्दरलाल बहुगुणा (b) चण्डी प्रसाद भट्ट
(c) गौरा देवी (d) कल्याण रावत

261. निम्नलिखित युग्मों में से कौन-सा एक युग्म सही सुमेलित नहीं है? **IAS (Pre) 2014**

(a) एपिको आन्दोलन – पी. हेगड़े
(b) चिपको आन्दोलन – एस. एल. बहुगुणा
(c) नर्मदा बचाओ आन्दोलन – मेधा पाटकर
(d) शान्तघाटी आन्दोलन – बाबा आम्टे

262. भारत में मिट्टी बचाओ आन्दोलन कहाँ से प्रारम्भ हुआ? **UPPSC (Pre) 2020**

(a) थाणे, महाराष्ट्र
(b) मैसूर, कर्नाटक
(c) दरभंगा, बिहार
(d) होशंगाबाद, मध्य प्रदेश

21. पर्यावरण एवं जलवायु से सम्बन्धित राष्ट्रीय/अन्तर्राष्ट्रीय संगठन एवं सम्मेलन

263. UNEP द्वारा समर्थित 'कॉमन कार्बन मैट्रिक' को किसलिए विकसित किया गया है? **IAS (Pre) 2021**

(a) सम्पूर्ण विश्व में निर्माण कार्यों के कार्बन पदचिह्न का आकलन करने के लिए
(b) कार्बन उत्सर्जन व्यापार में विश्वभर की वाणिज्यिक कृषि संस्थाओं के प्रवेश हेतु अधिकार देने के लिए
(c) सरकारों को अपने देशों द्वारा किए गए समग्र कार्बन पदचिह्न के आकलन हेतु अधिकार देने के लिए
(d) किसी इकाई समय (यूनिट टाइम) में विश्व में जीवाश्मी ईंधनों के उपयोग से उत्पन्न होने वाले समग्र कार्बन पदचिह्न के आकलन के लिए

264. जलवायु परिवर्तन पर संयुक्त राष्ट्र संघ का कन्वेन्शन ढाँचा किससे सम्बन्धित है? **BPSC (Pre) 2016**

(a) जीवाश्म ईंधन के उपयोग
(b) कार्बन डाइ-ऑक्साइड
(c) यूरेनियम उत्पादन में कमी
(d) ग्रीन हाउस गैसों के उत्सर्जन में कमी

265. जलवायु परिवर्तन पर संयुक्त राष्ट्र का सम्मेलन COP 21 आयोजित हुआ था **UPPSC (Pre) 2018**

(a) मॉस्को में (b) पेरिस में
(c) बर्लिन में (d) टोक्यो में

266. 'क्योटो-प्रोटोकॉल' निम्न में से सम्बन्धित है MPPSC (Pre) 2014, UPPSC (Mains) 2017

(a) वायु प्रदूषण (b) ग्रीन हाउस गैस
(c) जलवायु परिवर्तन (d) जल प्रदूषण

267. 50 से अधिक देशों द्वारा समर्थित संयुक्त राष्ट्र का मौसम परिवर्तन समझौता कब प्रभावी हुआ? UPPSC (Pre) 2012

(a) 21 मार्च, 1994 को (b) 21 मई, 1995 को
(c) 21 जून, 1996 को (d) 21 जून, 1999 को

268. वर्ष 1997 में विश्व पर्यावरण सम्मेलन आयोजित किया गया था? UKPSC (Pre) 2016

(a) रियो-डी-जेनेरियो में (b) नैरोबी में
(c) क्योटो में (d) न्यूयॉर्क में

269. निम्नलिखित युग्मों में से कौन-सा सही सुमेलित नहीं है? UPPSC (Pre) 2019

(a) कार्टाजेना प्रोटोकॉल – बायोसेफ्टी
(b) स्टॉकहोम सम्मेलन – अनवरत जैविक प्रदूषक
(c) मॉण्ट्रियल प्रोटोकॉल – ओजोन परत
(d) क्योटो प्रोटोकॉल – जल संरक्षण

270. कार्टाजेना प्रोटोकॉल का सम्बन्ध है JPSC (Pre) 2016

(a) जैव सुरक्षा समझौते से
(b) प्रदूषण से
(c) ओजोन क्षमता से
(d) जलवायु परिवर्तन से

271. वर्ष 2021 में, 26वें संयुक्त राष्ट्र जलवायु परिवर्तन सम्मेलन COP-26 का आयोजन कहाँ होगा? UPPSC (Pre) 2016

(a) न्यूयॉर्क (b) टोक्यो
(c) ग्लासगो (d) बीजिंग

272. गहरी कार्बन वेधशाला (डी.सी.ओ.) के सम्बन्ध में निम्न कथनों में से कौन-सा/से सही है/हैं? UPPSC (Pre) 2019

1. यह वैश्विक अनुसन्धान कार्यक्रम पृथ्वी पर कार्बन की भूमिका को आगे बढ़ाने के लिए है।
2. यह गहरे माइक्रोबियल पारिस्थितिकी तन्त्र के क्षेत्रीय अवलोकन के लिए है।

कूट

(a) केवल 1 (b) केवल 2
(c) 1 और 2 दोनों (d) न तो 1 और न ही 2

273. निम्नलिखित कथनों पर विचार कीजिए IAS (Pre) 2021

कथन I संयुक्त राष्ट्र पूँजी विकास निधि (UNCDF) और आर्बर डे फाउण्डेशन ने हाल ही में हैदराबाद को विश्व के वर्ष 2020 वृक्ष नगर की मान्यता प्रदान की है।

कथन II शहरी वनों को बढ़ाने और सम्पोषित करने के प्रति प्रतिबद्धता को देखते हुए हैदराबाद का 1 वर्ष के लिए इस मान्यता हेतु चयन किया गया है।

कूट

(a) कथन I और II दोनों सही हैं तथा कथन II कथन 1 की सही व्याख्या है
(b) कथन I और II दोनों सही हैं, परन्तु कथन II कथन I की सही व्याख्या नहीं है
(c) कथन I सही है, किन्तु कथन II सही नहीं है
(d) कथन I सही नहीं है, किन्तु कथन II सही है

274. निम्नलिखित में से कौन-सा युग्म सही सुमेलित नहीं है? MPPSC (Pre) 2017

(a) प्रथम विश्व जलवायु सम्मेलन – 1972
(b) प्रथम पृथ्वी शिखर सम्मेलन – एजेण्डा 21
(c) पृथ्वी शिखर सम्मेलन + 5 – 1997
(d) कार्बन व्यापार – मॉण्ट्रियल प्रोटोकॉल

275. यू.एन.एफ.सी.सी. CoP26 अधिवेशन में भारत द्वारा दी गई प्रतिबद्धता के सन्दर्भ में क्या सही नहीं है? CGPSC (Pre) 2021

(a) भारत 2030 तक कार्बन उत्सर्जन में एक बिलियन टन तक की कमी करेगा
(b) भारत 2030 तक अपनी ऊर्जा जरूरतों का 60 प्रतिशत पूर्ति अक्षय ऊर्जा में करेगा
(c) भारत 2030 तक अपनी गैर-जीवाश्म ऊर्जा क्षमता को 500 गीगावॉट तक बढ़ा लेगा
(d) उपरोक्त में से कोई नहीं

276. जलवायु परिवर्तन पर संयुक्त राष्ट्र संघ का कन्वेन्शन ढाँचा किससे सम्बन्धित है? BPSC (Pre) 2016

(a) जीवाश्म ईंधन के उपयोग में कमी
(b) कार्बन डाइ-ऑक्साइड (CO_2) उत्सर्जन में कमी
(c) यूरेनियम उत्पादन में कमी
(d) ग्रीन हाउस गैसों के उत्सर्जन में कमी
(e) उपरोक्त में से कोई नहीं/उपरोक्त में से एक से अधिक

277. 'जलवायु कार्रवाई ट्रैक्टर (क्लाइमेट एक्शन ट्रैक्टर)' जो विभिन्न देशों के उत्सर्जन अपचयन के लिए दिए गए वचनों की निगरानी करता है, क्या है? UPPSC (Pre) 2022

(a) अनुसन्धान संगठनों के गठबन्धन द्वारा निर्मित डेटाबेस
(b) 'जलवायु परिवर्तन के अन्तर्राष्ट्रीय पैनल' का स्कन्ध (विंग)
(c) 'जलवायु परिवर्तन पर संयुक्त राष्ट्र ढाँचा अभिसमय' के अधीन समिति
(d) संयुक्त राष्ट्र पर्यावरण कार्यक्रम और विश्व बैंक द्वारा संवर्धित और वित्तपोषित एजेन्सी

278. 'बायोकार्बन फण्ड इनिशिएटिव फॉर सस्टेनेबल फॉरेस्ट लैण्डस्केप्स' का प्रबन्धन निम्नलिखित में से कौन करता है? IAS (Pre) 2015

(a) एशिया विकास बैंक
(b) अन्तर्राष्ट्रीय मुद्रा कोष
(c) संयुक्त राष्ट्र पर्यावरण कार्यक्रम
(d) विश्व बैंक

279. संक्रामक (इन्वेसिव) जीव जाति (स्पीशीज) विशेषज्ञ समूह' (जो वैश्विक संक्रामक जीव-जाति डेटाबेस विकसित करता है) निम्नलिखित में से किस एक संगठन से सम्बन्धित है? IAS (Pre) 2023

(a) अन्तर्राष्ट्रीय प्रकृति संरक्षण संघ (इंटरनेशनल यूनियन फॉर कंजर्वेशन ऑफ नेचर)
(b) संयुक्त राष्ट्र पर्यावरण कार्यक्रम (यूनाइटेड नेशंस एनवायरनमेण्ट प्रोग्राम)
(c) संयुक्त राष्ट्र का पर्यावरण एवं विकास पर विश्व आयोग (यूनाइटेड नेशंस वर्ल्ड कमीशन फॉर एनवाइरनमेण्ट एण्ड डेवेलपमेण्ट)
(d) प्रकृति के लिए विश्वव्यापी निधि (वर्ल्डवाइड फण्ड फॉर नेचर)

280. संयुक्त राष्ट्र संघ के पर्यावरण कार्यक्रम द्वारा जारी वार्षिक 'फ्रण्टियर रिपोर्ट-2022' के अनुसार विश्व का दूसरा सर्वाधिक ध्वनि प्रदूषणयुक्त भारत का कौन-सा शहर है? UPPSC (Pre) 2022

(a) कोटा (b) मुरादाबाद (c) इन्दौर (d) पटना

281. निम्नलिखित कथनों पर विचार कीजिए IAS (Pre) 2021

कथन 1 संयुक्त राष्ट्र पूँजी विकास निधि (यू.एन.सी.डी.एफ.) और आर्बर डे फाउण्डेशन ने हाल ही में हैदराबाद को विश्व के 2020 वृक्ष नगर की मान्यता प्रदान की है।

कथन 2 शहरी वनों को बढ़ाने और सम्पोषित करने के प्रति प्रतिबद्धता को देखते हुए हैदराबाद का एक वर्ष के लिए इस मान्यता हेतु चयन किया गया है।

उपरोक्त कथनों के सन्दर्भ में, निम्नलिखित में से कौन-सा सही है?

(a) कथन 1 और कथन 2 दोनों सही हैं और कथन 2, कथन 1 की सही व्याख्या है
(b) कथन 1और कथन 2 दोनों सही हैं, किन्तु कथन 2, कथन 1 की सही व्याख्या नहीं है
(c) कथन 1 सही है, किन्तु कथन 2 सही नहीं है
(d) कथन 1 सही नहीं है, किन्तु कथन 2 सही है

282. वर्ष 1962 में प्रकाशित पुस्तक 'साइलेण्ट स्प्रिंग' जिससे विश्व के पर्यावरणीय आन्दोलन को गति मिली, के लेखक हैं- UPPSC (Pre) 2020

(a) केरोलीन मर्चेंट (b) कार्ल मार्क्स
(c) रेचल कारसन (d) राजगोपालन

283. वाणिज्य में प्राणिजात और वनस्पतिजात के व्यापार सम्बन्धी विश्लेषण (ट्रेड रिलेटेड एनालिसिस ऑफ फौना एण्ड फ्लोरा इन कॉमर्स TRAFFIC) के सन्दर्भ में निम्नलिखित कथनों पर विचार कीजिए। IAS (Pre) 2017

1. TRAFFIC संयुक्त राष्ट्र पर्यावरण कार्यक्रम (UNEP) के अन्तर्गत एक ब्यूरो है।
2. TRAFFIC का मिशन यह सुनिश्चित करना है कि वन्य पादपों एवं जन्तुओं के व्यापार से प्रकृति के संरक्षण को खतरा न हो।

उपरोक्त कथनों में से कौन-सा/से सही है/हैं?

(a) केवल 1 (b) केवल 2
(c) 1 और 2 दोनों (d) न तो 1 और न हो 2

284. 'पृथ्वी काल' के सन्दर्भ में निम्नलिखित कथनों पर विचार कीजिए IAS (Pre) 2014

1. यह UNEP तथा UNESCO का उपक्रमण है।
2. यह एक आन्दोलन है, जिसमें प्रतिभागी प्रतिवर्ष एक निश्चित दिन, एक घण्टे के लिए बिजली बन्द कर देते हैं।
3. यह जलवायु परिवर्तन और पृथ्वी को बचाने की आवश्यकता के बारे में जागरूकता लाने वाला आन्दोलन है।

उपरोक्त कथनों में से कौन-सा/से कथन सही है/हैं?

(a) 1 और 3 (b) केवल 2
(c) 2 और 3 (4) 1, 2 और 3

285. 'मिलेनियम इकोसिस्टम एसेसमेण्ट' पारिस्थितिकी तन्त्र की सेवाओं के निम्नलिखित प्रमुख वर्गों का वर्णन करता है- व्यवस्था, समर्थन, नियन्त्रण, संरक्षण और सांस्कृतिक। निम्नलिखित में से कौन-सी एक समर्थन सेवा है? IAS (Pre) 2012

(a) खाद्यान्न और जल का उत्पादन
(b) जलवायु और रोग का नियन्त्रण
(c) पोषण चक्रण और फसल परागण
(d) विविधता अनुरक्षण

286. प्रकृति एवं प्राकृतिक संसाधन अन्तर्राष्ट्रीय संरक्षण संघ (IUCN) द्वारा प्रकाशित 'रेड डाटा बुक्स' में निम्नलिखित सूची/सूचियाँ सम्मिलित की जाती है/हैं IAS (Pre) 2011

1. जैव-विविधता के प्रखर स्थलों (हॉट स्पाट्स) में विद्यमान स्थानिक पौधों और पशु जातियों की सूची
2. संकटग्रस्त पौधों और पशु जातियों की सूची
3. विभिन्न देशों में प्रकृति एवं प्राकृतिक संसाधन संरक्षण हेतु संरक्षित स्थलों की सूची

निम्नलिखित कूटों के आधार पर सही उत्तर चुनिए

(a) 1 और 3 (b) केवल 2
(c) 2 और 3 (d) केवल 3

287. FCPF विकासशील देशों के आवश्यक ढाँचों और प्रक्रियाओं का निर्माण किस से मिलने वाले वित्तीय प्रोत्साहन से करता है?

(a) REDD + (b) IFCL
(c) WWF (d) ग्रीनपीस

288. नीचे दिए गए कथनों में से सही कथन का चयन कीजिए।

1. बेसल कन्वेंशन, खतरनाक अपशिष्ट पदार्थों के सीमापार स्थानान्तरण के नियन्त्रण एवं इन पदार्थों के निपटारे से सम्बन्धित अन्तर्राष्ट्रीय सन्धि है।
2. यह सन्धि 22 मार्च, 1989 को हस्ताक्षरित की गई तथा 5 मई, 1992 से प्रभाव में आई।
3. इस सम्मेलन का उद्देश्य खतरनाक और अन्य अपशिष्ट निपटान को नियन्त्रित एवं विनियमित करने के उपायों को स्थापित कर पर्यावरण की रक्षा करना है।

कूट

(a) केवल 1 (b) 1 और 2
(c) 1 और 3 (d) ये सभी

289. कौन-सा संगठन जागरूकता फैलाकर वन्यजीवों के उत्पाद में माँग को कम करने का प्रयास करता है?

(a) CAWT (b) CMS
(c) UNEP (d) इनमें से कोई नहीं

290. वर्ष 1986 में गठित अन्तर्राष्ट्रीय उष्णकटिबन्धीय काष्ठ गठबन्धन में कितने सदस्य देश हैं?

(a) 80 सदस्य देश (b) 85 सदस्य देश
(c) 62 सदस्य देश (d) 88 सदस्य देश

291. अन्तर्राष्ट्रीय जल प्रबन्धन संस्थान (IWMI) एक निजी गैर-लाभकारी वैज्ञानिक शोध संगठन है, यह किसके उपयोग को बढ़ावा देती है?

(a) विकासशील देशों में जल व भूमि संसाधन
(b) विकासशील देशों में वन्यजीवों के संरक्षण
(c) विकासशील देशों में आर्द्रभूमियों की सुरक्षा
(d) उपरोक्त में से कोई नहीं

292. संयुक्त राष्ट्र वन फोरम (UNFF) तथा ECOSOC द्वारा बनाई गई सहायक संस्था का नाम क्या है?

(a) यूनाइटेड नेशन्स फोरम ऑन फॉरेस्ट (UNFE)
(b) विश्व वन्यजीव कोष
(c) अन्तर्राष्ट्रीय जल प्रबन्धन संस्थान
(d) उपरोक्त में से कोई नहीं

22. आपदा एवं आपदा प्रबन्धन

293. भोपाल गैस त्रासदी किस वर्ष में हुई? MPPSC (Pre) 2022

(a) 1982 (b) 1986 (c) 1984 (d) 1980

294. समुद्री चक्रवाती तूफान 'तौकते' किस सागर से उत्पन्न हुआ था? UP RO/ARO (Pre) 2021

(a) बंगाल की खाड़ी (b) हिन्दमहासागर
(c) कैस्पियन सागर (d) अरब सागर

295. भारत में आपदा प्रबन्धन के लिए राष्ट्रीय आपदा प्रबन्धन डिवीजन गृह मन्त्रालय में एक नोडल डिवीजन है। राष्ट्रीय आपदा प्रबन्धन प्राधिकरण का पदेन अध्यक्ष कौन है? UPPSC (Pre) 2021

(a) प्रधानमन्त्री
(b) गृहमन्त्री
(c) रक्षामन्त्री
(d) स्वास्थ्य एवं परिवार कल्याण मन्त्री

296. आपदा प्रबन्धन एक्ट बनाया गया था MPPSC (Pre) 2021

(a) वर्ष 2006 (b) वर्ष 2003
(c) वर्ष 2005 (d) वर्ष 2009

297. निम्न में से कौन-सा आपदा के बाद का उपाय है? JPSC (Pre) 2021

(a) पूर्व चेतावनी (b) क्षेत्रीकरण
(c) पुनर्निर्माण (d) योजना और नीतियाँ

298. भूकम्प के प्रभाव के सन्दर्भ में दिए गए युग्मों में कौन-सा युग्म सुमेलित है? UPPSC (Pre) 2021

1. भूतल पर प्रभाव — दरारें पड़ना
2. जल पर प्रभाव — द्रवीकरण
3. मानवकृत ढाँचे पर प्रभाव — आकुंचन

कूट

(a) केवल 1 (b) 1 और 3
(c) 2 और 3 (d) 1, 2 और 3

299. निम्न में से कौन-से कथन सही हैं? UPPSC (Pre) 2018

1. प्राकृतिक आपदाएँ सर्वाधिक क्षति विकासशील देशों में करती हैं।
2. भोपाल गैस त्रासदी मानव-निर्मित है।
3. भारत आपदा-मुक्त देश है।
4. मैंग्रोव चक्रवातों का प्रभाव कम करते हैं।

कूट

(a) 1, 2 और 4 (b) 2, 3 और 4
(c) 1, 2 और 3 (d) 1, 3 और 4

300. हुदहुद चक्रवात से भारत का निम्नलिखित में से कौन-सा तटीय क्षेत्र प्रभावित हुआ था? MPPSC (Pre) 2016

(a) आन्ध्र प्रदेश तट (b) केरल तट
(c) चेन्नई तट (d) बंगाल तट

301. इनमें से कौन-से चक्रवात ने नवम्बर-दिसम्बर, 2024 में तमिलनाडु के तटीय भाग को प्रभावित किया था? **MPPSC (Pre) 2025**

(a) असना (b) दाना
(c) बिपरजॉय (d) फेंगल

302. निम्नलिखित में से कौन-से राज्य/क्षेत्र भूकम्प के मध्यम क्षति जोखिम क्षेत्र के अन्तर्गत आते हैं? **JPSC (Pre) 2013**

(a) बिहार (b) उत्तर प्रदेश
(c) गुजरात (d) ये सभी

303. नेशनल डिज़ास्टर रिस्पाँस फोर्स एकेडमी (राष्ट्रीय आपदा मोचन बल अकादमी) की स्थापना किस शहर में की गई थी? **MPPSC (Pre) 2025**

(a) नागपुर (b) कानपुर
(c) भरतपुर (d) शिमला

उत्तरमाला

1. (d)	2. (b)	3. (d)	4. (c)	5. (a)	6. (c)	7. (a)	8. (d)	9. (b)	10. (a)
11. (b)	12. (d)	13. (c)	14. (c)	15. (c)	16. (b)	17. (a)	18. (b)	19. (b)	20. (a)
21. (b)	22. (a)	23. (a)	24. (d)	25. (d)	26. (b)	27. (a)	28. (d)	29. (b)	30. (a)
31. (d)	32. (a)	33. (b)	34. (c)	35. (a)	36. (c)	37. (b)	38. (a)	39. (a)	40. (d)
41. (b)	42. (a)	43. (b)	44. (d)	45. (d)	46. (c)	47. (b)	48. (d)	49. (d)	50. (a)
51. (c)	52. (a)	53. (d)	54. (d)	55. (c)	56. (c)	57. (c)	58. (d)	59. (c)	60. (b)
61. (c)	62. (a)	63. (d)	64. (c)	65. (c)	66. (a)	67. (d)	68. (c)	69. (a)	70. (a)
71. (a)	72. (a)	73. (a)	74. (a)	75. (c)	76. (d)	77. (d)	78. (a)	79. (a)	80. (d)
81. (c)	82. (b)	83. (c)	84. (d)	85. (a)	86. (a)	87. (b)	88. (a)	89. (b)	90. (b)
91. (d)	92. (b)	93. (b)	94. (b)	95. (c)	96. (d)	97. (a)	98. (b)	99. (a)	100. (c)
101. (b)	102. (d)	103. (c)	104. (c)	105. (c)	106. (a)	107. (d)	108. (c)	109. (b)	110. (b)
111. (d)	112. (a)	113. (a)	114. (b)	115. (c)	116. (d)	117. (c)	118. (b)	119. (c)	120. (b)
121. (d)	122. (c)	123. (c)	124. (b)	125. (b)	126. (d)	127. (b)	128. (a)	129. (a)	130. (c)
131. (c)	132. (d)	133. (c)	134. (d)	135. (c)	136. (d)	137. (c)	138. (a)	139. (b)	140. (b)
141. (a)	142. (c)	143. (c)	144. (a)	145. (d)	146. (c)	147. (d)	148. (d)	149. (d)	150. (d)
151. (b)	152. (b)	153. (a)	154. (a)	155. (a)	156. (b)	157. (d)	158. (b)	159. (d)	160. (a)
161. (a)	162. (d)	163. (b)	164. (b)	165. (b)	166. (d)	167. (d)	168. (b)	169. (b)	170. (c)
171. (b)	172. (d)	173. (d)	174. (c)	175. (c)	176. (d)	177. (c)	178. (b)	179. (d)	180. (b)
181. (b)	182. (a)	183. (c)	184. (b)	185. (d)	186. (d)	187. (c)	188. (d)	189. (a)	190. (a)
191. (c)	192. (a)	193. (c)	194. (c)	195. (d)	196. (b)	197. (c)	198. (c)	199. (c)	200. (d)
201. (a)	202. (c)	203. (c)	204. (a)	205. (d)	206. (b)	207. (a)	208. (d)	209. (d)	210. (d)
211. (b)	212. (b)	213. (b)	214. (b)	215. (b)	216. (d)	217. (b)	218. (d)	219. (a)	220. (c)
221. (b)	222. (c)	223. (c)	224. (a)	225. (a)	226. (b)	227. (b)	228. (d)	229. (d)	230. (b)
231. (a)	232. (c)	233. (b)	234. (a)	235. (b)	236. (a)	237. (b)	238. (d)	239. (d)	240. (b)
241. (d)	242. (b)	243. (c)	244. (b)	245. (c)	246. (d)	247. (d)	248. (a)	249. (a)	250. (c)
251. (c)	252. (a)	253. (a)	254. (d)	255. (c)	256. (b)	257. (b)	258. (c)	259. (d)	260. (b)
261. (d)	262. (d)	263. (a)	264. (d)	265. (b)	266. (b)	267. (a)	268. (c)	269. (d)	270. (a)
271. (c)	272. (c)	273. (d)	274. (d)	275. (b)	276. (d)	277. (a)	278. (d)	279. (a)	280. (b)
281. (d)	282. (c)	283. (b)	284. (c)	285. (c)	286. (b)	287. (a)	288. (d)	289. (a)	290. (b)
291. (a)	292. (a)	293. (c)	294. (d)	295. (a)	296. (c)	297. (c)	298. (b)	299. (a)	300. (a)
301. (d)	302. (d)	303. (a)							

प्रीलिम्स अभ्यास

अधिक प्रैक्टिस के लिए
दिया गया QR कोड स्कैन करें

UPSC मुख्य परीक्षा के प्रश्न
(2024-2015)

UPSC मुख्य परीक्षा के प्रश्न
(2024-2015)

पारिस्थितिकी एवं पारिस्थितिकी तन्त्र

1. भारत के पारिस्थितिकी सन्तुलन को जंगलों की कटाई किस तरह नष्ट कर रही है? स्पष्ट कीजिए। *UPSC 2023 (250 शब्द; 15 अंक)*

2. पारिस्थितिकी तन्त्र से आप क्या समझते हैं? पारिस्थितिकी तन्त्र के घटकों की व्याख्या कीजिए। *UPSC 2020 (150 शब्द; 10 अंक)*

3. बड़ी परियोजनाओं के नियोजन के समय मानव बस्तियों का पुनर्वास एक महत्त्वपूर्ण पारिस्थितिकी संघात है, जिस पर सदैव विवाद होता रहता है। विकास की बड़ी परियोजनाओं के प्रस्ताव के समय इस संघात को कम करने के लिए सुझाव पर उपायों पर चर्चा कीजिए। *UPSC 2016 (250 शब्द; 15 अंक)*

जैव-विविधता की अवधारणा

1. जैव-विविधता पर अभिसमय और खाद्य एवं कृषि के लिए पादप आनुवंशिक संसाधनों पर FAO की सन्धि के बीच अन्योन्य सहलग्नताओं का समालोचनात्मक विश्लेषण कीजिए। *UPSC 2017 (150 शब्द; 10 अंक)*

2. जैव-विविधता से आप क्या समझते हैं, जैव-विविधता के अपक्षलन (क्षरण) के कारणों एवं परिणामों का परीक्षण कीजिए। *UPSC 2017 (150 शब्द; 10 अंक)*

जैव-विविधता का संरक्षण

1. भारत की बाघ परियोजना की मुख्य विशेषताओं की विवेचना कीजिए। *UPSC 2021 (150 शब्द; 10 अंक)*

2. जीन कोश केन्द्र जैव-विविधता संरक्षण के लिए 'अच्छी आशा' है। स्पष्ट कीजिए। *UPSC 2021 (250 शब्द; 15 अंक)*

3. भारत में जैव-विविधता किस प्रकार अलग-अलग पाई जाती है, वनस्पतिजात और प्राणिजात के संरक्षण में जैव-विविधता अधिनियम, 2002 किस प्रकार सहायक है? *UPSC 2018 (150 शब्द; 10 अंक)*

आर्द्रभूमि पारितन्त्र/संरक्षण

1. भारत सरकार द्वारा शुरू किए गए राष्ट्रीय आर्द्रभूमि संरक्षक कार्यक्रम पर टिप्पणी कीजिए और रामसर स्थलों में शामिल अन्तर्राष्ट्रीय महत्त्व की भारत की कुछ आर्द्रभूमियों के नाम लिखिए। *UPSC 2023 (250 शब्द; 15 अंक)*

2. आर्द्रभूमि क्या है? आर्द्रभूमि संरक्षण के सन्दर्भ में 'बुद्धिमत्तापूर्ण उपयोग' की रामसर संकल्पना को स्पष्ट कीजिए। भारत में रामसर स्थलों के दो उदाहरणों का उद्धरण दीजिए। *UPSC 2018 (250 शब्द; 15 अंक)*

पर्यावरण प्रदूषण

1. भारत में नदी के जल का औद्योगिक प्रदूषण एक महत्त्वपूर्ण पर्यावरणीय मुद्दा है। इस समस्या से निपटने के लिए विभिन्न शमन उपायों और सम्बन्ध में सरकारी पहल की चर्चा कीजिए। *UPSC 2024 (150 शब्द; 10 अंक)*

2. विश्व को स्वच्छ जल एवं सुरक्षित मीठे पानी की अत्यधिक कमी का सामना करना पड़ रहा है। इस संकट का समाधान करने के लिए कौन-सी वैकल्पिक तकनीकें हैं? ऐसी किन्हीं तीन तकनीकों के मुख्य गुणों और दोषों का उल्लेख करते हुए संक्षेप में चर्चा कीजिए। *UPSC 2024 (250 शब्द; 15 अंक)*

3. तेल प्रदूषण क्या है? समुद्री पारिस्थितिकी तन्त्र पर इसके प्रभाव क्या हैं? भारत जैसे देश के लिए किस तरह से तेल प्रदूषण विशेष रूप से हानिकारक है? *UPSC 2023 (150 शब्द; 10 अंक)*

4. फोटोकैमिकल स्मॉग के निर्माण, प्रभाव और शमन पर विस्तार चर्चा करें। वर्ष 1999 के गोथेनबर्ग प्रोटोकॉल की व्याख्या करें। *UPSC 2022 (250 शब्द; 15 अंक)*

5. जल संरक्षण एवं जल सुरक्षा हेतु भारत सरकार द्वारा प्रवर्तित जल शक्ति अभियान की प्रमुख विशेषताएँ क्या हैं? *UPSC 2020 (150 शब्द; 10 अंक)*

6. भारत सरकार द्वारा आरम्भ किए गए राष्ट्रीय स्वच्छ वायु कार्यक्रम (एन.सी.ए.पी.) की प्रमुख विशेषताएँ क्या हैं? *UPSC 2020 (150 शब्द; 10 अंक)*

7. विश्व स्वास्थ्य संगठन (WHO) द्वारा हाल ही में जारी किए गए संशोधित वैश्विक वायु गुणवत्ता दिशा-निर्देशों (A.Q.G.) के मुख्य बिन्दुओं का वर्णन कीजिए। विगत वर्ष 2000 के अद्यतन से ये किस प्रकार भिन्न हैं? इन संशोधित मानकों को प्राप्त करने के लिए, भारत के राष्ट्रीय स्वच्छ वायु कार्यक्रम में किन परिवर्तनों की आवश्यकता है। *UPSC 2018 (250 शब्द; 15 अंक)*

8. निरन्तर उत्पन्न किए जा रहे फेंके गए ठोस कचरे की विशाल मात्राओं का निस्तारण करने में क्या-क्या बाधाएँ हैं? हम अपने रहने योग्य परिवेश में जमा होते जा रहे जहरीले अपशिष्टों को सुरक्षित रूप से किस प्रकार हटा सकते हैं? *UPSC 2018 (250 शब्द; 15 अंक)*

9. 'नमामि गंगे' एवं 'स्वच्छ गंगा का राष्ट्रीय मिशन' (N, M, C, G) कार्यक्रमों पर और इससे पूर्व की योजनाओं से मिश्रित परिणामों के कारणों पर चर्चा कीजिए। गंगा नदी के परिरक्षण में कौन-सी प्रमात्रा छलाँगें, क्रमिक योगदानों की अपेक्षा अधिक सहायक सिद्ध हो सकती हैं? *UPSC 2015 (250 शब्द; 15 अंक)*

पर्यावरण अनुकूलन

1. भारत में प्रमुख परियोजनाओं के लिए पर्यावरणीय प्रभाव आकलन (ई.आई.ए) परिणामों को प्रभावित करने में पर्यावरणीय गैर सरकारी संगठन और कार्यकर्ता क्या भूमिका निभाते हैं? सभी महत्त्वपूर्ण विवरणों सहित चार उदाहरण दीजिए। *UPSC 2024 (150 शब्द; 10 अंक)*

2. मानव के पारिस्थितिकी अनुकूलनों का उपयुक्त उदाहरणों सहित विस्तृत विवरण दीजिए तथा विश्व के विभिन्न भागों में पारिस्थितिकी एवं पर्यावरण पर इसके प्रभावों की व्याख्या कीजिए। *UPSC 2021 (150 शब्द; 10 अंक)*

3. पर्यावरणीय प्रभाव आकलन (ई.आई.ए.) अधिसूचना, 2020 प्रारूप मौजूद ई.आई.ए. अधिसूचना, 2006 से कैसे भिन्न है? *UPSC 2020 (200 शब्द; 12½ अंक)*

जलवायु परिवर्तन

1. जलवायु परिवर्तन पर अन्तर सरकारी पैनल (आई.पी.सी.सी.) ने वैश्विक समुद्र स्तर में 2100 ई. तक लगभग एक मीटर की वृद्धि का पूर्वानुमान लगाया है। हिन्द महासागर क्षेत्र में भारत और दूसरे देशों में इसका क्या प्रभाव होगा? *UPSC 2023 (250 शब्द; 15 अंक)*

2. इलेक्ट्रॉनिक वाहनों को अपनाना विश्वभर में तेजी से बढ़ रहा है। कार्बन उत्सर्जन को कम करने में इलेक्ट्रॉनिक वाहन कैसे योगदान करते हैं और पारम्परिक दहन इंजन वाहनों की तुलना में वे क्या प्रमुख लाभ प्रदान करते हैं? *UPSC 2023 (250 शब्द; 15 अंक)*

3. ग्लोबल वार्मिंग (वैश्विक तापन) की चर्चा कीजिए और वैश्विक जलवायु पर इसके प्रभावों का उल्लेख कीजिए। क्योटो प्रोटोकॉल, 1997 के आलोक में ग्लोबल वार्मिंग का कारण बनने वाली ग्रीनहाउस गैसों के स्तर को कम करने के लिए नियन्त्रण उपायों को समझाइए। *UPSC 2022 (250 शब्द; 15 अंक)*

4. विश्व स्वास्थ्य संगठन (डब्ल्यू.एच.ओ.) द्वारा हाल ही में जारी किए गए संशोधित वैश्विक वायु गुणवत्ता दिशा-निर्देशों (ए.क्यू.जी.) के मुख्य बिन्दुओं का वर्णन कीजिए। विगत वर्ष 2005 के अद्यतन से, ये किस प्रकार भिन्न हैं? इन संशोधित मानकों को प्राप्त करने के लिए, भारत के राष्ट्रीय स्वच्छ वायु कार्यक्रम में किन परिवर्तनों की आवश्यकता है। *UPSC 2021 (250 शब्द; 15 अंक)*

5. पृथ्वी की सतह पर प्रतिवर्ष बड़ी मात्रा में वनस्पति पदार्थ, सेलुलोज जमा हो जाता है। यह सेलुलोज किन प्राकृतिक प्रक्रियाओं से गुजरता है, जिससे कि वह कार्बन डाइ-ऑक्साइड जल तथा अन्य उत्पादकों में परिवर्तित हो जाता है? *UPSC 2021 (250 शब्द; 15 अंक)*

6. वैश्विक तापन का प्रवाल जीवन तन्त्र पर प्रभाव का उदाहरणों के साथ आकलन दीजिए। *UPSC 2019 (150 शब्द; 10 अंक)*

7. जलवायु परिवर्तन एक वैश्विक समस्या है। भारत जलवायु परिवर्तन से किस प्रकार प्रभावित होगा? जलवायु परिवर्तन के द्वारा भारत के हिमालयी और समुद्रतटीय राज्य किस प्रकार प्रभावित होंगे? *UPSC 2017 (250 शब्द; 15 अंक)*

जलवायु परिवर्तन सम्मेलन

1. नवम्बर, 2021 में ग्लासगो में विश्व के नेताओं के शिखर सम्मेलन में सीओपी-26 संयुक्त राष्ट्र जलवायु परिवर्तन सम्मेलन में, आरम्भ की गई हरित ग्रिड पहल का प्रयोजन स्पष्ट कीजिए। अन्तर्राष्ट्रीय और गठबन्धन (आई.एस.ए.) में यह विचार पहली बार कब दिया गया था? *UPSC 2021 (250 शब्द; 15 अंक)*

2. संयुक्त राष्ट्र जलवायु परिवर्तन फ्रेमवर्क सम्मेलन (यू.एन.एफ.सी.सी.) के सी.ओ.पी. के 26वें सत्र के प्रमुख परिणामों का वर्णन कीजिए। इस सम्मेलन में भारत द्वारा दी गई वचनबद्धताएँ क्या हैं? *UPSC 2021 (250 शब्द; 15 अंक)*

सतत् विकास

1. पर्यावरण से सम्बन्धित पारिस्थितिक तन्त्र की वहन क्षमता की संकल्पना की परिभाषा दीजिए। स्पष्ट कीजिए कि किसी प्रदेश के दीर्घोपयोगी विकास (सस्टेनेबल डेवलपमेण्ट) की योजना बनाते समय इस संकल्पना को समझना किस प्रकार महत्त्वपूर्ण है? *UPSC 2019 (250 शब्द; 15 अंक)*

2. वहनीय (एफोर्डेबल), विश्वसनीय, धारणीय तथा आधुनिक ऊर्जा तक पहुँच सन्धारणीय विकास लक्ष्यों (एस.डी.जी.) को प्राप्त करने के लिए अनिवार्य है। भारत में इस सम्बन्ध में हुई प्रगति पर टिप्पणी कीजिए। *UPSC 2018 (150 शब्द; 10 अंक)*

आपदा एवं आपदा प्रबन्धन

1. आपदा प्रतिरोध क्या है? इसे कैसे निर्धारित किया जाता है? एक प्रतिरोध ढाँचे के विभिन्न तत्त्वों का वर्णन कीजिए। आपदा जोखिम न्यूनीकरण के लिए सेंडाई ढाँचे (2015-2030) के वैश्विक लक्ष्यों का उल्लेख कीजिए। *UPSC 2024 (250 शब्द; 15 अंक)*

2. शहरी क्षेत्रों में बाढ़ एक उभरती हुई जलवायु प्रेरित आपदा है। इस आपदा के कारणों की चर्चा कीजिए। पिछले दो दशकों में भारत में आई दो प्रमुख बाढ़ों की विशेषताओं का उल्लेख कीजिए। भारत की उन नीतियों और ढाँचों का वर्णन कीजिए, जिनका उद्देश्य ऐसी बाढ़ों से निपटना है। *UPSC 2024 (250 शब्द; 15 अंक)*

3. भारतीय मौसम विज्ञान विभाग द्वारा चक्रवात प्रवण क्षेत्रों के लिए मौसम सम्बन्धी चेतावनियों के लिए निर्धारित रंग-संकेत के अर्थ की चर्चा करें। *UPSC 2022 (150 शब्द; 10 अंक)*

4. हिमालय क्षेत्र तथा पश्चिमी घाटों में भू-स्खलनों के विभिन्न कारणों का अन्तर स्पष्ट कीजिए। *UPSC 2021 (150 शब्द; 10 अंक)*

5. वर्ष 2021 में घटित ज्वालामुखी विस्फोटों की वैश्विक घटनाओं का उल्लेख करते हुए क्षेत्रीय पर्यावरण पर उनके द्वारा पड़े प्रभाव को बताइए। *UPSC 2021 (150 शब्द; 10 अंक)*

6. नदियों को आपस में जोड़ना सूखा, बाढ़ और बाधित जल-परिवहन जैसी बहु-आयामी अन्तर्सम्बन्धित समस्याओं का व्यवहार्य समाधान दे सकता है। आलोचनात्मक परीक्षण कीजिए। *UPSC 2020 (250 शब्द; 15 अंक)*

7. भारत के सूखा-प्रवण एवं अर्द्धशुष्क प्रदेशों में लघु जलसम्भर विकास परियोजनाएँ किस प्रकार जल संरक्षण में सहायक हैं? *UPSC 2016 (200 शब्द; 12½ अंक)*

8. ''हिमालय भूस्खलनों के प्रति अत्यधिक प्रवण है।'' कारणों की विवेचना कीजिए तथा अल्पीकरण के उपयुक्त उपाय सुझाइए। *UPSC 2016 (200 शब्द; 12½ अंक*